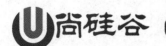

程序员硬核技术丛书

剑指 MySQL
架构、调优与运维

尚硅谷教育 ◎ 编著

電子工業出版社·
Publishing House of Electronics Industry
北京·BEIJING

<h1 style="text-align:center">内 容 简 介</h1>

MySQL 是风靡全球的数据库管理系统，被广泛应用于互联网场景。作为一名开发人员，掌握 MySQL 是必备技能。本书从 MySQL 的安装与使用开始，逐步深入。首先宏观地介绍 MySQL 的目录结构、用户与权限管理、逻辑架构、存储引擎、InnoDB 存储引擎中的数据存储结构等；然后介绍 MySQL 中的索引、性能分析工具的使用、索引优化、数据库的设计规范、数据库调优等；接着介绍 MySQL 中的事务和锁机制，以及 MySQL 如何保证事务的特性，涉及 redo 日志、undo 日志、MVCC 及各种锁的细节等知识；最后介绍数据库软硬件的性能优化，包括主从复制、数据库备份与恢复等。

本书内容全面细致，讲解深入浅出，书中穿插了大量案例，做到了理论和实践相结合。本书主要以 MySQL 8.0 以后的版本为例进行讲解，同时融合了 MySQL 8.0 以前的版本进行比较，适用性更强。无论你是致力于构建和管理高性能、高可用性的数据库系统的开发人员，还是数据库管理员，都能从本书中有所收获。

图书在版编目（CIP）数据

剑指 MySQL：架构、调优与运维 / 尚硅谷教育编著. —北京：电子工业出版社，2024.6

（程序员硬核技术丛书）

ISBN 978-7-121-47940-3

Ⅰ. ①剑… Ⅱ. ①尚… Ⅲ. ①SQL 语言－数据库管理系统 Ⅳ. ①TP311.132.3

中国国家版本馆 CIP 数据核字（2024）第 105358 号

责任编辑：李　冰

印　　刷：北京雁林吉兆印刷有限公司

装　　订：北京雁林吉兆印刷有限公司

出版发行：电子工业出版社

　　　　　北京市海淀区万寿路 173 信箱　　　　　邮编：100036

开　　本：850×1168　　1/16　　印张：28.25　　字数：895 千字

版　　次：2024 年 6 月第 1 版

印　　次：2024 年 6 月第 1 次印刷

定　　价：128.00 元

前 言

在学习 MySQL 的过程中，我们常常会遇到各种阻碍，要么资料晦涩难懂，要么讲解浅尝辄止，要么理论有余实战不足……本书就是为了解决学习者的这些痛点而编写的。

为了满足开发人员的需求，本书主要以 MySQL 8.0 以后的版本为例进行讲解，同时融合了 MySQL 8.0 以前的版本进行比较，适用性更强。本书的编写秉持"初学有所得，重读有所悟"的理念，内容涵盖了绝大部分 MySQL 知识体系，以案例为骨架，以理论为血肉，在叙述 MySQL 理论知识的同时，穿插相关的性能调优案例，理论和实践相结合，能够让不同基础的学习者都学有所得、学有所悟，力求覆盖开发人员在面试和工作中频繁遇到的 MySQL 核心原理和实际操作。

全书共 18 章，从 MySQL 的安装与使用开始，首先宏观地介绍 MySQL 的目录结构、用户与权限管理、逻辑架构、存储引擎、InnoDB 存储引擎中的数据存储结构等；然后介绍 MySQL 中的索引、性能分析工具的使用、索引优化、数据库的设计规范、数据库调优等；接着介绍 MySQL 中的事务和锁机制，以及 MySQL 如何保证事务的特性，涉及 redo 日志、undo 日志、MVCC 及各种锁的细节等知识；最后介绍数据库软硬件的性能优化，包括主从复制、数据库备份与恢复等。

阅读本书需要读者具备一定的 SQL 基础，了解类 UNIX 操作系统（如 Linux）的常见操作。建议初学 MySQL 的读者先阅读本书的姊妹篇《剑指 MySQL 8.0——入门、精练与实战》。无论你是致力于构建和管理高性能、高可用性的数据库系统的开发人员，还是数据库管理员，都能从本书中有所收获。

本书的参考视频及配套资料可以在尚硅谷教育公众号（微信号：atguigu）的聊天窗口中发送"mysqlbook"免费获取，也可以在尚硅谷哔哩哔哩官方账号在线学习。

关于我们

尚硅谷是一家专业的 IT 教育培训机构，现拥有北京、深圳、上海、武汉、西安、成都 6 处分校，开设了 Java EE、大数据、HTML5 前端、嵌入式等多门学科，累计发布视频教程 2000 多集，总时长达 4000 多小时，广受赞誉。尚硅谷通过面授课程、视频分享、在线学习、直播课堂、图书出版等多种形式，尽可能满足全国编程爱好者对多样化学习场景的需求。

尚硅谷秉持"技术为王，课比天大"的发展理念，设有独立的研究院，与多家互联网大厂的研发团队保持技术交流，保障教学内容始终基于研发一线，坚持聘用名校、名企的技术专家，在源码级进行技术讲解。

希望通过我们的努力能够帮助更多人，让天下没有难学的技术，为中国的软件人才培养尽自己的绵薄之力。

尚硅谷教育

目 录

第1章

Linux 平台下 MySQL 的安装与使用

在学习一项新技术前，我们要先学会该项技术的基本使用。所以，在学习 MySQL 前，我们要先学会 MySQL 的基本使用。在企业级应用开发过程中，MySQL 的使用是很常见的，其安装平台一般选择 Linux。本章将讲解 Linux 平台下 MySQL 的安装与使用。本书将立足于 MySQL 8.0 进行讲解。

1.1 MySQL 概述

如图 1-1 所示，MySQL 图标中有一只海豚，根据官方介绍，海豚名叫 Sakila，是从"海豚命名"竞赛中选出的。这个名字是由非洲斯威士兰的开源软件开发者 Ambrose Twebaze 提供的。据 Ambrose Twebaze 介绍，Sakila 源自斯威士兰方言中的 SiSwati，也是坦桑尼亚阿鲁沙一个小镇的名字。

图 1-1　MySQL 图标

1.1.1 MySQL 简介

MySQL 是一个关系型数据库管理系统，由瑞典的 MySQL AB 公司（创始人为 Monty Widenius）开发。2008 年，MySQL AB 公司被 Sun 公司以 10 亿美元收购。2009 年，Sun 公司被 Oracle 公司收购。

在这里我们还要提及 MariaDB。MariaDB 是 MySQL 的一个分支，主要由开源社区维护，采用 GPL（GNU General Public License）授权许可，其目的是完全兼容 MySQL。MariaDB 也是由 MySQL AB 公司的创始人 MontyWidenius 主导开发的。随着 Sun 公司被 Oracle 公司收购，MySQL 的所有权也落入 Oracle 公司手中，MySQL 也就有了被闭源的风险，因此，开源社区采用分支的方式来规避该风险。

我们接着说回 MySQL。MySQL 将数据保存在不同的表中，而不是将所有数据放在一个大仓库内，这样不仅提高了数据查询效率和表的灵活性，而且更方便和业务相关联。MySQL 支持大型数据库，32 位系统最大可支持 4GB 表文件，64 位系统最大可支持 8TB 表文件。MySQL 使用标准的 SQL 数据语言形式，可以运行在多个系统上，并且支持多种编程语言，包括 C、C++、Python、Java、Perl、PHP、Ruby 等。

市面上有那么多数据库，为什么要学习 MySQL 呢？原因主要有三点：一是 MySQL 是开源的，使用成本低；二是 MySQL 性能卓越、服务稳定；三是 MySQL 历史悠久，社区用户非常活跃，遇到问题可以方便地寻求帮助。

图 1-2 所示为 2023 年 3 月主流数据库排名情况，MySQL 位列第二。

	Rank		DBMS	Database Model	Score		
Mar 2023	Feb 2023	Mar 2022			Mar 2023	Feb 2023	Mar 2022
1.	1.	1.	Oracle ➕	Relational, Multi-model ℹ	1261.29	+13.77	+9.97
2.	2.	2.	MySQL ➕	Relational, Multi-model ℹ	1182.79	-12.66	-15.45
3.	3.	3.	Microsoft SQL Server ➕	Relational, Multi-model ℹ	922.01	-7.08	-11.77
4.	4.	4.	PostgreSQL ➕	Relational, Multi-model ℹ	613.83	-2.67	-3.10
5.	5.	5.	MongoDB ➕	Document, Multi-model ℹ	458.78	+6.02	-26.88
6.	6.	6.	Redis ➕	Key-value, Multi-model ℹ	172.45	-1.39	-4.31
7.	7.	7.	IBM Db2	Relational, Multi-model ℹ	142.92	-0.04	-19.22
8.	8.	8.	Elasticsearch	Search engine, Multi-model ℹ	139.07	+0.47	-20.88
9.	9.	↑10.	SQLite ➕	Relational	133.82	+1.15	+1.64
10.	10.	↓9.	Microsoft Access	Relational	132.06	+1.03	-3.37
11.	↑12.	↑14.	Snowflake ➕	Relational	114.40	-1.26	+28.17
12.	↓11.	↓11.	Cassandra ➕	Wide column	113.79	-2.43	-8.35
13.	13.	↓12.	MariaDB ➕	Relational, Multi-model ℹ	96.84	+0.03	-11.47
14.	14.	↓13.	Splunk	Search engine	87.97	+0.89	-7.39

410 systems in ranking, March 2023

图 1-2　2023 年 3 月主流数据库排名情况

1.1.2　MySQL 的发展历程

　　MySQL 是一款开源软件，企业可以根据自身需求对其进行自定义修改。另外，MySQL 可以提供免费的社区版本，为企业节约开发成本。不管是在社交领域、电商领域，还是在金融领域，我们都能见到 MySQL 的身影。这些领域对数据库都有高并发、高性能、高可用、易维护、易扩展的需求，从而促进了 MySQL 的长足发展。图 1-3 展示了 MySQL 的发展历程。

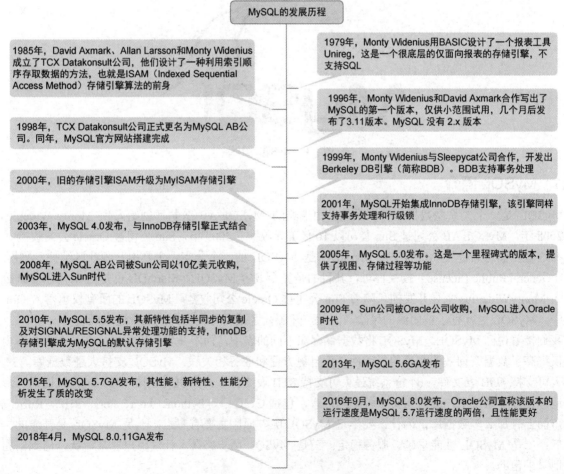

图 1-3　MySQL 的发展历程

1.1.3　MySQL 高手是如何练就的

一般来说，需要与数据库打交道的有三类人员，分别是开发工程师、数据库管理人员（Database Administrator，DBA）、运维人员。想要成为 MySQL 高手，需要掌握以下技术点。

- MySQL 服务器的安装与配置。
- 数据库索引创建。
- SQL 语句优化。
- 数据库内部结构和原理。
- 数据库性能监控分析与系统优化。
- 各种参数设置。
- 数据库建模优化。
- 主从复制。
- 分布式架构搭建、垂直切割和水平切割。
- 数据迁移。
- 容灾备份和恢复。

数据库就像一棵常青的技能树，不管是普通开发人员，还是首席架构师，抑或是 CTO（Chief Technology Officer，首席技术官），都能够从中汲取足够的技术养料。普通开发人员往往立足于使用的技术层面，如会编写基本的 SQL 语句、了解事务的特性等。而首席架构师或 CTO 则往往需要深入了解底层原理，如数据库事务四大特性的实现原理、分布式场景下数据库的优化等。也就是说，他们不仅要知其然，还要知其所以然。很多技术专家在总结程序员核心能力的时候，都会提到至关重要的一点——精通数据库。精通意味着首先要形成知识网，能灵活地应对突发问题；其次要懂底层原理，能自如地应对复杂多变的业务场景。本书内容将涵盖以上技术点，以帮助读者成长为 MySQL 高手。

1.2　Linux 平台下 MySQL 的安装

1.2.1　MySQL 的四大版本

目前 MySQL 有四大版本，分别是社区版本（MySQL Community Server）、企业版本（MySQL Enterprise Edition）、集群版本（MySQL Cluster）和高级集群版本（MySQL Cluster CGE），具体说明如下。

- 社区版本开源、免费，可自由下载，但不提供官方技术支持，适合大多数普通用户。
- 企业版本需付费，不能在线下载，可以试用 30 天，提供了更丰富的功能和更完备的技术支持，适合对数据库功能和可靠性要求较高的企业用户。
- 集群版本开源、免费，用于架设集群服务器，可将几个 MySQL Server 封装成一个 Server，需要在社区版本或企业版本的基础上使用。
- 高级集群版本需付费。

1.2.2　下载 MySQL 指定版本

下载 MySQL 指定版本的具体操作步骤如下。

（1）打开 MySQL 官网首页，单击 "DOWNLOADS" 按钮，如图 1-4 所示，进入下载页面。

（2）在下载页面中单击 "MySQL Community (GPL) Downloads" 链接，如图 1-5 所示。

（3）在打开的页面中单击 "MySQL Community Server" 链接，如图 1-6 所示。

图 1-4　单击"DOWNLOADS"按钮

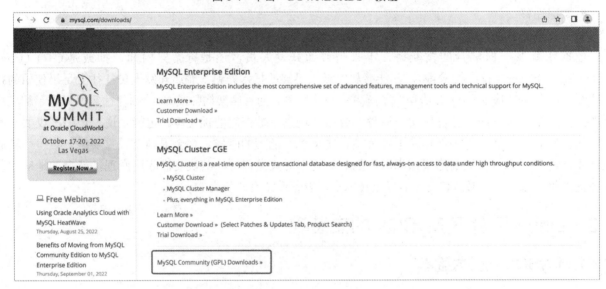

图 1-5　单击"MySQL Community (GPL) Downloads"链接

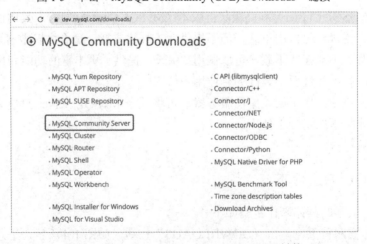

图 1-6　单击"MySQL Community Server"链接

（4）在"General Availability (GA) Releases"选项卡中选择适合的版本。如果要在 Windows 平台下安装 MySQL，则推荐下载 MSI 安装程序。在 Windows 版 MySQL 下载页面中单击"Go to Download Page"按钮，如图 1-7 所示，进行下载。

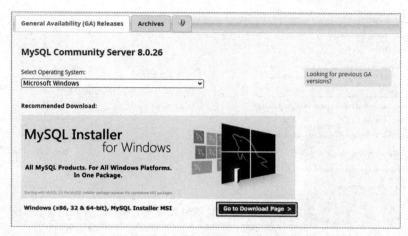

图 1-7 单击 "Go to Download Page" 按钮

Windows 平台下有两种 MySQL 安装程序：第一种是 mysql-installer-web-community-8.0.25.0.msi，程序大小为 2.4MB，需要联网安装；第二种是 mysql-installer-community-8.0.25.0.msi，程序大小为 435.7MB，离线安装即可（推荐安装程序）。

1.2.3 Linux 平台下安装 MySQL 的三种方式

在 Linux 平台下安装 MySQL 有多种方式，下面介绍三种常见的安装方式，分别是 rpm 命令安装、yum 命令安装和编译安装。

1. rpm 命令安装

使用 rpm 命令安装扩展名为 .rpm 的软件包。RPM 软件包的一般格式如图 1-8 所示，其中，el7 表示可以在 Red Hat 7.x、CentOS 7.x、CloudLinux 7.x 系统中安装软件包。

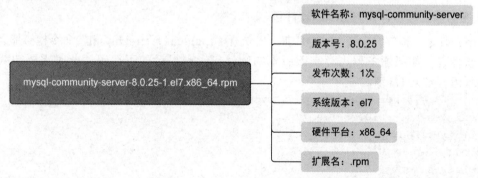

图 1-8 RPM 软件包的一般格式

2. yum 命令安装

使用 "yum install mysql-server" 命令安装 MySQL 即可。该安装方式需要联网，从互联网上获取 yum 源。rpm 命令安装方式虽然方便，但是需要手动解决软件包的依赖问题，而 yum 命令安装方式可以解决这个问题。

3. 编译安装

编译安装方式虽然比较复杂，但是参数设置灵活。

本书采用 rpm 命令安装方式来安装 MySQL，需要先下载软件包，具体操作步骤为：进入 MySQL 下载页面，选择 "Red Hat Enterprise Linux 8/Oracle Linux 8 (x86, 64-bit), RPM Bundle" 选项，单击右侧的 "Download" 按钮，下载 MySQL RPM 软件包，如图 1-9 所示。

下载完成后，解压缩软件包，如图 1-10 所示，矩形框中的软件包是抽取出来的软件包。

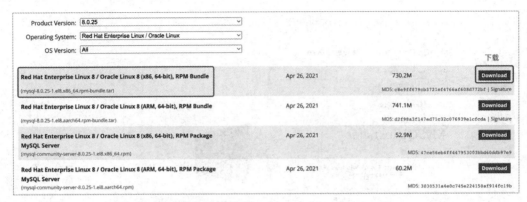

图 1-9　MySQL RPM 软件包下载

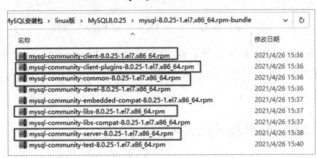

图 1-10　MySQL RPM 软件包解压缩

1.2.4　安装 MySQL 前的必要操作

本书将在 CentOS 7 版本的 Linux 平台下安装 MySQL。在安装 MySQL 前，我们还需要执行一些必要的操作。

1．检查服务器上是否存在旧版本的软件包

在采用 rpm 命令安装方式安装 MySQL 前，先执行"rpm -qa | grep -i mysql"命令检查服务器上是否存在旧版本的软件包。如果服务器上存在旧版本的软件包，则显示如下代码。此时需要卸载当前版本的 MySQL，卸载流程参见 1.3 节。

```
[root@ atguigu01 ~]# rpm -qa | grep -i mysql
mysql-community-server-8.0.25-1.el7.x86_64
mysql-community-client-plugins-8.0.25-1.el7.x86_64
mysql-community-libs-8.0.25-1.el7.x86_64
mysql-community-client-8.0.25-1.el7.x86_64
mysql-community-common-8.0.25-1.el7.x86_64
```

如果服务器上不存在旧版本的软件包，则显示如下代码。

```
[root@ atguigu01 ~]# rpm -qa | grep -i mysql
[root@ atguigu01 ~]
```

2．授予/tmp 目录较大的权限

由于在安装 MySQL 的过程中，MySQL 用户会在/tmp 目录下新建 tmp_db 文件，因此需要授予/tmp 目录较大的权限，执行如下命令即可。

```
[root@atguigu01 /]# chmod -R 777 /tmp
[root@atguigu01 /]# ll
dr-xr-xr-x.  13 root root    0 Oct 18 01:03 sys
drwxrwxrwt.  12 root root 4096 Oct 18 01:04 tmp
drwxr-xr-x.  13 root root  155 Aug 18 02:09 usr
drwxr-xr-x.  21 root root 4096 Aug 18 02:19 var
```

1.2.5　CentOS 7 下 MySQL 的安装过程

我们把 CentOS 7 下 MySQL 的安装过程分为 5 个步骤，介绍如下。

1. 将安装程序复制到/opt 目录下

/opt 目录用来安装附加软件包，是用户级的程序目录。安装到/opt 目录下的程序所包含的数据和相关文件都被存放在同一个目录下。opt 有可选的意思，/opt 目录可以用于存放第三方大型软件，当用户不需要这些软件时，直接使用 "rm -rf" 命令将其删除即可。当前磁盘容量不够时，也可将/opt 目录单独挂载到其他磁盘上使用。在这里我们把 MySQL 安装到/opt 目录下（执行 "pwd" 命令可以查看工作目录，执行 "ls" 命令可以查看工作目录下的内容），如下所示。

```
[root@atguigu01 opt]# pwd
/opt
[root@atguigu01 opt]# ls
mysql-community-client-8.0.25-1.el7.x86_64.rpm                mysql-community-libs-8.0.25-
1.el7.x86_64.rpm
mysql-community-client-plugins-8.0.25-1.el7.x86_64.rpm        mysql-community-server-8.0.25-
1.el7.x86_64.rpm
mysql-community-common-8.0.25-1.el7.x86_64.rpm
```

在/opt 目录下执行如下命令（必须按照以下顺序执行，因为下面的软件包会依赖上面的软件包）。

```
rpm -ivh mysql-community-common-8.0.25-1.el7.x86_64.rpm
rpm -ivh mysql-community-client-plugins-8.0.25-1.el7.x86_64.rpm
rpm -ivh mysql-community-libs-8.0.25-1.el7.x86_64.rpm
rpm -ivh mysql-community-client-8.0.25-1.el7.x86_64.rpm
rpm -ivh mysql-community-server-8.0.25-1.el7.x86_64.rpm
```

如果我们没有检查 MySQL 依赖环境，那么在安装 mysql-community-server 时会报错。解释一下上述命令的含义。

- "rpm" 是 Red Hat Package Manager 的缩写。通过 RPM 的管理，用户可以把源代码包装成以 .rpm 为扩展名的文件形式，易于安装。
- "-i" 的全拼为--install，表示安装软件包。
- "-v" 的全拼为--verbose，表示提供更多的详细信息输出。
- "-h" 的全拼为--hash，表示安装软件包时列出哈希标记（和 "-v" 参数一起使用效果更好），展示安装进度条。

2. 安装过程展示

安装过程中的状态如下所示，会展示安装进度条，这就是 "-h" 参数所起的作用。

```
[root@atguigu01 opt]# rpm -ivh mysql-community-common-8.0.25-1.el7.x86_64.rpm
warning: mysql-community-common-8.0.25-1.el7.x86_64.rpm: Header V3 DSA/SHA1 Signature,
key ID 5072e1f5: NOKEY
Preparing… ################################# [100%]
Updating / installing…
   1:mysql-community-common-8.0.25-1.e################################# [100%]
[root@atguigu01 opt]# rpm -ivh mysql-community-client-plugins-8.0.25-1.el7.x86_64.rpm
warning:  mysql-community-client-plugins-8.0.25-1.el7.x86_64.rpm:  Header  V3  DSA/SHA1
Signature, key ID 5072e1f5: NOKEY
Preparing… ################################# [100%]
Updating / installing…
   1:mysql-community-client-plugins-8.################################# [100%]

[root@atguigu01 opt]# rpm -ivh mysql-community-libs-8.0.25-1.el7.x86_64.rpm
warning: mysql-community-libs-8.0.25-1.el7.x86_64.rpm: Header V3 DSA/SHA1 Signature, key
ID 5072e1f5: NOKEY
```

7

```
Preparing… ################################# [100%]
Updating / installing…
   1:mysql-community-libs-8.0.25-1.el7################################# [100%]
[root@atguigu01 opt]# rpm -ivh mysql-community-client-8.0.25-1.el7.x86_64.rpm
warning: mysql-community-client-8.0.25-1.el7.x86_64.rpm: Header V3 DSA/SHA1 Signature,
key ID 5072e1f5: NOKEY
Preparing… ################################# [100%]
Updating / installing…
   1:mysql-community-client-8.0.25-1.e################################# [100%]
[root@atguigu01 opt]# rpm -ivh mysql-community-server-8.0.25-1.el7.x86_64.rpm
warning: mysql-community-server-8.0.25-1.el7.x86_64.rpm: Header V3 DSA/SHA1 Signature,
key ID 5072e1f5: NOKEY
Preparing… ################################# [100%]
Updating / installing…
   1:mysql-community-server-8.0.25-1.e################################# [100%]
```

如果在安装 MySQL 前没有卸载旧版本的软件包，则会报如下错误。

```
[root@atguigu01 opt]# rpm -ivh mysql-community-libs-8.0.25-1.el7.x86_64.rpm
warning: mysql-community-libs-8.0.25-1.el7.x86_64.rpm: Header V3 DSA/SHA1 Signature, key
ID 5072e1f5: NOKEY
error: Failed dependencies:
    mariadb-libs is obsoleted by mysql-community-libs-8.0.25-1.el7.x86_64
```

执行如下命令清除之前安装过的依赖。

```
[root@atguigu01 opt]# yum remove mysql-libs
```

需要注意的是，在安装过程中可能会由于 Linux 系统缺少依赖导致安装失败。例如，缺少 libaio 依赖
会提示如下信息。

```
error: Failed dependencies:
    libaio.so.1()(64bit) is needed by mysql-community-server-8.0.25-1.el7.x86_64
    libaio.so.1(LIBAIO_0.1)(64bit)  is  needed  by  mysql-community-server-8.0.25-
1.el7.x86_64
    libaio.so.1(LIBAIO_0.4)(64bit)  is  needed  by  mysql-community-server-8.0.25-
1.el7.x86_64
    mysql-community-icu-data-files = 8.0.30-1.el7  is  needed  by  mysql-community-
server-8.0.25-1.el7.x86_64
```

只需根据提示信息安装必要的依赖即可。执行如下命令安装 libaio 依赖。

```
yum install libaio
```

3. 查看 MySQL 是否安装成功

执行如下命令查看 MySQL 是否安装成功，其中"-i"参数表示无须区分字母大小写。如果缺少某个
软件包，则表示此次安装未完成。

```
[root@atguigu01 opt]# rpm -qa|grep -i mysql
mysql-community-server-8.0.25-1.el7.x86_64
mysql-community-client-plugins-8.0.25-1.el7.x86_64
mysql-community-libs-8.0.25-1.el7.x86_64
mysql-community-client-8.0.25-1.el7.x86_64
mysql-community-common-8.0.25-1.el7.x86_64
```

上述代码表示 MySQL 已经完成安装，但并不代表安装过程中没有出现问题。执行"mysqladmin
--version"命令测试 MySQL 是否安装成功。如果显示如下代码，则表示 MySQL 安装成功。

```
[root@atguigu01 opt]# mysqladmin --version
mysqladmin  Ver 8.0.25 for Linux on x86_64 (MySQL Community Server - GPL)
```

4. 启动 MySQL 服务，查看状态

以下命令分别用来启动、关闭、重启 MySQL 服务，以及查看状态。

```
systemctl start mysqld.service
systemctl stop mysqld.service
systemctl restart mysqld.service
systemctl status mysqld.service
```

上述命令中加不加 .service 都可以，因为 mysqld 这个可执行文件就代表 MySQL 服务器端程序。运行这个可执行文件就可以直接启动一个服务器进程，结果如下所示。如果显示加粗内容 "active (running)"，则表示 MySQL 服务已经成功启动。

```
[root@atguigu01 ~]# systemctl status mysqld.service
● mysqld.service - MySQL Server
   Loaded:  loaded  (/usr/lib/systemd/system/mysqld.service;  enabled;  vendor  preset:
disabled)
   Active: active (running) since Tue 2022-10-18 01:03:45 PDT; 11s ago
     Docs: man:mysqld(8)
           http://dev.mysql.com/doc/refman/en/using-systemd.html
  Process: 1019 ExecStartPre=/usr/bin/mysqld_pre_systemd (code=exited, status=0/SUCCESS)
 Main PID: 1651 (mysqld)
   Status: "Server is operational"
    Tasks: 38
   CGroup: /system.slice/mysqld.service
           └─1651 /usr/sbin/mysqld

Oct 18 01:03:35 localhost.localdomain systemd[1]: Starting MySQL Server…
Oct 18 01:03:45 localhost.localdomain systemd[1]: Started MySQL Server.
```

也可以通过 Linux 命令查看 MySQL 进程是否存活，结果如下所示。之所以显示两行，是因为 grep 命令中包含 "mysql"。第一行中的 "/usr/sbin/mysqld" 表示 MySQL 进程，第二行中的 "grep --color=auto -i mysql" 表示 grep 进程。

```
[root@atguigu01 opt]# ps -ef | grep -i mysql
mysql     4161      1  0 Aug22 ?        00:00:49 /usr/sbin/mysqld
root     27652  14332  0 02:36 pts/0    00:00:00 grep --color=auto -i mysql
```

5. 查看 MySQL 服务是否自启动

执行如下命令查看 MySQL 服务是否自启动。从结果中可以看到，默认状态是 "enabled"，表示当前 MySQL 服务处于自启动状态。

```
[root@atguigu01 opt]# systemctl list-unit-files|grep mysqld.service
mysqld.service                             enabled
```

如果显示 "disabled"，则可以执行如下命令设置 MySQL 服务自启动。

```
systemctl enable mysqld.service
```

如果用户不希望 MySQL 服务自启动，则可以执行如下命令进行设置。

```
systemctl disable mysqld.service
```

再次查看 MySQL 服务是否自启动，结果如下所示。此时状态变为 "disabled"，表示当前 MySQL 服务不处于自启动状态。

```
[root@atguigu01 opt]# systemctl disable mysqld.service
Removed symlink /etc/systemd/system/multi-user.target.wants/mysqld.service.
[root@atguigu01 opt]# systemctl list-unit-files|grep mysqld.service
mysqld.service                             disabled
```

1.3 卸载 MySQL

卸载 MySQL 时一定要卸载干净，否则重新安装时会出现许多奇怪的问题，解决起来也比较棘手。完整的卸载步骤如下。

1. 关闭 MySQL 服务

执行如下命令关闭 MySQL 服务。

```
systemctl stop mysqld.service
```

2. 查找当前 MySQL 安装程序

执行如下命令查找当前 MySQL 安装程序有哪些。

```
rpm -qa | grep -i mysql
```
或
```
yum list installed | grep mysql
```

3. 卸载上一步查找出来的 MySQL 安装程序

如果上一步没有查找出来 MySQL 安装程序，则直接跳转到第四步即可；否则执行如下命令卸载上一步查找出来的 MySQL 安装程序。

```
yum remove mysql-xxx mysql-xxx mysql-xxx mysql-xxxx
```

反复执行"rpm -qa | grep -i mysql"命令，确认是否有卸载残留，务必卸载干净。

4. 删除 MySQL 相关文件

先执行如下命令查找 MySQL 相关文件。

```
find / -name mysql
```

再执行如下命令删除查找出来的 MySQL 相关文件。

```
rm -rf xxx
```

5. 删除 my.cnf 配置文件

执行如下命令删除 my.cnf 配置文件，即可完成 MySQL 的卸载。

```
rm -rf /etc/my.cnf
```

1.4 登录 MySQL

1.4.1 首次登录

前面已经完成 MySQL 的安装并且成功启动，接下来登录 MySQL。可以执行"mysql -uroot -p"命令登录 MySQL，在"Enter password:"后面输入初始化密码。日志中会记录一份初始化密码。查看初始化密码，结果如下所示，最后的加粗内容就是本次安装的初始化密码。

```
[root@atguigu01 ~]# sudo grep 'temporary password' /var/log/mysqld.log
2022-08-23T03:30:13.208822Z  6 [Note] [MY-010454] [Server] A temporary password is
generated for root@localhost: j.PjX?I3I98(
```

用户可以直接复制、粘贴初始化密码。但初始化密码一般比较复杂，在粘贴的时候，Linux 并不会将其展示出来，直接按回车键即可，如下所示。

```
[root@atguigu01 ~]# mysql -uroot -p
Enter password:
Welcome to the MySQL monitor.  Commands end with ; or \g.
Your MySQL connection id is 8
Server version: 8.0.25 MySQL Community Server - GPL
```

```
Copyright (c) 2000, 2021, Oracle and/or its affiliates.

Oracle is a registered trademark of Oracle Corporation and/or its
affiliates. Other names may be trademarks of their respective
owners.

Type 'help;' or '\h' for help. Type '\c' to clear the current input statement.
```

1.4.2　修改密码

因为初始化密码默认是过期的，所以登录 MySQL 会报错，需要执行如下命令修改密码。

```
ALTER USER 'root'@'localhost' IDENTIFIED BY 'new_password';
```

结果如下所示，可以看到一直在报错，这意味着当前修改的密码无法满足密码安全策略的要求。这是因为在 MySQL 5.7 以后的版本（不含 MySQL 5.7）中修改了密码安全策略（参见 1.5.2 节），新密码设置得太简单就会报错。

```
mysql> ALTER USER 'root'@'localhost' IDENTIFIED BY 'HelloWorld';
ERROR 1819 (HY000): Your password does not satisfy the current policy requirements
mysql> ALTER USER 'root'@'localhost' IDENTIFIED BY 'HelloWorld123';
ERROR 1819 (HY000): Your password does not satisfy the current policy requirements
mysql> ALTER USER 'root'@'localhost' IDENTIFIED BY 'Hello_World';
ERROR 1819 (HY000): Your password does not satisfy the current policy requirements
```

执行如下命令修改为更复杂的密码后，用户就可以正常登录 MySQL 了。

```
mysql> ALTER USER 'root'@'localhost' IDENTIFIED BY 'Hello_World123';
Query OK,0 rows affected (0.01 sec)
```

1.4.3　设置远程登录

1. 当前问题

虽然在 Linux 本地可以登录 MySQL，但在日常使用中极不方便。接下来我们使用客户端工具 SQLyog 或 Navicat 远程连接 MySQL。初次连接时可能会出现如图 1-11 所示的报错信息，这是因为 MySQL 不支持远程连接。

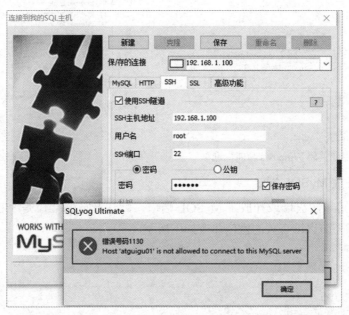

图 1-11　使用 SQLyog 初次连接 MySQL 时的报错信息

2．确认网络是否畅通

针对上面的问题，我们首先要做的就是确认网络是否畅通，具体操作步骤为：第一步，在远程机器上执行"ping IP 地址"命令查看网络是否畅通；第二步，在远程机器上执行"telnet"命令保证端口号开放访问，命令格式如下所示。

```
telnet IP 地址 端口号
```

在 Windows 系统中开启 Telnet 功能的具体操作步骤如下。

第一步，打开控制面板，选择"程序和功能"选项，如图 1-12 所示。

图 1-12　选择"程序和功能"选项

第二步，选择"启用或关闭 Windows 功能"选项，如图 1-13 所示。

第三步，在弹出的"Windows 功能"对话框中勾选"Telnet 客户端"复选框，单击"确定"按钮，即可开启 Telnet 功能，如图 1-14 所示。

图 1-13　选择"启用或关闭 Windows 功能"选项

图 1-14　开启 Telnet 功能

3．关闭防火墙或开放 MySQL 端口

检查服务器是否关闭了防火墙或开放了 MySQL 端口，默认开放的端口是 3306，也可以手动修改。CentOS 6 和 CentOS 7 下与防火墙有关的操作命令如下所示。

```
//CentOS 6 下关闭防火墙的命令
service iptables stop

//CentOS 7 下关闭防火墙的命令
systemctl stop firewalld.service
```

```
//CentOS 7 下开启防火墙的命令
systemctl start firewalld.service

//CentOS 7 下查看防火墙状态的命令
systemctl status firewalld.service

//CentOS 7 下设置开机启用防火墙的命令
systemctl enable firewalld.service

//CentOS 7 下设置开机禁用防火墙的命令
systemctl disable firewalld.service
```

执行上述关闭防火墙的命令会直接关闭防火墙，但在企业中通常采用的做法是开放固定端口，常用命令如下所示。

```
//查看开放的端口的命令
firewall-cmd --list-all

//设置开放的端口的命令
firewall-cmd --add-service=http --permanent
firewall-cmd --add-port=3306/tcp -permanent

//重启防火墙的命令
firewall-cmd -reload
```

4．在 Linux 平台下设置 Host 列的值

首先在 Linux 平台下查看当前 MySQL 允许哪些 IP 地址连接，如下所示。其中，Host 列指定了允许用户登录所使用的 IP 地址，可以看到 root 用户对应的 Host 列的值为"localhost"，表示只允许本机客户端连接 MySQL。

```
mysql> USE mysql;
Database changed
mysql> SELECT Host,User FROM user;
+-----------+------------------+
| Host      | User             |
+-----------+------------------+
| localhost | mysql.infoschema |
| localhost | mysql.session    |
| localhost | mysql.sys        |
| localhost | root             |
+-----------+------------------+
4 rows in set (0.00 sec)
```

如果设置为"Host=192.168.1.1"，则表示只允许 IP 地址为 192.168.1.1 的客户端连接 MySQL。如果设置为"Host=localhost"，则表示只允许本机客户端连接 MySQL。

另外，还允许 Host 列的值中包含通配符"%"。如果设置为"Host=192.168.1.%"，则表示 IP 地址前缀为"192.168.1."的客户端都可以连接 MySQL。如果设置为"Host=%"，则表示所有 IP 地址都有连接权限。需要注意的是，不能为了省事就将 Host 列的值直接设置为通配符"%"，因为这样做会存在安全隐患。用户可以根据需要对 Host 列的值进行设置。本书中将 Host 列的值直接设置为通配符"%"是为了方便讲解，SQL 语句如下所示。

```
mysql> UPDATE user SET host = '%' WHERE user ='root';
Query OK, 1 row affected (0.01 sec)
Rows matched: 1  Changed: 1  Warnings: 0
```

然后查看主机和用户信息，结果如下所示。可以看到，root 用户对应的 Host 列的值为 "%"，表示允许所有主机连接 MySQL。

```
mysql> SELECT Host,User FROM user;
+-----------+-------------------+
| Host      | User              |
+-----------+-------------------+
| %         | root              |
| localhost | mysql.infoschema  |
| localhost | mysql.session     |
| localhost | mysql.sys         |
+-----------+-------------------+
4 rows in set (0.00 sec)
```

Host 列的值设置完成后，执行 "flush privileges" 命令即可使该设置立即生效。

5．测试

如果用户使用的是 MySQL 5.7，接下来就可以使用客户端工具 SQLyog 或 Navicat 远程连接 MySQL。如果用户使用的是 MySQL 8.0，那么连接时还会出现如图 1-15 所示的报错信息。

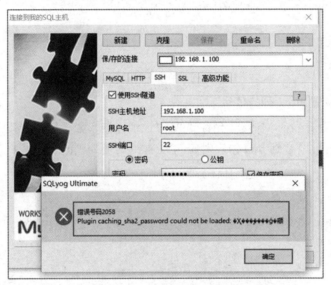

图 1-15　测试远程连接 MySQL 报错 "2058"

从图 1-15 中可以看到，报错信息的最后一部分是乱码，意思是 "插件缓存_sha2_密码无法进行加载"。这是因为 MySQL 修改了密码安全策略，SQLyog 未能正确解析使用。为此，可以先在服务器环境下执行 "mysql -u root -p" 命令登录 MySQL，再执行如下 SQL 语句（语句最后的 "password" 输入的是用户自己设置的密码）。

```
mysql> ALTER USER 'root'@'%' IDENTIFIED WITH mysql_native_password BY 'password';
```

之后重新配置 SQLyog 连接，就可以连接成功。

1.5　MySQL 8.0 的密码强度评估

1.5.1　MySQL 不同版本的密码设置

出于安全考虑，用户需要隔一段时间修改一次数据库密码。如果用户使用的是 MySQL 8.0 以前的版本，那么可以直接执行如下 SQL 语句修改数据库密码。

```
mysql> ALTER USER 'root' IDENTIFIED BY 'abcd1234';
Query OK, 0 rows affected (0.00 sec)
```

　　但是，在 MySQL 8.0 中执行上述语句会报错，如下所示。这是因为 MySQL 8.0 的密码安全策略与之前版本的密码安全策略有些许差别。

```
mysql> ALTER USER 'root' IDENTIFIED BY 'abcd1234';   # HelloWorld_123
ERROR 1819 (HY000): Your password does not satisfy the current policy requirements
```

1.5.2　MySQL 8.0 的密码安全策略

　　MySQL 8.0 以前版本采用的是 validate_password 插件检测、验证账号密码强度的形式来保障账号的安全性，而 MySQL 8.0 采用的是组件形式来保障账号的安全性。

1．validate_password 组件说明

　　MySQL 8.0 引入了服务器组件（Components）这个特性，validate_password 插件已被服务器采用组件的形式重新实现。在 MySQL 8.0.25 中，默认自动安装 validate_password 组件。

　　在 MySQL 8.0 中使用如下 SQL 语句查看组件。

```
mysql> SELECT * FROM mysql.component;
+--------------+--------------------+----------------------------------+
| component_id | component_group_id | component_urn                    |
+--------------+--------------------+----------------------------------+
|            1 |                  1 | file://component_validate_password |
+--------------+--------------------+----------------------------------+
1 row in set (0.00 sec)

mysql> SHOW VARIABLES LIKE 'validate_password%';
+--------------------------------------+--------+
| Variable_name                        | Value  |
+--------------------------------------+--------+
| validate_password.check_user_name    | ON     |
| validate_password.dictionary_file    |        |
| validate_password.length             | 8      |
| validate_password.mixed_case_count   | 1      |
| validate_password.number_count       | 1      |
| validate_password.policy             | MEDIUM |
| validate_password.special_char_count | 1      |
+--------------------------------------+--------+
7 rows in set (0.01 sec)
```

　　下面解释一下 validate_password 组件对应的系统变量，如表 1-1 所示。

表 1-1　validate_password 组件对应的系统变量

系统变量	默 认 值	参数描述
validate_password.check_user_name	ON	设置为 ON 的时候表示能将密码设置为当前用户名
validate_password.dictionary_file		用于设置验证密码强度的字典文件路径，默认值为空
validate_password.length	8	用于设置密码的最小长度，也就是说，密码长度必须大于或等于 8
validate_password.mixed_case_count	1	用于设置当密码安全策略强度是中等级或强等级时，validate_password 组件要求密码中必须包含的小写字母和大写字母个数
validate_password.number_count	1	用于设置密码中必须包含的数字个数
validate_password.policy	MEDIUM	用于设置密码安全策略强度，可以使用数值 0、1、2 或相应的符号值 LOW、MEDIUM、STRONG 来指定。0/LOW：只检验密码长度。1/MEDIUM：检验密码长度、数字、字母大小写、特殊字符。2/STRONG：检验密码长度、数字、字母大小写、特殊字符、字典文件
validate_password.special_char_count	1	用于设置密码中必须包含的特殊字符个数

这些系统变量在 MySQL 5.7 和 MySQL 8.0 中的默认值可能有所不同。例如，在 MySQL 5.7 中，validate_password.check_user_name 变量的默认值为 OFF。

2．修改密码安全策略强度

表 1-1 中的系统变量 validate_password.policy 用于设置密码安全策略强度。有 3 种密码安全策略强度可供使用，分别是 LOW（低等级）、MEDIUM（中等级）和 STRONG（强等级）。在 MySQL 8.0 中，修改密码安全策略强度的 SQL 语句如下所示。

```
//设置密码安全策略强度为 LOW（低等级）
SET GLOBAL validate_password.policy=LOW;

//设置密码安全策略强度为 MEDIUM（中等级）
SET GLOBAL validate_password.policy=MEDIUM;

//设置密码安全策略强度为 STRONG（强等级）
SET GLOBAL validate_password.policy=STRONG;
```

或者使用如下 SQL 语句修改密码安全策略强度。

```
SET GLOBAL validate_password.policy=0;   //效果等同于 LOW
SET GLOBAL validate_password.policy=1;   //效果等同于 MEDIUM
SET GLOBAL validate_password.policy=2;   //效果等同于 STRONG
```

在 MySQL 5.7 中，修改密码安全策略强度的 SQL 语句如下所示，区别在于将半角句号"."修改为下画线"_"。

```
mysql> SET GLOBAL validate_password_policy=LOW
```

3．密码复杂度测试

我们在修改密码的时候，曾遇到"Your password does not satisfy the current policy requirements"这样的问题，这是因为密码复杂度不够，加大密码复杂度即可。

在设置密码前，可以通过函数组件来测试密码复杂度是否满足条件，评分在 0～100 分之间，评分越高，表示密码复杂度越高。当评分为 100 分时，说明使用了"大写字母+小写字母+特殊字符+数字"的 8 位以上密码。

例如，当密码为"medium"时，评分为 25 分，如下所示，表示密码复杂度很低。

```
mysql> SELECT VALIDATE_PASSWORD_STRENGTH('medium');
+--------------------------------------+
| VALIDATE_PASSWORD_STRENGTH('medium') |
+--------------------------------------+
|                                   25 |
+--------------------------------------+
1 row in set (0.00 sec)
```

又如，当密码为"K354*45jKd5"时，评分为 100 分，如下所示，表示密码复杂度很高。

```
mysql> SELECT VALIDATE_PASSWORD_STRENGTH('K354*45jKd5');
+-------------------------------------------+
| VALIDATE_PASSWORD_STRENGTH('K354*45jKd5') |
+-------------------------------------------+
|                                       100 |
+-------------------------------------------+
1 row in set (0.00 sec)
```

如果没有安装 validate_password 组件，那么 VALIDATE_PASSWORD_STRENGTH()函数永远返回 0。密码复杂度对应的评分如表 1-2 所示。

表 1-2　密码复杂度对应的评分

密码复杂度	评　　分
测试密码长度<4	0 分
4≤测试密码长度< validate_password.length	25 分
测试密码满足密码安全策略强度 LOW	50 分
测试密码满足密码安全策略强度 MEDIUM	75 分
测试密码满足密码安全策略强度 STRONG	100 分

1.6　字符集的设置

在 MySQL 8.0 以前的版本中，默认字符集为 latin1。开发人员在进行数据库设计的时候，往往会将默认字符集修改为 utf8，这时 utf8 指向的是 utf8mb3。如果开发人员忘记修改默认字符集，就会出现乱码问题。从 MySQL 8.0 开始，默认字符集改为 utf8mb4，从而避免了乱码问题。

1.6.1　查看字符集

使用如下 SQL 语句查看 MySQL 8.0 中的字符集。其中，Charset 列表示字符集名称，Default collation 列表示字符集的默认校对规则（参见 1.6.2 节），Maxlen 列表示该字符集中的一个字符最多需要使用多少字节表示。

```
mysql> SHOW CHARACTER SET;
+---------+---------------------+---------------------+--------+
| Charset | Description         | Default collation   | Maxlen |
+---------+---------------------+---------------------+--------+
| latin1  | cp1252 West European| latin1_swedish_ci   |   1    |
| ucs2    | UCS-2 Unicode       | ucs2_general_ci     |   2    |
…
| utf8    | UTF-8 Unicode       | utf8mb3_general_ci  |   3    |
| utf8mb4 | UTF-8 Unicode       | utf8mb4_0900_ai_ci  |   4    |
…
```

也可以在上述 SQL 语句中加入 WHERE 或 LIKE 条件。例如，要查看与 "utf" 相关的字符集，则可以使用如下 SQL 语句。

```
mysql> SHOW CHARACTER SET LIKE 'utf%';
+---------+---------------------+---------------------+--------+
| Charset | Description         | Default collation   | Maxlen |
+---------+---------------------+---------------------+--------+
| utf16   | UTF-16 Unicode      | utf16_general_ci    |   4    |
| utf16le | UTF-16LE Unicode    | utf16le_general_ci  |   4    |
| utf32   | UTF-32 Unicode      | utf32_general_ci    |   4    |
| utf8    | UTF-8 Unicode       | utf8mb3_general_ci  |   3    |
| utf8mb4 | UTF-8 Unicode       | utf8mb4_0900_ai_ci  |   4    |
+---------+---------------------+---------------------+--------+
```

MySQL 中常用的字符集是 utf8。从上述结果中可以看到，utf8 字符集有两个，分别是 utf8 和 utf8mb4。其中，utf8 字符集中的一个字符最多需要使用 3 字节表示，utf8mb4 字符集中的一个字符最多需要使用 4 字节表示。

在 MySQL 中，utf8 是 utf8mb3 的别名，因此，后面提到 utf8 就意味着一个字符最多需要使用 3 字节表示。在一般情况下，使用 utf8 字符集就足够了，但是部分特殊字符需要使用 4 字节才能表示，这时候就需要使用 utf8mb4 字符集。我们可以把 utf8mb4 理解为 utf8 的超集。

1.6.2 查看校对规则

校对（Collation）规则是在字符集内用于字符比较和排序的一套规则。例如，有的校对规则区分字母大小写，有的校对规则无视字母大小写。

可以使用如下 SQL 语句查看 MySQL 支持的校对规则（限于篇幅，只展示部分结果）。

```
mysql> SHOW COLLATION;
+--------------------------+---------+-----+---------+----------+---------+
| Collation                | Charset | Id  | Default | Compiled | Sortlen |
+--------------------------+---------+-----+---------+----------+---------+
| big5_chinese_ci          | big5    | 1   | Yes     | Yes      | 1       |
| big5_bin                 | big5    | 84  |         | Yes      | 1       |
| dec8_swedish_ci          | dec8    | 3   | Yes     | Yes      | 1       |
| dec8_bin                 | dec8    | 69  |         | Yes      | 1       |
| cp850_general_ci         | cp850   | 4   | Yes     | Yes      | 1       |
| cp850_bin                | cp850   | 80  |         | Yes      | 1       |
| hp8_english_ci           | hp8     | 6   | Yes     | Yes      | 1       |
| hp8_bin                  | hp8     | 72  |         | Yes      | 1       |
| koi8r_general_ci         | koi8r   | 7   | Yes     | Yes      | 1       |
| koi8r_bin                | koi8r   | 74  |         | Yes      | 1       |
| latin1_german1_ci        | latin1  | 5   |         | Yes      | 1       |
| latin1_swedish_ci        | latin1  | 8   | Yes     | Yes      | 1       |
...
```

校对规则名称里面包含该校对规则主要作用于哪种语言，例如，utf8_polish_ci 表示该校对规则主要作用于波兰语，utf8_spanish_ci 表示该校对规则主要作用于西班牙语，utf8_general_ci 是一种通用的校对规则。校对规则名称后缀表示该校对规则是否区分语言中的重音、字母大小写等，具体如表 1-3 所示。

表 1-3　校对规则名称后缀的含义

后　　缀	英文释义	含　　义
_ai	accent insensitive	不区分重音
_as	accent sensitive	区分重音
_ci	case insensitive	不区分字母大小写
_cs	case sensitive	区分字母大小写
_bin	binary	采用二进制形式进行比较

下面在 MySQL 8.0 的数据库 chapter1 中创建表 test1，并向表中插入数据，如下所示。

```
mysql> CREATE DATABASE chapter1;
mysql> USE chapter1;
mysql> CREATE TABLE `test1`(id INT,name VARCHAR(20)); #创建表 test1 时没有指定校对规则
mysql> INSERT INTO test1(id,name) VALUES (1,'a'),(2,'A'),(3,'b'),(4,'B');
```

首先查询表 test1 中所有的数据，然后查询 name='a'的数据，结果如下所示。

```
mysql> SELECT * FROM test1;
+------+------+
| id   | name |
+------+------+
|    1 | a    |
|    2 | A    |
|    3 | b    |
|    4 | B    |
+------+------+
4 rows in set (0.00 sec)
```

```
mysql> SELECT * FROM test1 WHERE name='a';
+------+------+
| id   | name |
+------+------+
|    1 | a    |
|    2 | A    |
+------+------+
2 rows in set (0.00 sec)
```

从上述结果中可以看到，当查询字符为'a'的时候，结果中有两条数据。在没有显式指定校对规则的情况下，可以使用如下语句查看表 test1 的校对规则，可以看到表 test1 的校对规则为 utf8mb4_0900_ai_ci，后缀_ci 表示不区分字母大小写。

```
mysql> SHOW CREATE TABLE test1;
+-------+---------------------------------------------------------------+
| Table | Create Table                                                  |
+-------+---------------------------------------------------------------+
| test2 | CREATE TABLE `test1` (
  `id` INT DEFAULT NULL,
  `name` VARCHAR(20) DEFAULT NULL
) ENGINE=InnoDB DEFAULT CHARSET=utf8mb4 COLLATE=utf8mb4_0900_ai_ci    |
+-------+---------------------------------------------------------------+
```

使用如下语句创建表 test2，并向表中插入两条数据，指定校对规则为 utf8mb4_0900_as_cs，后缀_cs 表示区分字母大小写。

```
mysql> CREATE TABLE `test2`(id INT,name VARCHAR(20)) COLLATE=utf8mb4_0900_as_cs;
mysql> INSERT INTO test2(id,name) VALUES(1,'a'),(2,'A');
```

执行如下语句，可以发现，当查询字符为'a'的时候，结果中只有一条数据。

```
mysql> SELECT * FROM test2;
+------+------+
| id   | name |
+------+------+
|    1 | a    |
|    2 | A    |
+------+------+
2 rows in set (0.00 sec)

mysql> SELECT * FROM test2 WHERE name='a';
+------+------+
| id   | name |
+------+------+
|    1 | a    |
+------+------+
1 row in set (0.00 sec)
```

1.6.3　各级别的字符集和校对规则

前面介绍了 MySQL 中的字符集和校对规则，有的作用于数据库上，有的作用于表上。其实，MySQL 中的字符集和校对规则有 4 个级别的默认设置，分别是服务器级别、数据库级别、表级别、列级别。下面展开讲解各个级别的具体含义。

1．服务器级别

系统变量 character_set_server 和 collation_server 分别表示服务器级别的字符集和校对规则。服务器级别的默认字符集为 utf8mb4，默认校对规则为 utf8mb4_0900_ai_ci。如果仅指定字符集而不指定校对规则，那么校对规则为该字符集对应的默认校对规则。修改服务器级别的字符集有 3 种方式。

（1）修改 my.cnf 配置文件，如下所示，服务器启动后开始生效。

```
[server]
character_set_server=utf8mb4
collation_server=utf8mb4_0900_ai_ci
```

（2）在启动服务器端程序时，通过启动选项来指定服务器级别的字符集和校对规则，如下所示。

```
mysqld --character-set-server=utf8mb4 --collation-server=utf8mb4_0900_ai_ci
```

（3）在服务器端程序运行过程中，使用 SET 语句修改字符集和校对规则，如下所示。这种方式的修改是临时性的，关闭命令行窗口就会失效。

```
mysql> SET character_set_server=utf8mb4;
mysql> SET collation_server=gbk_chinese_ci;
```

2. 数据库级别

系统变量 character_set_database 和 collation_database 分别表示数据库级别的字符集和校对规则。要查看给定数据库的默认字符集和校对规则，请使用如下语句。

```
USE db_name;
SELECT @@character_set_database, @@collation_database;
```

在创建和修改数据库的时候，可以指定该数据库的字符集和校对规则，语法如下所示。

```
CREATE DATABASE db_name
    [[DEFAULT] CHARACTER SET charset_name]
    [[DEFAULT] COLLATE collation_name]

ALTER DATABASE db_name
    [[DEFAULT] CHARACTER SET charset_name]
    [[DEFAULT] COLLATE collation_name]
```

其中，[DEFAULT] CHARACTER SET 用于指定数据库的字符集，[DEFAULT] COLLATE 用于指定数据库的校对规则。DEFAULT 可以省略，不影响语句的含义。

例如，创建数据库 chapter1_character_demo，指定字符集为 utf32，指定校对规则为 utf32_general_ci，语句如下所示。

```
mysql> CREATE DATABASE chapter1_character_demo CHARACTER SET utf32 COLLATE utf32_general_ci;
Query OK, 1 row affected (0.01 sec)
```

可以使用如下语句修改已经创建的数据库的字符集。

```
mysql> ALTER DATABASE chapter1_character_demo CHARACTER SET 'utf8';
```

MySQL 根据下面的规则选择数据库的字符集和校对规则。

（1）如果创建和修改数据库的语句中同时指定了字符集和校对规则，那么该数据库会使用指定的字符集和校对规则。

（2）如果创建和修改数据库的语句中只指定了字符集，没有指定校对规则，那么该数据库会使用该字符集对应的默认校对规则。

（3）如果创建和修改数据库的语句中只指定了校对规则，没有指定字符集，那么该数据库会使用该校对规则对应的字符集。

（4）如果创建和修改数据库的语句中没有指定字符集和校对规则，那么该数据库会使用服务器级别的字符集和校对规则。

3. 表级别

在创建和修改表的时候，可以指定表的字符集和校对规则，语法如下所示。

```
CREATE TABLE tbl_name (column_list)
    [[DEFAULT] CHARACTER SET charset_name]
    [COLLATE collation_name]]

ALTER TABLE tbl_name
    [[DEFAULT] CHARACTER SET charset_name]
    [COLLATE collation_name]
```

例如，在刚刚创建的 chapter1_character_demo 数据库中创建表 test1，并指定该表的字符集和校对规则，语句如下所示。

```
mysql> CREATE TABLE `test1`(col VARCHAR(10)) CHARACTER SET utf8 COLLATE utf8_general_ci;
Query OK, 0 rows affected (0.03 sec)
```

MySQL 根据下面的规则选择表的字符集和校对规则。

（1）如果创建和修改表的语句中同时指定了字符集和校对规则，那么该表会使用指定的字符集和校对规则。

（2）如果创建和修改表的语句中只指定了字符集，没有指定校对规则，那么该表会使用该字符集对应的默认校对规则。

（3）如果创建和修改表的语句中只指定了校对规则，没有指定字符集，那么该表会使用该校对规则对应的字符集。

（4）如果创建和修改表的语句中没有指定字符集和校对规则，那么该表会使用其所在数据库的字符集和校对规则。

4．列级别

对于存储字符串的列，同一张表中的不同列也可以有不同的字符集和校对规则。在创建和修改列定义的时候，可以指定该列的字符集和校对规则，语法如下所示。

```
CREATE TABLE tb_name(
 col_name {CHAR | VARCHAR | TEXT} (col_length)
    [CHARACTER SET charset_name]
    [COLLATE collation_name],
 …
);

ALTER TABLE tb_name MODIFY col_name {CHAR | VARCHAR | TEXT} (col_length) [CHARACTER SET
charset_name] [COLLATE collation_name];
```

使用如下语句修改表 test1 中 col 列的字符集和校对规则。

```
mysql> ALTER TABLE test1 MODIFY col VARCHAR(10) CHARACTER SET gbk COLLATE gbk_chinese_ci;
Query OK, 0 rows affected (0.04 sec)
Records: 0 Duplicates: 0 Warnings: 0
```

MySQL 根据下面的规则选择列的字符集和校对规则。

（1）如果创建和修改列定义的语句中同时指定了字符集和校对规则，那么该列会使用指定的字符集和校对规则。

（2）如果创建和修改列定义的语句中只指定了字符集，没有指定校对规则，那么该列会使用该字符集对应的默认校对规则。

（3）如果创建和修改列定义的语句中只指定了校对规则，没有指定字符集，那么该列会使用该校对规则对应的字符集。

（4）如果创建和修改列定义的语句中没有指定字符集和校对规则，那么该列会使用其所在表的字符集和校对规则。

知道了这些规则后，对于给定的表，我们应该知道其中各列的字符集和校对规则是什么，从而根据该列的数据类型来确定存储数据时每列中的实际数据占用的存储空间大小。

1.6.4　MySQL 5.7 和 MySQL 8.0 中数据库级别默认字符集的变化

MySQL 5.7 中数据库级别的默认字符集为 latin1，该字符集不支持中文，保存中文数据时会报错。

在 MySQL 5.7 中创建数据库 chapter1，在其中创建表 test3，插入非中文数据时不报错，插入中文数据时报错，如下所示。

```
mysql> CREATE DATABASE chapter1;
Query OK, 1 rows affected (0.01 秒)

mysql> USE chapter1;
Query OK, 0 rows affected (0.01 秒)

mysql> CREATE TABLE `test3`(id int,name varchar(15));
Query OK, 0 rows affected (0.03 秒)

mysql> INSERT INTO test3(id,name) VALUES(1001,'tom');
Query OK, 1 rows affected (0.02 秒)

mysql> INSERT INTO test3(id,name) VALUES(1001,'张三');
Incorrect string value: '\xE5\xBC\xA0\xE4\xB8\x89' for column 'name' at row 1
```

这是因为，在默认情况下，创建表时使用的是 latin1 字符集。查看表结构，结果如下所示。

```
mysql> SHOW CREATE TABLE test3;
+-------+------------------------------------------------------+
| Table | Create Table                                         |
+-------+------------------------------------------------------+
| test1 | CREATE TABLE `test3` (                               |
|  `id` INT(11) DEFAULT NULL,                                  |
|  `name` VARCHAR(15) DEFAULT NULL                             |
| ) ENGINE=InnoDB DEFAULT CHARSET=latin1                       |
+-------+------------------------------------------------------+
```

想要修改已经创建的表的字符集，使用如下语句即可。

```
mysql> ALTER TABLE test3 CONVERT TO CHARACTER SET 'utf8';
```

再次插入中文数据，结果如下所示，可以发现插入成功。

```
mysql> INSERT INTO test3(id,name) VALUES(1001,'张三');
Query OK, 1 rows affected (0.01 秒)

mysql> SELECT * FROM test3;
+------+--------+
| id   | name   |
+------+--------+
| 1001 | tom    |
| 1001 | 张三   |
+------+--------+
2 行于数据集 (0.01 秒)
```

但是，如果原有数据是用非 utf8 字符集编码的，那么数据本身的编码不会发生改变。对于这类数据，需要先将其导出或删除，再重新插入。

MySQL 8.0 中数据库级别的默认字符集为 utf8mb4。在 MySQL 8.0 中同样创建数据库 chapter1 和表 test3，可以直接插入中文数据，这里不再演示。

1.7　SQL 语句中的字母大小写规范

1.7.1　Windows 和 Linux 平台下字母大小写规范的区别

在 SQL 语句中，关键字和函数名是不用区分字母大小写的，如 SELECT、WHERE、ORDER、GROUP BY 等关键字，以及 ABS、MOD、ROUND、MAX 等函数名。

不过，在 SQL 语句中，最好确定字母大小写规范，因为在 Windows 和 Linux 平台下可能会遇到不同的字母大小写问题。Windows 平台默认对字母大小写不敏感，而 Linux 平台对字母大小写敏感。对字母大小写是否敏感由参数 lower_case_table_names 决定。该参数有 3 个值，分别是 0、1、2。

（1）0 表示创建数据库和表时，根据创建语句中的字母大小写格式将数据库名和表名存放到文件系统中，在查询语句中也是区分字母大小写的。

（2）1 表示数据库名和表名在文件系统中是小写的，但在查询语句中是不区分字母大小写的。

（3）2 表示创建数据库和表时，根据创建语句中的字母大小写格式将数据库名和表名存放到文件系统中，但在查询语句中都转换为小写格式。

在 Windows 平台下查看参数 lower_case_table_names 的默认值，结果如下所示，可以看到参数值为 1。

```
mysql> SHOW VARIABLES LIKE '%lower_case_table_names%';
+------------------------+-------+
| Variable_name          | Value |
+------------------------+-------+
| lower_case_table_names | 1     |
+------------------------+-------+
1 row in set (0.01 sec)
```

在 Linux 平台下查看参数 lower_case_table_names 的默认值，结果如下所示，可以看到参数值为 0。

```
mysql> SHOW VARIABLES LIKE '%lower_case_table_names%';
+------------------------+-------+
| Variable_name          | Value |
+------------------------+-------+
| lower_case_table_names | 0     |
+------------------------+-------+
1 row in set (0.01 sec)
```

在 Linux 平台下，SQL 语句中的字母大小写规范如下。

（1）数据库名、表名、表的别名、变量名是严格区分字母大小写的。

（2）关键字、函数名不区分字母大小写。

（3）列名（或字段名）与列的别名（或字段的别名）在所有情况下均不区分字母大小写。

1.7.2　Linux 平台下字母大小写规范设置

要想在 Linux 平台下设置对字母大小写不敏感，需要先在 my.cnf 配置文件的[mysqld]组中加入"lower_case_table_names=1"，然后重启 MySQL 服务。但是，在重启数据库实例前，需要将原来的数据库名和表名转换为小写格式，否则将报"找不到数据库"的错误。

MySQL 8.0 禁止在 MySQL 服务启动状态下修改参数 lower_case_table_names 的默认值。我们可以通过如下步骤在 MySQL 8.0 中设置对字母大小写不敏感。需要注意的是，在设置数据库参数前，需要了解设置这个参数可能带来的影响，切不可盲目设置。

（1）停止 MySQL 服务。

（2）删除数据目录，即删除/var/lib/mysql/目录。

（3）在 MySQL 配置文件（/etc/my.cnf）中加入"lower_case_table_names=1"。

（4）重启 MySQL 服务。

如果命名规范没有统一，就可能产生错误。下面给出两个有关命名规范的建议。

（1）关键字和函数名全部大写。

（2）数据库名、表名、字段名全部小写。

1.8 sql_mode

1.8.1 sql_mode 简介

可将 sql_mode 翻译为 SQL 模式，它是一组 MySQL 支持的基本语法及数据校验规则。sql_mode 的取值不同会影响 MySQL 支持的基本语法及数据校验规则。通过设置 sql_mode 的值，可以完成不同严格程度的数据校验，保证数据的准确性。MySQL 服务器可以在不同的 SQL 模式下运行，并且可以针对不同的客户端以不同的方式应用这些模式，具体取决于 sql_mode 的值。在 MySQL 5.6 和 MySQL 5.7 及其后续版本中，sql_mode 的默认值是不一样的。

- 在 MySQL 5.6 中，sql_mode 的默认值为空（NO_ENGINE_SUBSTITUTION），它其实表示的是一个空值，相当于没有设置模式，可以理解为宽松模式。在这种设置下是允许一些非法操作的，如允许一些错误数据的插入。
- 在 MySQL 5.7 及其后续版本中，sql_mode 的默认值为 STRICT_TRANS_TABLES，可以理解为严格模式，用于进行数据的严格校验。例如，不能将错误数据插入表中，否则将报错，并且导致事务回滚。

1.8.2 宽松模式与严格模式对比

如果 MySQL 设置的是宽松模式，那么，在插入数据的时候，即便插入了一条错误数据，也可能会被接受，并且不会报错。

例如，在创建一张表时，该表中有一个字段为 name，该字段的数据类型是 CHAR(10)。如果在插入数据的时候，name 字段对应的数据长度超过 10，如插入数据"1234567890abc"，那么此时 MySQL 并不会报错，而会截取前 10 个字符存储到表中。也就是说，name 字段的数据存储为"1234567890"，"abc"被舍弃了。但是这条数据是错误的，因为其长度超过字段长度。这就是宽松模式的效果。

通过设置 sql_mode 的值为宽松模式，可以保证大多数 SQL 语句符合标准的 SQL 语法，在进行数据库迁移或项目迁移时，就不需要对与业务相关的 SQL 语句进行较大的修改。

严格模式就是当出现宽松模式下的错误时，MySQL 会给出报错信息。从 MySQL 5.7 开始，将 sql_mode 的默认值更改为严格模式。生产环境下的数据库必须设置为严格模式，开发环境、测试环境下的数据库也必须设置为严格模式，这样在开发测试阶段就可以发现问题。即便我们使用的是 MySQL 5.6，也应该自行将 sql_mode 的值更改为严格模式。

根据以往的开发经验，MySQL 等数据库总想包揽关于数据的所有操作，包括数据校验。其实，我们应该在自己开发的项目程序中进行数据校验，虽然在编写程序代码的时候多了一些数据校验流程，但是在进行数据库迁移或项目迁移时会方便很多。

例如，在严格模式中包含 NO_ZERO_DATE 值，那么 MySQL 将不允许插入零日期，否则会抛出错误。使用如下语句创建表 test_time。

```
mysql> CREATE TABLE `test_time` (
  `id` INT NOT NULL,
  `time` date DEFAULT NULL,
```

```
    PRIMARY KEY (`id`)
) ENGINE = INNODB DEFAULT CHARSET = utf8mb4 COLLATE = utf8mb4_0900_ai_ci;
```

　　分别测试下面两条插入语句，从结果中可以看到，当日期设置为"0000-00-00"时，因不满足 sql_mode 中的 NO_ZERO_DATE 条件而抛出错误。

```
mysql> INSERT INTO test_time VALUES(1,'1993-01-02');
Query OK, 1 row affected (0.00 sec)

mysql> INSERT INTO test_time VALUES(2,'0000-00-00');
ERROR 1292 (22007): Incorrect date value: '0000-00-00' for column 'time' at row 1
```

1.8.3　模式的查看和设置

　　使用如下语句查看 sql_mode 的值，从结果中可以看到，sql_mode 有多种不同的值。

```
mysql> SELECT @@SESSION.sql_mode ;
+-------------------------------------------------------------------+
| @@SESSION.sql_mode                                                |
+-------------------------------------------------------------------+
| ONLY_FULL_GROUP_BY,STRICT_TRANS_TABLES,NO_ZERO_IN_DATE            |
|,NO_ZERO_DATE,ERROR_FOR_DIVISION_BY_ZERO,NO_ENGINE_SUBSTITUTION    |
+-------------------------------------------------------------------+
1 row in set (0.00 sec)

mysql> SELECT @@GLOBAL.sql_mode;
+-------------------------------------------------------------------+
| @@GLOBAL.sql_mode                                                 |
+-------------------------------------------------------------------+
| ONLY_FULL_GROUP_BY,STRICT_TRANS_TABLES,NO_ZERO_IN_DATE            |
|,NO_ZERO_DATE,ERROR_FOR_DIVISION_BY_ZERO,NO_ENGINE_SUBSTITUTION    |
+-------------------------------------------------------------------+
1 row in set (0.00 sec)
```

　　sql_mode 的常用值及其含义如表 1-4 所示。

表 1-4　sql_mode 的常用值及其含义

常　用　值	含　　义
ONLY_FULL_GROUP_BY	对于 GROUP BY 聚合操作，如果在 SELECT 中的列没有在 GROUP BY 中出现，那么这条 SQL 语句是不合法的
NO_AUTO_VALUE_ON_ZERO	该值影响自增长列的插入。在默认设置下，插入 0 或 NULL 代表生成下一个自增长值。如果用户希望插入的值为 0，而该列又是自增长的，该值就有用了
STRICT_TRANS_TABLES	在该模式下，如果一个值不能被插入一个事务表中，则中断当前操作。对非事务表不进行限制
NO_ZERO_IN_DATE	在严格模式下，不允许日期和月份为 0
NO_ZERO_DATE	设置该值后，MySQL 将不允许插入零日期，否则会抛出错误而非警告
ERROR_FOR_DIVISION_BY_ZERO	在 INSERT 或 UPDATE 过程中，如果数据被 0 除，则会抛出错误而非警告。如果没有设置该值，那么数据被 0 除时将返回 NULL
NO_AUTO_CREATE_USER	禁止 GRANT 创建密码为空的用户
NO_ENGINE_SUBSTITUTION	如果需要的存储引擎被禁用或未编译，则将抛出错误。如果没有设置该值，则用默认的存储引擎代替，并抛出一个异常
PIPES_AS_CONCAT	将"‖"视为字符串的连接操作符而非或运算符。这和 Oracle 是一样的，也和字符串拼接函数 CONCAT()类似
ANSI_QUOTES	设置该值后，将不能用双引号来引用字符串，因为双引号将被解释为识别符

设置 sql_mode 有两种方式，分别是临时设置和永久设置。

（1）临时设置就是在命令行窗口中设置 sql_mode，语法如下所示。

```
SET GLOBAL sql_mode = 'modes…';   #全局。此方法只在当前服务中生效，重启 MySQL 服务后将失效
SET SESSION sql_mode = 'modes…';  #当前会话
```

举例如下：

```
#改为严格模式。此方法只在当前会话中生效，关闭当前会话后将失效
set SESSION sql_mode='STRICT_TRANS_TABLES';
#改为严格模式。此方法只在当前服务中生效，重启 MySQL 服务后将失效
set GLOBAL sql_mode='STRICT_TRANS_TABLES';
```

（2）永久设置就是在 my.cnf 配置文件中设置 sql_mode。

首先在 my.cnf 配置文件（Windows 平台下是 my.ini 配置文件）中新增如下配置，然后重启 MySQL 服务。

```
[mysqld]
sql_mode=ONLY_FULL_GROUP_BY,STRICT_TRANS_TABLES,NO_ZERO_IN_DATE,NO_ZERO_DATE,ERROR_FOR_D
IVISION_BY_ZERO,NO_ENGINE_SUBSTITUTION
```

当然，在生产环境中对于重启 MySQL 服务是严格控制的。因此，无论是采用临时设置方式，还是采用永久设置方式，即便有一天真的重启 MySQL 服务，对 MySQL 的相关设置也会永久生效。

1.9 小结

本章主要讲解了 MySQL 的发展历程，介绍了 Linux 平台下 MySQL 的安装，并且强调在卸载 MySQL 时一定要卸载干净；讲解了 MySQL 的登录，以及远程登录时出现的无法连接问题及其解决方案；MySQL 8.0 的密码安全策略较以前版本的密码安全策略发生了改变，在初次修改密码的时候一定要注意密码复杂度的设置；说明了字符集的设置；给出了 SQL 语句中的字母大小写规范；介绍了 sql_mode，对比了宽松模式与严格模式，并强调应选择性地设置 sql_mode 的值，以保证数据的准确性。

第2章

MySQL 的目录结构

MySQL 安装完成后，就可以通过 SQL 语句对数据执行增、删、改、查操作。大家有没有考虑过一个问题：在对数据执行增、删、改、查操作的时候，数据到底被存储在哪个位置呢？本章将介绍 MySQL 的目录结构。

2.1 MySQL 的主要目录

MySQL 安装完成后，会在 Linux 的主要系统目录下创建自己的目录。可以使用如下语句查看 MySQL 的主要目录。我们需要重点关注的目录有两个，分别是/var/lib/和/usr/bin/。

```
[root@atguigu01 ~]# find / -name mysql
/etc/logrotate.d/mysql/
/var/lib/mysql/
/var/lib/mysql/mysql/
/usr/bin/mysql/
/usr/lib64/mysql/
```

2.1.1 MySQL 的数据目录

MySQL 服务器端程序在启动时会到文件系统的某个目录下加载一些文件，在运行过程中产生的数据也会被存储到这个目录下的某些文件中，这个目录被称为数据目录。

MySQL 把数据都存储到了哪个路径下呢？其实数据目录对应着一个系统变量 datadir，我们在使用客户端与服务器建立连接后，就可以查看这个系统变量的值，SQL 语句如下所示。从结果中可以看到，在服务器上，MySQL 的数据目录就是/var/lib/mysql/。

```
mysql> SHOW VARIABLES LIKE 'datadir';
+---------------+-----------------+
| Variable_name | Value           |
+---------------+-----------------+
| datadir       | /var/lib/mysql/ |
+---------------+-----------------+
1 row in set (0.04 sec)
```

2.1.2 MySQL 的数据库命令目录

Linux 平台下有两个目录用来存储一些可执行的指令文件，分别是/usr/bin/和/usr/sbin/。/usr/bin/目录下存储的是任何用户都可以执行的指令，/usr/sbin/目录下存储的是只有超级管理员才可以执行的指令。

MySQL 安装完成后，也会把与 MySQL 相关的命令存储到上述两个目录下。执行 cd 命令可以进入/usr/bin/目录，执行 find 命令可以看到该目录下存储了许多关于控制客户端程序和服务器端程序的命令，如 mysql、mysqladmin 等，如下所示。

```
[root@atguigu01~]# cd /usr/bin/
[root@atguigu01 bin]# find . -name "mysql*"
./mysql
./mysql_config_editor
./mysqladmin
./mysqlbinlog
./mysqlcheck
./mysqldump
./mysqlimport
./mysqlpump
./mysqlshow
./mysqlslap
./mysql_ssl_rsa_setup
./mysql_tzinfo_to_sql
./mysql_upgrade
./mysqld_pre_systemd
./mysqldumpslow
./mysql_migrate_keyring
./mysql_secure_installation
```

进入/usr/sbin/目录，结果如下所示，可以看到 mysqld、mysqld-debug 等命令。

```
[root@node1 bin]# cd /usr/sbin/
[root@node1 sbin]# find . -name "mysql*"
./mysqld
./mysqld-debug
```

此外，/usr/share/mysql-8.0/目录下也存储了 MySQL 的部分命令及配置文件，部分数据如下所示。

```
[root@atguigu01 sbin]# cd /usr/share/mysql-8.0/
[root@atguigu01 mysql-8.0]# ll
total 976
drwxr-xr-x. 2 root root    24 Aug 22 20:18 bulgarian
drwxr-xr-x. 2 root root  4096 Aug 22 20:18 charsets
drwxr-xr-x. 2 root root    24 Aug 22 20:18 czech
drwxr-xr-x. 2 root root    24 Aug 22 20:18 danish
-rw-r--r--. 1 root root 25575 Apr 23  2021 dictionary.txt
drwxr-xr-x. 2 root root    24 Aug 22 20:18 dutch
drwxr-xr-x. 2 root root    24 Aug 22 20:18 english
drwxr-xr-x. 2 root root    24 Aug 22 20:18 estonian
drwxr-xr-x. 2 root root    24 Aug 22 20:18 french
drwxr-xr-x. 2 root root    24 Aug 22 20:18 german
drwxr-xr-x. 2 root root    24 Aug 22 20:18 greek
drwxr-xr-x. 2 root root    24 Aug 22 20:18 hungarian
-rw-r--r--. 1 root root  3999 Apr 23  2021 innodb_memcached_config.sql
-rw-r--r--. 1 root root  2216 Apr 23  2021 install_rewriter.sql
drwxr-xr-x. 2 root root    24 Aug 22 20:18 italian
…
```

但是，最重要的配置文件 my.cnf 存储在/etc/目录下，如下所示。

```
[root@atguigu01 etc]# cd /etc/
[root@atguigu01 etc]# ls | grep 'my.cnf'
my.cnf
```

2.2　数据库和文件系统的关系

　　一般我们通过数据库客户端来操作数据，对数据存储的具体位置没有特别留意。MySQL 中的数据一旦持久化，就会被存储在磁盘中，服务器重启以后，数据依然存在。操作系统用来管理磁盘的结构被称为文件系统。当我们读取数据的时候，MySQL 会从文件系统中把数据读出来返回给我们；当我们写入数据的时候，MySQL 会把这些数据写回文件系统中。

2.2.1　查看系统数据库

　　使用如下语句查看当前 MySQL 服务器中有哪些数据库。

```
mysql> SHOW DATABASES;
+--------------------+
| Database           |
+--------------------+
| chapter1           |
| information_schema |
| mysql              |
| performance_schema |
| sys                |
+--------------------+
5 rows in set (0.01 sec)
```

　　从结果中可以看到，当前 MySQL 服务器中共有 5 个数据库，其中，chapter1 是我们在第 1 章中自定义的数据库，另外 4 个是 MySQL 自带的系统数据库，分别是 information_schema、mysql、performance_schema 和 sys。下面讲解这 4 个系统数据库的作用。

　　（1）information_schema。information_schema 数据库主要用于存储数据库元数据，如数据库名、表名、列的数据类型、访问权限、触发器等。这些信息并不是真实的用户数据，而是一些描述性信息。

　　（2）mysql。mysql 数据库主要用于存储数据库的用户、权限设置、存储过程、帮助信息、时区信息等。

　　（3）performance_schema。performance_schema 数据库主要用于收集数据库服务器性能参数，可以用来监控 MySQL 服务的各类性能指标，如提供进程等待的详细信息，包括锁、互斥变量、文件信息、内存使用情况等。

　　（4）sys。sys 是从 MySQL 5.7 开始新增的系统数据库。该数据库通过视图的形式把 information_schema 和 performance_schema 数据库结合起来，帮助系统管理员和开发人员监控 MySQL 的技术性能。

2.2.2　数据库在文件系统中的表示

　　在使用 CREATE DATABASE 语句创建一个数据库的时候，MySQL 会帮我们做两件事。

　　（1）在数据目录下创建一个和数据库名同名的子目录。

　　（2）在与该数据库名同名的子目录下创建一个名为 db.opt 的文件（仅限 MySQL 5.7 及以前的版本），这个文件中包含该数据库的各种属性，如该数据库的字符集和校对规则。

　　使用如下语句查看 MySQL 数据目录下的内容。从结果中可以看到，这个数据目录下的文件和子目录比较多，除了 information_schema 这个系统数据库，其他数据库在数据目录下都有对应的文件和子目录，包括我们在第 1 章中自定义的数据库 chapter1。注意，information_schema 是唯一一个在数据目录下没有对应文件和子目录的系统数据库。

```
[root@atguigu01 mysql]# cd /var/lib/mysql/
[root@atguigu01 mysql]# ll
```

```
-rw-r-----. 1 mysql mysql        56 Aug 22 20:30 auto.cnf
-rw-r-----. 1 mysql mysql      7460 Aug 23 05:52 binlog.000001
-rw-r-----. 1 mysql mysql       694 Aug 24 03:23 binlog.000002
-rw-r-----. 1 mysql mysql      2802 Aug 24 23:21 binlog.000003
-rw-r-----. 1 mysql mysql        48 Aug 24 20:46 binlog.index
-rw-------. 1 mysql mysql      1680 Aug 22 20:30 ca-key.pem
-rw-r--r--. 1 mysql mysql      1112 Aug 22 20:30 ca.pem
drwxr-x---. 2 mysql mysql       112 Aug 24 23:21 chapter1
-rw-r--r--. 1 mysql mysql      1112 Aug 22 20:30 client-cert.pem
-rw-------. 1 mysql mysql      1680 Aug 22 20:30 client-key.pem
-rw-r-----. 1 mysql mysql    196608 Aug 24 23:23 #ib_16384_0.dblwr
-rw-r-----. 1 mysql mysql   8585216 Aug 22 20:30 #ib_16384_1.dblwr
-rw-r-----. 1 mysql mysql      3711 Aug 24 03:23 ib_buffer_pool
-rw-r-----. 1 mysql mysql  12582912 Aug 24 23:21 ibdata1
-rw-r-----. 1 mysql mysql  50331648 Aug 24 23:23 ib_logfile0
-rw-r-----. 1 mysql mysql  50331648 Aug 22 20:30 ib_logfile1
-rw-r-----. 1 mysql mysql  12582912 Aug 24 20:46 ibtmp1
drwxr-x---. 2 mysql mysql       187 Aug 24 20:46 #innodb_temp
drwxr-x---. 2 mysql mysql       143 Aug 22 20:30 mysql
-rw-r-----. 1 mysql mysql  25165824 Aug 24 23:21 mysql.ibd
srwxrwxrwx. 1 mysql mysql         0 Aug 24 20:46 mysql.sock
-rw-------. 1 mysql mysql         5 Aug 24 20:46 mysql.sock.lock
drwxr-x---. 2 mysql mysql      8192 Aug 22 20:30 performance_schema
-rw-------. 1 mysql mysql      1680 Aug 22 20:30 private_key.pem
-rw-r--r--. 1 mysql mysql       452 Aug 22 20:30 public_key.pem
-rw-r--r--. 1 mysql mysql      1112 Aug 22 20:30 server-cert.pem
-rw-------. 1 mysql mysql      1680 Aug 22 20:30 server-key.pem
drwxr-x---. 2 mysql mysql        28 Aug 22 20:30 sys
-rw-r-----. 1 mysql mysql  16777216 Aug 24 23:23 undo_001
-rw-r-----. 1 mysql mysql  16777216 Aug 24 23:23 undo_002
```

2.2.3 表在文件系统中的表示

每张表的信息可以分为表结构的定义信息和表中的数据信息。其中，表结构的定义信息包含该表的名称、表中有多少列、每列的数据类型、约束条件和索引、使用的字符集和校对规则等信息，这些信息都体现在创建表的语句中。

在 MySQL 中，存储引擎主要负责数据的读取和写入。下面分别介绍 InnoDB 和 MyISAM 存储引擎下表在文件系统中的表示。

1. InnoDB 存储引擎下表在文件系统中的表示

在 MySQL 8.0 以前的版本中，InnoDB 存储引擎在数据库子目录下创建了一个专门用于存储表结构的文件，文件名是表名，文件扩展名是.frm，即表名.frm。下面在 MySQL 5.7 中创建数据库 chapter2，在其中创建表 student，SQL 语句如下所示。

```
mysql> CREATE DATABASE chapter2;

mysql> USE chapter2;
Database changed

mysql> CREATE TABLE `student` (
  `id` bigint NOT NULL AUTO_INCREMENT,
```

```
  `name` varchar(20) DEFAULT NULL,
  `age` int DEFAULT NULL,
  `sex` varchar(2) DEFAULT NULL COMMENT 'm:male;f:female',
  PRIMARY KEY (`id`)
)AUTO_INCREMENT=0;
Query OK, 0 rows affected (0.03 sec)
```

进入 chapter2 目录，查看文件，结果如下所示。可以看到，chapter2 目录下包含 student.frm 和 student.ibd 文件。其中，student.frm 文件用于存储表结构，该类型的文件在不同的平台上都是以二进制形式存储的；student.ibd 文件用于存储数据。

```
[root@atguigu02 mysql]# cd chapter2
[root@atguigu02 chapter1]# ll
total 224
-rw-r-----  1 _mysql  _mysql     65   8 26 11:43 db.opt
-rw-r-----  1 _mysql  _mysql   8657   8 26 13:55 student.frm
-rw-r-----  1 _mysql  _mysql  98304   8 26 13:55 student.ibd
```

同样，在 MySQL 8.0 中创建数据库 chapter2，在其中创建表 student，进入 chapter2 目录，查看文件，结果如下所示。可以看到，chapter2 目录下只有一个 student.ibd 文件，.frm 文件在 MySQL 8.0 中不复存在。那么，表结构被存储在哪里呢？

```
[root@atguigu01 mysql]# cd chapter2
[root@atguigu01 chapter2]# ls
student.ibd
```

官方将 .frm 文件信息及更多信息移动到序列化字典信息（Serialized Dictionary Information，SDI）中，而 SDI 被写入 .ibd 文件中。

为了从 .ibd 文件中提取 SDI，官方提供了一个应用程序 ibd2sdi。这个应用程序不需要下载，MySQL 8.0 自带，使用流程如下。

（1）进入数据库子目录，如下所示。

```
[root@atguigu01 chapter2]# pwd
/var/lib/mysql/chapter2
```

（2）执行 ibd2sdi 命令，如下所示。

```
[root@atguigu01 chapter2]# ibd2sdi --dump-file=student.txt student.ibd
```

（3）查看文件，结果如下所示，可以发现已经出现 student.txt 文件。

```
[root@atguigu01 chapter2]# ls
student.ibd  student.txt
```

应用程序 ibd2sdi 会把 .ibd 文件里存储的表结构以 JSON 格式保存在 student.txt 文件中。student.txt 文件中的内容如图 2-1 所示。图中标记部分从上到下分别表示表名、列、列名和列的长度。从上面的测试结果中可以发现，MySQL 8.0 把以前版本中的 .frm 文件合并到 .ibd 文件中。

2．MyISAM 存储引擎下表在文件系统中的表示

1）存储表结构

MyISAM 存储引擎和 InnoDB 存储引擎一样，也在数据库子目录下创建了一个专门用于存储表结构的 .frm 文件。

2）存储数据和索引

MyISAM 存储引擎中的索引全部是非聚簇索引（参见 7.3.2 节），该存储引擎中的数据和索引是分开存储的，这些文件都被存放在对应的数据库子目录下。如果表 student 使用 MyISAM 存储引擎，那么，在表 student 所在数据库对应的 chapter2 目录下会为该表创建 3 个文件，分别是 student.frm、student.MYD（MY Data）和 student.MYI（MY Index）。其中，student.frm 文件用于存储表结构；student.MYD 文件用于存储数据，也就是插入表中的记录；student.MYI 文件是表的索引文件，我们为该表创建的索引都被存储在这个文件中。

```
□[
    "ibd2sdi",
    □{
        "type":1,                                    可单击key和value值进行编辑
        "id":362,
        "object":□{
            "mysqld_version_id":80026,
            "dd_version":80023,
            "sdi_version":80019,
            "dd_object_type":"Table",
            "dd_object":□{
                "name":"student",
                "mysql_version_id":80026,
                "created":20210726084458,
                "last_altered":20210726084458,
                "hidden":1,
                "options":"avg_row_length=0;checksum=0;delay_key_write=0;encrypt_type=N;key_block_size=0
;keys_disabled=0;pack_record=1;stats_auto_recalc=0;stats_sample_pages=0;",
                "columns":□[
                    □{
                        "name":"id",
                        "type":9,
                        "is_nullable":false,
                        "is_zerofill":false,
                        "is_unsigned":false,
                        "is_auto_increment":true,
                        "is_virtual":false,
                        "hidden":1,
                        "ordinal_position":1,
                        "char_length":20,
                        "numeric_precision":19,
                        "numeric_scale":0,
                        "numeric_scale_null":false,
                        "datetime_precision":0,
                        "datetime_precision_null":1,
```

图 2-1　student.txt 文件中的内容

在数据库 chapter2 中创建表 student_myisam，使用 ENGINE 选项显式指定存储引擎为 MyISAM，SQL 语句如下所示。

```
mysql> CREATE TABLE `student_myisam` (
  `id` BIGINT NOT NULL AUTO_INCREMENT,
  `name` VARCHAR(64) DEFAULT NULL,
  `age` INT DEFAULT NULL,
  `sex` VARCHAR(2) DEFAULT NULL COMMENT 'm:male;f:female',
  PRIMARY KEY (`id`)
)ENGINE=MyISAM ;
```

首先查看 MySQL 8.0 中文件的存储形式，进入数据库子目录，结果如下所示。

```
[root@atguigu01 chapter2]# pwd
/var/lib/mysql/chapter2
[root@atguigu01 chapter2]# ll
total 92
-rw-r-----. 1 mysql mysql 114688 Aug 25 23:44 student.ibd
-rw-r-----. 1 mysql mysql   4351 Aug 26 00:06 student_myisam_371.sdi
-rw-r-----. 1 mysql mysql      0 Aug 26 00:06 student_myisam.MYD
-rw-r-----. 1 mysql mysql   1024 Aug 26 00:06 student_myisam.MYI
```

可以看到，表 student_myisam 在文件系统中有 3 个文件。其中，student_myisam_371.sdi 文件用于存储元数据；student_myisam.MYD 文件用于存储数据；student_myisam.MYI 文件用于存储索引。

在 InnoDB 存储引擎中，SDI 与数据一起存储。而在 MyISAM 存储引擎和其他存储引擎中，SDI 被写入数据目录下的.sdi 文件中。

然后查看 MySQL 5.7 中文件的存储形式，进入数据库子目录，结果如下所示。

```
[root@atguigu02 chapter2]$ ls -l
total 256
-rw-r-----  1 _mysql  _mysql     65  8 26 11:43 db.opt
-rw-r-----  1 _mysql  _mysql   8657  8 26 13:55 student.frm
-rw-r-----  1 _mysql  _mysql  98304  8 26 13:55 student.ibd
-rw-r-----  1 _mysql  _mysql      0  8 26 15:11 student_myisam.MYD
-rw-r-----  1 _mysql  _mysql   1024  8 26 15:11 student_myisam.MYI
-rw-r-----  1 _mysql  _mysql   8657  8 26 15:11 student_myisam.frm
```

可以看到，表 student_myisam 在文件系统中也有 3 个文件。其中，student_myisam.frm 文件用于存储表结构；student_myisam.MYD 文件用于存储数据；student_myisam.MYI 文件用于存储索引。

综上所述，在 MySQL 8.0 以前的版本中，MyISAM 存储引擎下的表结构也被存储在.frm 文件中；而在 MySQL 8.0 及以后的版本中，MyISAM 存储引擎下的表结构被存储在.sdi 文件中。

2.2.4 视图在文件系统中的表示

MySQL 中的视图其实是虚拟的表，也就是某条查询语句的一个别名，因此，在存储视图的时候是不需要存储真实数据的，只需把视图结构存储起来即可。由于在 MySQL 8.0 中没有.frm 文件，因此在数据目录下看不到视图的相关文件。

在 MySQL 5.7 中，视图和表一样，存储视图结构的文件也会被存放在对应的数据库子目录下，并且只会存放一个名为视图名的.frm 文件。先使用如下语句创建视图。

```
mysql> USE chapter2;
mysql> CREATE VIEW student_view AS SELECT id, name, age AS value FROM student;
```

再查看视图，结果如下所示。可以看到，在文件系统中只有 student_view.frm 文件，没有 student_view.ibd 文件。

```
[root@atguigu02 mysql]# cd ./chapter2
[root@atguigu02 mysql]# ll
total 264
-rw-r-----  1 _mysql  _mysql     65  8 26 11:43 db.opt
-rw-r-----  1 _mysql  _mysql   8657  8 26 13:55 student.frm
-rw-r-----  1 _mysql  _mysql  98304  8 26 13:55 student.ibd
-rw-r-----  1 _mysql  _mysql      0  8 26 15:11 student_myisam.MYD
-rw-r-----  1 _mysql  _mysql   1024  8 26 15:11 student_myisam.MYI
-rw-r-----  1 _mysql  _mysql   8657  8 26 15:11 student_myisam.frm
-rw-r-----  1 _mysql  _mysql    590  8 26 15:20 student_view.frm
```

2.2.5 其他文件

除了上面提到的文件，在数据目录下还有一些其他文件。

（1）服务器进程文件。每运行一个 MySQL 服务器端程序，都意味着启动一个进程。MySQL 服务器会把 MySQL 实例全局唯一的 server-uuid 存放到 auto.cnf 文件中，如下所示。

```
[root@atguigu01 mysql]# cat auto.cnf
[auto]
server-uuid=e5c5c38f-2293-11ed-a05d-000c29c54974
```

（2）服务器日志文件。在服务器运行过程中，会产生各种各样的日志，如常规的查询日志、错误日志、二进制日志、redo 日志等。这些日志各有用途，将在后面的章节中讲解。

（3）自动生成的 SSL 证书、RSA 证书和密钥文件。

2.3　小结

本章主要讲解了基于 InnoDB 和 MyISAM 存储引擎的 MySQL 的目录结构，它们都把数据存储在文件系统中。数据库在文件系统中以文件夹的形式存在，里面存放了各自的表数据。表在文件系统中以文件的形式存在。在 MySQL 5.7 中，.ibd 文件用来存储数据，.frm 文件用来存储表结构。而在 MySQL 8.0 中，数据存储结构发生了改变，不再把表结构单独存储在.frm 文件中。通过学习 MySQL 的目录结构，我们可以更加透彻地理解 MySQL 的数据结构。

第3章

用户与权限管理

MySQL 是一个多用户数据库,具有功能强大的访问控制系统,可以为不同用户指定不同权限。前面我们使用的是root用户,该用户是超级管理员,拥有所有权限,包括创建用户、删除用户和修改用户密码等管理权限。但是,在生产环境中,root 权限滥用会造成安全问题。在企业中,数据库管理员一般会给用户分配最小的权限,只需满足用户需求即可。MySQL 中的权限管理机制十分完善,我们应该充分利用这个特点,提高数据库的安全性。本章将介绍 MySQL 中的用户与权限管理。

3.1 权限表

MySQL 服务器通过权限表来控制用户对数据库的访问。权限表被存放在系统库 mysql 中,MySQL 数据库系统会根据权限表的内容授予每个用户相应的权限。MySQL 中非常重要的权限表有 user、db、tables_priv、columns_priv、procs_priv 等。表 3-1 给出了各类型权限表中包含的授权信息。

表 3-1　各类型权限表中包含的授权信息

表　名	授权信息
user	用户账号和权限信息
global_grants	动态全局权限
db	数据库层级的权限
tables_priv	表层级的权限
columns_priv	列层级的权限
procs_priv	存储过程或存储函数权限
proxies_priv	代理用户权限
default_roles	账号链接并认证后默认授予的角色
roles_edges	角色子图的边界
password_history	密码更改历史记录

3.1.1　user 表

user 表用于记录用户账号和权限信息,它有 51 个字段。可以使用如下语句查看 user 表结构,其中包含字段信息。限于篇幅,此处仅展示部分数据。

```
mysql> DESC mysql.user;
+--------------+-----------------+------+-----+-----------+-------+
| Field        | Type            | Null | Key | Default   | Extra |
+--------------+-----------------+------+-----+-----------+-------+
| Host         | char(255)       | NO   | PRI |           |       |
| User         | char(32)        | NO   | PRI |           |       |
| Select_priv  | enum('N','Y')   | NO   |     | N         |       |
| Insert_priv  | enum('N','Y')   | NO   |     | N         |       |
| Update_priv  | enum('N','Y')   | NO   |     | N         |       |
```

```
| Delete_priv  | enum('N','Y')  | NO  |      | N  |      |      |
| Create_priv  | enum('N','Y')  | NO  |      | N  |      |      |
| Drop_priv    | enum('N','Y')  | NO  |      | N  |      |      |
| Reload_priv  | enum('N','Y')  | NO  |      | N  |      |      |
```

这些字段可以分为 4 类，分别是用户列、权限列、安全列和资源控制列。

1. 用户列

user 表中的用户列有 Host、User、authentication_string 3 个字段，分别表示主机名、用户名和密码。其中，Host 和 User 为 user 表的联合主键。MySQL 中用主机名、用户名组合标识一个完整的用户，形式为"用户名@主机名"。这 3 个字段的值就是创建用户时保存的用户信息。我们可以直接从数据库中查询字段信息，结果如下所示。例如，前面使用的 root 用户对应的 Host、User 字段信息分别是"%""root"，而密码信息是加密后的数据，主要用来保证数据库的安全。在登录数据库的时候，需要三者完全匹配才可以成功登录。

```
mysql> SELECT User, Host,authentication_string FROM user WHERE User='root' AND Host='%';
+------+------+-------------------------------------------+
| User | Host | authentication_string                     |
+------+------+-------------------------------------------+
| root | %    | *CB588AAE96BA3780D597CEF19CE7A29C9F4AF3D4 |
+------+------+-------------------------------------------+
1 row in set (0.00 sec)
```

2. 权限列

user 表权限列中的字段决定了用户权限，描述了在全局范围内允许用户对数据和数据库执行的操作，既包括查询权限、修改权限等普通权限，也包括关闭服务器、超级权限、加载用户等高级权限，普通权限用于操作数据库，高级权限用于管理数据库。这些字段的数据类型为枚举类型，取值只能是 Y 和 N，Y 表示该用户拥有对应的权限，N 表示该用户没有对应的权限。从 user 表结构中可以看到，这些字段的值默认都是 N。如果要修改用户权限，则可以使用 GRANT 语句或 UPDATE 语句更改 user 表权限列中这些字段的值。

3. 安全列

user 表中的安全列有 6 个字段，其中，两个是与 SSL 相关的字段，用于加密；两个是与 x509 相关的字段，用于标识用户；两个是与授权插件相关的字段，用于验证用户身份，这两个字段不能为空，否则服务器会使用内建的授权验证机制来验证用户身份。

4. 资源控制列

user 表中的资源控制列有 4 个字段，用来限制用户使用的资源。

（1）max_questions 字段表示允许用户每小时执行的查询操作次数。

（2）max_updates 字段表示允许用户每小时执行的更新操作次数。

（3）max_connections 字段表示允许用户每小时执行的连接操作次数。

（4）max_user_connections 字段表示允许用户同时建立的连接数。

5. 字段的含义

可以使用如下 SQL 语句查看当前数据库有哪些用户。如果需要以列的方式显示数据，则只需在 SQL 语句后面加上"\G"即可。

```
SELECT * FROM mysql.user;
SELECT * FROM mysql.user\G;
```

也可以使用如下 SQL 语句查询特定字段，其中的查询字段也可以换成其他字段。

```
mysql>  SELECT Host,User,authentication_string,Select_priv FROM mysql.user\G;
*************************** 1. row ***************************
            Host: %
```

```
                 User: root
authentication_string: *CB588AAE96BA3780D597CEF19CE7A29C9F4AF3D4
         Select_priv: Y
*************************** 2. row ***************************
                 Host: localhost
                 User: mysql.infoschema
authentication_string:
$A$005$THISISACOMBINATIONOFINVALIDSALTANDPASSWORDTHATMUSTNEVERBRBEUSED
         Select_priv: Y
*************************** 3. row ***************************
                 Host: localhost
                 User: mysql.session
authentication_string:
$A$005$THISISACOMBINATIONOFINVALIDSALTANDPASSWORDTHATMUSTNEVERBRBEUSED
         Select_priv: N
*************************** 4. row ***************************
                 Host: localhost
                 User: mysql.sys
authentication_string:
$A$005$THISISACOMBINATIONOFINVALIDSALTANDPASSWORDTHATMUSTNEVERBRBEUSED
         Select_priv: N
4 rows in set (0.00 sec)
```

可以看到，当前数据库有 4 个用户。上述查询结果中有 4 个字段，各字段的含义如下。

（1）Host 字段表示主机名。有如下几种取值。

① %：表示所有远程机器都可以进行 TCP 方式的连接。

② IP 地址（如 192.168.1.2、127.0.0.1）：表示通过指定 IP 地址进行 TCP 方式的连接。

③ 机器名：表示通过指定网络中的机器名进行 TCP 方式的连接。

④ localhost：表示允许自身机器通过命令行方式连接，例如，通过 "mysql -u xxx -p xxx" 方式连接。

（2）User 字段表示用户名。同一用户通过不同方式连接获得的权限是不一样的。

（3）authentication_string 字段表示密码。所有密码串都是通过明文字符串生成的密文字符串。MySQL 8.0 在用户管理方面增加了角色管理，对默认的密码加密方式也进行了调整，由 SHA1 改为 SHA2，SHA2 和 SHA1 一样是不可逆的。MySQL 8.0 在用户管理方面的功能和安全性都较以前的版本大大增强。在 MySQL 5.7 以前的版本中，密码被保存在 password 字段中；而在 MySQL 5.7 及以后的版本中，使用 authentication_string 字段代替了 password 字段。

（4）Select_priv 字段表示用户是否拥有查询表中数据的权限。

3.1.2　db 表

db 表中存储了用户对某个数据库的操作权限，决定了用户能在哪台主机上存取哪个数据库。可以使用 DESCRIBE 语句查看 db 表结构，如下所示。

```
mysql> DESCRIBE mysql.db;
+-----------------------+---------------+------+-----+---------+-------+
| Field                 | Type          | Null | Key | Default | Extra |
+-----------------------+---------------+------+-----+---------+-------+
| Host                  | char(255)     | NO   | PRI |         |       |
| Db                    | char(64)      | NO   | PRI |         |       |
| User                  | char(32)      | NO   | PRI |         |       |
| Select_priv           | enum('N','Y') | NO   |     | N       |       |
| Insert_priv           | enum('N','Y') | NO   |     | N       |       |
```

```
| Update_priv           | enum('N','Y') | NO  |     | N       |       |
| Delete_priv           | enum('N','Y') | NO  |     | N       |       |
| Create_priv           | enum('N','Y') | NO  |     | N       |       |
| Drop_priv             | enum('N','Y') | NO  |     | N       |       |
| Grant_priv            | enum('N','Y') | NO  |     | N       |       |
| References_priv       | enum('N','Y') | NO  |     | N       |       |
| Index_priv            | enum('N','Y') | NO  |     | N       |       |
| Alter_priv            | enum('N','Y') | NO  |     | N       |       |
| Create_tmp_table_priv | enum('N','Y') | NO  |     | N       |       |
| Lock_tables_priv      | enum('N','Y') | NO  |     | N       |       |
| Create_view_priv      | enum('N','Y') | NO  |     | N       |       |
| Show_view_priv        | enum('N','Y') | NO  |     | N       |       |
| Create_routine_priv   | enum('N','Y') | NO  |     | N       |       |
| Alter_routine_priv    | enum('N','Y') | NO  |     | N       |       |
| Execute_priv          | enum('N','Y') | NO  |     | N       |       |
| Event_priv            | enum('N','Y') | NO  |     | N       |       |
| Trigger_priv          | enum('N','Y') | NO  |     | N       |       |
+-----------------------+---------------+-----+-----+---------+-------+
```

结果显示，db 表中的字段大致可以分为两类，分别是用户列和权限列。

1. 用户列

db 表中的用户列有 Host、Db、User 3 个字段，分别表示主机名、数据库名和用户名。这 3 个字段表示在某台主机上连接某个用户对某个数据库的操作权限。这 3 个字段为 db 表的联合主键。

2. 权限列

db 表中的权限列有 Create_routine_priv 和 Alter_routine_priv 两个字段，决定了用户是否拥有创建和修改存储过程的权限。

user 表中的权限是针对所有数据库的。如果 user 表中 Select_priv 字段的值为 Y，则表示该用户可以查询所有数据库中的表。如果希望用户只对某个数据库拥有操作权限，则需要先将 user 表中对应的字段值设置为 N，再在 db 表中设置对应数据库的操作权限。由此可知，用户先根据 user 表的内容获取权限，再根据 db 表的内容获取权限。

3.1.3 tables_priv 表和 columns_priv 表

tables_priv 表用来对表设置操作权限，columns_priv 表用来对表中的某一列设置操作权限。

可以使用 DESCRIBE 语句查看 tables_priv 表结构，如下所示。

```
DESCRIBE mysql.tables_priv;
```

tables_priv 表结构如表 3-2 所示。

表 3-2　tables_priv 表结构

字　段　名	数据类型	默　认　值
Host	char(60)	
Db	char(64)	
User	char(16)	
Table_name	char(64)	
Grantor	char(77)	
Timestamp	timestamp	CURRENT_TIMESTAMP
Table_priv	set('Select','Insert','Update','Delete','Create','Drop','Grant','References', 'Index', 'Alter', 'Create View', 'Show View', 'Trigger')	
Column_priv	set('Select','Insert','Update', 'References')	

tables_priv 表中有 8 个字段，分别是 Host、Db、User、Table_name、Grantor、Timestamp、Table_priv 和 Column_priv，各字段的含义如下。

（1）Host、Db、User 和 Table_name 字段分别表示主机名、数据库名、用户名和表名。

（2）Grantor 字段表示插入或修改该记录的用户。

（3）Timestamp 字段表示修改该记录的时间。

（4）Table_priv 字段表示用户对表拥有的操作权限，包括 Select、Insert、Update、Delete、Create、Drop、Grant、References、Index、Alter、Create View、Show View 和 Trigger。

（5）Column_priv 字段表示用户对表中某一列拥有的操作权限，包括 Select、Insert、Update 和 References。

可以使用 DESCRIBE 语句查看 columns_priv 表结构，如下所示。

```
DESCRIBE mysql.columns_priv;
```

columns_priv 表结构如表 3-3 所示。

表 3-3　columns_priv 表结构

字 段 名	数据类型	默 认 值
Host	char(60)	
Db	char(64)	
User	char(16)	
Table_name	char(64)	
Column_name	char(64)	
Timestamp	timestamp	CURRENT_TIMESTAMP
Column_priv	set('Select','Insert','Update', 'References')	

columns_priv 表中有 7 个字段，分别是 Host、Db、User、Table_name、Column_name、Timestamp 和 Column_priv。其中，Column_name 字段用来指定用户对哪些列拥有操作权限。其他字段的含义和 tables_priv 表中对应字段的含义相同。

3.1.4　procs_priv 表

procs_priv 表用来对存储过程或存储函数设置操作权限。可以使用 DESCRIBE 语句查看 procs_priv 表结构，如下所示。

```
DESCRIBE mysql.procs_priv;
```

procs_priv 表结构如表 3-4 所示。

表 3-4　procs_priv 表结构

字 段 名	数据类型	默 认 值
Host	char(60)	
Db	char(64)	
User	char(16)	
Routine_name	char(64)	
Routine_type	enum('FUNCTION', 'RROCEDURE')	NULL
Grantor	char(77)	CURRENT_TIMESTAMP
Proc_priv	set('Execute','Alter Routine','Grant')	
Timestamp	timestamp	CURRENT_TIMESTAMP

procs_priv 表中有 8 个字段，分别是 Host、Db、User、Routine_name、Routine_type、Grantor、Proc_priv 和 Timestamp，各字段的含义如下。

（1）Host、Db 和 User 字段分别表示主机名、数据库名和用户名。

（2）Routine_name 字段表示存储过程或存储函数名称。

（3）Routine_type 字段表示存储过程或存储函数类型。该字段有两个值，分别是 FUNCTION 和 PROCEDURE。其中，FUNCTION 表示这是一个存储函数，PROCEDURE 表示这是一个存储过程。

（4）Grantor 字段表示插入或修改该记录的用户。

（5）Proc_priv 字段表示用户对存储过程或存储函数拥有的操作权限，包括 Execute、Alter Routine 和 Grant。

（6）Timestamp 字段表示修改该记录的时间。

3.2 用户管理

MySQL 的安全性需要通过用户管理来保证。MySQL 用户可以分为 root 用户和普通用户。其中，root 用户是超级管理员，拥有所有权限；而普通用户只拥有被 root 用户授予的权限。

MySQL 提供了很多语句来管理用户，介绍如下。

3.2.1 登录 MySQL 服务器

启动 MySQL 服务后，可以使用 mysql 命令登录 MySQL 服务器，其语法如下所示。

```
mysql -h hostname|hostIP -P port -u username -p DatabaseName -e "SQL 语句"
```

命令中各参数的含义如下。

- -h：用于指定主机名或主机 IP 地址，hostname 表示主机名，hostIP 表示主机 IP 地址。
- -P：用于指定 MySQL 服务器的端口号，默认为 3306。
- -u：用于指定要登录的用户，username 表示用户名。
- -p：用于指定密码。
- DatabaseName：用于指定登录哪个数据库。如果省略该参数，就会直接登录 MySQL 数据库，之后可以使用 USE 命令来选择数据库。
- -e：用于指定执行的 SQL 语句。登录 MySQL 服务器后，即可执行这条 SQL 语句，之后退出 MySQL 服务器。

例如，使用如下语句登录 MySQL 服务器，按回车键后输入密码，结果显示直接执行了 SQL 语句。

```
[root@atguigu01 ~]# mysql -uroot -p -hlocalhost -P3306 mysql -e "SELECT Host,User FROM user"
Enter password:
+-----------+------------------+
| Host      | User             |
+-----------+------------------+
| %         | root             |
| localhost | mysql.infoschema |
| localhost | mysql.session    |
| localhost | mysql.sys        |
+-----------+------------------+
```

3.2.2 创建用户

MySQL 官方推荐在系统库 mysql 中使用 CREATE USER 语句创建新用户。此外，还可以使用 INSERT 语句操作系统库 mysql 中的 user 表增加用户，但是 MySQL 8.0 中移除了 PASSWORD 加密方法，因此不再推荐使用 INSERT 语句。

使用 CREATE USER 语句创建新用户时，必须拥有 CREATE USER 权限。每增加一个用户，CREATE USER 语句就会在 mysql.user 表中添加一条新记录，但是新创建的用户没有任何权限。

CREATE USER 语句的语法如下所示。

```
CREATE USER 用户名 [IDENTIFIED BY '密码'][,用户名 [IDENTIFIED BY '密码']];
```

- "用户名"表示创建的新用户，由用户名（User）和主机名（Host）构成。
- "[ ]"表示可选，也就是说，可以指定用户登录时需要密码验证，也可以不指定密码验证，用户可以直接登录。不过，不指定密码验证的方式不安全，不推荐使用。如果指定了密码验证，那么这里需要使用 IDENTIFIED BY 语句指定明文密码值。
- CREATE USER 语句可以同时创建多个用户。

下面创建两个用户 li4 和 zhang3，具体 SQL 语句如下所示。

```
mysql> CREATE USER li4 IDENTIFIED BY 'Test_123123'; #默认 host 值为 "%"
mysql> CREATE USER 'zhang3'@'localhost' IDENTIFIED BY 'Test_123456';
```

查看用户信息，结果如下所示。可以看到，在创建用户的时候，如果指定了 Host，则按照指定的 Host 创建；如果没有指定 Host，则默认 Host 值为 "%"。

```
mysql> SELECT Host,User FROM mysql.user;
+-----------+------------------+
| Host      | User             |
+-----------+------------------+
| %         | li4              |
| %         | root             |
| localhost | zhang3           |
| localhost | mysql.infoschema |
| localhost | mysql.session    |
| localhost | mysql.sys        |
+-----------+------------------+
6 rows in set (0.00 sec)
```

3.2.3　删除用户

在 MySQL 中，可以使用 DROP USER 语句删除用户，也可以使用 DELETE 语句删除用户。

1. 使用 DROP USER 语句删除用户

使用 DROP USER 语句删除用户时，必须拥有 DROP USER 权限。DROP USER 语句的语法如下所示。

```
DROP USER user[,user]…;
```

其中，user 表示需要删除的用户，由用户名（User）和主机名（Host）构成。DROP USER 语句可以同时删除多个用户，各用户之间用逗号分隔。

删除上面创建的 li4 和 zhang3 用户，具体 SQL 语句如下所示。

```
mysql> DROP USER li4;                        #默认删除 Host 值为 "%" 的用户
mysql> DROP USER 'zhang3'@'localhost';#删除上面创建的用户
```

查看用户信息，结果如下所示。可以看到，已经没有了 li4 和 zhang3 用户信息。

```
mysql> SELECT Host,User FROM mysql.user;
+-----------+------------------+
| Host      | User             |
+-----------+------------------+
| %         | root             |
| localhost | mysql.infoschema |
| localhost | mysql.session    |
| localhost | mysql.sys        |
+-----------+------------------+
```

2. 使用 DELETE 语句删除用户

使用 DELETE 语句可以直接将用户信息从 user 表中删除，但必须对 user 表拥有 DELETE 权限。

DELETE 语句的语法如下所示。

```
DELETE FROM mysql.user WHERE Host='hostname' AND User='username';
```

因为 Host 字段和 User 字段是 user 表的联合主键，所以需要这两个字段的值才能唯一确定一条记录。

执行完 DELETE 语句后，需要执行 FLUSH 语句使删除操作生效，具体 SQL 语句如下所示。

```
mysql> FLUSH PRIVILEGES;
```

例如，使用如下 SQL 语句删除用户名为"wang5"并且主机名为"localhost"的用户信息。

```
mysql> DELETE FROM mysql.user WHERE Host='localhost' AND User='wang5';
mysql> FLUSH PRIVILEGES;
```

一般不推荐使用 DELETE 语句删除用户，因为系统会有残留信息。而使用 DROP USER 语句则会删除用户及其对应的权限，执行该语句后会发现 user 表和 db 表中相应的用户信息都消失了。

3.2.4 修改用户信息

MySQL 也支持修改用户信息。例如，使用如下 SQL 语句修改用户名。

```
#创建用户 wang5
mysql> CREATE USER wang5 IDENTIFIED BY 'Test_123123';
#修改用户名为 li4
mysql> UPDATE mysql.user SET User='li4' WHERE User='wang5';
mysql> FLUSH PRIVILEGES;
```

查看用户信息，结果如下所示。可以看到，用户名已经变成了 li4。

```
mysql> SELECT Host,User FROM mysql.user;
+-----------+------------------+
| Host      | User             |
+-----------+------------------+
| %         | li4              |
| %         | root             |
| localhost | mysql.infoschema |
| localhost | mysql.session    |
| localhost | mysql.sys        |
+-----------+------------------+
```

3.2.5 修改当前用户的密码

在 MySQL 中，可以使用 root 用户修改自己的密码，也可以使用普通用户修改自己的密码。由于 root 用户拥有很高的权限，因此必须保证 root 用户的密码安全。root 用户可以通过多种方式来修改密码，使用 ALTER USER 语句修改密码是 MySQL 官方推荐的方式。此外，也可以使用 SET 语句修改密码。由于 MySQL 8.0 中移除了 PASSWORD()函数，因此不再使用 UPDATE 语句直接操作用户表修改密码。

在 MySQL 8.0 以前的版本中，修改密码的语法如下所示。

```
#修改当前用户的密码
mysql> SET PASSWORD = PASSWORD('123456');
#修改某个用户的密码
#MySQL 5.5
mysql> UPDATE mysql.user SET PASSWORD=PASSWORD('123456') WHERE User='li4';
#MySql 5.7（不适用于MySQL 8.0）
mysql> UPDATE mysql.user SET authentication_string=PASSWORD('123456') WHERE User='li4';
mysql> FLUSH PRIVILEGES;  #所有通过user表的修改必须执行该语句才能生效，否则需要重启MySQL服务
```

下面介绍 MySQL 8.0 中修改密码可以使用的语法，分为 ALTER USER 语句和 SET 语句两种。

1. 使用 ALTER USER 语句修改密码

用户可以使用 ALTER USER 语句修改密码，其语法如下所示，表示修改当前用户的密码。

```
ALTER USER USER() IDENTIFIED BY 'new_password';
```

例如，使用 ALTER USER 语句将 root 用户的密码修改为"Hello_1234"，具体 SQL 语句如下所示。

```
mysql> ALTER USER USER() IDENTIFIED BY 'Hello_1234';
```

2. 使用 SET 语句修改密码

使用 root 用户登录 MySQL 服务器后，可以使用 SET 语句修改密码，其语法如下所示。

```
SET PASSWORD='new_password';
```

该语句会自动将密码加密后赋予当前用户。

例如，使用 SET 语句将 root 用户的密码修改为"Hello_1234"，具体 SQL 语句如下所示。

```
mysql> SET PASSWORD='Hello_1234';
```

3.2.6 修改其他普通用户的密码

root 用户不仅可以修改自己的密码，还可以修改其他普通用户的密码。使用 root 用户登录 MySQL 服务器后，也可以使用 ALTER USER 语句和 SET 语句修改普通用户的密码。

1. 使用 ALTER USER 语句修改普通用户的密码

使用 ALTER USER 语句修改普通用户密码的语法如下所示。

```
ALTER USER user [IDENTIFIED BY 'password']
[,user[IDENTIFIED BY 'password']]…;
```

其中，user 参数表示普通用户，由用户名（User）和主机名（Host）构成；IDENTIFIED BY 关键字用来设置密码；password 参数表示新密码。

例如，使用 ALTER USER 语句将 zhang3 用户的密码修改为"HelloWorld_123"，具体 SQL 语句如下所示。

```
mysql> ALTER USER 'zhang3'@'localhost' IDENTIFIED BY 'HelloWorld_123';
```

2. 使用 SET 语句修改普通用户的密码

使用 SET 语句修改普通用户密码的语法如下所示。

```
mysql> SET PASSWORD FOR 'username'@'hostname'='new_password';
```

其中，username 参数表示普通用户的用户名；hostname 参数表示普通用户的主机名；new_password 参数表示新密码。

例如，使用 SET 语句将 zhang3 用户的密码修改为"HelloWorld_123"，具体 SQL 语句如下所示。

```
mysql> SET PASSWORD FOR 'zhang3'@'localhost'='HelloWorld_123';
```

让 zhang3 用户使用新密码登录 MySQL 服务器，命令如下所示，按回车键后输入新密码即可。

```
mysql> mysql -u zhang3 -p;
```

3.2.7 MySQL 8.0 密码管理

MySQL 8.0 会记录历史密码，目前包含如下密码管理功能。

（1）密码过期策略：要求定期修改密码。

（2）密码重用策略：不允许使用旧密码。

（3）密码强度评估：要求使用高强度的密码。

1. 密码过期策略

在 MySQL 中，数据库管理员可以手动设置密码过期，也可以建立一个自动密码过期策略。密码过期策略既可以是全局的，也可以为每个用户单独设置。

（1）手动设置密码立即过期。

手动设置密码立即过期，可以使用如下 SQL 语句。

```
mysql> ALTER USER user PASSWORD EXPIRE;
```

例如，将 zhang3 用户的密码设置为立即过期，具体 SQL 语句如下所示。

```
mysql> ALTER USER 'zhang3'@'localhost' PASSWORD EXPIRE;
```

虽然上述语句将 zhang3 用户的密码设置为立即过期，但 zhang3 用户仍然可以登录 MySQL 服务器，进入数据库，只是无法执行查询操作。密码过期后，必须重新设置密码，否则会报如下错误信息。

```
mysql> SHOW DATABASES;
ERROR 1820 (HY000): You must reset your password using ALTER USER statement before
executing this statement.
```

（2）手动设置密码指定时间过期。

如果密码使用时间长于允许时间，那么服务器会自动将其设置为过期，不需要手动设置。MySQL 使用系统变量 default_password_lifetime 建立全局密码过期策略。

- 该系统变量的默认值是 0，表示禁用自动密码过期策略。
- 该系统变量允许的值是正整数 N，表示允许的密码生存期。密码必须每隔 N 天进行一次修改。

建立全局密码过期策略的方式有两种。

① 使用 SET 语句更改系统变量 default_password_lifetime 的值并持久化。

```
SET PERSIST default_password_lifetime = 180; #建立全局密码过期策略，设置密码每隔180天过期
```

② 在 my.cnf 配置文件中进行维护。

```
[mysqld]
default_password_lifetime=180    #建立全局密码过期策略，设置密码每隔180天过期
```

2．单独用户密码过期策略设置

每个用户既可以沿用全局密码过期策略，也可以单独设置密码过期策略。在 CREATE USER 和 ALTER USER 语句中加入 PASSWORD EXPIRE 选项，即可实现单独用户密码过期策略设置。下面是一些语句示例。

```
#设置 zhang3 用户的密码每隔90天过期
CREATE USER 'zhang3'@'localhost' PASSWORD EXPIRE INTERVAL 90 DAY;
ALTER USER 'zhang3'@'localhost' PASSWORD EXPIRE INTERVAL 90 DAY;

#设置密码永不过期
CREATE USER 'zhang3'@'localhost' PASSWORD EXPIRE NEVER;
ALTER USER 'zhang3'@'localhost' PASSWORD EXPIRE NEVER;

#沿用全局密码过期策略
CREATE USER 'zhang3'@'localhost' PASSWORD EXPIRE DEFAULT;
ALTER USER 'zhang3'@'localhost' PASSWORD EXPIRE DEFAULT;
```

3．密码重用策略

密码重用策略基于密码更改数量和时间，既可以是全局的，也可以为每个用户单独设置。MySQL 基于以下规则来限制密码重用。

（1）如果用户的密码重用策略基于密码更改数量，那么新密码不能从最近限制的密码中选择。例如，如果密码更改数量的最小值为 3，那么新密码不能与最近使用过的 3 个密码中的任何一个相同。

（2）如果用户的密码重用策略基于时间，那么新密码不能从规定时间内使用过的密码中选择。例如，如果密码重用周期为 60 天，那么新密码不能从最近 60 天内使用过的密码中选择。

（3）MySQL 使用系统变量 password_history 和 password_reuse_interval 设置密码重用策略。其中，password_history 规定密码更改数量，password_reuse_interval 规定密码重用周期。既可以在运行期间使用 SQL 语句更改这两个系统变量的值并持久化，也可以在 my.cnf 配置文件中进行维护。

① 使用 SQL 语句更改这两个系统变量的值并持久化，如下所示。

```
SET PERSIST password_history = 6;              #设置不能选择最近使用过的 6 个密码
SET PERSIST password_reuse_interval = 365; #设置不能选择最近 365 天内使用过的密码
```

② 在 my.cnf 配置文件中进行维护，如下所示。

```
[mysqld]
password_history=6
password_reuse_interval=365
```

每个用户既可以沿用全局密码重用策略，也可以单独设置密码重用策略。PASSWORD HISTORY 和 PASSWORD REUSE INTERVAL 选项既可以单独使用，也可以结合在一起使用。下面是一些语句示例。

```
#不能选择最近使用过的 5 个密码
CREATE USER 'zhang3'@'localhost' PASSWORD HISTORY 5;
ALTER USER 'zhang3'@'localhost' PASSWORD HISTORY 5;
#不能选择最近 365 天内使用过的密码
CREATE USER 'zhang3'@'localhost' PASSWORD REUSE INTERVAL 365 DAY;
ALTER USER 'zhang3'@'localhost' PASSWORD REUSE INTERVAL 365 DAY;
#既不能选择最近使用过的 5 个密码，也不能选择最近 365 天内使用过的密码
CREATE USER 'zhang3'@'localhost' PASSWORD HISTORY 5 PASSWORD REUSE INTERVAL 365 DAY;
ALTER USER 'zhang3'@'localhost' PASSWORD HISTORY 5 PASSWORD REUSE INTERVAL 365 DAY;
#沿用全局密码重用策略
CREATE USER 'zhang3'@'localhost' PASSWORD HISTORY DEFAULT PASSWORD REUSE INTERVAL DEFAULT;
ALTER USER 'zhang3'@'localhost' PASSWORD HISTORY DEFAULT PASSWORD REUSE INTERVAL DEFAULT;
```

3.3 权限管理

MySQL 权限可以简单地理解为 MySQL 允许用户做自己权利范围以内的事情，不可以越界。例如，若只允许用户执行 SELECT 操作，用户就不能执行 UPDATE 操作；若只允许用户在某台主机上连接 MySQL，用户就不能在除那台主机外的其他主机上连接 MySQL。

3.3.1 权限列表

用户权限信息被存储在 MySQL 数据库的 user、db、host、tables_priv、columns_priv 和 procs_priv 表中。MySQL 启动时，服务器将这些表中的用户权限信息读入内存中。

可以通过如下命令查看 MySQL 中的权限。限于篇幅，这里只展示部分数据。

```
mysql> SHOW PRIVILEGES \G;
*************************** 1. row ***************************
Privilege: Alter
  Context: Tables
  Comment: To alter the table
*************************** 2. row ***************************
Privilege: Alter routine
  Context: Functions,Procedures
  Comment: To alter or drop stored functions/procedures
*************************** 3. row ***************************
Privilege: Create
  Context: Databases,Tables,Indexes
  Comment: To create new databases and tables
*************************** 4. row ***************************
Privilege: Create routine
  Context: Databases
```

```
  Comment: To use CREATE FUNCTION/PROCEDURE
*************************** 5. row ***************************
Privilege: Create role
  Context: Server Admin
  Comment: To create new roles
*************************** 6. row ***************************
Privilege: Create temporary tables
  Context: Databases
  Comment: To use CREATE TEMPORARY TABLE
*************************** 7. row ***************************
Privilege: Create view
  Context: Tables
  Comment: To create new views
*************************** 8. row ***************************
Privilege: Create user
  Context: Server Admin
  Comment: To create new users
*************************** 9. row ***************************
...
```

权限分布如表 3-5 所示。

表 3-5 权限分布

权限分布	可能设置的权限
表权限	'Select', 'Insert', 'Update', 'Delete', 'Create', 'Drop', 'Grant', 'References', 'Index', 'Alter', 'Create View', 'Show View', 'Trigger'
列权限	'Select', 'Insert', 'Update', 'References'
过程权限	'Execute', 'Alter Routine', 'Grant'

3.3.2　授予权限的原则

授予权限主要出于安全考虑，因此需要遵循以下几条原则。

（1）只授予能满足需要的最小权限，防止用户做出违规的事情。例如，用户只需要查询，就只授予其 SELECT 权限，而无须授予其 UPDATE、INSERT 或 DELETE 权限。

（2）在创建用户的时候限制用户的登录主机，一般限制为指定 IP 地址或内网 IP 段。

（3）为每个用户设置满足密码复杂度的密码。

（4）定期清理不需要的用户，回收权限或删除用户。

3.3.3　授予权限的方式

授予权限的方式有两种，分别是通过把角色赋予用户来给用户授权和直接给用户授权。用户是数据库的使用者，我们可以通过授予用户访问数据库中资源的权限来控制用户对数据库的访问，消除安全隐患。这里先不讲通过把角色赋予用户来给用户授权的方式，在 3.5 节中会详细介绍。

在 MySQL 8.0 中，直接给用户授权的命令语法如下所示。

```
GRANT
    priv_type [(column_list)]
      [, priv_type [(column_list)]] …
    ON [object_type] priv_level
    TO user_or_role [, user_or_role] …;
```

例如，授予 wang5 用户在所有主机上都可以登录所有数据库的全部权限，可以使用如下 SQL 语句实现（注意，这里的全部权限不包括 GRANT 权限）。

```
mysql> GRANT ALL PRIVILEGES ON *.* TO wang5@'%';
```

各参数的含义如下。

- ALL PRIVILEGES 表示所有权限，也可以使用 SELECT、UPDATE 等权限。
- ON 用来指定权限针对哪些数据库和表。
- "."前面的星号"*"可以替换为指定的数据库名，"."后面的星号"*"可以替换为指定的表名。上述语句使用星号"*"表示所有数据库名和所有表名。
- TO 表示将权限授予某个用户。
- wang5@'localhost'表示 wang5 用户，@后面跟限制的主机，可以是 IP 地址、IP 段、域名和%，%表示任意主机。注意，有的版本中的%不包括本地，笔者以前碰到过给某个用户设置了%允许在任何地方登录，但是在本地登录不了的情况，这和版本有关系。遇到这个问题，再加一个 localhost 的用户就可以了。

如果需要授予用户包括 GRANT 在内的权限，则加入 WITH GRANT OPTION 选项即可，表示该用户可以将自己拥有的权限授予他人。经常会出现在创建用户的时候不指定 WITH GRANT OPTION 选项，导致后来该用户不能使用 GRANT 命令创建用户或给其他用户授权的问题。

可以使用 GRANT 命令重复授予用户权限，实现权限叠加。例如，先授予用户 SELECT 权限，再授予用户 INSERT 权限，该用户就同时拥有了 SELECT 和 INSERT 权限。

我们在开发应用的时候，需要根据用户需求的不同，对用户进行不同权限的划分，如用户可以看到哪些表中的数据、对接触到的数据能访问到什么程度（包括查看、修改和删除）。

3.3.4 查看权限

授予用户权限以后，可以使用如下命令查看当前用户拥有的权限。

```
SHOW GRANTS;
SHOW GRANTS FOR CURRENT_USER;
SHOW GRANTS FOR CURRENT_USER();
```

例如，当前用户是 root，查看 root 用户拥有的权限，结果如下所示。

```
mysql> SHOW GRANTS FOR CURRENT_USER;
+-------------------------------------------------------------------------+
| Grants for root@%                                                       |
+-------------------------------------------------------------------------+
GRANT SELECT, INSERT, UPDATE, DELETE, CREATE, DROP, RELOAD, SHUTDOWN,
PROCESS, FILE, REFERENCES,INDEX, ALTER, SHOW DATABASES, SUPER,
CREATE TEMPORARY TABLES, LOCK TABLES, EXECUTE, REPLICATION SLAVE,
REPLICATION CLIENT, CREATE VIEW, SHOW VIEW, CREATE ROUTINE, ALTER ROUTINE,
CREATE USER, EVENT, TRIGGER, CREATE TABLESPACE, CREATE ROLE,
DROP ROLE ON *.* TO `root`@`%` WITH GRANT OPTION
+-------------------------------------------------------------------------+
2 rows in set (0.00 ses)
```

可以使用如下命令查看某个用户拥有的全局权限。

```
SHOW GRANTS FOR 'user'@'host' ;
```

例如，查看 root 用户拥有的全局权限，SQL 语句如下所示，查询结果和上面的查询结果是一致的。

```
mysql> SHOW GRANTS FOR 'root'@'%' ;
+-------------------------------------------------------------------------+
| Grants for root@%                                                       |
+-------------------------------------------------------------------------+
GRANT SELECT, INSERT, UPDATE, DELETE, CREATE, DROP, RELOAD,
SHUTDOWN, PROCESS, FILE, REFERENCES, INDEX, ALTER, SHOW DATABASES,
SUPER, CREATE TEMPORARY TABLES, LOCK TABLES, EXECUTE, REPLICATION SLAVE,
```

```
REPLICATION CLIENT, CREATE VIEW, SHOW VIEW, CREATE ROUTINE, ALTER ROUTINE,
CREATE USER, EVENT, TRIGGER, CREATE TABLESPACE, CREATE ROLE,
DROP ROLE ON *.* TO `root`@`%` WITH GRANT OPTION
+------------------------------------------------------------------------------+
```

使用如下命令查看某个用户对某张表拥有的操作权限。在查看表权限之前，先将表 atguigu.test 的所有权限授予 zhang3 用户。

```
#MySQL 8.0 以前的版本
mysql> GRANT ALL PRIVILEGES ON atguigu.test TO zhang3@'%'IDENTIFIED BY '1234567';
#MySQL 8.0
mysql> GRANT ALL PRIVILEGES ON atguigu.test to zhang3@'%';
```

可以使用如下 SQL 语句查看用户对表拥有的操作权限。

```
mysql> SELECT Host,Db,User,Table_name,Grantor FROM mysql.tables_priv;
+-----------+---------+---------------+------------+------------------+
| Host      | Db      | User          | Table_name | Grantor          |
+-----------+---------+---------------+------------+------------------+
| localhost | mysql   | mysql.session | user       | boot@            |
| %         | atguigu | zhang3        | test       | root@172.16.210.1 |
| localhost | sys     | mysql.sys     | sys_config | root@localhost   |
+-----------+---------+---------------+------------+------------------+
6 rows in set (0.00 sec)
```

可以使用如下 SQL 语句查看 zhang3 用户对数据库拥有的操作权限。从结果中可以看到，zhang3 用户对数据库没有任何操作权限。

```
mysql> SELECT * FROM mysql.user WHERE User='zhang3'\G;
*************************** 1. row ***************************
                  Host: %
                  User: zhang3
           Select_priv: N
           Insert_priv: N
           Update_priv: N
           Delete_priv: N
           Create_priv: N
             Drop_priv: N
           Reload_priv: N
         Shutdown_priv: N
          Process_priv: N
             File_priv: N
            Grant_priv: N
       References_priv: N
            Index_priv: N
            Alter_priv: N
          Show_db_priv: N
            Super_priv: N
  Create_tmp_table_priv: N
       Lock_tables_priv: N
          Execute_priv: N
        Repl_slave_priv: N
       Repl_client_priv: N
       Create_view_priv: N
         Show_view_priv: N
     Create_routine_priv: N
```

```
              Alter_routine_priv: N
               Create_user_priv: N
                     Event_priv: N
                   Trigger_priv: N
         Create_tablespace_priv: N
                       ssl_type:
                     ssl_cipher: NULL
                   x509_issuer: NULL
                  x509_subject: NULL
                  max_questions: 0
                    max_updates: 0
                max_connections: 0
           max_user_connections: 0
                         plugin: caching_sha2_password
si}!+/,entication_string: $A$005$F
4OoV,6PQHzhDGpT9A0O22TSPwnmSQVymeYcKEElqi04LiaDA
              password_expired: N
         password_last_changed: 2021-12-06 17:04:12
              password_lifetime: NULL
                account_locked: N
               Create_role_priv: N
                 Drop_role_priv: N
       Password_reuse_history: NULL
           Password_reuse_time: NULL
     Password_require_current: NULL
                User_attributes: NULL
1 row in set (0.00 sec)
```

执行如下 SQL 语句再看一下，可以看到 zhang3 用户对数据库 atguigu 拥有 SELECT、INSERT、UPDATE 和 DELETE 权限，对应 3.1.2 节中讲解的，如果希望用户只对某个数据库拥有操作权限，则需要先将 user 表中对应的字段值设置为 N，再在 db 表中设置对应数据库的操作权限。

```
mysql> SELECT * FROM mysql.db WHERE User='zhang3'\G;
*************************** 1. row ***************************
                 Host: %
                   Db: atguigu
                 User: zhang3
          Select_priv: Y
          Insert_priv: Y
          Update_priv: Y
          Delete_priv: Y
          Create_priv: N
            Drop_priv: N
           Grant_priv: N
      References_priv: N
           Index_priv: N
           Alter_priv: N
 Create_tmp_table_priv: N
      Lock_tables_priv: N
      Create_view_priv: N
        Show_view_priv: N
   Create_routine_priv: N
    Alter_routine_priv: N
```

```
        Execute_priv: N
          Event_priv: N
        Trigger_priv: N
1 row in set (0.00 sec)
```

3.3.5 回收权限

回收权限就是取消已经授予用户的某些权限。回收用户不必要的权限可以在一定程度上保证数据库的安全性。可以使用 REVOKE 语句回收用户的某些权限。使用 REVOKE 语句回收权限以后，db、host、tables_priv 和 columns_priv 表中的用户信息将被删除，但 user 表中的用户信息仍然存在。删除 user 表中的用户信息需要使用 DROP USER 语句。在将用户信息从 user 表中删除前，应该回收相应用户的所有权限。回收权限的命令语法如下所示。

```
REVOKE 权限1,权限2,…,权限n ON 数据库名.表名 FROM 用户名@主机名;
```

例如，可以使用如下 SQL 语句回收 zhang3 用户的所有权限。需要注意的是，用户必须重新登录后，回收权限操作才能生效。

```
#回收 zhang3 用户对全库、全表的所有权限
mysql> REVOKE ALL PRIVILEGES ON *.* FROM zhang3@'%';
#回收 zhang3 用户对 mysql 库中所有表的增、删、改、查权限
mysql> REVOKE SELECT,INSERT,UPDATE,DELETE ON mysql.* FROM zhang3@localhost;
```

3.4 访问控制

在正常情况下，MySQL 并不希望每个用户都可以执行所有的数据库操作。当 MySQL 允许一个用户执行各种操作时，它将首先核实该用户向 MySQL 服务器发送的连接请求，然后确认用户请求的操作是否被允许。这个过程被称为 MySQL 中的访问控制。MySQL 中的访问控制分为两个阶段，分别是连接核实阶段和请求核实阶段。

3.4.1 连接核实阶段

当用户试图连接 MySQL 服务器时，MySQL 服务器将基于用户的身份及用户是否能够提供正确的密码验证身份来确定接受或拒绝连接。即客户端用户会在连接请求中提供主机名、用户名和密码。MySQL 服务器接收到用户的连接请求后，会使用 user 表中的 Host、User 和 authentication_string 字段匹配客户端提供的信息。

MySQL 服务器只有在 user 表中的 Host 和 User 字段匹配客户端主机名和用户名，并且提供正确的密码时才接受连接。如果连接核实没有通过，MySQL 服务器就会拒绝访问；否则，MySQL 服务器接受连接，进入下一阶段，等待用户请求。

3.4.2 请求核实阶段

一旦建立了连接，MySQL 服务器就进入访问控制阶段，也就是请求核实阶段。对此连接上进来的每个请求，MySQL 服务器将检查该请求要执行什么操作、是否有足够的权限来执行这项操作，这正是需要权限表中的权限列发挥作用的地方。这些权限正好来自前面讲的 user、db、tables_priv 和 columns_priv 表。

在进行权限校验时，MySQL 首先检查 user 表，如果指定的权限没有在 user 表中被授予，那么 MySQL 会继续检查 db 表；db 表是下一安全层级，其中的权限限定于数据库层级，该层级中的 SELECT 权限允许用户查看指定数据库下所有表中的数据；如果在该层级中没有找到指定的权限，则 MySQL 继续检查 tables_priv 表和 columns_priv 表；如果检查完所有的权限表，还是没有找到指定的权限，那么 MySQL 将返回错误信息，用户请求的操作将不被允许。请求核实过程如图 3-1 所示。

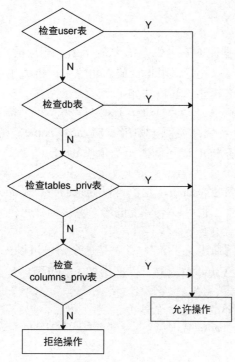

图 3-1　请求核实过程

对图 3-1 的说明如下。

（1）在进行权限校验时，先检查全局权限表（user 表）。如果全局权限表中有该操作权限，即该操作权限是 Y，就允许操作。

（2）如果全局权限表中没有该操作权限，即该操作权限是 N，就检查数据库权限表（db 表）。如果数据库权限表中有该操作权限，即该操作权限是 Y，就允许操作。

（3）如果数据库权限表中没有该操作权限，即该操作权限是 N，就检查数据表权限表（tables_priv 表）。如果数据表权限表中有该操作权限，即该操作权限是 Y，就允许操作。

（4）如果数据表权限表中没有该操作权限，即该操作权限是 N，就检查列权限表（columns_priv 表）。如果列权限表中有该操作权限，即该操作权限是 Y，就允许操作，否则拒绝操作。

（5）如果用户要创建存储过程和存储函数，则只检查全局权限表（user 表）和数据库权限表（db 表）；如果用户要修改和执行存储过程和存储函数，则会依次检查全局权限表（user 表）、数据库权限表（db 表）、存储过程和存储函数权限表（procs_priv 表）。

MySQL 通过向下层级的顺序（从 user 表到 columns_priv 表）检查权限表，但并不是所有的权限校验都要执行该过程。例如，一个用户登录 MySQL 服务器后，只执行对 MySQL 的管理操作，此时只涉及管理权限，因此 MySQL 只检查 user 表。另外，如果用户请求的操作不被允许，那么 MySQL 也不会继续检查下一层级的权限表。

3.5　角色管理

3.5.1　角色概述

角色是在 MySQL 8.0 中引入的新功能，可以理解为权限的集合。用户可以被赋予角色，同时被授予角色包含的权限。对角色进行操作需要较高的权限，并且可以为角色添加或回收权限。

引入角色的目的是方便管理拥有相同权限的用户。恰当的权限设定可以确保数据库的安全性，这是至关重要的。

3.5.2　创建角色

在实际应用中，为了确保数据库的安全性，需要授予用户相应的权限。当用户数量较多时，为了避免单独授予每个用户多个权限，可以先将权限集合放入角色中，再赋予用户相应的角色。

创建角色使用 CREATE ROLE 语句，其语法如下所示。

```
mysql> CREATE ROLE 'role_name'[@'host_name'] [,'role_name'[@'host_name']]…;
```

角色的命名规则和用户的命名规则类似。如果省略 host_name，则默认为"%"；role_name 不可省略，也不可为空。例如，使用如下 SQL 语句创建一个角色 teacher。

```
mysql> CREATE ROLE 'teacher'@'localhost';
```

这里创建了一个角色，角色名是 teacher，角色可以登录的主机是 localhost，意思是这个角色只能在数据库服务器运行的这台主机上登录。也可以不写主机名，直接创建角色 teacher，SQL 语句如下所示。

```
mysql> CREATE ROLE 'teacher';
```

如果不写主机名，则默认使用通配符"%"，意思是这个角色可以在任意一台主机上登录。

同样的道理，如果要创建角色 student，就可以使用如下 SQL 语句。

```
mysql> CREATE ROLE 'student';
```

还可以使用如下 SQL 语句一次性创建 3 个角色。

```
mysql> CREATE ROLE 'app_developer', 'app_product', 'app_test';
```

3.5.3　给角色授权

创建角色后，默认这个角色是没有任何权限的，我们需要给角色授权。给角色授权的命令语法如下所示。

```
mysql> GRANT privileges ON table_name TO 'role_name'[@'host_name'];
```

其中，privileges 代表权限名，多个权限之间用逗号分隔。可以使用 SHOW 语句查看权限名，如下所示。

```
mysql> SHOW privileges\G;
```

例如，我们想授予角色 student 对图书表（book 表）、试卷表（test_paper 表）和班级表（class 表）的只读权限，就可以使用如下 SQL 语句实现。

```
#授予角色 student 对图书表的只读权限
mysql> GRANT SELECT ON atguigu.book TO 'student';
#授予角色 student 对试卷表的只读权限
mysql> GRANT SELECT ON atguigu.test_paper TO 'student';
#授予角色 student 对班级表的只读权限
mysql> GRANT SELECT ON atguigu.class TO 'student';
```

如果我们想授予角色 teacher 对试卷表的增、删、改、查权限和对图书表的只读权限，对班级表没有操作权限，则可以使用如下 SQL 语句实现。

```
#授予角色 teacher 对试卷表的增、删、改、查权限
mysql> GRANT SELECT,INSERT,DELETE,UPDATE ON atguigu.test_paper TO 'teacher';
#授予角色 teacher 对图书表的只读权限
mysql> GRANT SELECT ON atguigu.book TO 'teacher';
#对班级表没有操作权限，无须设置
```

再举一个例子，要求如下。

（1）授予开发人员对 atguigu 数据库中所有表的所有权限。

（2）授予产品人员对 atguigu 数据库中所有表的查询权限。

（3）授予测试人员对 atguigu 数据库中所有表的修改权限。

具体实现如下所示。

```
#授予开发人员对 atguigu 数据库中所有表的所有权限
mysql> GRANT ALL PRIVILEGES ON atguigu.* TO 'app_developer';
#授予产品人员对 atguigu 数据库中所有表的查询权限
mysql> GRANT SELECT ON atguigu.* TO 'app_product';
#授予测试人员对 atguigu 数据库中所有表的修改权限
mysql> GRANT INSERT, UPDATE, DELETE ON atguigu.* TO 'app_test';
```

3.5.4 查看角色拥有的权限

授予角色权限后，可以使用 SHOW GRANTS 语句查看角色拥有的权限。在 3.5.3 节中我们授予了角色 student 对图书表、试卷表和班级表的只读权限，使用 SHOW GRANTS 语句查看角色 student 拥有的权限，如下所示。

```
mysql> SHOW GRANTS FOR 'student';
+----------------------------------------------------------+
| Grants for student@%                                     |
+----------------------------------------------------------+
| GRANT USAGE ON *.* TO `student`@`%`                      |
| GRANT SELECT ON `atguigu`.`book` TO `student`@`%`        |
| GRANT SELECT ON `atguigu`.`test_paper` TO `student`@`%`  |
| GRANT SELECT ON `atguigu`.`class` TO `student`@`%`       |
+----------------------------------------------------------+
```

可以看到，角色 student 除了拥有对表的只读权限，还拥有 USAGE 权限。MySQL 规定，只要创建了一个角色，系统就会自动授予该角色 USAGE 权限，意思是连接登录数据库的权限。上述代码的最后 3 行代表我们授予角色 student 的权限，也就是对图书表、试卷表和班级表的只读权限。

使用 SHOW GRANTS 语句查看角色 teacher 拥有的权限，如下所示。

```
mysql> SHOW GRANTS FOR 'teacher';
+------------------------------------------------------------------------------+
| Grants for teacher @%                                                        |
+------------------------------------------------------------------------------+
|GRANT USAGE ON *.* TO `teacher`@`%`                                           |
|GRANT SELECT ON `atguigu`.`book` TO `teacher`@`%`                             |
|GRANT SELECT, NSERT, UPDATE,DELETE ON `atguigu`.`test_paper` TO` teacher`@`%`|
+------------------------------------------------------------------------------+
```

可以看到，角色 teacher 拥有对图书表的只读权限和对试卷表的增、删、改、查权限。

3.5.5 回收角色拥有的权限

授予角色权限后，可以对角色拥有的权限进行维护，如添加或回收权限。回收角色拥有的权限需要使用 REVOKE 语句。修改了角色拥有的权限，会影响被赋予该角色的用户拥有的权限。回收角色拥有的权限的语法如下所示。

```
REVOKE privileges ON tablename FROM 'rolename';
```

下面用一个例子测试权限回收。

（1）使用如下 SQL 语句回收角色 teacher 拥有的权限。需要注意的是，不能直接在数据库名后面加通配符 "*"，因为该角色是没有对其他表的操作权限的，这样做相当于扩大了角色拥有的权限。例如，下面的执行结果会报错。

```
mysql> REVOKE INSERT,UPDATE,DELETE ON atguigu.* FROM 'teacher';
ERROR 1141 (42000): There is no such grant defined for user 'teacher' on host '%'
```

正确的使用方式如下所示。

```
mysql> REVOKE INSERT,UPDATE,DELETE ON atguigu.test_paper FROM 'teacher';
mysql> REVOKE SELECT ON atguigu.book FROM 'teacher';
```

（2）回收权限后，使用 SHOW GRANTS 语句查看角色 teacher 拥有的权限，结果如下所示。可以看到，这时角色 teacher 只拥有对试卷表的 SELECT 权限。

```
mysql> SHOW GRANTS FOR 'teacher';
+-----------------------------------------------------------+
| Grants for teacher@%                                      |
+-----------------------------------------------------------+
| GRANT USAGE ON *.* TO `teacher`@`%`                       |
| GRANT SELECT ON `atguigu`.`test_paper` TO `teacher`@`%`   |
+-----------------------------------------------------------+
2 rows in set (0.00 sec)
```

3.5.6 删除角色

当我们需要重新整合业务的时候，可能需要对已经创建的角色进行清理，即删除一些不再使用的角色。删除角色的操作很简单，只要掌握其语法就可以了，如下所示。

```
DROP ROLE role1 [,role2]…;
```

需要注意的是，如果删除了角色，那么用户也失去了通过这个角色获得的所有权限。例如，使用如下 SQL 语句删除角色 teacher。删除角色会从授权它的每个用户中撤销该角色。

```
mysql> DROP ROLE 'teacher';
```

3.5.7 赋予用户角色

创建角色并授予角色权限后，要把角色赋予用户并使其处于激活状态（激活角色的内容参见 3.5.8 节）才能发挥作用。赋予用户角色可以使用 GRANT 语句，其语法如下所示。

```
GRANT role1 [,role2,…] TO user1 [,user2,…];
```

在上述语句中，role 代表角色，user 代表用户。可将多个角色同时赋予多个用户，用逗号分隔即可。

例如，赋予 zhang3 用户角色 student，具体操作步骤如下。

（1）使用 GRANT 语句赋予 zhang3 用户角色 student，SQL 语句如下所示。

```
mysql> GRANT 'student' TO 'zhang3'@'%';
```

（2）使用 SHOW 语句查看赋予用户角色是否成功，SQL 语句如下所示。从结果中可以看到，zhang3 用户已经被赋予了角色 student，但还不能使用角色 student 拥有的权限，因为此时还未激活角色 student。

```
mysql> SHOW GRANTS FOR 'zhang3'@'%';
+-----------------------------------------------------------------------+
| Grants for zhang3@%                                                   |
+-----------------------------------------------------------------------+
| GRANT USAGE ON *.* TO `zhang3`@`%`                                    |
| GRANT SELECT, INSERT, UPDATE, DELETE ON `atguigu`.* TO `zhang3`@`%`   |
| GRANT ALL PRIVILEGES ON `atguigu`.`test` TO `zhang3`@`%`              |
| GRANT `student`@`%` TO `zhang3`@`%`                                   |
+-----------------------------------------------------------------------+
4 rows in set (0.00 sec)
```

（3）使用 zhang3 用户登录数据库，查看当前角色，SQL 语句如下所示。

```
SELECT CURRENT_ROLE();
```

结果如下所示。

```
mysql> SELECT CURRENT_ROLE();
+----------------+
| CURRENT_ROLE() |
```

```
+---------------+
| NONE          |
+---------------+
1 row in set (0.00 sec)
```

上述结果显示 NONE，说明 zhang3 用户没有被赋予相应的角色。或者使用被赋予角色的用户去登录、操作数据库，这时候会发现该用户没有任何操作权限。这是因为在 MySQL 中创建角色后，默认角色没有被激活，也就是不能使用，只有手动激活角色后，用户才能拥有该角色对应的权限。

3.5.8　激活角色

激活角色有两种方式。

1. 使用 SET DEFAULT ROLE 语句激活角色

例如，激活 zhang3 用户被赋予的角色，SQL 语句如下所示。

```
mysql> SET DEFAULT ROLE ALL TO 'zhang3'@'%';
```

2. 通过将系统变量 activate_all_roles_on_login 的值设置为 ON 来激活角色

在默认情况下，系统变量 activate_all_roles_on_login 的值为 OFF，如下所示。

```
mysql> SHOW VARIABLES LIKE 'activate_all_roles_on_login';
+-----------------------------+-------+
| Variable_name               | Value |
+-----------------------------+-------+
| activate_all_roles_on_login | OFF   |
+-----------------------------+-------+
1 row in set (0.00 sec)
```

使用如下语句将系统变量 activate_all_roles_on_login 的值设置为 ON，其含义是永久激活所有角色。执行这条语句后，用户就真正拥有了被赋予角色对应的所有权限。

```
SET GLOBAL activate_all_roles_on_login=ON;
```

使用如下语句查看当前会话中已被激活的角色。从结果中可以看到，zhang3 用户已经被赋予角色 student。

```
mysql> SELECT CURRENT_ROLE();
+----------------+
| CURRENT_ROLE() |
+----------------+
| `student`@`%`  |
+----------------+
1 row in set (0.00 sec)
```

3.5.9　撤销用户被赋予的角色

在 MySQL 8.0 中可以赋予用户角色，一个用户可以同时被赋予多个角色。如果在企业中用户的角色发生了改变，那么也应该对用户被赋予的角色进行修改，如撤销用户被赋予的某个角色。撤销用户被赋予的角色的语法如下所示。

```
REVOKE role FROM user;
```

例如，撤销 zhang3 用户被赋予的角色 student，具体操作步骤如下。

（1）查看 zhang3 用户被赋予的角色信息，SQL 语句如下所示。从结果中可以看到，zhang3 用户被赋予了角色 student。

```
#查看zhang3用户被赋予的角色信息
mysql> SHOW GRANTS FOR 'zhang3'@'%';
```

```
+-------------------------------------------------------------------------+
| Grants for zhang3@%                                                      |
+-------------------------------------------------------------------------+
| GRANT USAGE ON *.* TO `zhang3`@`%`                                       |
| GRANT SELECT, INSERT, UPDATE, DELETE ON `atguigu`.* TO `zhang3`@`%`      |
| GRANT ALL PRIVILEGES ON `atguigu`.`test` TO `zhang3`@`%`                 |
| GRANT `student`@`%` TO `zhang3`@`%`                                      |
+-------------------------------------------------------------------------+
4 rows in set (0.00 sec)
```

（2）撤销 zhang3 用户被赋予的角色 student，SQL 语句如下所示（注意，使用 root 用户登录）。

```
mysql> REVOKE 'student' FROM 'zhang3'@'%';
Query OK, 0 rows affected (0.00 sec)
```

（3）再次查看 zhang3 用户被赋予的角色信息，SQL 语句如下所示。从结果中可以看到，zhang3 用户被赋予的角色 student 已被撤销。

```
mysql> SHOW GRANTS FOR 'zhang3'@'%';
+-------------------------------------------------------------------------+
| Grants for zhang3@%                                                      |
+-------------------------------------------------------------------------+
| GRANT USAGE ON *.* TO `zhang3`@`%`                                       |
| GRANT SELECT, INSERT, UPDATE, DELETE ON `atguigu`.* TO `zhang3`@`%`      |
| GRANT ALL PRIVILEGES ON `atguigu`.`test` TO `zhang3`@`%`                 |
+-------------------------------------------------------------------------+
3 rows in set (0.00 sec)
```

3.5.10　设置强制角色

强制角色（Mandatory Role）是赋予每个用户的默认角色。使用强制角色，服务器会默认赋予全部用户该角色，而不需要显式执行赋予角色操作。强制角色无法被撤销（REVOKE）或删除（DROP）。可以使用 my.cnf 配置文件设置强制角色或运行时设置强制角色。

1．使用 my.cnf 配置文件设置强制角色

将角色 role1、role2 和 role3 设置为强制角色，如下所示。

```
[mysqld]
mandatory_roles='role1,role2@localhost,role3@%.atguigu.com'
```

2．运行时设置强制角色

运行时设置强制角色需要拥有 ROLE_ADMIN 权限，这里又可以分为使用关键字 PERSIST 和 GLOBAL 两种情况。它们的区别是，若想系统重启后仍然有效，则使用关键字 PERSIST；若想系统重启后失效，则使用关键字 GLOBAL。

```
#系统重启后仍然有效，使用关键字 PERSIST
mysql> SET PERSIST mandatory_roles = 'role1,role2@localhost,role3@%.atguigu.com';
#系统重启后失效，使用关键字 GLOBAL
mysql> SET GLOBAL mandatory_roles = 'role1,role2@localhost,role3@%.atguigu.com';
```

举例如下。

（1）创建一个角色 app_developer 并授权，如下所示。

```
mysql> CREATE ROLE app_developer;
mysql> GRANT ALL ON atguigu.* TO app_developer;
```

（2）把这个角色设置为强制角色，如下所示。下述 SQL 语句的含义是，凡是创建用户时指定了@'%'，该用户就可以在任意客户端登录数据库，默认创建的用户会被赋予角色 app_developer。

```
mysql> SET PERSIST mandatory_roles = 'app_developer@%';
ERROR 1227 (42000): Access denied; you need (at least one of) the SYSTEM_VARIABLES_ADMIN
or SUPER privileges, as well as the ROLE_ADMIN privilege(s) for this operation
```

上面报错说明需要权限，这时先执行如下语句授予 root 用户 ROLE_ADMIN 权限，再继续执行上述语句即可。

```
mysql> GRANT ROLE_ADMIN ON *.* TO root ;
```

（3）创建一个用户 test_user，如下所示，此时并没有赋予用户角色。

```
mysql> CREATE USER test_user@'%' IDENTIFIED BY 'test_User123';
mysql> FLUSH PRIVILEGES;
```

（4）使用上一步创建的用户 test_user 登录数据库，激活角色 app_developer，查看该用户拥有的权限，如下所示。从结果中可以看到，虽然没有赋予该用户角色 app_developer，但是该用户仍拥有角色 app_developer 对应的权限，这是因为角色 app_developer 是强制角色。

```
mysql> SELECT CURRENT_ROLE();
+---------------------+
| CURRENT_ROLE()      |
+---------------------+
| `app_developer`@`%` |
+---------------------+
1 row in set (0.00 sec)
```

设置完强制角色后不会立刻生效，还需要激活角色。如果强制角色指定的角色不存在，那么该角色不会对用户生效，MySQL 会将该警告信息记录在日志中。如果后续该角色被创建并执行了 FLUSH PRIVILEGES 语句，那么该角色将会对用户生效。

MySQL 中主要的角色管理语句/函数/系统变量如表 3-6 所示。

表 3-6　MySQL 中主要的角色管理语句/函数/系统变量

语句/函数/系统变量	作　　用
CREATE ROLE 和 DROP ROLE 语句	创建和删除角色
GRANT 和 REVOKE 语句	授予和回收用户/角色拥有的权限
SHOW GRANTS 语句	查看用户拥有的权限或被赋予的角色，或者查看角色拥有的权限
SET DEFAULT ROLE 语句	激活角色
SET ROLE 语句	更改当前会话中的活跃角色
CURRENT_ROLE()函数	查看当前会话中的活跃角色
mandatory_roles 和 activate_all_roles_on_login 系统变量	允许定义用户登录服务器时的强制角色和永久激活所有角色

3.6　配置文件的使用

3.6.1　配置文件的格式

与在命令行中指定启动选项不同的是，配置文件中的启动选项被划分为若干个选项组，每个选项组有一个组名，用方括号"[]"括起来，如下所示。

```
[server]
(具体的启动选项…)

[mysqld]
(具体的启动选项…)

[mysqld_safe]
(具体的启动选项…)

[client]
(具体的启动选项…)

[mysql]
```

```
(具体的启动选项...)
[mysqladmin]
(具体的启动选项...)
```

这个配置文件里定义了多个选项组，组名分别是 server、mysqld、mysqld_safe、client、mysql、mysqladmin。每个选项组下面可以添加若干个启动选项。我们以[server]选项组为例，看一下添加启动选项的形式，如下所示（其他选项组中添加启动选项的形式是一样的）。

```
[server]
option1                    #这是 option1，该选项不需要选项值
option2=value2             #这是 option2，该选项需要选项值
…
```

在配置文件中添加启动选项的语法类似于命令行语法，但是配置文件中添加的启动选项不允许加"--"前缀，并且每行只能添加一个启动选项，"="周围可以有空白字符（命令行中选项名、"="、选项值之间不允许有空白字符）。另外，在配置文件中，我们可以使用"#"来添加注释，从"#"出现直到行尾的内容都属于注释内容，在读取配置文件时会忽略这些注释内容。为了便于大家理解在命令行和配置文件中添加启动选项的区别，下面给出在命令行中添加 option1 和 option2 这两个启动选项的形式，注意前面的"--"。

```
--option1
--option2=value2
```

3.6.2　启动命令与选项组

配置文件中不同的选项组是给不同的启动命令使用的，如果选项组名与程序名相同，则选项组中的启动选项将专门应用于该程序，如[mysqld]和[mysql]选项组分别应用于 mysqld 服务器端程序和 mysql 客户端程序。不过，有两个选项组比较特殊，分别是[server]和[client]。

- [server]选项组中的启动选项将应用于所有的服务器端程序。
- [client]选项组中的启动选项将应用于所有的客户端程序。

需要注意的一点是，mysqld_safe 和 mysql.server 这两个命令在启动时都会读取[mysqld]选项组中的内容。为了直观感受一下，我们列举一些启动命令，看一下它们可以读取的选项组有哪些，如表 3-7 所示。

表 3-7　启动命令可以读取的选项组

启动命令	作　用	可以读取的选项组
mysqld	启动服务器端程序	[mysqld]、[server]
mysqld_safe	启动服务器端程序	[mysqld]、[server]、[mysqld_safe]
mysql.server	启动服务器端程序	[mysqld]、[server]、[mysql.server]
mysql	启动客户端程序	[mysql]、[client]
mysqladmin	启动客户端程序	[mysqladmin]、[client]
mysqldump	启动客户端程序	[mysqldump]、[client]

例如，首先在/etc/my.cnf配置文件中添加如下内容，其中的两个启动选项分别表示跳过 TCP/IP 协议通信和默认存储引擎为 MyISAM。

```
[server]
skip-networking
default-storage-engine=MyISAM
```

然后直接使用 mysqld 命令启动服务器端程序，如下所示。

```
mysqld
```

虽然在命令行中没有添加启动选项，但是在启动程序的时候，会默认到上面提到的配置文件路径下查找配置文件，其中就包括/etc/my.cnf。由于 mysqld 命令可以读取[server]选项组中的内容，因此 skip-networking 和 default-storage-engine=MyISAM 这两个启动选项是生效的。可以把这两个启动选项放在[client]选项组里，再试试使用 mysqld 命令启动服务器端程序，会发现这两个启动选项不会生效。

3.6.3　特定 MySQL 版本的专用选项组

我们可以在选项组名的后面加上特定的 MySQL 版本号。例如，对于[mysqld]选项组来说，我们可以定义一个[mysqld-5.7]选项组，它的含义和[mysqld]选项组的含义一样，不过只有版本号为 5.7 的 mysqld 程序才能使用这个选项组中的启动选项。

3.6.4　同一配置文件中多个选项组的优先级

使用同一个命令可以访问配置文件中的多个选项组，例如，使用 mysqld 命令可以访问[mysqld]和[server]选项组。如果在多个选项组中添加了相同的启动选项，那么将以最后一个出现的选项组中的启动选项为准。例如，在 my.cnf 配置文件中，[mysqld]和[server]选项组中同时出现了 default-storage-engine 启动选项，而且[mysqld]选项组在[server]选项组的后面，如下所示，此时以[mysqld]选项组中的启动选项为准。

```
[server]
default-storage-engine=InnoDB

[mysqld]
default-storage-engine=MyISAM
```

3.6.5　命令行和配置文件中启动选项的区别

命令行中指定的绝大多数启动选项都可以被放到配置文件中，但是有一些启动选项是专门为命令行设计的。例如，defaults-extra-file、defaults-file 这样的启动选项本身就是为了指定配置文件路径的，再放在配置文件中使用就没有什么意义了。

如果同一个启动选项既出现在命令行中，又出现在配置文件中，那么以命令行中的启动选项为准。例如，我们在配置文件中添加了如下配置。

```
[server]
default-storage-engine=InnoDB
```

而我们的启动命令如下所示。

```
mysql.server start --default-storage-engine=MyISAM
```

那么，最后 default-storage-engine 选项的值就是 MyISAM。

3.7　系统变量

3.7.1　系统变量简介

MySQL 服务器端程序在运行过程中会用到许多影响程序行为的变量，它们被称为 MySQL 系统变量，如下面 3 个系统变量。

- max_connections：表示允许同时连接到服务器的客户端数量。
- default_storage_engine：表示默认存储引擎。
- query_cache_size：表示查询缓存的大小。

MySQL 服务器端程序支持的系统变量有好几百个，我们就不一一列举了。每个系统变量都有一个默认值，我们可以使用命令行或配置文件中的启动选项在启动服务器时改变一些系统变量的值。

3.7.2　查看系统变量

可以使用如下命令查看 MySQL 服务器端程序支持的系统变量及它们的当前值。

```
SHOW VARIABLES;
SHOW VARIABLES [LIKE 匹配的模式];
```

由于系统变量实在太多了，因此我们通常会带一个 LIKE 过滤条件来查看所需系统变量的值，如下所示。

```
mysql> SHOW VARIABLES LIKE 'default_storage_engine';
+------------------------+--------+
| Variable_name          | Value  |
+------------------------+--------+
| default_storage_engine | InnoDB |
+------------------------+--------+
1 row in set (0.01 sec)

mysql> SHOW VARIABLES LIKE 'max_connections';
+-----------------+-------+
| Variable_name   | Value |
+-----------------+-------+
| max_connections | 151   |
+-----------------+-------+
1 row in set (0.00 sec)
```

LIKE 表达式后面可以跟通配符来进行模糊查询。也就是说，可以采用如下方式编写 SQL 语句，这样就可以查询出所有以 default 开头的系统变量的值。

```
mysql> SHOW VARIABLES LIKE 'default%';
+------------------------------+-----------------------+
| Variable_name                | Value                 |
+------------------------------+-----------------------+
| default_authentication_plugin | mysql_native_password |
| default_password_lifetime    | 0                     |
| default_storage_engine       | InnoDB                |
| default_tmp_storage_engine   | InnoDB                |
| default_week_format          | 0                     |
+------------------------------+-----------------------+
5 rows in set (0.01 sec)
```

3.7.3 通过启动选项设置系统变量

大部分系统变量都可以通过启动服务器时传送启动选项的方式来进行设置。前面提到，添加启动选项主要有两种方式，分别是通过命令行添加启动选项和通过配置文件添加启动选项。

（1）通过命令行添加启动选项。例如，在启动服务器端程序时使用如下命令，表示 MySQL 启动时默认存储引擎为 MyISAM，允许同时连接到服务器的客户端数量为 10 个。

```
mysqld --default-storage-engine=MyISAM --max-connections=10
```

（2）通过配置文件添加启动选项。例如，编辑 my.cnf 配置文件，如下所示。

```
[server]
default-storage-engine=MyISAM
max-connections=10
```

使用上述两种方式中的任意一种启动服务器端程序后，我们再来查看一下系统变量的值，如下所示。

```
mysql> SHOW VARIABLES LIKE 'default_storage_engine';
+------------------------+--------+
| Variable_name          | Value  |
+------------------------+--------+
| default_storage_engine | MyISAM |
+------------------------+--------+
1 row in set (0.00 sec)
```

```
mysql> SHOW VARIABLES LIKE 'max_connections';
+-----------------+-------+
| Variable_name   | Value |
+-----------------+-------+
| max_connections | 10    |
+-----------------+-------+
1 row in set (0.00 sec)
```

可以看到，default_storage_engine 和 max_connections 这两个系统变量的值已经被修改了。需要注意的是，对于启动选项来说，如果启动选项名由多个单词组成，那么各个单词之间使用短画线"-"或下画线"_"连接均可，但是它对应的系统变量的单词之间必须使用下画线"_"连接。在命令行或配置文件中添加的启动选项是使用短画线"-"连接的，其实也可以使用下画线"_"连接，但是我们在查询系统变量的时候只能使用下画线"_"连接。

3.7.4　在服务器端程序运行过程中设置系统变量

对于大部分系统变量来说，它们的值可以在服务器端程序运行过程中进行动态修改而无须停止并重启服务器。但是，系统变量有作用范围之分。

1. 设置不同作用范围的系统变量

多个客户端程序可以同时连接到一个服务器端程序。对于同一个系统变量，我们有时想让不同的客户端对应设置不同的值。例如，若客户端 A 想让当前客户端对应的默认存储引擎为 InnoDB，则可以把系统变量 default_storage_engine 的值设置为 InnoDB；若客户端 B 想让当前客户端对应的默认存储引擎为 MyISAM，则可以把系统变量 default_storage_engine 的值设置为 MyISAM。这样两个客户端就拥有不同的默认存储引擎，使用时互不影响，十分方便。但是，这样一来，每个客户端都会私有一份系统变量，有可能产生如下两个问题。

（1）有些系统变量并不是针对单个客户端的，如允许同时连接到服务器的客户端数量 max_connections。把这些公有的系统变量变成某个客户端私有的显然不太合适。

（2）一个新连接到服务器的客户端对应的系统变量的值应该怎么设置呢？

为了解决这两个问题，MySQL 提出了系统变量作用范围的概念。具体来说，作用范围分为两种，分别是全局变量和会话变量。

- GLOBAL：全局变量，会影响服务器的整体操作。
- SESSION：会话变量，会影响某个客户端的连接操作（注：SESSION 有一个别名叫 LOCAL）。

服务器启动时，会将每个全局变量初始化为其默认值，也可以通过命令行或配置文件中指定的启动选项更改这些默认值。此外，服务器还会为每个连接的客户端维护一组会话变量，客户端的会话变量在连接时使用相应全局变量的当前值初始化。

例如，服务器启动时会初始化一个名为 default_storage_engine、作用范围为 GLOBAL 的系统变量。每当有一个客户端连接到该服务器时，服务器都会单独为该客户端分配一个名为 default_storage_engine、作用范围为 SESSION 的系统变量，该作用范围为 SESSION 的系统变量值按照当前作用范围为 GLOBAL 的同名系统变量值进行初始化。

显然，通过启动选项设置的系统变量的作用范围都是 GLOBAL，也就是对所有客户端有效，因为在服务器启动时还没有客户端连接进来。了解了系统变量的 GLOBAL 和 SESSION 作用范围后，我们看一下在服务器端程序运行过程中通过客户端程序设置系统变量的语法，如下所示。

```
SET [GLOBAL|SESSION] 系统变量名 = 值;
```

或者写为如下形式。

```
SET [@@(GLOBAL|SESSION).]var_name = XXX;
```

例如，在服务器端程序运行过程中把作用范围为 GLOBAL 的系统变量 default_storage_engine 的值修改为 MyISAM，也就是想让后面新连接到服务器的客户端都使用 MyISAM 作为默认存储引擎，可以选择下面两种方式中的任意一种进行设置。

```
#方式一
mysql> SET GLOBAL default_storage_engine = MyISAM;
#方式二
mysql> SET @@GLOBAL.default_storage_engine = MyISAM;
```

如果只想对当前客户端生效，则可以选择下面 3 种方式中的任意一种进行设置。

```
#方式一
mysql> SET SESSION default_storage_engine = MyISAM;
#方式二
mysql> SET @@SESSION.default_storage_engine = MyISAM;
#方式三
mysql> SET default_storage_engine = MyISAM;
```

由方式三可知，如果在设置系统变量的语句中省略了作用范围，则默认作用范围为 SESSION。

2. 查看不同作用范围的系统变量

既然系统变量有作用范围之分，那么 SHOW VARIABLES 语句查看的是什么作用范围的系统变量呢？该语句默认查看的是 SESSION 作用范围的系统变量。

我们也可以在查看系统变量的语句中加入作用范围，如下所示。

```
SHOW [GLOBAL|SESSION] VARIABLES [LIKE 匹配的模式];
```

演示完整的设置并查看系统变量的过程，如下所示。

```
mysql> SHOW SESSION VARIABLES LIKE 'default_storage_engine';
+------------------------+--------+
| Variable_name          | Value  |
+------------------------+--------+
| default_storage_engine | InnoDB |
+------------------------+--------+
1 row in set (0.00 sec)

mysql> SHOW GLOBAL VARIABLES LIKE 'default_storage_engine';
+------------------------+--------+
| Variable_name          | Value  |
+------------------------+--------+
| default_storage_engine | InnoDB |
+------------------------+--------+
1 row in set (0.00 sec)

mysql> SET SESSION default_storage_engine = MyISAM;
Query OK, 0 rows affected (0.00 sec)

mysql> SHOW SESSION VARIABLES LIKE 'default_storage_engine';
+------------------------+--------+
| Variable_name          | Value  |
+------------------------+--------+
| default_storage_engine | MyISAM |
+------------------------+--------+
1 row in set (0.00 sec)

mysql> SHOW GLOBAL VARIABLES LIKE 'default_storage_engine';
```

```
+-----------------------+--------+
| Variable_name         | Value  |
+-----------------------+--------+
| default_storage_engine | InnoDB |
+-----------------------+--------+
1 row in set (0.00 sec)
```

可以看到，最初，无论是在 GLOBAL 作用范围内，还是在 SESSION 作用范围内，系统变量 default_storage_engine 的值都是 InnoDB；在 SESSION 作用范围内把该系统变量的值设置为 MyISAM 后，GLOBAL 作用范围内该系统变量的值并没有发生改变。

某个客户端改变了某个系统变量在 GLOBAL 作用范围内的值，并不会影响该系统变量在当前已经连接的客户端作用范围为 SESSION 内的值，只会影响该系统变量在后续连接进来的客户端作用范围为 SESSION 内的值。

需要注意的是，并不是所有系统变量都具有 GLOBAL 和 SESSION 作用范围，分为如下 4 种情况。

（1）有些系统变量只具有 GLOBAL 作用范围，如 max_connections。

（2）有些系统变量只具有 SESSION 作用范围，如 insert_id。

（3）有些系统变量既具有 GLOBAL 作用范围，也具有 SESSION 作用范围，如 default_storage_engine。大部分系统变量都是这样的。

（4）有些系统变量是只读的，并不能设置值，如 version（表示当前 MySQL 版本），在客户端不能设置该系统变量的值，只能使用 SHOW VARIABLES 语句查看该系统变量的值。

3.7.5　启动选项和系统变量之间的关系

启动选项是在程序启动时用户传递的一些参数，而系统变量是影响服务器端程序运行行为的变量，它们之间的关系如下。

- 大部分系统变量都可以被当作启动选项传入。
- 有些系统变量是在程序运行过程中自动生成的，不能被当作启动选项进行设置，如 auto_increment_offset、character_set_client。
- 有些启动选项不是系统变量，如 defaults-file。

3.8　小结

本章对 MySQL 中的用户与权限管理进行了详细介绍，包括权限表、用户管理、权限管理、访问控制、角色管理、配置文件的使用、系统变量等内容。

目前大部分重要数据都是通过数据库系统来存储的，如姓名、出生日期、身份证号码、个人生物识别信息、住址、联系方式、通信记录和内容、账号密码、财产信息、征信信息、行踪轨迹、住宿信息、健康生理信息、交易信息等，因此，保障数据库的安全尤为重要。我们需要加强对数据库的访问控制，明确数据库管理和使用职责分工，最小化数据库账号使用权限，防止权限滥用。当然，仅仅依靠数据库本身的安全保障措施是远远不够的，我们还需要对数据库及其核心业务系统进行安全加固，在系统边界部署防火墙、IDS/IPS、防病毒系统等，并及时地进行系统补丁检测、更新。

第4章

逻辑架构

MySQL 是典型的客户端/服务器端架构（Client/Server），简称 C/S 架构。这是一种网络架构，通常在该网络架构下的程序分为客户端程序和服务器端程序。客户端程序和服务器端程序通常不在同一台主机上运行。例如，平时我们在京东购物的时候，使用的移动端 App 就被当作一个客户端程序，同时京东在其机房里运行着京东 App 的服务器端程序。平时我们在移动端 App 上执行的搜索、下单等操作，都需要等待服务器端程序的响应和反馈。

在 MySQL 中，客户端可以是 MySQL 提供的工具，如 MySQL Workbench、SQLyog 等，也可以是 MySQL 自带的客户端程序。在安装 MySQL 的过程中，首先安装的是 mysql-community-client-8.0.25-1.el7.x86_64.rpm 软件包（参见 1.2.5 节），这是 MySQL 自带的客户端程序。

同样，mysql-community-server-8.0.25-1.el7.x86_64.rpm 软件包就是所谓的服务器端程序。安装完成后，使用 mysqld 命令即可启动 MySQL 服务器端程序。客户端程序和服务器端程序建立连接之后，便可以进行交互了。本章将介绍 MySQL 的逻辑架构，让大家更好地了解 MySQL 内部的执行原理。

4.1 逻辑架构剖析

4.1.1 MySQL 的逻辑架构

图 4-1 所示为 MySQL 的逻辑架构，包括 10 部分，分别是客户端连接器（MySQL Connectors）、连接池（Connection Pool）、非关系型 SQL 接口（NoSQL Interface）、SQL 接口（SQL Interface）、解析器（Parser）、优化器（Optimizer）、缓存（Caches & Buffers）、存储引擎（Storage Engines）、文件系统（File System）和日志相关文件（Files & Logs）。

虽然图 4-1 把 MySQL 的逻辑架构分为 10 部分，但是我们将其简化为 5 部分，分别是客户端连接器、连接层、服务层、存储引擎层和存储层，如图 4-2 所示。

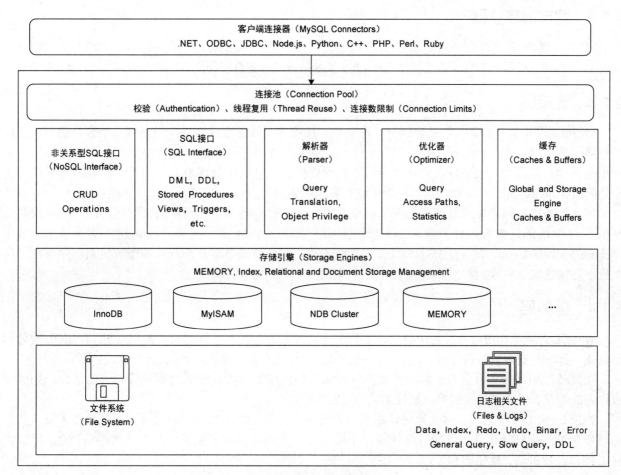

图 4-1 MySQL 的逻辑架构

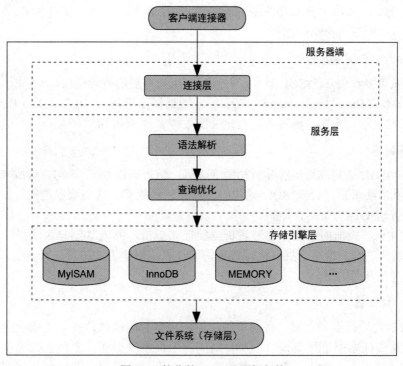

图 4-2 简化的 MySQL 逻辑架构

4.1.2　客户端连接器

MySQL 逻辑架构的第一层是客户端连接器，主要负责连接 MySQL Server。MySQL 支持使用 Java（JDBC）、PHP、C 等语言编写的连接器连接 MySQL Server，或者直接使用 API 的形式连接 MySQL Server。

4.1.3　连接层

MySQL 逻辑架构的第二层是连接层，主要负责接收客户端的连接服务。每当有一个客户端程序连接服务器端程序时，服务器端程序都会提供一个线程来专门处理与这个客户端程序的交互。在连接层中有一个连接池，连接池通过分配、管理并释放数据库连接，允许应用程序重复使用已有的数据库连接，而不是为每个请求重新建立连接，从而减少了建立和关闭连接的开销。

客户端程序发起连接请求时会携带主机名、用户名、密码等信息，连接层会对客户端程序提供的这些信息进行认证，如果认证失败，那么服务器端程序会拒绝连接。同样，在该层上实现了基于 SSL（Secure Sockets Layer，安全套接字协议）的安全连接，从而解决了客户端程序和服务器端程序不在一台主机上连接的安全问题。

4.1.4　服务层

MySQL 逻辑架构的第三层是服务层，主要负责完成大多数核心服务功能，如 SQL 接口、SQL 的分析和优化、部分内置函数的执行等。所有跨存储引擎的功能也在这一层上实现，如过程、函数等。

在服务层中，服务器会首先解析查询并创建相应的内部解析树，然后对其完成相应的优化，如确定查询表的顺序、是否使用索引等，最后生成相应的执行操作。

如果是 SELECT 语句，那么服务器还会查询内部的缓存。如果缓存空间足够大，那么在大量读操作的环境中能够很好地提升系统的查询性能。下面介绍一下该层的核心服务，包括非关系型 SQL 接口、SQL 接口、解析器、优化器和缓存。

1．NoSQL Interface：非关系型 SQL 接口

非关系型 SQL 接口主要负责接收用户的非关系型 SQL 命令。与直接发出 SQL 语句相比，非关系型 SQL 接口使得应用程序能获得更高的读写性能。

2．SQL Interface：SQL 接口

SQL 接口主要负责接收用户的 SQL 命令，并且返回用户需要的查询结果。

MySQL 支持 DML（Data Manipulation Language，数据操作语言）、DDL（Data Definition Language，数据定义语言）、存储过程、视图、触发器、自定义函数等多种 SQL 接口。

3．Parser：解析器

在解析器中会对 SQL 语句进行语法分析和语义分析。解析器将 SQL 语句分解成一个数据结构，并将这个数据结构传递到后续步骤，后续 SQL 语句的传递和处理就基于这个数据结构。如果在分解过程中遇到错误，就说明这条 SQL 语句是不合理的。

SQL 语句被传递到解析器的时候，会被解析器验证和解析，并为其创建语法树，会根据数据字典丰富查询语法树，会验证该客户端是否拥有执行该查询的权限。创建语法树后，MySQL 还会对 SQL 查询进行语法上的优化，进行查询重写。

4．Optimizer：优化器

SQL 语句在解析之后、查询之前，会使用优化器确定自身的执行路径，生成一个执行计划。这个执行计划表明应该使用哪些索引进行查询，以及表之间的连接顺序如何。之后会按照执行计划中的步骤调用存储引擎提供的方法来真正地执行查询，并将查询结果返回给用户。在这些具体的执行步骤里，真正的数据操作都是通过预先定义的存储引擎 API 来进行的，与具体的存储引擎实现无关。

优化器使用"选取—投影—连接"策略进行查询。比如下面的查询语句，SELECT 查询首先根据 WHERE 条件进行"选取"，而不是将表全部查询出来以后再进行过滤；然后根据 id 和 name 进行属性"投影"，而不是将属性全部取出来以后再进行过滤；最后将这两个查询条件"连接"起来，生成最终的查询结果。

```
SELECT id,name FROM student WHERE gender = '女';
```

5. Caches & Buffers：缓存

MySQL 内部维持着一些 Caches 和 Buffers，这个缓存机制是由一系列小缓存组成的，如表缓存、记录缓存、key 缓存、权限缓存等。例如，查询缓存（Query Cache）用来缓存一条 SELECT 语句的查询结果。如果能够在查询缓存中找到对应的查询结果，就不必再进行查询解析、优化和执行了，直接将查询结果反馈给客户端即可。查询缓存可以在不同的客户端之间共享。但是，从 MySQL 5.7.20 开始，官方不推荐使用查询缓存，并在 MySQL 8.0 中删除了查询缓存，这是因为能命中缓存的相同查询结果的概率还是比较低的。

4.1.5　存储引擎层

和其他数据库相比，MySQL 有点与众不同，它的逻辑架构可以在多种场景中应用并发挥良好的作用，这主要体现在存储引擎架构上。插件式的存储引擎架构将数据的存储、提取和其他系统任务分离开来。这种架构有助于用户根据业务需求和实际需要选择合适的存储引擎。同时，开源的 MySQL 允许开发人员自定义存储引擎。

存储引擎层负责 MySQL 中数据的存储和提取，服务层通过 API 与存储引擎层进行通信。不同的存储引擎具有不同功能。插件式的存储引擎架构提供了一套标准的管理和支持服务，这些服务在所有底层存储引擎中都是通用的。存储引擎本身是数据库服务器的组件，它们实际操作的是存储层维护的底层数据。MySQL 8.0 支持的存储引擎如下所示。关于存储引擎将会在第 5 章中详细介绍，此处就不再赘述了。

```
mysql> SHOW ENGINES \G;
*************************** 1. row ***************************
      Engine: InnoDB
     Support: DEFAULT
     Comment: Supports transactions, row-level locking, and foreign keys
Transactions: YES
          XA: YES
  Savepoints: YES
*************************** 2. row ***************************
      Engine: MRG_MYISAM
     Support: YES
     Comment: Collection of identical MyISAM tables
Transactions: NO
          XA: NO
  Savepoints: NO
*************************** 3. row ***************************
      Engine: MEMORY
     Support: YES
     Comment: Hash based, stored in memory, useful for temporary tables
Transactions: NO
          XA: NO
  Savepoints: NO
*************************** 4. row ***************************
      Engine: BLACKHOLE
     Support: YES
```

```
       Comment: /dev/null storage engine (anything you write to it disappears)
  Transactions: NO
            XA: NO
    Savepoints: NO
*************************** 5. row ***************************
        Engine: MyISAM
       Support: YES
       Comment: MyISAM storage engine
  Transactions: NO
            XA: NO
    Savepoints: NO
*************************** 6. row ***************************
        Engine: CSV
       Support: YES
       Comment: CSV storage engine
  Transactions: NO
            XA: NO
    Savepoints: NO
*************************** 7. row ***************************
        Engine: ARCHIVE
       Support: YES
       Comment: Archive storage engine
  Transactions: NO
            XA: NO
    Savepoints: NO
*************************** 8. row ***************************
        Engine: PERFORMANCE_SCHEMA
       Support: YES
       Comment: Performance Schema
  Transactions: NO
            XA: NO
    Savepoints: NO
*************************** 9. row ***************************
        Engine: FEDERATED
       Support: NO
       Comment: Federated MySQL storage engine
  Transactions: NULL
            XA: NULL
    Savepoints: NULL
```

4.1.6 存储层

数据库中所有的数据，包括数据库和表的定义、表中每一行的内容、索引等，都被存储在文件系统中，以数据文件的形式存在。我们可以使用 DAS、NAS、SAN 等存储系统来存储这些数据文件。当然，有些存储引擎（如 InnoDB）支持不使用文件系统而直接管理裸设备，但现代文件系统的发展使这样做变得没有必要。

4.2 SQL 语句的执行流程

MySQL 8.0 中 SQL 语句的执行流程如图 4-3 所示。

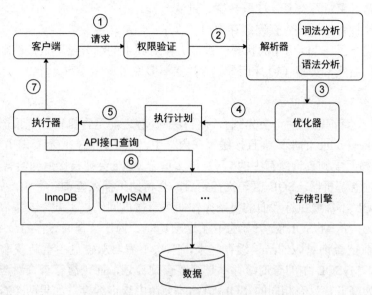

图 4-3 MySQL 8.0 中 SQL 语句的执行流程

MySQL 5.7 中 SQL 语句的执行流程如图 4-4 所示。

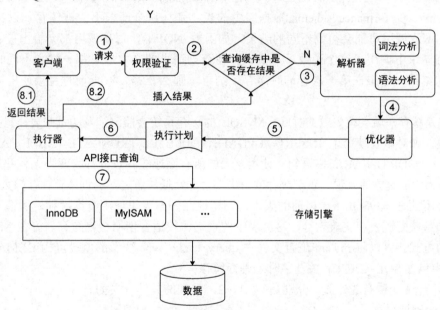

图 4-4 MySQL 5.7 中 SQL 语句的执行流程

从图 4-3 和图 4-4 中可以看出，MySQL 8.0 和 MySQL 5.7 中 SQL 语句执行流程的主要区别在于是否存在查询缓存。下面以 MySQL 5.7 为例来讲解 SQL 语句的执行流程。MySQL 5.7 中 SQL 语句的执行流程分为 8 步。

（1）客户端连接服务器端，需要经过一系列的权限验证。

（2）权限验证通过后，根据 SQL 语句到查询缓存中进行查找，如果存在结果，则直接返回结果，否则进入下一步。

（3）查询缓存中没有 SQL 语句，进入解析器。

（4）解析器处理完后，进入优化器。

（5）优化器进行优化后，生成对应的执行计划。

（6）执行器按照执行计划逐步执行查询。

（7）执行器与存储引擎进行交互，读取数据、过滤数据。

（8）返回结果，并且将结果插入查询缓存中。

上面只是简单地描述了 SQL 语句的执行流程，大家对其中的细节还不是很清晰。接下来详细讲解每一步都做了哪些事情。当然，步骤（1）和步骤（8）就不多说了。

1．查询缓存

MySQL 接收到一个查询请求后，会先到查询缓存中查看之前是否执行过这条语句。之前执行过的语句及其结果可能会以 key-value 的形式被直接缓存在内存中，其中，key 表示查询语句，value 表示查询结果。如果 SQL 语句能够匹配到查询缓存中的 key，那么这个 value 会被直接返回给客户端。如果 SQL 语句不在查询缓存中，就进入解析器。SQL 语句执行完后，会将结果插入查询缓存中。如果 SQL 语句能命中查询缓存，那么 MySQL 不需要执行后面的复杂操作即可直接返回结果，效率会很高。但是，查询缓存的命中率往往不高，因此，从 MySQL 8.0 开始舍弃了这项功能。为什么查询缓存的命中率不高呢？

查询缓存就是提前把查询对应的结果缓存起来，下次不需要从磁盘中重新获取数据就可以直接拿到结果。需要说明的是，MySQL 中的查询缓存不是缓存查询计划，而是缓存查询对应的结果。这就意味着查询匹配的鲁棒性大大降低，只有相同的 SQL 语句才会命中查询缓存。如果两个查询请求在任何字符上有不同之处，如空格、注释、字母大小写等，则都不会命中缓存，因此查询缓存的命中率不高。

如果查询请求中包含某些系统函数、用户自定义变量和函数、一些系统表，如 mysql、information_schema、performance_schema 数据库中的表，那么这个请求不会被缓存。以某些系统函数为例，同一函数的两次调用可能会得到不同的结果，如函数 NOW()，每次调用都会给出最新的当前时间。如果在一个查询请求中调用了这个函数，那么，即使查询请求的文本信息都一样，不同时间的两次查询也会得到不同的结果。如果在第一次查询时缓存了结果，那么在第二次查询时直接使用第一次查询的结果是错误的。

此外，既然是缓存，就会有失效的时候。MySQL 的缓存系统会监测涉及的每张表，只要该表结构或其中的数据被修改，如对该表使用了 INSERT、UPDATE、DELETE、TRUNCATE TABLE、ALTER TABLE、DROP TABLE 或 DROP DATABASE 语句，使用该表的所有高速缓存查询都将变为无效并从高速缓存中删除。对于更新压力大的数据库来说，查询缓存的命中率会非常低。总之，查询缓存往往弊大于利。

如果用户使用的是 MySQL 8.0 以前的版本，则建议在静态表里使用查询缓存。所谓静态表，就是极少更新的表，如系统配置表、字典表等，这类表中的查询比较适合使用查询缓存。好在 MySQL 也提供了这种按需使用的方式。可以将 my.cnf 配置文件中 query_cache_type 变量的值设置为 DEMAND，意思是只有当 SQL 语句中包含 SQL_CACHE 关键字时才进行缓存。

query_cache_type 变量有 3 个值，分别是 0、1、2，它们的具体含义如下。

- 0 代表关闭查询缓存。
- 1 代表开启查询缓存。
- 2 代表 DEMAND。

设置 query_cache_type=2，这样一来，对于默认的 SQL 语句都不使用查询缓存。而对于用户确定使用查询缓存的 SQL 语句，则可以用 SQL_CACHE 关键字显式指定，如下所示。

```
SELECT SQL_CACHE * FROM test WHERE id=5;
```

可以使用如下 SQL 语句查看当前的 MySQL 实例是否开启了查询缓存。我们分别在 MySQL 5.7 和 MySQL 8.0 中进行查看，从结果中可以看到，在 MySQL 8.0 中已经没有了查询缓存。

```
#在 MySQL 5.7 中查看
mysql> SHOW GLOBAL VARIABLES LIKE "%query_cache_type%";
+------------------+-------+
| Variable_name    | Value |
+------------------+-------+
```

```
| query_cache_type | OFF   |
+------------------+-------+
1 row in set (0.00 sec)
#在 MySQL 8.0 中查看
mysql> SHOW GLOBAL VARIABLES LIKE "%query_cache_type%";
Empty set (0.02 sec)
```

在 MySQL 5.7 中，可以使用如下 SQL 语句来查看查询缓存的命中率。

```
mysql> SHOW STATUS LIKE'%Qcache%';
+-------------------------+---------+
| Variable_name           | Value   |
+-------------------------+---------+
| Qcache_free_blocks      | 1       |
| Qcache_free_memory      | 1031832 |
| Qcache_hits             | 0       |
| Qcache_inserts          | 0       |
| Qcache_lowmem_prunes    | 0       |
| Qcache_not_cached       | 1280    |
| Qcache_queries_in_cache | 0       |
| Qcache_total_blocks     | 1       |
+-------------------------+---------+
```

可以看到，结果中有 8 个参数，它们的具体含义如下。

- Qcache_free_blocks 表示查询缓存中目前还有多少剩余的块。如果该参数的值较大，则说明查询缓存中的内存碎片过多，可能需要一定的时间进行整理。
- Qcache_free_memory 表示查询缓存的大小。通过这个参数可以很清晰地知道当前系统的查询缓存是否够用，数据库管理员可以根据实际情况进行调整。
- Qcache_hits 表示有多少次命中查询缓存。可以通过这个参数来验证查询缓存的效果，该参数的值越大，效果越理想。
- Qcache_inserts 表示有多少次未命中然后插入，意思是新来的 SQL 语句在查询缓存中未找到，不得不执行查询处理，执行查询处理后把结果插入查询缓存中。出现这种情况的次数越多，表示查询缓存应用的次数越少，效果越不理想。当然，系统刚启动时查询缓存是空的，这很正常。
- Qcache_lowmem_prunes 表示有多少条查询因为内存不足而被移出查询缓存。可以根据这个参数的值适当地调整查询缓存的大小。
- Qcache_not_cached 表示因为 query_cache_type 变量的设置而没有被缓存的查询数量。
- Qcache_queries_in_cache 表示当前查询缓存中缓存的查询数量。
- Qcache_total_blocks 表示当前查询缓存中缓存的块数量。

如果在查询缓存中没有找到 SQL 语句，接下来就进入解析器。

2. 解析器

解析器负责对 SQL 语句进行词法分析和语法分析。如果没有命中查询缓存，就要开始真正解析 SQL 语句了。

SQL 语句的解析过程如图 4-5 所示。首先进行词法分析，也就是将字符序列转换为单词（Token）序列的过程。这里会判断是否存在终结符。如果存在终结符，那么词法分析会返回一个一个的 Token。接着进行语法分析，即分析词法分析返回的 Token。语法分析会对 SQL 语句进行一些语法检查，如单引号有没有闭合，之后根据 MySQL 定义的语法规则，将 SQL 语句分解成一个数据结构。我们把这个数据结构叫作抽象语法树（Abstract Syntax Tree，AST）。

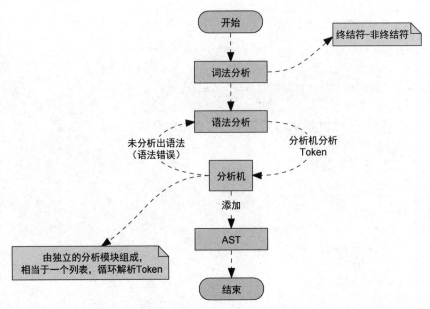

图 4-5　SQL 词句的解析过程

　　输入的 SQL 语句是由多个字符串和空格组成的，MySQL 需要识别出里面的字符串分别是什么、代表什么，例如，MySQL 根据输入的"SELECT"关键字识别出这是一条查询语句。它也要把字符串"T"识别为"表名 T"，把字符串"ID"识别为"列 ID"。MySQL 完成这些识别以后，就要进行语法分析。根据词法分析的结果，语法分析器会根据语法规则判断输入的这条 SQL 语句是否符合 MySQL 语法。如果 SQL 语句不合理，就会收到"You have an error in your SQL syntax"的错误提醒。例如，下面这条 SQL 语句将 FROM 写成了 ROM。

```
SELECT username ROM test WHERE id=1 AND 1=1;
```

　　错误提醒如下所示。

```
ERROR 1064 (42000): You have an error in your SQL syntax; check the manual that corresponds
to your MySQL server version for the right syntax to use near 'fro test where id=1' at
line 1
```

　　如果 SQL 语句正确，就会生成一棵如图 4-6 所示的语法树。

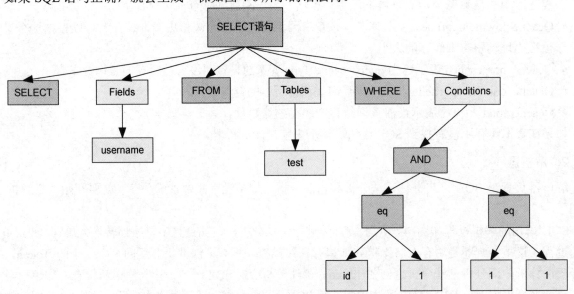

图 4-6　SQL 语句的语法树

　　至此，解析器的工作任务基本完成，接下来进入优化器。

3．优化器

在优化器中会确定 SQL 语句的执行路径，例如，是根据全表检索，还是根据索引检索等。

一条 SQL 语句可以有多个执行计划，但最终都返回相同的结果。优化器的作用就是找到最优的执行计划。例如，当表中有多个索引的时候，优化器决定使用哪个索引；当一条语句中有多表关联（JOIN）的时候，优化器决定这些表的连接顺序。执行如下 SQL 语句。这条语句的含义是执行两张表的 JOIN 操作，其中，表 test1 中的 id 列上存在索引，而表 test2 中的 id 列上不存在索引。

```
SELECT * FROM test1 JOIN test2 ON test1.id = test2.id;
```

上述 SQL 语句既可以先在表 test1 中全表扫描 id 值，再根据 id 值关联查询表 test2，也可以先在表 test2 中全表扫描 id 值，再根据 id 值关联查询表 test1。

这两个执行计划返回的结果是一样的，但执行效率会有所不同，因为第一个执行计划会全表扫描表 test1 和 test2，而第二个执行计划只会全表扫描表 test2，继而根据索引查询表 test1。优化器的作用就是决定选用哪个执行计划。经过优化器的优化，即可确定这条 SQL 语句的执行计划，接下来进入执行器。

4．执行器

在执行 SQL 语句之前需要判断用户是否拥有权限，如果用户拥有权限，就执行该 SQL 语句并返回结果。例如，如果用户对表拥有操作权限，就打开表继续执行。在打开表的时候，执行器会根据表的存储引擎定义去使用这个存储引擎提供的接口。例如，在表 test 中，id 字段没有设置索引，执行器的执行流程如下。

（1）调用 InnoDB 存储引擎接口提取这张表中的第一行，判断 id 值是不是 1，如果不是，则跳过；如果是，则将这一行存储在结果集中。

（2）调用 InnoDB 存储引擎接口提取下一行，重复相同的判断逻辑，直到提取到这张表中的最后一行。

（3）执行器将上述遍历过程中所有满足条件的行组成的结果集返回给客户端。

至此，这条 SQL 语句就执行完成了。

4.3　MySQL 5.7 中的查询缓存设置

这里我们需要显式开启查询缓存。在 MySQL 5.7 中进行如下设置。

1．在配置文件中开启查询缓存

在/etc/my.cnf 配置文件中新增一行配置，如下所示，开启查询缓存。

```
query_cache_type=1
```

2．重启 MySQL 服务

在配置文件中新增的配置需要重启 MySQL 服务才能生效。重启命令如下所示。

```
systemctl restart mysqld
```

3．验证查询缓存

使用如下 SQL 语句创建数据库 chapter4 和表 test1。

```
mysql> CREATE DATABASE chapter4;
mysql> USE chapter4;
mysql> CREATE TABLE `test1`(id int,name varchar(20));
mysql> INSERT INTO test1(id,name) values (1,'a'),(2,'A'),(3,'b'),(4,'B');
```

我们可以通过查看 SQL 语句的查询成本来判断是否命中查询缓存。

开启 PROFILE 功能后，执行两条 SQL 语句，如下所示。

```
mysql> SET profiling=1;
mysql> SELECT * FROM test1;
```

```
+------+------+
| id   | name |
+------+------+
|    1 | a    |
|    2 | A    |
|    3 | b    |
|    4 | B    |
+------+------+
4 rows in set (0.00 sec)

mysql> SELECT * FROM test1;
+------+------+
| id   | name |
+------+------+
|    1 | a    |
|    2 | A    |
|    3 | b    |
|    4 | B    |
+------+------+
4 rows in set (0.00 sec)
```

使用如下语句查看上面两条 SQL 语句的查询成本。

```
mysql> SHOW PROFILES;
+----------+------------+----------------------+
| Query_ID | Duration   | Query                |
+----------+------------+----------------------+
|        1 | 0.00025325 | select * from test1  |
|        2 | 0.00006100 | select * from test1  |
+----------+------------+----------------------+
2 rows in set, 1 warning (0.00 sec)
```

查看上面两条 SQL 语句对应的查询成本的详细信息，结果如下所示。可以看到，在第二条 SQL 语句对应的查询成本信息中有一条信息"sending cached result to clien"，表示数据是从查询缓存中获取的。

```
mysql> SHOW PROFILE FOR QUERY 1;
+--------------------------------+----------+
| Status                         | Duration |
+--------------------------------+----------+
| starting                       | 0.000016 |
| Waiting for query cache lock   | 0.000002 |
| starting                       | 0.000001 |
| checking query cache for query | 0.000040 |
| checking permissions           | 0.000004 |
| Opening tables                 | 0.000013 |
| init                           | 0.000011 |
| System lock                    | 0.000005 |
| Waiting for query cache lock   | 0.000001 |
| System lock                    | 0.000016 |
| optimizing                     | 0.000005 |
| statistics                     | 0.000010 |
| preparing                      | 0.000009 |
| executing                      | 0.000002 |
| Sending data                   | 0.000035 |
| end                            | 0.000003 |
```

```
| query end                      | 0.000009 |
| closing tables                 | 0.000005 |
| freeing items                  | 0.000004 |
| Waiting for query cache lock   | 0.000002 |
| freeing items                  | 0.000044 |
| Waiting for query cache lock   | 0.000003 |
| freeing items                  | 0.000002 |
| storing result in query cache  | 0.000003 |
| cleaning up                    | 0.000009 |
+--------------------------------+----------+
25 rows in set, 1 warning (1.58 sec)

mysql> SHOW PROFILE FOR QUERY 2;
+--------------------------------+----------+
| Status                         | Duration |
+--------------------------------+----------+
| starting                       | 0.000015 |
| Waiting for query cache lock   | 0.000002 |
| starting                       | 0.000001 |
| checking query cache for query | 0.000003 |
| checking privileges on cached  | 0.000002 |
| checking permissions           | 0.000005 |
| sending cached result to clien | 0.000032 |
| cleaning up                    | 0.000002 |
+--------------------------------+----------+
8 rows in set, 1 warning (0.00 sec)
```

需要注意的是，两次查询 SQL 必须是一致的，否则不能命中查询缓存。例如，下面两条 SQL 语句虽然查询结果一致，但不会命中查询缓存，这里不再进行测试。

```
SELECT * FROM mydb.mytbl WHERE id=2
SELECT * FROM mydb.mytbl WHERE id>1 AND id<3
```

如果在 MySQL 8.0 中添加同样的开启查询缓存的配置信息，重启 MySQL 服务时就会报错，如下所示。

```
[root@atguigu01 ~]# vim /etc/my.cnf
query_cache_type=1
[root@atguigu01 ~]# systemctl restart mysqld
Job for mysqld.service failed because the control process exited with error code. See
"systemctl status mysqld.service" and "journalctl -xe" for details.
```

4.4 数据库缓冲池

磁盘 I/O 需要消耗的时间很长，如果在内存中进行操作，则效率会提高很多。为了让数据表或索引中的数据随时为我们所用，DBMS（Database Management System，数据库管理系统）会申请占用内存作为缓冲池。这样做的好处是可以让磁盘活动最小化，从而减少与磁盘直接进行 I/O 的时间。这种策略对于提升 SQL 语句的查询性能来说至关重要。如果要查询的数据在缓冲池里，那么访问成本会降低很多。

4.4.1 缓冲池和查询缓存

缓冲池和前面提到的查询缓存是不一样的，下面详细介绍它们之间的区别。

1. 缓冲池（Buffer Pool）

在 InnoDB 存储引擎中，缓冲池主要用来存储数据和系统信息等。我们在第 2 章中讲过，在 InnoDB

存储引擎下，表中的数据都是被存储在磁盘中的，存储单位是页（参见第 6 章）。

我们知道 MySQL 中的记录是按照行来存储的，但是数据库并不是一行一行读取数据的，否则一次读取（一次 I/O 操作）只能处理一行数据，效率会非常低。InnoDB 存储引擎以页作为磁盘和内存之间交互的基本单位，当需要访问页中的某个数据时，会把整页中的数据加载到内存中，这样内存中就会包含整页中的数据。如果未来需要读取页中的其他数据，则直接从内存中读取即可，不必再进行磁盘 I/O 操作，从而节省了磁盘 I/O 的开销，这块内存被称为缓冲池。

MySQL 读取数据的流程如图 4-7 所示。MySQL 首先会判断缓冲池中是否存在对应的页，如果存在就直接返回数据，否则会通过磁盘 I/O 加载页并将页存放到缓冲池中，再返回数据。由于缓冲池的大小是有限的，因此无法将所有数据加载到缓冲池中，这时就会涉及加载的优先级，会优先加载使用频次高的热数据。

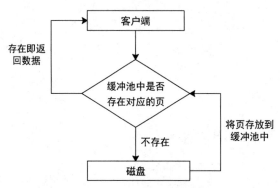

图 4-7　MySQL 读取数据的流程

此外，如果执行 SQL 语句时更新了缓冲池中的数据，那么这些数据并不会马上被同步到磁盘中。实际上，当对数据库中的记录进行修改的时候，首先会修改缓冲池中页里面的记录，然后数据库会以一定的频率将修改后的记录刷新到磁盘中，并不是每次发生更新操作都会立刻写入磁盘中的。

2．查询缓存

查询缓存就是提前把查询对应的结果缓存起来，下次不需要从磁盘中重新获取数据就可以直接拿到结果。因为命中条件苛刻，而且只要数据表发生变化，查询缓存就会失效，所以命中率很低。

缓冲池服务于数据库整体的 I/O 操作，它与查询缓存的共同点是都通过缓存机制来提高查询效率。

4.4.2　查看缓冲池的大小

了解了缓冲池的作用后，再来看看如何查看缓冲池的大小。对于 InnoDB 存储引擎来说，可以通过查看 innodb_buffer_pool_size 变量的值来查看缓冲池的大小，如下所示。

```
mysql> SHOW VARIABLES LIKE 'innodb_buffer_pool_size'
+-------------------------+-----------+
| Variable_name           | Value     |
+-------------------------+-----------+
| innodb_buffer_pool_size | 134217728 |
+-------------------------+-----------+
1 row in set (0.01 sec)
```

可以看到，此时 InnoDB 存储引擎的缓冲池大小只有 134217728÷1024÷1024=128MB。我们可以修改缓冲池的大小，如改为 256MB，有以下 3 种修改方式。

（1）直接通过命令设置缓冲池的大小，如下所示。

```
SET GLOBAL innodb_buffer_pool_size = 268435456;
```

（2）修改 my.cnf 配置文件，修改内容如下所示。

```
#如果不写单位，则单位为字节
innodb_buffer_pool_size = 256MB
```

（3）使用 PERSIST 的方式，如下所示。

```
SET PERSIST innodb_buffer_pool_size = 268435456;
```

执行上述语句后，会在数据目录下生成一个新的文件 mysqld-auto.cnf。这样，即便 MySQL 实例重启，这个配置也会持续生效（而使用 GLOBAL 的方式，这个配置就会失效），前提是下面这个参数的值要设置为 ON（其默认值也是 ON）。

```
persisted_globals_load = ON
```

再来看一下修改后的缓冲池大小，结果如下所示。可以看到，缓冲池的大小已经变成了 256MB。

```
mysql> SHOW VARIABLES LIKE 'innodb_buffer_pool_size';
+-------------------------+-----------+
| Variable_name           | Value     |
+-------------------------+-----------+
| innodb_buffer_pool_size | 268435456 |
+-------------------------+-----------+
1 row in set (0.00 sec)
```

在 InnoDB 存储引擎中可以同时开启多个缓冲池。使用如下语句查看缓冲池的个数。

```
mysql> SHOW VARIABLES LIKE 'innodb_buffer_pool_instances';
+------------------------------+-------+
| Variable_name                | Value |
+------------------------------+-------+
| innodb_buffer_pool_instances | 1     |
+------------------------------+-------+
1 row in set (0.01 sec)
```

可以看到当前只有一个缓冲池。实际上，innodb_buffer_pool_instances 变量的值在默认情况下为 8，为什么这里显示为 1 呢？需要说明的是，想要开启多个缓冲池，需要先将 innodb_buffer_pool_size 变量的值设置为大于或等于 1GB，这时 innodb_buffer_pool_instances 变量的值才会大于 1。可以在 MySQL 的配置文件中先将 innodb_buffer_pool_size 变量的值设置为大于或等于 1GB，再修改 innodb_buffer_pool_instances 变量的值。

4.4.3　将数据加载到缓冲池中

前面讲过，为了节省磁盘 I/O 的开销，需要将整个页加载到缓冲池中。当页被加载到缓冲池后，我们称之为缓存页。为了区分缓存页，我们将磁盘上的页称为数据页。

每个缓存页都有对应的一份描述数据，描述数据中存放了缓存页的一些元数据相关信息，它们都被存放在缓冲池中，通过描述数据可以快速定位到缓存页。在初始状态下，描述数据指向的缓存页中是没有数据的，只有当读取数据的时候，缓存页才会被填充。缓冲池对应的内存空间结构如图 4-8 所示。

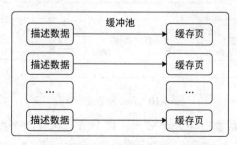

图 4-8　缓冲池对应的内存空间结构

查询语句的执行流程如图 4-9 所示。

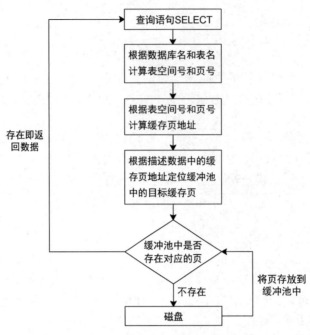

图 4-9　查询语句的执行流程

4.4.4　缓冲池中的 free 链表

在查询数据的时候会将数据页加载到缓冲池的缓存页中，此时加载过数据页的缓存页和空闲的缓存页同时存在。要想寻找一个空闲的缓存页存放从磁盘读取的数据页，该怎么做呢？如果遍历缓冲池中的所有缓存页，那么效率无疑会非常低下。MySQL 引入了"free（空闲）链表"这样的数据结构，将空闲的缓存页对应的描述数据用双向链表连接，需要用到缓存页时就移除一个描述数据节点来存放数据。在初始状态下，缓冲池中所有的缓存页都是空闲的，因此，每个缓存页对应的描述数据都会被加入 free 链表中。free 链表的结构如图 4-10 所示。

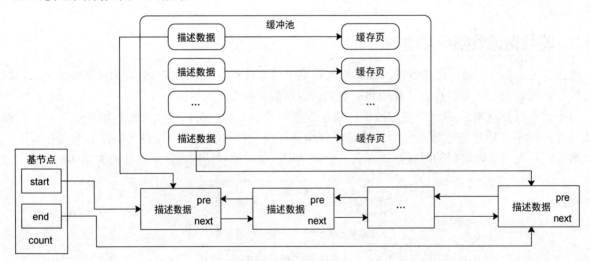

图 4-10　free 链表的结构

在 free 链表中，每一份描述数据对应一个节点，每个节点包含两个指针，分别是 pre（前驱）指针和 next（后继）指针，通过这两个指针把所有的描述数据串联成一个 free 链表。free 链表中还有一个基节点，基节点本身占用了 40 字节，用于存放头节点和尾节点的地址，以及 free 链表中的节点总数等信息。需要注意的是，基节点并不占用缓冲池的内存空间。

加入 free 链表的查询语句的执行流程如图 4-11 所示。

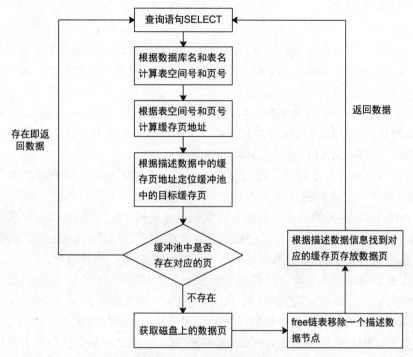

图 4-11　加入 free 链表的查询语句的执行流程

此时数据页被加载到缓存页中。当缓存页中有了数据后，相关的变动信息（数据页所在的表空间号、页号等信息）也需要写回描述数据中。

4.4.5　缓冲池中的 LRU 链表

缓冲池的大小毕竟是有限的，势必会出现缓冲池内存不够用的场景，这时候需要先将某些旧的缓存页从缓冲池中移除，再加入新的缓存页。那么问题来了：移除哪些缓存页呢？

因为创建缓冲池的目的是减少磁盘 I/O 操作，提高数据访问效率，所以缓冲池中应该尽量存放热数据，不经常被访问的冷数据应该尽可能少地被存放在缓冲池中。当缓冲池中不再有空闲的缓存页时，就需要淘汰一部分最近很少使用的缓存页。MySQL 采用 LRU（Least Recently Used）链表淘汰最近很少使用的缓存页。当我们需要访问某个缓存页时，LRU 链表的处理流程如图 4-12 所示。

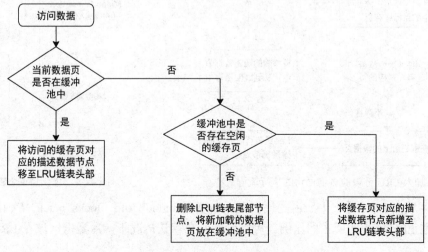

图 4-12　LRU 链表的处理流程

（1）如果当前数据页已经被存放在缓冲池中，那么只需要将缓存页对应的描述数据节点移至 LRU 链表头部，没有缓存页被淘汰。

（2）如果当前数据页不在缓冲池中，那么首先需要判断缓冲池中是否存在空闲的缓存页，如果不存在空闲的缓存页，则需要删除 LRU 链表尾部节点，将新加载的数据页放在缓冲池中，并将新加载页对应的描述数据节点放在 LRU 链表头部；如果存在空闲的缓存页，那么只需要将缓存页对应的描述数据节点新增至 LRU 链表头部。

加入 LRU 链表的查询语句的执行流程如图 4-13 所示，描述数据节点从 free 链表被转移到 LRU 链表中。

创建 LRU 链表的目的是让被访问的缓存页能够尽量排在靠前的位置。此时如果缓冲池的内存不足，需要淘汰一些缓存页，就可以从 LRU 链表尾部开始删除缓存页。

MySQL 预读机制对上述执行流程是有较大干扰的。当一个数据页被加载到缓冲池中时，可能会顺带把其他无关紧要的数据页也加载到缓冲池中，这些顺带进来的数据页的访问频率往往会低于期望数据的访问频率。但是，由于 LRU 链表的特点，新加入的数据页总会被优先安排在 LRU 链表头部，从而导致这些顺带进来的、访问频率比较低的缓存页也会被安排在比较靠前的位置。LRU 链表反而会对那些本来访问频率较高、但是此时被排挤到 LRU 链表尾部的缓存页中的数据进行刷盘清理。

优化后的 LRU 链表主要引入了冷、热数据分离的思想，解决了 MySQL 预读机制所带来的问题。将 LRU 链表分为两个子链表，分别是冷数据区域（Old Sublist）和热数据区域（New Sublist），冷、热数据区域首尾相连，热数据区域的尾部连接冷数据区域的头部。从磁盘加载数据到 LRU 链表时，首先会将加载到的缓存页直接放到 LRU 链表的 Midpoint insertion 位置，也就是冷数据区域的头节点位置。如果一段时间后冷数据又被访问了，变成了热数据，则将从其移动到热数据区域的头节点位置，从而实现热数据区域和冷数据区域的分离。优化后的 LRU 链表结构如图 4-14 所示。

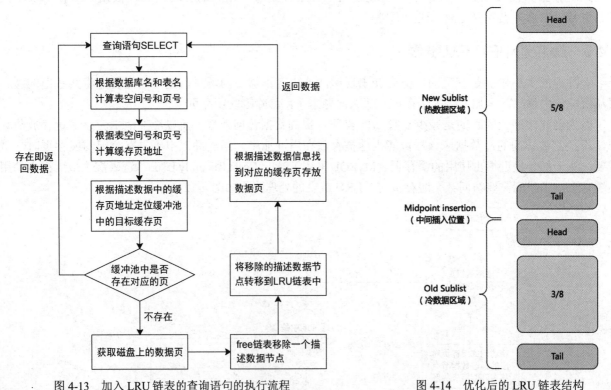

图 4-13　加入 LRU 链表的查询语句的执行流程　　　图 4-14　优化后的 LRU 链表结构

冷、热数据区域在 LRU 链表中所占的比例受系统变量 innodb_old_blocks_pct 的控制。使用如下语句查看冷数据区域在 LRU 链表中所占的比例。可以看到，在默认情况下，冷数据区域在 LRU 链表中所占的比例是 37%。

```
mysql> SHOW VARIABLES LIKE 'innodb_old_blocks_pct';
+-----------------------+-------+
| Variable_name         | Value |
+-----------------------+-------+
| innodb_old_blocks_pct | 37    |
+-----------------------+-------+
1 row in set (0.00 sec)
```

前面说过，如果一段时间后冷数据区域的数据被访问了，就将这些数据移动到热数据区域，这个时间受系统变量 innodb_old_blocks_time 的控制。使用如下语句进行查看，可以看到默认时间为 1000 毫秒。

```
mysql> SHOW VARIABLES LIKE 'innodb_old_blocks_time';
+------------------------+-------+
| Variable_name          | Value |
+------------------------+-------+
| innodb_old_blocks_time | 1000  |
+------------------------+-------+
1 row in set (0.00 sec)
```

为了避免缓冲池的内存不够，实际上后台会有一个线程被挂在定时任务上，不断从 LRU 链表尾部将缓存页刷回至磁盘中，同时释放缓存页。

4.4.6　缓冲池中的 flush 链表

缓冲池中的缓存页不仅可以被用户读取，还可以被用户更新。如果数据已从磁盘被加载到缓冲池中，那么此时用户执行更新操作，缓存页中的数据就会被更新，从而导致缓存页中的数据和磁盘中的数据不一致，这样的缓存页被称为脏页，最终这些脏页都要被刷新到磁盘中。

为了解决性能问题，我们每次修改缓存页后，并不会立刻把脏页刷新到磁盘中，而会在未来的某个时间点执行刷新操作。在刷新脏页的时候，首先应该确认哪些缓存页是脏页。如果能把脏页和空闲的缓存页分离开来，就可以把脏页刷新到磁盘中，随后释放脏页。为此，InnoDB 存储引擎设计了一个 flush 链表，用于存放缓冲池中的脏页。如果某个缓存页被修改了，那么随后这个缓存页对应的描述数据会被存放到 flush 链表中。也就是说，脏页同时存在于 LRU 链表和 flush 链表中。

需要说明的是，free 链表、LRU 链表和 flush 链表都是双向循环链表，并且节点都是缓存页对应的描述数据，flush 链表中的节点同时存在于 LRU 链表中，它们之间的关系如图 4-15 所示。

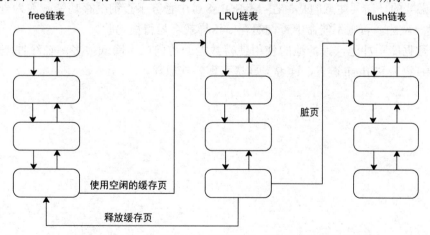

图 4-15　free 链表、LRU 链表和 flush 链表之间的关系

如果后续 SQL 语句需要把磁盘中的数据加载到缓存页中，但此时内存不足，则需要先清理内存中的缓存页。

通过之前的 LRU 链表，可以找到 LRU 链表中的尾节点，尾节点相比头节点而言访问量是最低的，当内存不够用的时候，自然会被优先清理。因为 flush 链表中的节点同时存在于 LRU 链表中，所以在清理缓存页的时候需要做如下判断。

（1）如果缓存页同时存在于 LRU 链表和 flush 链表中，那么首先需要刷新脏页，随后释放缓存页内存，以保证事务的相关修改可以正确同步到磁盘中。

（2）如果缓存页不存在于 flush 链表中，则直接释放缓存页内存即可，随后将释放后的空闲的缓存页对应的描述数据重新添加到 free 链表中。

缓存页清理流程如图 4-16 所示。

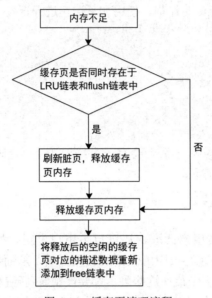

图 4-16　缓存页清理流程

4.5　小结

本章首先介绍了 MySQL 的逻辑架构，它是典型的 C/S 架构，我们将其简化为 5 层架构，并对简化后的 MySQL 逻辑架构进行了详细讲解。

其次介绍了 SQL 语句的执行流程。因为在实际工作中最重要的还是 SQL 语句的编写，所以了解其执行流程是非常有必要的。需要注意的是，在 MySQL 8.0 中舍弃了查询缓存功能，因为查询缓存要求两次查询 SQL 必须是一致的，否则不能命中查询缓存，这样就会显得很鸡肋。

最后讲解了数据库缓冲池，缓冲池的使用使得数据的访问成本降低很多。在缓冲池中，比较重要的是 free 链表、LRU 链表和 flush 链表，读者需要认真理解其原理。

第5章
存储引擎

为了方便管理，人们把连接管理、查询缓存、语法解析、查询优化这些并不涉及真实数据存取的功能划分为 MySQL Server 的功能，把涉及真实数据存取的功能划分为存储引擎的功能。因此，在 MySQL Server 完成查询优化后，只需要按照生成的执行计划调用底层存储引擎提供的 API，获取数据后返回给客户端即可。

在创建表的时候，可以显式指定表的存储引擎，它决定了表在计算机中的存储方式。不同的存储引擎提供了不同的存储机制、事务、加锁机制等功能。我们从"引擎"两个字上也可以看出，存储引擎是 MySQL 中的核心组件。本章将介绍 MySQL 中的存储引擎。

5.1 存储引擎的相关操作

5.1.1 查看存储引擎

可以使用如下 SQL 语句查看 MySQL 8.0 支持哪些存储引擎。

```
mysql> SHOW ENGINES\G;
*************************** 1. row ***************************
    Engine: InnoDB
   Support: DEFAULT
   Comment: Supports transactions, row-level locking, and foreign keys
Transactions: YES
        XA: YES
Savepoints: YES
*************************** 2. row ***************************
    Engine: MRG_MYISAM
   Support: YES
   Comment: Collection of identical MyISAM tables
Transactions: NO
        XA: NO
Savepoints: NO
*************************** 3. row ***************************
    Engine: MEMORY
   Support: YES
   Comment: Hash based, stored in memory, useful for temporary tables
Transactions: NO
        XA: NO
Savepoints: NO
*************************** 4. row ***************************
    Engine: BLACKHOLE
   Support: YES
```

```
    Comment: /dev/null storage engine (anything you write to it disappears)
Transactions: NO
         XA: NO
Savepoints: NO
*************************** 5. row ***************************
    Engine: MyISAM
   Support: YES
   Comment: MyISAM storage engine
Transactions: NO
         XA: NO
Savepoints: NO
*************************** 6. row ***************************
    Engine: CSV
   Support: YES
   Comment: CSV storage engine
Transactions: NO
         XA: NO
Savepoints: NO
*************************** 7. row ***************************
    Engine: ARCHIVE
   Support: YES
   Comment: Archive storage engine
Transactions: NO
         XA: NO
Savepoints: NO
*************************** 8. row ***************************
    Engine: PERFORMANCE_SCHEMA
   Support: YES
   Comment: Performance Schema
Transactions: NO
         XA: NO
Savepoints: NO
*************************** 9. row ***************************
    Engine: FEDERATED
   Support: NO
   Comment: Federated MySQL storage engine
Transactions: NULL
         XA: NULL
Savepoints: NULL
```

结果显示，MySQL 8.0 支持 9 种存储引擎，分别是 InnoDB、MRG_MYISAM、MEMORY、BLACKHOLE、MyISAM、CSV、ARCHIVE、PERFORMANCE_SCHEMA 和 FEDERATED。此外，MySQL 8.0 还支持 NDB 存储引擎，它主要用于 MySQL 集群，大家知道即可。上述结果中各个参数的含义如下。

- Engine：表示存储引擎的名称。
- Support：表示 MySQL 数据库管理系统是否支持该存储引擎，YES 表示支持，NO 表示不支持，DEFAULT 表示系统默认的存储引擎。
- Comment：表示对存储引擎的描述。
- Transactions：表示存储引擎是否支持事务，YES 表示支持，NO 表示不支持。
- XA：表示存储引擎所支持的分布式存储是否符合 XA 规范，YES 表示符合，NO 表示不符合。通俗地讲，就是该存储引擎是否支持分布式事务。
- Savepoints：表示存储引擎是否支持事务处理的保存点，YES 表示支持，NO 表示不支持。通俗地讲，就是该存储引擎是否支持部分事务回滚。

5.1.2　设置系统默认的存储引擎

可以使用如下 SQL 语句查看系统默认的存储引擎。

```
mysql> SHOW VARIABLES LIKE '%default_storage_engine%';
+------------------------+--------+
| Variable_name          | Value  |
+------------------------+--------+
| default_storage_engine | InnoDB |
+------------------------+--------+
1 row in set (0.00 sec)
```

也可以使用如下 SQL 语句查看系统默认的存储引擎。

```
mysql> SELECT @@default_storage_engine;
+--------------------------+
| @@default_storage_engine |
+--------------------------+
| InnoDB                   |
+--------------------------+
1 row in set (0.00 sec)
```

从结果中可以看到，系统默认的存储引擎是 InnoDB。如果在创建表的语句中没有显式指定表的存储引擎，就会默认使用 InnoDB 作为表的存储引擎。想要改变表的默认存储引擎，可以使用如下 SQL 语句。

```
mysql> SET DEFAULT_STORAGE_ENGINE=MyISAM;
```

或者修改 my.cnf 配置文件，如下所示，之后重启 MySQL 服务。

```
default-storage-engine=MyISAM
```

例如，创建数据库 chapter5，在其中创建表 test1，如下所示。

```
mysql> CREATE DATABASE chapter5;
mysql> USE chapter5;
mysql> CREATE TABLE `test1`(i INT);
Query OK, 0 rows affected (0.02 sec)
```

在上述语句中，我们并没有显式指定表的存储引擎。创建成功后，我们查看一下表 test1 的结构，如下所示，可以看到该表的存储引擎是 InnoDB。

```
mysql> SHOW CREATE TABLE test1\G;
*************************** 1. row ***************************
       Table: test1
Create Table: CREATE TABLE `test1` (
  `i` INT DEFAULT NULL
) ENGINE=InnoDB DEFAULT CHARSET=utf8mb4 COLLATE=utf8mb4_0900_ai_ci
1 row in set (0.02 sec)
```

5.1.3　设置表的存储引擎

我们可以为不同的表设置不同的存储引擎。也就是说，不同的表可以有不同的物理存储结构，以及不同的数据存取方式。

1. 创建表时指定表的存储引擎

前面创建表的语句中都没有显式指定表的存储引擎，就会使用默认的 InnoDB 存储引擎。如果我们想显式指定表的存储引擎，那么语法如下所示。

```
CREATE TABLE 表名(
    建表语句;
) ENGINE = 存储引擎的名称;
```

例如，创建一张存储引擎为 InnoDB 的表 test2，具体 SQL 语句如下所示。

```
mysql> CREATE TABLE `test2`( i INT) ENGINE = InnoDB;
Query OK, 0 rows affected (0.02 sec)
```

2. 修改表的存储引擎

如果表已经创建好了，那么我们可以使用如下语句修改表的存储引擎。

```
ALTER TABLE 表名 ENGINE = 存储引擎的名称;
```

例如，修改表 test1 的存储引擎为 MyISAM，具体 SQL 语句如下所示。

```
mysql> ALTER TABLE test1 ENGINE = MyISAM;
Query OK, 0 rows affected (0.05 sec)
Records: 0  Duplicates: 0  Warnings: 0
```

这时我们再查看一下表 test1 的结构，如下所示，可以看到该表的存储引擎已经更改为 MyISAM。

```
mysql> SHOW CREATE TABLE test1\G;
*************************** 1. row ***************************
       Table: test1
Create Table: CREATE TABLE `test1` (
  `i` INT DEFAULT NULL
) ENGINE= MyISAM DEFAULT CHARSET=utf8mb4 COLLATE=utf8mb4_0900_ai_ci
1 row in set (0.00 sec)
```

5.2　主要存储引擎介绍

5.2.1　InnoDB 存储引擎：事务型存储引擎

MySQL 5.5 及后续版本默认使用 InnoDB 存储引擎。InnoDB 是 MySQL 的事务型存储引擎，用来处理大量的短期事务，可以确保事务的完整提交（Commit）和回滚（Rollback）。如果事务中除了需要插入和查询操作，还需要更新和删除操作，那么应该优先选择 InnoDB 存储引擎。除非有特殊原因需要使用其他存储引擎，否则应该优先考虑使用 InnoDB 存储引擎。它的数据文件结构在第 2 章中已经讲过，这里不再赘述。

5.2.2　MyISAM 存储引擎：主要的非事务处理存储引擎

MyISAM 存储引擎提供了大量的特性，包括全文索引、压缩、空间函数等，但它不支持事务、行级锁和外键，最大的缺点是宕机后无法安全恢复。它是 MySQL 5.5 以前的版本默认采用的存储引擎。

MyISAM 存储引擎的优势是访问速度快，主要用于以查询和插入为主的应用，它对事务的完整性没有要求。此外，MyISAM 存储引擎针对数据统计有额外的常数存储，故而使用 COUNT()函数时的查询效率很高。它的数据文件结构在第 2 章中已经讲过，这里不再赘述。

5.2.3　ARCHIVE 存储引擎：数据存档

"archive"是"存档"的意思。ARCHIVE 存储引擎支持 INSERT、REPLACE 和 SELECT 操作，但不支持 DELETE 和 UPDATE 操作。该存储引擎拥有很好的压缩机制，它使用 zlib 压缩库，数据在插入时就被实时压缩。

在创建 ARCHIVE 存储引擎类型的表时，存储引擎会创建以表名开头的文件，文件扩展名为.ARZ。

ARCHIVE 存储引擎采用了行级锁，支持 AUTO_INCREMENT 属性，但不支持往 AUTO_INCREMENT 列中插入一个小于当前最大值的值。AUTO_INCREMENT 列可以拥有唯一索引或非唯一索引。尝试在任何其他列上创建索引会导致错误。

ARCHIVE 存储引擎类型的表适合日志和数据采集（档案）类应用，适合存储大量历史记录。该类型的表插入速度很快，但对查询的支持较差。表 5-1 展示了 ARCHIVE 存储引擎的特征。

表 5-1　ARCHIVE 存储引擎的特征

特　　征	是否支持
B 树索引	不支持
备份/时间点恢复（在服务器中实现，而非在存储引擎中实现）	支持
集群数据库	不支持
聚簇索引	不支持
压缩数据	支持
数据缓存	不支持
加密数据（加密功能在服务器中实现）	支持
外键	不支持
全文索引	不支持
地理空间数据类型	支持
地理空间索引	不支持
哈希索引	不支持
索引缓存	不支持
锁粒度	行级锁
MVCC	不支持
存储限制	没有任何限制
事务	不支持
更新数据字典的统计信息	支持

5.2.4　BLACKHOLE 存储引擎：丢弃写操作

BLACKHOLE 存储引擎没有实现任何存储机制，它会丢弃所有插入的数据，不做任何保存，但服务器会记录 BLACKHOLE 存储引擎类型的表的日志，因而可以用于复制数据到备份库中，或者将数据简单地记录到日志中。由于这种应用方式会遇到很多问题，因此不推荐使用。

5.2.5　CSV 存储引擎：存储 CSV 文件

CSV 存储引擎可以将普通的 CSV 文件作为 MySQL 的表来处理，但它不支持索引。CSV 存储引擎可以作为一种数据交换的机制，非常有用。CSV 存储的数据可以直接在操作系统里用文本编辑器或 Excel 读取，对于数据的快速导入、导出是有明显优势的。

在创建 CSV 存储引擎类型的表时，服务器会创建一个纯文本文件，文件名以表名开头，文件扩展名为.CSV。当用户将数据存储到表中时，存储引擎将其以逗号分隔值的格式保存到 CSV 文件中。使用案例如下所示。

```
mysql> CREATE TABLE `test3` (i INT NOT NULL, c CHAR(10) NOT NULL) ENGINE = CSV;
Query OK, 0 rows affected (0.06 sec)

mysql> INSERT INTO test3 VALUES(1,'record one'),(2,'record two');
Query OK, 2 rows affected (0.05 sec)
Records: 2  Duplicates: 0  Warnings: 0

mysql> SELECT * FROM test3;
+---+------------+
| i | c          |
+---+------------+
| 1 | record one |
| 2 | record two |
```

```
+---+------------+
2 rows in set (0.00 sec)
```

在创建 CSV 存储引擎类型的表的同时会创建相应的元文件，用于存储表的状态和表中存在的行数。此文件名与表名相同，扩展名为.CSM。进入数据库子目录/var/lib/mysql/chapter5/，可以看到 test3.CSM 和 test3.CSV 文件，如下所示。

```
[root@atguigu01 chapter5]# cd /var/lib/mysql/chapter5/

[root@atguigu01 chapter5]# ll
total 172
-rw-r-----. 1 mysql mysql 114688 Aug 29 03:24 test1.ibd
-rw-r-----. 1 mysql mysql 114688 Aug 29 03:23 test2.ibd
-rw-r-----. 1 mysql mysql   2465 Aug 29 03:46 test3_376.sdi
-rw-r-----. 1 mysql mysql     35 Aug 29 03:46 test3.CSM
-rw-r-----. 1 mysql mysql     30 Aug 29 03:46 test3.CSV
```

使用文本编辑器打开 test3.CSV 文件，其内容如下所示。

```
"1","record one"
"2","record two"
```

CSV 文件可以被 Excel 等电子表格应用程序读取，甚至写入。使用 Excel 打开 test3.CSV 文件，结果如图 5-1 所示。

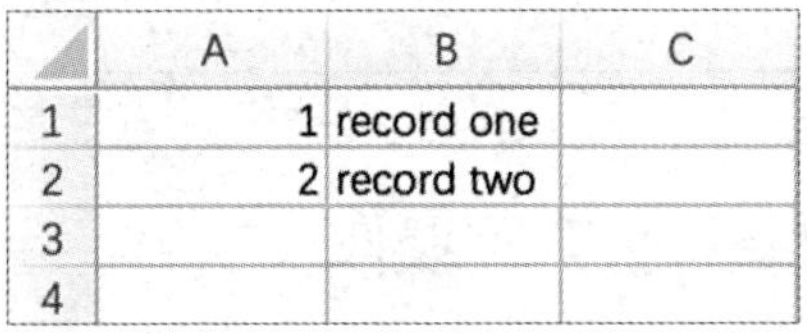

图 5-1　使用 Excel 打开 test3.CSV 文件的结果

5.2.6　MEMORY 存储引擎：内存表

MEMORY 存储引擎采用的逻辑介质是内存，响应速度很快，但是，当 MySQL 服务器进程崩溃的时候，数据会丢失。另外，该存储引擎要求存储的数据是长度不变的类型，如 BLOBs 和 TEXT 类型的数据不可用（因为长度不固定）。MEMORY 存储引擎的主要特征如下。

（1）MEMORY 存储引擎同时支持哈希索引和 B 树索引。哈希索引的等值查询效率较高，但是对于范围的比较则要慢很多。MEMORY 存储引擎默认使用哈希索引。如果用户希望使用 B 树索引，则可以在创建索引时进行设置。

（2）MEMORY 存储引擎类型的表的查询效率至少比 MyISAM 存储引擎类型的表的查询效率高一个数量级。

（3）MEMORY 存储引擎类型的表的大小是受到限制的。MEMORY 存储引擎类型的表的大小主要取决于两个参数，即 max_rows 和 max_heap_table_size，分别表示最大行数和表的最大大小。其中，max_rows 参数可以在创建表时指定；max_heap_table_size 参数的大小默认为 16MB，可以根据需要进行扩大。

（4）数据文件与索引文件分开存储。每个基于 MEMORY 存储引擎类型的表的结构都被存储在数据字典中，而其数据文件都被存储在内存中，这样做有利于数据的快速处理，提高整张表的处理效率。

MEMORY 存储引擎的缺点是数据易丢失、生命周期短。基于其缺点，用户在选择 MEMORY 存储引擎时需要特别谨慎。

使用 MEMORY 存储引擎的场景主要是数据不被频繁修改的代码表或进行统计操作的中间结果表。以下 3 个场景可以使用 MEMORY 存储引擎。

（1）目标数据比较小，而且非常频繁地被访问，如果在内存中存放太大的数据，就会造成内存溢出。

（2）如果数据是临时的，而且要求必须立即可用，就可以存放在内存中。

（3）存储在 MEMORY 存储引擎类型的表中的数据即使突然丢失，也没有太大的关系。

5.2.7 其他存储引擎

1．FEDERATED 存储引擎：访问远程表

FEDERATED 存储引擎是访问其他 MySQL 服务器的一个代理。尽管该存储引擎看起来提供了一种很好的跨服务器的灵活性，但也会经常带来问题，因此默认禁用该存储引擎。

2．MRG_MYISAM 存储引擎

MRG_MYISAM 存储引擎主要用于管理由多张 MyISAM 存储引擎类型的表构成的表集合。

3．PERFORMANCE_SCHEMA 存储引擎

PERFORMANCE_SCHEMA 存储引擎是 MySQL 数据库系统的专用存储引擎，用户不能创建该存储引擎类型的表。系统数据库 performance_schema 中的表采用的就是该存储引擎。

4．NDB 存储引擎：MySQL 集群专用存储引擎

NDB 存储引擎也叫作 NDB Cluster 存储引擎，主要用于 MySQL Cluster 分布式集群环境，类似于 Oracle 的 RAC 集群环境。该存储引擎也支持事务。

5.2.8 常用存储引擎对比

在 MySQL 中，同一数据库中不同的表可以选择不同的存储引擎。表 5-2 对常用存储引擎进行了对比。日常使用频率最高的是 InnoDB 存储引擎和 MyISAM 存储引擎，有时也会用到 MEMORY 存储引擎。

表 5-2　常用存储引擎对比

对　比　项	MyISAM 存储引擎	InnoDB 存储引擎	MEMORY 存储引擎	MRG_MYISAM 存储引擎
存储限制	有	64TB	有	没有
事务	不支持	支持	不支持	不支持
锁机制	表级锁，即使操作一条记录也会锁定整张表，不适合高并发的操作	行级锁，操作时只锁定某一行，不会对其他行产生影响，适合高并发的操作	表级锁	表级锁
B 树索引	支持	支持	支持	支持
哈希索引	不支持	不支持	支持	不支持
全文索引	支持	MySQL 5.6.4 以后的版本支持	不支持	不支持
集群索引	不支持	支持	不支持	不支持
数据缓存	不支持	支持	支持	不支持
索引缓存	只缓存索引，而不缓存真实数据	不仅缓存索引，还缓存真实数据。对内存要求较高，而且内存大小对性能有决定性的影响	支持	支持
数据可压缩	支持	支持	不支持	不支持
空间使用率	低	高	极低	低
内存使用率	低	高	中等	低
批量插入的速度	快	慢	快	快
外键	不支持	支持	不支持	不支持

很多读者对 InnoDB 存储引擎和 MyISAM 存储引擎的选择存在疑惑，下面详细对比一下这两种存储引擎。

　　首先，InnoDB 存储引擎的优势在于提供了良好的事务管理、崩溃修复能力和并发控制。因为 InnoDB 存储引擎支持事务，所以适用于要求事务完整性的场合，如财务系统等对数据准确性要求较高的系统。其缺点是读/写效率较低，占用的空间相对比较大。

　　其次，如果是小型应用，系统以查询和插入操作为主，只有很少的更新和删除操作，并且对事务的完整性要求没有那么高，则可以选择 MyISAM 存储引擎。MyISAM 存储引擎的优势在于占用的空间小、处理速度快；缺点是不支持事务的完整性和并发性。

　　当然，用户也可以在 MySQL 中针对不同的数据表选择不同的存储引擎。MyISAM 存储引擎和 InnoDB 存储引擎详细对比如表 5-3 所示。

表 5-3　MyISAM 存储引擎和 InnoDB 存储引擎详细对比

对　比　项	MyISAM 存储引擎	InnoDB 存储引擎
外键	不支持	支持
事务	不支持	支持
锁机制	表级锁，即使操作一条记录也会锁定整张表，不适合高并发的操作	行级锁，操作时只锁定某一行，不会对其他行产生影响，适合高并发的操作
索引缓存	只缓存索引，而不缓存真实数据	不仅缓存索引，还缓存真实数据。对内存要求较高，而且内存大小对性能有决定性的影响
XA 协议	不支持	支持
MVCC 机制	不支持	支持
聚簇索引	不支持	支持
读/写性能	高	相对 MyISAM 存储引擎较低
自带系统表使用	支持	不支持
关注点	节省资源、消耗少、业务简单	支持事务、并发写、更大资源场景
是否默认安装	是	是
是否默认使用	否	是

5.3　小结

　　本章首先介绍了如何查看 MySQL 8.0 支持的存储引擎。在 MySQL 5.5 以前的版本中，默认存储引擎是 MyISAM；而在 MySQL 5.5 及以后的版本中，默认存储引擎修改为 InnoDB。这两种存储引擎最大的区别就是 InnoDB 存储引擎提供了对事务的支持。

　　然后讲解了如何设置系统默认的存储引擎，这使用户在存储引擎的选择上更加自主。

　　接下来简单介绍了各存储引擎的特征及常用存储引擎的对比。每种存储引擎都有自己适用的业务场景，例如，InnoDB 存储引擎被设计用来处理大量的短期事务，可以确保事务的完整提交和回滚；而 MyISAM 存储引擎的优势是访问速度快，主要用于以查询和插入为主的应用。

　　最后重点比较了日常使用频率最高的 InnoDB 存储引擎和 MyISAM 存储引擎，读者在学习中也要多关注这两种存储引擎。

第6章

InnoDB 存储引擎中的数据存储结构

前面讲过，存储引擎负责数据的读/写。MySQL 8.0 支持 9 种存储引擎，不同的存储引擎具有不同的特征，数据在各种存储引擎中的存储结构一般也是不同的，甚至 MEMORY 存储引擎都不用磁盘来存储数据。由于 InnoDB 是 MySQL 5.5 及后续版本默认使用的存储引擎，因此本章将重点剖析 InnoDB 存储引擎中的数据存储结构。

6.1　数据库的存储架构

操作系统从磁盘中读取数据到内存中时是以磁盘块（Block）为基本单位的，位于同一个磁盘块中的数据会被一次性读取出来，而不是需要多少数据读取多少数据。我们知道，MySQL 中的记录是按照行来存储的，但是数据库中数据的读取并不以行为单位，否则一次读取（一次 I/O 操作）只能处理一行数据，效率会非常低。InnoDB 存储引擎采取的方式是将数据划分为若干个页，以页作为磁盘和内存之间交互的基本单位。InnoDB 存储引擎中页的默认大小为 16KB，一个页中可以存储多个行记录。也就是说，在一般情况下，MySQL 的一次读操作至少能从磁盘中读取 16KB 的内容到内存中，一次写操作至少能把内存中 16KB 的内容刷新到磁盘中。但是，一个磁盘块的存储空间往往没有这么大（一般是 4KB），因此，InnoDB 存储引擎每次申请磁盘空间时，都会把若干个地址连续的磁盘块组合起来，从而达到页的默认大小 16KB。

另外，在数据库中还存在区（Extent）、段（Segment）和表空间（Tablespace）的概念。行记录、页、区、段、表空间之间的关系如图 6-1 所示。可以看到，一个数据库中可以有一个或多个表空间，一个表空间中可以有一个或多个段，一个段中可以有一个或多个区，一个区中可以有多个页，而一个页中可以存储多个行记录。

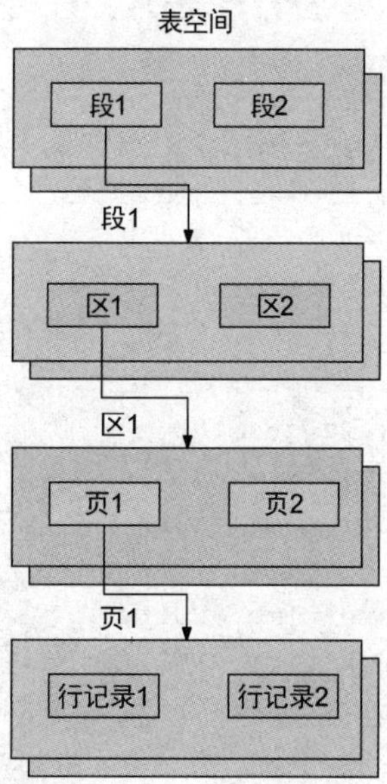

图 6-1　行记录、页、区、段、表空间之间的关系

6.2　InnoDB 存储引擎中的行格式

6.2.1　查看和修改行格式

由图 6-1 可以知道，行记录是 MySQL 存储架构中最小的单位。在磁盘上既可以存储 Word 格式的文档，也可以存储文本格式的文档。同理，我们把 MySQL 中行记录的存储格式称为行格式（row_format）。到目前为止，InnoDB 存储引擎支持 4 种行格式，分别是 REDUNDANT、COMPACT、DYNAMIC 和 COMPRESSED。可以使用如下 SQL 语句查看 MySQL 8.0 中的默认行格式，可以看到默认行格式为 DYNAMIC。

```
mysql> SELECT @@innodb_default_row_format;
+-----------------------------+
| @@innodb_default_row_format |
+-----------------------------+
| DYNAMIC                     |
+-----------------------------+
1 row in set (0.00 sec)
```

可以在创建或修改表的语句中指定行格式，SQL 语句如下所示。

```
#创建表时指定行格式
CREATE TABLE 表名 (列的信息) ROW_FORMAT=行格式名
#修改表的行格式
ALTER TABLE 表名 ROW_FORMAT=行格式名
```

例如，使用如下 SQL 语句创建数据库 chapter6，在其中创建表 test1，设置表的行格式为 REDUNDANT。

```
mysql> CREATE DATABASE chapter6;
mysql> USE chapter6;
Database changed
mysql> CREATE TABLE `test1` (
    `col1` VARCHAR(8),
    `col2` VARCHAR(8) NOT NULL,
    `col3` CHAR(8),
    `col4` VARCHAR(8)
) ROW_FORMAT = REDUNDANT;
Query OK, 0 rows affected (0.02 sec)
```

可以使用如下 SQL 语句查看表的行格式，可以看到表 test1 的行格式为 REDUNDANT。

```
mysql> SHOW TABLE STATUS IN chapter6 WHERE name = 'test1'\G;
*************************** 1. row ***************************
           Name: test1
         Engine: InnoDB
        Version: 10
     Row_format: Redundant
           Rows: 0
 Avg_row_length: 0
    Data_length: 16384
Max_data_length: 0
   Index_length: 0
      Data_free: 0
 Auto_increment: NULL
    Create_time: 2022-07-15 16:51:53
    Update_time: NULL
     Check_time: NULL
      Collation: utf8_bin
       Checksum: NULL
  Create_options: ROW_FORMAT=REDUNDANT
        Comment:
1 row in set (0.00 sec)
```

6.2.2 完整的记录信息

一条完整的记录分为记录的额外信息、隐藏列和记录的真实数据 3 部分，如图 6-2 所示。其中，记录的额外信息用于描述这条记录的其他信息，如存储列的长度、该列的 NULL 值等。隐藏列有 3 个，分别是 DB_ROW_ID、DB_TRX_ID、DB_ROLL_PTR。最后是记录的真实数据。

额外信息	隐藏列	列1的值	列2的值	⋯	列n的值

图 6-2　一条完整的记录示意图

- DB_ROW_ID 表示行 ID，它是一条记录的唯一标识。该列不一定会存在，与主键的分配策略有关。在创建表的时候，如果没有手动定义主键，则会选取一个唯一键作为主键；如果没有定义唯一键，则会为表默认添加一个表示行 ID 的隐藏列作为主键。因此，行 ID 只有在没有定义主键和唯一键的情况下才会存在。
- DB_TRX_ID 表示事务 ID，它是事务的唯一标识。该列一定会存在。
- DB_ROLL_PTR 表示回滚指针，主要用于事务回滚。该列一定会存在。

关于事务 ID 和回滚指针，在第 15 章中会详细介绍其用途。

不能创建列名与隐藏列同名的表，否则会报错，如下所示。

```
mysql> CREATE TABLE `test2` (c1 INT, db_row_id INT) ENGINE=InnoDB;
ERROR 1166 (42000): Incorrect column name 'db_row_id'
```

6.2.3　行溢出

我们先来看一个案例。VARCHAR(M)类型的列最多可以占用 65 535 字节，其中 M 代表该类型最多存储的字符数量。如果我们使用 ASCII 字符集，那么一个字符将占用 1 字节。使用如下 SQL 语句查看 VARCHAR(65535)是否可用。

```
mysql> CREATE TABLE `test3`(
    `col` VARCHAR(65535)
) CHARSET=ascii ROW_FORMAT=COMPACT;
```

结果如下所示。

```
ERROR 1118 (42000): Row size too large. The maximum row size for the used table type, not
counting BLOBs, is 65535. This includes storage overhead, check the manual. You have  to
change  some  columns  to  TEXT  or  BLOBs
```

报错信息的含义是，MySQL 对一条记录占用的最大存储空间是有限制的，除 BLOBs 或 TEXT 类型的列外，其他所有列占用的字节长度加起来不能超过 65 535 字节。65 535 字节中除包括列本身的数据外，还包括一些其他数据。以 COMPACT 行格式为例，为了存储一个 VARCHAR(M)类型的列，除记录的真实数据需要占用存储空间外，记录的额外信息也需要占用存储空间。如果这个 VARCHAR(M)类型的列没有 NOT NULL 属性，那么该列最多可以存储 65 532 字节的数据，因为字段的长度需要占用 2 字节，NULL 值标识需要占用 1 字节。示例代码如下所示。

```
mysql> CREATE TABLE `test4` (
    `col` VARCHAR(65532)
) CHARSET=ascii ROW_FORMAT=COMPACT;
Query OK, 0 rows affected (0.02 sec)
#如果该列有 NOT NULL 属性，就不需要 NULL 值标识，也就可以多存储 1 字节的数据，即 65 533 字节
CREATE TABLE `test5` (
    `col` VARCHAR(65533) NOT NULL
) CHARSET=ascii ROW_FORMAT=COMPACT;
Query OK, 0 rows affected (0.02 sec)
```

我们知道，一个页的大小默认为 16KB，也就是 16 384 字节，而一个 VARCHAR(M)类型的列最多可以存储 65 533 字节的数据，这样就可能出现一个页中存储不了一行记录的情况，这种情况被称为行溢出。

COMPACT 和 REDUNDANT 行格式针对行溢出的情况会进行分页存储，具体格式就是在原本记录真实数据的行中先存储部分数据，再添加一个指向另一个页的指针，剩余数据就被存储到另一个页中，这种情况被称为页的扩展，如图 6-3 所示。

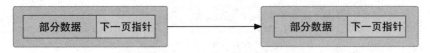

图 6-3　行溢出时页的扩展

6.2.4　REDUNDANT 行格式

REDUNDANT 行格式是 MySQL 5.0 以前的版本采用的一种行格式，现在已经被淘汰了。这种行格式属于非紧凑类型的行格式，占用磁盘空间较大，间接导致查询时可能需要更多的磁盘 I/O。

前面讲过，一条完整的记录可以分为 3 部分，但是隐藏列和记录的真实数据都是由 MySQL 固定的，那么各种行格式之间的区别只能在记录的额外信息这一部分了。在 REDUNDANT 行格式中，记录的额外信息又可以分为两部分，分别是字段长度偏移列表和记录头信息，如图 6-4 所示。

字段长度偏移列表　记录头信息

图 6-4　REDUNDANT 行格式中记录的额外信息示意图

1. 字段长度偏移列表

REDUNDANT 行格式中的字段长度偏移列表主要用于存储所有字段的长度偏移。长度偏移的意思是，假如第一个字段的长度为 length1，第二个字段的长度为 length2，那么字段长度偏移列表中的第一个字段就是 length1，第二个字段就是 length1+length2，其中存储的字段长度偏移量和字段顺序是反过来的。如果该字段为 NULL，则应该怎么处理呢？REDUNDANT 行格式的处理方案是用每个字段长度偏移量的首位来表示该字段是否为 NULL。如果首位是 1，则表示该字段为 NULL，否则表示该字段不为 NULL。

MySQL 支持一些长度可变的数据类型，如 VARCHAR(M)、VARBINARY(M)、TEXT、BLOBs 等，这些数据类型修饰的列被称为变长字段。REDUNDANT 行格式针对行溢出的处理方案是将变长字段值的前 768 字节存储在索引记录中，将剩余数据存储在溢出页中。

2. 记录头信息

REDUNDANT 行格式中的记录头信息固定占用 6 字节，也就是 48bit，如表 6-1 所示。其中，n_fields 属性表示当前记录中列的数量，占用 10bit，理论上最多可支持 1024 列，实际上 InnoDB 存储引擎类型的表最多可创建 1017 列；1byte_offs_flags 属性用于标记字段长度偏移列表中每列对应的偏移量是使用 1 字节还是使用 2 字节表示。其他属性就不一一列举了。

表 6-1　REDUNDANT 行格式中的记录头信息

属性名称	大小（单位：bit）	描　　　述
()	1	未知
()	1	未知
deleted_mask	1	用于标记当前记录是否已被删除
min_rec_mask	1	B+树的每层非叶子节点中的最小记录都会添加该标记
n_owned	4	表示当前记录拥有的记录数
heap_no	13	表示当前记录在索引堆中的位置信息
n_fields	10	表示当前记录中列的数量
1byte_offs_flags	1	用于标记字段长度偏移列表中每列对应的偏移量是使用 1 字节还是使用 2 字节表示
next_record	16	表示页中下一条记录的相对位置

6.2.5　COMPACT 行格式

COMPACT 行格式是在 MySQL 5.0 中被引入的，其设计目标是高效存储数据。与 REDUNDANT 行格式相比，COMPACT 行格式减少了大约 20% 的行存储空间。简单来说，一个页中存储的行记录越多，其性能越高。COMPACT 行格式中记录的额外信息又可以分为 3 部分，分别是变长字段长度列表、NULL 标志位和记录头信息，如图 6-5 所示。

变长字段长度列表	NULL标志位	记录头信息

图 6-5 COMPACT 行格式中记录的额外信息示意图

1．变长字段长度列表

COMPACT 行格式的首部是一个变长字段长度列表，而且是按照字段顺序逆序放置的。由于变长字段中存储多少字节的数据不是固定的，因此，在存储真实数据的时候需要把这些数据占用的字节数也存储起来。在 COMPACT 行格式中，把所有有变长字段的真实数据占用的字节数都存储在记录的开头部位，从而形成一个变长字段长度列表。当变长字段的真实数据占用的字节数小于 255 时，使用 1 字节存储，否则使用 2 字节存储。

COMPACT 行格式在行溢出的处理上和 REDUNDANT 行格式在行溢出的处理上基本一致，也是将超过 768 字节的变长字段存储在溢出页中。此外，COMPACT 行格式在行前有变长字段长度列表，其中对于溢出列的长度的存储记录为 788 字节，即 768 字节和外部指针（Reference）长度 20 字节之和。

2．NULL 标志位

NULL 标志位指示了该行记录中是否有 NULL 值，有则使用 1 来表示。

3．记录头信息

COMPACT 行格式中的记录头信息固定占用 5 字节（40bit），比 REDUNDANT 行格式中的记录头信息少占用 1 字节，少了 n_fields 和 1byte_offs_flags 属性，多了 record_type 属性，如表 6-2 所示。

表 6-2 COMPACT 行格式中的记录头信息

属性名称	大小（单位：bit）	描　　述
()	1	未知
()	1	未知
delete_mask	1	用于标记当前记录是否已被删除
min_rec_mask	1	B+树的每层非叶子节点中的最小记录都会添加该标记
n_owned	4	表示当前记录拥有的记录数
heap_no	13	表示当前记录在索引堆中的位置信息
record_type	3	表示当前记录的类型，0 表示普通记录，1 表示 B 树的非叶子节点记录，2 表示最小记录，3 表示最大记录
next_record	16	表示页中下一条记录的相对位置

6.2.6　DYNAMIC 和 COMPRESSED 行格式

DYNAMIC 和 COMPRESSED 行格式与 COMPACT 行格式很相似，只不过在行溢出的处理上有所区别。DYNAMIC 和 COMPRESSED 行格式不会在记录的真实数据处存储一部分数据，而会把所有数据存储在其他页中，只在记录的真实数据处存储 20 字节的指针，如图 6-6 所示。DYNAMIC 行格式和 COMPRESSED 行格式的区别在于，COMPRESSED 行格式会对数据页进行压缩，以节省空间。

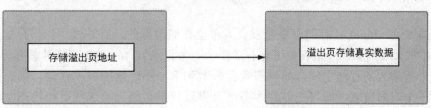

图 6-6　DYNAMIC 和 COMPRESSED 行格式的行溢出处理

6.3 页的结构

6.3.1 页的组成部分

前面讲过，在 InnoDB 存储引擎中，页的默认大小为 16KB。可以使用如下命令查看页的大小。

```
mysql> SHOW VARIABLES LIKE '%innodb_page_size%';
+------------------+-------+
| Variable_name    | Value |
+------------------+-------+
| innodb_page_size | 16384 |
+------------------+-------+
```

页代表的这块 16KB 大小的存储空间可以被划分为 7 部分，分别是文件头（File Header）、页头（Page Header）、最大最小记录（Infimum+Supremum）、用户记录（User Records）、空闲空间（Free Space）、页目录（Page Directory）和文件尾（File Tailer）。页结构示意图如图 6-7 所示。

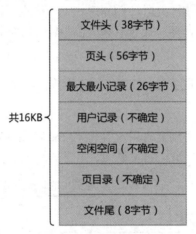

图 6-7 页结构示意图

我们对这 7 部分的作用进行了梳理，如表 6-3 所示。

表 6-3 页结构中各部分的作用

名 称	占用存储空间大小	作 用
File Header	38 字节	文件头，用来存储关于页的元信息
Page Header	56 字节	页头，用来存储页中记录的状态信息
Infimum+Supremum	26 字节	最大最小记录，这是两条虚拟的行记录
User Records	不确定	用户记录，用来存储行记录的内容
Free Space	不确定	空闲空间，表示页中还没有被使用的空间
Page Directory	不确定	页目录，用来存储每组最后一条记录的地址偏移量
File Tailer	8 字节	文件尾，用来校验页是否完整

1. File Header

File Header 用来存储关于页的元信息，如页号、类型、前驱、后继等。该部分占用固定的 38 字节存储空间。

我们在前面强调过，InnoDB 存储引擎是以页为单位存储数据的。有时候，我们存储某种类型的数据占用的存储空间非常大（例如，一张表中可能有成千上万条记录），InnoDB 存储引擎可能不会一次性为这么多数据分配一个非常大的存储空间，如果将数据分散到多个不连续的页中存储，则需要把这些页关联起来。通过建立一个双向链表，即可把许许多多个页串联起来，而无须这些页在物理上真正相连。也就是说，采用双向链表结构可以让页之间不需要物理上的连接，只需要逻辑上的连接。图 6-8 所示为双向链表结构示意图。

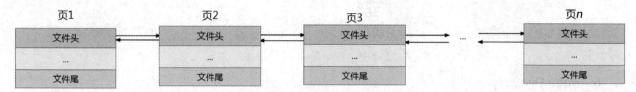

图 6-8　双向链表结构示意图

2．Page Header

Page Header 用来存储页中记录的状态信息，如本页中存储了多少条记录、第一条记录的地址是什么、页目录中存储了多少个槽（Slot）等。该部分占用固定的 56 字节存储空间。

3．Infimum+Supremum

InnoDB 存储引擎规定，最小记录使用 Infimum 表示，占用 13 字节；最大记录使用 Supremum 表示，也占用 13 字节。由于这两条记录不是用户记录，因此它们并不被存放在页的 User Records 部分，而被单独存放在 Infimum+Supremum 部分。

4．User Records

User Records 用来存储行记录的内容。它是怎么把每行记录摆放到这个空间里的呢？当我们新建一张表的时候，表中的 User Records 部分是空的，从外面插入一条记录后，会将该记录摆放到 User Records 中，直到 User Records 部分的空间被填满，就会把记录刷入下一个页中，如此往复循环。User Records 中的记录按照指定的行格式一条一条摆放，相互之间形成单向链表，如图 6-9 所示。

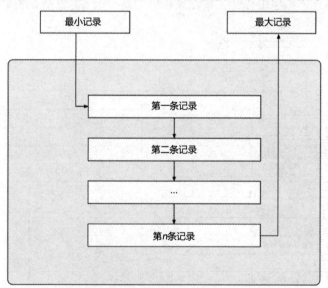

图 6-9　User Records 中记录的摆放形式

5．Free Space

Free Space 表示页中还没有被使用的空间，其大小不确定。我们自己存储的记录会按照我们指定的行格式存储到 User Records 部分。但是，在一开始生成页的时候，其实并没有 User Records 部分，每当我们插入一条记录，都会从 Free Space 部分也就是还没有被使用的空间中申请一个记录大小的空间划分到 User Records 部分。当 Free Space 部分的空间全部被 User Records 部分代替之后，也就意味着这个页用完了，如果还有新的记录插入，就需要申请新的页了。Free Space 空间变化如图 6-10 所示。

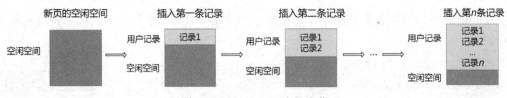

图 6-10　Free Space 空间变化

6．Page Directory

记录在页中是按照主键值从小到大的顺序串联成一个单向链表的。在查询某条记录的时候，我们使用的"笨"方法就是从记录的链表头开始，一直往下查找。但是，如果数据量很大，就无法保证性能了。针对这个问题，InnoDB 存储引擎采用了图书目录的解决方案，即 Page Directory。就好比我们想从一本书中查找某一内容的时候，一般会先看目录，找到需要查找的内容对应的页码，再翻到对应的页码查看内容。Page Directory 的制作过程如下。

（1）将所有记录分成几组。这些记录包括最小记录和最大记录，但不包括标记为"已删除"的记录。

（2）第一组，也就是最小记录所在组，只有一条记录；最后一组，也就是最大记录所在组，会有 1～8 条记录；其余组的记录数量为 4～8 条。这样做的好处是，除了第一组，其余组的记录数量会尽量相等。

（3）每组最后一条记录的头信息中会存储该组共有多少条记录，作为 n_owned 属性。

（4）页目录用来存储每组最后一条记录的地址偏移量，这些地址偏移量会按照先后顺序被存储起来。每组最后一条记录的地址偏移量也被称为槽（Slot），每个槽相当于指针指向了不同组的最后一条记录。

如图 6-11 所示，假如现在表中有 6 条记录，我们可以将其分为 3 组，也就是 3 个槽：槽 0 表示最小记录的地址偏移量，最小记录的 n_owned 属性值为 1，因为只有一条记录；槽 1 表示记录 4 的地址偏移量，该组中包含 4 条记录，分别是记录 1、记录 2、记录 3 和记录 4，因此记录 4 的 n_owned 属性值为 4；槽 2 表示最大记录的地址偏移量，该组中包含 3 条记录，分别是记录 5、记录 6 和最大记录，因此最大记录的 n_owned 属性值为 3。

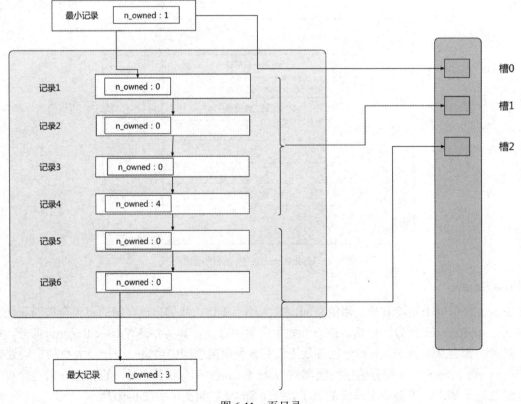

图 6-11　页目录

7. File Tailer

修改内存中的页之后，在刷盘前需要先算出这个页面的校验和（Checksum）。校验和主要用于检查页在写入磁盘时是否出现了错误。先把校验和写入 File Header 中，然后开始写磁盘，写完之后，需要把校验和写入 File Tailer 中。如果页面刷新成功，那么 File Header 和 File Tailer 中的校验和应该是一致的。如果不一致，则表示刷盘过程中出现了错误，应该及时进行处理，以确保数据的完整性和正确性。

6.3.2　从页的角度看 B+树是如何进行查询的

InnoDB 存储引擎采用 B+树作为索引，而索引又可以分为聚簇索引和非聚簇索引，这些索引都相当于一棵 B+树。一棵 B+树按照节点类型可以分成两部分，分别是叶子节点和非叶子节点，如图 6-12 所示。

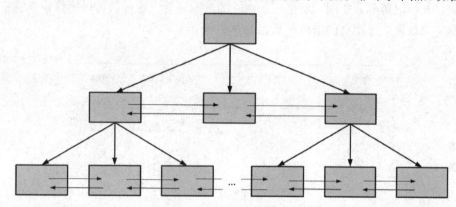

图 6-12　B+树结构示意图

（1）叶子节点是 B+树底层的节点，用来存储关键字和行记录。

（2）非叶子节点用来存储索引键和指向下一层页面的页面指针，并不存储行记录本身。

我们可以用页结构对比看一下 B+树结构。在一棵 B+树中，每个节点都是一个页，每次新建节点的时候，都会申请一个页空间。同一层上的节点之间通过页结构构成一个双向链表（页文件头中的两个指针字段）。非叶子节点中包含多个索引行，每个索引行里存储了索引键和指向下一层页面的页面指针。叶子节点里存储了关键字和行记录。在节点内部（页结构的内部），记录之间构成一个单向链表。链表的一个缺点是查询效率低，因此，在页结构中还专门设计了页目录这个模块，通过二分查找的方式来提高查询效率。在删除记录的时候，并不是真的删除了记录，只是逻辑删除，也就是标记为"已删除"（记录头信息中的 delete_mask 属性就用于逻辑删除）。

我们从页结构的角度来理解 B+树结构的时候，可以帮助加深理解一些通过索引进行检索的原理。如果我们通过 B+树的索引查询行记录，那么将从 B+树的根开始逐层检索，直到找到叶子节点，也就是找到对应的页，之后将页加载到内存中。页目录中的槽先通过二分查找的方式找到一个粗略的记录分组，再在记录分组中通过链表遍历的方式查找记录。

6.4　区和段

前面讲过，InnoDB 存储引擎中的数据存储结构为"行记录"→"页"→"区"→"段"→"表空间"。我们知道，页中是可以直接存储数据的，为什么还要提出区和段的概念呢？

6.4.1　区

按照我们之前的理解，表中的记录被存储到页里面。之所以这么处理，是因为操作系统可以一次性读取很多数据，不至于一条记录一条记录地读取，否则读取数据的性能太差（磁盘的读取速度和内存的读取速度相比差了好几个数量级）。如果表中的记录很少，使用几个页就能把对应的数据存储起来；如果表中的记录越来越多，就需要用到多个页，此时这些页会构成一个双向链表。可以看到，没有区的概念我们也是可以接受的，但是对于操作系统来说，顺序 I/O 的效率比随机 I/O 的效率要高很多。如果以页为单位分配空间，那么页之间的物理位置可能相距很远，这就会导致随机 I/O，影响磁盘读取性能。因此，我们应该尽量让链表中相邻页的物理位置也相邻，这样就可以使用顺序 I/O，提高磁盘读取性能。

由此提出了区的概念。区代表一组连续的页，一个区默认包含 64 个页，大小为 1MB，区与区之间的页构成了双向链表。区的作用是提高页分配效率，批量的页分配在效率上总是优于离散、单一的页分配。

当表中的记录很多时，就不再以页为单位分配空间了，而会以区为单位分配空间，甚至当表中的记录特别多时，可以一次性分配多个连续的区。这样一来，空间都是整区分配的，就有可能导致数据无法完全填充整个区，从而浪费部分空间。但是，从性能的角度来看，这样做可以消除很多随机 I/O，从而极大地提高数据的查询效率。区和页的结构关系如图 6-13 所示。

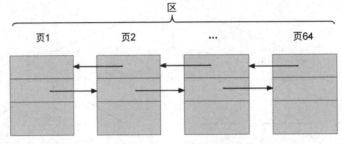

图 6-13　区和页的结构关系

6.4.2　段

到目前为止，大家都知道，一个页的默认大小为 16KB，一个区默认包含 64 个页。直接按照区来划分空间就可以了，为什么又多出一个段的概念呢？MySQL 中索引的数据结构是 B+树，它由叶子节点和非叶子节点组成，叶子节点中会存储行记录，非叶子节点中会存储索引键而不会存储行记录，叶子节点又组成了链表，这样在进行范围查询的时候，只需要遍历叶子节点即可。关于索引，在后面的章节中会详细介绍。

如果将叶子节点中的数据和非叶子节点中的数据都存储在一个区里，那么，在遍历数据的时候，既需要遍历叶子节点中的数据，又需要遍历非叶子节点中的数据，而非叶子节点中的数据对于范围查询而言是非必要的，因此，如果能够将两种数据区分开来，也就是将叶子节点存储在一个区里，将非叶子节点存储在另一个区里，是不是就可以提高范围查询的效率了？由此提出了段的概念，存储叶子节点的区叫作叶子节点段，存储非叶子节点的区叫作非叶子节点段。

6.5　表空间

表空间是一个逻辑容器，它存储的对象是段。一个表空间中可以有一个或多个段，但是一个段只能属于一个表空间。表空间是一个抽象的概念，它可以对应文件系统中的一个或多个真实文件（不同表空间对应的文件数量可能不同）。表空间可以分为系统表空间（System Tablespace）、独立表空间（File-per-table Tablespace）、撤销表空间（Undo Tablespace）和临时表空间（Temporary Tablespace）等。平时我们接触最多的是系统表空间和独立表空间，下面重点讲解一下这两种表空间。

1．系统表空间

在默认情况下，InnoDB 存储引擎会在数据目录下创建一个名为 ibdata1、大小为 12MB 的文件，这个文件就是对应的系统表空间在文件系统中的表示。注意，这个文件是自扩展文件，也就是说，它会自己增加大小。

可以在 MySQL 启动时配置对应的文件路径及文件大小。例如，使用如下语句修改配置文件。

```
[server]
innodb_data_file_path=data1:1024M;data2:1024M:autoextend
```

这样，在 MySQL 启动之后，就会创建两个大小为 1024MB 的文件 data1 和 data2 作为系统表空间。其中，autoextend 表示如果这两个文件不够用，就会自动扩展文件 data2 的大小。

需要注意的一点是，在一个 MySQL 服务器中，系统表空间只有一个。在从 MySQL 5.5.7 到 MySQL 5.6.6 的各个版本中，表中的数据都会被默认存储到系统表空间中。

2．独立表空间

在 MySQL 5.6.6 及以后的版本中，InnoDB 存储引擎并不会把表中的数据默认存储到系统表空间中，而会为每张表建立一个独立表空间。也就是说，我们创建了多少张表，就有多少个独立表空间。每张表中的数据和索引都会被存储在自己的表空间中，可以实现单表在不同的数据库之间进行转移。如果使用独立表空间存储表中的数据，则会在该表所属数据库对应的子目录下创建一个表示该独立表空间的文件，文件名和表名相同，只不过添加了一个.ibd 扩展名而已，完整的文件名为"表名.ibd"。例如，使用独立表空间存储数据库 chapter6 中的表 test1，在该表所属数据库对应的 chapter6 目录下会创建一个表示该独立表空间的文件 test1.ibd。

对于使用独立表空间的表来说，不管怎么删除，表空间的碎片都不会太严重地影响性能，而且还有机会处理碎片，例如，可以使用 DROP TABLE tablename 语句回收表空间。对于统计分析或日志表来说，在删除大量数据后，可以使用如下语句回收不用的表空间。

```
mysql> ALTER TABLE tablename ENGINE = InnoDB;
```

我们到数据目录里进行查看，会发现一张新建的表对应的.ibd 文件只占用 96KB，仅相当于 6 个页的大小，这是因为一开始表里面并没有数据。别忘了，这些.ibd 文件是自扩展的，随着表中数据的增多，这些文件也会逐渐增大。

3．系统表空间与独立表空间的设置

用户可以自己指定是使用系统表空间还是使用独立表空间存储表中的数据，这个功能由系统参数 innodb_file_per_table 控制。例如，我们想刻意将表中的数据都存储到系统表空间中，则可以在启动 MySQL 服务器的时候加入如下配置。

```
[server]
innodb_file_per_table=0   #0: 代表使用系统表空间; 1: 代表使用独立表空间
```

在 MySQL 8.0 中，使用如下语句查看使用的表空间类型，可以看到结果为 ON，表示使用的是独立表空间。

```
mysql> SHOW VARIABLES LIKE 'innodb_file_per_table';
+-----------------------+-------+
| Variable_name         | Value |
+-----------------------+-------+
| innodb_file_per_table | ON    |
+-----------------------+-------+
1 row in set (0.01 sec)
```

系统变量 innodb_file_per_table 只对新建的表起作用，对已经分配了表空间的表不起作用。

如果我们想把已经存在于系统表空间中的表转移到独立表空间，则可以使用如下语句。

```
ALTER TABLE 表名 TABLESPACE [=] innodb_file_per_table;
```

如果我们想把已经存在于独立表空间中的表转移到系统表空间，则可以使用如下语句。

```
ALTER TABLE 表名 TABLESPACE [=] innodb_system;
```

其中，方括号括起来的"="可有可无。例如，使用如下语句把表 test 从独立表空间转移到系统表空间。

```
ALTER TABLE test TABLESPACE innodb_system;
```

6.6 小结

本章主要讲解了 InnoDB 存储引擎中的数据存储结构。首先介绍了 InnoDB 存储引擎中的 4 种行格式，分别是 REDUNDANT、COMPACT、DYNAMIC 和 COMPRESSED，其中的 REDUNDANT 行格式现在已经被淘汰了。然后介绍了页的结构，数据库是以页为单位存储数据的，页的默认大小为 16KB。当数据量变大的时候，为了提高磁盘读取数据的性能，又提出了区的概念，一个区默认包含 64 个页；为了区分索引的叶子节点和非叶子节点，又提出了段的概念。最后介绍了表空间。从整体来讲，InnoDB 存储引擎中的数据存储结构为"行记录"→"页"→"区"→"段"→"表空间"。

第7章

索引

索引是存储引擎用于快速查找数据的一种数据结构，就好比一本书的目录部分，通过目录找到目标内容对应的页码，便可快速定位到目标内容。在 MySQL 中也是一样的道理，在查找数据时，首先查看查询条件是否命中某条索引，如果命中，则通过索引查找相关数据；否则需要进行全表扫描，即需要一条数据一条数据地查找，直到找到符合查询条件的数据。

7.1 索引概述

索引的本质是数据结构，可以简单地理解为"排好序的快速查找的数据结构"。这些数据结构以某种方式指向数据，这样就可以在这些数据结构的基础上实现高级查找算法。索引是在存储引擎中实现的，不同的存储引擎支持的索引并不完全相同，并且每个存储引擎不一定支持所有的索引类型。

现在有一张表，该表中有两列数据，分别是 col1 和 col2。图 7-1 所示为数组结构的索引。在数据库没有索引的情况下，数据被存储在页中，它们在页中是没有顺序的，也就是随机存储的。在不考虑磁盘预读的情况下读取数据时，效率是非常低的。例如，查找 col2=88 的数据，在运气好的情况下，可能读取一次就成功；而在运气不好的情况下，需要读取 7 次才能成功。如果数据按顺序存储，那么也需要从第 1 行顺序读取到第 6 行，这样就相当于进行了 6 次磁盘 I/O 操作，依旧非常耗时。如果表中有成千上万条数据，就意味着要进行很多次磁盘 I/O 操作才能找到目标数据。

现在将 col2 列中的数据排序为二叉搜索树。图 7-2 所示为树结构的索引。二叉搜索树的每个节点中存储的是(Key,Value)结构，Key 用于存储 col2 列中的数据，Value 表示该 Key 所在行记录地址。例如，该二叉搜索树的根节点是(22,0x05)，0x05 就是 22 所在行记录地址。现在对 col2 列添加了索引，再去查找 col2=88 的数据，就会先查找该二叉搜索树。首先读取 22 到内存中，由于 88>22，因此继续读取该节点右侧的数据；然后读取 88 到内存中，此时 88=88，返回数据。找到之后，根据当前节点的 Value 值快速定位到要查找的行记录地址。可以发现，只需要查找两次，就可以定位到行记录地址，查询效率大大提高。

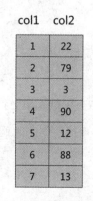

图 7-1 数组结构的索引

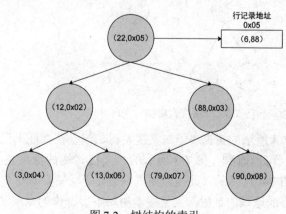

图 7-2 树结构的索引

7.2 合理选择索引的数据结构

为了提高数据的查询效率,我们需要创建索引,但是,选择哪种数据结构作为索引更加合理呢?一般来说索引非常大,尤其当数据量比较大的时候,索引有可能达到几 GB 甚至更大。为了减少索引占用的内存空间,数据库索引被存储在外部磁盘中。

当使用索引查询数据的时候,不可能把整个索引全部加载到内存中,只能加载部分磁盘页(磁盘页中存储着索引数据)。那么,MySQL 衡量查询效率的标准就是磁盘 I/O 次数,磁盘 I/O 次数越少,所消耗的时间也就越少。因此,我们在选择索引的数据结构时,需要重点考虑的因素就是磁盘 I/O 次数。

7.2.1 二叉搜索树

如果使用二叉搜索树作为索引的数据结构,则通常设计为一个磁盘页对应二叉搜索树中的一个节点。在不考虑缓存的情况下,访问一个节点需要进行一次磁盘 I/O 操作,因此,磁盘 I/O 次数和二叉搜索树的深度相关。二叉搜索树具有如下特点。

- 一个节点只能有两个子节点,也就是一个节点的子节点数量不能超过 2。
- 左子节点中的值小于父节点中的值,右子节点中的值大于或等于父节点中的值。

我们先来看一下最基础的二叉搜索树。查找某个节点的规则和插入节点的规则一样,假设查找值为 Key 的数据,则查找流程如下。

(1)如果 Key 大于根节点中的值,则在右子树中进行查找。

(2)如果 Key 小于根节点中的值,则在左子树中进行查找。

(3)如果 Key 等于根节点中的值,也就是找到了这个节点,则返回根节点即可。

例如,我们给出的数据顺序是(34,22,89,5,23,77,91),创造出来的二叉搜索树如图 7-3 所示。

但是,有时存在特殊情况,即二叉搜索树的深度非常大。例如,我们给出的数据顺序是(5,22,23,34,77,89,91),创造出来的二叉搜索树如图 7-4 所示。

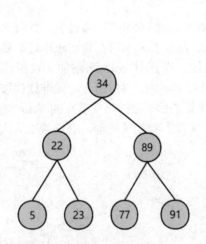

图 7-3 二叉搜索树结构(1)

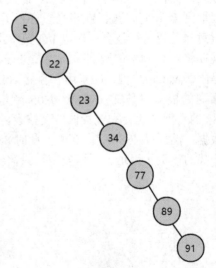

图 7-4 二叉搜索树结构(2)

图 7-4 所示的树也属于二叉搜索树,但是在性能上已经退化成一个链表,查找数据的时间复杂度变成了 $O(n)$。可以看到,图 7-3 所示的二叉搜索树的深度是 3,也就是说,最多需要 3 次比较就可以找到节点;而图 7-4 所示的二叉搜索树的深度是 7,最多需要 7 次比较才能找到节点。因此,如果索引列中存储的是递增或递减的数据,二叉搜索树就不适合作为索引了。

7.2.2　AVL 树

为了解决二叉搜索树退化成链表的问题，人们提出了平衡二叉搜索树（Balanced Binary Tree）的概念，又称 AVL 树，它在二叉搜索树的基础上增加了约束。

AVL 树是一棵空树，或者它的左、右两棵子树的深度差的绝对值不超过 1，并且左、右两棵子树都是一棵平衡二叉搜索树。

常见的平衡二叉搜索树有很多种，包括红黑树、数堆、伸展树等。

前面提到，MySQL 衡量查询效率的标准是磁盘 I/O 次数。如果我们采用二叉搜索树的形式，那么，即使通过平衡二叉搜索树进行了改进，树的深度也是 $O(\log 2n)$，当 n 比较大时，树的深度也是比较大的。图 7-5 所示为深度比较大的平衡二叉搜索树结构。

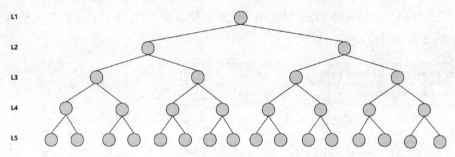

图 7-5　深度比较大的平衡二叉搜索树结构

每访问一次节点就需要进行一次磁盘 I/O 操作，对于图 7-5 所示的平衡二叉搜索树来说，如果访问叶子节点，则需要进行 5 次磁盘 I/O 操作。虽然平衡二叉搜索树的查询效率比较高，但是树的深度也比较大，这就意味着磁盘 I/O 次数比较多，会影响整体的查询效率。

针对同样的数据，如果我们把平衡二叉搜索树改成平衡 M 叉搜索树（$M>2$），则会怎么样呢？当 $M=3$ 时，面对比图 7-5 更多的节点数，可以由图 7-6 所示的平衡三叉搜索树来进行存储。

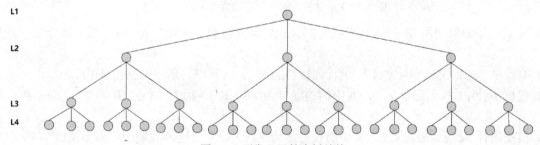

图 7-6　平衡三叉搜索树结构

可以看到，此时树的深度变小了。当数据量很大且树的分叉数很多的时候，平衡 M 叉搜索树（$M>2$）的深度会远小于平衡二叉搜索树的深度，深度越小，就意味着磁盘 I/O 次数越少，因此不难看出，平衡 M 叉搜索树的查询效率比平衡二叉搜索树的查询效率更高。

7.2.3　B 树

B 树（Balance Tree）是一种多路平衡搜索树，它的深度远小于平衡二叉搜索树的深度。

B 树的每个节点最多可以包含 M 个子节点，M 被称为 B 树的阶。每个节点在磁盘中对应一个磁盘页，每个磁盘页中包括关键字、子节点的指针和数据。如果一个磁盘页中包括 x 个关键字，那么指针数是 $x+1$。对于大量的索引数据来说，采用 B 树结构是非常合适的。

一棵 M 阶 B 树（$M>2$）具有以下特点。

（1）根节点的子节点数的范围是 $[2,M]$。

（2）每个中间节点中包含 k-1 个关键字和 k 个子节点，子节点数等于关键字数+1，k 的取值范围为[ceil(M/2),M]。

（3）叶子节点中包含 k-1 个关键字（叶子节点没有子节点），k 的取值范围为[ceil(M/2),M]。

（4）假设中间节点中的关键字为 Key[1],Key[2],…,Key[k-1]，且关键字按照升序排序，即 Key[i]< Key[i+1]。此时 k-1 个关键字相当于划分了 k 个范围，也就是对应 k 个指针，即 P[1],P[2],…,P[k]，其中，P[1]指向关键字小于 Key[1]的子树，P[i]指向关键字属于(Key[i-1],Key[i])的子树，P[k]指向关键字大于 Key[k-1]的子树。

（5）所有叶子节点位于同一层。

图 7-7 所示为一棵 3 阶 B 树在磁盘中存储数据时的结构。我们先看一下磁盘页 2，其中的关键字为 (10,20)，它有 3 个子节点，其中的关键字分别为（1,3,5）、（11,13,15）和（21,23,24）。可以看到，（1,3,5）中的 Key 值小于 10，（11,13,15）中的 Key 值在 10 和 20 之间，而（21,23,24）中的 Key 值大于 20，刚好符合刚才我们给出的 B 树的特点。

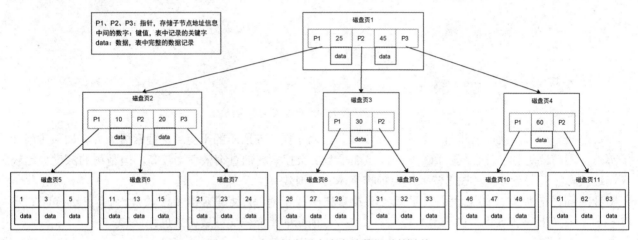

图 7-7　3 阶 B 树在磁盘中存储数据时的结构

我们再看一下如何利用 B 树进行查找。假设我们想要查找的关键字是 13，则可以分以下几步进行查找。

（1）与根节点中的关键字（25,45）进行比较，因为 13 小于 25，所以得到指针 P1。

（2）根据指针 P1 找到磁盘页 2，其中的关键字为（10,20），因为 13 在 10 和 20 之间，所以得到指针 P2。

（3）根据指针 P2 找到磁盘页 6，其中的关键字为（11,13,15），这时我们便找到了关键字 13。

在 B 树的搜索过程中，比较的次数并不少，但如果把数据读取出来后在内存中进行比较，这个时间就是可以忽略不计的。读取磁盘页本身需要进行磁盘 I/O 操作，消耗的时间比在内存中进行比较消耗的时间要长，是数据查找用时的重要影响因素。B 树相比于平衡二叉搜索树，磁盘 I/O 次数更少，查询效率更高。因此，只要 B 树的深度足够小，磁盘 I/O 次数足够少，就可以提高查询性能。但是，B 树在插入和删除节点的时候，如果导致树不平衡，就会自动调整节点的位置来保持树的自平衡，也会产生性能消耗。

还要注意的一点是，关键字集合分布在整棵 B 树中，即叶子节点和非叶子节点中都存放着数据，因此，查询有可能在非叶子节点处结束，其查询性能相当于在关键字集合内进行一次二分查找。

7.2.4　B+树

我们先来看一下 B+树的官方说明文档，如图 7-8 所示。其中有一句很重要的话，即在 MySQL 索引中很少见到经典的 B 树，取而代之的是 B+树。下面我们来说一下这样做的原因。

- `FIL_PAGE_PREV` and `FIL_PAGE_NEXT` are the page's "backward" and "forward" pointers. To show what they're about, I'll draw a two-level B-tree.

```
 1    ---------
 2    - root -
 3    ---------
 4        |
 5    ---------------------
 6    |                   |
 7    |                   |
 8    ---------       ---------
 9    - leaf -  <-->  - leaf -
10   ---------       ---------
```

Everyone has seen a B-tree and knows that the entries in the root page point to the leaf pages. (I indicate those pointers with vertical '|' bars in the drawing.) But sometimes people miss the detail that leaf pages can also point to each other (I indicate those pointers with a horizontal two-way pointer '<-->' in the drawing). This feature allows InnoDB to navigate from leaf to leaf without having to back up to the root level. This is a sophistication which you won't find in the classic B-tree, which is why InnoDB should perhaps be called a B+-tree instead.

图 7-8 B+树的官方说明文档

B+树也是一种多路平衡搜索树，它基于 B 树做出了改进。主流的数据库管理系统都支持 B+树的索引方式，如 MySQL。相比于 B 树，B+树更适合文件索引系统。B+树和 B 树的差异有以下几点。

（1）在 B+树中，有 k 个子节点的节点必然有 k 个关键字，也就是说，子节点数等于关键字数；而在 B 树中，子节点数等于关键字数+1。

（2）在 B+树中，非叶子节点中的关键字会同时存在于叶子节点中，并且是叶子节点中所有关键字的最大值（或最小值）。

（3）在 B+树中，非叶子节点中仅存储关键字，而不存储数据，与数据有关的信息都被存储在叶子节点中；而在 B 树中，非叶子节点中既存储关键字，也存储数据。

（4）在 B+树中，所有关键字都在叶子节点中出现，叶子节点以及叶子节点所在的数据页之间都使用指针链接，而且叶子节点本身按照关键字从小到大的顺序构成一个链表。

图 7-9 所示为 B+树结构，其阶数为 3，根节点中的关键字（1,25,45）分别是子节点中关键字（1,10,20）、（25,30,35）和（45,50,55）的最小值。由于每一层父节点中的关键字都会出现在下一层子节点的关键字中，因此叶子节点中包含所有的关键字信息，并且每个叶子节点中都有一个指向下一个节点的指针，这样就构成了一个链表。

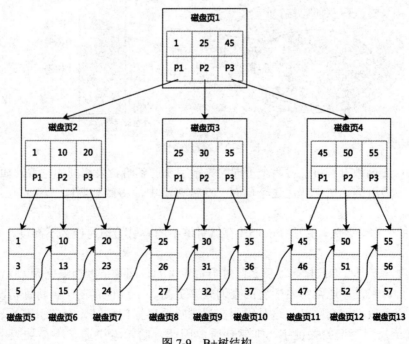

图 7-9 B+树结构

例如，想要查找关键字 15，B+树会自顶向底逐层进行查找，查找过程如下。

（1）与根节点中的关键字（1,25,45）进行比较，因为 15 在 1 和 25 之间，所以得到指针 P1（指向磁盘页 2）。

（2）找到磁盘页 2，其中的关键字为（1,10,20），因为 15 在 10 和 20 之间，所以得到指针 P2（指向磁盘页 6）。

（3）找到磁盘页 6，其中的关键字为（10,13,15），这时便找到了关键字 15。

整个过程共进行了 3 次磁盘 I/O 操作。B+树和 B 树的查找过程看起来差不多，二者的根本差异在于，B+树的非叶子节点中并不存储数据。这样做的好处有哪些呢？

首先，B+树的查询效率更稳定。因为 B+树每次只有访问到叶子节点才能找到对应的关键字，所以任何关键字的查找必须走一条从根节点到叶子节点的路。所有关键字查找的路径长度相同，导致每个关键字的查询效率相当，更加稳定。而 B 树的非叶子节点中也会存储数据，这样就会造成查询效率不稳定的情况，有时访问到非叶子节点就可以找到关键字，而有时需要访问到叶子节点才能找到关键字。

其次，B+树的查询效率更高，磁盘 I/O 代价更低。因为 B+树的非叶子节点中不存储数据，所以其非叶子节点相比 B 树的非叶子节点更小，导致同样的磁盘页大小，B+树可以存储更多的节点关键字。因此，在相同数据量的情况下，B+树通常比 B 树更矮胖（阶数更大，深度更小），所需的磁盘 I/O 次数也会更少，进而查询效率更高。

此外，在进行范围查询时，B+树的查询效率也比 B 树的查询效率高。这是因为所有关键字都出现在 B+树的叶子节点中，叶子节点之间会有指针，且数据是递增的，这就使得我们可以通过指针链接完成范围查询；而在 B 树中则需要通过中序遍历才能完成范围查询，查询效率要低得多。

7.2.5 哈希结构

哈希（Hash）结构在查询、插入、修改、删除数据时的平均时间复杂度都是 $O(1)$。采用哈希结构检索数据的效率非常高，基本一次检索就可以找到数据。在哈希的方式下，一个元素 K 处于 h(K) 中，即利用哈希函数 h，根据关键字 K 计算出槽的位置。哈希函数 h 将关键字域映射到哈希表 $T[0,1,\cdots,m-1]$ 的槽位上，如图 7-10 所示。

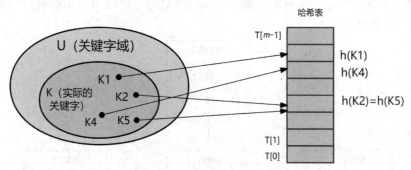

图 7-10 哈希映射图

在图 7-10 中，哈希函数 h 有可能将两个不同的关键字映射到哈希表相同的位置，如 h(K2)=h(K5)，这叫作哈希碰撞，一般采用链接法来解决这个问题。在链接法中，将散列到同一槽位的元素放在一个链表中，如图 7-11 所示。

既然哈希算法的效率这么高，那么 InnoDB 存储引擎中的索引结构为什么不都设计为哈希结构呢？主要有以下两个方面的原因。

（1）假如需要进行范围查询或排序，那么此时哈希索引的时间复杂度会退化为 $O(n)$。

（2）对于等值查询来说，通常哈希索引的查询效率更高。不过也存在一种特殊情况，即如果索引列中的重复值很多，查询效率就会降低。这是因为在遇到哈希碰撞问题时，存储引擎需要遍历链表中的数据来进行比较，直至找到查询的关键字，非常耗时。因此，哈希索引通常不会被应用到重复值多的列上，如列为性别、年龄等情况。

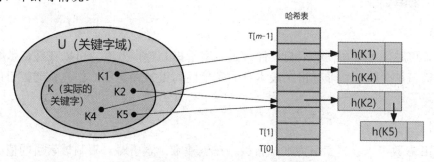

哈希表

图 7-11 采用链接法解决哈希碰撞问题

哈希索引适用的存储引擎如表 7-1 所示。

表 7-1 哈希索引适用的存储引擎

索　引	存储引擎		
	MyISAM	InnoDB	MEMORY
哈希索引	不支持	不支持	支持

哈希索引的应用存在很多限制，相比之下，在数据库中树结构的应用面会更广，不过也有一些场景应用哈希索引时效率更高，例如，Redis 数据库存储的核心就是哈希表。

MySQL 中的 MEMORY 存储引擎支持哈希索引。如果用户需要查询临时表，则可以选择 MEMORY 存储引擎，在某个字段上创建哈希索引。比如字符串类型的字段，经过哈希计算后，其长度可以缩短到几字节。当字段的重复度比较低，而且经常需要进行等值查询的时候，采用哈希索引是一个不错的选择。

另外，MySQL 中的 InnoDB 存储引擎还具有自适应哈希索引的功能，也就是当某个索引值使用非常频繁的时候，InnoDB 存储引擎会在树结构的基础上创建一个哈希索引，从而让树结构也具备哈希索引的优点。

哈希索引和 B+树的结构不同，在索引使用上也有差别。

（1）哈希索引不可以进行范围查询，而 B+树可以。这是因为哈希索引指向的数据是无序的，而 B+树的叶子节点构成一个有序的链表。

（2）哈希索引不支持联合索引的最左原则（联合索引的部分索引无法使用），而 B+树支持。对于联合索引来说，哈希索引在计算哈希值的时候是将索引键合并后一起计算的，而不会针对每个索引键单独计算哈希值。因此，如果需要用到联合索引中的一个或几个索引键，那么联合索引将无法使用。

（3）哈希索引不支持 ORDER BY 排序，因为哈希索引指向的数据是无序的，所以无法起到排序优化的作用；而 B+树中的数据是有序的，可以起到排序优化的作用。同理，我们也无法使用哈希索引进行模糊查询；而 B+树使用 LIKE 进行模糊查询时，LIKE 后面的模糊查询（比如以"%"结尾）就可以起到排序优化的作用。

（4）虽然 InnoDB 存储引擎不支持哈希索引，但是它能自适应哈希索引。哈希索引由 InnoDB 存储引擎自动优化创建，人工无法干预。

7.3　索引分类

我们可以从不同角度对 MySQL 中的索引进行分类。
- 按功能逻辑分类，索引可以分为普通索引、唯一索引、主键索引、全文索引和空间索引。
- 按物理实现方式分类，索引可以分为聚簇索引和非聚簇索引，非聚簇索引也被称为二级索引或辅助索引。
- 按索引字段个数分类，索引可以分为单列索引和联合索引。

下面依次讲解上述索引分类方式。

7.3.1　按功能逻辑分类

1．普通索引

在创建普通索引时，不附加任何限制条件，主要用于提高查询效率。可以在任何数据类型的字段上创建普通索引，其值是否唯一和非空由字段本身的完整性约束条件决定。创建普通索引以后，就可以通过该索引进行查询了。

2．唯一索引

使用 UNIQUE 参数可以设置索引为唯一索引。在创建唯一索引时，限制该索引的值必须是唯一的，但允许有空值。一张表里可以有多个唯一索引。

例如，在表 t_student 中的字段 name 上创建唯一索引，字段 name 的值必须是唯一的。通过唯一索引，可以更快速地确定某条记录。

那么，普通索引和唯一索引在查询效率上有什么不同呢？唯一索引在普通索引的基础上增加了约束条件，也就是关键字唯一，找到了关键字就停止查询；而普通索引中可能会存在用户记录中的关键字相同的情况。根据页结构的原理，当我们读取一条记录的时候，不是单独将这条记录从磁盘中读出去，而是将这条记录所在的页加载到内存中进行读取。一个页中可能存储着上千条记录，因此，在创建了普通索引的字段上进行查询也就是在内存中多执行几次"判断下一条记录"的操作，对于 CPU 来说，这些操作所消耗的时间是可以忽略不计的。由此可知，普通索引和唯一索引在查询效率上相差不大，唯一索引稍好一些。

3．主键索引

主键索引是一种特殊的唯一索引，它在唯一索引的基础上增加了不为空的约束条件，也就是 NOT NULL + UNIQUE。一张表里只能有一个主键索引，这是由主键索引的物理实现方式决定的，因为数据在文件中只能按照一种顺序进行存储。

4．全文索引

全文索引（又称全文检索）是目前搜索引擎使用的一种关键技术。它能够先利用分词技术等多种算法智能地分析出文本中关键词的出现频率和重要性，然后按照一定的算法规则智能地筛选出我们想要的搜索结果。

使用 FULLTEXT 参数可以设置索引为全文索引。在创建索引的列上支持值的全文查找，允许在这些索引列中插入重复值和空值。只能在 CHAR、VARCHAR、TEXT 类型及其系列类型的字段上创建全文索引。当查询数据量较大的字符串类型的字段时，使用全文索引可以提高查询效率。

全文索引包括两种类型，分别是自然语言的全文索引和布尔全文索引。

（1）在默认情况下使用自然语言的全文索引，或者在使用 IN NATURAL LANGUAGE MODE 修饰符时，MATCH()函数会对文本集合执行自然语言检索。

在使用自然语言的全文索引时，自然语言搜索引擎将计算每个文档对象和查询的相关度。在这里，相关度基于匹配的关键词个数，以及关键词在文档中出现的次数。在整个索引中出现次数越少的词语，在匹配时相关度越高。相反，非常常见的词语将不会被检索。如果一个词语在文档中出现的频率超过50%，那么自然语言的全文索引将不会检索这类词语。

这种机制也比较容易理解。例如，一张表中存储的是一篇篇文章，文章中的常见词、语气词等出现的次数肯定比较多，检索这些词语就没有什么意义。我们需要检索的是那些文章中有特殊意义的词语，这样才能把一篇篇文章区分开来。

（2）可以通过 IN BOOLEAN MODE 修饰符使用布尔全文索引进行检索。在使用布尔全文索引时，用户可以在查询条件中自定义某个被检索的词语的相关性。在编写一个使用布尔全文索引的查询时，可以通过一些前缀修饰符来定制检索。

MySQL 在检索过程中可以加入修饰符，下面简单解释几个修饰符的作用。

- +：表示必须包含该词。
- -：表示必须不包含该词。
- >：表示提高该词的相关性，查询的结果靠前。
- <：表示降低该词的相关性，查询的结果靠后。
- 星号 "*"：表示通配符，只能接在词语后面。

例如，如下 SQL 语句中使用了通配符，这样一来，包含 "Java 虚拟机" "Java 基础" "Java Web" "Java 框架" 的内容都可以被检索出来。

```
SELECT * test WHERE MATCH (content) against ('Java*' IN BOOLEAN MODE);
```

从 MySQL 3.23.23 开始支持全文索引，但在 MySQL 5.6.4 以前的版本中只有 MyISAM 存储引擎支持全文索引，在 MySQL 5.6.4 及以后的版本中 InnoDB 存储引擎才支持全文索引，但是官方版本不支持中文分词，需要安装第三方分词插件。MySQL 5.7.6 内置了 ngram 全文解析器，用来支持亚洲语种的分词。用户在测试或使用全文索引时，需要先看一下自己的 MySQL 版本、存储引擎和数据类型是否支持全文索引。

随着大数据时代的到来，关系型数据库应对全文索引的需求已经力不从心，逐渐被 Solr、ElasticSearch 等专门的搜索引擎代替。

5. 空间索引

使用 SPATIAL 参数可以设置索引为空间索引。只能在空间数据类型的字段上创建空间索引，这样可以提高系统获取空间数据的效率。MySQL 中的空间数据类型包括 GEOMETRY、POINT、LINESTRING、POLYGON 等。目前只有 MyISAM 存储引擎支持空间索引，而且空间索引的字段不能为空值。

7.3.2 按物理实现方式分类

1. 聚簇索引

聚簇索引并不是一种单独的索引类型，而是一种数据存储方式，所有的用户记录都被存储在叶子节点中。也就是说，索引即数据，数据即索引。术语 "聚簇" 表示数据行和相邻的键值聚簇地存储在一起，即将索引和数据放在一起，找到了索引也就找到了数据。聚簇索引的优点是显而易见的。

（1）数据访问速度更快。因为聚簇索引将索引和数据保存在同一棵 B+树中，所以从聚簇索引中获取数据比从非聚簇索引中获取数据更快速。

（2）按照聚簇索引的排列顺序，在查询一定范围的数据时，由于数据都是紧密相连的，数据库无须从多个数据块中提取数据，因而节省了大量的磁盘 I/O 操作。也就是说，聚簇索引对于主键的排序查询和范围查询速度非常快。

当然，聚簇索引也存在以下缺点。

（1）插入数据的速度严重依赖于插入顺序。按照主键的顺序插入数据无疑是最快的方式，否则将会出现页分裂，严重影响插入数据的速度。因此，对于 InnoDB 存储引擎类型的表，我们一般会定义一个自增的 ID 列作为主键。

（2）更新主键的代价很高，因为这将会导致被更新的行移动。因此，对于 InnoDB 存储引擎类型的表，我们一般会定义主键不可更新。

MySQL 对于使用聚簇索引有如下限制。

（1）目前只有 InnoDB 存储引擎支持聚簇索引，而 MyISAM 存储引擎不支持聚簇索引。

（2）由于数据的物理存储排序方式只能有一种，因此每张表中只能有一个聚簇索引，一般情况下是该表的主键。

（3）如果表中没有定义主键，那么 InnoDB 存储引擎会选择非空的唯一索引代替主键。如果表中没有这样的索引，那么 InnoDB 存储引擎会隐式地定义一个主键作为聚簇索引。

（4）为了充分利用聚簇索引的"聚簇"特性，InnoDB 存储引擎类型的表中的主键应尽量选用有序的 ID，而不建议选用无序的 ID。例如，UUID、MD5 算法、HASH 算法、字符串列作为主键将无法保证数据的有序增长。

2．非聚簇索引

聚簇索引只有在查询条件是主键值时才能发挥作用，因为 B+树中的数据都是按照主键值进行排序的。如果我们想以其他列作为查询条件，则该怎么办呢？肯定不能从头到尾沿着链表依次遍历记录。这就需要在其他列上创建新的索引，这种索引被称为非聚簇索引，也可以被称为二级索引（Secondary Index）或辅助索引。

聚簇索引的叶子节点中存储的是完整的用户记录（整行记录），而非聚簇索引的叶子节点中存储的是索引列值和主键值。因此，在查询数据的时候，需要先根据创建非聚簇索引的列找到主键，再根据主键值查询聚簇索引中完整的用户记录，这个过程被称为回表。为什么不直接使用聚簇索引呢？如果把完整的用户记录放到叶子节点中，就可以不用回表，但是这样做相当于每构建一棵 B+树都需要把所有的用户记录复制一遍，太浪费存储空间了。

在使用聚簇索引的时候，查询效率高。但是，如果对数据执行插入、删除、更新等操作，那么使用聚簇索引的效率会比使用非聚簇索引的效率低。

一张表中只能有一个聚簇索引，但可以有多个非聚簇索引，也就是多个索引目录提供数据检索。InnoDB 存储引擎中的索引分布图如图 7-12 所示。

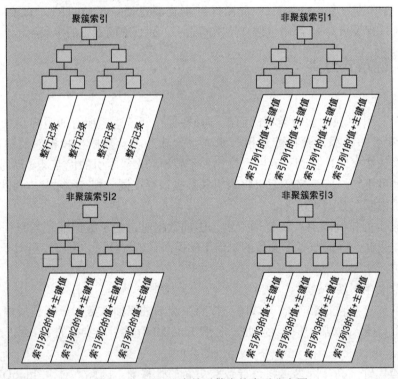

图 7-12　InnoDB 存储引擎中的索引分布图

7.3.3　按索引字段个数分类

1．单列索引

单列索引是指在表中的单个字段上创建的索引。单列索引只根据该字段进行查询。单列索引可以是普通索引，也可以是唯一索引，还可以是全文索引，只要保证该索引只对应一个字段即可。一张表中可以有多个单列索引。

2. 联合索引

联合索引（又称多列索引或组合索引）是指在表中的多个字段组合上创建的索引。联合索引指向创建时对应的多个字段，可以通过这些字段进行查询，但是，只有当查询条件中使用了这些字段中的第一个字段时，该索引才会被使用。例如，在表中的字段 id、name 和 gender 上创建一个联合索引 idx_id_name_gender，只有当查询条件中使用了字段 id 时，该索引才会被使用。在使用联合索引时应遵循最左前缀法则（参见 9.2.2 节）。

7.4　索引的创建与删除

7.4.1　创建索引

MySQL 支持使用多种方法在单个或多个列上创建索引。用户既可以在创建表时直接创建索引，也可以使用 ALTER TABLE 或 CREATE INDEX 语句在已经存在的表中创建索引。

1. 创建表时直接创建索引

在使用 CREATE TABLE 语句创建表时，除了可以定义列的数据类型，还可以定义主键约束、外键约束或唯一约束，而无论定义哪种约束，都相当于在指定列上创建了一个索引。

创建表时直接创建索引的语法如下所示。

```
CREATE TABLE table_name ([col_name1 data_type],[col_name2 data_type]…
[UNIQUE | FULLTEXT | SPATIAL] [INDEX | KEY] [index_name] (
col_name [length]) [ASC | DESC])
```

各主要参数的含义如下。

- UNIQUE、FULLTEXT 和 SPATIAL 为可选参数，分别表示唯一索引、全文索引和空间索引。
- INDEX 和 KEY 为同义词，两者的作用相同，用来指定创建索引。
- index_name 用来指定索引名，为可选参数。如果不指定索引名，那么 MySQL 默认使用 col_name（列名）作为索引名。
- col_name 表示需要创建索引的列，该列必须从表中定义的多个列中选择。
- length 为可选参数，表示索引长度。只有字符串类型的字段才能指定索引长度。
- ASC 或 DESC 用来指定升序或降序存储索引值。

下面分别讲解创建表时直接创建不同类型的索引。

1）创建普通索引

普通索引是最基本的索引类型，它没有唯一性之类的限制，其作用只是加快数据访问速度。

在 MySQL 8.0 中创建数据库 chapter7，在其中创建表 test1，在表中的 year_publication 字段上创建普通索引，具体 SQL 语句如下所示。

```
mysql> CREATE DATABASE chapter7;
mysql> CREATE TABLE `test1` (
    `bookid` INT NOT NULL,
    `bookname` VARCHAR(100) NOT NULL,
    `author` VARCHAR(100) NOT NULL,
    `info` VARCHAR(100) NOT NULL,
    `comment` VARCHAR(100) NOT NULL,
    `year_publication` YEAR NOT NULL,
    INDEX (`year_publication`)
);
```

执行上述语句后，使用 SHOW INDEX 语句查看索引是否创建成功，如下所示。

```
mysql> SHOW INDEX FROM test1\G;
```

```
*************************** 1. row ***************************
        Table: test1
   Non_unique: 1
     Key_name: year_publication
 Seq_in_index: 1
  Column_name: year_publication
    Collation: A
  Cardinality: 0
     Sub_part: NULL
       Packed: NULL
         Null:
   Index_type: BTREE
      Comment:
Index_comment:
      Visible: YES
   Expression: NULL
1 row in set (0.00 sec)
```

各主要参数的含义如下。

- Table 表示创建索引的表。
- Non_unique 表示索引非唯一，1 代表非唯一索引，0 代表唯一索引。
- Key_name 表示索引名。
- Seq_in_index 表示该字段在索引中的位置。如果是单列索引，则该参数的值为 1；如果是联合索引，则该参数的值为每个字段在索引定义中的顺序。
- Column_name 表示创建索引的列。
- Sub_part 表示索引长度。
- Null 表示该字段是否可以为空值。
- Index_type 表示索引类型。

从结果中可以看到，在表 test1 中的 year_publication 字段上成功创建了索引，索引名为 year_publication，该索引是非唯一索引。

使用 EXPLAIN 语句（参见 8.6 节）查看索引的使用情况，如下所示。

```
mysql> EXPLAIN SELECT * FROM test1 WHERE year_publication=1990\G;
*************************** 1. row ***************************
           id: 1
  select_type: SIMPLE
        table: test1
   partitions: NULL
         type: ref
possible_keys: year_publication
          key: year_publication
      key_len: 1
          ref: const
         rows: 1
     filtered: 100.00
        Extra: NULL
1 row in set, 1 warning (0.00 sec)
```

这里主要关注两个参数，分别是 possible_keys 和 key。其中，possible_keys 表示 MySQL 在查询数据时可以选用的索引，key 表示 MySQL 实际选用的索引。可以看到，possible_keys 和 key 参数的值都是 year_publication，表明在查询数据时使用了索引。

2）创建唯一索引

创建唯一索引的主要目的是缩短查询索引列操作的执行时间。唯一索引与普通索引类似，不同的是，唯一索引中索引列的值必须唯一，但允许有空值。如果是联合索引，则索引列的值的组合必须唯一。

使用如下 SQL 语句创建表 test2，在表中的 id 字段上使用 UNIQUE 关键字创建唯一索引。

```
mysql> CREATE TABLE `test2` (
    `id` INT NOT NULL,
    `name` VARCHAR(30) NOT NULL,
    UNIQUE INDEX `uk_id` (`id`)
);
```

执行上述语句后，使用 SHOW INDEX 语句查看索引是否创建成功，如下所示。

```
mysql> SHOW INDEX FROM test2\G;
*************************** 1. row ***************************
        Table: test2
   Non_unique: 0
     Key_name: uk_id
 Seq_in_index: 1
  Column_name: id
    Collation: A
  Cardinality: 0
     Sub_part: NULL
       Packed: NULL
         Null:
   Index_type: BTREE
      Comment:
Index_comment:
      Visible: YES
   Expression: NULL
1 row in set (0.01 sec)
```

从结果中可以看到，在表 test2 中的 id 字段上成功创建了一个名为 uk_id 的唯一索引。

3）创建主键索引

把某列设置为主键后，数据库会自动创建索引，也就是聚簇索引。使用如下 SQL 语句创建表 test3，设置 id 列为主键，此时便自动创建了索引。

```
mysql> CREATE TABLE `test3` (
    `id` INT(10) UNSIGNED AUTO_INCREMENT,
    `student_no` VARCHAR(200),
    `student_name` VARCHAR(200),
    PRIMARY KEY(`id`)
);
```

执行上述语句后，使用 SHOW INDEX 语句查看索引是否创建成功，如下所示。

```
mysql> SHOW INDEX FROM test3\G;
*************************** 1. row ***************************
        Table: test3
   Non_unique: 0
     Key_name: PRIMARY
 Seq_in_index: 1
  Column_name: id
    Collation: A
  Cardinality: 0
     Sub_part: NULL
```

```
        Packed: NULL
          Null:
    Index_type: BTREE
       Comment:
Index_comment:
       Visible: YES
    Expression: NULL
1 row in set (0.00 sec)
```

从结果中可以看到，在表 test3 中的 id 字段上成功创建了一个主键索引。

4）创建单列索引

使用如下 SQL 语句创建表 test4，在表中的 name 字段上创建单列索引。

```
mysql> CREATE TABLE `test4` (
    `id` INT NOT NULL,
    `name` CHAR(50) NULL,
    INDEX `idx_name` (`name`(20))
);
```

执行上述语句后，使用 SHOW INDEX 语句查看索引是否创建成功，如下所示。

```
mysql> SHOW INDEX FROM test4\G;
*************************** 1. row ***************************
        Table: test4
   Non_unique: 1
     Key_name: idx_name
 Seq_in_index: 1
  Column_name: name
    Collation: A
  Cardinality: 0
     Sub_part: 20
       Packed: NULL
         Null: YES
   Index_type: BTREE
      Comment:
Index_comment:
      Visible: YES
   Expression: NULL
1 row in set (0.01 sec)
```

从结果中可以看到，在表 test4 中的 name 字段上成功创建了一个名为 idx_name 的单列索引。

5）创建联合索引

使用如下 SQL 语句创建表 test5，在表中的 id、name 和 age 字段上创建联合索引。

```
mysql> CREATE TABLE `test5` (
    `id` INT (11) NOT NULL,
    `name` CHAR (30) NOT NULL,
    `age` INT (11) NOT NULL,
    `info` VARCHAR (255),
    INDEX idx_id_name_age (`id`, `name`, `age`)
);
```

执行上述语句后，使用 SHOW INDEX 语句查看索引是否创建成功，如下所示。

```
mysql> SHOW INDEX FROM test5\G;
*************************** 1. row ***************************
        Table: test5
   Non_unique: 1
```

```
          Key_name: idx_id_name_age
      Seq_in_index: 1
       Column_name: id
         Collation: A
       Cardinality: 0
          Sub_part: NULL
            Packed: NULL
              Null:
        Index_type: BTREE
           Comment:
     Index_comment:
           Visible: YES
        Expression: NULL
*************************** 2. row ***************************
             Table: test5
        Non_unique: 1
          Key_name: idx_id_name_age
      Seq_in_index: 2
       Column_name: name
         Collation: A
       Cardinality: 0
          Sub_part: NULL
            Packed: NULL
              Null:
        Index_type: BTREE
           Comment:
     Index_comment:
           Visible: YES
        Expression: NULL
*************************** 3. row ***************************
             Table: test5
        Non_unique: 1
          Key_name: idx_id_name_age
      Seq_in_index: 3
       Column_name: age
         Collation: A
       Cardinality: 0
          Sub_part: NULL
            Packed: NULL
              Null:
        Index_type: BTREE
           Comment:
     Index_comment:
           Visible: YES
        Expression: NULL
3 rows in set (0.01 sec)
```

　　从结果中可以看到 3 条索引记录，这是因为联合索引可以起到几个索引的作用。但是，并不是随便查询哪个字段都可以使用索引，而是遵循最左前缀法则，即利用索引中最左边的列匹配数据，这样的列被称为最左前缀。例如，id 字段、（id,name,age）字段组合及（id,name）字段组合可以使用索引查询，而 name 字段、age 字段及（name,age）字段组合不能使用索引查询。

在表 test5 中查询（id,name）字段组合，使用 EXPLAIN 语句查看索引的使用情况，如下所示。

```
mysql> EXPLAIN SELECT * FROM test5 WHERE id=1 AND name='songhongkang'\G;
*************************** 1. row ***************************
           id: 1
  select_type: SIMPLE
        table: test5
   partitions: NULL
         type: ref
possible_keys: idx_id_name_age
          key: idx_id_name_age
      key_len: 124
          ref: const,const
         rows: 1
     filtered: 100.00
        Extra: Using index condition
1 row in set, 1 warning (0.00 sec)
```

从结果中可以看到，在查询（id,name）字段组合时，使用了名为 idx_id_name_age 的索引。

在表 test5 中查询（name,age）字段组合，或者单独查询 name 字段或 age 字段，使用 EXPLAIN 语句查看索引的使用情况，如下所示。

```
mysql> EXPLAIN SELECT * FROM test5 WHERE name='songhongkang'\G;
*************************** 1. row ***************************
           id: 1
  select_type: SIMPLE
        table: test5
   partitions: NULL
         type: ALL
possible_keys: NULL
          key: NULL
      key_len: NULL
          ref: NULL
         rows: 1
     filtered: 100.00
        Extra: Using where
1 row in set, 1 warning (0.00 sec)
```

从结果中可以看到，possible_keys 和 key 参数的值都是 NULL，意味着在查询数据时并没有使用在表 test5 中创建的索引。

6）创建全文索引

全文索引非常适合大型数据集，而对于小型数据集，它的用处比较少。

使用如下 SQL 语句创建表 test6，在表中的 title 和 body 字段上创建全文索引。

```
mysql> CREATE TABLE `test6` (
    `id` INT UNSIGNED AUTO_INCREMENT NOT NULL PRIMARY KEY,
    `title` VARCHAR(200),
    `body` TEXT,
    FULLTEXT (`title`,`body`)
) ENGINE=InnoDB;
```

执行上述语句后，使用 SHOW INDEX 语句查看索引是否创建成功，如下所示。

```
mysql> SHOW INDEX FROM test6\G;
*************************** 1. row ***************************
        Table: test6
```

```
        Non_unique: 0
          Key_name: PRIMARY
      Seq_in_index: 1
       Column_name: id
         Collation: A
       Cardinality: 0
          Sub_part: NULL
            Packed: NULL
              Null:
        Index_type: BTREE
           Comment:
     Index_comment:
           Visible: YES
        Expression: NULL
*************************** 2. row ***************************
             Table: test6
        Non_unique: 1
          Key_name: title
      Seq_in_index: 1
       Column_name: title
         Collation: NULL
       Cardinality: 0
          Sub_part: NULL
            Packed: NULL
              Null: YES
        Index_type: FULLTEXT
           Comment:
     Index_comment:
           Visible: YES
        Expression: NULL
*************************** 3. row ***************************
             Table: test6
        Non_unique: 1
          Key_name: title
      Seq_in_index: 2
       Column_name: body
         Collation: NULL
       Cardinality: 0
          Sub_part: NULL
            Packed: NULL
              Null: YES
        Index_type: FULLTEXT
           Comment:
     Index_comment:
           Visible: YES
        Expression: NULL
3 rows in set (0.00 sec)
```

从结果中可以看到，在表 test6 中的 title 和 body 字段上成功创建了一个名为 title 的全文索引。

向表 test6 中插入以下数据。

```
mysql> INSERT INTO test6 (title, body)
VALUES
```

```
('MySQL Tutorial','DBMS stands for DataBase …'),
('How To Use MySQL Well','After you went through a …'),
('Optimizing MySQL','In this tutorial, we show …'),
('1001 MySQL Tricks','1. Never run mysqld as root. 2. …'),
('MySQL vs. YourSQL','In the following database comparison …'),
('MySQL Security','When configured properly, MySQL …');
```

全文索引使用 MATCH+AGAINST 的方式查询数据，如下所示。

```
mysql> SELECT * FROM test6 WHERE MATCH (title, body) AGAINST ('database' IN NATURAL
LANGUAGE MODE);
+----+------------------+-------------------------------------------+
| id | title            | body                                      |
+----+------------------+-------------------------------------------+
|  1 | MySQL Tutorial   | DBMS stands for DataBase …                |
|  5 | MySQL vs. YourSQL | In the following database comparison …    |
+----+------------------+-------------------------------------------+
2 rows in set (0.01 sec)
```

7）创建空间索引

使用如下 SQL 语句创建表 test7，在空间数据类型为 GEOMETRY 的字段上创建空间索引。

```
mysql> CREATE TABLE `test7` (
    `g` GEOMETRY NOT NULL,
    SPATIAL INDEX `spatIdx` (`g`)
) ENGINE = MyISAM;
```

执行上述语句后，使用 SHOW INDEX 语句查看索引是否创建成功，如下所示。

```
mysql> SHOW INDEX FROM test7\G;
*************************** 1. row ***************************
        Table: test7
   Non_unique: 1
     Key_name: spatIdx
 Seq_in_index: 1
  Column_name: g
    Collation: A
  Cardinality: NULL
     Sub_part: 32
       Packed: NULL
         Null:
   Index_type: SPATIAL
      Comment:
Index_comment:
      Visible: YES
   Expression: NULL
1 row in set (0.00 sec)
```

从结果中可以看到，在表 test7 中的 g 字段上成功创建了一个名为 spatIdx 的空间索引。注意，在创建空间索引时，不仅要指定空间数据类型字段值的非空约束，还要指定表的存储引擎为 MyISAM。

2. 在已经存在的表中创建索引

在已经存在的表中创建索引可以使用 ALTER TABLE 或 CREATE INDEX 语句。

1）使用 ALTER TABLE 语句创建索引

使用 ALTER TABLE 语句创建索引的语法如下所示。

```
ALTER TABLE table_name ADD [UNIQUE | FULLTEXT | SPATIAL] [INDEX | KEY]
[index_name] (col_name[length],…) [ASC | DESC]
```

　　与创建表时直接创建索引的语法不同的是，这里使用了 ALTER TABLE 和 ADD 关键字，ADD 表示向表中添加索引。

　　例如，在表 test1 中的 bookname 字段上创建一个名为 idx_bookname 的普通索引，具体操作步骤如下。

　　先使用 SHOW INDEX 语句查看表 test1 中已经存在的索引，如下所示。

```
mysql> SHOW INDEX FROM test1\G
*************************** 1. row ***************************
        Table: test1
   Non_unique: 1
     Key_name: year_publication
 Seq_in_index: 1
  Column_name: year_publication
    Collation: A
  Cardinality: 0
     Sub_part: NULL
       Packed: NULL
         Null:
   Index_type: BTREE
      Comment:
Index_comment:
      Visible: YES
   Expression: NULL
```

　　再使用 ALTER TABLE 语句在 bookname 字段上创建索引，如下所示。

```
mysql> ALTER TABLE test1 ADD INDEX idx_bookname(bookname(30));
```

　　再次使用 SHOW INDEX 语句查看表 test1 中已经存在的索引，如下所示。

```
mysql> SHOW INDEX FROM test1\G;
*************************** 1. row ***************************
        Table: test1
   Non_unique: 1
     Key_name: year_publication
 Seq_in_index: 1
  Column_name: year_publication
    Collation: A
  Cardinality: 0
     Sub_part: NULL
       Packed: NULL
         Null:
   Index_type: BTREE
      Comment:
Index_comment:
      Visible: YES
   Expression: NULL
*************************** 2. row ***************************
        Table: test1
   Non_unique: 1
     Key_name: idx_bookname
 Seq_in_index: 1
  Column_name: bookname
    Collation: A
  Cardinality: 0
     Sub_part: 30
```

```
        Packed: NULL
          Null:
    Index_type: BTREE
       Comment:
Index_comment:
       Visible: YES
    Expression: NULL
2 rows in set (0.01 sec)
```

从结果中可以看到，现在表 test1 中存在两个索引：一个是创建表时直接创建的索引 year_publication；另一个是使用 ALTER TABLE 语句创建的索引 idx_bookname，该索引是非唯一索引。

下面举例说明如何在已经存在的表中创建唯一索引、主键索引、全文索引和空间索引。

（1）创建唯一索引。

在表 test1 中的 bookId 字段上创建一个名为 uk_bid 的唯一索引，如下所示。

```
mysql> ALTER TABLE test1 ADD UNIQUE INDEX uk_bid( bookId );
```

（2）创建主键索引。

创建表 test8，如下所示。

```
mysql> CREATE TABLE `test8` (
`id` INT(10) UNSIGNED,
`sex` VARCHAR(200),
`name` VARCHAR(200)
);
```

使用如下语句创建索引，关键字 PRIMARY KEY 表示主键索引。

```
mysql> ALTER TABLE test8 ADD PRIMARY KEY pk_id(id);
```

（3）创建全文索引。

创建表 test9，如下所示。

```
mysql> CREATE TABLE `test9` (
`id` INT NOT NULL,
`info` CHAR(255)
);
```

使用 ALTER TABLE 语句在表 test9 中的 info 字段上创建全文索引，关键字 FULLTEXT 表示全文索引，如下所示。

```
mysql> ALTER TABLE test9 ADD FULLTEXT INDEX idx_fulltext_info(info);
```

（4）创建空间索引。

创建表 test10，如下所示。

```
mysql> CREATE TABLE `test10` ( g GEOMETRY NOT NULL )ENGINE=MyISAM;
```

使用 ALTER TABLE 语句在表 test10 中的 g 字段上创建空间索引，关键字 SPATIAL 表示空间索引，如下所示。

```
mysql> ALTER TABLE test10 ADD SPATIAL INDEX spatIdx(g);
```

2）使用 CREATE INDEX 语句创建索引

在 MySQL 中，CREATE INDEX 语句会被映射到一条 ALTER TABLE 语句中。使用 CREATE INDEX 语句创建索引的语法如下所示。

```
CREATE [UNIQUE | FULLTEXT | SPATIAL] INDEX index_name
ON table_name (col_name[length],…) [ASC | DESC]
```

可以看到，使用 CREATE INDEX 语句和 ALTER INDEX 语句创建索引的语法基本一致，只是关键字不同而已。

创建和表 test1 相同的表 test11，假设该表中没有任何索引，如下所示。

```
mysql> CREATE TABLE `test11` (
    `bookId` INT NOT NULL,
    `bookname` VARCHAR(255) NOT NULL,
    `author` VARCHAR(255) NOT NULL,
    `info` VARCHAR(255) NULL,
    `comment` VARCHAR(255) NULL,
    `year_publication` YEAR NOT NULL
);
```

在表 test11 中的 bookname 字段上创建一个名为 idx_bookname 的普通索引，如下所示。

```
mysql> CREATE INDEX idx_bookname ON test11(bookname);
```

可以使用 SHOW INDEX 或 SHOW CREATE TABLE 语句查看表 test11 中的索引，其索引内容与前面介绍的相同。

在表 test11 中的 bookId 字段上创建一个名为 uk_bid 的唯一索引，如下所示。

```
mysql> CREATE UNIQUE INDEX uk_bid ON test11 ( bookId );
```

在表 test11 中的 comment 字段上创建单列索引，如下所示。

```
mysql> CREATE INDEX idx_comment ON test11 (comment(50) );
```

在表 test11 中的 author 和 info 字段上创建联合索引，如下所示。

```
mysql> CREATE INDEX idx_author_info ON test11 ( author(20),info(50) );
```

执行上述语句后，将在表 test11 中的 author 和 info 字段上创建一个名为 idx_author_info 的联合索引。其中，author 字段的索引序号为 1，索引长度为 20；info 字段的索引序号为 2，索引长度为 50。

其他类型的索引创建就不再一一举例了。

7.4.2 删除索引

在 MySQL 中，可以使用 ALTER TABLE 或 DROP INDEX 语句删除索引，DROP INDEX 语句会被映射到一条 ALTER TABLE 语句中。

1. 使用 ALTER TABLE 语句删除索引

使用 ALTER TABLE 语句删除索引的语法如下所示。

```
mysql> ALTER TABLE table_name DROP INDEX index_name;
```

首先查看表 test1 中是否存在名为 uk_bid 的索引，如下所示。

```
mysql> SHOW INDEX FROM test1 \G;
*************************** 1. row ***************************
        Table: test1
   Non_unique: 0
     Key_name: uk_bid
 Seq_in_index: 1
  Column_name: bookId
    Collation: A
  Cardinality: 0
     Sub_part: NULL
       Packed: NULL
         Null:
   Index_type: BTREE
      Comment:
Index_comment:
      Visible: YES
   Expression: NULL
*************************** 2. row ***************************
```

```
         Table: test1
    Non_unique: 1
      Key_name: year_publication
  Seq_in_index: 1
   Column_name: year_publication
     Collation: A
   Cardinality: 0
      Sub_part: NULL
        Packed: NULL
          Null:
    Index_type: BTREE
       Comment:
 Index_comment:
       Visible: YES
    Expression: NULL
*************************** 3. row ***************************
         Table: test1
    Non_unique: 1
      Key_name: idx_bookname
  Seq_in_index: 1
   Column_name: bookname
     Collation: A
   Cardinality: 0
      Sub_part: 30
        Packed: NULL
          Null:
    Index_type: BTREE
       Comment:
 Index_comment:
       Visible: YES
    Expression: NULL
3 rows in set (0.00 sec)
```

从结果中可以看到，表 test1 中存在名为 uk_bid 的唯一索引，该索引是在 bookId 字段上创建的。

然后使用 ALTER TABLE 语句删除该索引，如下所示。

```
mysql> ALTER TABLE test1 DROP INDEX uk_bid;
```

执行上述语句后，使用 SHOW INDEX 语句查看索引是否已被删除，如下所示。

```
mysql> SHOW INDEX FROM test1 \G;
*************************** 1. row ***************************
         Table: test1
    Non_unique: 1
      Key_name: year_publication
  Seq_in_index: 1
   Column_name: year_publication
     Collation: A
   Cardinality: 0
      Sub_part: NULL
        Packed: NULL
          Null:
    Index_type: BTREE
       Comment:
 Index_comment:
```

```
        Visible: YES
     Expression: NULL
*************************** 2. row ***************************
          Table: test1
     Non_unique: 1
       Key_name: idx_bookname
   Seq_in_index: 1
    Column_name: bookname
      Collation: A
    Cardinality: 0
       Sub_part: 30
         Packed: NULL
           Null:
     Index_type: BTREE
        Comment:
  Index_comment:
        Visible: YES
     Expression: NULL
2 rows in set (0.00 sec)
```

从结果中可以看到，表 test1 中已经没有名为 uk_bid 的唯一索引了，即删除索引成功。注意，添加 AUTO_INCREMENT 约束字段的唯一索引不能被删除。

2. 使用 DROP INDEX 语句删除索引

使用 DROP INDEX 语句删除索引的语法如下所示。

```
mysql> DROP INDEX index_name ON table_name;
```

删除表 test1 中名为 year_publication 的索引，如下所示。

```
mysql> DROP INDEX year_publication ON test1;
```

执行上述语句后，使用 SHOW INDEX 语句查看索引是否已被删除，如下所示。

```
mysql> SHOW INDEX FROM test1 \G;
*************************** 1. row ***************************
          Table: test1
     Non_unique: 1
       Key_name: idx_bookname
   Seq_in_index: 1
    Column_name: bookname
      Collation: A
    Cardinality: 0
       Sub_part: 30
         Packed: NULL
           Null:
     Index_type: BTREE
        Comment:
  Index_comment:
        Visible: YES
     Expression: NULL
1 row in set (0.00 sec)
```

从结果中可以看到，表 test1 中已经没有名为 year_publication 的索引了，即删除索引成功。在删除表中的列时，如果要删除的列为索引的组成部分，则也会从索引中删除该列；如果组成索引的所有列都被删除，则整个索引将被删除。

7.5 InnoDB 和 MyISAM 存储引擎中的索引方案

B+树索引适用的存储引擎如表 7-2 所示。即使多个存储引擎支持同一种索引，它们的实现原理和默认索引也是不同的。InnoDB 和 MyISAM 存储引擎中的默认索引是 B+树索引，而 MEMORY 存储引擎中的默认索引是哈希索引。

表 7-2　B+树索引适用的存储引擎

索　引	存储引擎		
	MyISAM	InnoDB	MEMORY
B+树索引	支持	支持	支持

假设现在有一张表 test，其中的数据如表 7-3 所示。下面分别讲解 InnoDB 和 MyISAM 存储引擎中的索引方案。

表 7-3　表 test 中的数据

col1（主键）	col2	col3
1	a	18
3	b	18
5	c	18
10	d	18
13	e	18
...	...	...

7.5.1 InnoDB 存储引擎中的索引方案

InnoDB 存储引擎中的索引结构是 B+树，而索引又可以分为聚簇索引和非聚簇索引。InnoDB 存储引擎中的聚簇索引原理图如图 7-13 所示，可以看到，磁盘页 5～磁盘页 13 中存储了全部数据。

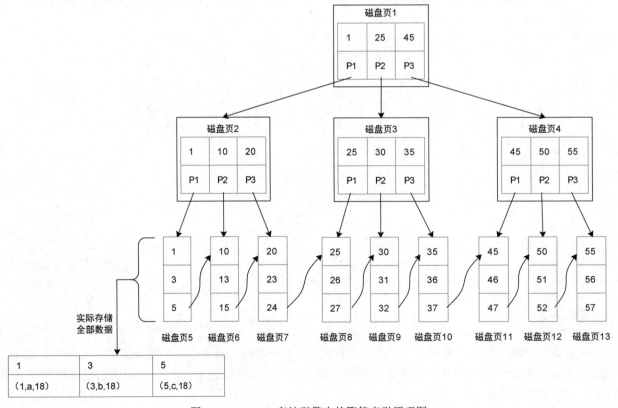

图 7-13　InnoDB 存储引擎中的聚簇索引原理图

如果我们在 col2 列上创建一个非聚簇索引，则索引原理图如图 7-14 所示，同样是一棵 B+树，其叶子节点中存储的是索引列值和主键值。因此，InnoDB 存储引擎中索引检索的算法为：首先按照 B+树检索算法检索索引，如果指定的 Key 存在，则取出其叶子节点和主键值，然后根据主键值到聚簇索引中读取相应数据，这个过程也被称为回表。

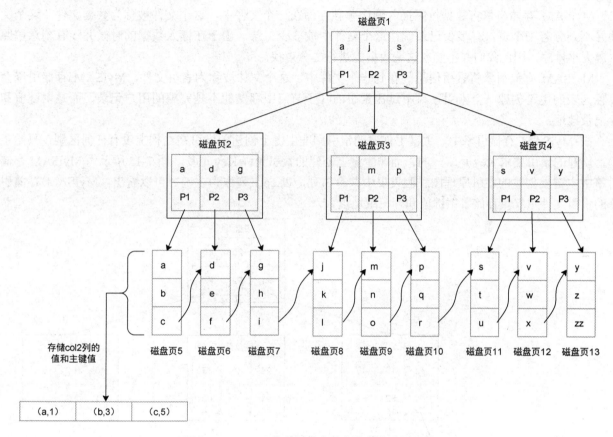

图 7-14　InnoDB 存储引擎中的非聚簇索引原理图

前面的章节中已经介绍了页的结构，每个页中都会有文件头（占用 38 字节）、页头（占用 56 字节）、最大最小记录（占用 26 字节）、文件尾（占用 8 字节），再加上页目录，大概有 1KB 大小，权且当作 1KB 处理。MySQL 中页的默认大小为 16KB，减去固定占用的 1KB，剩下的 15KB 用于存储数据。在索引页中主要记录的是主键与页号，我们假设主键为 BIGINT 类型（占用 8 字节）。一条记录中除了存储数据，还会存储一些额外信息，例如，COMPACT 行格式中的记录头信息固定占用 5 字节（40bit），其他行格式中的记录头信息可能占用的字节数会更多或更少，那么索引页中非叶子节点的一条记录占用 13 字节，一个页中大概存储 15KB÷(8B+5B)=1181 个键值，即一个节点中大概存储 1181 条记录。

假设一棵 B+树的深度为 3，那么根节点中可以存储的键值数为 1181 个，也就是说该树有 1181 个非叶子节点。那么第二层非叶子节点中存储的键值数为 1181×1181=1 394 761 个。假设表中一条记录的总大小为 1KB，那么一个叶子节点中可以存储的记录数为 15KB÷1KB=15 条。此时该树中可以存储的记录数就是 1181×1181×15=20 921 415 条，大约 2000 万条。

上面的计算逻辑基于机械硬盘时代，磁盘 I/O 效率不高，应尽量避免单表数据量超过 2000 万条。随着科技的进步，固态硬盘越来越普及，磁盘 I/O 不再是影响性能的重要因素，树的深度也可以随之增大，因此，大家可能经常看到单表数据量过亿条的情况。

7.5.2 MyISAM 存储引擎中的索引方案

在 InnoDB 存储引擎中，聚簇索引的叶子节点中存储了全部数据，也就是说，B+树的叶子节点中存储了完整的用户记录。而 MyISAM 存储引擎中的索引方案虽然也使用树形结构，却将索引和数据分开存储。下面看一下数据和索引是如何存储的。

MyISAM 存储引擎将数据按照插入顺序单独存储在一个文件中，这个文件被称为数据文件。这个文件并不划分若干个页，有多少记录就往这个文件中放多少记录。由于在插入数据的时候并没有刻意按照主键大小排序，因此我们并不能在这些数据上进行二分查找。

MyISAM 存储引擎将索引信息另存到一个文件中，这个文件被称为索引文件。MyISAM 存储引擎会单独为表的主键创建一个索引，只不过在索引的叶子节点中存储的不是完整的用户记录，而是主键值和行记录地址。

在 MyISAM 存储引擎中，主键上创建的索引和非主键上创建的索引在结构上没有任何区别，只是主键上创建的索引要求 Key 是唯一的，而非主键上创建的索引允许 Key 重复。图 7-15 所示为 MyISAM 存储引擎中主键上创建的索引原理图。假设表中共有 3 列，以 col1 列作为主键。可以看出，MyISAM 存储引擎的索引文件中仅仅存储了主键值和行记录地址。

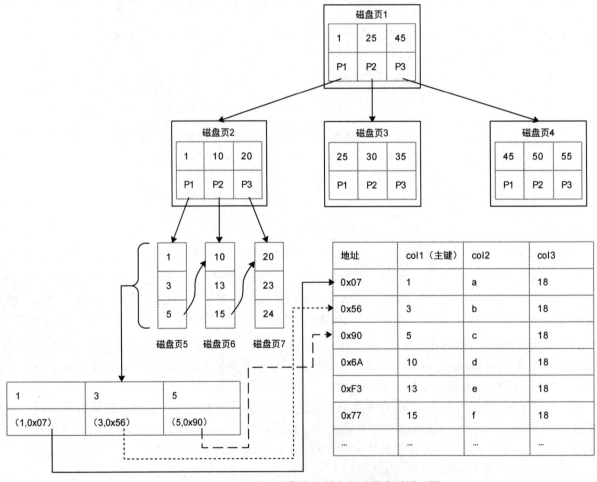

图 7-15　MyISAM 存储引擎中主键上创建的索引原理图

如果我们在 col2 列上创建一个索引，则索引原理图如图 7-16 所示，同样是一棵 B+树，其叶子节点中存储的是索引列值和行记录地址。因此，MyISAM 存储引擎中索引检索的算法为：首先按照 B+树检索算法检索索引，如果指定的 Key 存在，则取出其叶子节点的值，然后以叶子节点的值为地址，读取相应数据。

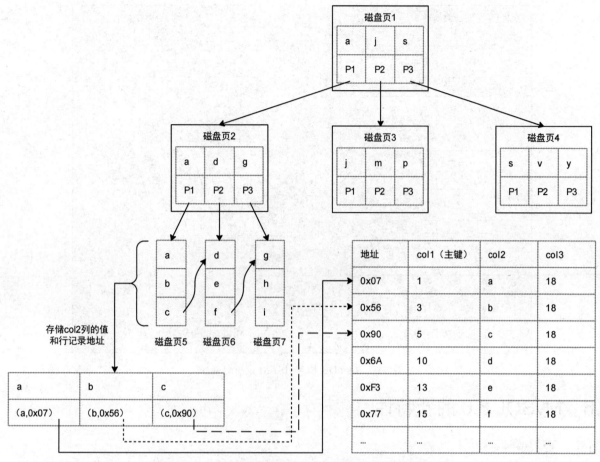

图 7-16　MyISAM 存储引擎中非主键上创建的索引原理图

7.5.3　InnoDB 和 MyISAM 存储引擎中的索引方案对比

InnoDB 和 MyISAM 存储引擎中的索引方案对比如下。

（1）InnoDB 存储引擎中的数据文件本身就是索引文件；而 MyISAM 存储引擎中的数据文件和索引文件是分离的，索引文件中存储的是索引列值和行记录地址。

（2）InnoDB 存储引擎的非聚簇索引叶子节点中存储的是相应记录的主键值，换句话说，InnoDB 存储引擎的所有非聚簇索引都引用主键作为叶子节点；而 MyISAM 存储引擎的索引叶子节点中存储的是主键值和行记录地址。

（3）InnoDB 存储引擎要求表中必须有主键；而 MyISAM 存储引擎类型的表中可以没有主键。如果没有显式指定主键，则 MySQL 会自动选择一个可以唯一标识数据的列作为主键。如果不存在这种列，则 MySQL 会自动为 InnoDB 存储引擎类型的表生成一个隐含字段作为主键。

（4）在 InnoDB 存储引擎中，只需要根据主键值对聚簇索引进行一次查找就能找到相应数据；而在 MyISAM 存储引擎中还需要进行一次回表操作，这意味着 MyISAM 存储引擎中创建的索引都是非聚簇索引。

了解不同存储引擎中的索引方案对于正确使用和优化索引非常有帮助。例如，知道了 InnoDB 存储引擎中的索引方案后，就很容易明白为什么不建议使用过长的字段作为主键，因为所有的非聚簇索引都引用聚簇索引，过长的聚簇索引会导致非聚簇索引变得过大。又如，不建议在 InnoDB 存储引擎中使用非单调的字段作为主键，因为 InnoDB 存储引擎中的数据文件本身是一棵 B+树，非单调的主键会造成在插入新记录时，数据文件为了维持 B+树的特性而频繁地分裂调整，效率十分低下，而使用自增字段作为主键则是一种很好的选择。图 7-17 所示为 InnoDB 和 MyISAM 索引分布图。

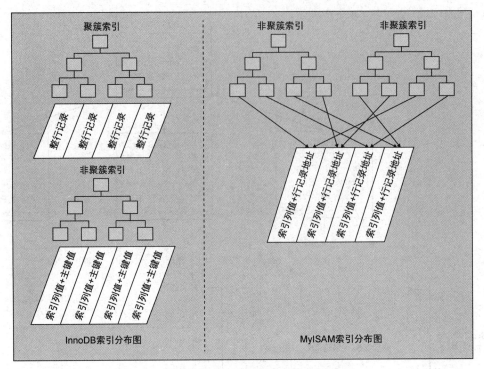

图 7-17　InnoDB 和 MyISAM 索引分布图

7.6　MySQL 8.0 的新特性

7.6.1　支持降序索引

在默认情况下，索引是以升序来存储键值的。相对地，降序索引是指以降序来存储键值。虽然在语法上从 MySQL 4.0 开始就支持降序索引，但实际上该降序的定义是被忽略的，MySQL 创建的仍然是升序索引。在某些场景下，降序索引的意义重大。例如，如果一条查询语句需要对多个列进行排序，且顺序要求不一致，那么使用降序索引将会避免数据库执行额外的排序操作，从而提高查询性能。从 MySQL 8.0 开始正式支持降序索引。

下面通过案例来对比不同的 MySQL 版本对降序索引的支持情况。创建降序索引的语法和创建联合索引的语法相同。

在 MySQL 5.7 中创建数据库 chapter7，在其中创建表 test12，如下所示。

```
mysql> CREATE DATABASE chapter7;
mysql> CREATE TABLE `test12`(a INT,b INT,INDEX idx_a_b(a,b DESC));
```

在 MySQL 5.7 中查看表 test12 的结构，如下所示。从结果中可以看到，索引仍然是默认的升序索引。

```
mysql> SHOW CREATE TABLE test12\G;
*************************** 1. row ***************************
      Table: test1
Create Table: CREATE TABLE `test1` (
 `a` INT DEFAULT NULL,
 `b` INT DEFAULT NULL,
  KEY `idx_a_b` (`a`,`b`)
) ENGINE=InnoDB DEFAULT CHARSET=latin1
1 row in set (0.00 sec)
```

在 MySQL 8.0 中查看表 test12 的结构，如下所示。从结果中可以看到，索引已经变成了降序索引。

```
mysql> SHOW CREATE TABLE test12\G;
*************************** 1. row ***************************
```

```
        Table: test1
Create Table: CREATE TABLE `test12` (
  `a` int DEFAULT NULL,
  `b` int DEFAULT NULL,
  KEY `idx_a_b` (`a`,`b` DESC)
) ENGINE=InnoDB DEFAULT CHARSET=utf8mb4 COLLATE=utf8mb4_0900_ai_ci
1 row in set (0.00 sec)
```

下面继续测试降序索引在执行计划中的表现。在 MySQL 5.7 和 MySQL 8.0 中，分别向表 test12 中插入 8 万条随机数据，如下所示。

```
mysql> DELIMITER $$
CREATE PROCEDURE ts_insert()
BEGIN
DECLARE i INT DEFAULT 1;
WHILE i <= 80000
DO
insert into test12 select rand()*80000,rand()*80000;
SET i = i + 1;
END WHILE;
commit;
END $$
DELIMITER ;

#调用
CALL ts_insert();
```

将查询的排序条件设置为 "ORDER BY a,b DESC"，MySQL 5.7 中的执行计划如下所示。

```
mysql> EXPLAIN SELECT * FROM test12 ORDER BY a,b DESC LIMIT 5\G;
*************************** 1. row ***************************
           id: 1
  select_type: SIMPLE
        table: test12
   partitions: NULL
         type: index
possible_keys: NULL
          key: idx_a_b
      key_len: 10
          ref: NULL
         rows: 80181
     filtered: 100.00
        Extra: Using filesort
1 row in set, 1 warning (0.00 sec)
```

从结果中可以看到，执行计划中的扫描行数（rows）为 80 181 行，而且使用了 Using filesort。Using filesort 是 MySQL 中一种速度比较慢的外部排序。在多数情况下，数据库管理员可以通过优化索引来尽量避免出现 Using filesort，从而提高查询效率。

MySQL 8.0 中的执行计划如下所示。

```
mysql> EXPLAIN SELECT * FROM test12 ORDER BY a,b DESC LIMIT 5\G;
*************************** 1. row ***************************
           id: 1
  select_type: SIMPLE
        table: test12
   partitions: NULL
```

```
         type: index
possible_keys: NULL
          key: idx_a_b
      key_len: 10
          ref: NULL
         rows: 5
     filtered: 100.00
        Extra: Using index
1 row in set, 1 warning (0.00 sec)
```

从结果中可以看到，执行计划中的扫描行数为 5 行，而且没有使用 Using filesort。

降序索引只对查询中特定的排序有效，使用不当反而会降低查询效率。例如，将上述查询的排序条件改为"ORDER BY a DESC,b DESC"，MySQL 5.7 中的执行计划要明显好于 MySQL 8.0 中的执行计划。MySQL 5.7 中的执行计划如下所示。

```
mysql> EXPLAIN SELECT * FROM test12 ORDER BY a DESC,b DESC LIMIT 5\G;
*************************** 1. row ***************************
           id: 1
  select_type: SIMPLE
        table: test12
   partitions: NULL
         type: index
possible_keys: NULL
          key: idx_a_b
      key_len: 10
          ref: NULL
         rows: 5
     filtered: 100.00
        Extra: Using index
1 row in set, 1 warning (0.00 sec)
```

MySQL 8.0 中的执行计划如下所示。

```
mysql> EXPLAIN SELECT * FROM test12 ORDER BY a DESC,b DESC LIMIT 5\G;
*************************** 1. row ***************************
           id: 1
  select_type: SIMPLE
        table: test12
   partitions: NULL
         type: index
possible_keys: NULL
          key: idx_a_b
      key_len: 10
          ref: NULL
         rows: 80181
     filtered: 100.00
        Extra: Using index; Using filesort
1 row in set, 1 warning (0.00 sec)
```

7.6.2 支持隐藏索引

有时候我们想删除冗余索引，但是又怕影响查询性能，而且再添加被删除的索引又需要花费一定的时间。为了避免这种情况的发生，从 MySQL 8.0 开始支持隐藏索引（Invisible Index）。所谓隐藏索引，是指在查询时优化器不使用该索引。即使强制使用索引，优化器也不会使用该索引，而且不会报索引不存在的错误，因为索引仍然真实存在。隐藏索引可以用来验证索引的必要性。在验证索引的必要性时不需要删除索引，只需先将索引隐藏，如果查询性能不受影响，就可以真正地删除索引。

需要注意的是，主键不能被设置为隐藏索引。创建隐藏索引的方式有 3 种，分别是创建表时直接创建、在已经存在的表中创建和使用 ALTER TABLE 语句创建。

1．创建表时直接创建隐藏索引

在 MySQL 中创建隐藏索引通过关键字 INVISIBLE 来实现，其语法如下所示。

```
CREATE TABLE tablename(
    propname1 type1[CONSTRAINT1],
    propname2 type2[CONSTRAINT2],
    …
    propnamen typen,
    INDEX [indexname](propname1 [(length)]) INVISIBLE
);
```

上述语句比创建普通索引的语句多了一个关键字 INVISIBLE，用来标识索引为隐藏索引。

例如，在数据库 chapter7 中创建表 test13，在表中的 cname 字段上创建隐藏索引，具体操作步骤如下。

（1）在创建表 test13 时，直接在 cname 字段上创建隐藏索引，如下所示。

```
mysql> CREATE TABLE `test13` (
    `classno` INT(4),
    `cname` VARCHAR(20),
    `loc` VARCHAR(40),
    INDEX `index_cname`(`cname`) INVISIBLE);
```

查询表 test13 中 cname="张三"的记录，执行计划如下所示。从结果中可以看到，此时 type 值为 ALL，表示优化器没有使用索引。

```
mysql> EXPLAIN SELECT * FROM test13 WHERE cname = "张三" \G;
*************************** 1. row ***************************
           id: 1
  select_type: SIMPLE
        table: test13
   partitions: NULL
         type: ALL
possible_keys: NULL
          key: NULL
      key_len: NULL
          ref: NULL
         rows: 1
     filtered: 100.00
        Extra: Using where
1 row in set, 1 warning (0.00 sec)
```

（2）为了验证表 test13 中的隐藏索引是否创建成功，执行 SHOW INDEX FROM tablename 语句，具体 SQL 语句如下所示。从结果中可以看到，这时已经存在索引 index_cname，而且 Visible 值为 NO，表示该索引不可见。

```
mysql> SHOW INDEX FROM test13\G;
*************************** 1. row ***************************
        Table: test13
   Non_unique: 1
     Key_name: index_cname
 Seq_in_index: 1
```

```
  Column_name: cname
    Collation: A
  Cardinality: 0
     Sub_part: NULL
       Packed: NULL
         Null: YES
   Index_type: BTREE
      Comment:
Index_comment:
      Visible: NO
   Expression: NULL
1 row in set (0.00 sec)

ERROR:
No query specified
```

2. 在已经存在的表中创建隐藏索引

在已经存在的表中创建隐藏索引的语法如下所示。

```
CREATE INDEX indexname
   ON tablename(propname[(length)]) INVISIBLE;
```

如果表 test13 已经存在，则可以使用如下语句创建隐藏索引。

```
mysql> CREATE INDEX index_cname ON test13(cname) INVISIBLE;
```

3. 使用 ALTER TABLE 语句创建隐藏索引

在已经存在的表中创建隐藏索引除了可以使用 CREATE INDEX 语句，还可以使用 ALTER TABLE 语句，其语法如下所示。

```
ALTER TABLE tablename
   ADD INDEX indexname (propname [(length)]) INVISIBLE;
```

同样使用表 test13 进行测试，如下所示。

```
mysql> ALTER TABLE test13 ADD INDEX index_cname(cname) INVISIBLE;
```

4. 切换索引的可见状态

对于已经存在的索引，可以使用如下语句切换索引的可见状态。

```
mysql> ALTER TABLE tablename ALTER INDEX  index_name INVISIBLE;
mysql> ALTER TABLE tablename ALTER INDEX  index_name VISIBLE;
```

当索引被设置为可见时，再次查询表 test13 中 cname="张三"的记录，执行计划如下所示。从结果中可以看到，此时 type 值为 ref，表示优化器使用了索引。

```
mysql> EXPLAIN SELECT * FROM test13 WHERE cname = "张三" \G;
*************************** 1. row ***************************
          id: 1
 select_type: SIMPLE
       table: test13
  partitions: NULL
        type: ref
possible_keys: index_cname
         key: index_cname
     key_len: 83
         ref: const
        rows: 1
    filtered: 100.00
```

```
      Extra: NULL
1 row in set, 1 warning (0.00 sec)
```

注意，当索引被隐藏时，它的内容仍然和正常索引的内容一样是实时更新的。如果一个索引需要长期被隐藏，那么可以将其删除，因为索引的存在会影响插入、更新和删除操作的性能。

系统变量 optimizer_switch 中的 use_invisible_indexes 属性控制了优化器在生成执行计划时是否使用隐藏索引。如果将该属性值设置为 OFF（默认），那么优化器会忽略隐藏索引；如果将该属性值设置为 ON，那么，即使隐藏索引不可见，优化器在生成执行计划时仍会考虑使用隐藏索引。通过设置隐藏索引的可见性，可以知晓索引对性能调优的帮助。

7.7 适合创建索引的场景

为了提高索引的使用效率，用户必须考虑应该在哪些字段上创建索引和创建什么类型的索引。索引设计得不合理或缺少索引都会对数据库和应用程序的性能产生不良影响。

7.7.1 数据准备

为了更好地说明索引的创建原则，在数据库 chapter7 中创建表 student_info 和 course，并向表 student_info 中插入 600 万条数据。

1. 创建表

创建表 student_info 和 course，如下所示。

```
#创建表 student_info
mysql> CREATE TABLE `student_info` (
`id` INT(11) NOT NULL AUTO_INCREMENT,
`student_id` INT NOT NULL,
`name` VARCHAR(20) DEFAULT NULL,
`course_id` INT NOT NULL,
`class_id` INT(11) DEFAULT NULL,
`create_time` DATETIME DEFAULT CURRENT_TIMESTAMP ON UPDATE CURRENT_TIMESTAMP,
PRIMARY KEY (`id`)
) ENGINE=InnoDB AUTO_INCREMENT=1 DEFAULT CHARSET=utf8;
#创建表 course
mysql> CREATE TABLE `course` (
`id` INT(11) NOT NULL AUTO_INCREMENT,
`course_id` INT NOT NULL,
`course_name` VARCHAR(40) DEFAULT NULL,
PRIMARY KEY (`id`)
) ENGINE=InnoDB AUTO_INCREMENT=1 DEFAULT CHARSET=utf8;
```

2. 创建函数

下面创建两个函数，分别用于产生字符串和随机数。

（1）创建产生字符串的函数，如下所示。

```
mysql> DELIMITER //
CREATE FUNCTION rand_string (n INT) RETURNS VARCHAR (255) #该函数会返回一个字符串
BEGIN
DECLARE chars_str VARCHAR (100) DEFAULT
'abcdefghijklmnopqrstuvwxyzABCDEFJHIJKLMNOPQRSTUVWXYZ' ;
DECLARE return_str VARCHAR (255) DEFAULT '' ;
DECLARE i INT DEFAULT 0 ;
```

```
WHILE i < n DO
SET return_str = CONCAT(
    return_str,
    SUBSTRING(
        chars_str,
        FLOOR(1 + RAND() * 52),
        1
    )
);
SET i = i + 1;
END
WHILE ; RETURN return_str;
END//
DELIMITER ;;
```

如果要删除创建的函数，则使用如下语句。

```
mysql> DROP FUNCTION rand_string;
```

在创建函数的过程中可能会报如下错误。

```
This function has none of DETERMINISTIC…
```

这是由于开启了慢查询日志 bin-log，因此我们必须为函数指定一个参数。一般地，在进行主从复制时，主机会将写操作记录在 bin-log 日志中，从机会从 bin-log 日志中读取数据执行同步操作。如果使用函数来操作数据，则会导致主机和从机的操作时间不一致。因此，在默认情况下，MySQL 不开启创建函数设置。这里我们需要设置参数 log_bin_trust_function_creators，设置步骤如下。

① 查看 MySQL 是否允许创建函数，如下所示。从结果中可以看到，Value 值为 OFF，表示未开启创建函数设置。

```
mysql> show variables like 'log_bin_trust_function_creators';
+---------------------------------+-------+
| Variable_name                   | Value |
+---------------------------------+-------+
| log_bin_trust_function_creators | OFF   |
+---------------------------------+-------+
1 row in set
```

② 执行命令开启创建函数设置，如下所示。

```
#如果不加 GLOBAL，则只对当前会话有效
mysql> SET GLOBAL log_bin_trust_function_creators=1;
```

如果 MySQL 服务重启，那么上述设置会失效。永久保存方法如下所示。

在 Windows 系统下，在 my.ini 配置文件下的[mysqld]组中增加如下参数。

```
log_bin_trust_function_creators=1
```

在 Linux 系统下，在 my.cnf 配置文件下的[mysqld]组中增加如下参数。

```
log_bin_trust_function_creators=1
```

（2）创建产生随机数的函数，如下所示。

```
mysql> DELIMITER //
CREATE FUNCTION rand_num (from_num INT,to_num INT) RETURNS INT(11)
BEGIN
DECLARE i INT DEFAULT 0;
SET i = FLOOR(from_num +RAND()*(to_num - from_num+1));
RETURN i;
END //
DELIMITER;
```

```
#可以使用如下语句删除函数
mysql> DROP FUNCTION rand_num;
```

3. 创建存储过程

创建函数后，我们需要创建存储过程。

（1）创建向表 course 中插入数据的存储过程，如下所示。

```
#存储过程1：向表 course 中插入数据
mysql> DELIMITER //
CREATE PROCEDURE  insert_course( max_num INT )
BEGIN
DECLARE i INT DEFAULT 0;
 SET autocommit = 0;      #设置手动提交事务
 REPEAT                   #循环
 SET i = i + 1;           #赋值
 INSERT INTO course (course_id, course_name) VALUES
(rand_num(10000,10100),rand_string(6));
 UNTIL i = max_num
 END REPEAT;
 COMMIT;                  #提交事务
END //
DELIMITER ;
```

如果要删除创建的存储过程，则使用如下语句。

```
mysql> DROP PROCEDURE insert_course;
```

（2）创建向表 student_info 中插入数据的存储过程，如下所示。

```
#存储过程2：向表 student_info 中插入数据
mysql> DELIMITER //
CREATE PROCEDURE  insert_stu( max_num INT )
BEGIN
DECLARE i INT DEFAULT 0;
 SET autocommit = 0;      #设置手动提交事务
 REPEAT                   #循环
 SET i = i + 1;           #赋值
 INSERT INTO student_info (course_id,class_id,student_id,name) VALUES
(rand_num(10000,10100),rand_num(10000,10200),rand_num(1,200000),rand_string(6));
 UNTIL i = max_num
 END REPEAT;
 COMMIT;                  #提交事务
END //
DELIMITER ;
```

可以使用如下语句调用上面创建的存储过程。

```
mysql> CALL insert_course(100);
mysql> CALL insert_stu(6000000);
```

7.7.2　查询操作的条件字段

如果某个字段在 SELECT 语句的 WHERE 条件中经常被用到，就需要在这个字段上创建索引。尤其是在数据量很大的情况下，只需创建普通索引就可以大幅提高查询效率。

例如，在表 student_info 中有 600 万条数据，假设我们想要查询 student_id=123110 的学生信息。

如果我们没有在 student_id 字段上创建索引，则查询结果如下所示。

```
mysql> SELECT course_id, class_id, name, create_time, student_id FROM student_info WHERE
student_id = 123110;
+-----------+----------+--------+---------------------+------------+
| course_id | class_id | name   | create_time         | student_id |
+-----------+----------+--------+---------------------+------------+
| 10065     | 10062    | hSTNkK | 2022-07-13 08:53:55 | 123110     |
| 10017     | 10045    | uhCoPf | 2022-07-13 08:53:57 | 123110     |
| 10071     | 10069    | csJcuQ | 2022-07-13 08:54:01 | 123110     |
| 10024     | 10054    | nyECVX | 2022-07-13 08:54:47 | 123110     |
| 10043     | 10036    | BPtyoX | 2022-07-13 08:54:49 | 123110     |
| 10008     | 10195    | iXmtjP | 2022-07-13 08:54:56 | 123110     |
| 10062     | 10058    | kijvDF | 2022-07-13 08:55:00 | 123110     |
| 10001     | 10147    | TBcJXU | 2022-07-13 08:55:27 | 123110     |
+-----------+----------+--------+---------------------+------------+
8 行于数据集 (0.34 秒)
```

从结果中可以看到，执行时间为 0.34 秒，查询效率还是比较低的。

使用如下语句在 student_id 字段上创建索引。

```
mysql> ALTER TABLE student_info ADD INDEX idx_sid(student_id);
```

再次查询 student_id=123110 的学生信息，查询结果如下所示。

```
mysql> SELECT course_id, class_id, name, create_time, student_id FROM student_info WHERE
student_id = 123110;
+-----------+----------+--------+---------------------+------------+
| course_id | class_id | name   | create_time         | student_id |
+-----------+----------+--------+---------------------+------------+
| 10065     | 10062    | hSTNkK | 2022-07-13 08:53:55 | 123110     |
| 10017     | 10045    | uhCoPf | 2022-07-13 08:53:57 | 123110     |
| 10071     | 10069    | csJcuQ | 2022-07-13 08:54:01 | 123110     |
| 10024     | 10054    | nyECVX | 2022-07-13 08:54:47 | 123110     |
| 10043     | 10036    | BPtyoX | 2022-07-13 08:54:49 | 123110     |
| 10008     | 10195    | iXmtjP | 2022-07-13 08:54:56 | 123110     |
| 10062     | 10058    | kijvDF | 2022-07-13 08:55:00 | 123110     |
| 10001     | 10147    | TBcJXU | 2022-07-13 08:55:27 | 123110     |
+-----------+----------+--------+---------------------+------------+
8 行于数据集 (0.01 秒)
```

从结果中可以看到，执行时间为 0.01 秒，不到原来执行时间的 1/30，查询效率明显提高。

7.7.3　分组和排序的字段

索引就是让数据按照某种顺序进行存储或检索，因此，当我们使用 GROUP BY 关键字对数据进行分组，或者使用 ORDER BY 关键字对数据进行排序的时候，就需要对分组或排序的字段进行索引。如果待分组或排序的字段有多个，那么可以在这些字段上创建联合索引。

例如，我们按照 student_id 字段对学生选修的课程进行分组，显示不同的 student_id 和课程数量，显示 100 个即可。如果我们没有在 student_id 字段上创建索引，则查询结果如下所示，可以看到执行时间为 0.89 秒。

```
mysql> SELECT student_id, COUNT(*) AS num FROM student_info GROUP BY student_id LIMIT 100;
+------------+-----+
| student_id | num |
+------------+-----+
| 118787     | 7   |
| 87330      | 12  |
```

```
| 135414      | 9   |
| 145784      | 4   |
| 16684       | 10  |
| 78460       | 6   |
| 76366       | 7   |
...
| 197518      | 4   |
| 187705      | 12  |
+-------------+-----+
100 行于数据集 (0.89 秒)
```

如果我们在 student_id 字段上创建了索引，则查询结果如下所示，可以看到执行时间为 0.02 秒。

```
mysql> SELECT student_id, COUNT(*) AS num FROM student_info GROUP BY student_id LIMIT 100;
+-------------+-----+
| student_id  | num |
+-------------+-----+
| 1           | 5   |
| 2           | 4   |
| 3           | 2   |
| 4           | 3   |
| 5           | 10  |
...
| 100         | 4   |
+-------------+-----+
100 行于数据集 (0.02 秒)
```

从查询结果对比中可以发现，在 student_id 字段上创建索引后，student_id 字段的数值是按照递增的顺序展示的，执行时间不到原来的 1/40，查询效率明显提高。

同样，如果使用 ORDER BY 关键字，则也需要在字段上创建索引。我们看一下同时有 GROUP BY 和 ORDER BY 关键字的情况。例如，我们按照 student_id 字段对学生选修的课程进行分组，同时按照时间降序的方式进行排序，这时需要同时执行 GROUP BY 和 ORDER BY 操作，是不是需要单独在 student_id 和 create_time 字段上创建索引呢？

如果我们单独在 student_id 和 create_time 字段上创建索引，则查询结果如下所示，可以看到执行时间为 4.67 秒。

```
#单独在 student_id 和 create_time 字段上创建索引
mysql> ALTER TABLE student_info ADD INDEX idx_sid(student_id);
mysql> ALTER TABLE student_info ADD INDEX idx_create_time(create_time);
#执行查询语句
mysql> SELECT student_id, COUNT(*) AS num FROM student_info
GROUP BY student_id
ORDER BY create_time DESC
LIMIT 100;
+-------------+-----+
| student_id  | num |
+-------------+-----+
| 805         | 1   |
| 35946       | 1   |
| 180995      | 1   |
| 177887      | 1   |
| 172798      | 1   |
...
| 70515       | 2   |
```

```
| 67586       | 1   |
| 105180      | 1   |
| 41730       | 1   |
+-------------+-----+
100 行于数据集 (4.67 秒)
```

实际上，多个单列索引在多条件查询时只会有一个索引生效（MySQL 会选择其中一个限制最严格的作为索引），这时最好创建联合索引。

接下来我们创建联合索引（student_id,create_time），查询结果如下所示，可以看到执行时间为 0.33 秒，查询效率明显提高。

```
#创建联合索引（student_id,create_time）
mysql> ALTER TABLE student_info ADD INDEX idx_sid_ct(student_id,create_time);
#执行查询语句
mysql> SELECT student_id, COUNT(*) AS num FROM student_info
GROUP BY student_id
ORDER BY create_time DESC
LIMIT 100;
+-------------+-----+
| student_id  | num |
+-------------+-----+
| 805         | 1   |
| 35946       | 1   |
| 180995      | 1   |
| 177887      | 1   |
...
| 105180      | 1   |
| 41730       | 1   |
+-------------+-----+
100 行于数据集 (0.33 秒)
```

如果创建联合索引的顺序为（create_time,student_id），则查询结果如下所示。注意，在执行查询语句前，先删除已经存在的索引，否则有可能会用到其他索引。

```
#创建联合索引（create_time,student_id）
mysql> ALTER TABLE student_info ADD INDEX idx_sid_ct(create_time,student_id);
#执行查询语句
mysql> SELECT student_id, COUNT(*) AS num FROM student_info
GROUP BY student_id
ORDER BY create_time DESC
LIMIT 100;
+-------------+-----+
| student_id  | num |
+-------------+-----+
| 805         | 1   |
| 35946       | 1   |
| 180995      | 1   |
| 177887      | 1   |
| 172798      | 1   |
...
| 89597       | 1   |
| 60550       | 2   |
| 6943        | 1   |
| 67586       | 1   |
```

```
| 105180        | 1   |
| 41730         | 1   |
+---------------+-----+
100 行于数据集 (0.90 秒)
```

可以看到，执行时间为 0.90 秒，同样比两个单列索引的查询效率高，但是比联合索引（student_id, create_time）的查询效率低。这是因为在进行查询的时候，会先执行 GROUP BY 操作，再执行 ORDER BY 操作。不同索引的查询效率对比如表 7-4 所示。

表 7-4　不同索引的查询效率对比

索　　引	执行时间
两个单列索引 student_id 和 create_time	4.67 秒
联合索引（student_id,create_time）	0.33 秒
联合索引（create_time,student_id）	0.90 秒

7.7.4　更新和删除操作的条件字段

当我们对某条数据执行 UPDATE 或 DELETE 操作的时候，是否也需要在 WHERE 后面的条件字段上创建索引呢？

1. UPDATE 语句查询效率对比

当我们没有在 name 字段上创建索引的时候，把 name='JsUtmc'对应的 student_id 修改为 10002，执行如下 SQL 语句，执行时间为 0.76 秒，查询效率并不高。

```
mysql> UPDATE student_info SET student_id = 10002
WHERE name = 'JsUtmc';
Query OK, 4 rows affected (0.76 秒)
```

现在在 name 字段上创建索引，把刚才那条数据更新回原 student_id，执行如下 SQL 语句，执行时间仅为 0.01 秒，查询效率大幅提高。

```
#在 name 字段上创建索引
mysql> ALTER TABLE student_info ADD INDEX idx_name(name);
#执行查询语句
mysql> UPDATE student_info SET student_id = 10001
WHERE name = 'JsUtmc';
Query OK, 4 rows affected (0.01 秒)
```

2. DELETE 语句查询效率对比

当我们没有在 name 字段上创建索引的时候，删除 name='JsUtmc'的数据，执行如下 SQL 语句，执行时间为 0.79 秒，查询效率并不高。

```
mysql> DELETE FROM student_info WHERE name = 'JsUtmc';
Query OK, 1 rows affected (0.79 秒)
```

现在在 name 字段上创建索引，执行如下 SQL 语句，执行时间仅为 0.01 秒，查询效率大幅提高。

```
mysql> DELETE FROM student_info WHERE name = 'JsUtmc';
Query OK, 4 rows affected (0.01 秒)
```

从上面的测试结果中可以看到，先对数据按照某个条件进行查询，再执行 UPDATE 或 DELETE 操作时，如果我们在 WHERE 后面的条件字段上创建了索引，则可以大幅提高查询效率。其原理是：在执行 UPDATE 或 DELETE 操作的时候，需要先根据 WHERE 后面的条件字段检索出这条数据，再对它进行更新或删除。如果更新的字段是非索引字段，则查询效率的提高会更明显，这是因为非索引字段的更新不需要同步更新索引。

不过，在实际工作中，我们也需要注意平衡。如果索引过多，而且在更新数据的时候涉及索引更新，就会造成负担。

7.7.5 去重的字段

有些场景需要使用 DISTINCT 关键字对某个字段去重，如果在这个字段上创建索引，则也会提高查询效率。这是因为索引会对数据按照某种顺序进行排序，所以去重的时候会快得多。

例如，我们想要查询表 student_info 中不同的 student_id 有哪些。如果我们没有在 student_id 字段上创建索引，执行如下 SQL 语句，则查询结果显示 198 217 条数据，执行时间为 0.78 秒。

```
mysql> SELECT DISTINCT(student_id) FROM `student_info`;
+------------+
| student_id |
+------------+
| 50375      |
| 168425     |
| 117014     |
| 177887     |
…
| 81641      |
| 180995     |
+------------+
198217 rows in set (0.78 sec)
```

如果我们在 student_id 字段上创建了索引，执行如下 SQL 语句，则查询结果同样显示 198 217 条数据，但执行时间仅为 0.57 秒，查询效率有所提高，同时 student_id 字段的值是按照递增的顺序展示的。

```
#创建索引
mysql> ALTER TABLE student_info ADD INDEX idx_sid(student_id);
#执行查询语句
mysql> SELECT DISTINCT(student_id) FROM `student_info`;
+------------+
| student_id |
+------------+
| 50375      |
| 168425     |
| 117014     |
| 177887     |
…
| 199997     |
| 199998     |
| 199999     |
| 200000     |
+------------+
198217 rows in set (0.57 sec)
```

7.7.6 多表连接查询

在进行多表连接查询时，需要注意以下几个事项。

首先，参与连接的表的数量尽量不要超过 3 张，因为每增加一张表就相当于增加了一次嵌套循环，数量级增长会非常快，严重影响查询效率。

其次，应该在 WHERE 后面的条件字段上创建索引，因为 WHERE 才是对数据条件的过滤。在数据量非常大的情况下，没有 WHERE 条件过滤是非常可怕的。

最后，应该在用于连接的字段上创建索引，并且该字段在多张表中的数据类型必须一致。例如，student_id 字段在表 student_info 和表 course 中的数据类型均为 INT(11)，而不能一个为 INT 类型，另一个为 VARCHAR 类型。

例如，如果我们只在 student_id 字段上创建索引，执行如下 SQL 语句，则查询结果显示 1 条数据，执行时间为 0.30 秒。

```
mysql> SELECT student_info.course_id, name, student_id, course_name
FROM student_info JOIN course
ON student_info.course_id = course.course_id
WHERE name = 'QdThfh';
+-----------+--------+------------+-------------+
| course_id | name   | student_id | course_name |
+-----------+--------+------------+-------------+
| 10053     | QdThfh | 135414     | FRslcJ      |
+-----------+--------+------------+-------------+
1 行于数据集 (0.30 秒)
```

现在我们在 name 字段上创建索引，再次执行上述 SQL 语句，如下所示。此时的执行时间仅为 0.01 秒，较之前的查询效率有了很大的提高。注意，如果不使用 WHERE 条件查询，而直接使用 JOIN...ON...进行多表连接，那么，即使采用了各种优化手段，总的执行时间也会很长。

```
#创建索引
mysql> ALTER TABLE student_info ADD INDEX idx_name(name);
Query OK, 0 rows affected (2.79 秒)
#执行查询语句
mysql> SELECT student_info.course_id, name, student_id, course_name
FROM student_info JOIN course
ON student_info.course_id = course.course_id
WHERE name = 'QdThfh';
+-----------+--------+------------+-------------+
| course_id | name   | student_id | course_name |
+-----------+--------+------------+-------------+
| 10053     | QdThfh | 135414     | FRslcJ      |
+-----------+--------+------------+-------------+
1 行于数据集 (0.01 秒)
```

7.7.7 数据类型小的列

我们在定义表结构的时候，要显式地指定列的数据类型。以整数类型为例，有 TINYINT、MEDIUMINT、INT 和 BIGINT，它们占用的存储空间依次递增。这里所说的数据类型大小指的是该数据类型表示的数据范围大小，上述整数类型表示的整数范围也是依次递增的。如果我们想在某个整数列上创建索引，那么，在表示的整数范围允许的情况下，尽量让索引列使用较小的数据类型，例如，能使用 INT 类型就不要使用 BIGINT 类型，能使用 MEDIUMINT 类型就不要使用 INT 类型。这是因为数据类型越小，查询速度越快，索引占用的存储空间也越少，在一个页内就可以存储更多的记录，从而减少磁盘 I/O 带来的性能损耗，也就意味着可以把更多的页缓存在内存中，从而加快读写速度。

这个建议对于表的主键来说更加适用，因为不仅聚簇索引中会存储主键值，而且其他所有非聚簇索引的叶子节点中都会存储一份记录的主键值，如果主键使用更小的数据类型，则意味着能够节省更多的存储空间和获得更高效的磁盘 I/O。

7.8 不适合创建索引的场景

7.8.1 WHERE 条件用不到的字段

对 WHERE 条件（包括 GROUP BY、ORDER BY）用不到的字段不需要创建索引，因为索引的价值是快速定位数据，对起不到定位作用的字段通常是不需要创建索引的。来看如下 SQL 语句，因为我们是按照 student_id 字段进行检索的，所以不需要对其他字段创建索引，即使这些字段出现在 SELECT 关键字的后面。

```
mysql> SELECT course_id, student_id, create_time
FROM student_info
WHERE student_id = 41251
```

7.8.2 数据量小的表

如果表中的数据量小，比如少于 1000 条数据，则不需要创建索引，因为是否创建索引对查询效率的影响并不大，甚至查询花费的时间可能比遍历索引花费的时间还要少，索引的使用可能并不会产生优化效果。

创建表 test3，其中除了自增列 a，没有创建额外的索引，如下所示。

```
mysql> CREATE TABLE `test3` (
    `a` INT PRIMARY KEY AUTO_INCREMENT,
    `b` INT
);
```

创建存储过程 test3_insert()，用于向表 test3 中插入模拟数据，如下所示。

```
#创建存储过程
mysql> DELIMITER //
CREATE PROCEDURE test3_insert()
BEGIN
    DECLARE i INT DEFAULT 1;
    WHILE i <= 900
    DO
        INSERT INTO test3(b) SELECT RAND()*10000;
        SET i = i + 1;
    END WHILE;
    COMMIT;
END //
DELIMITER ;
```

使用 CALL 语句调用存储过程 test3_insert()，如下所示。

```
mysql> CALL test3_insert();
```

创建表 test4，并在 b 字段上创建索引，如下所示。

```
mysql> CREATE TABLE `test4` (
    `a` INT PRIMARY KEY AUTO_INCREMENT,
    `b` INT,
    INDEX `idx_b` (`b`)
);
```

创建存储过程 test4_insert()，用于向表 test4 中插入模拟数据，如下所示。

```
#创建存储过程
mysql> DELIMITER //
CREATE PROCEDURE test4_insert()
BEGIN
```

```
    DECLARE i INT DEFAULT 1;
    WHILE i <= 900
    DO
        INSERT INTO test4(b) SELECT RAND()*10000;
        SET i = i + 1;
    END WHILE;
    COMMIT;
END //
DELIMITER ;
```

使用 CALL 语句调用存储过程 test4_insert()，如下所示。

```
mysql> CALL test4_insert();
```

查询结果对比如下所示。

```
mysql> SELECT * FROM test3 WHERE b = 9879;
+------+------+
| a    | b    |
+------+------+
| 1242 | 9879 |
+------+------+
1 row in set (0.00 sec)

mysql> SELECT * FROM test4 WHERE b = 9879;
+-----+------+
| a   | b    |
+-----+------+
| 112 | 9879 |
+-----+------+
1 row in set (0.00 sec)
```

可以看到，两次查询的执行时间几乎相同，这意味着在表中数据量不大的情况下，索引存在的意义也不大。

7.8.3 有大量重复数据的字段

一般要在条件表达式中经常用到的不同值较多的字段上创建索引，但字段中如果有大量重复数据，则不要创建索引。例如，在学生表的"性别"字段中只有"男"和"女"两个值，因此无须创建索引。如果非要创建索引，那么不但不会提高查询效率，反而会严重降低数据更新速度。例如，想要在 100 万条数据中查找 50 万条"性别"为"男"的数据，一旦创建了索引，就需要先在索引树上进行检索，再在表中进行检索，这样加起来的开销比不使用索引的开销可能还要大。

又如，假设有一张学生表（student_gender），学生总数为 100 万人，其中男生只有 10 人，占学生总数的十万分之一。

学生表的结构如下所示。其中，gender 字段的取值为 0 或 1，0 代表女生，1 代表男生。

```
mysql> CREATE TABLE `student_gender`(
    `id` INT PRIMARY KEY AUTO_INCREMENT,
    `gender` INT
)ENGINE = InnoDB ;
```

创建存储过程 student_gender_insert()，如下所示。

```
mysql> DELIMITER //
CREATE PROCEDURE student_gender_insert()
BEGIN
    DECLARE i INT DEFAULT 1;
```

```
    WHILE i <= 1000000
    DO
        INSERT INTO student_gender(gender) VALUES (0);
        SET i = i + 1;
    END WHILE;
    COMMIT;
END //
DELIMITER ;
```

使用 CALL 语句调用存储过程 student_gender_insert()，如下所示。

```
mysql> CALL student_gender_insert();
```

使用如下 SQL 语句更新 10 条数据中 gender 字段的值为 1。

```
mysql> UPDATE student_gender SET gender = 1 WHERE id < 11;
```

使用如下 SQL 语句筛选这张学生表中的男生数据。

```
mysql> SELECT * FROM student_gender WHERE gender = 1;
+----+--------+
| id | gender |
+----+--------+
| 1  | 1      |
| 2  | 1      |
| 3  | 1      |
| 4  | 1      |
| 5  | 1      |
| 6  | 1      |
| 7  | 1      |
| 8  | 1      |
| 9  | 1      |
| 10 | 1      |
+----+--------+
10 行于数据集 (0.27 秒)
```

查询结果显示 10 条数据，执行时间为 0.27 秒。可以看到，在没有创建索引的情况下，查询效率并不高。

现在我们在 gender 字段上创建索引，之后筛选这张学生表中的男生数据，如下所示。

```
mysql> ALTER TABLE student_gender ADD INDEX idx_gender(gender);
mysql> SELECT * FROM student_gender WHERE gender = 1;
+----+--------+
| id | gender |
+----+--------+
| 1  | 1      |
| 2  | 1      |
| 3  | 1      |
| 4  | 1      |
| 5  | 1      |
| 6  | 1      |
| 7  | 1      |
| 8  | 1      |
| 9  | 1      |
| 10 | 1      |
+----+--------+
10 行于数据集 (0.02 秒)
```

查询结果同样显示 10 条数据，执行时间却缩短到 0.02 秒，查询效率明显提高。

通过这两个例子可以看出，如果想要定位的数据有很多，索引就失去了它的使用价值，比如通常情况下的"性别"字段。当数据重复度大，比如高于 10%的时候，也不需要对这样的字段创建索引。

　　一般地，我们使用列的基数来判断该列是否适合创建索引。列的基数指的是某列中不重复数据的个数。例如，某列中包含值（2,5,8,2,5,8,2,5,8），虽然有 9 条记录，但该列的基数是 3，因为该列中的值只有 2、5 和 8 三个数。也就是说，在记录数一定的情况下，列的基数越大，该列中的值越分散；列的基数越小，该列中的值越集中。列的基数这个指标非常重要，它直接影响我们能否有效地利用索引。最好对那些基数大的列创建索引，对基数太小的列创建索引效果可能不好。可以使用如下 SQL 语句计算列的基数占比，其值越接近 1 越好，一般超过 33%就算比较高效的索引。

```
mysql> SELECT COUNT(DISTINCT col)/ COUNT(*) FROM table_name
```

　　例如，在学生表中，性别列的基数占比为 2/1000000，近乎为 0，因此，性别列不适合创建索引。

7.8.4　索引不要冗余或重复创建

1. 冗余索引

　　有时我们会有意或无意地对同一个列创建多个索引。例如，我们创建了联合索引 index(a,b,c)，就相当于存在 3 个索引 index(a)、index(a,b)和 index(a,b,c)。

　　例如，使用如下 SQL 语句创建表 person_info。

```
mysql> CREATE TABLE `person_info`(
    `id` INT UNSIGNED NOT NULL AUTO_INCREMENT,
    `name` VARCHAR(100) NOT NULL,
    `birthday` DATE NOT NULL,
    `phone_number` CHAR(11) NOT NULL,
    `country` VARCHAR(100) NOT NULL,
    PRIMARY KEY (`id`),
    KEY `idx_name_birthday_phone_number` (`name`(10), `birthday`, `phone_number`),
    KEY `idx_name` (`name`(10))
);
```

　　我们知道，通过 idx_name_birthday_phone_number 索引就可以对 name 列进行快速检索，再创建一个专门针对 name 列的索引 idx_name 就是冗余索引，这样只会增加索引的维护成本，并不会对检索有什么帮助。

2. 重复索引

　　有时我们可能会对某个列重复创建索引，如下所示。

```
mysql> CREATE TABLE `repeat_index_demo` (
    `col1` INT PRIMARY KEY,
    `col2` INT,
    UNIQUE `uidx_c1` (`col1`),
    INDEX `idx_c1` (`col1`)
);
```

　　可以看到，col1 列是主键，之后又对该列创建了唯一索引和普通索引，而主键本身就会生成聚簇索引，因此，之后创建的唯一索引和普通索引是重复的，这种情况要避免。

7.8.5　其他不适合创建索引的场景

　　除了上面介绍的不适合创建索引的场景，还有其他不适合创建索引的场景。

1. 避免对频繁更新的字段或表创建过多的索引

　　（1）避免对频繁更新的字段创建过多的索引。因为在更新数据的同时也要更新索引，如果索引数量太多，就会造成负担。

（2）避免对频繁更新的表创建过多的索引，并且索引中的列要尽可能少。因为使用索引虽然可以提高查询效率，但过多的索引会降低表的更新速度。

2．不建议用无序的值作为索引

例如，身份证号码、UUID 在进行索引比较时需要转换为 ASCII 码，并且插入时可能造成页分裂，因而不适合作为索引。另外，MD5、HASH、无序长字符串等也不适合作为索引。

3．删除不再使用或很少使用的索引

当表中的数据被大量更新，或者数据的使用方式发生改变后，原有的一些索引可能不再适用。数据库管理员应当定期找出不再使用或很少使用的索引，并将它们删除，从而降低索引对更新操作的影响。

7.9　小结

本章主要讲解了索引，索引是一把双刃剑，并不是所有的场景都适合创建索引。使用索引有以下几个优点。

（1）使用索引可以提高查询效率，降低数据库 I/O 成本。

（2）创建唯一索引可以保证表中每条数据的唯一性。

（3）对有依赖关系的子表和父表创建联合索引可以提高查询效率。

（4）在使用分组和排序子句进行数据查询时，使用索引可以显著缩短查询中分组和排序的时间，降低 CPU 消耗。

使用索引也有许多不利之处，主要表现在以下几个方面。

（1）创建和维护索引很耗费时间，并且随着数据量的增加，所耗费的时间也会增加。

（2）索引需要占用一定的存储空间。

（3）使用索引虽然可以提高查询效率，但过多的索引会降低表的更新速度，因为在对表执行增、删、改操作的时候，也要动态地维护索引。最好的解决方法是先删除表中的索引，再插入数据，插入完成后再创建索引。

在实际工作中，我们需要基于需求和数据本身的分布情况来确定是否使用索引。尽管索引不是万能的，但当数据量很大的时候不使用索引的查询是不可想象的，毕竟索引的价值就是快速定位数据。

第8章

性能分析工具的使用

性能问题是软件工程师在日常工作中需要经常面对和解决的问题，在用户体验至上的今天，解决好应用的性能问题能带来非常大的收益。工欲善其事，必先利其器。想要解决性能问题，必须有对应的性能分析工具。MySQL 作为一个非常受欢迎的数据库管理系统，其性能分析一直受到业界的广泛关注。造成 MySQL 性能问题的原因非常多，如 SQL 语句的查询成本高、索引效率低、磁盘 I/O 次数多等。想要定位这些问题，必须借助一些性能分析工具。就好比中医、西医看病，中医讲究望、闻、问、切，之后对症下药，而西医则要借助各种仪器检查。利用宏观的分析工具和微观的日志分析可以帮助我们快速找到数据库性能调优方案。

8.1 数据库性能调优步骤

当我们遇到数据库性能调优问题的时候，该如何思考呢？这里把思考流程整理成流程图的形式，如图 8-1 所示。

首先需要观察当前服务是否存在延迟或卡顿现象，只有出现问题才需要解决问题。

如果当前服务存在延迟或卡顿现象，则开启慢查询日志（参见 8.4 节）。慢查询日志可以用来定位执行时间长的 SQL 语句。通过设置 long_query_time 参数来定义"慢"的阈值，如果 SQL 语句的执行时间超过 long_query_time 参数的值，则会被视为慢查询语句。收集完这些慢查询语句以后，就可以通过性能分析工具对慢查询日志进行分析。

通过慢查询日志定位到执行时间长的 SQL 语句，就可以有针对性地使用 EXPLAIN 语句（参见 8.6 节）查看对应 SQL 语句的执行计划，或者使用 SHOW PROFILING 语句查看最近一次 SQL 语句的查询成本，弄清楚各个阶段的执行时间，以便了解 SQL 查询慢是因为执行时间长，还是因为等待时间长。

如果是因为等待时间长，则可以调优服务器参数，比如适当增加数据库缓冲池的大小等。如果是因为执行时间长，则需要先考虑是因为索引设计存在问题，还是因为查询关联的表过多，抑或是因为数据表结构设计问题，然后在这些维度上进行相应调整。

如果问题还不能得到解决，则需要考虑数据库自身的 SQL 查询性能是否到达瓶颈。如果确认没有到达性能瓶颈，就需要重新检查，重复以上步骤。如果已经到达性能瓶颈，就需要考虑增加服务器，采用读写分离的架构，或者考虑对数据库进行分库分表，比如垂直分库、垂直分表、水平分表，或者通过增加缓存来减轻当前服务器的压力。

以上就是数据库性能调优的思考流程。如果大家发现当前服务存在延迟或卡顿现象，就可以通过性能分析工具定位有问题的 SQL 语句。慢查询日志、EXPLAIN 语句和 SHOW PROFILING 语句这 3 种性能分析工具可以理解为数据库性能调优的 3 个步骤。

大家可以看到，在解决问题的时候，从 SQL 语句优化到提高硬件配置，从成本上来说是由低到高的，而即时性是由高到低的，如图 8-2 所示。

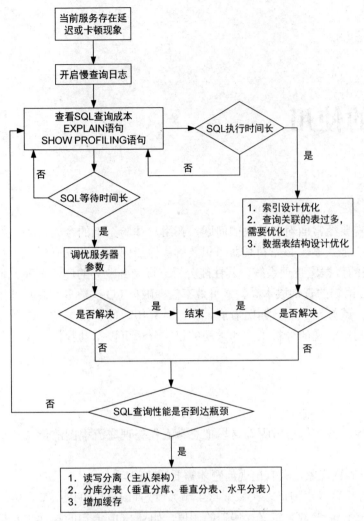

图 8-1　数据库性能调优思考流程图

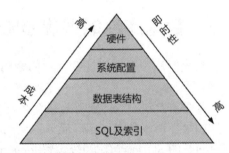

图 8-2　性能分析解决方案的成本和效果展示

8.2　查看系统状态信息

在 MySQL 中，可以先使用 SHOW STATUS 语句查看系统状态信息，如下所示，然后根据系统状态信息判断当前数据库的性能，进而修改参数，改善数据库的性能。

```
#查看系统所有的性能参数信息
mysql> SHOW STATUS;
+--------------------------+------------+
| Variable_name            | Value      |
+--------------------------+------------+
| Aborted_clients          | 0          |
| Aborted_connects         | 0          |
| Bytes_received           | 155372598  |
| Bytes_sent               | 1176560426 |
| Connections              | 30023      |
| Created_tmp_disk_tables  | 0          |
| Created_tmp_tables       | 8340       |
| Created_tmp_files        | 60         |
…
| Open_tables              | 1          |
```

```
| Open_files              | 2        |
| Open_streams            | 0        |
| Opened_tables           | 44600    |
| Questions               | 2026873  |
…
| Table_locks_immediate   | 1920382  |
| Table_locks_waited      | 0        |
| Threads_cached          | 0        |
| Threads_created         | 30022    |
| Threads_connected       | 1        |
| Threads_running         | 1        |
| Uptime                  | 80380    |
+-------------------------+----------+
```

也可以使用 LIKE 关键字进行系统状态信息的模糊查询，如下所示。

```
mysql> SHOW STATUS LIKE 'Key%';
+-------------------+----------+
| Variable_name     | Value    |
+-------------------+----------+
| Key_blocks_used   | 14955    |
| Key_read_requests | 96854827 |
| Key_reads         | 162040   |
| Key_write_requests| 7589728  |
| Key_writes        | 3813196  |
+-------------------+----------+
```

常用的性能参数有如下几个。

- Connections：表示连接 MySQL 服务器的次数。
- Uptime：表示 MySQL 服务器的上线时间。
- Slow_queries：表示 MySQL 服务器中的慢查询次数。
- Com_select：表示 MySQL 服务器中的查询操作次数。
- Com_insert：表示 MySQL 服务器中的插入操作次数。
- Com_update：表示 MySQL 服务器中的更新操作次数。
- Com_delete：表示 MySQL 服务器中的删除操作次数。

例如，可以使用如下语句查看 MySQL 服务器中的慢查询次数。可以先通过慢查询次数结合慢查询日志找出慢查询语句，然后针对慢查询语句进行表结构优化或查询语句优化。从结果中可以看到，当前 MySQL 服务器中没有慢查询。

```
mysql> SHOW STATUS LIKE 'Slow_queries';
+---------------+-------+
| Variable_name | Value |
+---------------+-------+
| Slow_queries  | 0     |
+---------------+-------+
1 row in set (0.00 sec)
```

8.3　查看 SQL 查询成本

通常，我们依据 COST=CPU_cost+IO_cost 公式来选择一条最优的 SQL 执行路径，其中，CPU_cost 表示执行一份执行计划需要的 CPU 成本，IO_cost 表示相应的 I/O 成本。在 MySQL 中，可以使用 SHOW STATUS LIKE 'Last_query_cost'语句查看上一条查询语句的查询成本，其结果表示 CPU_cost 和 IO_cost 的开销总和，通常用于评价一条查询语句的执行效率，也可以作为比较各个查询之间开销的一个依据。但是，该语句只能检测比较简单的查询开销，对于包含子查询和 UNION 的查询则不适用。一条查询语句通常会有多种执行方式，MySQL 会选择开销最低的那种执行方式生成一份执行计划。Last_query_cost 的值可以被看作执行一条 SQL 语句时需要检索的页数。

以 7.7.1 节中的表 student_info 为例。现在的需求是查询 student_id=30703 的数据，SQL 语句如下所示。查询结果显示 19 条数据，执行时间为 1.09 秒。

```
mysql> SELECT id,student_id,class_id,name FROM student_info WHERE student_id = 30703;
+---------+------------+----------+--------+
| id      | student_id | class_id | name   |
+---------+------------+----------+--------+
|   70833 |      30703 |    10091 | uBwDDh |
|  721798 |      30703 |    10032 | oXVJLD |
|  774342 |      30703 |    10186 | YwmSEr |
|  865093 |      30703 |    10192 | UbynUL |
| 1128937 |      30703 |    10127 | SRExya |
| 1571954 |      30703 |    10171 | kEpNSa |
| 1576345 |      30703 |    10064 | PBnLRb |
| 1724998 |      30703 |    10110 | ffjJBP |
| 1730031 |      30703 |    10165 | pcpsVA |
| 2212675 |      30703 |    10147 | DrbevN |
| 2314537 |      30703 |    10058 | UcByOx |
| 2660875 |      30703 |    10096 | rkbCJx |
| 2898671 |      30703 |    10081 | CpRnSw |
| 3055305 |      30703 |    10136 | MkSJFh |
| 3099722 |      30703 |    10133 | OuKnls |
| 3408937 |      30703 |    10016 | BioTCg |
| 3813449 |      30703 |    10171 | kCgYxv |
| 3855447 |      30703 |    10138 | KbaaYQ |
| 3918831 |      30703 |    10064 | PDupoz |
+---------+------------+----------+--------+
19 rows in set (1.09 sec)
```

上述 SQL 语句的查询成本如下所示，可以看到大概需要检索 468 919 个页。

```
mysql> SHOW STATUS LIKE 'Last_query_cost';
+-----------------+----------------+
| Variable_name   | Value          |
+-----------------+----------------+
| Last_query_cost | 468918.951853  |
+-----------------+----------------+
1 row in set (0.00 sec)
```

在表 student_info 中，id 列是主键。如果上述语句根据 id 查询，那么查询成本会有什么变化呢？SQL 语句如下所示。查询结果显示 19 条数据，执行时间几乎为 0 秒。

```
mysql>    SELECT    id,student_id,class_id,    name    FROM    student_info    WHERE    id
IN(70833,721798,774342,865093,1128937,1571954,1576345,1724998,1730031,2212675,2314537,26
60875,2898671,3055305,3099722,3408937,3813449,3855447,3918831);
+---------+------------+----------+--------+
| id      | student_id | class_id | name   |
+---------+------------+----------+--------+
|   70833 |      30703 |    10091 | uBwDDh |
|  721798 |      30703 |    10032 | oXVJLD |
|  774342 |      30703 |    10186 | YwmSEr |
```

```
|     865093 |        30703 |       10192 | UbynUL |
|    1128937 |        30703 |       10127 | SRExya |
|    1571954 |        30703 |       10171 | kEpNSa |
|    1576345 |        30703 |       10064 | PBnLRb |
|    1724998 |        30703 |       10110 | ffjJBP |
|    1730031 |        30703 |       10165 | pcpsVA |
|    2212675 |        30703 |       10147 | DrbevN |
|    2314537 |        30703 |       10058 | UcByOx |
|    2660875 |        30703 |       10096 | rkbCJx |
|    2898671 |        30703 |       10081 | CpRnSw |
|    3055305 |        30703 |       10136 | MkSJFh |
|    3099722 |        30703 |       10133 | OuKnls |
|    3408937 |        30703 |       10016 | BioTCg |
|    3813449 |        30703 |       10171 | kCgYxv |
|    3855447 |        30703 |       10138 | KbaaYQ |
|    3918831 |        30703 |       10064 | PDupoz |
+---------+------------+-----------+--------+
19 rows in set (0.00 sec)
```

　　再来看一下查询成本，结果如下所示，这时大概需要检索 16 个页。

```
mysql> SHOW STATUS LIKE 'Last_query_cost';
+-----------------+-----------+
| Variable_name   | Value     |
+-----------------+-----------+
| Last_query_cost | 15.896724 |
+-----------------+-----------+
1 row in set (0.01 sec)
```

　　可以看到，需要检索的页数明显减少，查询效率明显提高。当有多种查询方式可选的时候，可以通过查看 Last_query_cost 的值来比较 SQL 语句的开销，开销越低，说明查询效率越高。但是，还可能存在一种情况，如果需要检索的页都在缓冲池中，那么，即使需要检索的页数相差很大，查询效率也可能一样。SQL 查询是一个动态的过程，从页加载的角度来看，如果页在数据库缓冲池中，那么查询效率一般是比较高的，否则还需要从磁盘中读取数据，查询效率肯定会有所降低。如果我们采用顺序读取的方式从磁盘中批量读取页，那么平均一页的读取效率会明显提高。

8.4　定位执行时间长的 SQL 语句

　　慢查询日志（Slow Query Log）是 MySQL 提供的一种日志形式，用来记录 MySQL 中执行时间超过阈值的语句，具体指执行时间超过 long_query_time 值的 SQL 语句。long_query_time 的默认值为 10，意思是执行时间在 10 秒以上的语句就被认为超出设置的阈值。

　　慢查询日志的主要作用是帮助用户发现那些执行时间特别长的 SQL 语句，从而有针对性地进行优化，进而提高系统的整体性能。当数据库服务器发生阻塞、运行变慢的时候，检查一下慢查询日志，找到那些慢查询语句，对解决问题很有帮助。

　　在默认情况下，MySQL 没有开启慢查询日志，需要手动开启。如果不是调优需要，则一般不建议开启慢查询日志，因为开启慢查询日志会或多或少带来一定的性能影响。慢查询日志支持将日志记录写入文件中。

8.4.1　开启慢查询日志

　　开启慢查询日志的方式有两种，分别是命令行方式和配置文件方式。

1．命令行方式

采用命令行方式开启慢查询日志又分为两步，分别是修改 slow_query_log 的值和修改 long_query_time 的值。

1）修改 slow_query_log 的值

先来查看一下慢查询日志是否已经开启，如下所示。

```
mysql> SHOW VARIABLES LIKE '%slow_query_log';
+----------------+-------+
| Variable_name  | Value |
+----------------+-------+
| slow_query_log | OFF   |
+----------------+-------+
1 row in set (0.02 sec)
```

从结果中可以看到，slow_query_log 的值为 OFF，也就是说，此时并没有开启慢查询日志。使用如下语句开启慢查询日志。注意，在设置变量值的时候需要使用关键字 GLOBAL，否则会报错。

```
mysql> SET GLOBAL slow_query_log='ON';
```

再来查看一下慢查询日志是否已经开启，同时查看慢查询日志的存储位置，如下所示。

```
mysql> SHOW VARIABLES LIKE '%slow_query_log%';
+---------------------+-----------------------------------+
| Variable_name       | Value                             |
+---------------------+-----------------------------------+
| slow_query_log      | ON                                |
| slow_query_log_file | /var/lib/mysql/localhost-slow.log |
+---------------------+-----------------------------------+
2 rows in set (0.00 sec)
```

从结果中可以看到，慢查询日志已经开启，并且被存储在/var/lib/mysql/localhost-slow.log 文件中。

2）修改 long_query_time 的值

使用如下语句查看慢查询时间阈值，可以看到阈值默认是 10 秒。

```
mysql> SHOW VARIABLES LIKE '%long_query_time%';
+-----------------+-----------+
| Variable_name   | Value     |
+-----------------+-----------+
| long_query_time | 10.000000 |
+-----------------+-----------+
1 row in set (0.00 sec)
```

如果想缩短这个时间，比如设置为 1 秒，则可以使用如下语句。

```
#直接修改全局（GLOBAL）的变量值
mysql> SET GLOBAL long_query_time = 1;
mysql> SHOW GLOBAL VARIABLES LIKE '%long_query_time%';
#只修改当前会话的变量值，不用加 GLOBAL 关键字
mysql> SET long_query_time=1;
mysql> SHOW VARIABLES LIKE '%long_query_time%';
```

修改全局变量值的结果如下所示。需要注意的是，如果一条 SQL 语句的执行时间正好等于 long_query_time 的值，则该语句不会被记录到慢查询日志中。

```
mysql> SET GLOBAL long_query_time = 1;
Query OK, 0 rows affected (0.00 sec)

mysql> SHOW GLOBAL VARIABLES LIKE '%long_query_time%';
+-----------------+-----------+
```

```
| Variable_name  | Value    |
+----------------+----------+
| long_query_time | 1.000000 |
+----------------+----------+
1 row in set (0.00 sec)
```

2. 配置文件方式

相较于命令行方式，配置文件方式可以被看作永久设置方式。修改 my.cnf 配置文件，在[mysqld]组下增加或修改参数 long_query_time、slow_query_log 和 slow_query_log_file 的值，如下所示，之后重启 MySQL 服务。

```
[mysqld]
#开启慢查询日志
slow_query_log=ON
#慢查询日志的目录和文件名信息
slow_query_log_file=/var/lib/mysql/atguigu-slow.log
#设置慢查询时间阈值为 3 秒，超出此设定值的 SQL 语句会被记录到慢查询日志中
long_query_time=3
log_output=FILE
```

如果不指定存储路径，那么慢查询日志将被默认存储到 MySQL 数据库的数据文件夹下。如果不指定文件名，那么慢查询日志的默认文件名为 hostname-slow.log。

8.4.2 测试及分析

依然以 7.7.1 节中的表 student_info 为例，接下来测试 SQL 语句并进行结果分析。

（1）使用如下语句查询姓名为"qeyhrj"的学生信息。

```
mysql> SELECT * FROM student_info WHERE name = 'qeyhrj';
+----+------------+--------+-----------+----------+---------------------+
| id | student_id | name   | course_id | class_id | create_time         |
+----+------------+--------+-----------+----------+---------------------+
| 2  |      30703 | qeyhrj |     10009 |    10097 | 2022-09-07 01:38:48 |
+----+------------+--------+-----------+----------+---------------------+
1 row in set (1.78 sec)
```

从结果中可以看到，此次查询花费 1.78 秒，已经达到秒的数量级，说明该语句的查询效率是比较低的。

（2）使用如下语句查看目前有多少条 SQL 语句属于慢查询语句。

```
mysql> SHOW STATUS LIKE 'Slow_queries';
+---------------+-------+
| Variable_name | Value |
+---------------+-------+
| Slow_queries  | 1     |
+---------------+-------+
1 row in set (0.06 sec)
```

从结果中可以看到，目前只有一条 SQL 语句属于慢查询语句。

除了前面介绍的系统变量，控制慢查询日志的另一个系统变量是 min_examined_row_limit，意思是查询扫描过的最少记录数，如下所示。这个变量和查询的执行时间共同组成了判别一个查询是否是慢查询的条件。如果查询扫描过的记录数大于或等于这个变量的值，并且查询的执行时间超过 long_query_time 的值，那么这个查询会被记录到慢查询日志中；反之，则不会被记录到慢查询日志中。

```
mysql> SHOW VARIABLES LIKE 'min%';
+------------------------+-------+
| Variable_name          | Value |
```

```
+------------------------+-------+
| min_examined_row_limit | 0     |
+------------------------+-------+
1 row in set, 1 warning (0.00 sec)
```

min_examined_row_limit 的默认值是 0，与 long_query_time=10 组合在一起，表示只要查询的执行时间超过 10 秒，哪怕一条记录也没有扫描，这个查询也要被记录到慢查询日志中。用户也可以根据需要，通过修改 my.ini 或 my.cnf 配置文件来修改 min_examined_row_limit 的值，或者使用 SET 语句修改 min_examined_row_limit 的值。

8.4.3 慢查询日志分析工具

在生产环境中，手工分析慢查询日志不仅费时、费力，而且效率低下。为此，MySQL 提供了慢查询日志分析工具 mysqldumpslow。查看 mysqldumpslow 的帮助信息，如下所示。

```
mysqldumpslow --help
Usage: mysqldumpslow [ OPTS... ] [ LOGS... ]

Parse and summarize the MySQL slow query log. Options are

  --verbose    verbose
  --debug      debug
  --help       write this text to standard output

  -v           verbose
  -d           debug
  -s ORDER     what to sort by (al, at, ar, c, l, r, t), 'at' is default
                al: average lock time
                ar: average rows sent
                at: average query time
                 c: count
                 l: lock time
                 r: rows sent
                 t: query time
  -r           reverse the sort order (largest last instead of first)
  -t NUM       just show the top n queries
  -a           don't abstract all numbers to N and strings to 'S'
  -n NUM       abstract numbers with at least n digits within names
  -g PATTERN   grep: only consider stmts that include this string
  -h HOSTNAME  hostname of db server for *-slow.log filename (can be wildcard),
                default is '*', i.e. match all
  -i NAME      name of server instance (if using mysql.server startup script)
  -l           don't subtract lock time from total time
```

其中各个主要参数的含义如下。
- -s：表示按照何种方式排序，其后面可以跟参数 al、at、ar、c、l、r 和 t，at 是默认值。其中，al 表示平均锁定时间，at 表示平均查询时间，ar 表示平均返回记录数，c 表示查询次数，l 表示锁定时间，r 表示返回记录数，t 表示查询时间。
- -a：表示不将数字抽象成 N，不将字符串抽象成 S。
- -t：表示返回靠前的几条数据。
- -g：其后面搭配正则匹配模式。

例如，按照查询时间排序，查看前 5 条 SQL 语句，如下所示。

156

```
[root@atguigu ~]# mysqldumpslow -a -s t -t 5 /var/lib/mysql/localhost-slow.log
Reading mysql slow query log from 5 /var/lib/mysql/localhost-slow.log
Can't open 5: No such file or directory at /usr/bin/mysqldumpslow line 92.
Count: 1  Time=2.19s (4s)  Lock=0.00s (0s)  Rows=1.0 (2), root[root]@localhost
  SELECT * FROM student_info WHERE name = 'qeyhrj'
```

从结果中可以看到，上述语句定位到了我们想要查看的慢查询语句。因此，如果 MySQL 服务器开启了慢查询日志，并设置了相应的慢查询时间阈值，那么，只要执行时间超过这个阈值的 SQL 语句都会被记录到慢查询日志中，之后就可以通过 mysqldumpslow 工具提取想要查看的 SQL 语句了。

下面举例说明 mysqldumpslow 工具的用法。

（1）返回记录数最多的 10 条 SQL 语句，如下所示。

```
mysqldumpslow -s r -t 10 /var/lib/mysql/localhost-slow.log
```

（2）返回查询次数最多的 10 条 SQL 语句，如下所示。

```
mysqldumpslow -s c -t 10 /var/lib/mysql/localhost-slow.log
```

（3）返回按照查询时间排序的前 10 条里面含有左连接的 SQL 语句，如下所示。

```
mysqldumpslow -s t -t 10 -g "left join" /var/lib/mysql/localhost-slow.log
```

（4）建议在使用上述命令时结合"|"和"more"，如下所示，否则有可能出现刷屏的情况。

```
mysqldumpslow -s r -t 10 /var/lib/mysql/localhost-slow.log | more
```

8.4.4　关闭慢查询日志

关闭慢查询日志的方式有两种，分别是永久性方式和临时性方式。

1．永久性方式

修改 my.cnf 或 my.ini 配置文件，把[mysqld]组下 slow_query_log 的值设置为 OFF，如下所示。保存修改后重启 MySQL 服务，修改即可生效。

```
[mysqld]
slow_query_log=OFF
```

或者把 slow_query_log 注释掉，如下所示。

```
[mysqld]
#slow_query_log=OFF
```

重启 MySQL 服务，执行如下语句查看慢查询日志信息。

```
mysql> SHOW VARIABLES LIKE '%slow%';               #查看慢查询日志所在目录
mysql> SHOW VARIABLES LIKE '%long_query_time%';    #查看慢查询时间阈值
```

2．临时性方式

使用 SET 语句关闭慢查询日志，如果重启 MySQL 服务，那么 slow_query_log 将恢复默认值。临时性关闭慢查询日志的 SQL 语句如下所示。

```
mysql> SET GLOBAL slow_query_log=OFF;
```

8.4.5　删除慢查询日志

使用如下语句查看慢查询日志信息。

```
mysql> SHOW VARIABLES LIKE 'slow_query_log%';
+---------------------+-----------------------------------+
| Variable_name       | Value                             |
+---------------------+-----------------------------------+
| slow_query_log      | OFF                               |
| slow_query_log_file | /var/lib/mysql/atguigu01-slow.log |
+---------------------+-----------------------------------+
1 row in set, 1 warning (0.00 sec)
```

从结果中可以看到，慢查询日志所在目录默认为 MySQL 的数据目录，在该目录下手动删除慢查询日志文件 atguigu01-slow.log。可以使用 mysqladmin flush-logs 命令重新生成慢查询日志文件，如下所示。

```
[root@atguigu ~] mysqladmin -uroot -p flush-logs
```

在使用 mysqladmin flush-logs 命令时一定要注意，一旦执行了这条命令，慢查询日志将被存储在新的文件中。如果用户需要旧的慢查询日志，就必须事先备份。

8.5 查看 SQL 语句的具体查询成本

PROFILE 是 MySQL 中用来分析当前会话中 SQL 语句的查询成本的工具，它有两种语法形式，分别是 SHOW PROFILE 和 SHOW PROFILES。它们的区别是，SHOW PROFILES 语句查看的是最近几次 SQL 语句的查询成本，而 SHOW PROFILE 语句查看的是最近一次 SQL 语句的查询成本。在默认情况下，PROFILE 处于关闭状态。

1. 查看是否开启 PROFILE 功能

PROFILE 功能由 MySQL 会话变量 profiling 所控制，该变量的默认值为 OFF（关闭状态）。开启 PROFILE 功能可以让 MySQL 收集 SQL 语句的查询成本。由于 PROFILE 功能是针对进程而言的，因此，运行在服务器上的其他服务器进程可能会影响分析结果。

查看是否开启 PROFILE 功能的方式有两种，如下所示。

```
mysql> SELECT @@profiling;
+-------------+
| @@profiling |
+-------------+
|           0 |
+-------------+
1 row in set, 1 warning (0.00 sec)

mysql> SHOW VARIABLES LIKE 'profiling';
+---------------+-------+
| Variable_name | Value |
+---------------+-------+
| profiling     | OFF   |
+---------------+-------+
1 row in set (0.01 sec)
```

从结果中可以看到，profiling 的值为 0 或 OFF 都表示当前没有开启 PROFILE 功能。可以通过设置 profiling='ON'或 profiling=1 开启 PROFILE 功能，如下所示。

```
mysql> SET profiling = 'ON';
```

2. 执行 SQL 语句

例如，查询数据库 chapter1 下表 test1 中的所有数据，SQL 语句如下所示，执行两次该 SQL 语句。

```
mysql> SELECT * FROM test1;
+------+--------+
| id   | name   |
+------+--------+
| 1001 | 张三   |
+------+--------+
1 row in set (0.01 sec)
```

3. 查看 PROFILES

使用如下语句查看最近几次 SQL 语句的查询成本。查询结果中包含 3 列数据，其中，Query_ID 列表示 SQL 语句的唯一标识，Duration 列表示该 SQL 语句的执行时间，Query 列表示对应的 SQL 语句。从结果中可以看到，当前会话执行了两次相同的 SQL 语句，Query_ID 分别为 1 和 2，执行时间分别为 0.00974000 秒和 0.00050325 秒。

```
mysql> SHOW PROFILES;
+----------+------------+--------------------+
| Query_ID | Duration   | Query              |
+----------+------------+--------------------+
|        1 | 0.00974000 | SELECT * FROM test1 |
|        2 | 0.00050325 | SELECT * FROM test1 |
+----------+------------+--------------------+
2 rows in set, 1 warning (0.00 sec)
```

4. 查看 PROFILE

使用如下语句查看最近一次 SQL 语句的查询成本。

```
mysql> SHOW PROFILE;
+--------------------------------+----------+
| Status                         | Duration |
+--------------------------------+----------+
| starting                       | 0.000083 |
| Executing hook on transaction  | 0.000007 |
| starting                       | 0.000012 |
| checking permissions           | 0.000008 |
| Opening tables                 | 0.000045 |
| init                           | 0.000008 |
| System lock                    | 0.000013 |
| optimizing                     | 0.000006 |
| statistics                     | 0.000015 |
| preparing                      | 0.000021 |
| executing                      | 0.000218 |
| end                            | 0.000014 |
| query end                      | 0.000005 |
| waiting for handler commit     | 0.000011 |
| closing tables                 | 0.000011 |
| freeing items                  | 0.000016 |
| cleaning up                    | 0.000012 |
+--------------------------------+----------+
17 rows in set, 1 warning (0.00 sec)
```

通过上述结果可以弄清楚 SQL 语句各个阶段（如权限检查、打开表、初始化、加锁、优化、关闭表等）的执行时间。这样一来，我们可以看到一条 SQL 语句的完整生命周期，从而判断出该 SQL 语句到底慢在哪里。

也可以指定 Query_ID，例如，使用"SHOW PROFILE FOR QUERY 2"语句查看 Query_ID 为 2 的 SQL 语句的查询成本。

使用 SHOW PROFILE 语句还可以查看不同资源的开销信息，比如查看 CPU 和 BLOCK I/O 资源的开销信息，如下所示（限于篇幅，这里使用"\G"格式展示）。

```
mysql> SHOW PROFILE CPU,BLOCK IO FOR QUERY 2\G;
*************************** 1. row ***************************
    Status: starting
  Duration: 0.000083
  CPU_user: 0.000000
```

```
  CPU_system: 0.000075
 Block_ops_in: 0
Block_ops_out: 0
*************************** 2. row ***************************
       Status: Executing hook on transaction
     Duration: 0.000007
     CPU_user: 0.000000
   CPU_system: 0.000007
 Block_ops_in: 0
Block_ops_out: 0
*************************** 3. row ***************************
       Status: starting
     Duration: 0.000012
     CPU_user: 0.000000
   CPU_system: 0.000012
 Block_ops_in: 0
Block_ops_out: 0
*************************** 4. row ***************************
       Status: checking permissions
     Duration: 0.000008
     CPU_user: 0.000000
   CPU_system: 0.000008
 Block_ops_in: 0
Block_ops_out: 0
*************************** 5. row ***************************
       Status: Opening tables
     Duration: 0.000045
     CPU_user: 0.000001
   CPU_system: 0.000044
 Block_ops_in: 0
Block_ops_out: 0
*************************** 6. row ***************************
       Status: init
     Duration: 0.000008
     CPU_user: 0.000004
   CPU_system: 0.000004
 Block_ops_in: 0
Block_ops_out: 0
*************************** 7. row ***************************
       Status: System lock
     Duration: 0.000013
     CPU_user: 0.000007
   CPU_system: 0.000006
 Block_ops_in: 0
Block_ops_out: 0
*************************** 8. row ***************************
       Status: optimizing
     Duration: 0.000006
     CPU_user: 0.000003
   CPU_system: 0.000002
 Block_ops_in: 0
```

```
Block_ops_out: 0
*************************** 9. row ***************************
      Status: statistics
    Duration: 0.000015
    CPU_user: 0.000008
  CPU_system: 0.000008
 Block_ops_in: 0
Block_ops_out: 0
*************************** 10. row ***************************
      Status: preparing
    Duration: 0.000021
    CPU_user: 0.000012
  CPU_system: 0.000010
 Block_ops_in: 0
Block_ops_out: 0
*************************** 11. row ***************************
      Status: executing
    Duration: 0.000218
    CPU_user: 0.000118
  CPU_system: 0.000103
 Block_ops_in: 0
Block_ops_out: 0
*************************** 12. row ***************************
      Status: end
    Duration: 0.000014
    CPU_user: 0.000005
  CPU_system: 0.000004
 Block_ops_in: 0
Block_ops_out: 0
*************************** 13. row ***************************
      Status: query end
    Duration: 0.000005
    CPU_user: 0.000003
  CPU_system: 0.000003
 Block_ops_in: 0
Block_ops_out: 0
*************************** 14. row ***************************
      Status: waiting for handler commit
    Duration: 0.000011
    CPU_user: 0.000006
  CPU_system: 0.000005
 Block_ops_in: 0
Block_ops_out: 0
*************************** 15. row ***************************
      Status: closing tables
    Duration: 0.000011
    CPU_user: 0.000005
  CPU_system: 0.000005
 Block_ops_in: 0
Block_ops_out: 0
*************************** 16. row ***************************
```

```
      Status: freeing items
    Duration: 0.000016
    CPU_user: 0.000009
  CPU_system: 0.000007
 Block_ops_in: 0
Block_ops_out: 0
*************************** 17. row ***************************
      Status: cleaning up
    Duration: 0.000012
    CPU_user: 0.000006
  CPU_system: 0.000006
 Block_ops_in: 0
Block_ops_out: 0
17 rows in set, 1 warning (0.00 sec)
```

除了可以查看 CPU 和 BLOCK I/O 资源的开销信息，还可以查看下列资源的开销信息。

- ALL：显示所有参数的开销信息。
- CONTEXT SWITCHES：显示与上下文切换相关的开销信息。
- IPC：显示与发送和接收相关的开销信息。
- MEMORY：显示与内存相关的开销信息。
- PAGE FAULTS：显示与页面错误相关的开销信息。
- SOURCE：显示与 Source_function、Source_file、Source_line 相关的开销信息。
- SWAPS：显示与交换次数相关的开销信息。

如果在 SHOW PROFILE 结果中出现了以下 4 条结果中的任何一条，则表明 SQL 语句需要优化。

（1）converting HEAP to MyISAM：表示查询结果太大，内存不够，将查询结果复制到磁盘上。

（2）Creating tmp table：表示创建临时表，查询数据时先复制数据到临时表中，查询完成后再删除临时表。

（3）Copying to tmp table on disk：表示把内存中的临时表复制到磁盘上，此时需要警惕。

（4）locked：表示存在表被锁定的情况。

也可以利用 information_schema 库中的 PROFILING 表查看 CPU 和 BLOCK I/O 资源的开销信息，如下所示。虽然也可以查找到数据，但是没有 SHOW PROFILE 语句的查询结果直观。

```
mysql> SELECT CPU_user, CPU_system, Block_ops_in, Block_ops_out FROM information_schema.
PROFILING WHERE Query_ID=1;
+----------+------------+--------------+---------------+
| CPU_user | CPU_system | Block_ops_in | Block_ops_out |
+----------+------------+--------------+---------------+
| 0.000000 |   0.006389 |         6448 |             0 |
| 0.000000 |   0.000151 |            0 |             0 |
| 0.000000 |   0.000122 |            0 |             0 |
| 0.000000 |   0.000061 |            0 |             0 |
| 0.000000 |   0.000046 |            0 |             0 |
| 0.000000 |   0.000007 |            0 |             0 |
| 0.000000 |   0.000074 |            0 |             0 |
| 0.000000 |   0.000007 |            0 |             0 |
| 0.000000 |   0.000013 |            0 |             0 |
| 0.000000 |   0.000018 |            0 |             0 |
| 0.000000 |   0.002375 |           64 |             0 |
| 0.000000 |   0.000020 |            0 |             0 |
| 0.000000 |   0.000004 |            0 |             0 |
```

```
|  0.000000 |   0.000010 |             0 |              0 |
|  0.000000 |   0.000009 |             0 |              0 |
|  0.000000 |   0.000017 |             0 |              0 |
|  0.000000 |   0.000063 |             0 |              0 |
+-----------+------------+---------------+----------------+
17 rows in set, 1 warning (0.00 sec)
```

8.6　分析查询语句：EXPLAIN

8.6.1　说明

　　定位到执行时间长的 SQL 语句，就可以使用 EXPLAIN 或 DESCRIBE 语句进行有针对性的分析。MySQL 中有专门负责优化查询语句的优化器模块，其主要功能是通过分析系统收集到的统计信息，为客户端请求的查询提供它认为最优的执行计划。EXPLAIN 或 DESCRIBE 语句的分析结果就是优化器认为最优的执行计划。

　　这份执行计划展示了接下来具体执行查询的方式，如多表连接的顺序是什么、对于每张表采用什么访问方法等。只要看懂 EXPLAIN 语句的分析结果，就可以有针对性地提升查询语句的性能。

　　DESCRIBE 语句的使用方法与 EXPLAIN 语句的使用方法是一样的，分析结果也是一样的。如果用户想看某个查询的执行计划，则可以在具体的查询语句前面加上关键字 EXPLAIN 或 DESCRIBE。EXPLAIN 语句的分析结果如下所示。

```
mysql> EXPLAIN SELECT 1\G;
*************************** 1. row ***************************
           id: 1
  select_type: SIMPLE
        table: NULL
   partitions: NULL
         type: NULL
possible_keys: NULL
          key: NULL
      key_len: NULL
          ref: NULL
         rows: NULL
     filtered: NULL
        Extra: No tables used
1 row in set, 1 warning (0.00 sec)
```

　　DESCRIBE 语句的分析结果如下所示。

```
mysql> DESCRIBE SELECT 1\G;
*************************** 1. row ***************************
           id: 1
  select_type: SIMPLE
        table: NULL
   partitions: NULL
         type: NULL
possible_keys: NULL
          key: NULL
      key_len: NULL
          ref: NULL
         rows: NULL
     filtered: NULL
```

```
      Extra: No tables used
1 row in set, 1 warning (0.00 sec)
```

上述分析结果就是所谓的执行计划。在执行计划的辅助下，我们就可以知道应该怎样改进查询语句，从而使查询执行起来更高效。

在 MySQL 5.6.3 以前的版本中只能使用 EXPLAIN SELECT，在 MySQL 5.6.3 及以后的版本中就可以使用 EXPLAIN SELECT、EXPLAIN UPDATE 和 EXPLAIN DELETE 了。

在 MySQL 5.7 以前的版本中，想要显示分区信息（partitions），需要使用 EXPLAIN PARTIONS 语句；想要显示过滤百分比信息（filtered），需要使用 EXPLAIN EXTENDED 语句。在 MySQL 5.7 及以后的版本中，默认 EXPLAIN 直接显示分区信息和过滤百分比信息。

在一般情况下，我们更关注 SELECT 语句，因此后续将以 SELECT 语句为例来讲解 EXPLAIN 语句的分析结果。EXPLAIN 语句的分析结果中各列的含义如表 8-1 所示。

表 8-1 EXPLAIN 语句的分析结果中各列的含义

列　名	含　义
id	在一条大的查询语句中，每个 SELECT 关键字都对应一个唯一的 id
select_type	SELECT 关键字对应的查询类型
table	表名
partitions	匹配的分区信息
type	针对单表的访问方法
possible_keys	可能用到的索引
key	实际使用的索引
key_len	实际使用的索引长度
ref	当使用索引列进行等值查询时，与索引列进行等值匹配的对象信息
rows	预估的找到所需记录必须扫描的行数
filtered	某张表经过查询条件过滤后剩余记录数的百分比
Extra	一些额外信息

这里罗列出 EXPLAIN 语句的分析结果，只是为了描述一个轮廓，让大家有一个大致的印象。下面依然使用 7.7.1 节中的表 student_info 和 course 进行测试。

8.6.2　EXPLAIN 结果之 id

EXPLAIN 结果中可能出现多行数据，每行都包含一个 id 列。id 表示 SELECT 语句的序列号，由一组数字组成，表示执行 SELECT 子句或操作表的顺序。每个 id 表示一次独立的查询，一条 SQL 语句的查询次数越少越好。id 的分布情况大致有两种。

1．结果中 id 值都相同，加载表的顺序是由上至下

对于连接查询来说，一个 SELECT 关键字后面的 FROM 子句中可以跟随多张表。在连接查询的执行计划中，每张表都会对应一条记录，这些记录对应的 id 值都是相同的，对应的加载表的顺序是由上至下，比如下面这条 SQL 语句的执行计划。

```
mysql> EXPLAIN SELECT * FROM student_info INNER JOIN course\G;
*************************** 1. row ***************************
           id: 1
  select_type: SIMPLE
        table: course
   partitions: NULL
         type: ALL
possible_keys: NULL
          key: NULL
```

```
        key_len: NULL
            ref: NULL
           rows: 100
       filtered: 100.00
          Extra: NULL
*************************** 2. row ***************************
             id: 1
    select_type: SIMPLE
          table: student_info
     partitions: NULL
           type: ALL
  possible_keys: NULL
            key: NULL
        key_len: NULL
            ref: NULL
           rows: 5946479
       filtered: 100.00
          Extra: Using join buffer (hash join)
2 rows in set, 1 warning (0.01 sec)
```

在上述连接查询中，参与连接的表 student_info 和 course 分别对应一条记录，这两条记录对应的 id 值都是 1。一般而言，出现在前面的表被称为驱动表，出现在后面的表被称为被驱动表。从上述结果中可以看到，查询优化器以表 course 为驱动表、以表 student_info 为被驱动表来执行查询。

2. 结果中 id 值不同，值越大，优先级越高，对应的表越早被加载

对于包含子查询的 SQL 语句来说，可能涉及多个 SELECT 关键字，结果中既存在 id 值相同的情况，也存在 id 值不同的情况。在 id 值不同的情况下，值越大，对应的表越早被加载。例如，下面这条 SQL 语句的执行计划是：先执行 id=2 的记录，也就是先加载表 course；再执行 id 值相同的记录，此时由上至下加载表，那么先加载的是表<subquery2>（它的意思是将子查询的结果物化为临时表），后加载的是表 student_info。

```
mysql> EXPLAIN SELECT * FROM student_info WHERE course_id IN (SELECT course_id FROM course)
\G;
*************************** 1. row ***************************
             id: 1
    select_type: SIMPLE
          table: <subquery2>
     partitions: NULL
           type: ALL
  possible_keys: NULL
            key: NULL
        key_len: NULL
            ref: NULL
           rows: NULL
       filtered: 100.00
          Extra: NULL
*************************** 2. row ***************************
             id: 1
    select_type: SIMPLE
          table: student_info
     partitions: NULL
           type: ALL
```

```
possible_keys: NULL
          key: NULL
      key_len: NULL
          ref: NULL
         rows: 5946479
     filtered: 10.00
        Extra: Using where; Using join buffer (hash join)
*************************** 3. row ***************************
           id: 2
  select_type: MATERIALIZED
        table: course
   partitions: NULL
         type: ALL
possible_keys: NULL
          key: NULL
      key_len: NULL
          ref: NULL
         rows: 100
     filtered: 100.00
        Extra: NULL
3 rows in set, 1 warning (0.00 sec)
```

8.6.3 EXPLAIN 结果之 select_type

一条 SQL 语句可能涉及多个 SELECT 关键字，每个 SELECT 关键字都对应一个 select_type，即查询类型。下面来看一下可能出现的 select_type 值及其含义，如表 8-2 所示。

表 8-2 select_type 值及其含义

值	含 义
SIMPLE	简单查询
PRIMARY	最外层查询
UNION RESULT	UNION 查询结果
UNION	UNION 查询中的第二个查询及其后面的查询
SUBQUERY	子查询中的第一个查询
DEPENDENT SUBQUERY	子查询中的第一个查询，依赖外层查询的结果
DEPENDENT UNION	UNION 查询中的第二个查询及其后面的查询，依赖外层查询的结果
DERIVED	派生表
MATERIALIZED	物化子查询
UNCACHEABLE SUBQUERY	对于外层的主表，子查询不可被物化，每次都需要计算
UNCACHEABLE UNION	在 UNION 操作中，内层不可被物化的子查询

下面详细介绍这些值的含义。

1. SIMPLE

查询语句中不包含 UNION 或子查询的查询都算作简单（SIMPLE）类型，例如，下面这个单表查询对应的 select_type 值为 SIMPLE。

```
mysql> EXPLAIN SELECT * FROM student_info\G;
*************************** 1. row ***************************
           id: 1
  select_type: SIMPLE
        table: student_info
   partitions: NULL
```

```
        type: ALL
possible_keys: NULL
          key: NULL
      key_len: NULL
          ref: NULL
         rows: 5946479
     filtered: 100.00
        Extra: NULL
1 row in set, 1 warning (0.00 sec)
```

2. PRIMARY

对于包含 UNION、UNION ALL 或子查询的 SQL 语句来说，它是由几条小的 SQL 语句组成的，其中最外层查询被称为 PRIMARY（主要）查询。例如，在下面这个查询中，最外层查询对应的是执行计划中的第一条记录，它对应的 select_type 值为 PRIMARY。

```
mysql> EXPLAIN SELECT * FROM course UNION SELECT * FROM course\G;
*************************** 1. row ***************************
           id: 1
  select_type: PRIMARY
        table: course
   partitions: NULL
         type: ALL
possible_keys: NULL
          key: NULL
      key_len: NULL
          ref: NULL
         rows: 100
     filtered: 100.00
        Extra: NULL
*************************** 2. row ***************************
           id: 2
  select_type: UNION
        table: course
   partitions: NULL
         type: ALL
possible_keys: NULL
          key: NULL
      key_len: NULL
          ref: NULL
         rows: 100
     filtered: 100.00
        Extra: NULL
*************************** 3. row ***************************
           id: NULL
  select_type: UNION RESULT
        table: <union1,2>
   partitions: NULL
         type: ALL
possible_keys: NULL
          key: NULL
      key_len: NULL
          ref: NULL
```

```
          rows: NULL
      filtered: NULL
         Extra: Using temporary
3 rows in set, 1 warning (0.00 sec)
```

3. UNION RESULT

MySQL 选择使用临时表存储 UNION 结果，该临时表对应的 select_type 值为 UNION RESULT，可参考前面的案例。

4. UNION

对于包含 UNION 或 UNION ALL 的大查询来说，除了 PRIMARY 和 UNION RESULT 对应的记录，其他记录对应的 select_type 值都为 UNION，可以对比前面案例的效果，这里不再赘述。

5. SUBQUERY

优化器可能会对包含子查询的查询语句进行重写，从而将其转换为连接查询（半连接）。如果子查询的执行需要依赖外层查询的结果，则将这个子查询称为相关子查询。如果子查询可以单独执行出结果，而不依赖外层查询的结果，则将这个子查询称为不相关子查询。

如果包含子查询的查询语句不能被转换为连接查询，并且该子查询不是相关子查询，那么优化器在执行该查询时，该子查询的第一个 SELECT 关键字对应的那个查询的 select_type 值为 SUBQUERY。例如，在下面这个查询中，外层查询对应的 select_type 值为 PRIMARY，子查询对应的 select_type 值为 SUBQUERY。

```
mysql> EXPLAIN SELECT * FROM student_info  WHERE course_id IN (SELECT course_id FROM
course) OR course_id = '10056'\G;
*************************** 1. row ***************************
           id: 1
  select_type: PRIMARY
        table: student_info
   partitions: NULL
         type: ALL
possible_keys: NULL
          key: NULL
      key_len: NULL
          ref: NULL
         rows: 5946479
     filtered: 100.00
        Extra: Using where
*************************** 2. row ***************************
           id: 2
  select_type: SUBQUERY
        table: course
   partitions: NULL
         type: ALL
possible_keys: NULL
          key: NULL
      key_len: NULL
          ref: NULL
         rows: 100
     filtered: 100.00
        Extra: NULL
2 rows in set, 1 warning (0.00 sec)
```

6．DEPENDENT SUBQUERY 和 DEPENDENT UNION

在包含 UNION 或 UNION ALL 的大查询中，如果各个子查询都依赖外层查询的结果，那么，除第一个子查询外，其余子查询对应的 select_type 值都为 DEPENDENT UNION。例如，下面这个查询比较复杂，大查询里包含一个子查询，子查询里又包含由 UNION 连接起来的两个小查询。

```
mysql> EXPLAIN SELECT * FROM student_info WHERE id IN (SELECT id FROM course WHERE id =
'1' UNION SELECT id FROM student_info WHERE id = '2')\G;
*************************** 1. row ***************************
           id: 1
  select_type: PRIMARY
        table: student_info
   partitions: NULL
         type: ALL
possible_keys: NULL
          key: NULL
      key_len: NULL
          ref: NULL
         rows: 5946479
     filtered: 100.00
        Extra: Using where
*************************** 2. row ***************************
           id: 2
  select_type: DEPENDENT SUBQUERY
        table: course
   partitions: NULL
         type: const
possible_keys: PRIMARY
          key: PRIMARY
      key_len: 4
          ref: const
         rows: 1
     filtered: 100.00
        Extra: Using index
*************************** 3. row ***************************
           id: 3
  select_type: DEPENDENT UNION
        table: student_info
   partitions: NULL
         type: const
possible_keys: PRIMARY
          key: PRIMARY
      key_len: 4
          ref: const
         rows: 1
     filtered: 100.00
        Extra: Using index
*************************** 4. row ***************************
           id: NULL
  select_type: UNION RESULT
        table: <union2,3>
   partitions: NULL
         type: ALL
```

```
possible_keys: NULL
          key: NULL
      key_len: NULL
          ref: NULL
         rows: NULL
     filtered: NULL
        Extra: Using temporary
4 rows in set, 1 warning (0.00 sec)
```

从执行计划中可以看出，因为"SELECT id FROM course WHERE id = '1'"这个小查询是子查询中的第一个查询，所以它对应的 select_type 值为 DEPENDENT SUBQUERY，而"SELECT id FROM student_info WHERE id = '2'"这个小查询对应的 select_type 值为 DEPENDENT UNION。

7. DERIVED

派生表是用于存储子查询结果的临时表，这个子查询特指 FROM 子句后面的子查询，该子查询对应的 select_type 值为 DERIVED，比如下面这个查询。

```
mysql> EXPLAIN SELECT * FROM (SELECT id, COUNT(*) AS c FROM student_info GROUP BY id) AS
derived_test1 WHERE c > 1\G;
*************************** 1. row ***************************
           id: 1
  select_type: PRIMARY
        table: <derived2>
   partitions: NULL
         type: ALL
possible_keys: NULL
          key: NULL
      key_len: NULL
          ref: NULL
         rows: 5946479
     filtered: 100.00
        Extra: NULL
*************************** 2. row ***************************
           id: 2
  select_type: DERIVED
        table: student_info
   partitions: NULL
         type: index
possible_keys: PRIMARY,idx_stuid_name,idx_stuid_name_courseid
          key: PRIMARY
      key_len: 4
          ref: NULL
         rows: 5946479
     filtered: 100.00
        Extra: Using index
2 rows in set, 1 warning (0.00 sec)
```

从执行计划中可以看出，id 值为 2 的记录就代表子查询的执行方式，它对应的 select_type 值为 DERIVED。

8. MATERIALIZED

物化表也是用于存储子查询结果的临时表，这个子查询特指 WHERE 子句中查询条件里的子查询，该子查询对应的 select_type 值为 MATERIALIZED，比如下面这个查询。

```
mysql> EXPLAIN SELECT * FROM student_info  WHERE course_id IN (SELECT course_id FROM
course) \G;
*************************** 1. row ***************************
           id: 1
  select_type: SIMPLE
        table: <subquery2>
   partitions: NULL
         type: ALL
possible_keys: NULL
          key: NULL
      key_len: NULL
          ref: NULL
         rows: NULL
     filtered: 100.00
        Extra: NULL
*************************** 2. row ***************************
           id: 1
  select_type: SIMPLE
        table: student_info
   partitions: NULL
         type: ALL
possible_keys: NULL
          key: NULL
      key_len: NULL
          ref: NULL
         rows: 5946479
     filtered: 10.00
        Extra: Using where; Using join buffer (hash join)
*************************** 3. row ***************************
           id: 2
  select_type: MATERIALIZED
        table: course
   partitions: NULL
         type: ALL
possible_keys: NULL
          key: NULL
      key_len: NULL
          ref: NULL
         rows: 100
     filtered: 100.00
        Extra: NULL
3 rows in set, 1 warning (0.00 sec)
```

从执行计划中可以看出,第三条记录对应的 id 值为 2,说明该记录对应的是一个单表查询,由它对应的 select_type 值为 MATERIALIZED 可知,优化器要把子查询先转换为物化表;前两条记录对应的 id 值都为 1,说明将对这两条记录对应的表进行连接查询。需要注意的是,第一条记录对应的 table 值是 <subquery2>,说明该表其实就是 id 值为 2 的记录对应的子查询执行以后产生的物化表,将表 student_info 和该物化表进行连接查询。

9. UNCACHEABLE SUBQUERY 和 UNCACHEABLE UNION

这两个值不常见,此处不再赘述。

8.6.4　EXPLAIN 结果之 table

EXPLAIN 结果中的 table 列代表被访问表的表名。来看一条比较简单的查询语句，如下所示。因为这条查询语句只涉及对表 student_info 的单表查询，所以 EXPLAIN 语句的分析结果中只有一条记录，其中 table 值为 student_info，表明这条记录用来说明对表 student_info 的单表访问方法。

```
mysql> EXPLAIN SELECT * FROM student_info\G;
*************************** 1. row ***************************
           id: 1
  select_type: SIMPLE
        table: student_info
   partitions: NULL
         type: ALL
possible_keys: NULL
          key: NULL
      key_len: NULL
          ref: NULL
         rows: 5946479
     filtered: 100.00
        Extra: NULL
1 row in set, 1 warning (0.00 sec)
```

8.6.5　EXPLAIN 结果之 partitions

EXPLAIN 结果中的 partitions 列代表查询所涉及的分区表，对于非分区表，partitions 值为 NULL。在一般情况下，查询语句的执行计划中 partitions 值都为 NULL。

创建分区表，按照 id 分区，id<100 为 p0 分区，其他为 p1 分区，建表语句如下所示。

```
#创建分区表
mysql> CREATE TABLE `user_partitions` (
    `id` INT AUTO_INCREMENT,
    `name` VARCHAR(12),PRIMARY KEY(`id`))
    PARTITION BY RANGE(`id`)(
        PARTITION p0 VALUES less than(100),
        PARTITION p1 VALUES less than MAXVALUE
);
```

查询 id>200（200>100，属于 p1 分区）的记录，执行计划如下所示，其中 partitions 值为 p1，符合分区规则。

```
mysql> EXPLAIN SELECT * FROM user_partitions WHERE id>200\G;
*************************** 1. row ***************************
           id: 1
  select_type: SIMPLE
        table: user_partitions
   partitions: p1
         type: range
possible_keys: PRIMARY
          key: PRIMARY
      key_len: 4
          ref: NULL
         rows: 1
     filtered: 100.00
```

```
        Extra: Using where
1 row in set, 1 warning (0.00 sec)
```

8.6.6　EXPLAIN 结果之 type

执行计划中的一条记录代表 MySQL 对某张表执行查询时的访问方法，又称访问类型，其中的 type 列就表示访问方法，这是执行计划中较为重要的一个指标。例如，type 值为 ref，表明 MySQL 将使用 ref 访问方法来执行对表的查询。

访问方法包括 system、const、eq_ref、ref、fulltext、ref_or_null、index_merge、unique_subquery、index_subquery、range、index、ALL。下面详细解释它们的含义。

1．system

虽然表中只有一条记录，但是因为在 InnoDB 存储引擎下，MySQL 对表中记录数的统计值是不准确的，所以优化器不能确定表中只有一条记录，此时并不能得到访问方法为 system 的结果。当使用 MyISAM 或 MEMORY 存储引擎时，对该表的访问方法就是 system。例如，新建一张 MyISAM 存储引擎类型的表，并向其中插入一条记录，如下所示。

```
mysql> CREATE TABLE `test3`(i INT) ENGINE=MyISAM;
Query OK, 0 rows affected (0.05 sec)

mysql> INSERT INTO test3 VALUES(1);
Query OK, 1 row affected (0.01 sec)
```

查询这张表的执行计划如下所示。

```
mysql> EXPLAIN SELECT * FROM test3\G;
*************************** 1. row ***************************
           id: 1
  select_type: SIMPLE
        table: test3
   partitions: NULL
         type: system
possible_keys: NULL
          key: NULL
      key_len: NULL
          ref: NULL
         rows: 1
     filtered: 100.00
        Extra: NULL
1 row in set, 1 warning (0.01 sec)
```

可以看到，type 值为 system。各位读者也可以把存储引擎改为 InnoDB，试试看执行计划中的 type 值是什么，结果是 ALL。

2．const

当根据条件匹配数据时，表中最多只有一条记录匹配，查询的结果集可以被优化器当作一个常量。由于主键索引或唯一索引可以唯一地确定一条记录，因此，当根据主键或唯一索引列与常量进行等值匹配时，对单表的访问方法就是 const，比如下面这个查询。

```
mysql> EXPLAIN SELECT * FROM student_info WHERE id = 1\G;
*************************** 1. row ***************************
           id: 1
  select_type: SIMPLE
        table: student_info
```

```
       partitions: NULL
             type: const
    possible_keys: PRIMARY
              key: PRIMARY
          key_len: 4
              ref: const
             rows: 1
         filtered: 100.00
            Extra: NULL
1 row in set, 1 warning (0.00 sec)
```

3. eq_ref

在进行连接查询时，如果对被驱动表是通过主键索引或唯一非空索引等值匹配的方式进行访问的，则对该被驱动表的访问方法就是 eq_ref，比如下面这个查询。

```
mysql> EXPLAIN SELECT * FROM student_info INNER JOIN course ON student_info.id =
course.id\G;
*************************** 1. row ***************************
               id: 1
      select_type: SIMPLE
            table: course
       partitions: NULL
             type: ALL
    possible_keys: PRIMARY
              key: NULL
          key_len: NULL
              ref: NULL
             rows: 100
         filtered: 100.00
            Extra: NULL
*************************** 2. row ***************************
               id: 1
      select_type: SIMPLE
            table: student_info
       partitions: NULL
             type: eq_ref
    possible_keys: PRIMARY
              key: PRIMARY
          key_len: 4
              ref: chapter7.course.id
             rows: 1
         filtered: 100.00
            Extra: NULL
2 rows in set, 1 warning (0.00 sec)
```

4. ref

当通过非聚簇索引列与常量进行等值匹配来查询某张表时，对该表的访问方法可能就是 ref，比如下面这个查询。

```
mysql> EXPLAIN SELECT * FROM student_info WHERE name = 'JynWRt' \G;
*************************** 1. row ***************************
               id: 1
```

```
 select_type: SIMPLE
        table: student_info
   partitions: NULL
         type: ref
possible_keys: idx_name
          key: idx_name
      key_len: 63
          ref: const
         rows: 1
     filtered: 100.00
        Extra: NULL
1 row in set, 1 warning (0.01 sec)
```

5. fulltext

前面已经详细介绍了全文索引，这里不再赘述。

6. ref_or_null

当通过非聚簇索引列与常量进行等值匹配来查询某张表时，如果增加索引字段为空的条件，对该表的访问方法可能就是 ref_or_null，比如下面这个查询。

```
mysql> EXPLAIN SELECT * FROM student_info WHERE name = 'JynWRt' OR name IS NULL\G;
*************************** 1. row ***************************
           id: 1
  select_type: SIMPLE
        table: student_info
   partitions: NULL
         type: ref_or_null
possible_keys: idx_name
          key: idx_name
      key_len: 63
          ref: const
         rows: 2
     filtered: 100.00
        Extra: Using index condition
1 row in set, 1 warning (0.00 sec)
```

7. index_merge

在一般情况下，对某张表的查询只能用到一个索引，而 MySQL 将会使用多个索引来完成一次查询，这种查询方法被称为索引合并。由下述执行计划中 type 值为 index_merge 可以看出，MySQL 计划使用索引合并的方式来执行对表 student_info 的查询。

```
mysql> EXPLAIN SELECT * FROM student_info WHERE name = 'JynWRt' OR student_id = 2\G;
*************************** 1. row ***************************
           id: 1
  select_type: SIMPLE
        table: student_info
   partitions: NULL
         type: index_merge
possible_keys: idx_name,idx_stuid_name
          key: idx_name,idx_stuid_name
      key_len: 63,4
          ref: NULL
         rows: 10
```

```
filtered: 100.00
    Extra: Using sort_union(idx_name,idx_stuid_name); Using where
1 row in set, 1 warning (0.00 sec)
```

8. unique_subquery

unique_subquery 访问方法用于在一些包含 IN 关键字的子查询语句中代替 eq_ref 访问方法。如果优化器决定将 IN 子查询转换为 EXISTS 子查询，而且子查询可以使用主键进行等值匹配，那么该子查询的执行计划中 type 值为 unique_subquery。比如下面这个查询，可以看到执行计划中第二条记录对应的 type 值为 unique_subquery，说明在执行子查询时会用到 id 列的索引。

```
mysql> EXPLAIN SELECT * FROM student_info WHERE id IN (SELECT id FROM student_info) OR
name = 'JynWRt'\G;
*************************** 1. row ***************************
           id: 1
  select_type: PRIMARY
        table: student_info
   partitions: NULL
         type: ALL
possible_keys: idx_name
          key: NULL
      key_len: NULL
          ref: NULL
         rows: 5946479
     filtered: 100.00
        Extra: Using where
*************************** 2. row ***************************
           id: 2
  select_type: DEPENDENT SUBQUERY
        table: student_info
   partitions: NULL
         type: unique_subquery
possible_keys: PRIMARY
          key: PRIMARY
      key_len: 4
          ref: func
         rows: 1
     filtered: 100.00
        Extra: Using index
2 rows in set, 1 warning (0.00 sec)
```

9. index_subquery

index_subquery 访问方法与 unique_subquery 访问方法类似，只不过访问子查询中的表时使用的是普通索引。

10. range

如果使用索引获取某个范围内的记录，就可能用到 range 访问方法，比如下面这个查询。

```
mysql> EXPLAIN SELECT * FROM student_info WHERE name IN ('a', 'b', 'c')\G;
*************************** 1. row ***************************
           id: 1
  select_type: SIMPLE
        table: student_info
```

```
       partitions: NULL
             type: range
    possible_keys: idx_name
              key: idx_name
          key_len: 63
              ref: NULL
             rows: 3
         filtered: 100.00
            Extra: Using index condition
1 row in set, 1 warning (0.01 sec)
```

11. index

index 访问方法和后面要介绍的 ALL 访问方法差不多，都表示全表扫描，不过 index 访问方法分为两种情况。

（1）如果是覆盖索引（参见 9.7.2 节），则只扫描整棵索引树，这种情况要比 ALL 类型的全表扫描速度快。

（2）按索引顺序扫描全表，几乎和 ALL 类型的全表扫描没有区别，但是此时在 Extra 列中不会出现 Using index 字样。

比如下面这个查询，此时表中已经创建了索引 idx_stuid_name_courseid(student_id,name,course_id)。由于检索列表中只有一个 name 列，因此可以使用覆盖索引，此时需要扫描整棵索引树，执行计划中的 type 值为 index。

```
mysql> EXPLAIN SELECT name FROM student_info WHERE course_id = 100\G;
*************************** 1. row ***************************
               id: 1
      select_type: SIMPLE
            table: student_info
       partitions: NULL
             type: index
    possible_keys: idx_stuid_name_courseid
              key: idx_stuid_name_courseid
          key_len: 71
              ref: NULL
             rows: 5946479
         filtered: 10.00
            Extra: Using where; Using index
1 row in set, 2 warnings (0.01 sec)
```

12. ALL

ALL 表示全表扫描，这里不再赘述。

一般来说，在这些访问方法中，除了 ALL 访问方法，其余访问方法都能用到索引；除了 index_merge 访问方法，其余访问方法最多能用到一个索引。

访问方法的级别从高到低为 system>const>eq_ref>ref>fulltext>ref_or_null>index_merge>unique_subquery>index_subquery>range>index>ALL，其中比较重要的访问方法是 system、const、eq_ref、ref、range、index 和 ALL。SQL 性能优化的目标是至少达到 range 级别，要求达到 ref 级别，最好达到 const 级别。

8.6.7　EXPLAIN 结果之 possible_keys 和 key

EXPLAIN 结果中的 possible_keys 列表示在某条查询语句中可能用到的索引。如果在查询的列上存在索引，则该索引将被列出，但不一定会被使用。

EXPLAIN 结果中的 key 列表示实际使用的索引。如果 key 值为 NULL，则表示没有使用索引，此时需要考虑是否优化该查询语句。

比如下面这个查询。

```
mysql> EXPLAIN SELECT * FROM student_info WHERE student_id=1\G;
*************************** 1. row ***************************
           id: 1
  select_type: SIMPLE
        table: student_info
   partitions: NULL
         type: ref
possible_keys: idx_stuid_name,idx_stuid_name_courseid
          key: idx_stuid_name
      key_len: 4
          ref: const
         rows: 8
     filtered: 100.00
        Extra: NULL
1 row in set, 1 warning (0.00 sec)
```

在上述执行计划中，possible_keys 值为 idx_stuid_name 和 idx_stuid_name_courseid，表示该查询可能用到 idx_stuid_name 和 idx_stuid_name_courseid 两个索引；key 值为 idx_stuid_name，表示经过优化器优化后，决定使用 idx_stuid_name 索引来执行查询。

需要注意的是，possible_keys 值并不是越多越好。因为可能用到的索引越多，优化器计算查询成本时需要花费的时间越长，所以应尽量删除那些用不到的索引。

8.6.8 EXPLAIN 结果之 key_len

key_len 列表示实际使用的索引长度。如果 key 列为空，则 key_len 列也为空。在使用联合索引的时候，可以通过 key_len 值判断该索引有多少被使用。

实际使用的索引长度的计算方式与索引列的类型有关。如果该索引列可以存储 NULL 值，则 key_len 列比不可以存储 NULL 值时多 1 字节。

对于使用固定长度类型的索引列来说，它实际占用的存储空间的最大长度就是该固定值。例如，如果主键类型为 INT，该类型占用 4 字节，而且主键非空，那么 key_len 值为 4；如果非聚簇索引类型为 INT，且索引列可以为空，那么 key_len 值为 4+1=5。

对于变长字段来说，都会有 2 字节的空间来存储该变长列的实际长度。例如，索引列的类型为 VARCHAR(10)且非空，如果字符集为 utf8，则 key_len 值为 10×3+2=32；如果字符集为 utf8mb4，则 key_len 值为 10×4+2=42。比如下面这个查询。

```
mysql> EXPLAIN SELECT * FROM student_info WHERE student_id = 10005\G;
*************************** 1. row ***************************
           id: 1
  select_type: SIMPLE
        table: student_info
   partitions: NULL
         type: ref
possible_keys: idx_stuid_name,idx_stuid_name_courseid
          key: idx_stuid_name
      key_len: 4
          ref: const
         rows: 13
```

```
        filtered: 100.00
           Extra: NULL
1 row in set, 1 warning (0.00 sec)
```

由于 student_id 列的类型是 INT，并且不可以存储 NULL 值，因此，在使用该索引列时，key_len 值为4，表示仅仅使用了索引的一部分。

注意，存储变长字段的实际长度可能占用 1 字节或 2 字节，但这里都使用了 2 字节，为什么呢？执行计划的生成是在 MySQL 服务层中的功能，并不是针对具体某个存储引擎的功能。执行计划中的 key_len 列主要是为了区分某个使用联合索引的查询具体使用了几个索引列，而不是为了准确地说明针对某个具体存储引擎存储变长字段的实际长度到底占用 1 字节还是 2 字节。实际使用的索引长度的计算分为 4 种情况。

（1）变长字段且允许 NULL。

```
varchar(10) = 10 * ( character set: utf8=3,gbk=2,latin1=1)+1(NULL)+2(变长字段)
```

（2）变长字段且不允许 NULL。

```
varchar(10) = 10 * ( character set: utf8=3,gbk=2,latin1=1)+2(变长字段)
```

（3）固定字段且允许 NULL。

```
char(10)= 10 * ( character set: utf8=3,gbk=2,latin1=1)+1(NULL)
```

（4）固定字段且不允许 NULL。

```
char(10) = 10 * ( character set: utf8=3,gbk=2,latin1=1)
```

8.6.9　EXPLAIN 结果之 ref

当使用索引列等值匹配的条件执行查询时，也就是当 type 值为 const、eq_ref、ref、ref_or_null、unique_subquery、index_subquery 其中之一时，ref 列展示的就是与索引列进行等值匹配的对象信息，比如一个常量、某个列或一个函数。在下面这个查询的执行计划中，ref 值为 const，表示在使用主键索引执行查询时，与 id 列进行等值匹配的对象是一个常量。

```
mysql> EXPLAIN SELECT * FROM student_info WHERE id = 100\G;
*************************** 1. row ***************************
           id: 1
  select_type: SIMPLE
        table: student_info
   partitions: NULL
         type: const
possible_keys: PRIMARY
          key: PRIMARY
      key_len: 4
          ref: const
         rows: 1
     filtered: 100.00
        Extra: NULL
1 row in set, 1 warning (0.00 sec)
```

在下面这个查询的执行计划中，ref 值为 chapter7.student_info.course_id，表示具体的字段名称。

```
mysql> EXPLAIN SELECT * FROM student_info INNER JOIN course ON course.id =
student_info.course_id\G
*************************** 1. row ***************************
           id: 1
  select_type: SIMPLE
        table: student_info
   partitions: NULL
         type: ALL
possible_keys: NULL
```

```
             key: NULL
         key_len: NULL
             ref: NULL
            rows: 4578288
        filtered: 100.00
           Extra: NULL
*************************** 2. row ***************************
              id: 1
     select_type: SIMPLE
           table: course
      partitions: NULL
            type: eq_ref
   possible_keys: PRIMARY
             key: PRIMARY
         key_len: 4
             ref: chapter7.student_info.course_id
            rows: 1
        filtered: 100.00
           Extra: NULL
2 rows in set, 1 warning (0.00 sec)
```

有时候与索引列进行等值匹配的对象是一个函数，比如下面这个查询。

```
mysql> EXPLAIN SELECT * FROM student_info INNER JOIN course ON course.id =
UPPER(student_info.course_id)\G;
*************************** 1. row ***************************
              id: 1
     select_type: SIMPLE
           table: student_info
      partitions: NULL
            type: ALL
   possible_keys: NULL
             key: NULL
         key_len: NULL
             ref: NULL
            rows: 4578288
        filtered: 100.00
           Extra: NULL
*************************** 2. row ***************************
              id: 1
     select_type: SIMPLE
           table: course
      partitions: NULL
            type: eq_ref
   possible_keys: PRIMARY
             key: PRIMARY
         key_len: 4
             ref: func
            rows: 1
        filtered: 100.00
           Extra: Using where
2 rows in set, 1 warning (0.00 sec)
```

从执行计划的第二条记录中可以看到，对表 course 采用 eq_ref 访问方法执行查询，ref 值为 func，表示与表 course 中的 id 列进行等值匹配的对象是一个函数。

8.6.10　EXPLAIN 结果之 rows

rows 列表示 MySQL 根据表统计信息及索引选用情况，预估找到所需记录必须扫描的行数，扫描的行数越少越好。如果使用全表扫描，rows 列就代表该表的预估行数；如果使用索引扫描，rows 列就代表预估扫描的索引记录数。

在下面这个查询的执行计划中，rows 值为 13，这意味着优化器经过分析，发现满足 student_id=10005 这个条件的记录只有 13 条。

```
mysql> EXPLAIN SELECT * FROM student_info WHERE student_id = 10005\G;
*************************** 1. row ***************************
           id: 1
  select_type: SIMPLE
        table: student_info
   partitions: NULL
         type: ref
possible_keys: idx_stuid_name,idx_stuid_name_courseid
          key: idx_stuid_name
      key_len: 4
          ref: const
         rows: 13
     filtered: 100.00
        Extra: NULL
1 row in set, 1 warning (0.00 sec)
```

8.6.11　EXPLAIN 结果之 filtered

filtered 列表示通过查询条件获取的最终记录数占通过 type 列指明的访问方法检索出来的记录数的百分比，注意是百分比，而不是具体记录数。比如下面这个查询。

```
mysql> EXPLAIN SELECT * FROM student_info WHERE student_id > 11111 AND class_id = 10174\G;
*************************** 1. row ***************************
           id: 1
  select_type: SIMPLE
        table: student_info
   partitions: NULL
         type: ALL
possible_keys: NULL
          key: NULL
      key_len: NULL
          ref: NULL
         rows: 4578288
     filtered: 3.33
        Extra: Using where
1 row in set, 1 warning (0.00 sec)
```

从执行计划的 key 列中可以看出没有使用索引执行查询，从 rows 列中可以看出全表扫描的记录有 4 578 288 条。filtered 列代表优化器预测在这 4 578 288 条记录中有多少记录满足当前的查询条件，也就是满足 student_id > 11111 和 class_id=10174 这两个查询条件的记录百分比。此处 filtered 值为 3.33，表示优化器预测在这 4 578 288 条记录中有 3.33% 的记录满足当前的查询条件。

如果使用索引执行查询呢？比如下面这个查询，可以看到 type 值为 range，表示使用了索引。此时 rows 列表示满足查询条件 id<11111 的扫描记录数为 21 140 条，filtered 列表示满足查询条件 class_id=10174 的扫描记录数占总记录数（21 140 条）的百分比为 10.00%，即优化器预测在这 21 140 条记录中有 10.00% 的记录满足当前的查询条件。

```
mysql> EXPLAIN SELECT * FROM student_info WHERE id < 11111 AND class_id = 10174\G;
*************************** 1. row ***************************
           id: 1
  select_type: SIMPLE
        table: student_info
   partitions: NULL
         type: range
possible_keys: PRIMARY
          key: PRIMARY
      key_len: 4
          ref: NULL
         rows: 21140
     filtered: 10.00
        Extra: Using where
1 row in set, 1 warning (0.00 sec)
```

8.6.12　EXPLAIN 结果之 Extra

Extra 列是用来说明一些额外信息的，包括不适合在其他列中显示但十分重要的额外信息。MySQL 提供的额外信息项有很多，这里只介绍几条比较重要的额外信息。

1. Using where

Extra 值为 Using where 表示 MySQL 将在服务层对存储引擎提取的结果进行过滤，比如下面这个查询。

```
mysql> EXPLAIN SELECT * FROM student_info WHERE name = 'JynWRt' AND class_id = 10174\G;
*************************** 1. row ***************************
           id: 1
  select_type: SIMPLE
        table: student_info
   partitions: NULL
         type: ALL
possible_keys: NULL
          key: NULL
      key_len: NULL
          ref: NULL
         rows: 5946479
     filtered: 1.00
        Extra: Using where
1 row in set, 2 warnings (0.00 sec)
```

2. Using index

Extra 值为 Using index 表示查询时不需要回表，通过索引就可以直接获取查询的数据。也就是说，SQL 语句可以使用覆盖索引。

3. Using index condition

Extra 值为 Using index condition 表示使用了索引下推（Index Condition Pushdown，ICP）。ICP 是从 MySQL 5.6 开始引入的一个特性，它通过减少回表次数来提高数据库的查询效率，详细讲解参见 9.6 节。

4. Using filesort

Extra 值为 Using filesort 表示需要对所有记录进行文件排序（filesort），这类 SQL 语句往往是需要优化的。在一个没有创建索引的列上执行 ORDER BY 操作，只能在内存中（记录较少的时候）或在磁盘中（记录较多的时候）进行排序，此时就会触发 filesort。可以考虑在执行 ORDER BY 操作的列上创建索引，避免每次查询都进行全量排序，比如下面这个查询。

```
mysql> EXPLAIN SELECT * FROM student_info ORDER BY class_id LIMIT 10\G;
*************************** 1. row ***************************
           id: 1
  select_type: SIMPLE
        table: student_info
   partitions: NULL
         type: ALL
possible_keys: NULL
          key: NULL
      key_len: NULL
          ref: NULL
         rows: 5946479
     filtered: 100.00
        Extra: Using filesort
1 row in set, 1 warning (0.00 sec)
```

5. Using temporary

在许多查询的执行过程中，MySQL 可能会借助临时表来完成一些功能。一般地，此类情况会发生在包含 GROUP BY、ORDER BY 等子查询的查询语句中。如果不能有效地利用索引来完成查询，那么MySQL 很有可能会通过建立内部的临时表来执行查询。如果查询中使用了内部的临时表，那么在执行计划的 Extra 列中将会显示 Using temporary 提示，比如下面这个查询。这类 SQL 语句的性能较差，因为建立与维护临时表需要付出很高的成本，所以最好使用索引代替临时表。

```
mysql> EXPLAIN SELECT DISTINCT class_id FROM student_info\G;
*************************** 1. row ***************************
           id: 1
  select_type: SIMPLE
        table: student_info
   partitions: NULL
         type: ALL
possible_keys: NULL
          key: NULL
      key_len: NULL
          ref: NULL
         rows: 5946479
     filtered: 100.00
        Extra: Using temporary
1 row in set, 1 warning (0.00 sec)
```

8.6.13 JSON 格式的执行计划

在 EXPLAIN 和查询语句中间加上 FORMAT=JSON，可以输出 JSON 格式的执行计划。普通的EXPLAIN 列与 JSON 名称的对应关系如表 8-3 所示。

表 8-3　普通的 EXPLAIN 列与 JSON 名称的对应关系

列（Column）	JSON 名称（JSON Name）
id	select_id
select_type	none
table	table_name
partitions	partitions
type	access_type
possible_keys	possible_keys
key	key
key_len	key_length
ref	ref
rows	rows
filtered	filtered
Extra	None

在下述查询语句的执行计划中，有一项 cost_info 是在普通的执行计划中看不到的，该项内容就是 8.3 节中讲解的查询成本。

```
mysql> EXPLAIN FORMAT=JSON SELECT id,student_id,class_id,name FROM student_info WHERE
student_id = 30703 \G;
*************************** 1. row ***************************
EXPLAIN: {
  "query_block": {
    "select_id": 1,
    "cost_info": {
      "query_cost": "468918.95"
    },
    "table": {
      "table_name": "student_info",
      "access_type": "ALL",
      "rows_examined_per_scan": 4578288,
      "rows_produced_per_join": 457828,
      "filtered": "10.00",
      "cost_info": {
        "read_cost": "423136.07",
        "eval_cost": "45782.88",
        "prefix_cost": "468918.95",
        "data_read_per_join": "38M"
      },
      "used_columns": [
        "id",
        "student_id",
        "name",
        "class_id"
      ],
      "attached_condition": "(`chapter7`.`student_info`.`student_id` = 30703)"
    }
  }
}
1 row in set, 1 warning (0.00 sec)
```

8.6.14 执行计划的扩展信息

虽然在 EXPLAIN 语句的分析结果中没有展示扩展信息，但是我们可以通过 SHOW WARNINGS 语句查看执行计划的扩展信息。在 MySQL 8.0.12 以前的版本中，执行计划的扩展信息仅适用于 SELECT 语句；从 MySQL 8.0.12 开始，执行计划的扩展信息适用于 SELECT、DELETE、INSERT、REPLACE 和 UPDATE 语句。

先执行一条 EXPLAIN 语句，如下所示。

```
mysql> EXPLAIN SELECT DISTINCT class_id FROM student_info\G;
*************************** 1. row ***************************
           id: 1
  select_type: SIMPLE
        table: student_info
   partitions: NULL
         type: ALL
possible_keys: NULL
          key: NULL
      key_len: NULL
          ref: NULL
         rows: 5946479
     filtered: 100.00
        Extra: Using temporary
1 row in set, 1 warning (0.00 sec)
```

再执行 SHOW WARNINGS 语句，如下所示。注意，Message 列展示的信息类似于优化器将查询语句重写后的语句，但是这些信息并不完全和标准的查询语句相同，只能作为帮助理解 MySQL 如何执行查询语句的参考依据。

```
mysql> SHOW WARNINGS ;
+-------+------+------------------------------------------------+
| Level | Code | Message                                        |
+-------+------+------------------------------------------------+
| Note  | 1003 | /* select#1 */ select distinct `chapter7`.     |
|                  `student_info`.`class_id` AS `class_id`      |
|                    from `chapter7`.`student_info`             |
+-------+------+------------------------------------------------+
```

8.7 小结

查询是数据库中十分频繁的操作，提高查询效率可以有效地提升 MySQL 数据库的性能。通过对查询语句进行分析，可以了解查询语句的执行情况，找出查询语句的执行瓶颈，从而优化查询语句。

本章主要介绍了常用的性能分析工具，例如，可以先通过慢查询日志定位到执行时间长的 SQL 语句，然后使用 EXPLAIN 语句分析该 SQL 语句是否使用了索引，以及具体的数据表访问方法；也可以使用 SHOW PROFILE 语句进一步了解最近一次 SQL 语句的查询成本，以及 CPU、BLOCK I/O 等资源的开销信息。

第9章

索引优化

我们通常把 SQL 优化分为两部分，分别是逻辑查询优化和物理查询优化。逻辑查询优化就是通过 SQL 等价变换提高查询效率，也就是说，换一种查询写法，查询效率可能更高。物理查询优化则是通过索引和表连接方式等技术进行优化。本章将重点讲解与索引相关的优化。

9.1 数据准备

为了更好地讲解本章内容，下面我们准备一部分数据。首先创建数据库 chapter9，并在其中创建班级表（class）和学生表（student），如下所示。

```
#创建数据库 chapter9
mysql> CREATE DATABASE chapter9;
#创建班级表
mysql> CREATE TABLE `class` (
`id` INT(11) NOT NULL AUTO_INCREMENT,
`className` VARCHAR(30) DEFAULT NULL,
`address` VARCHAR(40) DEFAULT NULL,
`monitor` INT NULL,
PRIMARY KEY (`id`)
) ENGINE=InnoDB AUTO_INCREMENT=1 DEFAULT CHARSET=utf8;
#创建学生表
mysql> CREATE TABLE `student` (
`id` INT(11) NOT NULL AUTO_INCREMENT,
`stuno` INT NOT NULL,
`name` VARCHAR(20) DEFAULT NULL,
`age` INT(3) DEFAULT NULL,
`classId` INT(11) DEFAULT NULL,
PRIMARY KEY (`id`)
) ENGINE=InnoDB AUTO_INCREMENT=1 DEFAULT CHARSET=utf8;
```

然后创建两个函数，分别用来随机产生字符串和班级编号。

（1）创建随机产生字符串函数 rand_string(n INT)，如下所示。

```
mysql> DELIMITER $$
CREATE FUNCTION rand_string(n INT) RETURNS VARCHAR(255)
BEGIN
DECLARE chars_str VARCHAR(100) DEFAULT
'abcdefghijklmnopqrstuvwxyzABCDEFJHIJKLMNOPQRSTUVWXYZ';
DECLARE return_str VARCHAR(255) DEFAULT '';
DECLARE i INT DEFAULT 0;
WHILE i < n DO
```

```
SET return_str =CONCAT(return_str,SUBSTRING(chars_str,FLOOR(1+RAND()*52),1));
SET i = i + 1;
END WHILE;
RETURN return_str;
END $$
DELIMITER ;
```

（2）创建随机产生班级编号函数 rand_num(from_num INT,to_num INT)，如下所示。

```
mysql> DELIMITER $$
CREATE FUNCTION rand_num(from_num INT,to_num INT) RETURNS INT(11)
BEGIN
DECLARE i INT DEFAULT 0;
SET i = FLOOR(from_num +RAND()*(to_num - from_num+1))    ;
RETURN i;
END$$
DELIMITER ;
```

接着创建两个存储过程，其中一个用于向学生表中插入数据，如下所示。

```
mysql> DELIMITER $$
CREATE PROCEDURE  insert_stu(START INT,max_num INT)
BEGIN
DECLARE i INT DEFAULT 0;
 SET autocommit = 0;     #设置手动提交事务
 REPEAT                  #循环
 SET i = i + 1;          #赋值
 INSERT INTO student (stuno,name,age,classId)
VALUES ((START+i),rand_string(6),rand_num(15,30),rand_num(1,10000));
 UNTIL i = max_num
 END REPEAT;
 COMMIT;                 #提交事务
END$$
DELIMITER ;
```

另一个用于向班级表中插入数据，如下所示。

```
mysql> DELIMITER $$
CREATE PROCEDURE insert_class(max_num INT)
BEGIN
DECLARE i INT DEFAULT 0;
 SET autocommit = 0;
 REPEAT
 SET i = i + 1;
 INSERT INTO class ( classname,address,monitor )
VALUES (rand_string(8),rand_string(10),rand_num(1,500000));
 UNTIL i = max_num
 END REPEAT;
 COMMIT;
END$$
DELIMITER ;
```

最后调用存储过程。

（1）调用存储过程 insert_class，向班级表中插入 1 万条数据，如下所示。

```
mysql> CALL insert_class(10000);
```

（2）调用存储过程 insert_stu，向学生表中插入 50 万条数据，如下所示。

```
mysql> CALL insert_stu(1,500000);
```

9.2 索引优化原则

本节中经常出现带有 SQL_NO_CACHE 关键字的 SQL 语句，它的作用是禁用查询缓存。在 MySQL 8.0 中已经舍弃了查询缓存功能，加上 SQL_NO_CACHE 关键字是为了让大家在其他数据库版本中进行测试的时候出现一样的效果。

9.2.1 全值匹配法则

全值匹配是指在 MySQL 中查询条件的顺序和数量与联合索引中列的顺序和数量相同。在创建索引前执行如下 SQL 语句，执行时间是 3.28 秒，可以看到，查询效率并不高。当前查询是全表扫描，因为没有索引。

```
mysql> SELECT SQL_NO_CACHE * FROM student WHERE age=25 AND classId=4 AND name = 'yfgmTI';
+----+-------+--------+------+---------+
| id | stuno | name   | age  | classId |
+----+-------+--------+------+---------+
| 1  |     2 | yfgmTI |   25 |       4 |
+----+-------+--------+------+---------+
1 row in set, 1 warning (3.28 sec)
```

下面在 age 列上创建索引，如下所示。

```
mysql> CREATE INDEX idx_age ON student(age);
```

再次执行 SQL 语句，如下所示。

```
mysql> SELECT SQL_NO_CACHE * FROM student WHERE age=25 AND classId=4 AND name = 'yfgmTI';
+----+-------+--------+------+---------+
| id | stuno | name   | age  | classId |
+----+-------+--------+------+---------+
| 1  |     2 | yfgmTI |   25 |       4 |
+----+-------+--------+------+---------+
1 row in set, 1 warning (0.91 sec)
```

可以看到，创建单列索引后的执行时间是 0.91 秒，极大地提高了查询效率。

下面根据过滤条件，创建 age、classId 和 name 列的联合索引，如下所示。

```
CREATE INDEX idx_age_classId_name ON student(age,classId,name);
```

再次执行 SQL 语句，如下所示。

```
mysql> SELECT SQL_NO_CACHE * FROM student WHERE age=25 AND classId=4 AND name = 'yfgmTI';
+----+-------+--------+------+---------+
| id | stuno | name   | age  | classId |
+----+-------+--------+------+---------+
| 1  |     2 | yfgmTI |   25 |       4 |
+----+-------+--------+------+---------+
1 row in set, 1 warning (0.01 sec)
```

可以看到，创建联合索引后，符合全值匹配要求的执行时间是 0.01 秒，查询效率再次提高。

从上面的测试结果中可以得知，当符合全值匹配要求的时候，查询效率最高。

9.2.2 最左前缀法则

在 MySQL 中创建联合索引时会遵循最左前缀法则，即在检索数据时从联合索引的最左边开始匹配，并且不跳过索引中的列。

例如，查询 age 为 30 且 name 为 "abcd" 的学生信息，执行计划如下所示。前面的索引顺序是 age→classId→name，此处的查询条件是 age 和 name，没有 classId。

```
mysql> EXPLAIN SELECT SQL_NO_CACHE * FROM student WHERE age=30 AND name = 'abcd'\G;
*************************** 1. row ***************************
```

```
            id: 1
   select_type: SIMPLE
         table: student
    partitions: NULL
          type: ref
 possible_keys: idx_age_classId_name
           key: idx_age_classId_name
       key_len: 5
           ref: const
          rows: 62998
      filtered: 10.00
         Extra: Using index condition
1 row in set, 2 warnings (0.00 sec)
```

可以看到，key_len 值为 5，表示只使用了 age 字段作为索引，说明只使用了索引的一部分。

再举一个例子，查询 classId 为 1 且 name 为 "abcd" 的学生信息，在查询条件中没有使用 age，执行计划如下所示。

```
mysql> EXPLAIN SELECT SQL_NO_CACHE * FROM student WHERE student.classId=1 AND student.name =
'abcd'\G;
*************************** 1. row ***************************
            id: 1
   select_type: SIMPLE
         table: student
    partitions: NULL
          type: ALL
 possible_keys: NULL
           key: NULL
       key_len: NULL
           ref: NULL
          rows: 499086
      filtered: 1.00
         Extra: Using where
1 row in set, 2 warnings (0.00 sec)
```

可以看到，type 值为 ALL，表示没有使用索引。虽然 MySQL 可以为多个字段创建索引，但是对于多列索引，过滤条件要使用索引，必须按照索引创建时的顺序依次满足，一旦跳过某个字段，索引后面的字段都将无法被用作索引。如果查询条件中没有使用这些字段中的第一个字段，那么多列索引不会被使用。

假设现在有联合索引 index(a,b,c)，表 9-1 所示为该联合索引的使用情况。

表 9-1　联合索引的使用情况

WHERE 子句	联合索引是否被使用
WHERE a = 3	联合索引被使用，使用了索引(a)
WHERE a = 3 AND b = 5	联合索引被使用，使用了索引(a,b)
WHERE a = 3 AND b = 5 AND c = 4	联合索引被使用，使用了索引(a,b,c)
WHERE b = 3 OR WHERE b = 3 AND c = 4 OR WHERE c = 4	没有使用联合索引
WHERE a = 3 AND c = 5	使用了索引(a)，但是字段 c 没有使用索引，因为没有查询字段 b
WHERE a = 3 AND b > 4 AND c = 5	使用了索引(a,b)，但是字段 c 没有使用索引，因为字段 c 在范围查询之后
WHERE a IS NULL AND b IS NOT NULL	由于 IS NULL 支持索引，而 IS NOT NULL 不支持索引，因此字段 a 可以使用索引，而字段 b 不可以使用索引

续表

WHERE 子句	联合索引是否被使用
WHERE a <> 3	没有使用联合索引
WHERE ABS(a) =3	没有使用联合索引
WHERE a = 3 AND b LIKE 'kk%' AND c = 4	使用了索引(a,b,c)
WHERE a = 3 AND b LIKE '%kk' AND c = 4	联合索引被使用，使用了索引(a)
WHERE a = 3 AND b LIKE '%kk%' AND c = 4	联合索引被使用，使用了索引(a)
WHERE a = 3 AND b LIKE 'k%kk%' AND c = 4	联合索引被使用，使用了索引(a,b,c)

对于索引的使用情况，我们给出如下建议。

（1）对于单列索引，尽量选择针对当前查询过滤性更好的索引。

（2）在选择联合索引的时候，当前查询中过滤性最好的字段在索引字段顺序中位置越靠前越好。

（3）在选择联合索引的时候，尽量选择能够包含当前查询 WHERE 子句中更多字段的索引。

（4）在选择联合索引的时候，如果某个字段可能出现范围查询，则尽量把这个字段放在索引字段顺序的最后。

总之，我们在书写 SQL 语句时，应尽量避免出现索引失效的情况。

9.2.3 优先考虑覆盖索引

所谓覆盖索引，简单来说就是索引列和主键的集合包含 SELECT 和 FROM 之间查询的列。下面我们通过案例来说明覆盖索引对查询性能的影响。

我们先把表 student 中的索引删除，现在的需求是查询 age 为 20 的学生信息。删除索引的 SQL 语句如下所示。

```
#删除前面创建的索引
mysql> DROP INDEX idx_age_classId_name ON student;
mysql> DROP INDEX idx_age ON student;
```

下面创建索引 idx_age_name，并执行 SQL 语句，如下所示。

```
#创建索引
mysql> CREATE INDEX idx_age_name ON student (age,name);
#执行 SQL 语句
mysql> SELECT id,age,name FROM student WHERE age = 20;
…
| 300656 |   20 | ZzzYsT  |      9390 |
|  66385 |   20 | ZZZYVJ  |      9921 |
| 487301 |   20 | zZzzWl  |      9788 |
| 425401 |   20 | zZzzWm  |       420 |
| 160454 |   20 | ZZZZXR  |       688 |
| 340775 |   20 | zzZzzY  |      9336 |
+--------+------+---------+-----------+
30866 rows in set (0.01 sec)
```

上述 SQL 语句使用了覆盖索引，即不需要回表查询数据，执行时间是 0.01 秒。

下述 SQL 语句在查询列中多了一列 classId，执行时间是 0.14 秒，没有使用覆盖索引。

```
mysql> SELECT id,age,name,classId FROM student WHERE age = 20;
…
| 300656 |   20 | ZzzYsT  |      9390 |
|  66385 |   20 | ZZZYVJ  |      9921 |
| 487301 |   20 | zZzzWl  |      9788 |
| 425401 |   20 | zZzzWm  |       420 |
| 160454 |   20 | ZZZZXR  |       688 |
| 340775 |   20 | zzZzzY  |      9336 |
```

```
+--------+------+--------+---------+
30866 rows in set (0.14 sec)
```

综合上面的案例，可以得出覆盖索引具有如下优点。

（1）可以避免使用 InnoDB 存储引擎类型的表进行索引的二次查询（回表）。InnoDB 存储引擎采用聚簇索引的方式来存储数据。对于 InnoDB 存储引擎来说，非聚簇索引的叶子节点中存储的是索引列值和主键值。如果我们使用非聚簇索引查询数据，那么，在查找到相应的键值后，还需要通过主键进行二次查询才能获取我们所需的数据。而覆盖索引能够在非聚簇索引的键值中获取所有数据，从而避免了对主键的二次查询，减少了磁盘 I/O 操作，提高了查询效率。

（2）可以把随机 I/O 转换为顺序 I/O，加快查询速度。由于覆盖索引是按键值的顺序存储的，因此在访问时可以把磁盘的随机 I/O 转换为索引查找的顺序 I/O。

9.3　索引失效的场景

MySQL 提高查询性能的一种最有效的方式是对数据表设计合理的索引，但是，在有些场景下索引会失效，导致查询效率低下。下面来看一些索引失效的场景。

9.3.1　查询条件中包含函数、计算导致索引失效

我们来看下面这两条 SQL 语句，哪种写法更好呢？

```
SELECT SQL_NO_CACHE * FROM student WHERE student.name LIKE 'abc%';
SELECT SQL_NO_CACHE * FROM student WHERE LEFT(student.name,3) = 'abc';
```

因为查询条件是 name，所以我们在 name 字段上创建索引，如下所示。

```
mysql> CREATE INDEX idx_name ON student(name);
```

先来看第一条 SQL 语句的执行计划，如下所示，可以看到 type 值为 range，表示使用了索引。

```
mysql> EXPLAIN SELECT SQL_NO_CACHE * FROM student WHERE student.name LIKE 'abc%'\G;
*************************** 1. row ***************************
           id: 1
  select_type: SIMPLE
        table: student
   partitions: NULL
         type: range
possible_keys: idx_name
          key: idx_name
      key_len: 63
          ref: NULL
         rows: 28
     filtered: 100.00
        Extra: Using index condition
1 row in set, 2 warnings (0.00 sec)
```

执行这条 SQL 语句，结果如下所示，可以看到执行时间仅为 0.01 秒。限于篇幅，这里只展示部分数据。

```
mysql> SELECT SQL_NO_CACHE * FROM student WHERE student.name LIKE 'abc%';
+---------+---------+--------+------+---------+
| id      | stuno   | name   | age  | classId |
+---------+---------+--------+------+---------+
| 5301379 | 1233401 | AbCHEa |  164 |     259 |
| 7170042 | 3102064 | ABcHeB |  199 |     161 |
| 1901614 | 1833636 | ABcHeC |  226 |     275 |
```

```
|  5195021 |  1127043 | abchEC  | 486 |      72 |
|  4047089 |  3810031 | AbCHFd  | 268 |     210 |
|  4917074 |   849096 | ABcHfD  | 264 |     442 |
|  1540859 |   141979 | abchFF  | 119 |     140 |
|  5121801 |  1053823 | AbCHFg  | 412 |     327 |
|  2441254 |  2373276 | abchFJ  | 170 |     362 |
|  7039146 |  2971168 | ABcHgI  | 502 |     465 |
|  1636826 |  1580286 | ABcHgK  |  71 |     262 |
|   374344 |   474345 | abchHL  | 367 |     212 |
|  1596534 |   169191 | AbCHHl  | 102 |     146 |
...
|  5266837 |  1198859 | abclXe  | 292 |     298 |
|  8126968 |  4058990 | aBClxE  | 316 |     150 |
|  4298305 |   399962 | AbCLXF  |  72 |     423 |
|  5813628 |  1745650 | aBClxF  | 356 |     323 |
|  6980448 |  2912470 | AbCLXF  | 107 |      78 |
|  7881979 |  3814001 | AbCLXF  |  89 |     497 |
|  4955576 |   887598 | ABcLxg  | 121 |     385 |
|  3653460 |  3585482 | AbCLXJ  | 130 |     174 |
|  1231990 |  1283439 | AbCLYH  | 189 |     429 |
|  6110615 |  2042637 | ABcLyh  | 157 |      40 |
+----------+----------+---------+------+----------+
401 rows in set, 1 warning (0.01 sec)
```

再来看第二条 SQL 语句的执行计划，如下所示，可以看到 type 值为 ALL，表示没有使用索引，说明查询条件中包含函数会导致索引失效。

```
mysql> EXPLAIN SELECT SQL_NO_CACHE * FROM student WHERE LEFT(student.name,3) = 'abc'\G;
*************************** 1. row ***************************
           id: 1
  select_type: SIMPLE
        table: student
   partitions: NULL
         type: ALL
possible_keys: NULL
          key: NULL
      key_len: NULL
          ref: NULL
         rows: 499086
     filtered: 100.00
        Extra: Using where
1 row in set, 2 warnings (0.00 sec)
```

执行这条 SQL 语句，结果如下所示，可以看到执行时间为 3.62 秒，查询效率较之前低很多。

```
mysql> SELECT SQL_NO_CACHE * FROM student WHERE LEFT(student.name,3) = 'abc';
+----------+----------+---------+------+----------+
| id       | stuno    | name    | age  | classId  |
+----------+----------+---------+------+----------+
|  5301379 |  1233401 | AbCHEa  | 164 |     259 |
|  7170042 |  3102064 | ABcHeB  | 199 |     161 |
|  1901614 |  1833636 | ABcHeC  | 226 |     275 |
|  5195021 |  1127043 | abchEC  | 486 |      72 |
|  4047089 |  3810031 | AbCHFd  | 268 |     210 |
|  4917074 |   849096 | ABcHfD  | 264 |     442 |
```

```
| 1540859 |  141979 | abchFF | 119 |     140 |
| 5121801 | 1053823 | AbCHFg | 412 |     327 |
| 2441254 | 2373276 | abchFJ | 170 |     362 |
| 7039146 | 2971168 | ABcHgI | 502 |     465 |
| 1636826 | 1580286 | ABcHgK |  71 |     262 |
|  374344 |  474345 | abchHL | 367 |     212 |
| 1596534 |  169191 | AbCHHl | 102 |     146 |
...
| 5266837 | 1198859 | abclXe | 292 |     298 |
| 8126968 | 4058990 | aBClxE | 316 |     150 |
| 4298305 |  399962 | AbCLXF |  72 |     423 |
| 5813628 | 1745650 | aBClxF | 356 |     323 |
| 6980448 | 2912470 | AbCLXF | 107 |      78 |
| 7881979 | 3814001 | AbCLXF |  89 |     497 |
| 4955576 |  887598 | ABcLxg | 121 |     385 |
| 3653460 | 3585482 | AbCLXJ | 130 |     174 |
| 1231990 | 1283439 | AbCLYH | 189 |     429 |
| 6110615 | 2042637 | ABcLyh | 157 |      40 |
+---------+---------+--------+------+---------+
401 rows in set, 1 warning (3.62 sec)
```

再来看一条查询条件中包含计算的 SQL 语句。我们要查询 stuno+1=90001 的学生信息。首先在 stuno 字段上创建索引，如下所示。

```
mysql> CREATE INDEX idx_stuno ON student(stuno);
```

接着查看 SQL 语句的执行计划，如下所示。

```
mysql> EXPLAIN SELECT id, stuno, name FROM student WHERE stuno+1 = 90001\G;
*************************** 1. row ***************************
           id: 1
  select_type: SIMPLE
        table: student
   partitions: NULL
         type: ALL
possible_keys: NULL
          key: NULL
      key_len: NULL
          ref: NULL
         rows: 499086
     filtered: 100.00
        Extra: Using where
1 row in set, 1 warning (0.00 sec)
```

可以看到，如果对索引列进行了表达式计算，索引就失效了。这是因为我们需要先把索引列的取值都取出来，然后依次进行表达式计算，以此来进行条件判断，所以这里采用的是全表扫描的方式，执行时间也会慢很多，为 2.53 秒，如下所示。

```
mysql> SELECT id, stuno, name FROM student WHERE stuno+1 = 90001;
+---------+---------+--------+------+---------+
| id      | stuno   | name   | age  | classId |
+---------+---------+--------+------+---------+
| 5302379 | 90000   | AbdCHEa| 164  |     259 |
+---------+---------+--------+------+---------+
1 rows in set, 1 warning (2.53 sec)
```

修改上述 SQL 语句，直接查询 stuno=90000 的学生信息，如下所示。

```
mysql> SELECT id, stuno, name FROM student WHERE stuno = 90000;
+---------+--------+--------+------+---------+
| id      | stuno  | name   | age  | classId |
+---------+--------+--------+------+---------+
| 5302379 | 90000  | AbdCHEa| 164  |     259 |
+---------+--------+--------+------+---------+
1 rows in set, 1 warning (0.03 sec)
```

可以看到，执行时间为 0.03 秒，极大地提高了查询效率。

由此可以得知，经过查询重写后，可以使用索引进行范围查询，从而提高查询效率。

9.3.2　范围查询条件右边的列不能被使用导致索引失效

我们在工作中经常遇到多条件查询并且包含范围查询的情况。例如，查询学生 age 为 30、classId 大于 20 并且 name 是 "abc" 的所有学生信息。先使用如下语句删除前面创建的 idx_name 索引。

```
mysql> ALTER TABLE student DROP INDEX idx_name;
```

此时数据库中只有一个联合索引，即 idx_age_classId_name。接着查看如下 SQL 语句的执行计划。

```
mysql> EXPLAIN SELECT SQL_NO_CACHE * FROM student WHERE student.age=30 AND
student.classId>20 AND student.name = 'abc' \G;
*************************** 1. row ***************************
           id: 1
  select_type: SIMPLE
        table: student
   partitions: NULL
         type: range
possible_keys: idx_age_classId_name
          key: idx_age_classId_name
      key_len: 10
          ref: NULL
         rows: 62368
     filtered: 10.00
        Extra: Using index condition
1 row in set, 2 warnings (0.01 sec)
```

从 key_len 值来看，idx_age_classId_name 索引没有完全被用到。这是因为范围查询条件右边的列不能被使用，比如出现 "<" "<=" ">" ">=" 和 between 等。

如果这种 SQL 语句出现得较多，则应该创建如下索引，调整 name 和 classId 字段的顺序。

```
mysql> ALTER TABLE student DROP INDEX idx_age_classId_name;
mysql> CREATE INDEX idx_age_name_classId ON student(age,name,classId);
```

调整 SQL 语句，将范围查询条件放置在语句的最后，执行计划如下所示。

```
mysql> EXPLAIN SELECT SQL_NO_CACHE * FROM student WHERE student.age=30 AND student.name =
'abc' AND student.classId>20\G;
*************************** 1. row ***************************
           id: 1
  select_type: SIMPLE
        table: student
   partitions: NULL
         type: range
possible_keys: idx_age_name_classId
          key: idx_age_name_classId
      key_len: 73
```

```
           ref: NULL
          rows: 1
      filtered: 100.00
         Extra: Using index condition
1 row in set, 2 warnings (0.00 sec)
```

可以看到，目前已经可以完全使用索引了。

由此可以得知，在应用开发中，遇到如金额查询、日期查询等范围查询，应将范围查询条件放置在 WHERE 子句的最后。

9.3.3　不等值查询导致索引失效

假如用户需要将财务数据中产品利润金额不等于 0 的数据都统计出来，那么，此时我们一定会考虑使用"!="或"<>"进行处理。这里我们查看 name 不为"abc"的学生信息。首先在 name 字段上创建索引，如下所示。

```
mysql> CREATE INDEX idx_name ON student(name);
```

接着使用"<>"编写 SQL 语句，其执行计划如下所示。

```
mysql> EXPLAIN SELECT SQL_NO_CACHE * FROM student WHERE student.name <> 'abc' \G;
*************************** 1. row ***************************
            id: 1
   select_type: SIMPLE
         table: student
    partitions: NULL
          type: ALL
 possible_keys: idx_name
           key: NULL
       key_len: NULL
           ref: NULL
          rows: 499086
      filtered: 50.15
         Extra: Using where
1 row in set, 2 warnings (0.00 sec)
```

或者使用"!="编写 SQL 语句，其执行计划如下所示。

```
mysql> EXPLAIN SELECT SQL_NO_CACHE * FROM student WHERE student.name != 'abc'\G;
*************************** 1. row ***************************
            id: 1
   select_type: SIMPLE
         table: student
    partitions: NULL
          type: ALL
 possible_keys: idx_name
           key: NULL
       key_len: NULL
           ref: NULL
          rows: 499086
      filtered: 50.15
         Extra: Using where
1 row in set, 2 warnings (0.00 sec)
```

可以看到，上述两个执行计划中的 type 值都为 ALL，表示这两条 SQL 语句都没有使用索引。我们在编写 SQL 语句的时候，应尽量避免此类条件查询。

9.3.4 判空条件对索引的影响

查询age为NULL的学生信息，SQL语句的执行计划如下所示，可以看到使用了idx_age_name_classId索引。

```
mysql> EXPLAIN SELECT SQL_NO_CACHE * FROM student WHERE age IS NULL\G;
*************************** 1. row ***************************
           id: 1
  select_type: SIMPLE
        table: student
   partitions: NULL
         type: ref
possible_keys: idx_age_name_classId
          key: idx_age_name_classId
      key_len: 5
          ref: const
         rows: 1
     filtered: 100.00
        Extra: Using index condition
1 row in set, 2 warnings (0.00 sec)
```

使用 IS NOT NULL 进行条件查询，SQL 语句的执行计划如下所示。

```
mysql> EXPLAIN SELECT SQL_NO_CACHE * FROM student WHERE age IS NOT NULL\G;
*************************** 1. row ***************************
           id: 1
  select_type: SIMPLE
        table: student
   partitions: NULL
         type: ALL
possible_keys: idx_age_name_classId
          key: NULL
      key_len: NULL
          ref: NULL
         rows: 499086
     filtered: 50.00
        Extra: Using where
1 row in set, 2 warnings (0.00 sec)
```

可以看到，type 值为 ALL，意味着 IS NOT NULL 条件是无法使用索引的。因此，我们最好在设计数据表结构的时候就将字段设置为 NOT NULL 约束，例如，可以将 INT 类型字段的默认值设置为 0，或者将字符类型字段的默认值设置为空字符串。同理，在查询中使用 NOT LIKE 条件时也无法使用索引，从而导致全表扫描。

9.3.5 LIKE 以通配符 "%" 开头导致索引失效

在使用 LIKE 关键字进行查询的 SQL 语句中，如果匹配字符串的第一个字符为模糊字符 "%"，索引就不会起作用；只有 "%" 不在第一个位置，索引才会起作用。

先查询 name 以 "ab" 开头的学生信息，SQL 语句的执行计划如下所示。可以看到，type 值为 range，使用的索引是 idx_name，表示当前查询使用了索引。

```
mysql> EXPLAIN SELECT SQL_NO_CACHE * FROM student WHERE name LIKE 'ab%'\G;
*************************** 1. row ***************************
           id: 1
  select_type: SIMPLE
```

```
            table: student
       partitions: NULL
             type: range
    possible_keys: idx_name
              key: idx_name
          key_len: 63
              ref: NULL
             rows: 708
         filtered: 100.00
            Extra: Using index condition
1 row in set, 2 warnings (0.00 sec)
```

再查询 name 中包含 "ab" 的学生信息，此时查询条件以 "%" 开头，SQL 语句的执行计划如下所示。可以看到，type 值为 ALL，表示以 "%" 开头的查询条件是无法使用索引的。

```
mysql> EXPLAIN SELECT SQL_NO_CACHE * FROM student WHERE name LIKE '%ab%'\G;
*************************** 1. row ***************************
               id: 1
      select_type: SIMPLE
            table: student
       partitions: NULL
             type: ALL
    possible_keys: NULL
              key: NULL
          key_len: NULL
              ref: NULL
             rows: 499086
         filtered: 11.11
            Extra: Using where
1 row in set, 2 warnings (0.00 sec)
```

9.3.6　数据类型转换导致索引失效

下述 SQL 语句用于查询 name 为 "123" 的学生信息，但是 name 字段的数据类型为 VARCHAR，而查询时没有用单引号将 name 字段的值引起来。先来看一下这种情形的执行计划，可以看到，type 值为 ALL，表示当前查询并未使用索引。

```
mysql> EXPLAIN SELECT SQL_NO_CACHE * FROM student WHERE name=123\G;
*************************** 1. row ***************************
               id: 1
      select_type: SIMPLE
            table: student
       partitions: NULL
             type: ALL
    possible_keys: idx_name
              key: NULL
          key_len: NULL
              ref: NULL
             rows: 499086
         filtered: 10.00
            Extra: Using where
1 row in set, 5 warnings (0.00 sec)
```

再来看一下使用单引号将 name 字段的值引起来的情形，执行计划如下所示。

```
mysql> EXPLAIN SELECT SQL_NO_CACHE * FROM student WHERE name='123'\G;
```

```
*************************** 1. row ***************************
           id: 1
  select_type: SIMPLE
        table: student
   partitions: NULL
         type: ref
possible_keys: idx_name
          key: idx_name
      key_len: 63
          ref: const
         rows: 1
     filtered: 100.00
        Extra: NULL
1 row in set, 2 warnings (0.00 sec)
```

可以看到，此时使用了 **idx_name** 索引。这是因为"name=123"发生了数据类型转换，导致索引失效。

9.3.7　OR 关键字导致索引失效

在 WHERE 子句中，如果在关键字 OR 前面的条件列上创建了索引，而在关键字 OR 后面的条件列上没有创建索引，那么索引会失效。也就是说，只有在 OR 前后的两个条件列上都创建了索引，在查询中才会使用索引。因为 OR 的含义就是两个条件只要满足其中一个即可，所以只在一个条件列上创建了索引是没有意义的，只要有条件列上没有创建索引，就会进行全表扫描，从而导致索引失效。

先来看一种查询语句使用了 OR 关键字的情形，执行计划如下所示。因为在 classId 字段上没有创建索引，所以当前查询没有使用索引。

```
mysql> EXPLAIN SELECT SQL_NO_CACHE * FROM student WHERE age = 10 OR classId = 100\G;
*************************** 1. row ***************************
           id: 1
  select_type: SIMPLE
        table: student
   partitions: NULL
         type: ALL
possible_keys: idx_age_name_classId
          key: NULL
      key_len: NULL
          ref: NULL
         rows: 499086
     filtered: 16.00
        Extra: Using where
1 row in set, 2 warnings (0.00 sec)
```

再来看另一种查询语句使用了 OR 关键字的情形，执行计划如下所示。因为在 age 和 name 字段上都创建了索引，所以当前查询使用了索引。此时的 type 值为 index_merge。简单来说，index_merge 就是先分别对 age 和 name 列进行扫描，再将这两个结果集合并在一起。这样做的好处就是可以避免全表扫描。

```
mysql> EXPLAIN SELECT SQL_NO_CACHE * FROM student WHERE age = 10 OR name = 'Abel'\G;
*************************** 1. row ***************************
           id: 1
  select_type: SIMPLE
        table: student
   partitions: NULL
         type: index_merge
possible_keys: idx_age_name_classId,idx_name
```

```
           key: idx_age_name_classId,idx_name
       key_len: 5,63
           ref: NULL
          rows: 2
      filtered: 100.00
         Extra: Using sort_union(idx_age_name_classId,idx_name); Using where
1 row in set, 2 warnings (0.00 sec)
```

9.4　关联查询优化

我们在工作中经常会遇到多表关联查询的情况。在一般情况下，关联查询语句都是比较复杂的，因此，优化关联查询就显得比较棘手。下面详细讲解关联查询优化。

9.4.1　数据准备

为了测试关联查询，我们先创建两张表，分别是图书表（book）和图书分类表（classification），创建语句如下所示。

```
#创建图书表
mysql> CREATE TABLE IF NOT EXISTS `book` (
`bookid` INT(10) UNSIGNED NOT NULL AUTO_INCREMENT,
`card` INT(10) UNSIGNED NOT NULL,
PRIMARY KEY (`bookid`)
);

#创建图书分类表
mysql> CREATE TABLE IF NOT EXISTS `classification` (
`id` INT(10) UNSIGNED NOT NULL AUTO_INCREMENT,
`card` INT(10) UNSIGNED NOT NULL,
PRIMARY KEY (`id`)
);
```

然后向表中插入数据，SQL 语句如下所示。

```
#向图书分类表中插入 20 条数据
mysql> INSERT INTO classification(card) VALUES(FLOOR(1 + (RAND() * 20)));
mysql> INSERT INTO classification(card) VALUES(FLOOR(1 + (RAND() * 20)));
mysql> INSERT INTO classification(card) VALUES(FLOOR(1 + (RAND() * 20)));
mysql> INSERT INTO classification(card) VALUES(FLOOR(1 + (RAND() * 20)));
mysql> INSERT INTO classification(card) VALUES(FLOOR(1 + (RAND() * 20)));
mysql> INSERT INTO classification(card) VALUES(FLOOR(1 + (RAND() * 20)));
mysql> INSERT INTO classification(card) VALUES(FLOOR(1 + (RAND() * 20)));
mysql> INSERT INTO classification(card) VALUES(FLOOR(1 + (RAND() * 20)));
mysql> INSERT INTO classification(card) VALUES(FLOOR(1 + (RAND() * 20)));
mysql> INSERT INTO classification(card) VALUES(FLOOR(1 + (RAND() * 20)));
mysql> INSERT INTO classification(card) VALUES(FLOOR(1 + (RAND() * 20)));
mysql> INSERT INTO classification(card) VALUES(FLOOR(1 + (RAND() * 20)));
mysql> INSERT INTO classification(card) VALUES(FLOOR(1 + (RAND() * 20)));
mysql> INSERT INTO classification(card) VALUES(FLOOR(1 + (RAND() * 20)));
mysql> INSERT INTO classification(card) VALUES(FLOOR(1 + (RAND() * 20)));
mysql> INSERT INTO classification(card) VALUES(FLOOR(1 + (RAND() * 20)));
mysql> INSERT INTO classification(card) VALUES(FLOOR(1 + (RAND() * 20)));
mysql> INSERT INTO classification(card) VALUES(FLOOR(1 + (RAND() * 20)));
mysql> INSERT INTO classification(card) VALUES(FLOOR(1 + (RAND() * 20)));
mysql> INSERT INTO classification(card) VALUES(FLOOR(1 + (RAND() * 20)));
```

```
mysql> INSERT INTO classification(card) VALUES(FLOOR(1 + (RAND() * 20)));
```

#向图书表中插入20条数据
```
mysql> INSERT INTO book(card) VALUES(FLOOR(1 + (RAND() * 20)));
mysql> INSERT INTO book(card) VALUES(FLOOR(1 + (RAND() * 20)));
mysql> INSERT INTO book(card) VALUES(FLOOR(1 + (RAND() * 20)));
mysql> INSERT INTO book(card) VALUES(FLOOR(1 + (RAND() * 20)));
mysql> INSERT INTO book(card) VALUES(FLOOR(1 + (RAND() * 20)));
mysql> INSERT INTO book(card) VALUES(FLOOR(1 + (RAND() * 20)));
mysql> INSERT INTO book(card) VALUES(FLOOR(1 + (RAND() * 20)));
mysql> INSERT INTO book(card) VALUES(FLOOR(1 + (RAND() * 20)));
mysql> INSERT INTO book(card) VALUES(FLOOR(1 + (RAND() * 20)));
mysql> INSERT INTO book(card) VALUES(FLOOR(1 + (RAND() * 20)));
mysql> INSERT INTO book(card) VALUES(FLOOR(1 + (RAND() * 20)));
mysql> INSERT INTO book(card) VALUES(FLOOR(1 + (RAND() * 20)));
mysql> INSERT INTO book(card) VALUES(FLOOR(1 + (RAND() * 20)));
mysql> INSERT INTO book(card) VALUES(FLOOR(1 + (RAND() * 20)));
mysql> INSERT INTO book(card) VALUES(FLOOR(1 + (RAND() * 20)));
mysql> INSERT INTO book(card) VALUES(FLOOR(1 + (RAND() * 20)));
mysql> INSERT INTO book(card) VALUES(FLOOR(1 + (RAND() * 20)));
mysql> INSERT INTO book(card) VALUES(FLOOR(1 + (RAND() * 20)));
mysql> INSERT INTO book(card) VALUES(FLOOR(1 + (RAND() * 20)));
mysql> INSERT INTO book(card) VALUES(FLOOR(1 + (RAND() * 20)));
```

在讲解关联查询优化之前，我们需要先了解驱动表和被驱动表两个概念。驱动表在 SQL 语句的执行过程中总是先被查询，而被驱动表在 SQL 语句的执行过程中总是后被查询。我们可以使用 EXPLAIN 语句查看 SQL 语句的执行计划，在输出的执行计划中，第一条记录中的表是驱动表，第二条记录中的表是被驱动表。

9.4.2 采用左连接：LEFT JOIN

先看一下两张表的左连接效果。查询两张表中 card 值相同的数据信息，SQL 语句的执行计划如下所示。

```
mysql> EXPLAIN SELECT SQL_NO_CACHE * FROM classification LEFT JOIN book ON
classification.card = book.card\G;
*************************** 1. row ***************************
          id: 1
 select_type: SIMPLE
       table: classification
  partitions: NULL
        type: ALL
possible_keys: NULL
         key: NULL
     key_len: NULL
         ref: NULL
        rows: 20
    filtered: 100.00
       Extra: NULL
*************************** 2. row ***************************
          id: 1
 select_type: SIMPLE
       table: book
  partitions: NULL
        type: ALL
```

```
possible_keys: NULL
          key: NULL
      key_len: NULL
          ref: NULL
         rows: 20
     filtered: 100.00
        Extra: Using where; Using join buffer (hash join)
2 rows in set, 2 warnings (0.00 sec)
```

可以看到，type 值为 ALL，说明当前的 SQL 语句没有使用索引，查询效率还是比较低的。其中，表 book 是被驱动表，给表 book 中的 card 列添加索引，就可以避免全表扫描，如下所示。

```
#添加索引
mysql> ALTER TABLE book ADD INDEX idx_card(card);
mysql> EXPLAIN SELECT SQL_NO_CACHE * FROM classification LEFT JOIN book ON
classification.card = book.card\G;
*************************** 1. row ***************************
           id: 1
  select_type: SIMPLE
        table: classification
   partitions: NULL
         type: ALL
possible_keys: NULL
          key: NULL
      key_len: NULL
          ref: NULL
         rows: 20
     filtered: 100.00
        Extra: NULL
*************************** 2. row ***************************
           id: 1
  select_type: SIMPLE
        table: book
   partitions: NULL
         type: ref
possible_keys: idx_card
          key: idx_card
      key_len: 4
          ref: chapter9.classification.card
         rows: 1
     filtered: 100.00
        Extra: Using index
2 rows in set, 2 warnings (0.01 sec)
```

可以看到，第二条记录中的 type 值变成了 ref，rows 列的优化也比较明显。这是由左连接的特性决定的。LEFT JOIN 条件用于确定如何从右侧的表中检索数据，左侧的表中一定都有，因此右侧的表是关键，一定要创建索引。

再给驱动表 classification 添加索引，驱动表依然无法避免全表扫描，如下所示。

```
mysql> ALTER TABLE classification ADD INDEX idx_card(card); #驱动表，无法避免全表扫描
mysql> EXPLAIN SELECT SQL_NO_CACHE * FROM classification LEFT JOIN book ON
classification.card = book.card\G;
*************************** 1. row ***************************
           id: 1
```

```
  select_type: SIMPLE
        table: classification
   partitions: NULL
         type: index
possible_keys: NULL
          key: idx_card
      key_len: 4
          ref: NULL
         rows: 20
     filtered: 100.00
        Extra: Using index
*************************** 2. row ***************************
           id: 1
  select_type: SIMPLE
        table: book
   partitions: NULL
         type: ref
possible_keys: idx_card
          key: idx_card
      key_len: 4
          ref: chapter9.classification.card
         rows: 1
     filtered: 100.00
        Extra: Using index
2 rows in set, 2 warnings (0.00 sec)
```

可以看到，当前的 SQL 语句虽然使用了索引，但是扫描行数依然是 20 行。

接下来把被驱动表中的索引删除，如下所示，可以看到此时被驱动表中已经没有索引了，扫描行数和没有创建索引时的扫描行数是一样的。因此，我们在进行关联查询的时候，一定要注意区分驱动表和被驱动表，尽量在被驱动表上创建索引。

```
mysql> DROP INDEX idx_card ON book;
mysql> EXPLAIN SELECT SQL_NO_CACHE * FROM classification LEFT JOIN book ON classification.card = book.card\G;
*************************** 1. row ***************************
           id: 1
  select_type: SIMPLE
        table: classification
   partitions: NULL
         type: index
possible_keys: NULL
          key: idx_card
      key_len: 4
          ref: NULL
         rows: 20
     filtered: 100.00
        Extra: Using index
*************************** 2. row ***************************
           id: 1
  select_type: SIMPLE
        table: book
   partitions: NULL
         type: ALL
```

```
possible_keys: NULL
          key: NULL
      key_len: NULL
          ref: NULL
         rows: 20
     filtered: 100.00
        Extra: Using where; Using join buffer (hash join)
2 rows in set, 1 warning (0.00 sec)
```

9.4.3 采用内连接：INNER JOIN

本节我们测试内连接。删除表 book 和 classification 中的索引（如果已经删除了索引，则可以不再执行该操作），如下所示。

```
mysql> DROP INDEX idx_card ON classification;
mysql> DROP INDEX idx_card ON book;
```

下面把左连接中的 LEFT JOIN 关键字替换为 INNER JOIN 关键字，再次查看执行计划，如下所示。对于内连接，MySQL 会自动选择驱动表。

```
mysql> EXPLAIN  SELECT  SQL_NO_CACHE * FROM classification INNER  JOIN  book  ON
classification.card=book.card\G;
*************************** 1. row ***************************
           id: 1
  select_type: SIMPLE
        table: classification
   partitions: NULL
         type: ALL
possible_keys: NULL
          key: NULL
      key_len: NULL
          ref: NULL
         rows: 20
     filtered: 100.00
        Extra: NULL
*************************** 2. row ***************************
           id: 1
  select_type: SIMPLE
        table: book
   partitions: NULL
         type: ALL
possible_keys: NULL
          key: NULL
      key_len: NULL
          ref: NULL
         rows: 20
     filtered: 10.00
        Extra: Using where; Using join buffer (hash join)
2 rows in set, 2 warnings (0.00 sec)
```

下面给表 book 中的 card 列添加索引，再次查看执行计划，如下所示，可以看到表 book 使用了索引。

```
mysql> ALTER  TABLE book ADD INDEX idx_card (card);
mysql> EXPLAIN   SELECT  SQL_NO_CACHE  *  FROM   classification INNER  JOIN  book  ON
classification.card=book.card\G;
*************************** 1. row ***************************
```

```
          id: 1
 select_type: SIMPLE
       table: classification
  partitions: NULL
        type: ALL
possible_keys: NULL
         key: NULL
     key_len: NULL
         ref: NULL
        rows: 20
    filtered: 100.00
       Extra: NULL
*************************** 2. row ***************************
          id: 1
 select_type: SIMPLE
       table: book
  partitions: NULL
        type: ref
possible_keys: idx_card
         key: idx_card
     key_len: 4
         ref: chapter9.classification.card
        rows: 1
    filtered: 100.00
       Extra: Using index
2 rows in set, 2 warnings (0.00 sec)
```

下面给表 classification 中的 card 列添加索引，再次查看执行计划，如下所示，可以看到两张表同时使用了索引。由扫描行数可知，此时驱动表是表 classification，被驱动表是表 book。

```
mysql> ALTER  TABLE classification ADD INDEX idx_card (card);
mysql> EXPLAIN  SELECT SQL_NO_CACHE  *  FROM  classification INNER JOIN book ON
classification.card=book.card\G;
*************************** 1. row ***************************
          id: 1
 select_type: SIMPLE
       table: classification
  partitions: NULL
        type: index
possible_keys: idx_card
         key: idx_card
     key_len: 4
         ref: NULL
        rows: 20
    filtered: 100.00
       Extra: Using index
*************************** 2. row ***************************
          id: 1
 select_type: SIMPLE
       table: book
  partitions: NULL
        type: ref
possible_keys: idx_card
```

```
          key: idx_card
      key_len: 4
          ref: chapter9.classification.card
         rows: 1
     filtered: 100.00
        Extra: Using index
2 rows in set, 2 warnings (0.00 sec)
```

下面删除表 book 中的索引，再次查看执行计划，如下所示，可以看到此时使用的是表 classification 中的索引，并且该表的扫描行数是 1 行，说明表 classification 是被驱动表。

```
mysql> DROP INDEX idx_card ON book;
mysql> EXPLAIN    SELECT    SQL_NO_CACHE   *   FROM    classification   INNER   JOIN   book   ON
classification.card=book.card\G;
*************************** 1. row ***************************
           id: 1
  select_type: SIMPLE
        table: book
   partitions: NULL
         type: ALL
possible_keys: NULL
          key: NULL
      key_len: NULL
          ref: NULL
         rows: 20
     filtered: 100.00
        Extra: NULL
*************************** 2. row ***************************
           id: 1
  select_type: SIMPLE
        table: classification
   partitions: NULL
         type: ref
possible_keys: idx_card
          key: idx_card
      key_len: 4
          ref: chapter9.book.card
         rows: 1
     filtered: 100.00
        Extra: Using index
2 rows in set, 2 warnings (0.00 sec)
```

下面再向表 classification 中插入 20 条数据，如下所示。

```
mysql> INSERT INTO classification(card) VALUES(FLOOR(1 + (RAND() * 20)));
mysql> INSERT INTO classification(card) VALUES(FLOOR(1 + (RAND() * 20)));
mysql> INSERT INTO classification(card) VALUES(FLOOR(1 + (RAND() * 20)));
mysql> INSERT INTO classification(card) VALUES(FLOOR(1 + (RAND() * 20)));
mysql> INSERT INTO classification(card) VALUES(FLOOR(1 + (RAND() * 20)));
mysql> INSERT INTO classification(card) VALUES(FLOOR(1 + (RAND() * 20)));
mysql> INSERT INTO classification(card) VALUES(FLOOR(1 + (RAND() * 20)));
mysql> INSERT INTO classification(card) VALUES(FLOOR(1 + (RAND() * 20)));
mysql> INSERT INTO classification(card) VALUES(FLOOR(1 + (RAND() * 20)));
mysql> INSERT INTO classification(card) VALUES(FLOOR(1 + (RAND() * 20)));
mysql> INSERT INTO classification(card) VALUES(FLOOR(1 + (RAND() * 20)));
```

```
mysql> INSERT INTO classification(card) VALUES(FLOOR(1 + (RAND() * 20)));
mysql> INSERT INTO classification(card) VALUES(FLOOR(1 + (RAND() * 20)));
mysql> INSERT INTO classification(card) VALUES(FLOOR(1 + (RAND() * 20)));
mysql> INSERT INTO classification(card) VALUES(FLOOR(1 + (RAND() * 20)));
mysql> INSERT INTO classification(card) VALUES(FLOOR(1 + (RAND() * 20)));
mysql> INSERT INTO classification(card) VALUES(FLOOR(1 + (RAND() * 20)));
mysql> INSERT INTO classification(card) VALUES(FLOOR(1 + (RAND() * 20)));
mysql> INSERT INTO classification(card) VALUES(FLOOR(1 + (RAND() * 20)));
mysql> INSERT INTO classification(card) VALUES(FLOOR(1 + (RAND() * 20)));
```

下面给表 book 中的 card 列添加索引，再次查看执行计划，如下所示。

```
mysql> ALTER  TABLE book ADD INDEX idx_card (card);
mysql> EXPLAIN     SELECT SQL_NO_CACHE * FROM    classification    INNER JOIN   book ON
classification.card=book.card\G;
*************************** 1. row ***************************
           id: 1
  select_type: SIMPLE
        table: book
   partitions: NULL
         type: index
possible_keys: idx_card
          key: idx_card
      key_len: 4
          ref: NULL
         rows: 20
     filtered: 100.00
        Extra: Using index
*************************** 2. row ***************************
           id: 1
  select_type: SIMPLE
        table: classification
   partitions: NULL
         type: ref
possible_keys: idx_card
          key: idx_card
      key_len: 4
          ref: chapter9.book.card
         rows: 1
     filtered: 100.00
        Extra: Using index
2 rows in set, 2 warnings (0.00 sec)
```

可以看到，由于表 classification 中的数据多于表 book 中的数据，因此 MySQL 选择表 classification 作为被驱动表。

9.4.4 JOIN 语句的原理

为了便于量化分析，我们创建两张表 t1 和 t2，用来讲解 JOIN 语句的原理。

首先创建表 t2，如下所示。

```
mysql> CREATE TABLE `t2` (
 `id` INT(11) NOT NULL,
 `a` INT(11) DEFAULT NULL,
 `b` INT(11) DEFAULT NULL,
```

```
  PRIMARY KEY (`id`),
  KEY `a` (`a`)
) ENGINE=InnoDB;
```

然后创建存储过程 batchinsertdata()，如下所示。

```
mysql> DELIMITER $$
CREATE PROCEDURE batchinsertdata()
BEGIN
  DECLARE i INT;
  SET i=1;
  WHILE(i<=1000)do
    INSERT INTO t2 VALUES(i, i, i);
    SET i=i+1;
  END WHILE;
END $$
DELIMITER;
```

接着调用存储过程 batchinsertdata()，如下所示。

```
mysql> CALL batchinsertdata();
```

最后创建表 t1，并把表 t2 中的前 100 条数据插入表 t1 中，如下所示。

```
mysql> CREATE TABLE `t1` LIKE t2;
mysql> INSERT INTO t1 (SELECT * FROM t2 WHERE id<=100);
```

此时，表 t1 和 t2 中都有一个主键索引 id 和一个普通索引 a，字段 b 上无索引。存储过程 batchinsertdata() 向表 t2 中插入了 1000 条数据，向表 t1 中插入了 100 条数据。

MySQL 8.0 中有 4 种连接算法，分别是 Simple Nested-Loop Join、Index Nested-Loop Join、Block Nested-Loop Join 和 Hash Join，下面分别讲解它们的具体原理。

1. Simple Nested-Loop Join

Simple Nested-Loop Join 表示简单嵌套循环连接。表 t1 中有 100 条数据，表 t2 中有 1000 条数据，数据比较次数是 100×1000=10 万次，查询效率非常低。

来看下面这条语句，其中 STRAIGHT_JOIN 的功能与 JOIN 的功能类似，但它能让左侧的表驱动右侧的表。

```
mysql> SELECT * FROM t1 STRAIGHT_JOIN t2 ON (t1.a=t2.a);
```

如果我们没有在表 t2 中的字段 a 上创建索引，那么每次去表 t2 中匹配数据的时候，就要进行一次全表扫描。如果我们只看结果，那么这种算法是正确的。那有没有办法优化呢？例如，在扫描表 t2 的时候尽量不进行全表扫描，而使用索引直接查询数据。这就需要用到接下来要介绍的算法 Index Nested-Loop Join。

2. Index Nested-Loop Join

Index Nested-Loop Join（NLJ）表示索引嵌套循环连接，它要求被驱动表中有索引，可以通过索引来加速查询。来看如下 SQL 语句。

```
mysql> SELECT * FROM t1 STRAIGHT_JOIN t2 ON (t1.a=t2.a);
```

因为我们在表 t2 中的字段 a 上创建了索引，所以在遍历表 t2 的时候，只需根据索引去查询表中的数据即可，不需要遍历每条记录。假设索引是唯一的，这样需要遍历的行数就从驱动表行数×被驱动表行数变成了驱动表行数×2，即从原来的 100×1000 变成了 100×2=200 行。这条语句的执行流程如下。

（1）从表 t1 中读取一行数据 data。

（2）从数据行 data 中取出 a 字段到表 t2 中去查找。

（3）取出表 t2 中满足条件的行，跟 data 组成一行，作为结果集的一部分。

（4）重复执行步骤（1）～（3），直到表 t1 的末尾，结束循环。

这个执行流程是先遍历表 t1，然后根据从表 t1 中取出的每行数据中的 a 值，以及被驱动表中的索引，到表 t2 中查找满足条件的记录。Index Nested-Loop Join 算法的执行流程如图 9-1 所示。需要注意的是，如果表 t2 中的索引是非聚簇索引，那么还需要回表查询数据。

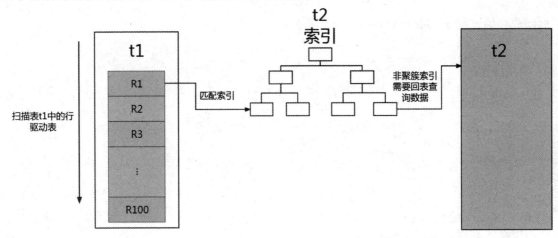

图 9-1　Index Nested-Loop Join 算法的执行流程

3．Block Nested-Loop Join

Block Nested-Loop Join（BNL）表示缓存块嵌套循环连接，它通过一次性缓存多条数据，把参与查询的列缓存到 join_buffer（缓存连接）中，然后全表扫描被驱动表，被驱动表中的每条记录一次性和 join_buffer 中的所有驱动表记录进行匹配，将简单嵌套循环连接中的多次比较合并成一次，从而降低了被驱动表的访问频率。因为 join_buffer 中缓存的不只是关联表的列，SELECT 后面的列也会被缓存起来，所以我们应尽量只查询必要的字段。

假设被驱动表中没有可用的索引，那么上述 SQL 语句的执行流程如下。

（1）把表 t1 中的数据读入 join_buffer 中。上述 SQL 语句中写的是"SELECT *"，相当于把表 t1 中的所有数据放入 join_buffer 中。

（2）全表扫描表 t2，把表 t2 中的每一行取出来，跟 join_buffer 中的数据进行比较，将满足连接条件的行作为结果集的一部分返回。

此时 Block Nested-Loop Join 算法的执行流程如图 9-2 所示。

可以看到，在这个执行流程中，对表 t1 和 t2 都进行了一次全表扫描，总的扫描行数是 1100 行。由于 join_buffer 是以无序数组的方式组织数据的，因此对表 t2 中的每一行都要进行 100 次判断，总的判断次数是 100×1000=10 万次。

前面说过，如果使用 Simple Nested-Loop Join 算法进行查询，那么扫描行数也是 10 万行。因此，从时间复杂度的角度来说，Simple Nested-Loop Join 和 Block Nested-Loop Join 算法是一样的。但是，Block Nested-Loop Join 算法的这 10 万次判断是内存操作，在速度上会快很多，性能也更好。

join_buffer 的大小是由参数 join_buffer_size 设定的，默认值是 256KB。如果 join_buffer 中无法存放表 t1 中的所有数据，则可以考虑分块存放，也就是将数据分块，例如，将 1000 条数据分为 5 块，每次缓存 200 条数据。上述 SQL 语句的执行流程如下。

（1）全表扫描表 t1，顺序读取数据行并放入 join_buffer 中，放完第 88 行后 join_buffer 满了，继续执行步骤（2）。

（2）全表扫描表 t2，把表 t2 中的每一行取出来，与 join_buffer 中的数据进行比较，将满足连接条件的行作为结果集的一部分返回。

（3）清空 join_buffer。

（4）继续扫描表 t1，顺序读取最后 12 行数据并放入 join_buffer 中，继续执行步骤（2）。

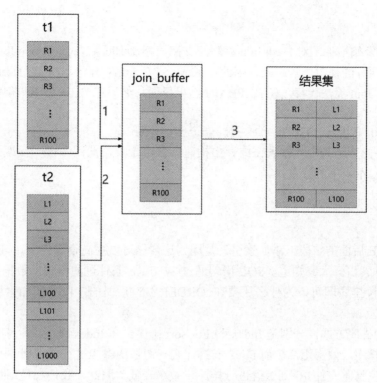

图 9-2　Block Nested-Loop Join 算法的执行流程（1）

此时 Block Nested-Loop Join 算法的执行流程如图 9-3 所示。

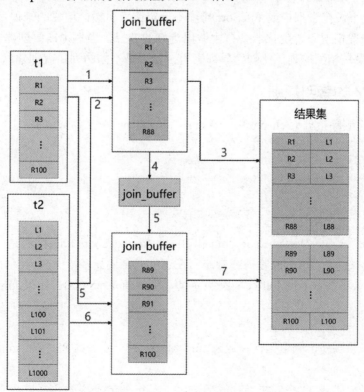

图 9-3　Block Nested-Loop Join 算法的执行流程（2）

这个执行流程才体现出了算法名字中"Block"的由来。可以看到，这时候，由于表 t1 中的数据被分两次放入 join_buffer 中，导致表 t2 会被扫描两次，但是判断等值条件的次数是不变的，依然是(88+12)×1000=10 万次。

4．Hash Join

从 MySQL 8.0.18 开始增加了对 Hash Join 算法的支持。相比 Block Nested-Loop Join 算法，Hash Join 算法的性能更高，并且两者的使用场景相同，因此，从 MySQL 8.0.20 开始，Block Nested-Loop Join 算法已经被移除，使用 Hash Join 算法代替。在 EXPLAIN 结果里面，如果在 Extra 列中出现如下描述，则说明使用了 Hash Join 算法。

```
Extra: Using where; Using join buffer (hash join)
```

Hash Join 算法会先基于其中一张表在内存中构建一张哈希表，然后一行一行地读取另一张表，计算其哈希值，并到内存哈希表中进行查找。

9.5 排序优化

之所以在 WHERE 后面的字段上添加索引，是因为这样做可以提高查询效率。其实也可以在 ORDER BY 后面的字段上添加索引。大家知道，SQL 语句通过 WHERE 条件过滤得到了数据，已经不需要再过滤数据了，只需根据字段排序即可，为什么还要在 ORDER BY 后面的字段上添加索引呢？下面讲解一下 MySQL 中的排序方式。

MySQL 支持两种排序方式，分别是 Index 和 FileSort 排序。在 Index 排序中，索引可以保证数据的有序性，不需要再进行排序，效率更高。而 FileSort 排序则一般在内存中进行，占用 CPU 资源较多，如果待排结果较大，则会产生临时文件 I/O 到磁盘进行排序，效率较低。因此，我们在使用 ORDER BY 子句时，应该尽量使用 Index 排序，避免使用 FileSort 排序。可以先使用 EXPLAIN 语句查看 SQL 语句的执行计划，再查看优化器是否使用了 Index 排序。

当然，在某些情况下，全表扫描或 FileSort 排序不一定比索引慢，但总的来说，还是要尽量避免，以便提高查询效率。在一般情况下，优化器会自主做出更好的选择，当然也需要创建合理的索引。WHERE 和 ORDER BY 后面如果是相同的列，就创建单列索引；如果是不同的列，就创建联合索引。

9.5.1 ORDER BY 的索引规则

使用如下 SQL 语句删除数据库 chapter9 下表 class 和 student 中已经存在的索引。

```
mysql> DROP INDEX idx_monitor ON class;
mysql> DROP INDEX idx_age ON student;
mysql> DROP INDEX idx_name ON student;
mysql> DROP INDEX idx_age_name_classId ON student;
mysql> DROP INDEX idx_age_classId_name ON student;
```

假设我们的需求是根据 age 和 classId 查询表 student 中的学生信息，首先查看该 SQL 语句的执行计划，如下所示。

```
mysql> EXPLAIN SELECT SQL_NO_CACHE * FROM student ORDER BY age,classId\G;
*************************** 1. row ***************************
           id: 1
  select_type: SIMPLE
        table: student
   partitions: NULL
         type: ALL
possible_keys: NULL
          key: NULL
      key_len: NULL
          ref: NULL
         rows: 499086
     filtered: 100.00
```

```
          Extra: Using filesort
1 row in set, 2 warnings (0.00 sec)
```

可以看到，当前的排序方式是 FileSort 排序。

接着创建联合索引 idx_age_classId_name，如下所示。

```
mysql> CREATE  INDEX idx_age_classId_name ON student (age,classId,name);
```

再次查看上述 SQL 语句的执行计划，如下所示。

```
mysql> EXPLAIN  SELECT SQL_NO_CACHE * FROM student ORDER BY age,classId\G;
*************************** 1. row ***************************
           id: 1
  select_type: SIMPLE
        table: student
   partitions: NULL
         type: ALL
possible_keys: NULL
          key: NULL
      key_len: NULL
          ref: NULL
         rows: 499086
     filtered: 100.00
        Extra: Using filesort
1 row in set, 2 warnings (0.00 sec)
```

可以看到，该语句没有使用索引，当前的排序方式依然是 FileSort 排序。

1. 增加 LIMIT 过滤条件，使用了索引

在 ORDER BY 后面增加 LIMIT 过滤条件，执行计划如下所示，可以看到该语句使用了索引。

```
#增加 LIMIT 过滤条件，使用了索引
mysql> EXPLAIN  SELECT SQL_NO_CACHE * FROM student ORDER BY age,classId LIMIT 10\G;
*************************** 1. row ***************************
           id: 1
  select_type: SIMPLE
        table: student
   partitions: NULL
         type: index
possible_keys: NULL
          key: idx_age_classId_name
      key_len: 73
          ref: NULL
         rows: 10
     filtered: 100.00
        Extra: NULL
1 row in set, 2 warnings (0.00 sec)
```

2. ORDER BY 时索引的顺序错误，导致索引失效

如果 ORDER BY 时索引的顺序错误，那么是否还能使用索引呢？来看如下 SQL 语句是否使用了索引。

```
#只有 classId，没有使用索引
mysql> EXPLAIN  SELECT * FROM student ORDER BY classId LIMIT 10\G;
*************************** 1. row ***************************
           id: 1
  select_type: SIMPLE
        table: student
   partitions: NULL
```

```
            type: ALL
possible_keys: NULL
             key: NULL
         key_len: NULL
             ref: NULL
            rows: 499086
        filtered: 100.00
           Extra: Using filesort
1 row in set, 1 warning (0.00 sec)
#没有以联合索引的最左侧字段开始，没有使用索引
mysql> EXPLAIN  SELECT * FROM student ORDER BY classId,name LIMIT 10\G;
*************************** 1. row ***************************
              id: 1
     select_type: SIMPLE
           table: student
      partitions: NULL
            type: ALL
possible_keys: NULL
             key: NULL
         key_len: NULL
             ref: NULL
            rows: 499086
        filtered: 100.00
           Extra: Using filesort
1 row in set, 1 warning (0.00 sec)
#以联合索引的最左侧字段开始，使用了索引
mysql> EXPLAIN  SELECT * FROM student ORDER BY age,classId,name LIMIT 10\G;
*************************** 1. row ***************************
              id: 1
     select_type: SIMPLE
           table: student
      partitions: NULL
            type: index
possible_keys: NULL
             key: idx_age_classId_name
         key_len: 73
             ref: NULL
            rows: 10
        filtered: 100.00
           Extra: NULL
1 row in set, 1 warning (0.00 sec)
#以联合索引的最左侧字段开始，使用了索引
mysql> EXPLAIN  SELECT * FROM student ORDER BY age,classId LIMIT 10\G;
*************************** 1. row ***************************
              id: 1
     select_type: SIMPLE
           table: student
      partitions: NULL
            type: index
possible_keys: NULL
             key: idx_age_classId_name
```

```
          key_len: 73
              ref: NULL
             rows: 10
         filtered: 100.00
            Extra: NULL
1 row in set, 1 warning (0.00 sec)
#以联合索引的最左侧字段开始，使用了索引
mysql> EXPLAIN  SELECT * FROM student ORDER BY age LIMIT 10\G;
*************************** 1. row ***************************
               id: 1
      select_type: SIMPLE
            table: student
       partitions: NULL
             type: index
    possible_keys: NULL
              key: idx_age_classId_name
          key_len: 73
              ref: NULL
             rows: 10
         filtered: 100.00
            Extra: NULL
1 row in set, 1 warning (0.00 sec)
```

3．ORDER BY 时规则不一致，导致索引失效

如果 ORDER BY 时规则不一致，那么是否还能使用索引呢？规则包括索引中的字段是否遵循最左前缀法则，以及不同的字段是否同时存在升序和降序排序。来看如下 SQL 语句是否使用了索引。

```
#同时存在升序和降序排序，索引失效
mysql> EXPLAIN  SELECT * FROM student ORDER BY age DESC, classId ASC LIMIT 10\G;
*************************** 1. row ***************************
               id: 1
      select_type: SIMPLE
            table: student
       partitions: NULL
             type: ALL
    possible_keys: NULL
              key: NULL
          key_len: NULL
              ref: NULL
             rows: 499086
         filtered: 100.00
            Extra: Using filesort
1 row in set, 1 warning (0.00 sec)
#遵循最左前缀法则且都是降序排序，索引有效
mysql> EXPLAIN  SELECT * FROM student ORDER BY age DESC, classId DESC LIMIT 10\G;
*************************** 1. row ***************************
               id: 1
      select_type: SIMPLE
            table: student
       partitions: NULL
             type: index
    possible_keys: NULL
```

213

```
        key: idx_age_classId_name
    key_len: 73
        ref: NULL
       rows: 10
   filtered: 100.00
      Extra: Backward index scan
1 row in set, 1 warning (0.00 sec)
```

从上面的测试结果中，我们可以总结出如下特点：假设数据表中存在联合索引(a,b,c)，如果遵循最左前缀法则，则可以使用该索引，比如下面的 SQL 语句。

```
ORDER BY a
ORDER BY a,b
ORDER BY a,b,c
ORDER BY a DESC,b DESC,c DESC
```

如果 WHERE 将索引的最左前缀设置为一个常量，则 ORDER BY 可以使用索引。比如下面的 SQL 语句，将联合索引（a,b,c）中的 a 列设置为一个常量，即可使用联合索引。

```
WHERE a = const ORDER BY b,c
WHERE a = const AND b = const ORDER BY c
WHERE a = const ORDER BY b,c
WHERE a = const AND b > const ORDER BY b,c
```

下面的 SQL 语句不能使用索引。

```
ORDER BY a ASC,b DESC,c DESC   /*排序方式不一致*/
WHERE g = const ORDER BY b,c   /*丢失a索引*/
WHERE a = const ORDER BY c     /*丢失b索引*/
WHERE a = const ORDER BY a,d   /*d不是索引的一部分*/
WHERE a in (…) ORDER BY b,c    /*对于排序来说，多个相等条件也是范围查询*/
```

9.5.2　排序方式比较

在执行 SQL 语句前先清除表 student 中已经存在的索引，只保留主键，如下所示。

```
mysql> DROP INDEX idx_age_classId_name ON student;
```

假设我们的需求是查询 age 为 30 且 stuno 小于 101000 的学生信息，按 name 排序。查询结果如下所示。

```
mysql> SELECT SQL_NO_CACHE * FROM student WHERE age = 30 AND stuno <101000 ORDER BY name;
+---------+--------+--------+------+---------+
| id      | stuno  | name   | age  | classId |
+---------+--------+--------+------+---------+
|     922 | 100923 | elTLXD |   30 |     249 |
| 3723263 | 100412 | hKcjLb |   30 |      59 |
| 3724152 | 100827 | iHLJmh |   30 |     387 |
| 3724030 | 100776 | LgxWoD |   30 |     253 |
|      30 | 100031 | LZMOIa |   30 |      97 |
| 3722887 | 100237 | QzbJdx |   30 |     440 |
|     609 | 100610 | vbRimN |   30 |     481 |
|     139 | 100140 | ZqFbuR |   30 |     351 |
+---------+--------+--------+------+---------+
8 rows in set, 1 warning (3.16 sec)
```

查看上述 SQL 语句的执行计划，如下所示。

```
mysql> EXPLAIN SELECT SQL_NO_CACHE * FROM student WHERE age = 30 AND stuno <101000 ORDER
BY name \G;
*************************** 1. row ***************************
         id: 1
```

```
 select_type: SIMPLE
       table: student
  partitions: NULL
        type: ALL
possible_keys: NULL
         key: NULL
     key_len: NULL
         ref: NULL
        rows: 499086
    filtered: 3.33
       Extra: Using where; Using filesort
1 row in set, 2 warnings (0.01 sec)
```

可以看到，type 值为 ALL，表示上述 SQL 语句会进行全表扫描；Extra 列中出现了 Using filesort，意味着排序效率很低；执行时间为 3.16 秒，意味着该 SQL 语句需要优化。

上述 SQL 语句没有使用索引，那么我们要考虑尽量让 WHERE 的过滤条件和排序使用索引。在上述 SQL 语句中，两个字段（age、stuno）上有过滤条件，一个字段（name）上有排序，我们创建一个包含这三个字段的联合索引，如下所示。

```
mysql> CREATE INDEX idx_age_stuno_name ON student (age,stuno, name);
```

再次查看上述 SQL 语句的执行计划，如下所示。

```
mysql> EXPLAIN SELECT SQL_NO_CACHE * FROM student WHERE age = 30 AND stuno <101000 ORDER
BY name\G;
*************************** 1. row ***************************
          id: 1
 select_type: SIMPLE
       table: student
  partitions: NULL
        type: range
possible_keys: idx_age_stuno_name
         key: idx_age_stuno_name
     key_len: 9
         ref: NULL
        rows: 11302
    filtered: 100.00
       Extra: Using index condition; Using filesort
1 row in set, 2 warnings (0.00 sec)
```

可以看到，Using filesort 依然存在，而且从 key_len 值来看，name 并没有使用索引。原因在于 stuno 是一个范围过滤，因此其后面的字段不会再使用索引。我们刚刚创建的联合索引是没有意义的，使用如下语句删除这个索引。

```
mysql> DROP INDEX idx_age_stuno_name ON student;
```

为了优化 FileSort 排序，我们创建只包含字段 age 和 name 的新索引，如下所示。

```
#创建新索引
mysql> CREATE INDEX idx_age_name ON student(age,name);
```

再次查看上述 SQL 语句的执行计划，如下所示，可以看到 Using filesort 已不存在。

```
mysql> EXPLAIN SELECT SQL_NO_CACHE * FROM student WHERE age = 30 AND stuno <101000 ORDER
BY name\G;
*************************** 1. row ***************************
          id: 1
 select_type: SIMPLE
       table: student
```

```
      partitions: NULL
            type: ref
   possible_keys: idx_age_name
             key: idx_age_name
         key_len: 5
             ref: const
            rows: 60024
        filtered: 33.33
           Extra: Using where
1 row in set, 2 warnings (0.02 sec)
```

查询结果如下所示，可以看到执行时间从 3.16 秒缩短到 0.22 秒。

```
mysql> SELECT SQL_NO_CACHE * FROM student WHERE age = 30 AND stuno <101000 ORDER BY name ;
+---------+--------+--------+------+---------+
| id      | stuno  | name   | age  | classId |
+---------+--------+--------+------+---------+
|     922 | 100923 | elTLXD |   30 |     249 |
| 3723263 | 100412 | hKcjLb |   30 |      59 |
| 3724152 | 100827 | iHLJmh |   30 |     387 |
| 3724030 | 100776 | LgxWoD |   30 |     253 |
|      30 | 100031 | LZMOIa |   30 |      97 |
| 3722887 | 100237 | QzbJdx |   30 |     440 |
|     609 | 100610 | vbRimN |   30 |     481 |
|     139 | 100140 | ZqFbuR |   30 |     351 |
+---------+--------+--------+------+---------+
8 rows in set, 1 warning (0.22 sec)
```

上面没有在范围条件字段上创建索引，下面选择范围过滤，放弃 ORDER BY 后面 name 字段上的索引，如下所示。

```
#删除旧索引
mysql> DROP INDEX idx_age_name ON student;

#创建新索引
mysql> CREATE INDEX idx_age_stuno ON student(age,stuno);
```

再次查看上述 SQL 语句的执行计划，如下所示。

```
mysql> EXPLAIN SELECT SQL_NO_CACHE * FROM student WHERE age = 30 AND stuno <101000 ORDER
BY name \G;
*************************** 1. row ***************************
            id: 1
   select_type: SIMPLE
         table: student
    partitions: NULL
          type: range
 possible_keys: idx_age_stuno
           key: idx_age_stuno
       key_len: 9
           ref: NULL
          rows: 6281
      filtered: 100.00
         Extra: Using index condition; Using filesort
1 row in set, 2 warnings (0.00 sec)
```

可以看到，Extra 列中再次出现了 Using filesort。查询结果如下所示。

```
mysql> SELECT SQL_NO_CACHE * FROM student WHERE age = 30 AND stuno <101000 ORDER BY name ;
+---------+--------+--------+------+---------+
| id      | stuno  | name   | age  | classId |
+---------+--------+--------+------+---------+
|     922 | 100923 | elTLXD |   30 |     249 |
| 3723263 | 100412 | hKcjLb |   30 |      59 |
| 3724152 | 100827 | iHLJmh |   30 |     387 |
| 3724030 | 100776 | LgxWoD |   30 |     253 |
|      30 | 100031 | LZMOIa |   30 |      97 |
| 3722887 | 100237 | QzbJdx |   30 |     440 |
|     609 | 100610 | vbRimN |   30 |     481 |
|     139 | 100140 | ZqFbuR |   30 |     351 |
+---------+--------+--------+------+---------+
8 rows in set, 1 warning (0.00 sec)
```

可以看到，执行时间更短了，这是因为所有排序都是在条件过滤之后才被执行的。因此，如果条件过滤掉大部分数据，那么对剩下的几百、几千条数据进行排序其实并不是很消耗性能，即使索引优化了排序，实际上性能提升也很有限。反观 stuno<101000 这个条件，如果没有使用索引，则要对上万条数据进行扫描，这是非常消耗性能的，因此把索引放在这个字段上性价比最高，是最优选择。

由此我们得出结论：如果两个索引同时存在，那么 MySQL 会自动选择最优方案。但是，随着数据量的变化，MySQL 选择的索引也会随之变化。当范围条件字段和 GROUP BY 或 ORDER BY 后面的字段出现二选一的情况时，优先观察范围条件字段过滤的数据量，如果过滤的数据足够多，而需要排序的数据并不多，则优先把索引放在范围条件字段上；反之，亦然。

9.5.3 影响排序效率的两个系统变量

在 MySQL 中有两个系统变量可以影响排序效率，分别是 sort_buffer_size 和 max_sort_length。

sort_buffer_size 代表排序缓冲区的大小，用于存放待排序的数据。对于服务器来说，内存是有限制的资源，sort_buffer_size 的默认值为 256KB。当待排序的数据量变大时，可以增加 sort_buffer_size 的大小。

max_sort_length 用于控制单个字段排序内容的长度，最小值是 4 字节，默认值是 1024 字节。服务器仅使用每个字段的前 max_sort_length 字节进行排序。增加 max_sort_length 的大小也可能需要增加 sort_buffer_size 的大小。

例如，将 max_sort_length 的值设置为 5，表示只有字段的前 5 字节会参与排序。如果字段前 5 字节的内容相同，而后面的内容不同，则会导致 MySQL 认为参与排序的字段内容相同，有可能出现排序结果和预期不一致的情况。

9.6 索引下推

9.6.1 索引下推概述

索引下推（Index Condition Pushdown，ICP）是 MySQL 5.6 中的新特性，它是在存储引擎层使用索引过滤数据的一种优化方式。ICP 可以减少存储引擎访问基表的次数及 MySQL 服务器访问存储引擎的次数。在第 4 章中我们讲过，MySQL 的逻辑架构包括服务层和存储引擎层。索引下推中"下"的意思是将部分上层（服务层）负责的事情交给下层（存储引擎层）处理。

为了方便大家理解，我们分别讲解不使用 ICP 和使用 ICP 的查询过程。首先创建用户表（user），并且创建联合索引（age,name），如下所示。

```
mysql> CREATE TABLE `user` (
`id` INT(11) NOT NULL AUTO_INCREMENT,
```

```
`name` VARCHAR(30) DEFAULT NULL,
`age` INT,
PRIMARY KEY (`id`),
KEY `idx_age_name` (`age`,`name`)
) ENGINE=InnoDB AUTO_INCREMENT=1;
```

然后使用如下 SQL 语句向表 user 中插入数据。

```
mysql> INSERT INTO user VALUES ('2', '李四', '15'), ('1', '张三', '11'), ('3', '张三', '12'),
('4', '张三', '13');
#查看表中的数据
mysql> SELECT * FROM user;
+----+--------+------+
| id | name   | age  |
+----+--------+------+
|  1 | 张三    |   11 |
|  3 | 张三    |   12 |
|  4 | 张三    |   13 |
|  2 | 李四    |   15 |
+----+--------+------+
```

假设我们的需求是查询表 user 中 age 大于 10 且 name 为"张三"的用户信息，则 SQL 语句如下所示。

```
mysql> SELECT * FROM user WHERE age>10 AND name = '张三';
```

由于 age 字段使用了范围查询，根据最左前缀法则，这种情况只能使用 age 字段进行范围查询，索引中的 name 字段无法被使用。

1. 不使用 ICP 的查询过程

在不使用 ICP 的情况下，存储引擎首先通过索引检索到数据，然后返回给 MySQL 服务器，最后由 MySQL 服务器判断数据是否符合条件。上述 SQL 语句的执行流程如下。

（1）存储引擎根据索引查找出 age>10 的用户 id，分别是 1、2、3、4。

（2）存储引擎需要回表 4 次，即到原表中取出 id=（1,2,3,4）的 4 条记录，返回给服务层。

（3）服务层过滤掉不符合条件 name='张三'的记录，最后返回查询结果为 id=(1,3,4)的 3 条记录。

不使用 ICP 的回表过程如图 9-4 所示，可以看到需要回表 4 次。

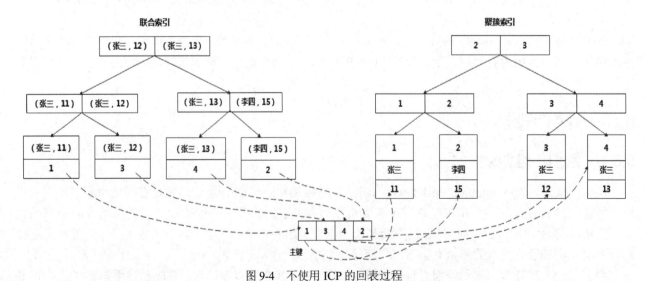

图 9-4　不使用 ICP 的回表过程

不使用 ICP 的数据流转过程如图 9-5 所示。在存储引擎层根据条件 age>10 筛选出 4 条数据返回给服务层，在服务层根据条件 name='张三'筛选出 3 条数据返回给客户端。

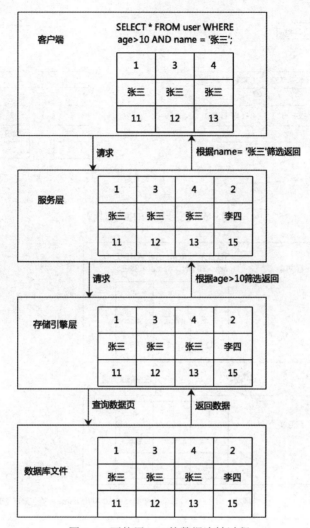

图 9-5 不使用 ICP 的数据流转过程

2. 使用 ICP 的查询过程

在使用 ICP 的情况下，当判断条件中存在部分索引列时，服务层将这部分索引列的判断条件传递给存储引擎层，由存储引擎判断索引是否符合服务层传递的条件。只有当索引符合服务层传递的条件时，才会将数据检索出来返回给服务层。

上述 SQL 语句在使用 ICP 之后的执行流程如下。

（1）存储引擎根据索引查找出 age>10 的用户 id，并使用索引中的 name 字段过滤掉不符合条件 name='张三'的记录，最后得到 id=(1,3,4)的 3 条记录。

（2）存储引擎需要回表 3 次取出 id=(1,3,4)的 3 条记录，返回给服务层。

（3）服务层过滤掉 WHERE 条件的其他部分（本案例除了 age 和 name 字段，没有其他条件），最后返回查询结果为 id=(1,3,4)的 3 条记录。

在使用 ICP 后，把 WHERE 条件由服务层放到存储引擎层去执行，由此带来的好处就是存储引擎根据 id 到原表中读取数据的次数变少了，也减少了存储引擎层返回给服务层的数据。使用 ICP 的回表过程如图 9-6 所示，可以看到只需回表 3 次。

使用 ICP 的数据流转过程如图 9-7 所示。在存储引擎层根据条件 age>10 AND name='张三'筛选出 3 条数据返回给服务层，在服务层过滤掉 WHERE 条件的其他部分，将存储引擎层传递过来的 3 条数据返回给客户端。

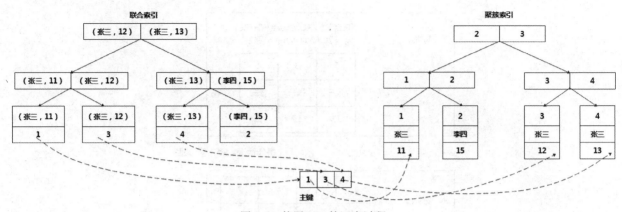

图 9-6　使用 ICP 的回表过程

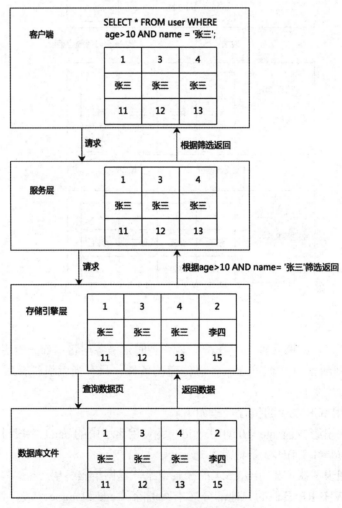

图 9-7　使用 ICP 的数据流转过程

3. ICP 的使用限制

（1）当 SQL 需要全表扫描时，ICP 优化策略可被用于 range、ref、eq_ref、ref_or_null 类型的访问方法。

（2）查询需要访问表中的整行数据，即不能直接通过非聚簇索引的元组数据获得查询结果。也就是说，当 SQL 使用覆盖索引时，不支持 ICP 优化策略。

（3）对于 InnoDB 存储引擎类型的表，ICP 仅被用于非聚簇索引。使用 ICP 的目的是减少整行读取的次数，从而减少磁盘 I/O 次数。对于 InnoDB 存储引擎中的聚簇索引，完整的用户记录已被读入缓冲区中，在这种情况下，使用 ICP 不会减少磁盘 I/O 次数。ICP 的加速效果取决于在存储引擎层通过 ICP 筛选掉的数据比例。

（4）并非全部 WHERE 条件都可以使用 ICP 进行筛选。如果 WHERE 条件字段不在索引列中，则仍要读取整张表中的记录到服务层进行 WHERE 条件过滤。

（5）ICP 可被用于 MyISAM 和 InnoDB 存储引擎，但不支持分区表，MySQL 5.7 解决了这个问题。

9.6.2 索引下推案例

本节选用 MySQL 官方文档中提供的示例数据库之一 employees。这个数据库的关系复杂度适中，且数据量较大。官方文档详细介绍了该数据库，并提供了下载地址和导入方法。图 9-8 所示为 employees 数据库的 E-R 关系图。

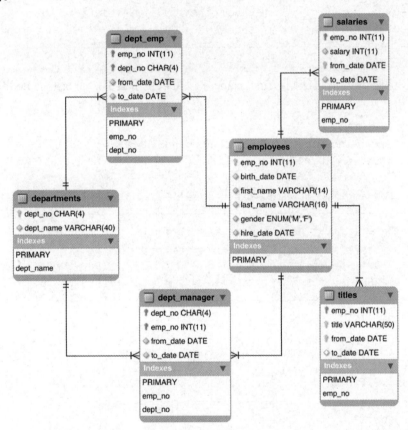

图 9-8　employees 数据库的 E-R 关系图

导入 employees 表后，手动创建一个联合索引，如下所示。

```
mysql> ALTER TABLE employees ADD INDEX first_last(first_name,last_name);
```

employees 表结构如下所示。

```
mysql> SHOW CREATE TABLE employees\G;
*************************** 1. row ***************************
      Table: employees
Create Table: CREATE TABLE `employees` (
  `emp_no` INT NOT NULL,
  `birth_date` DATE NOT NULL,
  `first_name` VARCHAR(14) NOT NULL,
  `last_name` VARCHAR(16) NOT NULL,
  `gender` ENUM('M','F') NOT NULL,
  `hire_date` DATE NOT NULL,
```

```
  PRIMARY KEY (`emp_no`),
  KEY `first_last` (`first_name`,`last_name`)
) ENGINE=InnoDB DEFAULT CHARSET=utf8mb4 COLLATE=utf8mb4_0900_ai_ci
1 row in set (0.00 sec)
```

在默认情况下，ICP 是开启的。为了查看 SQL 语句的性能开销，我们开启 PROFILE 功能，如下所示。

```
mysql> SET profiling = 1;
Query OK, 0 rows affected, 1 warning (0.00 sec)

mysql>SELECT * FROM employees WHERE first_name='Georgi' AND last_name LIKE '%Facello';
+--------+------------+------------+-----------+--------+------------+
| emp_no | birth_date | first_name | last_name | gender | hire_date  |
+--------+------------+------------+-----------+--------+------------+
| 10001  | 1953-09-02 | Georgi     | Facello   | M      | 1986-06-26 |
| 55649  | 1956-01-23 | Georgi     | Facello   | M      | 1988-05-04 |
+--------+------------+------------+-----------+--------+------------+
2 rows in set (0.00 sec)
```

在这种情况下，根据最左前缀法则，first_name 字段可以使用索引，而 last_name 字段由于使用了模糊查询，不能使用索引。

关闭 ICP 的情况如下所示。

```
mysql> SET optimizer_switch='index_condition_pushdown=off';
Query OK, 0 rows affected (0.00 sec)

mysql> SELECT * FROM employees WHERE first_name='Georgi' AND last_name LIKE '%Facello';
+--------+------------+------------+-----------+--------+------------+
| emp_no | birth_date | first_name | last_name | gender | hire_date  |
+--------+------------+------------+-----------+--------+------------+
| 10001  | 1953-09-02 | Georgi     | Facello   | M      | 1986-06-26 |
| 55649  | 1956-01-23 | Georgi     | Facello   | M      | 1988-05-04 |
+--------+------------+------------+-----------+--------+------------+
2 rows in set (0.00 sec)
mysql> SET profiling = 0;
Query OK, 0 rows affected, 1 warning (0.00 sec)
mysql> SHOW PROFILES\G;
*************************** 1. row ***************************
Query_ID: 1
Duration: 0.00061300
   Query: SELECT * FROM employees WHERE first_name='Georgi' AND last_name LIKE '%Facello'
*************************** 2. row ***************************
Query_ID: 2
Duration: 0.00026250
   Query: SET optimizer_switch='index_condition_pushdown=off'
*************************** 3. row ***************************
Query_ID: 3
Duration: 0.00231325
   Query: SELECT * FROM employees WHERE first_name='Georgi' AND last_name LIKE '%Facello'
3 rows in set, 1 warning (0.00 sec)
```

当开启 ICP 时，Duration 值为 0.00061300；当关闭 ICP 时，Duration 值为 0.00231325。由此可以得知，ICP 未开启时 SQL 语句的执行时间大概是 ICP 开启时执行时间的 3.8 倍。

ICP 开启时的执行计划中包含 Using index condition 标识，表示优化器使用了 ICP 对数据访问进行优化，如下所示。

```
#开启 ICP
mysql> SET optimizer_switch='index_condition_pushdown=on';
Query OK, 0 rows affected (0.00 sec)
#查看开启 ICP 之后的执行计划，Extra 列中显示 Using index condition 信息
mysql> EXPLAIN SELECT * FROM employees WHERE first_name='Georgi' AND last_name LIKE
'%Facello'\G;
*************************** 1. row ***************************
           id: 1
  select_type: SIMPLE
        table: employees
   partitions: NULL
         type: ref
possible_keys: first_last
          key: first_last
      key_len: 58
          ref: const
         rows: 253
     filtered: 11.11
        Extra: Using index condition
1 row in set, 1 warning (0.00 sec)
#关闭 ICP
mysql> SET optimizer_switch='index_condition_pushdown=off';
Query OK, 0 rows affected (0.00 sec)
#查看关闭 ICP 之后的执行计划，Extra 列中已经不显示 Using index condition 信息
mysql> EXPLAIN SELECT * FROM employees WHERE first_name='Georgi' AND last_name LIKE
'%Facello'\G;
*************************** 1. row ***************************
           id: 1
  select_type: SIMPLE
        table: employees
   partitions: NULL
         type: ref
possible_keys: first_last
          key: first_last
      key_len: 58
          ref: const
         rows: 253
     filtered: 11.11
        Extra: Using where
1 row in set, 1 warning (0.00 sec)
```

9.7　B+树索引的优化

9.7.1　自适应哈希索引

　　首先回顾一下 B+树索引和哈希索引。B+树索引支持范围查询，同时对数据按照顺序的方式存储，因此很容易对数据进行排序操作，在联合索引中也可以利用部分索引键进行查询。在进行范围查询的情况下，无法使用哈希索引，因为哈希索引仅能满足=、<>和 IN 查询的要求，而不能满足范围查询的要求。此外，哈希索引还有一个缺陷，即数据的存储是没有顺序的，在 ORDER BY 的情况下，使用哈希索引还需要对数据重新排序。而对于联合索引，哈希值是将联合索引键合并后一起计算的，无法利用单独的一

个索引键或几个索引键进行查询。

在 MySQL 中，InnoDB 存储引擎默认使用 B+树作为索引，因为 B+树有着哈希索引所没有的优点，那为什么还需要自适应哈希索引（Adaptive Hash Index）呢？这是因为哈希索引在进行数据检索的时候效率非常高，通常只需要 $O(1)$ 的时间复杂度，也就是一次就可以完成数据检索。虽然哈希索引的使用场景有很多限制，但是其优点也很明显，因此，MySQL 提供了一种自适应哈希索引。注意，这里的自适应指的是无须用户操作，系统会根据实际情况自动完成。

在什么情况下才会使用自适应哈希索引呢？如果某个数据经常被访问，当满足一定条件的时候，就会将该数据所在数据页的地址存放到哈希表中。这样，当该数据再次被访问的时候，就可以直接到哈希表中查找。

需要说明的是，自适应哈希索引只保存热数据（经常被访问的数据），并非全表数据，因此数据量并不会很大。另外，自适应哈希索引也被存放到缓冲池中，这样也进一步提高了查询效率。

InnoDB 存储引擎中的自适应哈希索引相当于"索引的索引"，即在 B+树索引的基础上创建哈希索引。如图 9-9 所示，当用户经常访问数据 5 的时候，MySQL 会将数据 5 所在数据页的地址存放到左侧的哈希表中，当用户再次访问数据 5 的时候，直接通过哈希函数定位到该数据页的地址即可。

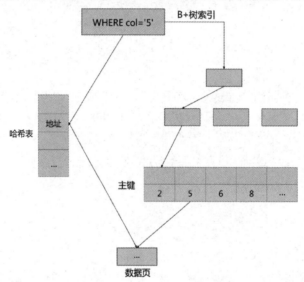

图 9-9　自适应哈希索引

可以看到，采用自适应哈希索引的目的是方便根据 SQL 的查询条件加速定位至叶子节点。特别是当 B+树比较深的时候，采用自适应哈希索引可以明显提高查询效率。

可以通过系统变量 innodb_adaptive_hash_index 查看是否开启了自适应哈希索引，如下所示，Value 值为 ON 表示开启了自适应哈希索引。

```
mysql> SHOW VARIABLES LIKE '%adaptive_hash_index';
+----------------------------+-------+
| Variable_name              | Value |
+----------------------------+-------+
| innodb_adaptive_hash_index | ON    |
+----------------------------+-------+
```

总结一下，虽然 InnoDB 存储引擎不支持哈希索引，但 MySQL 提供了一种自适应哈希索引，无须用户操作，系统会根据实际情况自动完成。

9.7.2　覆盖索引

对于非聚簇索引，需要先通过索引找到主键索引的键值，再通过主键值查找出索引里面没有的数据，这比基于主键索引的查询多扫描了一棵索引树，这个过程被称为回表。

在非聚簇索引里面，不论是单列索引还是联合索引，如果查询的数据列从索引中就能够获取到，不必从数据区中读取，那么这时候使用的索引叫作覆盖索引，这样就避免了回表操作。

不是所有类型的索引都可以成为覆盖索引。因为覆盖索引必须存储索引列的值，而哈希索引、空间索引、全文索引等都不能存储索引列的值，所以 MySQL 只能使用 B+树索引作为覆盖索引。

当我们发起一个被索引覆盖的查询时，使用关键字 EXPLAIN 查看 SQL 语句的执行计划，将会在 Extra 列中看到 Using index 信息。例如，在表 student_info 中，在 name 字段上创建索引 idx_name，并且查询语句中只包含 name 信息，这时就会用到覆盖索引，如下所示，可以看到 Extra 列中显示 Using index 信息。

```
mysql> EXPLAIN SELECT name FROM student_info WHERE name = "ACmDdI"\G;
*************************** 1. row ***************************
           id: 1
  select_type: SIMPLE
        table: student_info
   partitions: NULL
         type: ref
possible_keys: idx_name
          key: idx_name
      key_len: 63
          ref: const
         rows: 10
     filtered: 100.00
        Extra: Using index
1 row in set, 1 warning (0.00 sec)
```

9.8　其他索引优化场景

9.8.1　子查询优化

从 MySQL 4.1 开始支持子查询。使用子查询可以进行 SELECT 语句的嵌套查询，即将一条 SELECT 语句的查询结果作为另一条 SELECT 语句的查询条件。使用子查询可以一次性完成很多逻辑上需要多个步骤才能完成的 SQL 操作。

子查询是 MySQL 中的一项重要功能，可以帮助我们通过一条 SQL 语句实现比较复杂的查询。但是，子查询的查询效率不高，原因有如下几点。

（1）在执行子查询时，MySQL 需要为内层查询语句的查询结果创建一张临时表，之后外层查询语句从临时表中查询记录。查询完成后，再撤销这些临时表。这样一来会消耗过多的 CPU 和 BLOCK I/O 资源，产生大量的慢查询。

（2）通常子查询的结果集会被存储到临时表中，不论是内存临时表还是磁盘临时表，都不会存在索引，因此，查询性能会受到一定的影响。

（3）返回结果集越大的子查询，其对查询性能的影响也越大。

在 MySQL 中，可以使用连接查询来代替子查询。连接查询不需要创建临时表，其查询速度比子查询的查询速度要快，如果在查询中使用索引，那么查询性能会更好。连接查询之所以更有效率，是因为 MySQL 不需要在内存中创建临时表来完成查询工作。

例如，查询表 student 中不是班长的学生信息，我们的思路是先查询表 class 中的班长（monitor）编号，然后查询表 student 中的学生 id 不在班长编号中的学生信息，这就是我们查询的结果集。

我们先使用子查询来查询学生信息，查询结果如下所示。由于数据过多，这里只展示部分结果集。

```
#SQL 语句
mysql> SELECT * FROM student stu1 WHERE stu1.`stuno` NOT IN ( SELECT monitor FROM class
class WHERE class.`monitor` IS NOT NULL );
…
| 499986 | 499987 | vJjSKX |   26 |    5838 |
| 499987 | 499988 | RxMsDN |   16 |    2647 |
| 499988 | 499989 | ZiQFJn |   22 |    5154 |
| 499989 | 499990 | juwXzF |   23 |    7151 |
| 499990 | 499991 | dlTJSi |   19 |    9095 |
| 499991 | 499992 | KPTZsP |   30 |    3038 |
| 499992 | 499993 | JBCjnN |   15 |    8250 |
| 499993 | 499994 | dQWklA |   28 |    6630 |
| 499994 | 499995 | QeZMIf |   23 |    2739 |
| 499995 | 499996 | RqgIXO |   15 |    8447 |
| 499996 | 499997 | faMJWP |   17 |    4991 |
| 499997 | 499998 | YqIvdg |   21 |    7150 |
| 499998 | 499999 | qvgvLq |   21 |    1983 |
| 499999 | 500000 | KVzMiJ |   25 |    4205 |
| 500000 | 500001 | fphQIR |   17 |    4135 |
+--------+--------+--------+------+---------+
490107 rows in set (0.842 sec)
```

可以看到，执行时间为 0.842 秒。

我们再使用连接查询来查询学生信息，查询结果如下所示。

```
mysql> SELECT stu1.* FROM student stu1 LEFT JOIN class c2 ON stu1.`stuno` = c2.`monitor`
WHERE c2.`monitor` IS NULL;
…
| 499990 | 499991 | dlTJSi | 19 |    9095 |         |
| 499991 | 499992 | KPTZsP | 30 |    3038 |         |
| 499992 | 499993 | JBCjnN | 15 |    8250 |         |
| 499993 | 499994 | dQWklA | 28 |    6630 |         |
| 499994 | 499995 | QeZMIf | 23 |    2739 |         |
| 499995 | 499996 | RqgIXO | 15 |    8447 |         |
| 499996 | 499997 | faMJWP | 17 |    4991 |         |
| 499997 | 499998 | YqIvdg | 21 |    7150 |         |
| 499998 | 499999 | qvgvLq | 21 |    1983 |         |
| 499999 | 500000 | KVzMiJ | 25 |    4205 |         |
| 500000 | 500001 | fphQIR | 17 |    4135 |         |
+------+-------+--------+------+---------+
490107 rows in set (0.575 sec)
```

可以看到，连接查询的执行时间较子查询的执行时间更短，这说明 NOT IN 的查询效率要低于 LEFT JOIN xx ON xx WHERE xx IS NULL 的查询效率。

又如，查询表 student 中不是班长的学生信息，并按年龄分组。由于涉及分组查询，为了避免 SQL 语句报错，下面的操作都在宽松模式下执行。设置宽松模式的语句如下所示。

```
mysql> SET SESSION sql_mode = 'NO_ENGINE_SUBSTITUTION';
```

先测试子查询，查询结果如下所示。

```
mysql> SELECT SQL_NO_CACHE * FROM student a WHERE  a.stuno  NOT  IN (SELECT monitor FROM
class b2 WHERE monitor IS NOT NULL) GROUP BY age;
+------+--------+--------+------+---------+
| id   | stuno  | name   | age  | classId |
```

```
+------+--------+--------+------+---------+
|  201 | 100202 | gCqacl |   10 |     170 |
|   88 | 100089 | JhJaXO |   11 |     356 |
|  994 | 100995 | UPqjWi |   12 |     276 |
|  415 | 100416 | UxBshJ |   13 |     488 |
| 1208 | 101209 | fODyJO |   14 |     356 |
|  114 | 100115 | sHjYpE |   15 |     166 |
|  371 | 100372 | HJmrXO |   16 |     376 |
|  638 | 100639 | tHfEJt |   17 |     477 |
…
|  745 | 100746 | nBTOnX |  502 |      47 |
| 1014 | 101015 | SZtVwy |  503 |     283 |
|  132 | 100133 | MojeQU |  504 |     144 |
| 1012 | 101013 | dApahJ |  505 |     460 |
|  228 | 100229 | neJjPy |  506 |     274 |
|  183 | 100184 | DJtZSq |  507 |      25 |
|  231 | 100232 | JDMaQe |  508 |     363 |
|  545 | 100546 | hjBdLw |  509 |     357 |
+------+--------+--------+------+---------+
500 rows in set, 1 warning (0.671 sec)
```

可以看到，执行时间为 0.671 秒。

再测试连接查询，查询结果如下所示。

```
mysql> SELECT SQL_NO_CACHE a.* FROM  student a LEFT JOIN class b ON a.stuno =b.monitor
WHERE b.monitor IS NULL GROUP BY age;
+------+--------+--------+------+---------+
| id   | stuno  | name   | age  | classId |
+------+--------+--------+------+---------+
|    1 | 100002 | JugxTY |  157 |     280 |
|    2 | 100003 | QyUcCJ |  251 |     277 |
|    3 | 100004 | lATUPp |   80 |     404 |
|    4 | 100005 | BmFsXI |  240 |     171 |
|    5 | 100006 | mkpSwJ |  388 |     476 |
|    6 | 100007 | ujMgwN |  259 |     124 |
|    7 | 100008 | HBJTqX |  429 |     168 |
|    8 | 100009 | dvQSQA |   61 |     504 |
|    9 | 100010 | HljpVJ |  234 |     185 |
|   10 | 100011 | vYIveh |  253 |      11 |
|   11 | 100012 | CMddjJ |  432 |     109 |
…
| 1877 | 101878 | rRfaOU |   47 |     367 |
| 2081 | 102082 | XjbHfF |  355 |     334 |
| 2126 | 102127 | QUZpBN |  101 |     331 |
| 2146 | 102147 | PWoDYl |  112 |     176 |
| 2301 | 102302 | fWsaZU |  250 |     380 |
| 2665 | 102666 | utKrFa |  126 |      78 |
| 3272 | 103273 | YzyXpI |  230 |     108 |
| 3288 | 103289 | WyDuqt |  462 |     220 |
+------+--------+--------+------+---------+
500 rows in set, 1 warning (0.577 sec)
```

可以看到，执行时间为 0.577 秒，较子查询的执行时间更短。

由此可以得出一个结论：在 SQL 语句中尽量不要使用 NOT IN 或 NOT EXISTS，而使用 LEFT JOIN xx ON xx WHERE xx IS NULL 代替。

9.8.2　分页查询优化

一个既常见又非常令人头疼的问题就是 SQL 语句中包含类似 "LIMIT 400000,10" 的分页，此时需要 MySQL 对前 400010 条记录进行排序，但是仅仅返回第 400001～400010 条记录，其他记录被丢弃，查询排序的代价非常大。比如下面的 SQL 语句，执行时间为 0.09 秒。

```
mysql> SELECT * FROM student LIMIT 400000,10;
+--------+--------+--------+------+---------+
| id     | stuno  | name   | age  | classId |
+--------+--------+--------+------+---------+
| 400001 | 400002 | rNQNrv |  15  |    9945 |
| 400002 | 400003 | RlDjmF |  19  |    7260 |
| 400003 | 400004 | LuPRMn |  15  |    3361 |
| 400004 | 400005 | JfKiJY |  27  |     719 |
| 400005 | 400006 | YFgQJZ |  29  |    6476 |
| 400006 | 400007 | xqnrUx |  24  |    6892 |
| 400007 | 400008 | FYaiQE |  22  |    5469 |
| 400008 | 400009 | sgEDdF |  27  |    2290 |
| 400009 | 400010 | MZKEOj |  24  |    2807 |
| 400010 | 400011 | KJnpLM |  22  |    1623 |
+--------+--------+--------+------+---------+
10 rows in set (0.09 sec)
```

可以通过覆盖索引配合子查询的形式对其进行优化。例如，首先根据主键查询数据，然后关联原表查询所需的其他列内容，SQL 语句如下所示，可以看到执行时间为 0.05 秒，几乎缩短了一半。

```
mysql> SELECT * FROM student t,(SELECT id FROM student ORDER BY id LIMIT 400000,10) a
WHERE t.id = a.id;
+--------+--------+--------+------+---------+--------+
| id     | stuno  | name   | age  | classId | id     |
+--------+--------+--------+------+---------+--------+
| 400001 | 400002 | rNQNrv |  15  |    9945 | 400001 |
| 400002 | 400003 | RlDjmF |  19  |    7260 | 400002 |
| 400003 | 400004 | LuPRMn |  15  |    3361 | 400003 |
| 400004 | 400005 | JfKiJY |  27  |     719 | 400004 |
| 400005 | 400006 | YFgQJZ |  29  |    6476 | 400005 |
| 400006 | 400007 | xqnrUx |  24  |    6892 | 400006 |
| 400007 | 400008 | FYaiQE |  22  |    5469 | 400007 |
| 400008 | 400009 | sgEDdF |  27  |    2290 | 400008 |
| 400009 | 400010 | MZKEOj |  24  |    2807 | 400009 |
| 400010 | 400011 | KJnpLM |  22  |    1623 | 400010 |
+--------+--------+--------+------+---------+--------+
10 rows in set (0.05 sec)
```

也可以把 LIMIT 查询转换为某个位置的查询，SQL 语句如下所示，可以看到执行时间更短。该优化方案适用于主键自增的表。

```
mysql> SELECT * FROM student WHERE id > 400000 LIMIT 10;
+--------+--------+--------+------+---------+
| id     | stuno  | name   | age  | classId |
+--------+--------+--------+------+---------+
| 400001 | 400002 | rNQNrv |  15  |    9945 |
```

```
| 400002 | 400003 | RlDjmF |   19 |   7260 |
| 400003 | 400004 | LuPRMn |   15 |   3361 |
| 400004 | 400005 | JfKiJY |   27 |    719 |
| 400005 | 400006 | YFgQJZ |   29 |   6476 |
| 400006 | 400007 | xqnrUx |   24 |   6892 |
| 400007 | 400008 | FYaiQE |   22 |   5469 |
| 400008 | 400009 | sgEDdF |   27 |   2290 |
| 400009 | 400010 | MZKEOj |   24 |   2807 |
| 400010 | 400011 | KJnpLM |   22 |   1623 |
+--------+--------+--------+------+--------+
10 rows in set (0.00 sec)
```

9.8.3 索引提示

所谓索引提示（Index Hint），就是显式地告诉优化器使用哪个索引，它是优化数据库的一种重要手段。简单来说，就是在 SQL 语句中加入一些人为的提示来达到优化操作的目的。以下两种情况可能会用到索引提示。

（1）优化器错误地选择了某个索引，导致 SQL 语句运行很慢。这种情况比较少见，优化器在绝大多数情况下的工作非常有效和正确。

（2）某些 SQL 语句可以选择的索引非常多，这时优化器选择执行计划的时间开销可能会大于 SQL 语句本身的时间开销。例如，优化器分析 Range 查询本身就是比较耗时的操作，这时数据库管理员或软件开发人员可以主观分析最优的索引选择，通过索引提示强制使优化器不进行各个路径的成本分析，直接选择指定的索引来完成查询。

索引提示用于告诉优化器在查询中如何选择索引，它跟在表名后面，语法如下所示。

```
tbl_name [[AS] alias] [index_hint_list]
index_hint_list: index_hint [index_hint] …
index_hint: USE {INDEX|KEY}[FOR {JOIN|ORDER BY|GROUP BY}] ([index_list])
| IGNORE {INDEX|KEY}[FOR {JOIN|ORDER BY|GROUP BY}] (index_list)
| FORCE {INDEX|KEY}[FOR {JOIN|ORDER BY|GROUP BY}] (index_list)
index_list: index_name [, index_name] …
```

MySQL 中有 3 种索引提示，分别是 USE INDEX、IGNORE INDEX 和 FORCE INDEX。我们在表 student 中创建索引 idx_age_name、idx_name_age、idx_name。

（1）USE INDEX：USE INDEX 告诉 MySQL 使用列表中的一个索引去执行本次查询。没有使用索引提示的执行计划如下所示，可以看到此时优化器使用了索引 idx_name_age。

```
mysql> EXPLAIN SELECT * FROM student WHERE name="张三"\G;
*************************** 1. row ***************************
           id: 1
  select_type: SIMPLE
        table: student
   partitions: NULL
         type: ref
possible_keys: idx_name_age,idx_name
          key: idx_name_age
      key_len: 63
          ref: const
         rows: 1
     filtered: 100.00
        Extra: NULL
1 row in set, 1 warning (0.00 sec)
```

229

使用 USE INDEX 的执行计划如下所示，可以看到此时优化器使用了索引 idx_name。

```
mysql> EXPLAIN SELECT * FROM student USE INDEX(idx_name) WHERE name="张三"\G;
*************************** 1. row ***************************
           id: 1
  select_type: SIMPLE
        table: student
   partitions: NULL
         type: ref
possible_keys: idx_name
          key: idx_name
      key_len: 63
          ref: const
         rows: 1
     filtered: 100.00
        Extra: NULL
1 row in set, 1 warning (0.00 sec)
```

在 USE INDEX 中使用两个索引的执行计划如下所示，可以看到此时优化器在两个索引中选择了索引 idx_name_age。

```
mysql> EXPLAIN SELECT * FROM student USE INDEX(idx_name_age,idx_name) WHERE name="张三"\G;
*************************** 1. row ***************************
           id: 1
  select_type: SIMPLE
        table: student
   partitions: NULL
         type: ref
possible_keys: idx_name_age,idx_name
          key: idx_name_age
      key_len: 63
          ref: const
         rows: 1
     filtered: 100.00
        Extra: NULL
1 row in set, 1 warning (0.00 sec)
```

（2）IGNORE INDEX：IGNORE INDEX 告诉 MySQL 不要使用某些索引去执行本次查询。例如，下述 SQL 语句就是告诉 MySQL 不要使用索引 idx_name。

```
mysql> EXPLAIN SELECT * FROM student IGNORE INDEX(idx_name) WHERE name="张三"\G;
*************************** 1. row ***************************
           id: 1
  select_type: SIMPLE
        table: student
   partitions: NULL
         type: ref
possible_keys: idx_name_age
          key: idx_name_age
      key_len: 63
          ref: const
         rows: 1
     filtered: 100.00
        Extra: NULL
1 row in set, 1 warning (0.00 sec)
```

（3）FORCE INDEX：FORCE INDEX 和 USE INDEX 的功能类似，都是告诉 MySQL 使用某些索引去执行本次查询。二者的区别在于，如果使用 FORCE INDEX，那么全表扫描会被假定为需要付出很高的代价，除非不能使用索引，否则不会考虑全表扫描；而使用 USE INDEX，如果 MySQL 觉得全表扫描的代价更低，则仍然会使用全表扫描。从如下 SQL 语句的执行计划中可以看到，type 值为 ALL，表示没有使用索引。

```
mysql> EXPLAIN SELECT * FROM student USE INDEX(idx_age_name) WHERE age>19 AND age<100\G;
*************************** 1. row ***************************
           id: 1
  select_type: SIMPLE
        table: student
   partitions: NULL
         type: ALL
possible_keys: idx_age_name
          key: NULL
      key_len: NULL
          ref: NULL
         rows: 499086
     filtered: 50.00
        Extra: Using where
1 row in set, 1 warning (0.00 sec)
```

我们强制使用索引后查看执行计划，如下所示，可以看到 type 值已经发生了改变。需要注意的是，强制使用索引后的执行时间不一定会缩短。

```
mysql> EXPLAIN SELECT * FROM student FORCE INDEX(idx_age_name) WHERE age>19 AND age<100\G;
*************************** 1. row ***************************
           id: 1
  select_type: SIMPLE
        table: student
   partitions: NULL
         type: range
possible_keys: idx_age_name
          key: idx_age_name
      key_len: 5
          ref: NULL
         rows: 249543
     filtered: 100.00
        Extra: Using index condition
1 row in set, 1 warning (0.00 sec)
```

我们不仅可以合理地混合使用上述 3 种索引提示，而且可以在索引提示的后面使用 FOR 语句指定索引提示的适用范围。索引提示有 3 种适用范围，分别是 FOR JOIN、FOR ORDER BY、FOR GROUP BY。

（1）FOR JOIN：索引提示用于查找记录或用于表的连接。

（2）FOR ORDER BY：索引提示用于排序。

（3）FOR GROUP BY：索引提示用于分组。

9.8.4 前缀索引

前缀索引的意思是可以定义字符串的一部分作为索引。前缀索引的语法如下所示，只需在列名后面添加"(N)"即可，其中 N 表示截取的字符串长度。

```
ALTER TABLE tb_name ADD INDEX idx(clomn(N));
```

例如，创建教师信息表（teacher），如下所示。

```
mysql> CREATE TABLE `teacher`(
    `id` BIGINT UNSIGNED PRIMARY KEY,
    `email` VARCHAR(64),
    `name` VARCHAR(15),
    `age` INT
)ENGINE=InnoDB;
```

表 teacher 中的数据如下所示。

```
mysql> SELECT * FROM teacher;
+----+----------------+--------+------+
| id | email          | name   | age  |
+----+----------------+--------+------+
|  1 | abcdef@153.com | abcdef |   18 |
|  2 | abcdef@163.com | abcdef |   18 |
|  3 | hijk@153.com   | hijk   |   18 |
+----+----------------+--------+------+
3 rows in set (0.00 sec)
```

假设现在有根据 email 字段查询教师信息的需求。为了提高查询效率，我们在 email 字段上添加索引，如下所示，idx_email 索引里面包含每条记录的整个字符串。

```
mysql> ALTER TABLE teacher ADD INDEX idx_email(email);
```

如果执行如下 SQL 语句，则只需扫描一次非聚簇索引即可。

```
mysql> SELECT id,email FROM teacher WHERE email='abcdef@153.com';
```

idx_email 索引结构图如图 9-10 所示。为了方便展示，这里只绘制了索引结构的叶子节点，叶子节点中会存储 email 字段的完整数据和主键 id。由于 email 字段较长，如果表中的数据量很大，那么该索引结构会占用很大的存储空间。而且 email 字段后面的一些字符是相同的（例如，".com" 就是重复存储的），这样比较浪费存储空间。

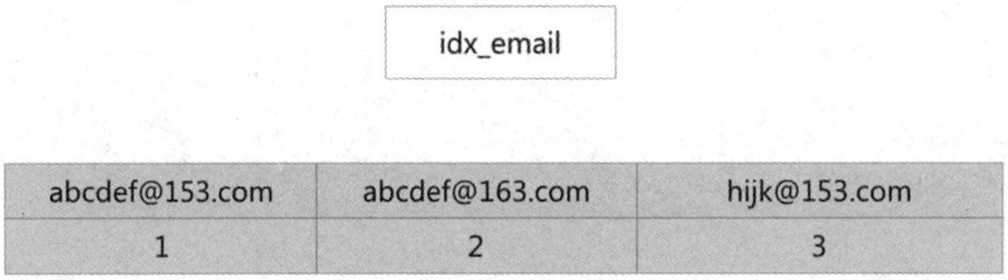

idx_email		
abcdef@153.com	abcdef@163.com	hijk@153.com
1	2	3

图 9-10　idx_email 索引结构图

在 MySQL 中，可以利用前缀索引来节省存储空间。在 email 字段上创建前缀索引的语句如下所示，idx_email2 索引对于每条记录都只取前 6 个字符。

```
mysql> ALTER TABLE teacher ADD INDEX idx_email2(email(6));
```

idx_email2 索引结构图如图 9-11 所示。可以看到，由于在该索引结构中对每个 email 字段都只取前 6 个字符，因此其占用的存储空间会更小，这就是使用前缀索引的优势。

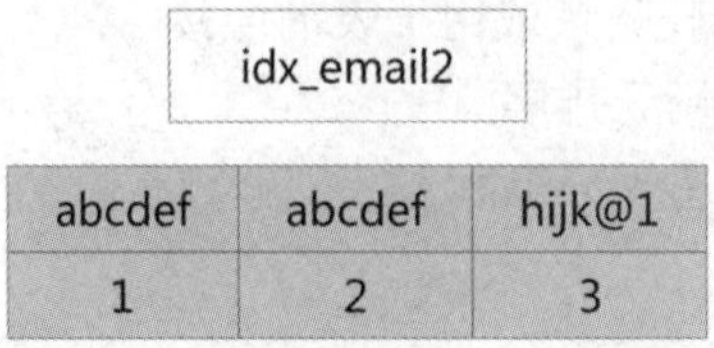

idx_email2		
abcdef	abcdef	hijk@1
1	2	3

图 9-11　idx_email2 索引结构图

接下来，我们分析如下 SQL 语句的执行流程。

```
mysql> SELECT id,email FROM teacher WHERE email='abcdef@153.com';
```

（1）在 idx_email2 索引中找到满足索引值为 "abcdef" 的记录，找到主键 id 为 1 的值。

（2）到聚簇索引中查找主键值为 1 的记录，判断 email 值是否为"abcdef@153.com"。如果是，则将这条记录加入结果集中，否则舍弃该结果。

（3）继续扫描 idx_email2 索引中的下一条记录，发现仍然是"abcdef"，获取主键 id 为 2 的值，之后到聚簇索引中查找主键值为 2 的记录，判断 email 值不是"abcdef@153.com"，舍弃该结果。

（4）重复上一步操作，直到在 idx_email2 索引中获取到的值不是"abcdef"，扫描结束。

根据上述执行流程，我们不难发现，使用前缀索引存在以下两个问题。

（1）覆盖索引失效。由于前缀索引在命中以后必须再回聚簇索引判断一次，因此覆盖索引对前缀索引来说是无效的。

（2）回表次数多。使用前缀索引后，可能会导致查询语句读数据的次数变多。

但是，对于上述查询语句来说，如果我们定义的 idx_email2 索引不是 email(6)，而是 email(8)，那么只需在 idx_email2 索引中扫描一行就结束了。也就是说，使用前缀索引，只要定义好截取的字符串长度，就可以做到既节省存储空间，又不用增加太多的查询成本。

我们在7.8.3节中讲过，可以通过计算列的基数占比来选择合适的列作为索引。列的基数占比越接近1，意味着重复的键值越少。例如，通过如下 SQL 语句计算 6 字节前缀索引的列的基数占比，在列的长度尽可能短的同时，列的基数占比尽可能接近 1。

```
mysql> SELECT COUNT(DISTINCT LEFT(email,6))/COUNT(DISTINCT email) FROM teacher;
```

9.9 常用 SQL 编写建议

1. COUNT(*)、COUNT(1)、COUNT(字段)的执行效率对比

在 MySQL 中统计表中的行数，可以使用3种方式：COUNT(*)、COUNT(1)和COUNT(字段)。那么，这 3 种方式的执行效率是怎样的呢？

在 InnoDB 存储引擎中，COUNT(*)和COUNT(1)都用来对所有结果进行统计。如果有 WHERE 子句，则对所有符合筛选条件的行进行统计；如果没有 WHERE 子句，则对表中的行数进行统计。因此，COUNT(*)和COUNT(1)在本质上并没有区别，执行的时间复杂度都是 $O(N)$。

而在 MyISAM 存储引擎中，统计表中的行数只需要 $O(1)$ 的时间复杂度，这是因为每张 MyISAM 存储引擎类型的表中都有一个 meta 信息存储 row_count 值，而一致性则由表级锁来保证。因为 InnoDB 存储引擎支持事务，采用行级锁和 MVCC 机制（参见第 15 章），无法像 MyISAM 存储引擎一样只维护一个 row_count 变量，所以 InnoDB 存储引擎需要采用扫描全表并进行循环+计数的方式来完成统计。

需要注意的是，在实际执行中，COUNT(*)和 COUNT(1)的执行时间可能略有差别，不过还是可以把它们的执行效率看成相等的。

另外，在 InnoDB 存储引擎中，如果使用 COUNT(*)和COUNT(1)来统计表中的行数，则尽量使用非聚簇索引。因为主键使用的索引是聚簇索引，聚簇索引包含的信息多，其占用的存储空间明显会大于非聚簇索引占用的存储空间。对于 COUNT(*)和COUNT(1)来说，它们不需要查找具体的行，只需要统计行数，系统会自动选用占用存储空间更小的非聚簇索引来进行统计。

如果表中有多个非聚簇索引，则系统会选用 key_len 值小的非聚簇索引进行扫描。只有当表中没有非聚簇索引时，系统才会选用聚簇索引来进行统计。

COUNT(1)和 COUNT(字段)的主要区别如下。

（1）COUNT(1)会统计表中所有的记录数，包含字段值为 NULL 的记录。

（2）COUNT(字段)会统计该字段在表中出现的次数，忽略字段值为 NULL 的情况，即不统计字段值为 NULL 的记录。

在一般情况下，这 3 种方式的执行效率为 COUNT(*)=COUNT(1)>COUNT(字段)。我们应尽量使用COUNT(*)。当然，如果我们要统计的是某个字段的非空数据行数，则另当别论，毕竟比较执行效率的前

提是结果相同。

如果我们要使用 COUNT(*)，则尽量在表中创建非聚簇索引，系统会自动选用 key_len 值小的非聚簇索引进行扫描。这样，当我们使用 COUNT(*)的时候，执行效率就会有所提升，有时候可以提升几倍甚至更高。

下面使用这 3 种方式统计表 student 中的行数，如下所示。可以看到，COUNT(*)和 COUNT(1)的执行时间一样，而 COUNT(age)的执行时间要略长一些。

```
mysql> SELECT COUNT(age) FROM student;
+------------+
| COUNT(age) |
+------------+
|     500000 |
+------------+
1 row in set (0.09 sec)

mysql> SELECT COUNT(*) FROM student;
+----------+
| COUNT(*) |
+----------+
|   500000 |
+----------+
1 row in set (0.03 sec)

mysql> SELECT COUNT(1) FROM student;
+----------+
| COUNT(1) |
+----------+
|   500000 |
+----------+
1 row in set (0.03 sec)
```

2．关于 SELECT(*)

在表查询中，建议明确字段，不要使用星号"*"作为查询的字段列表。推荐使用"SELECT<字段列表>"查询，原因如下：

（1）MySQL 在解析过程中，会通过查询数据字典将星号"*"按序转换为所有列名，这会大大消耗资源和时间。

（2）无法使用覆盖索引。

3．使用 UNION ALL 代替 UNION 的场景

UNION 关键字的作用是返回两个查询结果集的并集，并且需要排序，进而去除重复的部分。

UNION ALL 关键字的作用是返回两个查询结果集的并集，对于两个查询结果集的重复部分，不去重。

在明显不会有重复值时使用 UNION ALL 代替 UNION，可以节省多余的排序、去重所造成的资源开销。

4．主键设置

当我们设置了主键自增功能时，主键的生成可以完全依赖数据库，无须人为干预。也就是说，在新增数据的时候，我们无须设置主键字段的值，数据库会自动生成一个主键值。

自增主键还有一个好处，就是可以避免页分裂。什么是页分裂呢？在 InnoDB 存储引擎中，表的索引结构是 B+树，每个节点中都保存了该主键所在的行数据。假设插入数据的主键是自增长的，那么根据 B+树的算法，会很快把该行数据添加到某个节点下，不用移动其他节点；但是，如果插入不规则的数据，

那么每次插入都会改变 B+树之前的数据状态，从而导致页分裂。

页分裂和记录移位意味着性能损耗。如果我们想尽量避免这种无谓的性能损耗，那么最好让插入记录的主键值依次递增。因为递增插入的记录之间没有空隙，记录自增主键索引的一个页面满了，就会申请另一个页面，接着从左侧开始写数据。

因此，建议让主键具有自增属性，让存储引擎自己为表生成主键，而不是由我们手动插入。例如，可以在定义表时使主键具有 AUTO_INCREMENT 属性，在插入记录时存储引擎会自动填入自增的主键值，这样的主键占用存储空间小，顺序写入，能够减少页分裂。

但是，将主键设置为自增会不会有什么问题呢？自增主键是局部唯一的，即只在当前数据库实例中唯一，而不是全局唯一的，即在任意服务器间都是唯一的。对于分布式系统和分库分表的业务来说，这是不可接受的。在分库分表的场景下，可以通过 Redis 等第三方组件来获得严格自增的主键 id。如果不想依赖 Redis，则可以参考雪花算法生成主键，这样既能保证数据趋势递增，也能很好地满足分库分表的动态扩容需求。另外，对于一些敏感数据，如用户 id、订单 id 等，如果使用自增 id 作为主键，那么外部通过抓包可以很容易地知道新进用户量、成单量这些信息。因此，我们需要谨慎考虑是否继续使用自增主键。

5. 限制索引的数量

索引的数量并不是越多越好。我们需要限制每张表中的索引数量，建议单张表中的索引数量不超过 6 个，原因如下：

（1）每个索引都需要占用存储空间，索引的数量越多，占用的存储空间越大。

（2）索引会影响 INSERT、DELETE、UPDATE 等语句的性能，因为在更改表中数据的同时，需要调整和更新索引。

（3）优化器在选择如何优化查询时，会根据统一信息，对每个可能用到的索引进行评估，以便生成一份最好的执行计划。如果同时有多个索引可以用于查询，则会增加优化器生成执行计划的时间，降低查询性能。

9.10　小结

在本章中，我们首先讲解了索引优化原则，例如，在创建联合索引时需要遵循最左前缀法则。我们一定要合理地使用索引，避免出现索引失效的场景。

其次讲解了关联查询优化，提到了驱动表和被驱动表在关联查询中的位置，并且讲解了关联查询中的 4 种算法，分别是 Simple Nested-Loop Join、Index Nested-Loop Join、Block Nested-Loop Join 和 Hash Join。目前使用较多的是 Hash Join 算法，因为该算法的性能较高。在采用内连接时，MySQL 会自动将小结果集的表选为驱动表。

再次讲解了尽量不要将子查询放在被驱动表中，因为这样做有可能无法使用索引。能够直接多表关联的尽量直接多表关联，而不要使用子查询。

最后讲解了 MySQL 中索引的使用会在很大程度上影响查询性能，合理地使用索引可以显著提升查询性能。因此，设计有效的索引是十分必要的。

第10章

数据库的设计规范

在很多时候，数据库运行一段时间后，会发现其中的数据表设计存在问题，如果重新调整数据表的结构，则有可能影响程序的业务逻辑，甚至影响项目的正常访问，因此，在项目开始阶段就需要规范数据库的设计。范式是关系型数据库设计的基本理论，好的数据库设计离不开范式的支持。范式规范了数据库的设计原则，使数据库能更加有效地应用于各种互联网系统中。本章主要结合实际案例为大家介绍范式的相关知识。范式是关系型数据库的核心技术之一，也是数据库开发人员的必备知识。

10.1 范式

10.1.1 范式简介

为了建立冗余度小、结构合理的数据库，我们在设计数据库时必须遵循一定的规则。在关系型数据库中，数据表设计的基本原则、规则就被称为范式。我们可以把范式理解为一张数据表的设计结构需要满足的某种设计标准的级别。要想设计一个结构合理的关系型数据库，应尽量满足范式的要求。

范式（Normal Form，NF）是由英国人 E. F. Codd 在 20 世纪 70 年代提出关系型数据库模型后总结出来的。范式是关系型数据库的理论基础，也是数据库设计人员在设计数据库结构的过程中所要遵循的规则和指导方法。范式主要是为了解决关系型数据库中数据冗余、更新异常、插入异常、删除异常等问题而引入的设计理念。简单来说，遵循范式可以避免数据冗余，减少数据库占用的存储空间，并且降低维护数据完整性的成本。

10.1.2 范式分类

目前关系型数据库中有 6 种常见范式，按照范式级别，从低到高分别是第一范式（1NF）、第二范式（2NF）、第三范式（3NF）、巴斯-科德范式（BCNF）、第四范式（4NF）和第五范式（5NF，又称完美范式）。

数据库设计满足的范式越高阶，数据的冗余度越低，同时高阶范式一定符合低阶范式的要求，满足最低要求的范式是第一范式。在第一范式的基础上进一步满足更多要求的范式被称为第二范式，其余范式以此类推。

一般来说，在关系型数据库设计中，最高遵循到巴斯-科德范式，通常遵循到第三范式即可，但也不绝对，有时候为了提高某些查询性能，还需要破坏范式规则，也就是反规范化。6 种范式之间的关系如图 10-1 所示。图中的范式范围越小，表示越高阶，其对数据表的约束也就越严格。

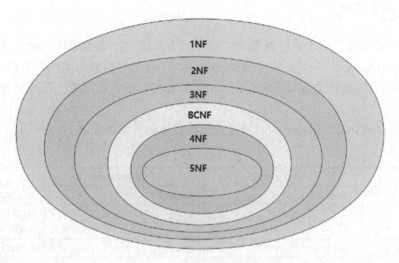

图 10-1　6 种范式之间的关系

10.1.3　数据表中的键

范式的定义会用到主键和候选键（主键和候选键可以唯一标识元组）。数据表中的键（Key）由一个或多个属性组成。数据表中常用的几种键和属性的定义总结如下。

- 超键：能唯一标识元组的属性集叫作超键。
- 候选键：如果超键不包括多余的属性，那么这个超键就是候选键。
- 主键：用户可以从候选键中选择一个作为主键。
- 外键：如果数据表 R1 中的某个属性集不是 R1 的主键，而是另一个数据表 R2 的主键，那么这个属性集就是数据表 R1 的外键。
- 主属性：包含在任何一个候选键中的属性被称为主属性。
- 非主属性：与主属性相对，指的是不包含在任何一个候选键中的属性。

我们通常也把候选键称为"码"，把主键称为"主码"。因为键可能是由多个属性组成的，所以针对单个属性，可以用主属性和非主属性来进行区分。下面我们通过案例来说明键和属性的概念。

现在有两张表，分别是球员表（player）和球队表（team）。球员表的属性包括球员编号、姓名、身份证号、年龄和球队编号，球队表的属性包括球队编号、主教练和球队所在地，如表 10-1 和表 10-2 所示。

表 10-1　球员表

球员编号	姓　　名	身份证号	年　　龄	球队编号
player_no	name	id_card	age	team_no

表 10-2　球队表

球队编号	主　教　练	球队所在地
team_no	head_coach	address

对于球员表来说，超键就是包括球员编号或身份证号的任意组合，如球员编号、(球员编号,姓名)、(身份证号,年龄)等。

候选键就是最小的超键，对于球员表来说，候选键就是球员编号或身份证号。

主键是可以自主决定的，从候选键中任意选择一个即可，如球员编号。

外键就是球员表中的球队编号。

在球员表中，主属性是球员编号、身份证号，姓名、年龄、球队编号都是非主属性。

我们了解了数据表中的 4 种键之后，再来看数据库中的第一范式、第二范式、第三范式、巴斯-科德范式和第四范式。

10.1.4　第一范式

第一范式主要用来确保数据表中的每个属性必须具有原子性，也就是说，数据表中的每个属性值为不可再次拆分的最小数据单元。例如，对于属性 X 来说，不能把它拆分为属性 X-1 和属性 X-2。事实上，任何数据库管理系统（Database Management System，DBMS）都会满足第一范式的要求，不会对属性进行拆分。

假设一家公司要存储其员工的姓名和联系方式，其设计的员工表如表 10-3 所示。

表 10-3　员工表

emp_id	emp_name	emp_address	emp_mobile
101	zhangsan	beijing	8912312390
102	lisi	liaoning	8812121212 9900012222
103	wangwu	hebei	7778881212
104	zhaoliu	shanghai	9999000012 1878120923

由于两名员工（lisi 和 zhaoliu）拥有两个手机号码，因此公司将它们存储在同一属性中，那么该表的关系模式不符合第一范式的要求，因为规则说"表中的每个属性必须具有原子（单个）值"，员工 lisi 和 zhaoliu 的 emp_mobile 值违反了该规则。为了使员工表的关系模式符合第一范式的要求，修改如表 10-4 所示。

表 10-4　符合第一范式要求的员工表

emp_id	emp_name	emp_address	emp_mobile
101	zhangsan	beijing	8912312390
102	lisi	liaoning	8812121212
102	lisi	liaoning	9900012222
103	wangwu	hebei	7778881212
104	zhaoliu	shanghai	9999000012
104	zhaoliu	shanghai	1878120923

属性的原子性是主观的，例如，员工表中的姓名应当使用一个（fullname）、两个（firstname 和 lastname）还是三个（firstname、middlename 和 lastname）属性来表示呢？答案取决于应用程序。如果应用程序需要分别处理员工的姓名部分（比如出于搜索目的），则有必要把它们分开，否则不需要把它们分开。

10.1.5　第二范式

第二范式是指在第一范式的基础上，确保数据表中除主键外的每个属性都必须完全依赖于主键。所谓完全依赖不同于部分依赖，也就是不能仅依赖于主键中的一部分属性，而必须依赖于主键中的全部属性。也就是说，如果要获取任何非主键属性值，则需要提供相同元组（行）中主键的所有属性值；如果知道主键的所有属性值，就可以检索到任何元组（行）中任何属性的任何值。一行数据只做一件事，只要数据列中出现重复数据，就要把表拆分开。下面我们通过案例来说明第二范式。

现有比赛表（player_game），其属性包括球员编号、姓名、年龄、比赛编号、比赛时间、比赛场地和得分，如表 10-5 所示。

表 10-5　比赛表

球员编号	姓　　名	年　　龄	比赛编号	比赛时间	比赛场地	得　　分
player_no	name	age	game_no	time	address	score

比赛表中的候选键和主键都是(球员编号,比赛编号)，可以通过候选键来决定如下关系：

(球员编号,比赛编号) → (姓名,年龄,比赛时间,比赛场地,得分)

上面这个关系说明球员编号和比赛编号的组合决定了球员的姓名、年龄、比赛时间、比赛场地和该比赛的得分数据。但是，这张数据表的关系模式不符合第二范式的要求，因为数据表中的属性之间还存在如下对应关系：

(球员编号) → (姓名,年龄)

(比赛编号) → (比赛时间,比赛场地)

也就是说，候选键中的某个属性决定了非主属性。可以理解为，对于非主属性来说，并非完全依赖于候选键。这样就会产生如下问题。

（1）数据冗余：如果一个球员可以参加 m 场比赛，那么球员的姓名和年龄就重复了 $m-1$ 次；一场比赛也可能会有 n 个球员参加，比赛时间和比赛场地就重复了 $n-1$ 次。

（2）插入异常：想要添加一场新的比赛，但是这时还没有确定参加的球员，就无法插入。

（3）删除异常：想要删除某个球员编号，如果没有单独保存比赛表，就会同时把比赛信息删除。

（4）更新异常：如果调整了某场比赛的时间，那么数据表中所有这场比赛的时间都需要进行调整，否则就会出现一场比赛时间不同的情况。

为了避免产生上述问题，可以把比赛表设计为如下 3 张表。

（1）球员表（player）：其属性包括球员编号、姓名和年龄。

（2）比赛表（game）：其属性包括比赛编号、比赛时间和比赛场地。

（3）球员比赛关系表（player_game）：其属性包括球员编号、比赛编号和得分。

这样一来，每张数据表的关系模式都符合第二范式的要求，也就避免了异常情况的发生。从某种程度上来说，第二范式是对第一范式原子性的升级。第一范式规定每个属性必须具有原子性，而第二范式规定一张数据表就是一个独立的对象，也就是说一张数据表只表达一个意思。

10.1.6　第三范式

第三范式是指在第二范式的基础上，确保数据表中的每个非主属性都和主属性直接相关。也就是说，数据表中的所有非主属性不能依赖于其他非主属性。或者说，不能存在非主属性 A 依赖于非主属性 B、非主属性 B 依赖于候选键的情况。通俗地讲，该规则的意思是所有非主属性必须相互独立。我们依然通过案例来解释第三范式。可以将第二范式和第三范式用一句话概括为"每个非键属性依赖于键，依赖于整个键，并且除了键别无他物"。

球员表（player）的属性包括球员编号、姓名、球队名称和球队教练，各属性之间的依赖关系如图 10-2 所示。

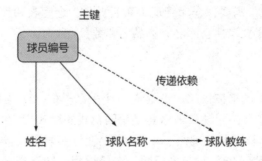

图 10-2　球员表中各属性之间的依赖关系

从图 10-2 中可以看到，球员编号决定了球队名称，同时球队名称决定了球队教练，非主属性球队教练就会传递依赖于球员编号，因此球员表的关系模式不符合第三范式的要求。如果要达到第三范式的要求，则需要把数据表拆分为球员表和球队表，球员表的属性包括球员编号、姓名和球队名称，球队表的属性包括球队名称和球队教练。

10.1.7　巴斯–科德范式

如果数据表的关系模式符合第三范式的要求，就不存在问题了吗？现有仓库管理关系表（warehouse_keeper），如表 10-6 所示。

表 10-6　仓库管理关系表

仓　库　名	管　理　员	物　品　名	数　　量
北京仓	张三	iPhone XR	10
北京仓	张三	iPhone 7	20
上海仓	李四	iPhone 7p	30
上海仓	李四	iPhone 8	40

在这张数据表中，一个仓库只有一个管理员，同时一个管理员也只管理一个仓库。这些属性之间的依赖关系为：仓库名决定管理员，管理员也决定仓库名，同时(仓库名,物品名)的属性集合可以决定数量属性。可以发现，数据表中的候选键是(管理员,物品名)和(仓库名,物品名)。从候选键中选择一个作为主键，比如(仓库名,物品名)。

在这里，主属性是包含在任何一个候选键中的属性，也就是仓库名、管理员和物品名，非主属性是数量。根据范式的等级，从低到高判断仓库管理关系表遵循的范式。

首先，数据表中的每个属性都是原子性的，符合第一范式的要求；其次，数据表中的非主属性"数量"与候选键全部依赖，(管理员,物品名)决定数量，(仓库名,物品名)决定数量，因此，数据表的关系模式符合第二范式的要求；最后，数据表中的非主属性不传递依赖于候选键，因此数据表的关系模式符合第三范式的要求。

既然数据表的关系模式已经符合第三范式的要求，是不是就不存在问题了呢？我们来看下面的情况。

（1）增加一个仓库，但是其中还没有存放任何物品。根据数据表实体完整性的要求，主键不能有空值，因此会出现插入异常的情况。

（2）如果仓库更换了管理员，就可能会修改数据表中的多条记录。

（3）如果仓库里的物品都卖空了，那么此时仓库名和相应的管理员也会随之被删除。

可以看到，即便数据表的关系模式符合第三范式的要求，也可能会出现插入、更新和删除数据的异常情况。造成异常的原因是主属性"仓库名"对候选键(管理员,物品名)是部分依赖的关系。

于是，人们在第三范式的基础上进行了改进，提出了巴斯–科德范式，它在第三范式的基础上消除了主属性对候选键的部分依赖或传递依赖关系。

根据巴斯–科德范式的要求，需要把仓库管理关系表拆分为仓库表和库存表。其中，仓库表的属性包括仓库名和管理员，库存表的属性包括仓库名、物品名和数量。

10.1.8　第四范式

第四范式为了消除数据表中的多值依赖，设 R 是一个关系模型，D 是 R 上的多值依赖集合。当 D 中存在多值依赖 X→Y 时，X 必是 R 的超键，则称 R 是第四范式的模式。

现有职工表(职工编号,职工孩子姓名,职工选修课程)，在这张表中，同一个职工可能会对应多个职工孩子姓名，同样，同一个职工也可能会对应多门职工选修课程，即存在多个多值事实，不符合第四范式的要求。如果要让数据表的关系模式符合第四范式的要求，则只需将职工表拆分为两张表，使它们只有一个多值事实，比如职工表一(职工编号,职工孩子姓名)和职工表二(职工编号,职工选修课程)。

一般地，用到第五范式的场景很少，我们就不过多介绍了。

10.2　反范式化

10.2.1　反范式化概述

如果我们想对查询效率进行优化，那么，将数据库设计反范式化也是一种思路。如果数据库中的数据量比较大，而且系统的独立访客数（Unique Visitor，UV）、页面访问量（Page View，PV）、访问频次比较高，那么，完全按照数据库的三大范式设计数据表，在读数据时会产生大量的关联查询，这会在一定程度上影响数据库的读性能。此时，可以通过在数据表中增加冗余字段来提高数据库的读性能。数据库设计规范化和数据库性能之间的关系如下。

（1）为了达到某种商业目的，数据库性能比数据库设计规范化更重要。

（2）在数据库设计规范化的同时，要综合考虑数据库性能。

（3）在给定的数据表中增加冗余字段，以大幅减少从中检索信息所需的时间。

（4）在给定的数据表中插入计算列，以方便查询。

10.2.2　反范式化应用举例

现有两张表，分别是课程评论表（class_comment）和学生表（student），这两张表的关系模式都符合三大范式的要求。课程评论表对应的字段名称及其含义如表 10-7 所示。

表 10-7　课程评论表对应的字段名称及其含义

字段名称	comment_id	course_id	comment_text	comment_time	stu_id
含　义	课程评论 id	课程 id	评论内容	评论时间	学生 id

学生表对应的字段名称及其含义如表 10-8 所示。

表 10-8　学生表对应的字段名称及其含义

字段名称	stu_id	stu_name	create_time
含　义	学生 id	学生昵称	注册时间

下面就用这两张表进行反范式化实验，实验目标是两张百万量级的数据表。

1．数据准备

创建数据库 chapter10，并在其中创建学生表（student）和课程评论表（class_comment），如下所示。

```
#创建数据库 chapter10
mysql> CREATE DATABASE chapter10;
#创建学生表
mysql> CREATE TABLE `student` (
    `stu_id` INT(11) NOT NULL,
    `stu_name` VARCHAR(15),
    `create_time` DATETIME
) ENGINE = InnoDB;
#创建课程评论表
mysql> CREATE TABLE `class_comment` (
    `comment_id` INT(11) NOT NULL,
    `course_id` INT(11) NOT NULL,
    `comment_text` VARCHAR(20) NOT NULL,
    `stu_id` INT(11) NOT NULL,
    `comment_time` DATETIME
) ENGINE = InnoDB;
```

为了更好地开展 SQL 优化实验，我们对学生表和课程评论表随机模拟出百万量级的数据。可以通过存储过程来实现数据的模拟。对学生表随机模拟出 100 万条学生信息的存储过程如下所示。

```
mysql> DELIMITER //
CREATE PROCEDURE batch_insert_student (
    IN START INT (10),
    IN max_num INT (10)
)
BEGIN
DECLARE i INT DEFAULT 0;
DECLARE date_start DATETIME DEFAULT ('2017-01-01 00:00:00');
DECLARE date_temp DATETIME;
SET date_temp = date_start;
SET autocommit = 0;
REPEAT
SET i = i + 1;
SET date_temp = date_add(
    date_temp,
    INTERVAL RAND() * 60 SECOND
);
INSERT INTO student (stu_id, stu_name, create_time)
VALUES
    (
    (START + i),
    CONCAT('stu_', i),
    date_temp
    );
UNTIL i = max_num
END
REPEAT;
COMMIT;
END //
DELIMITER ;
```

首先使用 date_start 变量定义初始的注册时间，为 2017 年 1 月 1 日 0 时 0 分 0 秒；然后使用 date_temp 变量计算每个用户的注册时间，新用户的注册时间与上一个用户的注册时间的间隔为 60 秒内的随机值；最后使用 REPEAT…UNTIL…END REPEAT 循环对 max_num 个用户的注册时间进行计算。在循环开始前，将 autocommit 变量的值设置为 0，等计算完成后再统一插入，执行效率更高。如果系统提示已经存在该存储过程，则修改存储过程名称即可。

使用 CALL 语句调用该存储过程。这里需要设置参数 start 和 max_num，表示初始 stu_id 和用户数量。调用结果如下所示。

```
mysql> CALL batch_insert_student(10000,1000000);
Query OK, 0 rows affected (39.81 sec)
```

对课程评论表随机模拟出 100 万条课程评论且评论内容为 20 个随机字符的存储过程如下所示。

```
mysql> DELIMITER //
CREATE PROCEDURE batch_insert_class_comments (
    IN START INT(10),
    IN max_num INT(10)
)
BEGIN
DECLARE i INT DEFAULT 0;
DECLARE date_start DATETIME DEFAULT ('2018-01-01 00:00:00');
DECLARE date_temp DATETIME;
DECLARE comment_text VARCHAR(25);
```

```
DECLARE stu_id INT;
SET date_temp = date_start;
SET autocommit = 0;
REPEAT
SET i = i + 1;
SET date_temp = date_add(
    date_temp,
    INTERVAL RAND() * 60 SECOND
);
SET comment_text = substr(MD5(RAND()), 1, 20);
SET stu_id = FLOOR(RAND() * 1000000);
INSERT INTO class_comment (
    comment_id,
    course_id,
    comment_text,
    comment_time,
    stu_id
)
VALUES
    (
    (START + i),
    10001,
    comment_text,
    date_temp,
    stu_id
    );
UNTIL i = max_num
END
REPEAT;
COMMIT;
END//
DELIMITER ;
```

同样地，首先使用 date_start 变量定义初始的评论时间；然后使用 date_temp 变量计算每条课程评论的评论时间，新课程评论的评论时间与上一条课程评论的评论时间的间隔为 60 秒内的随机值；最后使用 REPEAT…UNTIL…END REPEAT 循环对 max_num 条课程评论的评论时间进行计算。

调用该存储过程，调用结果如下所示。

```
mysql> CALL batch_insert_class_comments(10000,1000000);
Query OK, 0 rows affected (48.02 sec)
```

下面开始进行反范式化实验对比。

2. 反范式化实验

想要查询某个课程 id 对应的课程评论，比如 course_id=10001 对应的前 50000 条课程评论，在显示评论内容的同时，通常会显示这个用户的昵称，因此需要关联查询表 class_comment 和 student，SQL 语句如下所示。

```
mysql> SELECT c.comment_text, c.comment_time, stu.stu_name FROM class_comment AS c
LEFT JOIN student AS stu
ON c.stu_id = stu.stu_id
WHERE c.course_id = 10001
ORDER BY c.comment_id DESC LIMIT 50000
```

查询结果如下所示，此处仅展示部分数据。

```
…
| 0d0a19b89f1edc5649ac | 2018-12-13 23:01:07 | stu_228421 |
| 15494993bb48e9448b11 | 2018-12-13 23:00:36 | stu_134798 |
| 78540d62328edd8e9396 | 2018-12-13 23:00:25 | stu_39831  |
| 10226d18cda445b44402 | 2018-12-13 22:59:30 | stu_58211  |
| 0cd0fdddcd8110cc226e | 2018-12-13 22:58:37 | stu_79151  |
| 5e68ffb98836e3b27faf | 2018-12-13 22:58:13 | stu_29404  |
| a386afa367362322b154 | 2018-12-13 22:58:07 | stu_733081 |
| c9d4e92b9e7134465386 | 2018-12-13 22:57:15 | stu_819892 |
| a48e9f07eacac5be15ce | 2018-12-13 22:56:56 | stu_939937 |
| 0bfaf78d7dd5ae8f4e29 | 2018-12-13 22:56:54 | stu_107226 |
| 3a44280245f23d251162 | 2018-12-13 22:56:05 | stu_857709 |
| 816e08047de7b69452a5 | 2018-12-13 22:55:12 | stu_297389 |
| e2c7ab3ca4cb9d48a661 | 2018-12-13 22:54:16 | stu_461238 |
| 4ecfbc0ec60d5bb81be9 | 2018-12-13 22:53:31 | stu_189692 |
| d8b444251ca35270099c | 2018-12-13 22:53:00 | stu_601264 |
| 61fe6faded448afaa49d | 2018-12-13 22:52:54 | stu_90054  |
| e7959e81162afd84d5f0 | 2018-12-13 22:52:49 | stu_300856 |
| 725e9911c6d84f4821e0 | 2018-12-13 22:52:19 | stu_759201 |
| 09d8f571c0747be59926 | 2018-12-13 22:52:09 | stu_109455 |
| 0b3b8ac863425da8983c | 2018-12-13 22:51:57 | stu_611749 |
+----------------------+---------------------+------------+
50000 rows in set (3.13 sec)
```

可以看到，执行时间为 3.13 秒，查询效率并不高。一般来说，当表中的数据量不大的时候，这样的查询效率还可以接受；但如果表中的数据量超过百万量级，查询效率就会急剧降低。这是因为查询会先扫描表 class_comment，然后根据表 class_comment 中的 stu_id 嵌套扫描表 student 中的 stu_id，这样一来查询所耗费的时间就有几百毫秒甚至更长。对于网站的响应来说，这已经很慢了，用户体验会非常差。

想要提高查询效率，可以允许适当的字段冗余，也就是在课程评论表中增加"学生昵称"字段。在表 class_comment 的基础上增加 stu_name 字段，就得到了表 class_comment2。创建表 class_comment2 的语句如下所示。

```sql
mysql> CREATE TABLE `class_comment2`(
    `comment_id` INT(11) NOT NULL,
    `course_id` INT(11) NOT NULL,
    `comment_text` VARCHAR(20) NOT NULL,
    `stu_id` INT(11) NOT NULL,
    `stu_name` VARCHAR(15),
    `comment_time` DATETIME
) ENGINE = InnoDB;
```

向表 class_comment2 中插入数据的存储过程如下所示。

```sql
mysql> DELIMITER //
CREATE PROCEDURE batch_insert_class_comments2(IN START INT(10), IN max_num INT(10))
BEGIN
DECLARE i INT DEFAULT 0;
DECLARE date_start DATETIME DEFAULT ('2018-01-01 00:00:00');
DECLARE date_temp DATETIME;
DECLARE comment_text VARCHAR(25);
DECLARE stu_id INT;
SET date_temp = date_start;
SET autocommit=0;
REPEAT
```

```
SET i=i+1;
SET date_temp = date_add(date_temp, INTERVAL RAND()*60 SECOND);
SET comment_text = substr(MD5(RAND()),1, 20);
SET stu_id = FLOOR(RAND()*1000000);
INSERT   INTO   class_comment2(comment_id,   course_id,   comment_text,   comment_time,
stu_id,stu_name)
VALUES((START+i), 10001, comment_text, date_temp, stu_id,CONCAT('stu_',i));
UNTIL i = max_num
END REPEAT;
COMMIT;
END //
DELIMITER;
```

调用该存储过程，调用结果如下所示。

```
mysql> CALL batch_insert_class_comments2(10000,1000000);
Query OK, 0 rows affected (46.59 sec)
```

这样一来，只需单表查询就可以得到结果集，SQL 语句如下所示。

```
mysql> SELECT comment_text, comment_time, stu_name FROM class_comment2 WHERE course_id =
10001 ORDER BY course_id DESC LIMIT 50000;
```

查询结果如下所示，此处依然只展示部分数据。

```
…
| 0d0a19b89f1edc5649ac | 2018-12-13 23:01:07 | stu_228421 |
| 15494993bb48e9448b11 | 2018-12-13 23:00:36 | stu_134798 |
| 78540d62328edd8e9396 | 2018-12-13 23:00:25 | stu_39831  |
| 10226d18cda445b44402 | 2018-12-13 22:59:30 | stu_58211  |
| 0cd0fdddcd8110cc226e | 2018-12-13 22:58:37 | stu_79151  |
| 5e68ffb98836e3b27faf | 2018-12-13 22:58:13 | stu_29404  |
| a386afa367362322b154 | 2018-12-13 22:58:07 | stu_733081 |
| c9d4e92b9e7134465386 | 2018-12-13 22:57:15 | stu_819892 |
| a48e9f07eacac5be15ce | 2018-12-13 22:56:56 | stu_939937 |
| 0bfaf78d7dd5ae8f4e29 | 2018-12-13 22:56:54 | stu_107226 |
| 3a44280245f23d251162 | 2018-12-13 22:56:05 | stu_857709 |
| 816e08047de7b69452a5 | 2018-12-13 22:55:12 | stu_297389 |
| e2c7ab3ca4cb9d48a661 | 2018-12-13 22:54:16 | stu_461238 |
| 4ecfbc0ec60d5bb81be9 | 2018-12-13 22:53:31 | stu_189692 |
| d8b444251ca35270099c | 2018-12-13 22:53:00 | stu_601264 |
| 61fe6faded448afaa49d | 2018-12-13 22:52:54 | stu_90054  |
| e7959e81162afd84d5f0 | 2018-12-13 22:52:49 | stu_300856 |
| 725e9911c6d84f4821e0 | 2018-12-13 22:52:19 | stu_759201 |
| 09d8f571c0747be59926 | 2018-12-13 22:52:09 | stu_109455 |
| 0b3b8ac863425da8983c | 2018-12-13 22:51:57 | stu_611749 |
+----------------------+---------------------+------------+
50000 rows in set (0.04 sec)
```

反范式化之后，只需扫描一次聚簇索引即可，执行时间为 0.04 秒，是之前执行时间的 1/78。可以看到，在表中数据量较大的情况下，查询效率会得到显著提高。

虽然反范式化可以通过空间换时间的方式来提高查询效率，但这也会带来一些新问题。

（1）存储空间变大了，因为多了冗余字段。

（2）在表中数据量较小的情况下，反范式化不但不能体现出性能优势，可能还会让数据库的设计更加复杂。

（3）对一张表中的字段进行了修改，对另一张表中的冗余字段需要同步进行修改，否则会导致表中的数据不一致。

（4）采用存储过程来支持数据的更新、删除等操作，如果数据更新频繁，则会非常消耗系统资源。

10.2.3 反范式化的使用建议

当冗余信息有价值或能大幅提高查询效率的时候，就可以采用反范式化设计。增加冗余字段一定要符合两个条件：一是这个冗余字段不需要经常修改；二是这个冗余字段在查询的时候不可或缺。只有满足这两个条件，才可以考虑增加冗余字段，否则不值得增加冗余字段。

在实际生产中，我们经常需要一些冗余信息，比如订单中的收货人信息（包括姓名、电话号码、地址等）。每次发生的订单收货信息都属于历史快照，需要进行保存，但用户可以随时修改自己的信息，这时保存这些冗余信息是非常有必要的。

此外，反范式化也常被应用在数据仓库的设计中，因为数据仓库通常用于存储历史数据，对增、删、改的实时性要求不高，但对历史数据的分析需求强烈。这时适当允许数据的冗余度，更方便进行数据分析。下面简单说一下数据库和数据仓库的区别。

（1）数据库的设计目的在于捕获数据；而数据仓库的设计目的在于分析数据。

（2）数据库对数据增、删、改的实时性要求高，需要存储在线数据；而数据仓库中存储的一般是历史数据。

（3）数据库设计需要尽量避免冗余，但为了提高查询效率，也允许一定的冗余度；而数据仓库更偏向采用反范式化设计。

10.3 ER 模型

数据库设计是牵一发而动全身的。那么，有没有什么办法提前看到数据库的全貌呢？例如，需要哪些数据表，数据表中应该有哪些字段，数据表之间有什么关系，数据表之间通过什么字段进行连接等。这样我们才能进行整体的梳理和设计。

其实，ER（Entity-Relationship）模型就是一个这样的工具。ER 模型也叫作实体-关系模型，是用来描述现实生活中客观存在的事物、事物的属性，以及事物之间关系的一种数据模型。在开发基于数据库的信息系统的设计阶段，我们通常使用 ER 模型来描述信息需求和信息特性，帮助厘清业务逻辑，从而设计出优秀的数据库。

在设计数据库的时候，可以参考前面讲过的数据库设计范式。但是，基于以往的经验，数据库设计应遵循以下原则。

1. 数据表的数量越少越好

关系型数据库管理系统（Relational Database Management System，RDBMS）的核心在于对实体及实体之间关系的设计。数据表的数量越少，表明实体及实体之间关系的设计得越简洁，既方便理解又方便操作。

2. 数据表中的字段数量越少越好

数据表中的字段数量越多，数据冗余的可能性越大。设置字段数量少的前提是各个字段相互独立，而不是某个字段的取值由其他字段计算出来。当然，字段数量少是相对的，通常会在数据冗余和查询效率之间进行平衡。

3. 数据表中联合主键的字段数量越少越好

设置主键是为了确定唯一性，当一个字段无法确定唯一性的时候，就需要采用联合主键的方式来确定唯一性（也就是用多个字段来定义一个主键）。联合主键中的字段数量越多，占用的索引空间越大，不仅会加大理解难度，还会增加执行时间，因此，联合主键的字段数量越少越好。

4．使用主键和外键越多越好

数据库设计实际上就是定义各种数据表，以及各个字段之间的关系。这些关系越多，表明这些实体之间的冗余度越低、利用度越高。这样做不仅能保证数据表之间的独立性，还能提升数据表之间的关联使用率。但是，在互联网业务中，业务并发度较高，外键的存在会使得数据表的插入、更新性能下降，可以通过取消外键来提高数据表的插入、更新性能。

需要注意的是，上述原则并不是绝对的，需要根据具体的业务场景进行具体分析。本节依然借助实际案例，通过使用 ER 模型分析电商的业务流程，厘清数据库设计思路，设计出优秀的数据库。在使用 ER 模型之前，我们先介绍 ER 模型中有哪些要素。

10.3.1　ER 模型中的要素

ER 模型中有 3 个要素，分别是实体、属性和关系。

（1）实体可以被看作数据对象，它往往对应于现实生活中真实存在的个体。例如，一个用户就可以被看作一个实体。在 ER 模型中，用矩形来表示实体。实体分为两类，分别是强实体和弱实体。强实体是指不依赖于其他实体的实体；弱实体是指对另一个实体有很强的依赖关系的实体。

（2）属性是指实体的特性，比如用户的姓名、联系电话、年龄等。在 ER 模型中，用椭圆形来表示属性。

（3）关系是指实体之间的联系，比如用户购买商品，就是一种商品与用户之间的联系。在 ER 模型中，用菱形来表示关系。

需要注意的是，有时候，实体和属性不容易被区分。比如商品信息表中商品的单位，到底是实体还是属性呢？从进货的角度出发，单位是商品的属性；但是，从超市信息系统整体的角度出发，单位可以被看作一个实体。

那么，我们该如何区分实体和属性呢？应遵循一条原则：从系统整体的角度出发，可以独立存在的是实体，不可再分的是属性。也就是说，属性不需要被进一步描述，其中不能包含其他属性。

在 ER 模型的 3 个要素中，关系又可以分为 3 种类型，分别是一对一、一对多和多对多。

（1）一对一：指实体之间的关系是一一对应的。例如，先新建一张学生基本信息表，再新建一张成绩表，表中包含外键 student_id，学生基本信息表里的字段 id 和成绩表里的 student_id 就是一一对应的。

（2）一对多：指一边的实体通过关系可以对应另一边的多个实体，而另一边的实体通过这个关系只能对应这边的唯一一个实体。例如，新建一张班级表，每个班级里都有多个学生，每个学生对应一个班级，班级表对学生表就是一对多的关系。

（3）多对多：指关系两边的实体通过关系都可以对应对方的多个实体。例如，新建一张选课表，里面可能有许多科目，每个科目可供多个学生选择，而每个学生又可以选择多个科目，这就是多对多的关系。

本节设计的案例是电商业务。由于电商业务太过庞大且复杂，因此本节进行了业务简化。例如，针对 SKU（Stock Keeping Unit，库存量单位）和 SPU（Standard Product Unit，标准化产品单元）的含义，本节直接使用了 SKU，并没有提及 SPU 的概念，大家知道即可。

本次电商业务设计共有 8 个实体，分别为地址、用户、购物车、评论、商品、商品分类、订单和订单详情。其中，用户和商品分类是强实体，因为它们不需要依赖于其他任何实体；而其他实体属于弱实体，因为它们虽然都可以独立存在，但是它们都依赖于用户这个实体。

电商业务 ER 模型如图 10-3 所示。

在图 10-3 中，地址和用户之间是一对多的关系，用户和购物车之间是一对一的关系，商品和订单之间是多对多的关系。这个 ER 模型中包括 8 个实体及它们之间的 8 种关系。

（1）一个用户可以在电商平台上添加多个地址。

（2）一个用户只能拥有一个购物车。

（3）一个用户可以生成多笔订单。

（4）一个用户可以发表多条评论。

（5）一件商品可以拥有多条评论。

（6）每个商品分类中可以包含多种商品。

（7）一笔订单中可以包含多种商品，一种商品可以被包含在多笔订单中。

（8）一笔订单中可以包含多条订单详情，因为一笔订单中可能包含不同种类的商品。

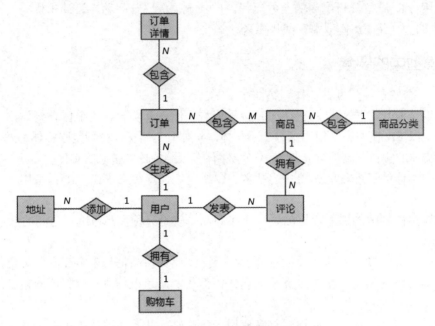

图 10-3　电商业务 ER 模型

有了这个 ER 模型，我们就可以从整体上理解电商业务了。但是，这里没有包含属性，这样就无法体现实体及实体之间关系的具体特性。现在我们需要加上实体的属性，这样得到的 ER 模型就更加完整了。

10.3.2　ER 模型中实体的属性

图 10-3 所示的 ER 模型展示了电商业务的框架，但是其中只包括 8 个实体及它们之间的 8 种关系，还没有对应到具体的表及表之间的关系。因此，我们需要进一步设计 ER 模型的各个部分，也就是细化电商的具体业务流程，并把它们综合到一起，形成一个完整的 ER 模型。这样做可以帮助我们厘清数据库的设计思路。

接下来，我们分析这 8 个实体的属性。

（1）地址实体包括地址编号、用户编号、省、市、具体地址、收件人、联系电话、是否默认地址等属性。

（2）用户实体包括用户编号、用户名称、昵称、用户密码、手机号、邮箱、头像、用户级别等属性。

（3）购物车实体包括购物车编号、用户编号、商品编号、商品数量、图片文件 URL 等属性。

（4）评论实体包括评论编号、评论内容、评论时间、用户编号、商品编号等属性。

（5）商品实体包括商品编号、价格、商品名称、分类编号、是否销售、商品规格描述、颜色等属性。

（6）商品分类实体包括分类编号、分类名称、父分类编号等属性。

（7）订单实体包括订单编号、收件人、收件人电话、总金额、用户编号、付款方式、送货地址、下单时间等属性。

（8）订单详情实体包括订单详情编号、订单编号、商品名称、商品编号、商品数量、下单价格、下单时间等属性。

重新设计的电商业务 ER 模型如图 10-4 所示。

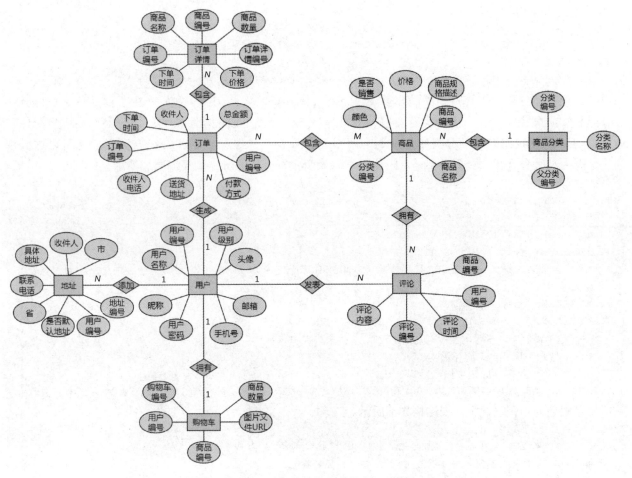

图 10-4　重新设计的电商业务 ER 模型

10.3.3　把 ER 模型转换为数据表

我们通过绘制 ER 模型厘清了业务逻辑，接下来要把 ER 模型转换为具体的数据表。转换原则如下。

（1）通常把一个实体转换为一张数据表。

（2）通常把一个多对多的关系也转换为一张数据表。

（3）一个一对一或一对多的关系往往通过表中的外键来表达，而不是设计一张新的数据表。

（4）把属性转换为表中的字段。

下面我们遵循这些转换原则，把 ER 模型转换为具体的数据表，从而把抽象出来的数据模型落实到具体的数据库设计中。

10.3.4　把实体转换为数据表

1. 把强实体转换为数据表

（1）把用户实体转换为用户表（user_info），表结构如下所示。

```
CREATE TABLE `user_info` (
  `id` BIGINT(20) NOT NULL AUTO_INCREMENT COMMENT '用户编号',
  `user_name` VARCHAR(200) DEFAULT NULL COMMENT '用户名称',
```

```
  `nick_name` VARCHAR(200) DEFAULT NULL COMMENT '昵称',
  `passwd` VARCHAR(200) DEFAULT NULL COMMENT '用户密码',
  `phone_num` VARCHAR(200) DEFAULT NULL COMMENT '手机号',
  `email` VARCHAR(200) DEFAULT NULL COMMENT '邮箱',
  `head_img` VARCHAR(200) DEFAULT NULL COMMENT '头像',
  `user_level` VARCHAR(200) DEFAULT NULL COMMENT '用户级别',
  PRIMARY KEY (`id`)
) ENGINE=InnoDB AUTO_INCREMENT=4 DEFAULT CHARSET=utf8 COMMENT='用户表';
```

（2）把商品分类实体转换为商品分类表（base_category），表结构如下所示。由于商品分类可以有一级分类和二级分类，比如一级分类有图像、手机等，二级分类可以根据手机的一级分类分为手机配件、运营商等，因此我们把商品分类实体规划为两张表，分别是一级分类表和二级分类表。之所以这么规划，是因为一级分类和二级分类都是有限的，存储为两张表会使业务结构显得更加清晰。

```
#一级分类表
CREATE TABLE `base_category1` (
  `id` BIGINT(20) NOT NULL AUTO_INCREMENT COMMENT '分类编号',
  `name` VARCHAR(10) NOT NULL COMMENT '一级分类名称',
  PRIMARY KEY (`id`) USING BTREE
) ENGINE=InnoDB AUTO_INCREMENT=1 DEFAULT CHARSET=utf8 ROW_FORMAT=DYNAMIC COMMENT='一级分类表';
#二级分类表
CREATE TABLE `base_category2` (
  `id` BIGINT(20) NOT NULL AUTO_INCREMENT COMMENT '分类编号',
  `name` VARCHAR(200) NOT NULL COMMENT '二级分类名称',
  `category1_id` BIGINT(20) DEFAULT NULL COMMENT '一级分类编号',
  PRIMARY KEY (`id`) USING BTREE
) ENGINE=InnoDB AUTO_INCREMENT=1 DEFAULT CHARSET=utf8 ROW_FORMAT=DYNAMIC COMMENT='二级分类表';
```

如果规划为一张表，那么表结构如下所示。

```
CREATE TABLE `base_category` (
  `id` BIGINT(20) NOT NULL AUTO_INCREMENT COMMENT '分类编号',
  `name` VARCHAR(200) NOT NULL COMMENT '分类名称',
  `category_parent_id` BIGINT(20) DEFAULT NULL COMMENT '父分类编号',
  PRIMARY KEY (`id`) USING BTREE
) ENGINE=InnoDB AUTO_INCREMENT=1 DEFAULT CHARSET=utf8 ROW_FORMAT=DYNAMIC COMMENT='商品分类表';
```

如果按照一张表规划，那么，在查询一级分类的时候，就需要判断父分类编号是否为空。如果在插入二级分类的时候父分类编号也为空，就容易造成业务数据混乱，不知道该分类到底是一级分类还是二级分类。而且在查询二级分类的时候，"IS NOT NULL"条件是无法使用索引的。另外，这样的设计也不符合第二范式的要求，需要进行表的拆分，因为父分类编号并不依赖于分类编号，父分类编号可以有很多数据为NULL。因此，无论是从业务需求的角度来看，还是从数据表设计规范的角度来看，都应该规划为两张表。

2. 把弱实体转换为数据表

（1）把地址实体转换为地址表（user_address），表结构如下所示。

```
CREATE TABLE `user_address` (
  `id` BIGINT(20) NOT NULL AUTO_INCREMENT COMMENT '地址编号',
  `province` VARCHAR(500) DEFAULT NULL COMMENT '省',
  `city` VARCHAR(500) DEFAULT NULL COMMENT '市',
  `user_address` VARCHAR(500) DEFAULT NULL COMMENT '具体地址',
  `user_id` BIGINT(20) DEFAULT NULL COMMENT '用户编号',
  `consignee` VARCHAR(40) DEFAULT NULL COMMENT '收件人',
```

```
`phone_num` VARCHAR(40) DEFAULT NULL COMMENT '联系电话',
`is_default` VARCHAR(1) DEFAULT NULL COMMENT '是否默认地址',
PRIMARY KEY (`id`)
) ENGINE=InnoDB AUTO_INCREMENT=1 DEFAULT CHARSET=utf8 COMMENT='地址表';
```

（2）把订单实体转换为订单信息表（order_info），表结构如下所示。在实际业务中，订单信息会非常多，本节进行了简化处理。

```
CREATE TABLE `order_info` (
`order_id` BIGINT(20) NOT NULL AUTO_INCREMENT COMMENT '订单编号',
`consignee` VARCHAR(100) DEFAULT NULL COMMENT '收件人',
`consignee_tel` VARCHAR(20) DEFAULT NULL COMMENT '收件人电话',
`total_amount` DECIMAL(10,2) DEFAULT NULL COMMENT '总金额',
`user_id` BIGINT(20) DEFAULT NULL COMMENT '用户编号',
`payment_way` VARCHAR(20) DEFAULT NULL COMMENT '付款方式',
`delivery_address` VARCHAR(1000) DEFAULT NULL COMMENT '送货地址',
`create_time` DATETIME DEFAULT NULL COMMENT '下单时间',
PRIMARY KEY (`order_id`) USING BTREE
) ENGINE=InnoDB AUTO_INCREMENT=1 DEFAULT CHARSET=utf8 ROW_FORMAT=DYNAMIC COMMENT='订单信息表';
```

（3）把订单详情实体转换为订单详情表（order_detail）。这里先不转换，因为涉及商品和订单多对多关系的建表规则，各位读者接着往下看。

（4）把购物车实体转换为购物车表（cart_info），表结构如下所示。

```
CREATE TABLE `cart_info` (
`cart_id` BIGINT(20) NOT NULL AUTO_INCREMENT COMMENT '购物车编号',
`user_id` VARCHAR(200) DEFAULT NULL COMMENT '用户编号',
`sku_id` BIGINT(20) DEFAULT NULL COMMENT '商品编号',
`sku_num` INT(11) DEFAULT NULL COMMENT '商品数量',
`img_url` VARCHAR(500) DEFAULT NULL COMMENT '图片文件URL',
PRIMARY KEY (`cart_id`) USING BTREE
) ENGINE=InnoDB AUTO_INCREMENT=1 DEFAULT CHARSET=utf8 ROW_FORMAT=DYNAMIC COMMENT='购物车表';
```

（5）把评论实体转换为评论表（sku_comments），表结构如下所示。

```
CREATE TABLE `sku_comments` (
`comment_id` BIGINT(20) NOT NULL AUTO_INCREMENT COMMENT '评论编号',
`user_id` BIGINT(20) DEFAULT NULL COMMENT '用户编号',
`sku_id` DECIMAL(10,0) DEFAULT NULL COMMENT '商品编号',
`comment` VARCHAR(2000) DEFAULT NULL COMMENT '评论内容',
`create_time` DATETIME DEFAULT NULL COMMENT '评论时间',
PRIMARY KEY (`comment_id`) USING BTREE
) ENGINE=InnoDB AUTO_INCREMENT=45 DEFAULT CHARSET=utf8 ROW_FORMAT=DYNAMIC COMMENT='评论表';
```

（6）把商品实体转换为商品表（sku_info），表结构如下所示。

```
CREATE TABLE `sku_info` (
`sku_id` BIGINT(20) NOT NULL AUTO_INCREMENT COMMENT '商品编号(itemID)',
`price` DECIMAL(10,0) DEFAULT NULL COMMENT '价格',
`sku_name` VARCHAR(200) DEFAULT NULL COMMENT '商品名称',
`sku_desc` VARCHAR(2000) DEFAULT NULL COMMENT '商品规格描述',
`category3_id` BIGINT(20) DEFAULT NULL COMMENT '三级分类编号（冗余）',
`color` VARCHAR(2000) DEFAULT NULL COMMENT '颜色',
`is_sale` TINYINT(3) NOT NULL DEFAULT '0' COMMENT '是否销售（1：是；0：否）',
PRIMARY KEY (`sku_id`) USING BTREE
) ENGINE=InnoDB AUTO_INCREMENT=45 DEFAULT CHARSET=utf8 ROW_FORMAT=DYNAMIC COMMENT='商品表';
```

10.3.5　把多对多的关系转换为数据表

当前电商业务 ER 模型中有一个多对多的关系，即商品和订单之间的关系，同一类型的商品可以出现在不同的订单中，不同的订单中也可以包含同一类型的商品。为此，我们需要设计一张独立的表来表达这种关系，这种表一般被称为中间表。

我们设计一张独立的订单详情表来表达商品和订单之间的关系。因为这张表关联到两个实体，分别是商品和订单，所以这张表中必须包含这两个实体转换为的主键，即 sku_id 和 order_id。除此之外，这张表中还要包括该关系自有的属性，即商品数量、下单价格及商品名称。

按照数据表设计规范中第三范式的要求和业务优先的原则，我们额外设计一张订单详情表（order_detail）作为订单和商品之间的中间表，表结构如下所示。一条订单信息中可以包含多条订单详情，一种商品也可以对应多条订单详情。

```
CREATE TABLE `order_detail` (
  `id` BIGINT(20) NOT NULL AUTO_INCREMENT COMMENT '订单详情编号',
  `order_id` BIGINT(20) DEFAULT NULL COMMENT '订单编号',
  `sku_id` BIGINT(20) DEFAULT NULL COMMENT '商品编号',
  `sku_name` VARCHAR(200) DEFAULT NULL COMMENT 商品名称',
  `price` DECIMAL(10,0) DEFAULT NULL COMMENT '下单价格',
  `sku_num` VARCHAR(200) DEFAULT NULL COMMENT '商品数量',
  `create_time` DATETIME DEFAULT NULL COMMENT '下单时间',
  PRIMARY KEY (`id`) USING BTREE
) ENGINE=InnoDB AUTO_INCREMENT=1 DEFAULT CHARSET=utf8 ROW_FORMAT=DYNAMIC COMMENT='订单详情表';
```

10.3.6　通过外键来表达一对多的关系

在上面的数据表设计中，可以用外键来表达一对多的关系。例如，在评论表中，分别把 user_id、sku_id 定义为外键，如下所示。

```
CONSTRAINT fk_comment_user FOREIGN KEY (user_id) REFERENCES user_info (id),
CONSTRAINT fk_comment_sku FOREIGN KEY (sku_id) REFERENCES sku_info (sku_id)
```

外键约束的目的主要是在数据库层面上保证数据的一致性，但是，因为插入和更新数据需要检查外键，理论上性能会有所下降。

在实际业务中不建议使用外键，一方面是因为使用外键会降低开发的复杂度（如果有外键，那么主从表类的操作必须先操作主表），另一方面是因为在处理数据的时候使用外键非常麻烦。在应用层面上进行数据的一致性检查，如学生选课的场景，通过下拉或查找等方式从系统中进行选取，就能够保证是合法的课程 id，因此不需要依靠数据库的外键检查。

10.3.7　把属性转换为表中的字段

在刚刚的设计中，我们把属性转换为表中的字段，例如，把商品实体的属性转换为商品表中的字段，这样就完成了从 ER 模型到 MySQL 数据表的转换。

我们通过先创建电商业务 ER 模型，再把 ER 模型转换为具体的数据表的方式，完成了基于 ER 模型设计电商项目数据库的工作。

其实，任何一个基于数据库的应用项目都可以通过这种先创建 ER 模型，再把 ER 模型转换为具体的数据表的方式，完成数据库的设计工作。ER 模型是一种工具，创建 ER 模型不是目的，目的是把业务逻辑梳理清楚，设计出优秀的数据库。图 10-5 所示为 ER 模型的设计流程。建议大家不要为了建模而建模，而要利用创建 ER 模型的过程来整理思路，这样创建 ER 模型才有意义。

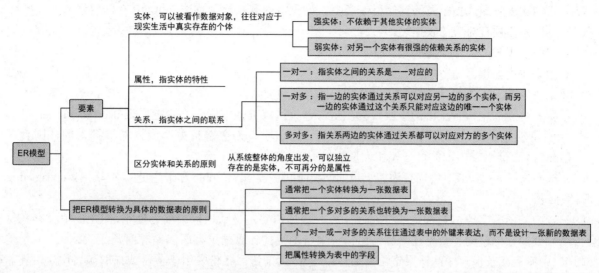

图 10-5　ER 模型的设计流程

ER 模型虽然看起来比较复杂，但是对于项目把控而言非常重要。如果要开发规模较小的应用项目，或许简单设计几张表即可。一旦要开发具有一定规模的应用项目，在项目的初始阶段，创建完整的 ER 模型非常关键，开发应用项目的实质就是建模。

10.4　数据库对象的设计规范

前面几节讲解的是数据库设计的总体规范，但是，在数据库对象（包括库、表、索引等）的设计过程中，还有其他需要注意的一些细节规范。

下面给出的这些设计规范适用于大多数应用项目。按照下面的设计规范创建数据库，可以使数据库发挥更高的性能。这些设计规范可以分为 3 类，分别是库的设计规范、表的设计规范、索引的设计规范。

10.4.1　库的设计规范

库的设计规范如下。

（1）库的名称尽量控制在 32 个字符以内，须见名知意。

（2）库名中的英文字母一律采用小写形式，不同单词之间使用下画线分隔。

（3）库的名称格式为"业务系统名_子系统名"。

（4）库名只能使用英文字母、数字和下画线，并以英文字母开头。

（5）在创建库时必须显式指定字符集为 utf8 或 utf8mb4。

（6）临时库名以 tmp_ 为前缀，并以日期为后缀。

（7）备份库名以 bak_ 为前缀，并以日期为后缀。

10.4.2　表的设计规范

表的设计规范如下。

（1）表和表中字段的名称尽量控制在 32 个字符以内，表名只能使用英文字母、数字和下画线，且英文字母采用小写形式。

（2）表名与业务模块名强相关，同一模块使用的表名尽量使用统一前缀。

（3）在创建表时显式指定字符集为 utf8 或 utf8mb4。

（4）字段名尽量不使用关键字（如 type、order 等）。

（5）在创建表时显式指定表的存储引擎类型，如无特殊需求，则首选 InnoDB 存储引擎。

（6）创建表需要有对应的表描述。

（7）在创建表时，关于主键的建议有如下几点。

- 表中必须有主键。
- 要求主键为 id，类型为 INT 或 BIGINT，且为自增类型。
- 不要将标识表中每行主体的字段设为主键，建议选择其他字段设为主键，如 user_id、order_id 等，并创建唯一索引。如果将标识表中每行主体的字段设为主键且主键值为随机插入的，则会导致 InnoDB 存储引擎内部的页分裂和大量随机 I/O，性能也会下降。

（8）核心表（如用户表）中需要添加记录的创建时间字段 create_time 和最后更新时间字段 update_time，以便排查问题。

（9）表中的所有字段尽量都是非空属性，可以根据需要定义默认值。因为使用 NULL 值会存在每行都会占用额外的存储空间、数据迁移容易出错、聚合函数的计算结果有所偏差等问题。

（10）中间表用于保存中间结果集，其名称以 tmp_ 为前缀。备份表用于备份或抓取源表快照，其名称以 bak_ 为前缀。应定期清理中间表和备份表。

一条较为规范的创建表的语句如下所示。

```
CREATE TABLE `user_info` (
  `id` INT UNSIGNED NOT NULL AUTO_INCREMENT COMMENT '自增主键',
  `user_id` BIGINT(11) NOT NULL COMMENT '用户 ID',
  `username` VARCHAR(45) NOT NULL COMMENT '真实姓名',
  `email` VARCHAR(30) NOT NULL COMMENT '用户邮箱',
  `nickname` VARCHAR(45) NOT NULL COMMENT '昵称',
  `birthday` DATE NOT NULL COMMENT '生日',
  `sex` TINYINT(4) DEFAULT '0' COMMENT '性别',
  `short_introduce` VARCHAR(150) DEFAULT NULL COMMENT '一句话介绍自己，最多 50 个汉字',
  `user_resume` VARCHAR(300) NOT NULL COMMENT '用户提交的简历存放地址',
  `user_register_ip` INT NOT NULL COMMENT '用户注册时的源 IP',
  `create_time` TIMESTAMP NOT NULL DEFAULT CURRENT_TIMESTAMP COMMENT '创建时间',
  `update_time` TIMESTAMP NOT NULL DEFAULT CURRENT_TIMESTAMP ON UPDATE CURRENT_TIMESTAMP
COMMENT '修改时间',
  `user_review_status` TINYINT NOT NULL COMMENT '用户资料审核状态，1 为通过，2 为审核中，3 为未通
过，4 为还未提交审核',
  PRIMARY KEY (`id`),
  UNIQUE KEY `uniq_user_id` (`user_id`),
  KEY `idx_username`(`username`),
  KEY `idx_create_time_status`(`create_time`,`user_review_status`)
) ENGINE=InnoDB DEFAULT CHARSET=utf8 COMMENT='网站用户基本信息'
```

10.4.3　索引的设计规范

索引的设计规范如下。

（1）对于 InnoDB 存储引擎类型的表，主键设置为 INT 或 BIGINT 类型，并且设置自增属性（AUTO_INCREMENT），主键值禁止被更新。

（2）对于 InnoDB 和 MyISAM 存储引擎类型的表，索引类型设置为 BTREE。

（3）主键的名称以 pk_ 为前缀，唯一键的名称以 uni_ 或 uk_ 为前缀，普通索引的名称以 idx_ 为前缀，且一律采用小写形式，以字段名或其缩写为后缀。

（4）单张表中的索引数量不超过 6 个。

（5）在创建索引时，多考虑创建联合索引，并把区分度最高的字段放在前面。例如，user_id 字段的

区分度可由 SELECT COUNT(DISTINCT user_id)语句计算出来。

（6）在多表连接的 SQL 语句中，应保证被驱动表的连接列上有索引，这样执行效率最高。

（7）在创建表或增加索引时，应保证表中不存在冗余索引。例如，如果表中已经存在索引 key(a,b)，则索引 key(a)为冗余索引，需要将其删除。

10.5 PowerDesigner 的使用

PowerDesigner 是开发人员常用的一款数据库建模工具，利用它可以方便地制作数据流程图、概念数据模型、物理数据模型，甚至可以生成多种客户端开发工具的应用程序和为数据仓库制作结构模型，几乎囊括了数据库模型设计的全过程。下面以 PowerDesigner 16.5 为例讲解其基本使用。

启动该软件后，选择"File"→"New Model"或"File"→"New Project"命令，创建模型或工程，如图 10-6 所示。创建模型的作用类似于创建一个普通的文件，该文件可以单独存放，也可以归类存放。创建工程的作用类似于创建一个文件夹，负责把有关联关系的文件集中归类存放。

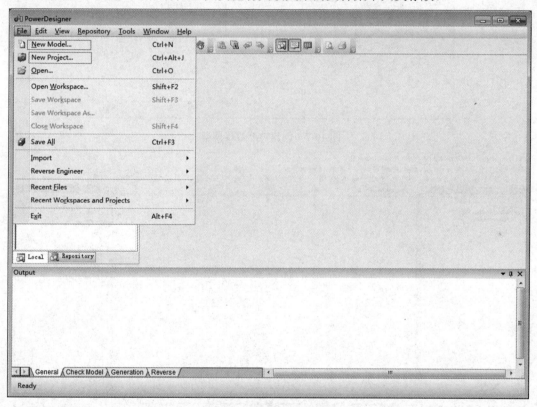

图 10-6　创建模型或工程

PowerDesigner 中常用的模型有 4 种，分别是概念数据模型（Conceptual Data Model，CDM）、物理数据模型（Physical Data Model，PDM）、面向对象模型（Objcet-Oriented Model，OOM）和业务处理模型（Business Process Model，BPM）。本节演示物理数据模型的创建流程，对其他模型的创建流程不再过多讲解。

（1）启动 PowerDesigner，选择"File"→"New Model"命令，在弹出的对话框的"Model type"列表框中选择"Physical Data Model"选项，给模型命名，并选择一种数据库管理系统版本，单击"OK"按钮，即可创建一个物理数据模型，如图 10-7 所示。

（2）物理数据模型首页如图 10-8 所示。图中标记项从左到右分别是物理数据模型中的 3 个常用选项 Table（表）、View（视图）和 Reference（关系）。

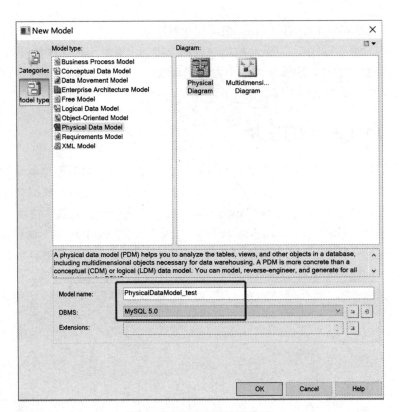

图 10-7　创建物理数据模型

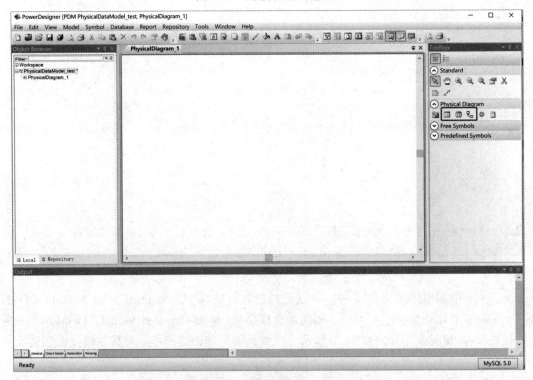

图 10-8　物理数据模型首页

（3）单击"Table"按钮 ，在新建的物理数据模型空白处单击，即可新建一张表。双击新建的表，弹出如图 10-9 所示的对话框，在"General"选项卡的"Name"和"Code"文本框中输入相应的信息，例如，在"Name"文本框中输入"学生信息表"，在"Code"文本框中输入"student_info"，单击"应用"按钮。

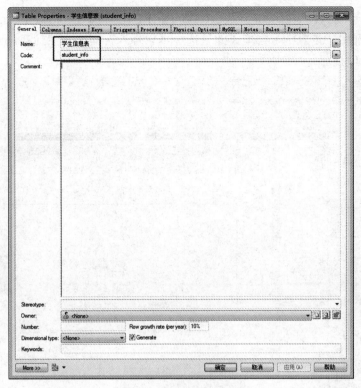

图 10-9　新建学生信息表

（4）切换至"Columns"选项卡，给学生信息表添加字段并设置主键，如图 10-10 所示。最后 3 列分别是 P（Primary，主键）、F（Foreign Key，外键）和 M（Mandatory，强制性的，代表不可为空），与数据库中的概念一一对应。

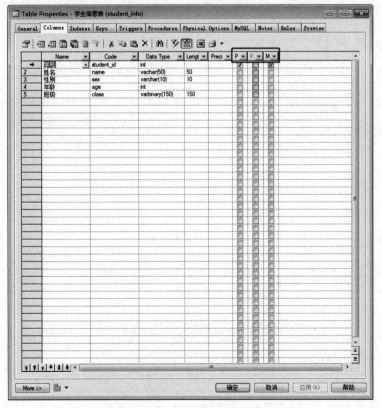

图 10-10　给学生信息表添加字段并设置主键

（5）MySQL 中设置某列自增的关键字是 AUTO_INCREMENT，在 PowerDesigner 中如何设置列自增呢？首先选中某行，例如，设置学号自增，此处选中"学号"行即可，然后双击左侧的箭头，即可弹出一个对话框，如图 10-11 所示。

图 10-11　设置学号自增

（6）勾选"Identity"复选框，如图 10-12 所示，表示设置自增属性。

图 10-12　勾选"Identity"复选框

（7）设置完成后，创建的学生信息表物理数据模型效果图如图 10-13 所示。

（8）同理，创建班级信息表物理数据模型，其中班级编号自增，效果图如图 10-14 所示。

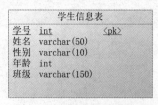

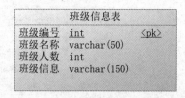

图 10-13　学生信息表物理数据模型效果图　　　　图 10-14　班级信息表物理数据模型效果图

（9）单击"Reference"按钮 ，创建关系。因为是班级对学生是一对多的关系，所以拖曳学生信息表指向班级信息表。此时学生信息表里面增加了一行，该行的含义是将班级信息表的主键作为学生信息表的外键，将班级信息表和学生信息表联系起来。学生信息表和班级信息表的对应关系如图 10-15 所示，有箭头的一方表示"一"，无箭头的一方表示"多"。

（10）双击连线，在弹出的对话框中修改"Name"和"Code"信息，如图 10-16 所示。

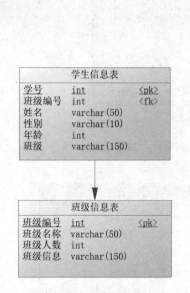

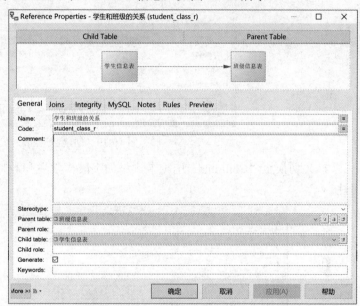

图 10-15　学生信息表和班级信息表的对应关系　　　　图 10-16　修改"Name"和"Code"信息

（11）修改完成后，在学生信息表中可以看到班级编号以外键形式存在，如图 10-17 所示。

（12）学习了如何创建多对一或一对多的关系，接下来学习如何创建多对多的关系。同理，创建教师信息表物理数据模型，其中教师编号自增，效果图如图 10-18 所示。

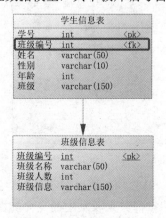

图 10-17　学生信息表的外键　　　　　　　　图 10-18　教师信息表物理数据模型效果图

（13）学生和教师之间是多对多的关系，物理数据模型多对多的关系需要用中间表连接。创建学生和教师关系表，如图 10-19 所示。

图 10-19　创建学生和教师关系表

（14）切换至"Columns"选项卡，添加字段"学生和教师关系编号"，如图 10-20 所示，并设置自增属性。

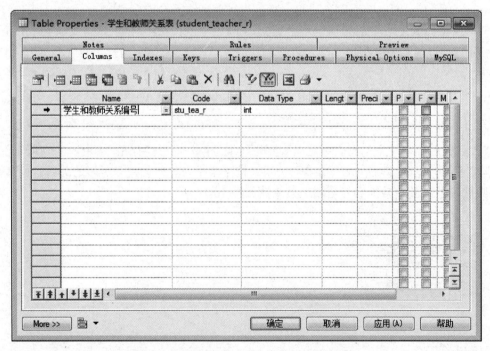

图 10-20　添加字段"学生和教师关系编号"

（15）在学生和教师的关系中，一个学生可以对应多位教师，一位教师也可以对应多个学生，因此，学生和教师都可以是主体。在添加学生和教师的关系以后，学生和教师关系表发生的变化如图 10-21 所示。可以发现，在学生和教师关系表中增加了学生信息表和教师信息表的主键作为该表的外键。

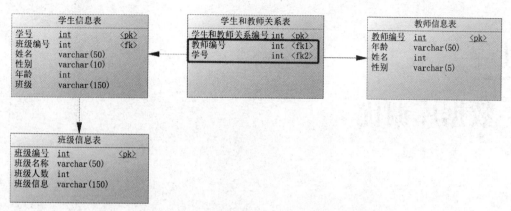

图 10-21 学生和教师关系表发生的变化

10.6 小结

本章首先讲解了数据库的设计规范，也就是所谓的范式。范式本身没有优劣之分，只有适用场景不同。没有完美的设计，只有合适的设计。在数据库的设计中，我们还需要根据需求综合使用范式和反范式。其次通过电商业务案例讲解了 ER 模型，通过 ER 模型可以提前看到数据库的全貌。再次给出了数据库对象的设计规范，供大家参考。最后演示了使用 PowerDesigner 创建物理数据模型的流程。

第11章

数据库调优

简单来说，数据库调优的目的就是让数据库运行得更快，也就是响应时间更短、吞吐量更大。利用宏观的监控工具和微观的日志分析可以帮助我们快速找到数据库调优的思路和方式。

在调优之前，可以先确认数据库管理系统和数据表的设计方式。不同的数据库管理系统直接决定了后面的操作方式，数据表的设计方式也直接影响了后续的查询语句。单一的数据库总会遇到各种限制，我们可以通过对数据库进行垂直或水平切分，突破单一数据库或数据表的访问限制，提高查询性能。本章将从多个方面对数据库进行调优。

11.1 数据库调优的措施

11.1.1 如何解决定位问题

在一般情况下，有以下几种方式可以帮助解决定位问题。

（1）用户的反馈。由于用户是应用的服务对象，因此用户的反馈是最直接的。虽然他们不会直接提出技术建议，但是有些问题往往是由用户第一时间发现的。因此，我们要重视用户的反馈，找到与数据相关的问题。

（2）日志分析。可以通过查看数据库日志和操作系统日志等方式找出异常情况，定位遇到的问题。

（3）服务器资源使用情况监控。通过监控服务器的 CPU、BLOCK I/O 等资源的使用情况，可以实时了解服务器的性能，并与历史情况进行对比。

（4）活跃会话监控。在数据库运行状态监控中，活跃会话（Active Session）监控是一个重要指标。通过该指标，我们可以清楚地了解数据库当前是否处于非常繁忙的状态、是否存在 SQL 堆积等。

（5）其他。除了活跃会话监控，我们还可以对事务、锁等待等进行监控，这些都可以帮助我们更全面地了解数据库的运行状态。

11.1.2 数据库调优的维度和步骤

我们需要调优的对象是整个数据库管理系统，不仅包括 SQL 查询，还包括数据库的部署、逻辑架构等。

1. 选择合适的数据库管理系统

如果大家对事务处理和查询性能要求较高，则可以选择商业数据库。这些数据库在事务处理和查询性能方面都比较优秀，比如采用 SQL Server，单表存储上亿条数据是没有问题的。如果数据表设计合理，那么，即使不采用分库分表的方式，查询效率也不低。

除此以外，大家也可以采用开源的 MySQL 存储数据。它有很多存储引擎可以选择，如果需要事务处理，则可以选择 InnoDB 存储引擎；如果需要非事务处理，则可以选择 MyISAM 存储引擎。

NoSQL 类型的数据库包括键值存储数据库、文档型数据库、列式存储数据库和图形数据库。这些数据库的优缺点和适用场景各有不同。例如，列式存储数据库可以大幅减少磁盘 I/O 次数，适用于分布式文件系统。但是，如果数据需要频繁地增、删、改，那么采用列式存储数据库不太合适。

2. 优化表设计

优化表设计的原则如下。

（1）表结构要尽量满足范式的要求，这样不仅可以让数据结构更加清晰、规范，减少冗余字段，还可以减少更新、插入和删除数据时异常情况的发生。

（2）如果分析查询的应用比较多，尤其是需要多表连接查询的时候，则可以采用反范式进行优化。反范式采用空间换时间的方式，通过增加冗余字段来提高查询效率。

（3）表中字段的数据类型选择关系到查询效率的高低及存储空间的大小。一般来说，如果字段可以采用数值类型，就不要采用字符类型；字段长度要尽可能设计得短一些。对字符类型来说，当字段长度固定时，通常采用 CHAR 类型；而当字段长度不固定时，通常采用 VARCHAR 类型。

表结构的设计很基础，也很关键。合理的表结构可以在业务发展和用户量增加的情况下依然发挥作用，而不合理的表结构会让数据表变得非常臃肿，查询效率也会降低。

3. 优化逻辑查询

创建数据表后，便可以对数据表执行增、删、改、查操作。这时我们首先需要考虑的是优化逻辑查询。

所谓优化逻辑查询，就是通过改变 SQL 语句的内容让 SQL 语句的执行效率更高，通常采用的方式是对 SQL 语句进行等价变换，对查询进行重写，而查询重写的数学基础就是关系代数。SQL 语句的查询重写包括子查询优化、视图重写、条件简化、连接消除和嵌套连接消除等。

4. 优化物理查询

所谓优化物理查询，就是将逻辑查询的内容变成可以被执行的物理操作符，为后续执行器的执行做好准备。它的核心是高效地创建索引，并通过这些索引来进行各种优化。

但索引不是万能的，我们需要根据实际情况来创建索引。那么，有哪些情况需要考虑呢？我们在第 7 章中已经进行了细致的剖析。

优化器在对 SQL 语句进行等价变换后，还需要根据数据表中的索引情况和数据情况确定访问路径，这就决定了执行 SQL 语句时所需消耗的资源。SQL 查询需要对不同的数据表进行查询，因此，在优化物理查询阶段需要确定这些查询所采用的路径，具体情况包括单表扫描、两张表的连接查询和多张表的连接查询。

（1）单表扫描。对于单表扫描来说，既可以进行全表扫描，也可以进行局部扫描。

（2）两张表的连接查询。常用的连接方式包括嵌套循环连接、哈希连接和合并连接。

（3）多张表的连接查询。在进行多表连接的时候，顺序很重要，因为连接顺序不同，查询效率和检索空间也不同。多表连接时的检索空间可能会达到很高的数据量级，巨大的检索空间显然会占用更多的资源。因此，我们需要通过调整连接顺序，将检索空间限定在一个可接受的范围内。

优化物理查询是指在优化逻辑查询后，采用物理优化技术（如索引等），通过计算代价模型对各种可能的访问路径进行估算，从而找到执行方式中代价最小的作为执行计划。在这一阶段，我们需要掌握的重点是索引的创建和使用。

5. 使用 Redis 或 Memcached 作为缓存

除了可以对 SQL 本身进行优化，我们还可以通过其他中间件来提高查询效率。因为数据都被存放到数据库中，所以我们需要从数据库层中取出数据放到内存中进行业务逻辑的操作，当用户量增大的时候，如果频繁地进行数据查询，则会消耗数据库的很多资源。如果我们将常用的数据直接存放到内存中，就会大幅提高查询效率。

键值存储数据库可以帮助我们解决这个问题。常用的键值存储数据库有 Redis 和 Memcached，它们都可以将数据存放到内存中。

从可靠性的角度来说，Redis 支持持久化，可以将数据存放到磁盘中，不过，这样一来性能消耗也会比较大；而 Memcached 仅仅是内存存储，不支持持久化。

从支持的数据类型的角度来说，Redis 比 Memcached 支持的数据类型数量要多，它不仅支持 String 类型的数据，还支持 List、Set、Hash 等数据结构。当我们有持久化需求或更高级的数据处理需求时，就可以使用 Redis。如果是简单的键值存储，则可以使用 Memcached。

通常，对于查询响应要求高的场景（响应时间短、吞吐量大），可以考虑内存数据库，毕竟术业有专攻。传统的关系型数据库管理系统都将数据存放到磁盘中，而内存数据库则将数据存放到内存中，查询起来要快得多。不过，使用不同的工具，开发人员的使用成本也会相应增加。

6．库级优化

库级优化是站在数据库的维度上进行的优化，例如，控制一个数据库中的数据表数量。另外，我们也可以采用主从复制架构优化读写策略。

如果读和写的业务量都很大，并且它们都在同一个数据库服务器中进行操作，则有可能遇到数据库性能瓶颈。这时，为了提升数据库性能，优化用户体验，我们可以采用读写分离的方式降低主数据库的负载，例如，用主库（Master）完成写操作，用从库（Slave）完成读操作。

此外，我们还可以进行数据库分库分表操作。当数据量级达到千万级时，我们需要把一个数据库拆分为多份，放到不同的数据库服务器上，以降低对单一数据库服务器的访问压力。如果我们使用的是MySQL，就可以使用其自带的分区表功能。当然，我们也可以考虑自己做垂直拆分（分库）、水平拆分（分表）、垂直+水平拆分（分库分表）。需要注意的是，分库分表在提升数据库性能的同时，也会增加维护和使用成本。

11.2 优化 MySQL 服务器

我们主要从两个方面来优化 MySQL 服务器：一方面是对服务器硬件进行优化，另一方面是对 MySQL 服务的配置参数进行优化。

11.2.1 优化服务器硬件

服务器的硬件性能直接决定着 MySQL 数据库的性能。硬件的性能瓶颈直接决定着 MySQL 数据库的查询、更新速度。针对性能瓶颈提高硬件配置，可以提高 MySQL 数据库的查询、更新速度。

（1）配置足够大的内存。配置足够大的内存是提升 MySQL 数据库性能的方法之一。内存的 I/O 速度比磁盘的 I/O 速度快得多，可以通过增加系统的缓冲区大小使数据在内存中停留更长的时间，以减少磁盘 I/O 次数。

（2）配置高速磁盘系统，以减少读盘的等待时间，提高响应速度。磁盘的 I/O 能力也就是它的寻道能力。目前 SCSI 硬盘高速旋转的速度是 7200 转/秒，如果访问的用户量激增，磁盘的 I/O 压力就会过大，可以考虑选择 RAID 0+1 阵列。

（3）合理分布磁盘 I/O。把磁盘 I/O 分散在多个设备上，可以减少资源竞争，提高并行操作能力。

（4）配置多核多线程处理器。多核多线程处理器可以同时执行多个线程。MySQL 是多线程的数据库，配置多核多线程处理器可以提高 MySQL 的工作效率。

11.2.2 优化 MySQL 服务的配置参数

通过优化 MySQL 服务的配置参数可以提高资源利用率，从而达到提升 MySQL 服务器性能的目的。

MySQL 服务的配置参数位于 my.cnf 或 my.ini 配置文件的[mysqld]组中。配置完参数后，需要重新启动 MySQL 服务才会生效。下面介绍几个对 MySQL 服务器性能影响比较大的参数。

（1）innodb_buffer_pool_size：表示 InnoDB 存储引擎的缓冲池大小（关于缓冲池的讲解参见 4.3 节）。

（2）key_buffer_size：表示索引缓冲区大小。索引缓冲区被所有的线程共享。增加索引缓冲区的大小可以更好地处理索引。当然，这个值不是越大越好，它的大小取决于内存大小。如果这个值太大（例如，超过机器总内存的 50%），就会导致系统频繁换页，也会降低系统性能。这是因为 MySQL 使用操作系统中的文件系统缓存来缓存数据，所以必须为文件系统缓存留出一些空间。对于内存在 4GB 左右的服务器而言，可将该参数值设置为 256MB。

（3）table_open_cache：表示缓存中打开的表的最大数量。这个值越大，能够同时打开的表的数量越多。物理内存越大，该参数值就越大，其默认值为 4000。当然，这个值不是越大越好，因为同时打开的表太多会影响系统性能。该参数值可以根据 Opened_tables 和 open_tables 参数来进行设置。其中，Opened_tables 参数表示当前 MySQL 服务打开的所有表的数量，open_tables 参数表示缓存中被打开的表的数量。当 open_tables 值临近 table_open_cache 值的时候，说明缓冲池快要满了，但 Opened_tables 值还在一直增长，说明还有很多未被缓存的表，这时可以适当增加 table_open_cache 值。

（4）sort_buffer_size：表示系统为每个需要进行排序的线程分配的缓冲区大小。增加该参数值可以提高 ORDER BY 或 GROUP BY 操作的速度。该参数的默认值为 2 097 144 字节（约 2MB）。对于内存在 4GB 左右的服务器而言，推荐将该参数值设置为 6～8MB。如果有 100 个连接，那么实际分配的总排序缓冲区大小为 100×6＝600MB。

（5）read_buffer_size：表示每个线程连续扫描时为扫描的每张表分配的缓冲区大小。当线程从表中连续读取记录时，需要用到这个缓冲区。可以使用语句 SET SESSION read_buffer_size=n 临时设置该参数值。该参数的默认值为 64KB，可以将其设置为 4MB。

（6）read_rnd_buffer_size：表示为每个线程保留的缓冲区大小，与 read_buffer_size 参数类似，但该参数主要用于存储按特定顺序读取出来的记录。也可以使用语句 SET SESSION read_rnd_buffer_size=n 临时设置该参数值。如果要频繁地进行连续扫描，就可以增加该参数值。该参数的默认值为 256KB，可以将其设置为 16MB。

（7）join_buffer_size = 8MB：表示每个连接查询操作所能使用的缓冲区大小，其默认值为 256KB。

（8）innodb_flush_log_at_trx_commit：表示何时将缓冲区中的数据写入日志文件中，并且将日志文件写入磁盘中。该参数对于 InnoDB 存储引擎非常重要。该参数有三个值，分别为 0、1 和 2，默认值为 1。

① 当该参数值为 0 时，表示每隔 1 秒将缓冲区中的数据写入日志文件中，并且将日志文件写入磁盘中。虽然此时的写入速度更快，但是安全性比较差。

② 当该参数值为 1 时，表示每次提交事务时将缓冲区中的数据写入日志文件中，并且将日志文件写入磁盘中。虽然此时的安全性最高，但是每次提交事务或事务外的指令都需要将日志文件写入磁盘中，这是比较费时的。

③ 当该参数值为 2 时，表示每次提交事务时将缓冲区中的数据写入日志文件中，每隔 1 秒将日志文件写入磁盘中。此时，日志文件仍然会被每秒写入磁盘中，因此，即使出现故障，一般也不会丢失超过一两秒的更新。

（9）max_connections：表示数据库的最大连接数。如果在访问网站时经常出现 "Too Many Connections" 的错误提示，则需要增加该参数值。这个值不是越大越好，因为这些连接会浪费内存资源。过多的连接可能会导致 MySQL 服务器僵死。MySQL 可支持的最大连接数取决于很多因素，包括给定操作系统平台的线程库的质量、内存大小、每个连接的负荷、CPU 的处理速度、期望的响应时间等。在 Linux 平台下，性能好的服务器支持 500～1000 个连接不是难事。

（10）thread_cache_size：表示可以复用的线程数量。如果有很多新的线程，那么，为了提升 MySQL

服务器的性能，可以增加该参数值。该参数的默认值为 60，可以将其设置为 120。

（11）interactive_timeout：表示服务器在关闭连接前等待行动的秒数。

（12）wait_timeout：表示一个请求的最大连接时间。对于内存在 4GB 左右的服务器而言，可将该参数值设置为 5~10s。

（13）back_log：表示在 MySQL 暂时停止回答新请求之前的短时间内有多少个请求可以被存放在堆栈中。也就是说，如果 MySQL 的连接数达到 max_connections 值，那么新来的请求将会被存放在堆栈中，以等待某个连接释放资源，该堆栈中的请求数量即 back_log。如果等待的请求数量超过 back_log 值，那么多出来的这些请求将不被授予连接资源，系统将会报错。在 MySQL 5.6.6 以前的版本中，该参数的默认值为 50；在 MySQL 5.6.6 及以后的版本中，该参数的默认值为 50+（max_connections/5），但最大不超过 900。不同的操作系统在 TCP/IP 连接的侦听队列大小上有自己的限制，设置 back_log 值超过这个限制将是无效的。查看当前操作系统的 TCP/IP 连接的侦听队列大小的命令是 cat /proc/sys/net/ipv4/tcp_max_syn_backlog。如果需要数据库在较短的时间内处理大量的连接请求，则可以考虑适当增加 back_log 值。

（14）innodb_lock_wait_timeout：表示 InnoDB 存储引擎中事务等待行级锁的时间，其默认值为 50ms，可以根据需要动态设置该参数值。对于需要快速反馈的业务系统来说，可以将该参数值调小，以免事务长时间被挂起；对于后台运行的批量处理程序来说，可以将该参数值调大，以免发生大的回滚操作。

在上述参数中，max_connections、thread_cache_size、back_log 和 innodb_lock_wait_timeout 参数一般用来调整 MySQL 的并发情况。

除上述参数外，还有 innodb_log_buffer_size、innodb_log_file_size 等参数会对 MySQL 服务器性能产生影响。这里给出一份 my.cnf 配置文件的参考配置，如下所示。

```
[mysqld]

port = 3306
serverid = 1
socket = /tmp/mysql.sock
#避免 MySQL 的外部锁定，减少出错概率，增强稳定性
skip-locking
#禁止 MySQL 对外部连接进行 DNS 解析。使用该选项可以消除 MySQL 进行 DNS 解析的时间。但需要注意，如果开启该
选项，则所有远程主机连接授权都要使用 IP 地址方式，否则 MySQL 将无法正常处理连接请求
skip-name-resolve
back_log = 384
key_buffer_size = 256MB
max_allowed_packet = 4MB
thread_stack = 256KB
sort_buffer_size = 6MB
read_buffer_size = 4MB
read_rnd_buffer_size=16MB
join_buffer_size = 8MB
myisam_sort_buffer_size = 64MB
thread_cache_size = 64
query_cache_size = 64MB
tmp_table_size = 256MB
max_connections = 768
max_connect_errors = 10000000
wait_timeout = 10
#该参数取值为服务器逻辑 CPU 数量×2。在本例中，服务器有 2 颗物理 CPU，而每颗物理 CPU 又支持 H.T（Hyper
Thread，超线程），那么逻辑 CPU 数量为 2×2=4，因此，该参数实际取值为 4×2=8
thread_concurrency = 8
```

```
#开启该选项可以彻底关闭 MySQL 的 TCP/IP 连接方式。如果 Web 服务器以远程连接的方式访问 MySQL 服务器，则不要
开启该选项，否则将无法正常连接
skip-networking
#默认值为 2MB
innodb_additional_mem_pool_size=4MB
innodb_flush_log_at_trx_commit=1
#默认值为 1MB
innodb_log_buffer_size=2MB
#你的服务器 CPU 有几颗就设置为几。建议采用默认值 8
innodb_thread_concurrency=8
#默认值为 16MB，调整到 64～256MB 最佳
tmp_table_size=64MB
thread_cache_size=120
query_cache_size=32MB
```

当然，我们还需要具体情况具体分析。下面举例说明参数调整所带来的影响。

1. 调整 key_buffer_size 提高系统性能

key_buffer_size 用来指定索引缓冲区大小，它决定了索引处理的速度，尤其是索引读的速度。key_buffer_size 只对 MyISAM 存储引擎类型的表起作用。即使不使用 MyISAM 存储引擎类型的表，如果内部的临时磁盘表是 MyISAM 存储引擎类型的表，则也可以使用该参数。可以使用如下语句查看索引缓冲区的大小。

```
mysql> SHOW VARIABLES LIKE 'key_buffer_size';

+-----------------+-----------+
| Variable_name   | Value     |
+-----------------+-----------+
| key_buffer_size | 8388608   |
+-----------------+-----------+
```

key_buffer_size 的默认值是 8MB。在一般情况下，建议将 key_buffer_size 值设置为物理内存大小的 1/4，甚至是物理内存大小的 30%～40%。如果 key_buffer_size 值设置得太大，系统就会频繁换页，从而降低系统性能。因为 MySQL 使用操作系统中的文件系统缓存来缓存数据，所以必须为文件系统缓存留出一些空间。在很多情况下，数据占用的存储空间要比索引占用的存储空间大得多。假如服务器有 4GB 的内存，那么调优值可以设为 256MB。

首先检查状态值 Key_read_requests 和 Key_reads，然后通过下面的计算公式计算索引未命中缓存的概率，即可知道 key_buffer_size 设置是否合理。

$$索引未命中缓存的概率=Key\_reads/Key\_read\_requests×100\%$$

一般来说，索引未命中缓存的概率应该尽可能低，能达到 1/1000 更好。如果该值偏大，则可以考虑增加索引缓冲区大小。下面的结果表示共有 50 个索引读取请求，共发生了 5 次物理 I/O（直接从磁盘读取索引），表示有 5 个请求在内存中没有找到索引，直接从磁盘读取索引。

```
mysql> SHOW GLOBAL STATUS LIKE 'Key_read%';

+-------------------+-------------+
| Variable_name     | Value       |
+-------------------+-------------+
| Key_read_requests |     50      |
| Key_reads         |     5       |
+-------------------+-------------+
```

基于上述结果，计算索引未命中缓存的概率为 5/50×100%=10%，可以适当增加索引缓冲区大小。

2. 调整 max_connections 提高并发数

max_connections 表示数据库的最大连接数。如果服务器的并发连接请求量比较大，则建议调高该参数值，以增加并行连接数量。当然，这一设置建立在机器能支撑的情况下。因为如果连接数越多，鉴于 MySQL 会为每个连接提供连接缓冲区，就会开销越多的内存，所以不能盲目地调高该参数值。通常，理想的使用率在 85% 左右。

而该参数值过小会经常出现"ERROR 1040: Too many connections"错误。可以通过 conn% 通配符查看当前状态的连接数量，以判断该参数值的大小。可以使用如下命令查看数据库的最大连接数和已使用的连接数。

```
mysql> SHOW VARIABLES LIKE 'max_connections';

+-----------------+-------+
| Variable_name   | Value |
+-----------------+-------+
| max_connections | 256   |
+-----------------+-------+

mysql> SHOW STATUS LIKE 'max%connections';

+----------------------+-------+
| Variable_name        | Value |
+----------------------+-------+
| max_used_connections | 256   |
+----------------------+-------+

#max_used_connections / max_connections * 100% （理想值≈85%）
```

如果 max_used_connections 值与 max_connections 值相同，则是因为 max_connections 值设置得过小，或者超过服务器负载上限。如果两者的比例低于 10%，则是因为 max_connections 值设置得过大，需要调整其大小。

11.3 优化数据库结构

一份优秀的数据库设计方案对于数据库的性能影响是非常大的。合理的数据库结构不仅可以使数据库占用更小的存储空间，而且能够加快查询速度。数据库结构设计需要考虑字段冗余、查询和更新速度、字段的数据类型是否合理等多个方面的因素。下面讲解优化数据库结构的几种常见方案。

11.3.1 拆分表：冷、热数据分离

拆分表的思路是把一张包含很多字段的表拆分成两张或多张相对较小的表。这样做的原因是这些表中某些字段的使用频率很高（这部分数据被称为热数据），即查询或更新操作的频率很高，而另一些字段的使用频率却很低（这部分数据被称为冷数据），冷、热数据分离可以减小表的宽度。如果将冷、热数据存放在一张表里面，那么每次查询都要读取大量记录，会消耗较多的资源。

MySQL 限制每张表最多存储 4096 列，并且每行数据的大小不能超过 65 535 字节。表越宽，把表装载进内存缓冲池时所占用的内存就越大，也会消耗更多的磁盘 I/O。冷、热数据分离的目的有两个：一是减少磁盘 I/O，保证热数据的内存缓存命中率；二是更有效地利用缓存，避免读入无用的冷数据。

如果对大表进行拆分，把使用频率高的字段放在一起形成一张表，把剩下的使用频率低的字段放在一起形成另一张表，查询操作每次读取的记录数就会减少，查询效率自然就会提高。

例如，会员表（members）用来存储会员登录认证信息，该表中有很多字段，如 id、姓名、密码、地址、电话、个人描述等。其中，地址、电话、个人描述等字段并不常用，可以把这些不常用的字段放在一起形成另一张表，并命名为 members_detail。这样就把会员表拆分为两张表，分别为 members 和 members_detail。创建这两张表的 SQL 语句如下所示。

```
mysql> CREATE TABLE `members` (
    `id` INT(11) NOT NULL AUTO_INCREMENT,
    `username` VARCHAR(50) DEFAULT NULL,
    `password` VARCHAR(50) DEFAULT NULL,
    `last_login_time` DATETIME DEFAULT NULL,
    `last_login_ip` VARCHAR(100) DEFAULT NULL,
    PRIMARY KEY(`id`)
);
mysql> CREATE TABLE `members_detail` (
    `member_id` INT(11) NOT NULL DEFAULT 0,
    `address` VARCHAR(255) DEFAULT NULL,
    `telephone` VARCHAR(255) DEFAULT NULL,
    `description` TEXT
);
```

我们可以通过会员 id 查询会员的基本信息或详细信息。如果需要将会员的基本信息和详细信息同时显示，则可以连接查询表 members 和 members_detail，查询语句如下所示。

```
mysql> SELECT * FROM members LEFT JOIN members_detail ON members.id = members_detail.member_id;
```

总的来说，对于字段很多且有些字段不常用的表，可以通过拆分表的方式优化数据库结构。

11.3.2 增加中间表或冗余字段

1. 增加中间表

对于经常需要连接查询的表，可以通过创建中间表来提高查询效率。具体操作为：首先分析经常需要连接查询的表中的字段，然后使用这些字段创建一张中间表，并将原来连接查询的表中的数据插入中间表中，最后将原来的连接查询修改为对中间表的单表查询。

例如，班级表（class）和学生信息表（student）的表结构如下所示。

```
mysql> CREATE TABLE `class` (
 `id` INT(11) NOT NULL AUTO_INCREMENT,
 `className` VARCHAR(30) DEFAULT NULL,
 `address` VARCHAR(40) DEFAULT NULL,
 `monitor` INT NULL,
 PRIMARY KEY (`id`)
) ENGINE=InnoDB AUTO_INCREMENT=1 DEFAULT CHARSET=utf8;

mysql> CREATE TABLE `student` (
 `id` INT(11) NOT NULL AUTO_INCREMENT,
 `stuno` INT NOT NULL,
 `name` VARCHAR(20) DEFAULT NULL,
 `age` INT(3) DEFAULT NULL,
 `classId` INT(11) DEFAULT NULL,
 PRIMARY KEY (`id`)
) ENGINE=InnoDB AUTO_INCREMENT=1 DEFAULT CHARSET=utf8;
```

已知现在需要经常查询学生姓名（name）、班级名称（className）、班长（monitor）信息。

根据上述需求，首先创建一张中间表 temp_student，其中存储着学生姓名（stu_name）、班级名称（className）和班长（monitor）等信息。创建表的语句如下所示。

```
mysql> CREATE TABLE `temp_student` (
`id` INT(11) NOT NULL AUTO_INCREMENT,
`stu_name` INT NOT NULL,
`className` VARCHAR(20) DEFAULT NULL,
`monitor` INT(3) DEFAULT NULL,
PRIMARY KEY (`id`)
) ENGINE=InnoDB AUTO_INCREMENT=1 DEFAULT CHARSET=utf8;
```

然后从学生信息表和班级表中查询出相关信息并存储到表 temp_student 中。

```
mysql> INSERT INTO temp_student(stu_name,className,monitor)
        SELECT s.name,c.className,c.monitor
        FROM student AS s,class AS c
        WHERE s.classId = c.id
```

在后续使用过程中，可以直接从表 temp_student 中查询学生姓名、班级名称和班长信息，而不必每次都进行连接查询，这样就可以提高查询效率。

除了上述增加中间表的方式可以提高查询效率，也可以使用视图代替中间表。

2．增加冗余字段

在设计数据表时，应尽量满足范式的要求，尽可能减少冗余字段，让数据库结构看起来精致、优雅。但是，合理地加入冗余字段可以提高查询效率。

表的规范化程度越高，表与表之间的关系就越多，需要连接查询的情况也就越多。尤其是在数据量大且经常需要连接查询的情况下，为了提高查询效率，也可以考虑增加冗余字段来减少连接。这部分内容在前面已有详细介绍，这里不再赘述。

11.3.3 优化字段的数据类型

在优化表设计时，可以考虑优化字段的数据类型。随着项目越来越大，数据量也越来越大，我们不能只考虑系统运行的稳定性，还要考虑系统性能。选择符合存储需要的占存储空间最小的数据类型便是其中一种优化手段。

字段的数据类型所占的存储空间越大，创建索引时所需的存储空间也越大，这样一页中所能存储的索引节点的数量也就越少，在遍历时所需的磁盘 I/O 次数也就越多，索引的性能也就越差。

具体来说，优化字段的数据类型可以分为以下几种情况。

1．对整数类型的字段进行优化

遇到整数类型的字段，可以使用 INT 类型。这样做的理由是，INT 类型有足够大的取值范围，不用担心数据超出取值范围的问题。在刚开始做项目的时候，我们首先要保证系统运行的稳定性，这样设计字段的数据类型是可以的。但是，当数据量很大的时候，数据类型的定义会在很大程度上影响到系统性能。

对于非负型的数据（如自增 id、整数类型的 IP）来说，要优先使用无符号整型（UNSIGNED）进行存储。因为无符号相对于有符号，同样的字节数，存储的数值范围更大，如 TINYINT 有符号数的取值范围为-128~127，无符号数的取值范围为 0~255，非负数范围多出一倍。

2．既可以使用文本类型也可以使用整数类型的字段，优先使用整数类型

与文本类型的数据相比，大整数往往占用更少的存储空间，在存取和对比数据的时候往往占用更少的内存空间。因此，在二者皆可用的情况下，尽量使用整数类型，这样可以提高查询效率，例如，将 IP 地址转换为整型数据。

3．避免使用 TEXT 和 BLOBs 类型

MySQL 内存临时表不支持 TEXT 和 BLOBs 这种占存储空间大的数据类型。如果查询中包含这种类型

的数据，那么，在执行排序等操作时，不能使用内存临时表，而必须使用磁盘临时表。并且对于这样的数据，MySQL 还需要进行二次查询，会使 SQL 性能变得很差。

如果一定要使用 TEXT 和 BLOBs 类型，则建议把这种数据类型的列分离到单独的扩展表中，并且查询时一定不要使用 SELECT *语句，而只需取出必要的列，不需要某列的数据时不要对该列进行查询。

4．避免使用 ENUM 类型

修改 ENUM 值需要使用 ALTER 语句。ENUM 类型的 ORDER BY 操作效率低，且需要额外操作。

5．使用 TIMESTAMP 类型存储时间

TIMESTAMP 类型存储的时间范围为 1970-01-01-00:00:01—2038-01-19-03:14:07。TIMESTAMP 类型使用 4 字节来存储时间，而 DATETIME 类型使用 8 字节来存储时间，同时 TIMESTAMP 类型具有自动赋值及自动更新特性。如果 TIMESTAMP 类型存储的时间范围无法满足业务需求，则依然需要使用 DATETIME 类型存储时间。

6．与财务相关的金额类数据建议使用 DECIMAL 类型

浮点类型分为两种：非精准浮点类型和精准浮点类型。其中，非精准浮点类型包括 FLOAT 和 DOUBLE，精准浮点类型包括 DECIMAL。

DECIMAL 类型的数据为精准浮点数，在参与运算时不会丢失精度。其占用的存储空间由定义的宽度决定，每 4 字节可以存储 9 位数字，并且小数点要占用 1 字节。该类型可用于存储比 BIGINT 类型占存储空间更大的整型数据。

综上所述，当我们遇到数据量很大的项目时，一定要在充分了解业务需求的前提下，合理优化字段的数据类型，这样才能充分发挥资源的利用效率，使系统性能达到最优。下面举例说明 INT 类型的字段和 MEDIUMINT 类型的字段在批量导入数据后所占的存储空间大小。

准备一张包含 700 万条记录的订单表。为了方便理解，我们只保留两个字段，分别是订单编号（order_id）和快递单号（trans_id）。首先创建数据库 chapter11，并在其中创建订单表（order_test），SQL 语句如下所示。

```
mysql> CREATE DATABASE chapter11;
Query OK, 1 row affected (0.01 sec)

mysql> CREATE TABLE `order_test` (
    `order_id` INT,
    `trans_id` VARCHAR(20)
);
Query OK, 0 rows affected (0.02 sec)
```

然后创建两个函数，分别用来随机产生字符串和 INT 类型的订单编号。

随机产生字符串的函数如下所示。

```
mysql> DELIMITER $$
CREATE FUNCTION rand_string(n INT)
    RETURNS VARCHAR(255) #该函数会返回一个字符串
BEGIN
    DECLARE chars_str VARCHAR(100) DEFAULT 'abcdefghijklmnopqrstuvwxyzABCDEFJHIJKLMNOPQRSTUVWXYZ';
    DECLARE return_str VARCHAR(255) DEFAULT '';
    DECLARE i INT DEFAULT 0;
    WHILE i < n DO
        SET return_str =CONCAT(return_str,SUBSTRING(chars_str,FLOOR(1+RAND()*52),1));
        SET i = i + 1;
    END WHILE;
```

```
    RETURN return_str;
END $$
DELIMITER ;
```

随机产生 INT 类型的订单编号的函数如下所示。

```
mysql> DELIMITER $$
CREATE FUNCTION rand_num (from_num INT,to_num INT) RETURNS INT(11)
BEGIN
DECLARE i INT DEFAULT 0;
SET i = FLOOR(from_num +RAND()*(to_num - from_num+1))    ;
RETURN i;
END$$
DELIMITER ;
```

接着创建向订单表中插入数据的存储过程，如下所示。

```
mysql> DELIMITER $$
CREATE PROCEDURE  insert_order( max_num INT )
BEGIN
DECLARE i INT DEFAULT 0;
 SET autocommit = 0;      #设置手动提交事务
 REPEAT                   #循环
 SET i = i + 1;           #赋值
 INSERT INTO order_test (order_id, trans_id )
           VALUES (rand_num(1,7000000),rand_string(18));
 UNTIL i = max_num
 END REPEAT;
 COMMIT;                  #提交事务
END$$
DELIMITER ;
```

最后调用存储过程，向订单表中插入数据，如下所示。

```
mysql> CALL insert_order(7000000);
```

完成数据插入后，利用数据库客户端连接工具 Navicat 导出数据，具体操作步骤如下。

（1）选中当前表，单击鼠标右键，在弹出的快捷菜单中选择"导出向导"命令，如图 11-1 所示。

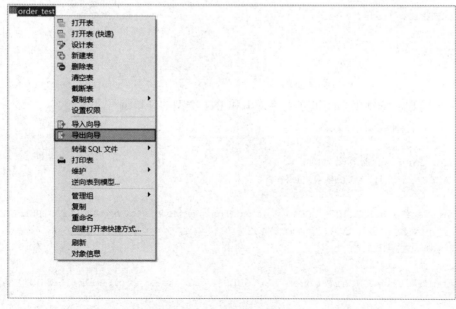

图 11-1　选择"导出向导"命令

（2）在"导出格式"选项组中，选中"文本文件（*.txt）"单选按钮，如图 11-2 所示，这样导出的文件就是文本文件。单击"下一步"按钮。

图 11-2 选择导出格式

（3）可以在导出文件的时候自定义一些附加选项，例如，可以自定义导出路径，如图 11-3 中的框选部分，这样导出的文件就会被存放到指定路径下。单击"下一步"按钮。

图 11-3 自定义导出路径

（4）自定义导出列，如图 11-4 所示，这样导出的文件中就只包含想要导出的列。如果想要导出所有列，则勾选"全部字段"复选框，或者单击"全选"按钮。单击"下一步"按钮。

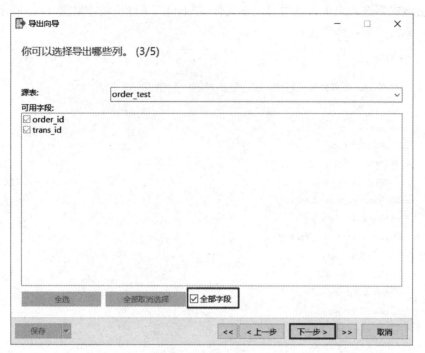

图 11-4　自定义导出列

（5）在附加选项中，可以自定义字段分隔符，例如，选择"逗号（,）"选项，如图 11-5 所示，这样导出的文件中的列就会使用逗号","分隔。单击"下一步"按钮。

图 11-5　自定义字段分隔符

（6）单击"开始"按钮，开始导出数据，如图 11-6 所示。

（7）最后的导出界面如图 11-7 所示。

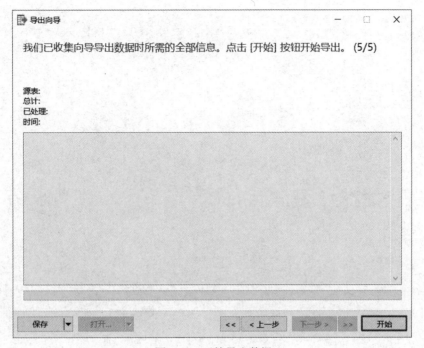

图 11-6　开始导出数据

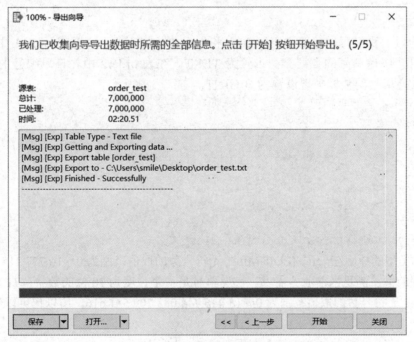

图 11-7　最后的导出界面

（8）打开导出的数据文件 order_test.txt，其中的数据格式如下所示（这里只展示部分数据）。可以看到，两列数据之间使用逗号","分隔。

```
1468686,220861759894398752
2644215,270649440000438528
2021908,454583686920426496
618325,501245257445839424
551000,332406875148794496
4904070,304523476776223104
4218328,694284348370772096
1011604,550691494020346112
```

```
2255526,314579417011308864
5750556,120785642993436800
4960829,363712629735202176
500751,123469343989593296
6866795,572504034147135936
6962352,466352718850926208
483522,408165516805057856
2525757,257970515599446848
1637678,327950311105652096
1384069,609321436574050560
4558211,525554660917776320
4149390,601645794232977408
2814504,401278308128265920
2131059,109475872301939760
1159584,568536966544144768
2852572,516919679582975552
1762601,204641379140914752
816278,135909253392284032
6645874,440503568146846784
6925090,246384680221215520
1763839,416776976843156800
6187141,601300603990723072
```

数据准备完毕后,我们再创建两张表 order1 和 order2,如下所示。在表 order1 中,订单编号的数据类型设置为 INT,快递单号的数据类型设置为 TEXT。在表 order2 中,订单编号的数据类型设置为 MEDIUMINT,快递单号的数据类型设置为 BIGINT。

```
mysql> CREATE TABLE `order1` (
  `order_id` INT(11) DEFAULT NULL,
  `trans_id` TEXT CHARACTER SET utf8mb4
) ENGINE=InnoDB DEFAULT CHARSET=utf8 COLLATE=utf8_bin;

mysql> CREATE TABLE `order2` (
  `order_id` MEDIUMINT(11) DEFAULT NULL,
  `trans_id` BIGINT
) ENGINE=InnoDB DEFAULT CHARSET=utf8 COLLATE=utf8_bin;
```

这样设置数据类型的原因在于,MEDIUMINT 无符号数的取值范围为 0～16 777 215,700 万条数据中没有超过这个范围的值,满足当前业务需求。快递单号是一个长度为 18 位的数字,TEXT 类型完全满足需求。因为 BIGINT 无符号数的取值范围为 0～18 446 744 083 709 551 616,所以也可以使用 BIGINT 类型定义快递单号。

分别对表 order1 和 order2 执行数据导入和查询操作,如下所示。

```
mysql> LOAD DATA local INFILE '/Desktop/order_test1.txt' INTO TABLE order1 FIELDS
TERMINATED BY ',' LINES TERMINATED BY '\n';
Query OK, 8000327 rows affected (37.05 秒)
mysql> LOAD DATA local INFILE '/Desktop/order_test1.txt' INTO TABLE order2 FIELDS
TERMINATED BY ',' LINES TERMINATED BY '\n';
Query OK, 8000327 rows affected (32.63 秒)
```

导入数据的过程中可能会报如下错误信息。

```
Loading local data is disabled; this must be enabled on both the client and server sides
```

这时,执行如下命令即可。系统变量 local_infile 用于控制服务器端的导入功能。根据 local_infile 的设置,服务器会拒绝或允许请求加载本地数据的客户端加载本地数据。设置该变量值为 1 表示允许加载。

```
mysql> SET GLOBAL local_infile = 1;
```

结果显示，同样导入 700 万条数据，表 order1 用时 37.05 秒，而表 order2 用时 32.63 秒。显然，表 order2 的数据导入速度比表 order1 的数据导入速度快了将近 5 秒。

在保存相同数据量的情况下，经过优化的表的查询效率更高。下面对比两张表查询同一条数据的时间消耗，如下所示。

```
mysql> SELECT * FROM order1 WHERE order_id=57;
+----------+--------------------+
| order_id | trans_id           |
+----------+--------------------+
| 57       | 178827809615831648 |
| 57       | 480358391236847680 |
| 57       | 164950536251953376 |
| 57       | 170460630087610912 |
| 57       | 604494955115481344 |
+----------+--------------------+
5 rows in set (7.34 sec)

mysql> SELECT * FROM order2 WHERE order_id=57;
+----------+--------------------+
| order_id | trans_id           |
+----------+--------------------+
| 57       | 178827809615831648 |
| 57       | 480358391236847680 |
| 57       | 164950536251953376 |
| 57       | 170460630087610912 |
| 57       | 604494955115481344 |
+----------+--------------------+
5 rows in set (6.84 sec)
```

结果显示，查询表 order1 用时 7.34 秒，查询表 order2 用时 6.84 秒，表 order2 的查询效率更高。

两张表中的第一个字段都是订单编号（order_id）。表 order1 中 order_id 字段的数据类型是 INT，表 order2 中 order_id 字段的数据类型是 MEDIUMINT。INT 类型占用 4 字节的存储空间，而 MEDIUMINT 类型占用 3 字节的存储空间，比 INT 类型占用的存储空间更少。

两张表中的第二个字段都是快递单号（trans_id）。表 order1 中 trans_id 字段的数据类型是 TEXT，而 TEXT 类型占用的字节数等于"实际字符串长度+2"，在这个场景中，订单编号的长度是 18，因此该字段占用 20 字节的存储空间。表 order2 中 trans_id 字段的数据类型是 BIGINT，占用 8 字节的存储空间。很明显，对于 trans_id 字段，表 order2 比表 order1 占用的存储空间更少。

查看两个数据库文件占用的存储空间，如下所示。可以看到，表 order2 比表 order1 少占用 101MB 的存储空间。如果数据量更大，那么节省的存储空间会更多。

```
413M    ./order1.ibd
312M    ./order2.ibd
```

11.3.4　优化插入记录的速度

在插入记录时，影响插入速度的主要因素包括索引、唯一性校验、一次插入记录条数等。下面分别讲解对于 MyISAM 和 InnoDB 存储引擎类型的表，如何优化插入记录的速度。

1. MyISAM 存储引擎类型的表

对于 MyISAM 存储引擎类型的表，通常采用如下方法优化插入记录的速度。

1）禁用索引

对于非空表，在插入记录时，MySQL 会根据表中的索引对插入的记录创建索引。如果要插入大量记录，创建索引就会降低插入记录的速度。为了解决这个问题，可以先在插入记录前禁用索引，插入完成后再重新开启索引。禁用索引的语句如下所示，其中，table_name 是禁用索引的表名。

```
mysql> ALTER TABLE table_name DISABLE KEYS;
```

开启索引的语句如下所示。

```
mysql> ALTER TABLE table_name ENABLE KEYS;
```

对于空表，批量插入记录则不需要执行上述操作，因为 MyISAM 存储引擎类型的表是在插入记录后才创建索引的。

2）禁用唯一性校验

MySQL 会对插入的记录进行唯一性校验，而这会降低插入记录的速度。为了解决这个问题，可以先在插入记录前禁用唯一性校验，插入完成后再重新开启唯一性校验。禁用唯一性校验的语句如下所示。

```
mysql> SET UNIQUE_CHECKS=0;
```

开启唯一性校验的语句如下所示。

```
mysql> SET UNIQUE_CHECKS=1;
```

3）使用 INSERT 语句批量插入记录

可以使用 INSERT 语句一次插入一条记录，也可以使用 INSERT 语句批量插入记录。使用 INSERT 语句一次插入一条记录的情形如下所示。

```
mysql> INSERT INTO student VALUES(1,'zhangsan',18,1);
mysql> INSERT INTO student VALUES (2,'lisi',17,1);
mysql> INSERT INTO student VALUES (3,'wangwu',17,1);
mysql> INSERT INTO student VALUES (4,'zhaoliu',19,1);
```

使用 INSERT 语句批量插入记录的情形如下所示。

```
mysql> INSERT INTO student VALUES
(1,'zhangsan',18,1),
(2,'lisi',17,1),
(3,'wangwu',17,1),
(4,'zhaoliu',19,1);
```

第二种情形插入记录的速度比第一种情形插入记录的速度要快。

4）使用 LOAD DATA INFILE 语句批量导入数据

当需要批量导入数据时，能使用 LOAD DATA INFILE 语句就尽量使用，因为 LOAD DATA INFILE 语句导入数据的速度比 INSERT 语句插入记录的速度要快，详细讲解参见 18.8 节。

2．InnoDB 存储引擎类型的表

对于 InnoDB 存储引擎类型的表，通常采用如下方法优化插入记录的速度。

1）禁用唯一性校验

这和 MyISAM 存储引擎类型的表的优化方法一样。

2）禁用外键检查

可以先在插入记录前禁用外键检查，插入完成后再恢复外键检查。禁用外键检查的语句如下所示。

```
mysql> SET foreign_key_checks=0;
```

恢复外键检查的语句如下所示。

```
mysql> SET foreign_key_checks=1;
```

3）禁止事务自动提交

可以先在插入记录前禁止事务自动提交，插入完成后再恢复事务自动提交。禁止事务自动提交的语句如下所示。

```
mysql> SET autocommit=0;
```

恢复事务自动提交的语句如下所示。

```
mysql> SET autocommit=1;
```

11.3.5　使用非空约束

在设计字段的时候，如果业务允许，则建议尽量使用非空约束。这样做的好处有以下两点。

（1）在对数据进行比较运算时，可以节省对值为 NULL 的字段判断是否为空的开销，提高查询效率。

（2）在值为 NULL 的字段上创建索引后，需要额外的空间保存索引，使用非空约束可以节省存储空间。

11.3.6　分析表、检查表和优化表

MySQL 提供了分析表、检查表和优化表的语句。分析表的语句主要用于分析指定表的键值分布情况，检查表的语句主要用于检查表中是否存在错误，优化表的语句主要用于消除删除或更新操作造成的空间浪费。

1．分析表

在 MySQL 中使用 ANALYZE TABLE 语句分析表。ANALYZE TABLE 语句的语法如下所示。

```
ANALYZE [LOCAL | NO_WRITE_TO_BINLOG] TABLE tbl_name1[,tbl_name2]…
```

其中，tbl_name 为要分析的表名，可以有一个或多个。在使用 ANALYZE TABLE 语句分析表的过程中，系统会自动给表加一个只读锁。在分析表期间，只能读取表中的记录，不能更新和插入记录。ANALYZE TABLE 语句能够分析 InnoDB 和 MyISAM 存储引擎类型的表，但是不能作用于视图。

在默认情况下，MySQL 服务器会将 ANALYZE TABLE 语句写入二进制日志中，以便在主从复制架构中从库能够同步数据。可以添加参数 LOCAL 或 NO_WRITE_TO_BINLOG 取消将该语句写入二进制日志中。

执行 ANALYZE TABLE 语句，MySQL 会分析指定表的键值（如主键、唯一键、外键等，也可以看作索引列的值）分布情况并记录。

ANALYZE TABLE 语句的分析结果会被反映到 Cardinality（散列度）值中，该值统计了表中某个键所在的列中不重复值的个数。该值越接近表中的总行数，则在进行连接查询或索引查询时，该索引越优先被优化器选择使用。也就是说，索引列的 Cardinality 值与表中的总行数相差越大，即使在查询的时候使用了该索引作为查询条件，在存储引擎实际查询的时候使用该索引的概率也越小。尽量将索引创建在重复值很少的列上就基于这个原因。可以使用语句 SHOW INDEX FROM tbl_name 查看 Cardinality 值。

下面举例说明。使用如下语句创建表 user。

```
mysql> CREATE TABLE `user` (
    `id` INT NOT NULL AUTO_INCREMENT,
    `name` VARCHAR(255) DEFAULT NULL,
    `age` INT DEFAULT NULL,
    `sex` VARCHAR(255) DEFAULT NULL,
    PRIMARY KEY (`id`),
    KEY `idx_name` (`name`) USING BTREE
) ENGINE = InnoDB AUTO_INCREMENT = 1 DEFAULT CHARSET = utf8mb3;
```

创建一个存储过程，用于向表 user 中插入 1000 条数据，其中 name 字段的数据保持一致，并且依然使用 11.3.3 节中的 rand_num 函数，如下所示。

```
mysql> DELIMITER //
CREATE PROCEDURE  insert_user( max_num INT )
BEGIN
DECLARE i INT DEFAULT 0;
```

```
SET autocommit = 0;
REPEAT
SET i = i + 1;
INSERT INTO `user` ( name,age,sex )
VALUES ("atguigu",rand_num(1,20),"male");
UNTIL i = max_num
END REPEAT;
COMMIT;
END //
DELIMITER ;
```

调用存储过程，如下所示。

```
mysql> CALL insert_user(1000);
```

使用如下语句修改表 user 中的 3 条数据。

```
mysql> UPDATE user SET name='atguigu_test' WHERE id= 2;
mysql> UPDATE user SET name='atguigu_test1' WHERE id= 3;
mysql> UPDATE user SET name='atguigu_test2' WHERE id= 4;
```

查看表 user 中各字段的 Cardinality 值，如下所示。

```
mysql> SHOW INDEX FROM user\G;
*************************** 1. row ***************************
        Table: user
   Non_unique: 0
     Key_name: PRIMARY
 Seq_in_index: 1
  Column_name: id
    Collation: A
  Cardinality: 1000
     Sub_part: NULL
       Packed: NULL
         Null:
   Index_type: BTREE
      Comment:
Index_comment:
      Visible: YES
   Expression: NULL
*************************** 2. row ***************************
        Table: user
   Non_unique: 1
     Key_name: idx_name
 Seq_in_index: 1
  Column_name: name
    Collation: A
  Cardinality: 1
     Sub_part: NULL
       Packed: NULL
         Null: YES
   Index_type: BTREE
      Comment:
Index_comment:
      Visible: YES
   Expression: NULL
2 rows in set (0.00 sec)
```

可以看到，name 字段的 Cardinality 值仅为 1，和表中的总行数相差甚大；id 字段的 Cardinality 值为 1000，和表中的总行数一致。

使用 ANALYZE TABLE 语句分析表 user，如下所示。

```
mysql> ANALYZE TABLE user;
+-------------+---------+----------+----------+
| Table       | Op      | Msg_type | Msg_text |
+-------------+---------+----------+----------+
| atguigu.user| analyze | status   | OK       |
+-------------+---------+----------+----------+
1 rows in set (0.00 sec)
```

上述结果中各项的含义如下。

- Table：表示分析的表名。
- Op：表示执行的操作。analyze 表示执行分析操作。
- Msg_type：表示信息类型，其值通常是 status（状态）、info（信息）、note（注意）、warning（警告）和 error（错误）之一。
- Msg_text：显示信息。OK 表示表已经成功修复。

再次查看表 user 中各字段的 Cardinality 值，如下所示。

```
mysql> SHOW INDEX FROM user\G;
*************************** 1. row ***************************
        Table: user
   Non_unique: 0
     Key_name: PRIMARY
 Seq_in_index: 1
  Column_name: id
    Collation: A
  Cardinality: 1000
     Sub_part: NULL
       Packed: NULL
         Null:
   Index_type: BTREE
      Comment:
Index_comment:
      Visible: YES
   Expression: NULL
*************************** 2. row ***************************
        Table: user
   Non_unique: 1
     Key_name: idx_name
 Seq_in_index: 1
  Column_name: name
    Collation: A
  Cardinality: 4
     Sub_part: NULL
       Packed: NULL
         Null: YES
   Index_type: BTREE
      Comment:
Index_comment:
      Visible: YES
```

```
    Expression: NULL
2 rows in set (0.00 sec)
```

可以看到，name字段的Cardinality值变为4，因为此时name字段有4个不一样的值，分别是atguigu、atguigu_test、atguigu_test1 和 atguigu_test2。

查看如下 SQL 语句的执行计划。

```
mysql> EXPLAIN SELECT * FROM user WHERE name="atguigu"\G;
*************************** 1. row ***************************
            id: 1
   select_type: SIMPLE
         table: user
    partitions: NULL
          type: ALL
 possible_keys: idx_name
           key: NULL
       key_len: NULL
           ref: NULL
          rows: 1000
      filtered: 100.00
         Extra: Using where
1 row in set, 1 warning (0.00 sec)
```

可以看到，虽然 name 字段上有索引，但是执行计划中显示 type 值为 ALL，表示没有使用索引。也就是说，在查询的时候，索引列的 Cardinality 值越小，该索引被优化器选择使用的概率越小。

2．检查表

CHECK TABLE 语句既可以用于检查表中是否存在错误，也可以用于检查视图中是否存在错误，例如，在视图定义中被引用的表已经不存在。CHECK TABLE 语句适用于 InnoDB、MyISAM、ARCHIVE、CSV 等存储引擎类型的表。该语句在执行过程中也会给表加上只读锁。

对于 MyISAM 存储引擎类型的表，CHECK TABLE 语句还会更新关键字统计数据。该语句的语法如下所示。

```
CHECK TABLE tbl_name1 [, tbl_name2] … [option] …
option = {QUICK | FAST | MEDIUM | EXTENDED | CHANGED}
```

其中，tbl_name 为要检查的表名。option 参数有 5 个取值，分别为 QUICK、FAST、MEDIUM、EXTENDED 和 CHANGED，各个取值的含义如下。

- QUICK：表示不扫描行，也不检查错误的连接。该参数适用于 InnoDB、MyISAM 存储引擎和视图。
- FAST：表示只检查没有被正常关闭的表。该参数仅适用于 MyISAM 存储引擎和视图。
- MEDIUM：表示扫描行，既可以验证被删除的连接是有效的，也可以计算各行的关键字校验和，并使用计算出来的校验和验证这一点。该参数仅适用于 MyISAM 存储引擎和视图。
- EXTENDED：对每行的所有关键字进行一次全面的关键字查找，这可以确保表是百分之百一致的，但是花费的时间较长。该参数仅适用于 MyISAM 存储引擎和视图。
- CHANGED：表示只检查上次检查后被更改的表和没有被正常关闭的表。该参数仅适用于 MyISAM 存储引擎和视图。

CHECK TABLE 语句对于检查的表可能会产生多行信息，最后一行有一个状态对应的 Msg_text 值，通常为 OK。如果 Msg_text 值不是 OK，则通常要对该表进行修复；如果 Msg_text 值是 OK，则说明该表已经是最新的，这意味着存储引擎不必对该表进行检查。

3．优化表

在 MySQL 中使用 OPTIMIZE TABLE 语句优化表。但是，OPTILMIZE TABLE 语句只能优化表中

VARCHAR、BLOBs 或 TEXT 类型的字段。如果对包含 VARCHAR、BLOBs 或 TEXT 类型字段的表执行了多次更新或删除操作，则应该使用 OPTIMIZE TABLE 语句回收未被使用的空间，并清理数据文件碎片。

OPTIMIZE TABLE 语句对 InnoDB 和 MyISAM 存储引擎类型的表都有效。该语句在执行过程中也会给表加上只读锁。

OPTILMIZE TABLE 语句的语法如下所示。

```
OPTIMIZE [LOCAL | NO_WRITE_TO_BINLOG] TABLE tbl_name1 [, tbl_name2] …
```

其中，LOCAL 和 NO_WRITE_TO_BINLOG 参数的含义与分析表中这两个参数的含义相同，都是取消将语句写入二进制日志中；tbl_name 为要优化的表名。

由于 OPTIMIZE TABLE 语句会执行锁表操作，因此优化表时要避开表数据操作时间，以免影响正常业务的进行。在多数设置中，根本不需要执行 OPTIMIZE TABLE 语句。即使对可变长度的行进行了大量更新，也不需要经常执行该语句，每周或每月执行一次即可，并且只需要对特定的表执行该语句。

下面举例演示使用优化表语句回收未被使用的空间。

（1）查看表 order_test 的文件大小，如下所示。当前该表中有 700 万条数据，可以看到文件大小为 360MB。

```
#查看文件大小
[root@atguigu01 chapter11]# ll -h
total 361M
-rw-r----- 1 mysql mysql 360M Nov  1 17:26 order_test.ibd
-rw-r----- 1 mysql mysql 224K Nov  2 10:46 user.ibd
```

（2）删除 1/2 左右的数据，再次查看表 order_test 的文件大小，如下所示。可以看到，此时文件大小没有改变。

```
#删除数据
mysql> delete FROM order_test WHERE order_id <3500000;
Query OK, 3502021 rows affected (27.01 sec)
#查看文件大小
[root@atguigu01 chapter11]# ll -h
total 361M
-rw-r----- 1 mysql mysql 360M Nov  2 11:29 order_test.ibd
-rw-r----- 1 mysql mysql 224K Nov  2 10:46 user.ibd
```

（3）使用 OPTIMIZE TABLE 语句优化表，再次查看表 order_test 的文件大小，如下所示。可以看到，此时文件大小为 208MB，说明 OPTIMIZE TABLE 语句回收了未被使用的空间。在 InnoDB 存储引擎中，使用 ALTER TABLE 语句清理数据文件碎片。

```
#优化表
mysql> OPTIMIZE TABLE order_test\G;
*************************** 1. row ***************************
   Table: chapter11.order_test
      Op: optimize
Msg_type: note
Msg_text: Table does not support optimize, doing recreate + analyze instead
*************************** 2. row ***************************
   Table: chapter11.order_test
      Op: optimize
Msg_type: status
Msg_text: OK
2 rows in set (16.08 sec)
#查看文件大小
[root@atguigu01 chapter11]# ll -h
total 209M
```

```
-rw-r----- 1 mysql mysql 208M Nov  2 11:36 order_test.ibd
-rw-r----- 1 mysql mysql 224K Nov  2 10:46 user.ibd
```

4. mysqlcheck 命令

mysqlcheck 命令其实就是 CHECK TABLE、ANALYZE TABLE、OPTIMIZE TABLE、REPAIR TABLE（修复表）的便捷操作集合，利用指定参数将对应的 SQL 语句发送到数据库中执行，其语法如下所示。

```
Usage: mysqlcheck [OPTIONS] database [tables]
OR     mysqlcheck [OPTIONS] --databases DB1 [DB2 DB3…]
OR     mysqlcheck [OPTIONS] --all-databases
```

OPTIONS 常用的连接参数如下所示。

```
-u, -user=name          #连接 MySQL 的用户
-p, -password[=name]    #连接 MySQL 用户的密码
-P, -port=              #连接 MySQL 用户的端口
-h, -host=name          #连接 MySQL 的主机名或 IP，默认值为 localhost
```

OPTIONS 常用的命令参数如下所示。

```
-A, -all-databases      #选择所有库
-a, -analyze            #分析表
-B, -databases          #选择多个库
-c, -check              #检查表
-o, -optimize           #优化表
-C, -check-only-changed #最后一次检查之后变动的表
-auto-repair            #自动修复表
-g, -check-upgrade      #检查表是否有版本变更，可用-auto-repair 修复
-F, -fast               #只检查没有被正常关闭的表
-f, -force              #忽略错误，强制执行
-e, -extended           #表的百分之百完全检查，速度缓慢
-m, -medium-check       #近似完全检查，其速度比-extended 的速度稍快
-q, -quick              #最快的检查方式。如果在修复表时使用该选项，则只会修复索引树
-r, -repair             #修复表
-s, -silent             #只打印错误信息
-V, -version            #显示版本号
```

例如，使用 mysqlcheck 命令优化数据库 chapter11，如下所示。

```
[root@atguigu01 chapter11]# mysqlcheck -o --databases chapter11 -u root -p
Enter password:
chapter11.order_test
note   : Table does not support optimize, doing recreate + analyze instead
status : OK
chapter11.user
note   : Table does not support optimize, doing recreate + analyze instead
status : OK
```

11.4　大表优化

当 MySQL 中的单表记录数过大时，数据库的增、删、改、查操作性能会明显下降。此时，在查询语句中需要考虑限定查询范围，例如，当用户查询历史订单时，可以将查询周期控制在一个月内。如果限定查询范围的效果仍不明显，则可以考虑物理优化。下面讲解一些常见的优化措施。

11.4.1　读写分离

经典的数据库拆分方案是读写分离。可以通过主从复制架构实现读写分离，主库（Master）负责写数

据，从库（Slave）负责读数据。图 11-8 展示了一主一从模式。通过数据库中间件 Mycat 分离从 Java 程序发送过来的读请求和写请求，写请求被转发到 Master，读请求被转发到 Slave，Master 和 Slave 要保证数据的一致性。

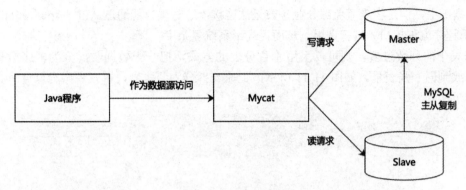

图 11-8　一主一从模式

图 11-9 展示了双主双从模式。同样通过数据库中间件 Mycat 分离读请求和写请求，写请求被转发到 Master1，读请求被转发到 Slave，Master 和 Slave 不再被单独部署到一台机器上。Master1 和 Master2 要保证数据的一致性，Slave 和 Master 也要保证数据的一致性。

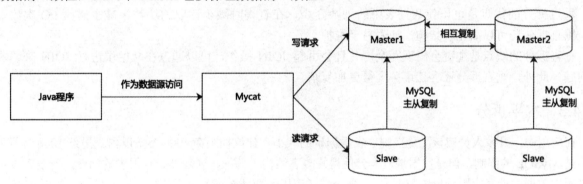

图 11-9　双主双从模式

11.4.2　垂直拆分

当数据达到一定数量级时，我们需要把一个数据库拆分为多份，放到不同的数据库服务器上，以减少对单一数据库服务器的访问压力，如图 11-10 所示。

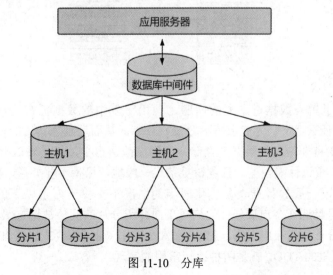

图 11-10　分库

如果数据库中的数据表数量过多，每张表对应着不同的业务，则可以采用垂直拆分的方式，按照业务对表进行分类，并分布到不同的数据库上，这样也就将数据的读/写压力分摊到不同的数据库上。例如，把电商平台中的用户模块部署到 user 库上，把支付中心模块部署到 pay 库上。尽量把有关联关系的数据表部署在同一个数据库上，但是很难避免部分业务表无法连接，这时候只能通过 API（Application Programming Interface，应用程序编程接口）进行调用，从而提高了系统复杂度。

如果数据表中的列数过多，则可以采用垂直分表的方式，把一张数据表拆分为多张数据表，把经常一起使用的列放到同一张表里。如图 11-11 所示，把原表拆分为两张表，每张表中存储 4 列，这是因为主键要同时存在于两张表中。

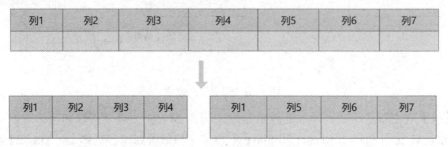

图 11-11　垂直分表

垂直拆分的优点是可以使数据表中的列数变少，在查询时减少读取的块数，减少磁盘 I/O 次数。此外，垂直拆分还可以简化表结构，使表易于维护。

垂直拆分的缺点是主键会出现冗余，并且会引起 JOIN 操作，可以通过在应用层进行 JOIN 来解决这个问题。此外，垂直拆分还会让事务变得更加复杂。

11.4.3　水平拆分

在应用中，开发人员应该尽量控制单表数据量的大小，建议控制在 1000 万条以内。虽然 1000 万条数据并不是 MySQL 的限制，但是数据量过大会使得修改表结构、备份、恢复都会有很大的问题。开发人员可以通过历史数据归档（应用于日志数据）、水平分表（应用于业务数据）等手段来控制单表数据量的大小。

本节主要讲解业务数据的水平分表策略，即将大的数据表按照某个属性维度拆分为不同的小表，每张小表保持相同的表结构。例如，可以按照年份来划分，把不同年份的数据放到不同的数据表中。如图 11-12 所示，把 2018 年、2019 年和 2020 年的数据分别放到 3 张数据表中。

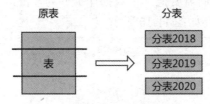

图 11-12　水平分表

水平分表仅仅解决了单表数据量过大的问题，但由于表中的数据仍在同一台机器上，这对于提升 MySQL 的并发能力没有什么意义，因此水平拆分最好分库，从而达到分布式的目的。

虽然水平拆分能够支持非常大的数据量存储，应用端改造也少，但是难以解决分片（分片指分库+分表）问题，跨节点 JOIN 查询性能较差，且逻辑复杂。一般地，尽量不要分片，因为分片会带来逻辑、部署、运维的各种复杂度，一般的数据表在优化得当的情况下支撑千万条以下的数据量是没有太大问题的。如果必须分片，则尽量选择客户端分片架构。下面介绍分片的两种常见方案。

（1）客户端代理：分片逻辑在应用端，封装在 JAR 包中，通过修改或封装 JDBC 层实现，例如，当当网的 Sharding-JDBC、阿里的 TDDL 就是两种比较常用的实现。

（2）中间件代理：在应用和数据中间加了一个代理层。分片逻辑统一维护在中间件服务中，如Mycat、360 的 Atlas、网易的 DDB。图 11-13 所示为 Mycat 分片架构简图。

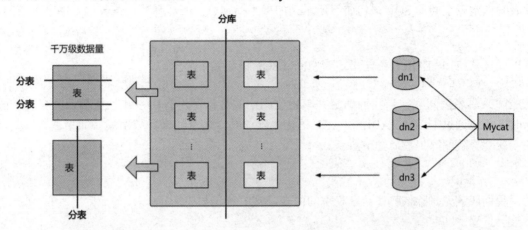

图 11-13　Mycat 分片架构简图

11.5　其他调优策略

11.5.1　服务器语句超时处理

在 MySQL 中可以设置服务器语句超时限制，单位可以达到毫秒级别。当执行语句的中断时间超过设置的毫秒数后，服务器将终止查询影响不大的事务或连接，并将错误报告给客户端。

可以通过设置系统变量 MAX_EXECUTION_TIME 来设置服务器语句超时限制。在默认情况下，MAX_EXECUTION_TIME 值为 0，代表没有时间限制。例如下面的设置，超时限制为 2000 毫秒。

```
mysql> SHOW VARIABLES LIKE 'MAX_EXECUTION_TIME';
+--------------------+-------+
| Variable_name      | Value |
+--------------------+-------+
| max_execution_time | 0     |
+--------------------+-------+
1 row in set (0.00 sec)
#设置全局超时限制
mysql> SET GLOBAL MAX_EXECUTION_TIME=2000;
#设置当前会话超时限制
mysql> SET SESSION MAX_EXECUTION_TIME=2000;
```

设置当前会话超时限制为 1000 毫秒，查询学生信息表中 name 为"JynWRt"的学生信息，可以看到超时错误，如下所示。

```
mysql> SET SESSION MAX_EXECUTION_TIME=1000;
Query OK, 0 rows affected (0.00 秒)
mysql> SELECT * FROM chapter7.student_info WHERE name='JynWRt';
Query execution was interrupted, maximum statement execution time exceeded
```

11.5.2　创建全局通用表空间

MySQL 8.0 使用 CREATE TABLESPACE 语句创建一个全局通用表空间。因为全局通用表空间可以被所有数据表共享，所以又称之为共享表空间。而且相比于独享表空间，手动创建共享表空间可以节省元数据方面的内存。可以在创建表的时候指定该表属于哪个表空间，也可以对已有表进行所属表空间的修改。

下面创建名为 guigu 的共享表空间，SQL 语句如下所示。

```
mysql>CREATE TABLESPACE guigu ADD datafile 'guigu.ibd' file_block_size=16k;
```

创建表时指定表空间的 SQL 语句如下所示。如果不指定表空间，则默认该表属于独享表空间。

```
mysql>CREATE TABLE `test`(id INT,name VARCHAR(10)) ENGINE=InnoDB DEFAULT CHARSET=utf8mb4
TABLESPACE guigu;
```

也可以通过 ALTER TABLE 语句指定表空间，SQL 语句如下所示。

```
mysql> ALTER TABLE test TABLESPACE guigu;
```

如何删除共享表空间呢？当我们确定共享表空间中的数据都没有用，并且依赖该共享表空间的表均已被删除时，可以通过 DROP TABLESPACE 语句删除该共享表空间来释放空间。如果依赖该共享表空间的表存在，就会导致删除失败，如下所示。

```
mysql> DROP TABLESPACE guigu;
Tablespace `guigu` is not empty.
```

因此，我们应该先删除依赖该共享表空间的表，SQL 语句如下所示。

```
mysql> DROP TABLE test;
```

再删除共享表空间，SQL 语句如下所示。

```
mysql> DROP TABLESPACE guigu;
```

11.5.3 临时表性能优化

在 MySQL 5.6 及以前的版本中，临时表都被存放在数据库配置的临时目录中，临时表的 undo 日志（回滚日志，参见 13.3 节）都与普通表的 undo 日志存放在一起。由于临时表在数据库重启后就被删除了，不需要 redo 日志（重做日志，参见 13.2 节）来保证事务的完整性，因此不需要写 redo 日志，但是需要写 undo 日志（因为需要支持回滚）。

在 MySQL 5.7 中，临时表位于 ibtmp 文件中，ibtmp 文件的存储路径和大小由参数 innodb_temp_data_file_path 控制。临时表中的数据和 undo 日志都位于 ibtmp 文件中。断开连接后，临时表会被释放，但是仅仅在 ibtmp 文件里面标记一下，空间是不会被释放回操作系统的。如果要释放空间，则需要重启数据库。如果需要查看临时表的相关信息，则可以查看表 INFORMATION_SCHEMA.INNODB_TEMP_TABLE_INFO。

在 MySQL 8.0 中，临时表中的数据和 undo 日志被分开存放。临时表中的数据被存放在 ibt 文件中，由参数 innodb_temp_tablespaces_dir 控制。undo 日志依然被存放在 ibtmp 文件中，由参数 innodb_temp_data_file_path 控制。存放 ibt 文件的空间叫作 Session 临时表空间，存放 ibtmp 文件的空间叫作 Global 临时表空间。Session 临时表空间在磁盘上的表现是一个由 ibt 文件组成的文件池。MySQL 服务启动的时候，会在数据库配置的临时目录下重新创建 Session 临时表空间，在关闭数据库的时候删除该表空间。当连接被释放的时候，会自动释放这个连接使用的 ibt 文件，同时回收空间。如果要回收 Global 临时表空间，则依然需要重启数据库。但是，由于已经把存放临时表中数据的文件分离出来，且其支持动态回收（断开连接即释放空间），因此在 MySQL 5.7 中困扰大家多时的空间占用问题得到了很好的解决。可以通过如下命令查看存放临时表中数据的文件。

```
mysql> SELECT * FROM INFORMATION_SCHEMA.INNODB_SESSION_TEMP_TABLESPACES;
+----+------------+-----------------------------+-------+----------+-----------+
| ID | SPACE      | PATH                        | SIZE  | STATE    | PURPOSE   |
+----+------------+-----------------------------+-------+----------+-----------+
| 8  | 4243767290 | ./#innodb_temp/temp_10.ibt  | 81920 | ACTIVE   | INTRINSIC |
| 0  | 4243767281 | ./#innodb_temp/temp_1.ibt   | 81920 | INACTIVE | NONE      |
| 0  | 4243767282 | ./#innodb_temp/temp_2.ibt   | 81920 | INACTIVE | NONE      |
| 0  | 4243767283 | ./#innodb_temp/temp_3.ibt   | 81920 | INACTIVE | NONE      |
| 0  | 4243767284 | ./#innodb_temp/temp_4.ibt   | 81920 | INACTIVE | NONE      |
| 0  | 4243767285 | ./#innodb_temp/temp_5.ibt   | 81920 | INACTIVE | NONE      |
| 0  | 4243767286 | ./#innodb_temp/temp_6.ibt   | 81920 | INACTIVE | NONE      |
```

```
| 0 | 4243767287| ./#innodb_temp/temp_7.ibt | 81920 | INACTIVE| NONE      |
| 0 | 4243767288| ./#innodb_temp/temp_8.ibt | 81920 | INACTIVE| NONE      |
| 0 | 4243767289| ./#innodb_temp/temp_9.ibt | 81920 | INACTIVE| NONE      |
+---+-----------+---------------------------+-------+---------+-----------+
```

优化普通 SQL 临时表的性能是 MySQL 8.0 的目标之一。通过优化临时表在磁盘中的不必要步骤，使得临时表的创建和移除成为一个轻量级的操作。把临时表移动到一个单独的表空间中，恢复临时表的过程就变得非常简单，就是在启动 MySQL 服务时重新创建临时表的单一过程。

MySQL 8.0 去掉了临时表中不必要的持久化。临时表仅仅在连接和会话内被创建，之后通过服务的生命周期绑定它们。通过移除不必要的 redo 日志，改变缓冲和锁，从而对临时表进行优化。

MySQL 8.0 增加了 undo 日志的一种额外类型，这种类型的日志被存放在一个单独的临时表空间中，在恢复期间不会被调用，只有在回滚操作中才会被调用。

临时表的元数据使用独立的表（innodb_temp_table_info）保存，如下所示。

```
mysql> SELECT * FROM information_schema.innodb_temp_table_info;
空的数据集 (0.01 秒)

mysql> CREATE TEMPORARY TABLE temp_1(id INT,name VARCHAR(100)) DEFAULT CHARSET=utf8;
Query OK, 0 rows affected (0.02 秒)

mysql> SELECT * FROM information_schema.innodb_temp_table_info;
+----------+-------------+--------+------------+
| TABLE_ID | NAME        | N_COLS | SPACE      |
+----------+-------------+--------+------------+
| 1090     | #sql525_2a_1 | 5      | 4243767290 |
+----------+-------------+--------+------------+
1 行于数据集 (0.01 秒)
```

上述结果中各项的含义如下。

- TABLE_ID：表示临时表的唯一 ID。
- NAME：表示临时表的表名，它是由系统生成的，以 "#sql" 为前缀。
- N_COLS：表示临时表中的列数。该值始终包含由 InnoDB 存储引擎创建的 3 个隐藏列（DB_ROW_ID、DB_TRX_ID 和 DB_ROLL_PTR）。在上面的案例中已有两列（id 和 name），因此 N_COLS 值为 5。
- SPACE：表示表空间 ID。每次查询时该值可能都不一样，因为它是由 MySQL 服务重启动态生成的。

MySQL 8.0 使用独立的临时表空间来存储临时表中的数据，但不能是压缩表。临时表空间在实例启动的时候创建，在实例关闭的时候删除，即为所有非压缩的 InnoDB 存储引擎临时表提供一个独立的表空间。默认的临时表空间文件为 ibtmp1，位于 MySQL 的数据目录下。通过 innodb_temp_data_file_path 参数指定临时表空间的存储路径和大小，其默认大小为 12MB，如下所示。只有重启实例才能回收临时表空间。

```
mysql> SHOW VARIABLES LIKE 'innodb_temp_data_file_path';
+----------------------------+----------------------+
| Variable_name              | Value                |
+----------------------------+----------------------+
| innodb_temp_data_file_path | ibtmp1:12M:autoextend |
+----------------------------+----------------------+
1 行于数据集 (0.02 秒)
```

11.6 小结

本章详细介绍了数据库调优的各个方面，主要包括数据库调优的措施、优化 MySQL 服务器、优化数据库结构、大表优化等内容。其中，优化 MySQL 服务器的主要方法有优化服务器硬件和优化 MySQL 服务的配置参数；优化数据库结构的主要方法有拆分表、增加中间表或冗余字段、优化字段的数据类型、优化插入记录的速度、使用非空约束、分析表、检查表、优化表等；大表优化的主要方法有读写分离、垂直拆分、水平拆分等。此外，还介绍了一些其他调优策略，包括服务器语句超时处理、创建全局通用表空间、临时表性能优化等。

上述调优方法有利有弊，例如，优化字段的数据类型，在节省存储空间的同时，要考虑到数据不能超出取值范围；在增加冗余字段的时候，不要忘了确保数据的一致性；把大表拆分为多张小表，也就意味着查询会增加新的连接，从而增加额外开销和运维成本。因此，我们一定要结合实际的业务需求进行权衡，选择适用的数据库调优方法。

第12章

数据库事务

数据库允许多个客户端同时连接，也就是说，可能会发生多个客户端同时修改同一条记录的情况。例如，小李给小王转账 500 元，此时银行需要给小王的账户增加 500 元，同时给小李的账户减去 500 元，SQL 语句如下所示。

```
mysql> UPDATE account SET money = money + 500 WHERE name = '小王';
mysql> UPDATE account SET money = money - 500 WHERE name = '小李';
```

如果小王的账户在成功增加 500 元后，MySQL 服务器突然宕机，那么小李的账户减去 500 元失败，由此造成的后果就是小王的账户里平白无故多了 500 元，这对银行来说是不可接受的。因此，MySQL 需要对上述现象进行控制，这就需要事务（Transaction）来帮忙解决了。本章将介绍事务的相关知识。

12.1 事务概述

事务是一组逻辑操作单元，能使数据从一种合法性状态变换到另一种合法性状态。事务的处理原则是保证所有事务都作为一个工作单元来执行，即使出现了故障，也不能改变这种执行方式。在一个事务中执行多个操作时，有两种选择。

（1）事务都被提交（Commit），这些修改会被永久地保存下来。

（2）数据库管理系统放弃所有修改，整个事务回滚（Rollback）到最初状态。

有了事务就会让数据库始终保持一致性，事务可以保证已提交到数据库的修改不会因为系统崩溃而丢失。针对本章开头提出的问题，我们就可以把小李给小王转账这个事件作为一个事务来处理，如果小王的账户在成功增加 500 元之后，MySQL 服务器突然宕机，就应该回滚这个事务，把小王账户里增加的钱再减回去。

前面讲过，在 MySQL 中，只有 InnoDB 和 NDB 存储引擎是支持事务的，本书以 InnoDB 存储引擎为主。

12.1.1 事务的 ACID 特性

事务具有 4 个特性，分别是原子性（Atomicity）、一致性（Consistency）、隔离性（Isolation）和持久性（Durability），这 4 个特性简称为 ACID。

1. 原子性

原子性是指事务是一个不可分割的工作单元，要么全部提交，要么全部失败回滚。比如日常生活中的转账操作，要么转账成功，要么转账失败，不存在中间状态。如果无法保证原子性，就会出现数据不一致的情形。例如，小李的账户减去 500 元而小王的账户增加 500 元的操作失败，系统将会无故丢失500 元。

2. 一致性

一致性是指事务执行前后，数据从一种合法性状态变换到另一种合法性状态。这种状态是语义上的，而不是语法上的，与具体的业务有关。那么，什么是合法性状态呢？满足预定约束的状态就是合法性状态。再通俗一点，这种状态是由自己定义的，比如满足现实世界中的约束，满足这种状态，数据就是一致的；不满足这种状态，数据就是不一致的。如果事务中的某个操作失败了，系统就会自动撤销当前正在执行的事务，返回事务执行之前的状态。

例如，本章开头的小李给小王转账 500 元，小李的账户余额减少，而小王的账户因为各种意外，余额并没有增加。此时数据是不一致的，因为我们定义了一种状态，此状态要求 A+B 的余额必须不变。

又如，在数据表中将姓名字段设置为唯一性约束，当事务进行提交或事务发生回滚的时候，如果数据表中的姓名非唯一，就破坏了事务的一致性要求。

3. 隔离性

通常来说，一个事务的修改在最终提交之前对其他事务是不可见的。事务的隔离性是指一个事务的执行不能被其他事务干扰，即一个事务内部的操作及使用的数据对并发的其他事务是隔离的，并发执行的各个事务之间不能互相干扰。

事务中的隔离级别有 4 种，分别是读未提交（READ UNCOMMITTED）、读已提交（READ COMMITTED）、可重复读（REPEATABLE READ）和可串行化（SERIALIZABLE），详情参见 12.3 节。

如果无法保证事务的隔离性，则会怎么样呢？依然使用本章开头的案例，小李给小王转账 500 元，对应的 SQL 语句如下所示。

```
mysql> UPDATE account SET money = money + 500 WHERE name = '小王';
mysql> UPDATE account SET money = money - 500 WHERE name = '小李';
```

当只执行第一条 SQL 语句时，小李通知小王查看账户，小王发现钱已到账（没有保证事务的隔离性，小王通过其他事务可以看到当前事务的修改），而之后无论第二条 SQL 语句是否执行，只要该事务不被提交，所有操作都将回滚。假设当前事务回滚之后，小王再次查看账户，就会发现钱其实并没有到账，这样小王就会怀疑自己是否产生了错觉。如果保证了事务的隔离性，那么，在转账的事务没有被提交之前，小王是看不到自己账户的变化的。

4. 持久性

持久性是指一个事务一旦被提交，它对数据库中数据的改变就是永久性的，接下来的其他操作或数据库故障都不应该对其产生任何影响。

持久性是通过事务日志来保证的。日志包括重做日志（参见 13.2 节）和回滚日志（参见 13.3 节）。当我们通过事务对数据进行修改的时候，首先会将数据库的变化信息记录到重做日志中，然后对数据库中对应的数据行进行修改。这样做的好处是，即使数据库系统崩溃，数据库重启后也能找到没有被更新到数据库系统中的重做日志，重新执行，从而使事务具有持久性。

在事务的四大特性中，原子性是基础，一致性是约束条件，隔离性是手段，持久性是目的。

数据库设计师为了方便设计，把需要保证原子性、一致性、隔离性和持久性的一个或多个数据库操作称为一个事务。

12.1.2　事务的状态

我们现在知道，事务是一个抽象的概念，它其实对应着一个或多个数据库操作。MySQL 根据这些操作所执行的不同阶段，把事务大致划分为 5 种状态，分别是活跃状态、部分提交状态、失败状态、异常结束状态和提交状态。

1. 活跃状态

事务开始执行就进入活跃状态，直到进入部分提交状态或失败状态。

2. 部分提交状态

事务中所有的 SQL 语句全部执行完成，但是还未提交，我们就称这个事务处于部分提交状态。此时事务对数据库的影响还没有同步到磁盘。

3. 失败状态

当事务处于活跃状态或部分提交状态时，可能遇到某些错误而无法正常执行下去，或者人为终止当前事务的执行，我们就称这个事务处于失败状态。此时数据库管理系统需要消除该事务对数据库的影响，即进入异常结束状态。

4. 异常结束状态

当一个处于失败状态的事务对数据库的影响被撤销，数据库恢复到该事务执行前的状态后，该事务退出数据库管理系统，进入异常结束状态，我们把这个撤销过程称为回滚。

5. 提交状态

当一个事务成功完成了所有操作，并且所有操作对数据库的影响已经被永久更新到数据库后，该事务退出数据库管理系统，正常结束，此时我们称这个事务处于提交状态。

随着事务的执行，事务的状态也在不断发生变化。事务状态转换图如图 12-1 所示。

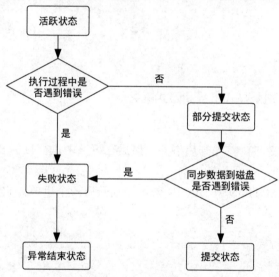

图 12-1 事务状态转换图

从图 12-1 中可以看到，一个事务在开始执行之后，立即进入活跃状态；当执行过程中遇到错误时，事务就进入失败状态，最终结束事务。

只有当事务处于提交状态或异常结束状态时，一个事务的生命周期才算结束。对于已经提交的事务来说，该事务对数据库所做的所有修改将会永久生效。对于处于异常结束状态的事务来说，该事务对数据库所做的所有修改将会被回滚到该事务执行前的状态。

12.2 事务的基本使用

12.2.1 数据准备

为了方便本章的讲解，我们首先创建数据库 chapter12，并在其中创建表 student，如下所示。

```
#创建数据库 chapter12
mysql> CREATE DATABASE chapter12;
Query OK, 1 row affected (0.00 sec)
```

```
mysql> USE chapter12
Database changed

mysql> CREATE TABLE `student` (
    `studentno` INT,
    `name` VARCHAR(20),
    `class` VARCHAR(20),
    PRIMARY KEY(`studentno`)
) ENGINE=InnoDB CHARSET=utf8;
```

然后向表 student 中插入一条数据，如下所示。

```
mysql> INSERT INTO student VALUES(1, '张三', '1班');
Query OK, 1 row affected (0.01 sec)
```

现在表 student 中的数据如下所示。

```
mysql> SELECT * FROM student;
+-----------+--------+-------+
| studentno | name   | class |
+-----------+--------+-------+
| 1         | 张三    | 1班    |
+-----------+--------+-------+
1 row in set (0.00 sec)
```

12.2.2　事务的基本语法

使用事务有两种方式，分别是显式事务和隐式事务。

1. 显式事务

显式事务的使用可以分为 3 步，首先开启事务，然后在事务中执行目标 SQL 语句，最后提交事务或回滚事务，具体操作步骤如下。

（1）使用 START TRANSACTION 或 BEGIN 语句显式开启一个事务，它们的语法如下所示。

```
#START TRANSACTION 语句
START TRANSACTION
    [transaction_characteristic [, transaction_characteristic] …]
transaction_characteristic: {
    WITH CONSISTENT SNAPSHOT
  | READ WRITE
  | READ ONLY
}
#BEGIN 语句
BEGIN [WORK]
```

在 BEGIN 语句的语法中，WORK 可以省略，即如下两条语句等价。

```
mysql> BEGIN;
mysql> BEGIN WORK;
```

根据开启事务的语法，使用如下语句就可以开启一个事务。

```
mysql> BEGIN;
Query OK, 0 rows affected (0.00 sec)
```

或者

```
mysql> START TRANSACTION;
Query OK, 0 rows affected (0.00 sec)
```

START TRANSACTION 和 BEGIN 语句的区别在于，START TRANSACTION 语句的后面可以追加访

问模式，访问模式可选项包括 READ ONLY、READ WRITE 和 WITH CONSISTENT SNAPSHOT。

- READ ONLY：表示当前事务是一个只读事务，即在该事务中的数据库操作只能读取数据，而不能修改数据，否则将报错，如下所示。

```
#设置当前事务为只读事务
mysql> START TRANSACTION READ ONLY;
Query OK, 0 rows affected (0.00 sec)
#对事务中的数据执行非读操作，报错
mysql> INSERT INTO student VALUES("王五");
ERROR 1792 (25006): Cannot execute statement in a READ ONLY transaction.
```

- READ WRITE：表示当前事务是一个读写事务，即在该事务中的数据库操作既可以读取数据，也可以修改数据。
- WITH CONSISTENT SNAPSHOT：表示开启快照读（参见 15.1.1 节）。

START TRANSACTION 语句允许设置多个访问模式，可以使用逗号将各访问模式分隔开来。例如，开启一个只读事务和快照读，SQL 语句如下所示。

```
START TRANSACTION READ ONLY, WITH CONSISTENT SNAPSHOT;
```

又如，开启一个读写事务和快照读，SQL 语句如下所示。

```
START TRANSACTION READ WRITE, WITH CONSISTENT SNAPSHOT;
```

需要大家注意的是，READ ONLY 和 READ WRITE 两种访问模式不可兼得，即要么设置为 READ ONLY，要么设置为 READ WRITE。也就是说，不能同时把 READ ONLY 和 READ WRITE 放到 START TRANSACTION 语句的后面。如果不显式指定事务的访问模式，那么该事务的访问模式是读写模式。

（2）执行一系列事务中的操作。

（3）提交事务或回滚事务，如下所示。

```
#提交事务。提交事务后，对数据库所做的修改是永久性的
mysql> COMMIT;
#回滚事务，即撤销正在进行的所有没有被提交的修改
mysql> ROLLBACK;
```

2. 隐式事务

MySQL 中有一个系统变量 autocommit，其默认值为 ON，如下所示。

```
mysql> SHOW VARIABLES LIKE 'autocommit';
+---------------+-------+
| Variable_name | Value |
+---------------+-------+
| autocommit    | ON    |
+---------------+-------+
1 row in set (0.01 sec)
```

autocommit 的含义是自动提交。也就是说，如果没有使用 START TRANSACTION 或 BEGIN 语句开启一个事务，那么每条语句都是一个独立的事务，语句执行结束后，事务将自动提交。例如，下面的 UPDATE 语句就是一个独立的事务。

```
mysql> UPDATE account SET balance = balance + 100 WHERE id = 1;
```

想要关闭这种自动提交功能，可以使用如下两种方式。

（1）显式地使用 START TRANSACTION 或 BEGIN 语句开启一个事务。这样，在本次事务提交或回滚前，会暂时关闭自动提交功能。比如下面的语句，手动开启一个事务，此时如果不手动提交事务，那么该事务将不会自动提交。

```
#事务开始执行
BEGIN;
SELECT ...
```

```
UPDATE …
…
```

（2）把系统变量 autocommit 的值设置为 OFF 或 0，如下所示。

```
mysql> SET autocommit = OFF;
```

或者

```
mysql> SET autocommit = 0;
```

当 autocommit=OFF 时，不论是否使用 START TRANSACTION 或 BEGIN 语句开启一个事务，都需要使用 COMMIT 命令提交事务，使用 ROLLBACK 命令回滚事务。比如下面的语句，此时如果不手动提交事务，那么这条 UPDATE 语句将始终不会被提交。

```
mysql> UPDATE account SET balance = balance + 100 WHERE id = 1;
```

12.2.3　隐式提交数据库事务的情况

隐式提交数据库事务的含义是没有手写 COMMIT 命令提交事务。隐式提交数据库事务主要有以下几种情形。

1. 定义或修改数据库对象的数据定义语句（Data Definition Language，DDL）

下面这些 DDL 语句会提交前面的事务。

```
#ALTER 语句
ALTER EVENT, ALTER FUNCTION, ALTER PROCEDURE, ALTER SERVER, ALTER TABLE, ALTER TABLESPACE,
ALTER VIEW

#CREATE 语句
CREATE DATABASE, CREATE EVENT, CREATE FUNCTION, CREATE INDEX, CREATE PROCEDURE, CREATE
ROLE, CREATE SERVER, CREATE SPATIAL REFERENCE SYSTEM, CREATE TABLE, CREATE TABLESPACE,
CREATE TRIGGER, CREATE VIEW

#DROP 语句
DROP DATABASE, DROP EVENT, DROP FUNCTION, DROP INDEX, DROP PROCEDURE, DROP ROLE, DROP
SERVER, DROP SPATIAL REFERENCE SYSTEM, DROP TABLE, DROP TABLESPACE, DROP TRIGGER, DROP
VIEW

#其他语句
INSTALL PLUGIN, RENAME TABLE, TRUNCATE TABLE, UNINSTALL PLUGIN
```

比如下面的情形，此时 CREATE TABLE 语句会提交前面的事务。

```
#事务开始执行
BEGIN;
SELECT …
UPDATE …

…
#没有使用 COMMIT 命令提交事务，而直接执行 CREATE TABLE 语句，该语句会隐式地提交前面语句所属的事务
CREATE TABLE…
```

2. 隐式使用或修改 MySQL 中的表

在使用 ALTER USER、CREATE USER、DROP USER、GRANT、RENAME USER、REVOKE、SET PASSWORD 等语句时，会隐式地提交前面语句所属的事务。

3. 事务控制和锁定语句

在一个事务还没有提交或回滚时，又使用 START TRANSACTION 或 BEGIN 语句开启了另一个事务，此时会隐式地提交上一个事务，因此事务是不能嵌套的。

在当前系统变量 autocommit 的值为 OFF，使用 SET autocommit 语句把该变量值调整为 ON 时，也会隐式地提交前面语句所属的事务。

在使用 LOCK TABLES、UNLOCK TABLES 等关于锁定的语句时，也会隐式地提交前面语句所属的事务。

4. 加载数据的语句

在使用 LOAD DATA 语句批量向数据库中导入数据时，也会隐式地提交前面语句所属的事务，但是仅仅作用于 NDB 存储引擎类型的表。

5. 关于复制的语句

在使用 START REPLICA、STOP REPLICA、RESET REPLICA、CHANGE REPLICATION SOURCE TO、CHANGE MASTER TO 等关于复制的语句时，也会隐式地提交前面语句所属的事务。在 MySQL 8.0.22 中使用 REPLICA 代替了 SLAVE。如果使用 MySQL 8.0.22 以前的版本，则相应的语句为 START SLAVE、STOP SLAVE、RESET SLAVE。

6. 管理语句

在使用 ANALYZE TABLE、CACHE INDEX、CHECK TABLE、FLUSH、LOAD INDEX INTO CACHE、OPTIMIZE TABLE、REPAIR TABLE、RESET（RESET PERSIST 除外）等管理语句时，也会隐式地提交前面语句所属的事务。

12.2.4　事务提交和回滚案例

在 MySQL 的默认状态下，我们查看一下表 student 中的事务处理结果，执行流程如下所示。

（1）开启事务。

（2）插入 studentno=2 的一条记录，提交后执行成功。

（3）插入和步骤（2）相同的记录，将 studentno 设置为主键。也就是说，主键的值是唯一的，那么，第二次插入 studentno=2 的记录时会产生错误。

（4）执行事务回滚语句。

从结果中可以看到，最终表 student 中依然只有一条记录。

```
mysql> BEGIN;
Query OK, 0 rows affected (0.00 秒)

mysql> INSERT INTO student VALUES(2,'李四','1 班');
Query OK, 1 rows affected (0.00 秒)

mysql> INSERT INTO student VALUES(2,'李四','1 班');
ERROR 1062 (23000): Duplicate entry '2' for key 'student.PRIMARY'
#回滚事务
mysql> ROLLBACK;
Query OK, 0 rows affected (0.01 秒)
#查看表中的记录
mysql> SELECT * FROM student;
+-----------+--------+-------+
| studentno | name   | class |
+-----------+--------+-------+
|         1 | 张三   | 1 班  |
+-----------+--------+-------+
1 row in set (0.00 sec)
```

再来看下面这段 SQL 语句的执行流程，如下所示。

（1）插入 studentno=2 的一条记录。

（2）插入和步骤（1）相同的记录，同样因为主键冲突而报错。

（3）执行事务回滚语句。

从结果中可以看到，表 student 中有两条记录。前面的操作把两次插入 studentno=2 的语句放在一个事务里，而这次的操作没有把它们放在一个事务里。因为在默认情况下 autocommit=1，MySQL 会隐式地提交事务，所以在第一次插入 studentno=2 的语句后，表 student 中已经存在两条记录，第二次插入 studentno=2 的语句会报错。在执行回滚操作的时候，实际上事务已经自动提交了，就没办法回滚了。测试完之后，将表 student 中的数据恢复至初始状态，即只有 studentno=1 的一条记录。

```
mysql> INSERT INTO student VALUES(2,'李四','1班');
Query OK, 1 rows affected (0.00 秒)

mysql> INSERT INTO student VALUES(2,'李四','1班');
ERROR 1062 (23000): Duplicate entry '2' for key 'student.PRIMARY'

mysql> ROLLBACK;
Query OK, 0 rows affected (0.00 秒)

mysql> SELECT * FROM student;
+-----------+--------+-------+
| studentno | name   | class |
+-----------+--------+-------+
|         1 | 张三   | 1班   |
|         2 | 李四   | 1班   |
+-----------+--------+-------+
2 rows in set (0.00 sec)
```

同样，再来看下面这段 SQL 语句的执行流程，如下所示。

（1）设置系统变量 completion_type 的值为 1。

（2）插入 studentno=2 的一条记录。

（3）插入和步骤（2）相同的记录，同样因为主键冲突而报错。

（4）执行事务回滚语句。

从结果中可以看到，表 student 中只有一条记录。和第二次处理使用相同的 SQL 语句，只是在事务开始执行前设置了 completion_type=1，处理结果就和第一次的处理结果相同，即表 student 中只有一条 studentno=1 的记录。这是为什么呢？

这里讲解一下 MySQL 中系统变量 completion_type 的作用。实际上，该变量有 3 个值可以设置，分别是 0、1、2。

（1）completion_type=0：该变量的默认值为 0。也就是说，虽然在执行 COMMIT 命令时会提交事务，但在执行下一个事务时，还需要使用 START TRANSACTION 或 BEGIN 语句开启事务。

（2）completion_type=1：在提交事务后，相当于执行了 COMMIT AND CHAIN，也就是开启了一个链式事务，即提交事务后会开启一个相同隔离级别的事务。

（3）completion_type=2：在提交事务后，会自动与服务器断开连接。

在下面这段 SQL 语句中，设置 completion_type=1，也就是说，在提交事务后，相当于在下一行中写了一条 START TRANSACTION 或 BEGIN 语句。这时两次插入"李四"记录会被认为是在同一个事务内的操作，第二次插入"李四"记录就会导致事务失败，而回滚操作也撤销了这次事务，因此我们能看到的结果就只有一条 studentno=1 的记录。测试完之后，将 completion_type 恢复默认值 0。

```
mysql> SET @@completion_type = 1;
Query OK, 0 rows affected (0.00 秒)


mysql> INSERT INTO student VALUES(2,'李四','1 班');
Query OK, 1 rows affected (0.00 秒)

mysql> INSERT INTO student VALUES(2,'李四','1 班');
ERROR 1062 (23000): Duplicate entry '2' for key 'student.PRIMARY'

mysql> ROLLBACK;
Query OK, 0 rows affected (0.01 秒)

mysql> SELECT * FROM student;
+-----------+--------+-------+
| studentno | name   | class |
+-----------+--------+-------+
|         1 | 张三   | 1 班  |
+-----------+--------+-------+
1 row in set (0.00 sec)
```

12.2.5 不支持事务的表无法回滚事务

前面创建的表 student 是支持事务回滚的，那么，不支持事务的表是否可以回滚事务呢？在数据库 chapter12 中创建表 test1，该表使用不支持事务的存储引擎 MyISAM，建表语句如下所示。

```
mysql> CREATE TABLE `test1` (
    `i` INT
) ENGINE=MyISAM;
```

我们先开启一个事务，写一条插入语句后再回滚该事务，观察表 test1 中数据的变化，执行流程如下所示。

```
mysql> SELECT * FROM test1;
Empty set (0.00 sec)

mysql> BEGIN;
Query OK, 0 rows affected (0.00 sec)

mysql> INSERT INTO test1 VALUES(1);
Query OK, 1 row affected (0.00 sec)

mysql> ROLLBACK;
Query OK, 0 rows affected, 1 warning (0.01 sec)

mysql> SELECT * FROM test1;
+------+
| i    |
+------+
|    1 |
+------+
1 row in set (0.00 sec)
```

可以看到，虽然使用了 ROLLBACK 语句回滚事务，但是插入的那条记录依然在表 test1 中，说明不支持事务的表无法回滚事务。

12.2.6　事务保存点

前面讲过，事务回滚是将整个事务全部回滚，如果在一个事务中有很多条语句，那么事务全部回滚会非常浪费时间。基于此，MySQL 支持事务部分回滚，具体由保存点（Savepoint）实现。

将一个大事务拆分为几个小事务，每个小事务之间的拆分点就可以被认为是保存点。在数据库中修改一条记录后，在这条语句后面设置一个保存点，当需要回滚事务的时候，MySQL 允许回滚到设置的保存点，这样就节省了大量时间，提高了工作效率，也不需要消耗数据库的资源。

MySQL 允许保存、回滚、释放保存点，语法如下所示。

```
#保存保存点
SAVEPOINT identifier
#回滚到指定的保存点
ROLLBACK [WORK] TO [SAVEPOINT] identifier
#释放保存点
RELEASE SAVEPOINT identifier
```

如果在回滚或释放保存点时，指定的保存点不存在，则会报如下错误。

```
ERROR 1305 (42000): SAVEPOINT identifier does not exist
```

以上面的表 student 为例展示保存点的用法，执行流程如下所示。向表 student 中每插入一条记录之后设置一个保存点，之后执行其他操作，当把事务回滚到设置的保存点时，再次查询数据，会发现和该保存点之前的数据一致。测试完之后，将表 student 中的数据恢复至初始状态，即只有 studentno=1 的一条记录。

```
#查询当前表 student 中的数据
mysql> BEGIN;
Query OK, 0 rows affected (0.00 sec)
mysql> SELECT * FROM student;
+-----------+--------+-------+
| studentno | name   | class |
+-----------+--------+-------+
|         1 | 张三   | 1班   |
+-----------+--------+-------+
1 row in set (0.00 sec)
#插入一条记录
mysql> INSERT INTO student VALUES(2,'李四','1班');
Query OK, 1 row affected (0.00 sec)
#查询当前表 student 中的数据
mysql> SELECT * FROM student;
+-----------+--------+-------+
| studentno | name   | class |
+-----------+--------+-------+
|         1 | 张三   | 1班   |
|         2 | 李四   | 1班   |
+-----------+--------+-------+
2 rows in set (0.00 sec)
#设置一个保存点 s1
mysql> SAVEPOINT s1;
Query OK, 0 rows affected (0.00 sec)

#再次插入一条记录
mysql> INSERT INTO student VALUES(3,'王五','1班');
Query OK, 1 row affected (0.00 sec)
#查询当前表 student 中的数据
```

```
mysql> SELECT * FROM student;
+-----------+--------+-------+
| studentno | name   | class |
+-----------+--------+-------+
|         1 | 张三   | 1班   |
|         2 | 李四   | 1班   |
|         3 | 王五   | 1班   |
+-----------+--------+-------+
3 rows in set (0.00 sec)
#回滚到保存点 s1
mysql> ROLLBACK TO s1;
Query OK, 0 rows affected (0.00 sec)
#再次查询数据，发现保存点 s1 之后插入的记录已经消失
mysql> SELECT * FROM student;
+-----------+--------+-------+
| studentno | name   | class |
+-----------+--------+-------+
|         1 | 张三   | 1班   |
|         2 | 李四   | 1班   |
+-----------+--------+-------+
2 rows in set (0.00 sec)
```

12.3 事务隔离级别

MySQL 是一款客户端/服务器端架构的软件，对于同一台服务器来说，可以有若干个客户端与之连接，每个客户端与服务器连接之后，就可以称之为一个会话（Session）。每个客户端都可以在自己的会话中向服务器发出请求语句，一条请求语句可能是某个事务的一部分。服务器可以同时处理来自多个客户端的多个事务。事务具有隔离性，理论上，在某个事务对某条数据进行访问时，其他事务应该排队，在提交该事务之后，其他事务才可以继续访问这条数据。事务串行对服务器性能的影响太大。既想保持事务的隔离性，又想让服务器在处理访问相同数据的多个事务时性能尽量高一些，就得看如何权衡二者的利弊。

12.3.1 数据库并发问题

针对事务的隔离性和并发性，我们应该怎样取舍呢？我们先看一下访问相同数据的事务在不保证串行执行（执行完一个事务再执行另一个事务）的情况下产生的问题，这些问题包括脏写（Dirty Write）、脏读（Dirty Read）、不可重复读（Non-Repeatable Read）和幻读（Phantom Read）。

1. 脏写

如果一个事务修改了另一个未提交的事务修改过的数据，就意味着发生了脏写。开启两个事务，分别修改同一条 studentno=1 的记录。脏写示意流程如表 12-1 所示。

表 12-1　脏写示意流程

发生时间编号	事务 1	事务 2
1	BEGIN;	
2		BEGIN;
3		UPDATE student SET name='李四' WHERE studentno=1;
4	UPDATE student SET name='张三_bak' WHERE studentno=1;	
5		ROLLBACK;
6	COMMIT;	

事务 2 先将 studentno=1 的记录的 name 列更新为"李四",事务 1 再将这条 studentno=1 的记录的 name 列更新为"张三_bak"。如果之后事务 2 进行了回滚,那么事务 1 中的更新也将不复存在,这种现象被称为脏写。这时事务 1 就失效了,明明把数据更新了,也提交事务了,最后看到的数据却没有发生改变。看到这里,如果有读者对事务的隔离级别比较了解,就会发现,在默认隔离级别下,事务 1 中的更新语句会处于等待状态。这里只是向各位读者说明这种现象,接着往后看即可。

2. 脏读

开启两个事务,事务 1 读取了已经被事务 2 更新但还没有提交的记录。如果之后事务 2 回滚,事务 1 读取的内容就是临时且无效的。脏读示意流程如表 12-2 所示。

表 12-2 脏读示意流程

发生时间编号	事务 1	事务 2
1	BEGIN;	
2		BEGIN;
3		UPDATE student SET name='李四' WHERE studentno=1;
4	SELECT * FROM student WHERE studentno=1; #如果读到 name 列的值为"李四",则意味着发生了脏读	
5	COMMIT;	
6		ROLLBACK;

事务 2 先将 studentno=1 的记录的 name 列更新为"李四",事务 1 再去查询这条 studentno=1 的记录,如果读到 name 列的值为"李四",而事务 2 稍后进行了回滚,那么事务 1 相当于读到了一条不存在的记录。也就是说,事务 1 读到了事务 2 未提交的记录,这种现象被称为脏读。

3. 不可重复读

开启两个事务,事务 1 先读取了一条记录,事务 2 接着更新了这条记录。后续事务 1 再次读取同一条记录,读到的内容就不同了,这就意味着发生了不可重复读,其示意流程如表 12-3 所示。

表 12-3 不可重复读示意流程

发生时间编号	事务 1	事务 2
1	BEGIN;	
2	SELECT * FROM student WHERE studentno=1; #此时读到 name 列的值为"张三"	
3		UPDATE student SET name='李四' WHERE studentno=1;
4	SELECT * FROM student WHERE studentno=1; #如果读到 name 列的值为"李四",则意味着发生了不可重复读	
5		UPDATE student SET name='王五' WHERE studentno=1;
6	SELECT * FROM student WHERE studentno=1; #如果读到 name 列的值为"王五",则意味着发生了不可重复读	

我们在事务 2 中提交了两个隐式事务(注意是隐式事务,意味着语句执行结束后,事务就被提交了),这两个隐式事务都修改了 studentno=1 的记录的 name 列的值。每次提交事务之后,如果事务 1 都可以查到最新的值,这种现象就被称为不可重复读。

4. 幻读

开启两个事务,事务 1 从一张表中读取了一条记录,事务 2 向该表中插入了一条新的记录。之后如果事务 1 再次读取同一张表,就会多出一条记录,这就意味着发生了幻读,其示意流程如表 12-4 所示。

表 12-4　幻读示意流程

发生时间编号	事务 1	事务 2
1	BEGIN;	
2	SELECT * FROM student WHERE studentno>0; #此时读到 name 列的值为"张三"	
3		INSERT INTO student VALUES(2,'李四','2 班');
4	SELECT * FROM student WHERE studentno>0; #如果读到 name 列的值为"张三"和"李四"，则意味着发生了幻读	

事务 1 先根据条件 studentno>0 查询表 student，得到了 name 列的值为"张三"的记录；然后在事务 2 中提交了一个隐式事务，该事务向表 student 中插入了一条记录；最后事务 1 根据相同的条件 studentno>0 再次查询表 student，得到的结果集中包含事务 2 新插入的那条记录，这种现象被称为幻读。

有的读者会有疑问，如果在事务 2 中删除了一些符合 studentno>0 条件的记录，而不是插入了一条记录，那么事务 1 中再根据条件 studentno>0 读到的记录数变少了，这种现象算不算幻读呢？明确说一下，这种现象不属于幻读。幻读强调的是一个事务按照某个相同条件多次读取记录，之后读取时读到了之前没有读到的记录。

对于之前已经读到的记录，之后又读取不到的情况，又该怎么归类呢？其实这相当于对每条记录都发生了不可重复读。幻读只是重点强调之后读取时读到了之前没有读到的记录。

12.3.2　事务中的 4 种隔离级别

上一节介绍了并发事务执行过程中可能遇到的一些问题，这些问题也有轻重缓急之分，我们将这些问题按照严重性来排序，则有脏写>脏读>不可重复读>幻读，其中脏写是最严重的情况。

前面所说的舍弃一部分隔离性来换取一部分性能在这里就体现为设立一些隔离级别，隔离级别越低，越严重的问题就越可能发生。在 SQL 标准中设立了 4 种隔离级别。

- READ UNCOMMITTED：读未提交。在该隔离级别下，所有事务都可以看到其他未提交事务的执行结果。
- READ COMMITTED：读已提交。这是大多数数据库管理系统的默认隔离级别，但不是 MySQL 的默认隔离级别。它满足了隔离的简单定义，即一个事务只能看见已提交事务所做的修改。
- REPEATABLE READ：可重复读。事务 A 在读到一条记录之后，事务 B 对这条记录进行了修改并提交，那么事务 A 再读取这条记录，读到的还是原来的内容。
- SERIALIZABLE：可串行化。它通过强制事务排序，使事务之间不可能相互冲突。

SQL 标准中规定，针对不同的隔离级别，并发事务可能导致不同严重程度的后果，具体情况如表 12-5 所示。

表 12-5　不同隔离级别导致的不同后果

隔离级别	脏读的可能性	不可重复读的可能性	幻读的可能性	加锁读的可能性
READ UNCOMMITTED	Yes	Yes	Yes	No
READ COMMITTED	No	Yes	Yes	No
REPEATABLE READ	No	No	Yes	No
SERIALIZABLE	No	No	No	Yes

说明如下。

- 在 READ UNCOMMITTED 隔离级别下，事务的修改即使没有被提交，对其他事务也是可见的。事务能够读取未提交的记录，这种情况就是脏读。
- 在 READ COMMITTED 隔离级别下，事务读取已提交的记录，一个事务在执行过程中，记录被另一个事务修改，造成本次事务执行前后读取的信息不一致，这种情况就是不可重复读。

- 在 REPEATABLE READ 隔离级别下，不仅解决了脏读的问题，还保证了同一个事务多次读取相同的记录，结果是一致的，但这个级别还是会出现幻读的问题。当事务 A 读取某个范围内的记录时，事务 B 在这个范围内插入记录，事务 A 再次读取这个范围内的记录时，就会产生幻读。
- 在 SERIALIZABLE 隔离级别下，强制事务串行执行，从而避免了幻读的问题。简单来说，SERIALIZABLE 会在读取的每条记录上都加锁，因而可能会导致大量的超时和锁竞争。

大家可以发现里面没有脏写，这是因为脏写的问题太严重了，不论哪种隔离级别，都不允许脏写问题的发生。

不同的数据库厂商对 SQL 标准中设立的 4 种隔离级别的支持不同，例如，Oracle 只支持 READ COMMITTED 和 SERIALIZABLE 隔离级别。MySQL 虽然支持 4 种隔离级别，但与 SQL 标准中规定的各隔离级别允许发生的问题有所出入，例如，MySQL 在 REPEATABLE READ 隔离级别下，与锁机制配合，就可以避免幻读问题的发生。MySQL 的默认隔离级别为 REPEATABLE READ。查看隔离级别的方法如下所示。

```
#查看隔离级别，MySQL 5.7.20 以前的版本
mysql> SHOW VARIABLES LIKE 'tx_isolation';
+---------------+-----------------+
| Variable_name | Value           |
+---------------+-----------------+
| tx_isolation  | REPEATABLE-READ |
+---------------+-----------------+
1 row in set (0.00 sec)
#在 MySQL 5.7.20 中，引入 transaction_isolation 来代替 tx_isolation
#查看隔离级别，MySQL 5.7.20 及以后的版本
mysql> SHOW VARIABLES LIKE 'transaction_isolation';
+-----------------------+-----------------+
| Variable_name         | Value           |
+-----------------------+-----------------+
| transaction_isolation | REPEATABLE-READ |
+-----------------------+-----------------+
1 row in set (0.02 sec)
```

在不同的 MySQL 版本中，都可以使用如下语句查看隔离级别。

```
SELECT @@transaction_isolation;
```

12.3.3 设置隔离级别

在 MySQL 服务已经启动的情况下，可以通过如下语句设置事务的隔离级别。

```
SET [GLOBAL|SESSION] TRANSACTION ISOLATION LEVEL 隔离级别;
```

或者

```
SET [GLOBAL|SESSION] TRANSACTION_ISOLATION = '隔离级别'
```

其中，隔离级别的可选值有 4 个，如下所示。

```
隔离级别: {
    | REPEATABLE READ
    | READ COMMITTED
    | READ UNCOMMITTED
    | SERIALIZABLE
}
```

在设置隔离级别的语句中，在 SET 关键字后面可以加入 GLOBAL 或 SESSION 关键字，或者什么都不加，这样会对不同范围的事务产生不同的影响，具体如下。

（1）加入 GLOBAL 关键字（在全局范围内产生影响）。

比如下面的语句。

```
SET GLOBAL TRANSACTION ISOLATION LEVEL SERIALIZABLE;
```

或者

```
SET GLOBAL TRANSACTION_ISOLATION = 'SERIALIZABLE';
```

加入 GLOBAL 关键字表示只对执行完该语句之后产生的会话起作用，对当前已经存在的会话无效。

（2）加入 SESSION 关键字（在会话范围内产生影响）。

比如下面的语句。

```
SET SESSION TRANSACTION ISOLATION LEVEL SERIALIZABLE;
```

或者

```
SET SESSION TRANSACTION_ISOLATION = 'SERIALIZABLE';
```

加入 SESSION 关键字表示对当前会话中的所有后续事务有效。该语句可以在已经开启的事务中间执行，但不会影响当前正在执行的事务。如果该语句在已经开启的事务中间执行，则对后续事务有效。

（3）上述两个关键字都不加（只对执行语句后的下一个事务产生影响）。

比如下面的语句。

```
SET TRANSACTION ISOLATION LEVEL SERIALIZABLE;
```

不加这两个关键字表示只对当前会话中下一个即将开启的事务有效。下一个事务执行完之后，后续事务将恢复到之前的隔离级别。该语句不能在已经开启的事务中间执行，否则会报错。

如果想在启动服务器时改变事务的默认隔离级别，则可以修改启动参数 transaction-isolation 的值。例如，我们在启动服务器时指定了--transaction-isolation=SERIALIZABLE，事务的默认隔离级别就从原来的 REPEATABLE READ 变成了 SERIALIZABLE。

数据库规定了多种事务隔离级别，不同隔离级别对应不同的干扰程度。隔离级别越高，数据一致性越好，但并发性越弱。

12.3.4 不同隔离级别下的并发情况

在数据库 chapter12 中创建表 account 并插入数据，如下所示。

```
#建表语句
mysql> CREATE TABLE `account` (
  `id` INT NOT NULL AUTO_INCREMENT,
  `name` VARCHAR(255) NOT NULL,
  `balance` INT NOT NULL,
  PRIMARY KEY (`id`)
) ENGINE=InnoDB AUTO_INCREMENT=3 DEFAULT CHARSET=utf8mb3;
#插入数据
mysql> INSERT INTO account VALUES ('1', '张三', '100'), ('2', '李四', '0');
```

表 account 中的数据如下所示。

```
mysql> SELECT * FROM  account;
+----+--------+---------+
| id | name   | balance |
+----+--------+---------+
|  1 | 张三   |     100 |
|  2 | 李四   |       0 |
+----+--------+---------+
2 rows in set (0.00 sec)
```

下面演示不同隔离级别下的并发情况。

1．读未提交之脏读

设置隔离级别为读未提交，演示脏读的场景，如表 12-6 所示。事务 1 给张三的账户增加 100 元，查询账户余额，结果为 200 元；在事务 1 未被提交之前，事务 2 查询张三的账户余额，结果也为 200 元，这时就发生了脏读；等事务 1 回滚之后，事务 2 再次查询张三的账户余额，结果又变成了 100 元，发生了脏读。

表 12-6　演示读未提交之脏读

时间	事务 1	事务 2
T1	SET SESSION TRANSACTION ISOLATION LEVEL READ UNCOMMITTED; START TRANSACTION; #开启事务 UPDATE account SET balance = balance + 100 WHERE id = 1; SELECT * FROM account WHERE id = 1;#查询账户余额，结果为 200 元	
T2		SET SESSION TRANSACTION ISOLATION LEVEL READ UNCOMMITTED; START TRANSACTION; #开启事务 SELECT * FROM account WHERE id = 1; #查询账户余额，结果为 200 元，发生了脏读
T3	ROLLBACK;	
T4	COMMIT;	
T5		SELECT * FROM account WHERE id = 1;#查询账户余额，结果为 100 元

再举一个严重的例子，证明脏读的危害，如表 12-7 所示。在执行事务前，表 account 中的数据如下所示。

```
mysql> SELECT * FROM  account;
+----+--------+---------+
| id | name   | balance |
+----+--------+---------+
| 1  | 张三   | 100     |
| 2  | 李四   | 0       |
+----+--------+---------+
2 row in set (0.00 sec)
```

表 12-7　演示脏读

时间	事务 1	事务 2
T1	SET SESSION TRANSACTION ISOLATION LEVEL READ UNCOMMITTED; START TRANSACTION; #开启事务 UPDATE account SET balance = balance - 100 WHERE id = 1; UPDATE account SET balance = balance + 100 WHERE id = 2; SELECT * FROM account WHERE id = 1;#查询账户余额，结果为 0 元	
T2		SET SESSION TRANSACTION ISOLATION LEVEL READ UNCOMMITTED; START TRANSACTION; #开启事务 SELECT * FROM account WHERE id = 2; #查询账户余额，结果为 100 元 UPDATE account SET balance = balance - 100 WHERE id = 2;#更新语句被阻塞
T3	ROLLBACK;	
T4		COMMIT;

整个事务的执行流程如下。

（1）T1 时刻：张三给李四转账 100 元。

（2）T2 时刻：李四的账户余额为 100 元，减去 100 元。

（3）T3 时刻：事务 1 回滚，张三的账户余额恢复至 100 元，李四的账户余额恢复至 0 元。

（4）T4 时刻：李四的账户扣款成功，余额为 0-100=-100 元。

最终导致李四的账户余额不合理。这种情况对于实际业务来说是极其不合理的。

执行完事务后，表 account 中的数据如下所示，可以看到李四的账户无缘无故损失了 100 元。

```
mysql> SELECT * FROM  account;
+----+--------+---------+
| id | name   | balance |
+----+--------+---------+
| 1  | 张三   | 100     |
| 2  | 李四   | -100    |
+----+--------+---------+
2 row in set (0.00 sec)
```

2. 读已提交之不可重复读

在执行事务前，表 account 中的数据如下所示。

```
mysql> SELECT * FROM  account;
+----+--------+---------+
| id | name   | balance |
+----+--------+---------+
| 1  | 张三   | 100     |
| 2  | 李四   | 0       |
+----+--------+---------+
2 row in set (0.00 sec)
```

设置隔离级别为读已提交，演示不可重复读的场景，如表 12-8 所示。

表 12-8　演示读已提交之不可重复读

时间	事务 1	事务 2
T1	SET SESSION TRANSACTION ISOLATION LEVEL READ COMMITTED; START TRANSACTION; #开启事务 SELECT * FROM account WHERE id = 2;#查询账户余额，结果为 0 元	
T2		SET SESSION TRANSACTION ISOLATION LEVEL READ COMMITTED; START TRANSACTION; UPDATE account SET balance = balance + 100 WHERE id = 2; SELECT * FROM account WHERE id = 2;#查询账户余额，结果为 100 元
T3	SELECT * FROM account WHERE id = 2;#查询账户余额，结果仍然为 0 元，未发生脏读	
T4		COMMIT;
T5	SELECT * FROM account WHERE id = 2;#查询账户余额，结果为 100 元 COMMIT;	

不可重复读是指事务 1 读取了一条记录，事务 1 还没有结束时，事务 2 也访问了这条记录，修改并提交了这条记录。紧接着，事务 1 又读取了这条记录，由于事务 2 的修改，事务 1 两次读取返回的结果集可

能是不一样的。

可以看到，在 T2 时刻，事务 2 修改了 id=2 的账户余额但没有提交事务；在 T3 时刻，事务 1 查询 id=2 的账户余额，发现账户余额仍然为 0 元，可以证明在读已提交隔离级别下不会发生脏读。

3．可重复读

在执行事务前，表 account 中的数据如下所示。

```
mysql> SELECT * FROM  account;
+----+--------+---------+
| id | name   | balance |
+----+--------+---------+
|  1 | 张三   |     100 |
|  2 | 李四   |       0 |
+----+--------+---------+
2 rows in set (0.00 sec)
```

设置隔离级别为可重复读，演示可重复读的场景，如表 12-9 所示。

表 12-9　演示可重复读

时间	事务 1	事务 2
T1	SET SESSION TRANSACTION ISOLATION LEVEL REPEATABLE READ; START TRANSACTION;#开启事务 SELECT * FROM account WHERE id = 2;#查询账户余额，结果为 0 元	
T2		SET SESSION TRANSACTION ISOLATION LEVEL REPEATABLE READ; START TRANSACTION ; UPDATE account SET balance = balance + 100 WHERE id = 2; SELECT * FROM account WHERE id = 2;#查询账户余额，结果为 100 元
T3		COMMIT;
T4	SELECT * FROM account WHERE id = 2;#查询账户余额，结果仍然为 0 元 COMMIT; SELECT * FROM account WHERE id = 2;#查询账户余额，结果为 100 元	

当我们将当前会话的隔离级别设置为可重复读的时候，当前会话可重复读，也就是每次读取返回的结果集都相同，而不管其他事务有没有被提交。但是，在可重复读隔离级别下，会产生幻读的问题。下面演示幻读的场景。

在执行事务前，表 account 中的数据如下所示。

```
mysql> SELECT * FROM  account;
+----+--------+---------+
| id | name   | balance |
+----+--------+---------+
|  1 | 张三   |     100 |
|  2 | 李四   |       0 |
+----+--------+---------+
2 rows in set (0.00 sec)
```

设置隔离级别为可重复读，演示幻读的场景，如表 12-10 所示。

表 12-10　演示可重复读之幻读

时间	事务 1	事务 2
T1	SET SESSION TRANSACTION ISOLATION LEVEL REPEATABLE READ; START TRANSACTION;#开启事务 SELECT COUNT(*) FROM account WHERE id<10;#结果为两条记录	
T2		SET SESSION TRANSACTION ISOLATION LEVEL REPEATABLE READ; START TRANSACTION; INSERT INTO account (id,name,balance) VALUES(3,"王五",0); COMMIT;
T3	INSERT INTO account (id,name,balance) VALUES(3,"王五",0); #主键冲突，插入失败	
T4	SELECT COUNT(*) FROM account WHERE id<10;#结果为两条记录	
T5	ROLLBACK;	

在 T1 时刻，事务 1 查询 id<10 的记录，返回两条记录；在 T2 时刻，事务 2 插入一条 id=3 的记录并提交；在 T3 时刻，事务 1 插入一条 id=3 的记录，因为主键冲突，导致插入失败。

在可重复读隔离级别下，在 T1、T2 时刻，事务正常执行；在 T3 时刻，会报主键冲突错误，事务 1 发生了幻读，显示的情况是"刚才读取返回的结果集应该可以支撑插入记录的操作，为什么现在不可以"。事务 1 在 T4 时刻和 T1 时刻读取返回的结果集是一样的，幻读无疑已经发生，因为事务 1 无论读取多少次，都查不到 id=3 的记录，但它的确无法插入这条通过读取来认定不存在的记录（这条记录已被事务 2 插入）。

其实，在可重复读隔离级别下也是可以避免幻读的，只需对 SELECT 操作手动添加行 X 锁（参见第 14 章）即可。即便当前记录不存在，当前事务也会获得一把记录锁，其他事务则无法插入此索引的记录，从而避免幻读问题的发生。

4．可串行化

在可串行化隔离级别下，事务 1 在 T1 时刻执行时会隐式地添加行 X 锁，从而导致事务 2 在 T2 时刻会被阻塞，事务 1 在 T3 时刻会正常执行，待事务 1 被提交后，事务 2 才能继续执行（因为主键冲突，导致执行失败）。因此，对于事务 1 来说，业务是正确的，它成功地阻塞了扰乱业务的事务 2，并且前期读取返回的结果集是可以支撑其后续业务的。

因此，MySQL 中的幻读并非两次读取返回的结果集不同，而是事务在插入事先检测并不存在的记录时，惊奇地发现这些记录已经存在，之前检测读取的记录如同幻影一般。

这里要灵活地理解读取的意思，第一次的 SELECT 是读取，第二次的 INSERT 其实也属于隐式读取，只不过是在 MySQL 的机制中读取的，插入记录也要先读取一下有没有主键冲突，才能决定是否执行插入操作。不可重复读侧重表达读-读，而幻读则侧重表达读-写，用写来证明读的是幻影。

12.4　小结

本章首先讲解了事务的基本概念，以及它具有的 4 个特性，分别是原子性、一致性、隔离性和持久性。其次讲解了事务中的 4 种隔离级别，分别是读未提交、读已提交、可重复读和可串行化。事务的并发性按照上面的隔离级别顺序递减，即在读未提交隔离级别下，事务的并发性最高。最后讲解了不同的隔离级别可能会导致的不同并发问题，例如，读未提交可能会导致脏读问题，读已提交可能会导致不可重复读问题，可重复读可能会导致幻读问题，而可串行化隔离级别下没有并发问题。在 InnoDB 存储引擎中，事务与业务场景息息相关，因此，本章内容需要我们重点掌握。

第13章

redo 日志和 undo 日志

我们在第 12 章中讲过了事务，相信各位读者阅读后，对于事务的持久性和原子性也有了一定的了解。本章将介绍 MySQL 中常见的两种日志，分别是 redo（重做）日志和 undo（回滚）日志。这两种日志和事务关系密切，redo 日志保证了事务的持久性，undo 日志保证了事务的原子性。redo 日志和 undo 日志都是用来维护事务的，而 MySQL 中只有 InnoDB 存储引擎支持事务，因此，这两种日志也是 InnoDB 存储引擎独有的日志形式。

13.1 为什么需要日志维护事务

假设现在对数据执行 UPDATE 操作，应该分为两步：先查询对应的行记录，再根据条件执行更新操作。InnoDB 存储引擎是以页为单位来管理存储空间的，我们对数据执行的增、删、改、查操作在本质上都是访问页面。我们在第 4 章中讲过，在真正访问页面之前，需要把磁盘数据页缓存到内存缓冲池之后才可以访问。但是，如果只在内存缓冲池中修改了页面，在提交事务后突然发生了某个故障，导致内存中的数据全部失效，那么这个已经提交的事务对数据库所做的修改也会随之丢失，这是我们无法接受的。为了保证事务的持久性，正常的逻辑是在每次提交事务之前，把该事务修改的所有页面都更新到磁盘文件中，但是这样做也会导致一些问题。

1. 随机 I/O 的效率很低

I/O 分为随机 I/O 和顺序 I/O。顺序 I/O 的效率比随机 I/O 的效率高，直接原因在于寻址时间。顺序 I/O 在第一次寻址以后就可以按顺序读/写，而随机 I/O 的每一次操作都需要一次寻址，对于机械硬盘来说，这是非常消耗时间的。MySQL 要想保证不丢失任何数据，就必须保证数据实时落盘。MySQL 在缓冲池中的数据一般都是 B+树上不同节点的数据变更，它们是属于不同页面的，这些数据要落盘都属于随机 I/O。

2. 空间浪费

如果把修改过的缓存页都刷到磁盘上，缓存页大小是 16KB，而数据量比较大，那么刷到磁盘上的操作比较耗时。而且可能只修改了缓存页中几字节的数据，没有必要把完整的缓存页刷到磁盘上。

针对上述问题，MySQL 使用预写式日志（Write Ahead Log，WAL）的方式来解决。WAL 是数据库系统中一种常见的日志技术，用于保证数据操作的原子性和持久性。在使用 WAL 的系统中，所有修改在提交之前都要先被写入日志文件中，简单来说就是先写日志，再写数据到磁盘中。

WAL 机制的原理也很简单，即对数据库所做的修改并不直接被写入数据库文件中，而被写入另一个被称为 WAL 的文件中。如果事务执行失败，那么 WAL 文件中的记录会被忽略，撤销修改；如果事务执行成功，那么 WAL 文件中的记录将在随后的某个时间被写回数据库文件中，提交修改。

MySQL 中的 WAL 机制就是通过 redo 日志和 undo 日志来实现的。每当执行数据修改操作，在数据变更之前就将操作写入 redo 日志中，这样，当发生系统崩溃之类的情况时，系统可以在重启后继续操作。当一些变更执行到一半无法完成时，可以根据 undo 日志恢复到变更之前的状态。在 MySQL 中，redo 日志用来在发生系统宕机、重启之类的情况时修复数据（保证事务的持久性），而 undo 日志用来保证事务的原子性。此外，ZooKeeper、HBase 也使用了 WAL 机制。

13.2　redo 日志

13.2.1　redo 日志的优势

MySQL 事务的特性之一就是持久性，也就是说，一个事务一旦被提交，接下来的其他操作和数据库故障不应该对其产生任何影响，即使系统崩溃，这个事务对数据库所做的修改也不会丢失。

MySQL 通过 redo 日志来保证事务的持久性。我们来看一下 redo 日志的整体工作流程是怎样的，以及它在保证事务持久性的过程中承担了什么样的职责。

在 MySQL 中执行增、删、改操作时，首先会在缓冲池中更新缓存页，更新完之后，必须写一条或几条 redo 日志，这里的 redo 日志也要被刷到磁盘上，这样就可以记录对数据库所做的修改。如果事务中的增、删、改操作更新的缓存页还没有被刷到磁盘上，此时 MySQL 服务宕机了，那么我们可以在重启 MySQL 服务之后把 redo 日志重做一遍，恢复事务当前更新的缓存页，之后把缓存页刷到磁盘上就可以了，如图 13-1 所示。

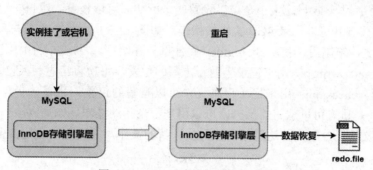

图 13-1　redo 日志恢复数据的流程

提交事务时把修改过的缓存页刷到磁盘上，与提交事务时把修改过的 redo 日志写入日志文件中，同样是写入磁盘中，区别如下。

（1）redo 日志记录落盘属于顺序 I/O，因为 redo 日志中保存的是数据页的记录变更，每次读取这些内存中的日志，申请一块磁盘空间写入就可以了。但是，redo 日志记录落盘其实也不完全属于顺序 I/O，因为数据在磁盘上是按块散落存放的，在写入的时候还要重新寻址，只不过相当于每写入 4KB 换一下地址，寻址没有那么频繁。

（2）一条 redo 日志占用的存储空间非常小，不会像缓存页那样，修改一条数据就需要落盘整个数据页。redo 日志记录落盘后，缓冲池可以抽时间慢慢地落盘数据页，甚至等某些数据页积累的数据多了再去落盘，可以减少缓冲池的随机 I/O 次数。

13.2.2　redo 日志文件组

MySQL 的数据目录（使用 SHOW VARIABLES LIKE 'datadir'语句查看）下默认有两个名为 ib_logfile0 和 ib_logfile1 的文件，日志缓存中的日志在默认情况下就是被刷新到这两个文件中的。

从上面的描述中可以看到，磁盘上的 redo 日志文件不止一个，而是以一个日志文件组的形式出现的。这些文件以 ib_logfile[数字]（数字可以是 0,1,2,…）的形式进行命名。在将 redo 日志写入日志文件组中时，是从 ib_logfile0 文件开始写的。如果 ib_logfile0 文件写满了，就接着写 ib_logfile1 文件；同理，ib_logfile1 文件写满了，就接着写 ib_logfile2 文件，依次类推。如果写到最后一个文件，就从 ib_logfile0 文件重新开始写。redo 日志文件组示意图如图 13-2 所示，类似循环链表结构。

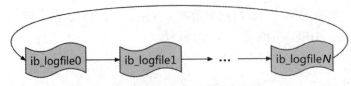

图 13-2　redo 日志文件组示意图

如果采用循环使用的方式向 redo 日志文件组中写数据，则很可能出现循环写的情况，也就是后面写入的 redo 日志会覆盖前面写入的 redo 日志。为此，InnoDB 存储引擎的设计者提出了 checkpoint 的概念。

13.2.3　checkpoint

前面说过，redo 日志循环写可能会造成数据的覆盖问题，但是我们知道 redo 日志只是为了系统崩溃后恢复脏页用的，如果对应的脏页已经被刷新到磁盘上，那么，即使现在系统崩溃，重启后也用不着使用 redo 日志恢复该页面了，因此该 redo 日志也就没有存在的必要了，它占用的磁盘空间就可以被后续的 redo 日志所重用。也就是说，判断某些 redo 日志占用的磁盘空间是否可以被覆盖的依据就是它对应的脏页是否已经被刷新到磁盘上，这个控制刷脏的过程就是所谓的 checkpoint（检查点）。在 MySQL 中，checkpoint 发生的时间、条件及脏页的选择等都非常复杂。

InnoDB 存储引擎中的 redo 日志大小是可以设置的，例如，可以设置一组日志包含 4 个文件，每个文件的大小是 1GB，那么一共可以记录 4GB 大小的操作。如图 13-3 所示，redo 日志从 ib_logfile0 文件开始写，写到 ib_logfile3 文件末尾后，就从 ib_logfile0 文件重新开始写。日志文件组中还包含两个属性，分别是 write pos 和 checkpoint。write pos 用来记录当前日志写的位置，每次将日志写入日志文件组中，write pos 的位置就会后移更新。checkpoint 用来记录日志文件可以重写的位置，也是向后推移并且循环的。write pos 和 checkpoint 之间是日志可以重写的部分，可以用来记录新的操作。如果 write pos 和 checkpoint 的位置重合，则表示日志文件已经写满，这时候不能再执行新的操作，需要把 checkpoint 向前推移。

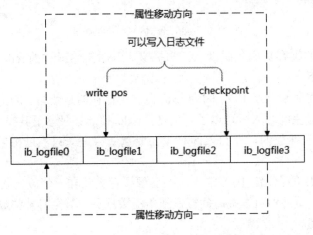

图 13-3　redo 日志写入流程

13.2.4　Log Sequence Number

Log Sequence Number（日志的逻辑序列号，LSN）是一个单调递增的值，用来记录写入的 redo 日志量。数据页和 redo 日志都有各自的 LSN 值。根据 LSN 值，可以获取如下信息。

（1）数据页的版本信息。

（2）写入的 redo 日志量。通过 LSN 的开始号码和结束号码可以计算出写入的 redo 日志量。

（3）checkpoint 的位置。

将数据页中的 LSN 值和 redo 日志中的 LSN 值进行比较，如果数据页中的 LSN 值小于 redo 日志中的 LSN 值，则表示数据丢失了一部分。我们可以根据数据页中的 LSN 值和 redo 日志中的 LSN 值判断需要恢复的 redo 日志的位置和大小。

可以使用 SHOW ENGINE INNODB STATUS 语句查看 LSN 值，如下所示。

```
mysql> SHOW ENGINE INNODB STATUS;
    .
    .
    .
---
LOG
---
Log sequence number          5287101073
Log buffer assigned up to    5287101073
Log buffer completed up to   5287101073
Log written up to            5287101073
Log flushed up to            5287101073
Added dirty pages up to      5287101073
Pages flushed up to          5287101073
Last checkpoint at           5287101073
    .
    .
    .
```

各项说明如下。

- Log sequence number：表示当前 redo 日志中的 LSN 值。
- Log buffer assigned up to：表示日志缓存下一次开始的 LSN 值。
- Log buffer completed up to：表示日志缓存当前完成的 LSN 值。
- Log written up to：表示日志已经被写入 redo 日志文件中的 LSN 值。
- Log flushed up to：表示刷新到磁盘上的 redo 日志文件中的 LSN 值。
- Added dirty pages up to：表示脏页被刷新到磁盘上的 LSN 值。
- Pages flushed up to：表示已经刷到磁盘数据页上的 LSN 值。
- last checkpoint at：表示上一次 checkpoint 所在位置的 LSN 值。

每组 redo 日志都有一个唯一的 LSN 值与其对应，LSN 值越小，说明 redo 日志产生得越早。

13.2.5　redo 日志缓存

InnoDB 存储引擎为了解决磁盘 I/O 速度过慢的问题而引入了缓冲池。同理，写入 redo 日志时也不能直接写到磁盘上，实际上，在启动服务器时就向操作系统申请了一大片称为 redo 日志缓存的连续内存空间，称之为 redo 日志缓冲区。日志缓冲区就是保存要写入磁盘上的日志文件数据的内存区域。

可以通过 innodb_log_buffer_size 参数来指定日志缓冲区的大小。查看该参数值的语句如下所示。该参数的默认值为 16MB，最大值为 4096MB，最小值为 1MB。

```
mysql> SHOW VARIABLES LIKE '%innodb_log_buffer_size%';
+------------------------+----------+
| Variable_name          | Value    |
+------------------------+----------+
| innodb_log_buffer_size | 16777216 |
+------------------------+----------+
```

日志缓冲区中的内容会被定期刷新到磁盘上。比较大的日志缓冲区能够执行大型事务，而无须在提交事务之前将 redo 日志写到磁盘上。因此，如果有比较大的事务需要执行，那么，增加日志缓冲区的大小可以减少磁盘 I/O 次数。

MySQL 8.0.11 引入了专用的日志写入线程，用于将 redo 日志从日志缓冲区写入系统缓冲区中，并将系统缓冲区中的数据刷新到 redo 日志文件中。以前由单独的用户线程负责完成这些任务。从 MySQL 8.0.22 开始，可以使用 innodb_log_writer_threads 参数启用或禁用日志写入线程。启用日志写入线程可以提升高并发系统的性能，但是对于低并发系统，禁用日志写入线程可以提供更好的性能。

13.2.6　redo 日志刷盘策略

InnoDB 存储引擎为 redo 日志刷盘策略提供了 innodb_flush_log_at_trx_commit 参数，该参数的取值有 3 个，分别为 0、1、2，默认值为 1。

- 0：延迟写。当设置该参数值为 0 的时候，表示日志线程轮询每秒把 redo 日志从 redo 日志缓存写入文件系统缓存中，之后刷新到磁盘上。
- 1：实时写，实时刷盘。当设置该参数值为 1 的时候，表示每次提交事务时都将执行刷盘操作。
- 2：实时写，延迟刷盘。当设置该参数值为 2 的时候，表示每次提交事务时都只把 redo 日志缓存中的 redo 日志写入文件系统缓存中，日志线程轮询每秒把文件系统缓存中的数据刷新到磁盘上。

也就是说，redo 日志可能存在于三个地方。

- 存在于 redo 日志缓存中，也就是存在于 MySQL 进程内存中。
- 存在于文件系统缓存中，但是没有持久化（持久化需要调用系统 fsync 方法）。
- 存在于磁盘上。

redo 日志的流转流程如图 13-4 所示。

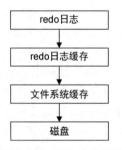

图 13-4　redo 日志的流转流程

下面给出不同刷盘策略的流程图。

如图 13-5 所示，当 innodb_flush_log_at_trx_commit=0 时，如果 MySQL 服务器宕机，则可能会有 1 秒数据的丢失。

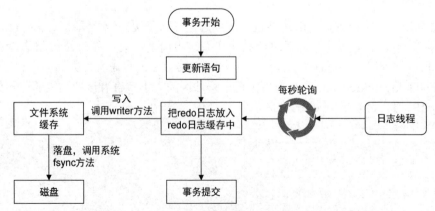

图 13-5　innodb_flush_log_at_trx_commit=0 时的 redo 日志刷盘流程

如图 13-6 所示，当 innodb_flush_log_at_trx_commit=1 时，只要事务提交成功，redo 日志就一定在磁盘中，不会有任何数据丢失。如果在事务执行期间 MySQL 服务器宕机，则会丢失这部分日志。但是事务并没有被提交，因此，即使这部分日志丢失，也不会有损失。

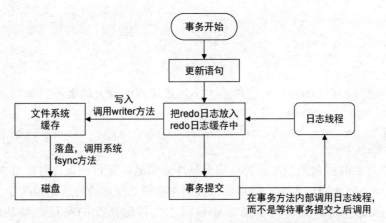

图 13-6　innodb_flush_log_at_trx_commit=1 时的 redo 日志刷盘流程

如图 13-7 所示，当 innodb_flush_log_at_trx_commit=2 时，只要事务提交成功，redo 日志缓存中的 redo 日志就只被写入文件系统缓存中。如果只是 MySQL 挂了，则不会有任何数据丢失；但是，宕机可能会有 1 秒数据的丢失。

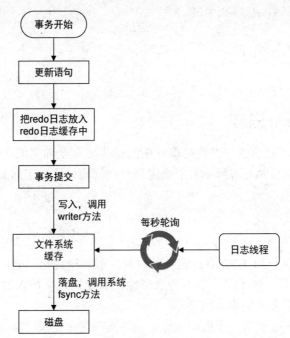

图 13-7　innodb_flush_log_at_trx_commit=2 时的 redo 日志刷盘流程

对于设置 0 和 2，不能百分之百保证每秒刷新一次。刷新可能会更频繁地发生，而有时由于调度问题，刷新也可能不太频繁。如果日志每秒刷新一次，那么在崩溃中最多可能丢失 1 秒的数据。如果刷新日志的频率高于或低于每秒一次，那么可能丢失的数据量会相应变化。

13.2.7　redo 日志相关参数

下面介绍一下 MySQL 中 redo 日志的相关参数。

（1）innodb_log_file_size：用于设置单个 redo 日志文件的大小，其默认值为 48MB，最大值为 512GB。注意，最大值指的是 redo 日志系列文件大小之和，即 innodb_log_files_in_group × innodb_log_file_size 不能大于最大值 512GB。可以使用如下语句查看单个 redo 日志文件的大小，单位是字节（Byte）。

```
mysql> SHOW VARIABLES LIKE 'innodb_log_file_size' ;
+------------------------+----------+
| Variable_name          | Value    |
```

```
+----------------------+----------+
| innodb_log_file_size | 50331648 |
+----------------------+----------+
1 row in set (0.02 sec)
```

可以根据业务需要修改单个 redo 日志文件的大小，以便容纳较大的事务。例如，使用如下语句把单个 redo 日志文件的大小修改为 200MB。

```
[root@localhost ~]# vim /etc/my.cnf
innodb_log_file_size=200M
```

更改 redo 日志文件及其缓存大小是需要重启数据库实例的，建议初始化时做好评估。可以适当增加 redo 日志文件组数和 redo 日志文件大小，特别是在数据库实例更新比较频繁的情况下。

（2）innodb_log_group_home_dir：用于指定 redo 日志文件组所在的路径，默认值为 "./"，表示在 MySQL 的数据目录下。

（3）innodb_log_files_in_group：用于设置 redo 日志文件的数量，命名方式如 ib_logfile0,ib_logfile1,…, ib_logfile*N*。其默认值为 2，最大值为 100。进入 MySQL 的数据目录/var/lib/mysql/，可以看到对应的 redo 日志文件，如下所示。

```
[root@node1 mysql]# ls | grep 'ib_logfile'
ib_logfile0
ib_logfile1
```

13.3 undo 日志

13.3.1 为什么需要 undo 日志

前面讲过，事务需要保证原子性，也就是事务中的操作要么全部完成，要么什么也不做。一个事务中包含很多条语句，而且在事务执行过程中可能会遇到一些问题，比如下面的场景。

```
BEGIN;
INSERT …
UPDATE …
COMMIT
```

在事务执行过程中，当执行到 UPDATE 语句的时候，服务器突然断电，就会导致事务执行结束。但是，之前已经插入了一条记录，为了保证事务的原子性，需要把之前插入的记录删除，就好像之前什么都没做一样，这就是我们在前面讲的事务回滚。

从事务回滚的概念来看，需要有一个撤销操作。为了实现这个需求，MySQL 提供了一种 undo 日志，又称回滚日志或撤销日志。在事务修改记录之前，会先把该记录的原值保存起来，保存的介质就是我们所说的 undo 日志。当事务回滚或数据库崩溃时，可以利用 undo 日志进行回退。

这里需要注意的一点是，由于查询操作（SELECT）并不会修改任何记录，因此，在执行查询操作时，并不需要记录相应的 undo 日志。在真实的 InnoDB 存储引擎中，undo 日志其实并不像上面所说的那么简单。

13.3.2 undo 日志的作用

在 MySQL 中，undo 日志的作用主要有两个。

（1）提供回滚操作，即实现事务的原子性。用户对 undo 日志可能有误解，认为 undo 日志用于将数据库物理地恢复到执行语句或事务之前的样子。但事实并非如此，undo 日志是逻辑日志，用于将数据库在逻辑上恢复到原来的样子。虽然所有修改都被逻辑取消了，但是数据结构和页本身在回滚之后可能大不相同。这是因为在多用户并发系统中，可能会有数十、数百甚至数千个并发事务。数据库的主要任务就是协调对记录的并发访问。例如，一个事务正在修改当前页中的某几条记录，同时还有其他事务正在对当前页中的另外几条记录进行修改。因此，不能将一个页回滚到执行事务之前的样子，因为这样会影响其他事务正在执行的操作。

（2）提供多版本并发控制。在 InnoDB 存储引擎中，使用 undo 日志来实现多版本并发控制。当用户读取一条记录时，如果该记录已经被其他事务占用，那么当前事务可以通过 undo 日志读取该记录之前的版本信息，以此来实现非锁定读取。关于多版本并发控制的讲解参见第 15 章。

13.3.3　undo 日志的存储机制

前面说过，表空间分为几大类，其中包括 Undo Tablespace 和 System Tablespace。在 MySQL 5.6.3 以前的版本中，Undo Tablespace 和 System Tablespace 都位于 ibdata1 文件中。在 MySQL 5.6.3 及以后的版本中，MySQL 支持将 Undo Tablespace 单独剥离出来。从名字来看，Undo Tablespace 和 undo 日志好像有一些关系，其实它的作用就是存储 undo 日志。从 MySQL 8.0.3 开始，默认 Undo Tablespace 的数量从 0 调整为 2，也就意味着独立 Undo Tablespace 被默认打开。

进入 MySQL 的数据目录/var/lib/mysql/，可以看到对应的 undo 日志文件，如下所示。

```
[root@node1 mysql]# ls | grep 'undo_'
undo_001
undo_002
```

Undo Tablespace 和 undo 日志的逻辑关系如图 13-8 所示。其中，Undo Tablespace 是逻辑概念，undo_001 和 undo_002 则是具体实现。

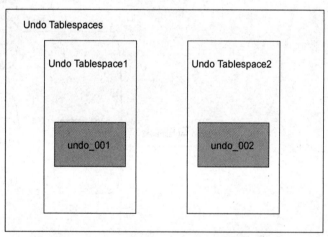

图 13-8　Undo Tablespace 和 undo 日志的逻辑关系

可以看到，随着 MySQL 版本的迭代，已经把 undo 日志单独剥离出来，为什么还要支持把 undo 日志的表空间单独剥离出来呢？

这是从性能的角度来考量的。原先的 undo 日志和系统表空间共享一个表空间，这样在记录 undo 日志的时候，与其他一些使用系统表空间来存储的操作肯定会存在磁盘 I/O 的竞争。如果把 undo 日志的表空间单独剥离出来，支持其自定义目录和表空间的数量，就可以给 undo 日志配置单独的磁盘目录，例如，把 undo 日志存放在固态硬盘目录中，既能提高 undo 日志的读/写性能，也能方便数据库管理人员操作。

阅读到这里，我们清楚了 undo 日志被存放在单独的 Undo Tablespace 里面。接下来，我们继续研究 Undo Tablespace 是以什么样的结构存储 undo 日志的。

在 MySQL 中，Undo Tablespace 定义了回滚段（Rollback Segment）来存放 undo 日志。MySQL 中默认提供了两个 Undo Tablespace，每个 Undo Tablespace 由 128 个回滚段组成，每个回滚段由 1024 个 undo_slot 组成。当事务产生 undo 日志的时候，从回滚段里申请一个 undo_slot 来存储 undo 链表头节点页号。如果 undo_slot 不为空，则说明其被占用了，查看下一个 undo_slot。Undo Tablespace 的整体结构如图 13-9 所示。

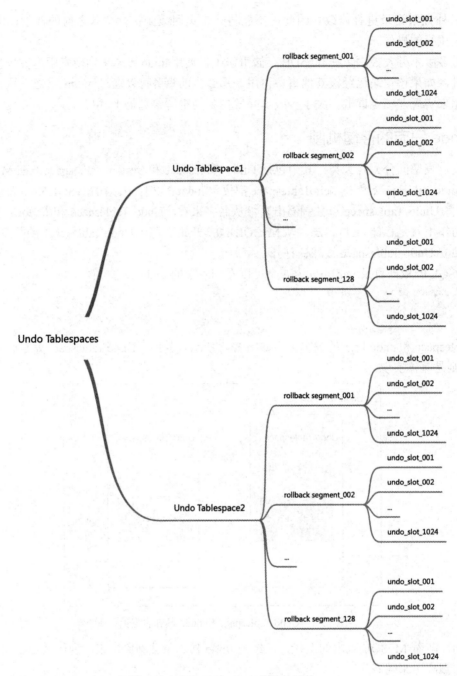

图 13-9　Undo Tablespace 的整体结构

　　回滚段支持的事务数取决于回滚段中 undo_slot 的数量。一个回滚段中 undo_slot 的数量因 InnoDB 存储引擎中的页面大小而异，如表 13-1 所示。一般来说，undo_slot 的数量是页面大小的 1/16，例如，页面大小为 4KB，undo_slot 的数量就是 4096÷16=256（个）。

表 13-1　页面大小与 undo_slot 数量的关系

页面大小	一个回滚段中 undo_slot 的数量
4096B（4KB）	256 个
8192B（8KB）	512 个
16 384B（16KB）	1024 个
32 768B（32KB）	2048 个
65 536B（64KB）	4096 个

每个事务在需要记录 undo 日志时都会申请 undo_slot，例如，当事务中只有一个 INSERT 操作时，就会申请一个 undo_slot。因此，理论上 InnoDB 存储引擎允许的最大事务并发数与事务中的操作数有关。

（1）当事务中只有一个 INSERT、UPDATE 或 DELETE 操作时，最大事务并发数的计算公式为 Undo Tablespace 的数量×回滚段的数量×undo_slot 的数量。在默认情况下，最大事务并发数为 2×128×1024。

（2）当事务中包含 INSERT、UPDATE、DELETE 中的任意两个操作时，最大事务并发数的计算公式为 Undo Tablespace 的数量×回滚段的数量×undo_slot 的数量/2。在默认情况下，最大事务并发数为 2×128×1024/2。

13.3.4　undo 日志如何回滚事务

前面讲过，对于 InnoDB 存储引擎类型的表来说，一条完整的记录中包括 3 个隐藏列，分别是行 ID（DB_ROW_ID，不一定存在）、事务 ID（DB_TRX_ID）和回滚指针（DB_ROLL_PTR）。此外，记录头信息中还包括一个属性 deleted_mark，用来标识这条记录是否被删除，其默认值为 0。完整的记录信息如图 13-10 所示。

deleted_mark	DB_TRX_ID	DB_ROLL_PTR	列1的值	列2的值	...	列n的值

图 13-10　完整的记录信息

从整体来说，undo 日志分为 3 种类型，分别是 INSERT、DELETE 和 UPDATE 类型。

1. INSERT 类型的 undo 日志

INSERT 类型的 undo 日志是指在 INSERT 操作中产生的 undo 日志。因为 INSERT 操作的记录只对事务本身可见，而对其他事务不可见，所以在提交事务后可以直接删除该 undo 日志。执行如下 INSERT 语句。

```
BEGIN;
INSERT INTO user (name) VALUES ("tom");
```

插入的记录会生成一条 INSERT 类型的 undo 日志，并且记录的回滚指针会指向它。undo 日志会记录日志序号（undo no）、插入主键的列和数据列，在进行回滚的时候，通过主键直接把对应的数据删除即可，如图 13-11 所示。

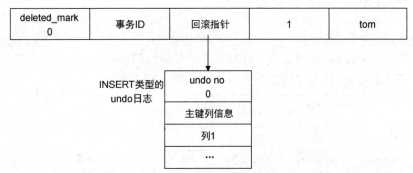

图 13-11　INSERT 类型的 undo 日志

2. DELETE 类型的 undo 日志

DELETE 类型的 undo 日志是指在 DELETE 操作中产生的 undo 日志。执行如下 DELETE 语句。

```
BEGIN;
DELETE FROM user WHERE id =1;
```

DELETE 类型的 SQL 语句在执行过程中会经历两个阶段。

阶段一：将记录的 deleted_mark 值修改为 1，表示该记录处于被删除状态，但是还没有被物理删除。

阶段二：在提交事务之后，由专门的清理线程删除该记录。

DELETE 类型的 undo 日志只需考虑阶段一的影响就可以。修改完 deleted_mark 值之后，DELETE 类型的 undo 日志指向 INSERT 类型的 undo 日志，这就形成了所谓的版本链，如图 13-12 所示。

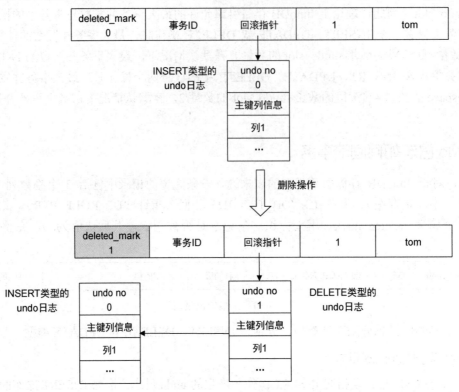

图 13-12　DELETE 类型的 undo 日志

3．UPDATE 类型的 undo 日志

UPDATE 类型的 undo 日志是指在 UPDATE 操作中产生的 undo 日志。UPDATE 类型的 undo 日志有两种类型，分别是不更新主键的 UPDATE 类型的 undo 日志和更新主键的 UPDATE 类型的 undo 日志。

1）不更新主键的 UPDATE 类型的 undo 日志

假设现在执行如下不更新主键 id 的 SQL 语句。

```
BEGIN;
UPDATE user SET name="sun" WHERE id=1;
```

这时会把旧记录写入新的 undo 日志中，让回滚指针指向新的 undo 日志（日志序号为 1），并且新的 undo 日志会指向旧版本的 undo 日志（日志序号为 0），如图 13-13 所示。

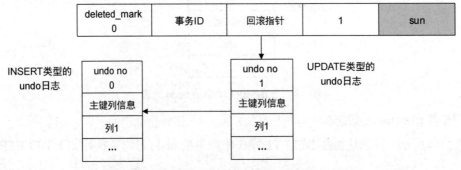

图 13-13　不更新主键的 UPDATE 类型的 undo 日志

2）更新主键的 UPDATE 类型的 undo 日志

假设现在执行如下更新主键 id 的 SQL 语句。

```
BEGIN;
UPDATE user SET id=2 WHERE id=1;
```

对于更新主键的操作，MySQL 会先把记录的删除标志（deleted_mark）设置为 1（表示该记录被删除），这时并没有真正删除记录，真正的删除操作会交给清理线程完成，此时会生成一条 DELETE 类型的 undo 日志。然后在这条 undo 日志的后面插入一条新的记录，新的记录会产生 INSERT 类型的 undo 日志，并且日志序号会递增。因此，在更新主键 id 的 SQL 语句中会产生两条 undo 日志，分别是 DELETE 类型的 undo 日志和 INSERT 类型的 undo 日志，如图 13-14 所示。

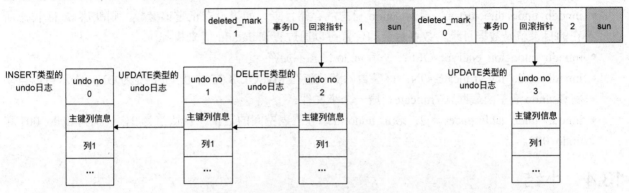

图 13-14　更新主键的 UPDATE 类型的 undo 日志

可以发现，每次对记录的变更都会产生一条 undo 日志，当一条记录被变更多次时，就会产生多条 undo 日志。undo 日志记录的是变更前的数据，并且日志序号是递增的，当需要回滚的时候，按照序号依次向前推，就可以找到原始数据了。

拿上面的例子来说，假设执行回滚操作，那么对应的流程如下。

（1）通过 undo no=3 的日志把 id=2 的记录删除。

（2）通过 undo no=2 的日志把 id=1 的记录的 deleted_mark 值还原为 0。

（3）通过 undo no=1 的日志把 id=1 的记录的 name 值还原为 tom。

（4）通过 undo no=0 的日志把 id=1 的记录删除。

13.3.5　undo 日志相关参数

下面我们来学习一下 undo 日志相关参数，包括单个 undo 日志文件最大可以占用多少字节的存储空间、undo 日志的存储目录、是否加密、是否自动截断回收空间及是否有独立表空间等，这些参数是我们了解事务回滚机制的关键。可以使用如下语句查看单个 undo 日志文件最大可以占用多少字节的存储空间。

```
mysql> SHOW VARIABLES LIKE '%innodb_max_undo_log_size%';
+--------------------------+------------+
| Variable_name            | Value      |
+--------------------------+------------+
| innodb_max_undo_log_size | 1073741824 |
+--------------------------+------------+
1 row in set, 1 warning (0.00 sec)
```

innodb_max_undo_log_size 表示单个 undo 日志文件最大可以占用多少字节的存储空间。从上述结果中可以看到，当前系统单个 undo 日志文件最大可以占用 1GB 的存储空间。

下面 4 个参数分别表示 undo 日志的存储目录、是否加密、是否自动截断回收空间和是否有独立表空间。

```
mysql> SHOW VARIABLES LIKE '%innodb_undo%';
+--------------------------+-------+
| Variable_name            | Value |
+--------------------------+-------+
| innodb_undo_directory    | ./    |
```

```
| innodb_undo_log_encrypt   | OFF   |
| innodb_undo_log_truncate  | ON    |
| innodb_undo_tablespaces   | 2     |
+---------------------------+-------+
4 rows in set, 1 warning (0.00 sec)
```

上述结果显示了这 4 个参数的默认值，下面分别解释一下。

- innodb_undo_directory=./：表示 undo 日志的存储目录。如果没有指定该参数，则默认 undo 日志所在的目录就是数据目录。数据目录的位置可以通过查询 datadir 值来找到。
- innodb_undo_log_encrypt=OFF：表示 undo 日志不加密。
- innodb_undo_log_truncate=ON：该参数的默认值在 MySQL 8.0.2 中由 OFF 变为 ON，表示可以自动将该 undo 表空间截断（Truncate）成一个小文件。
- innodb_undo_tablespaces = 2：表示 undo 日志独立表空间的数量，默认值为 2，分别为 undo_001 和 undo_002。

13.4　小结

本章重点讲解了 MySQL 中的两种日志——redo 日志和 undo 日志，这两种日志和事务关系密切。redo 日志用于保证事务的持久性。当 MySQL 服务器宕机的时候，部分脏页还没有完全刷盘，我们就可以通过 redo 日志来恢复数据。undo 日志用于保证事务的原子性。如果一个事务需要回滚，则可以通过 undo 日志来完成。了解这两种日志，有助于我们更透彻地理解事务的特性。

第14章

锁

锁是计算机协调多个进程或线程并发访问某一资源的机制。在程序开发过程中会存在多线程同步的问题，当多个线程并发访问某个数据的时候，尤其针对一些敏感数据（如订单、金额等），就需要保证这个数据在任何时刻最多只有一个线程在访问，以保证数据的完整性和一致性。在程序开发过程中加锁就是为了保证数据的一致性，这个思路在数据库领域同样重要。本章将讲解 MySQL 中的锁。

14.1 锁概述

在数据库中，除传统计算资源（如 CPU、RAM、I/O 等）的争用外，数据也是一种供许多用户共享的资源。如何保证数据并发访问的一致性、有效性是所有数据库必须解决的问题。例如，在同一时刻不同的客户端对同一张表执行更新或查询操作，为了保证数据的一致性，需要对并发操作进行控制，由此产生了锁。同时，锁机制也为实现 MySQL 事务的各个隔离级别提供了保证。因此，锁对数据库而言显得尤为重要。但是，锁的存在可能会导致锁冲突。锁冲突是指两个线程要获取的目标锁不能兼容，只有其中一个线程的锁资源被释放后，另一个线程才能继续获取锁。锁冲突是影响数据库并发访问性能的一个重要因素。

14.1.1 并发事务访问相同记录

并发事务访问相同记录的情况大致可以分为 3 种，分别是读–读场景、写–写场景和读–写场景。

1. 读–读场景

读–读场景的意思是多个事务并发读取同一条或多条记录。读取记录不会对记录有任何改动，因此该场景是允许发生的。

2. 写–写场景

写–写场景的意思是多个事务并发修改相同的记录。如果不能保证事务的执行顺序，此时就可能会出现不同的结果。例如，事务 T1 先修改记录，在事务 T1 提交前事务 T2 就修改记录，最终结果就可能是事务 T2 的执行结果，好像事务 T1 没有执行，如表 14-1 所示。

表 14-1 演示写–写场景

事务 T1	事务 T2
BEGIN; UPDATE table1 SET name='张三' WHERE id=1;	
	BEGIN; UPDATE table1 SET name='李四' WHERE id=1; COMMIT;
COMMIT;	

因为 MySQL 绝对不允许上面的场景出现，所以需要让事务 T1 和事务 T2 排队执行，实现排队的方法就是加锁。例如，当事务 T1 修改记录的时候，会生成与该记录关联的锁。事务 T2 在修改记录前，需要先查看是否存在与该记录关联的锁，如果存在，则等待锁被释放；如果不存在，则修改记录，同时生成与该记录关联的锁。

3．读–写场景

读–写场景的意思就是一个事务读记录，其他事务修改记录。

读–写场景可能会出现脏读、不可重复读、幻读的问题，应该怎么解决这些问题呢？有两种解决方案，分别是多版本并发控制（Multi Version Concurrency Control，MVCC）和加锁。如果采用 MVCC 的方式，那么读–写场景中的事务彼此并不冲突，并且性能更高。如果采用加锁的方式，那么读–写场景中的事务需要排队执行，会影响性能。在一般情况下，我们更偏向采用 MVCC 的方式来解决读–写场景中事务并发执行的问题；而在一些特殊的业务场景下，必须采用加锁的方式。

14.1.2　锁的分类

在学习 MySQL 的过程中，我们会看到不同名称的锁。其实很多锁是可以从不同的角度进行分类的。MySQL 中锁的分类如图 14-1 所示。

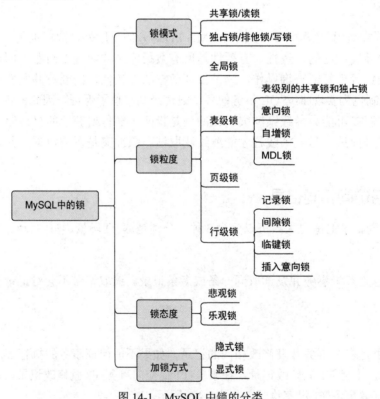

图 14-1　MySQL 中锁的分类

1．锁模式

采用加锁的方式可以解决事务并发执行的问题。为了使读–读场景中的事务互不影响，写–写场景和读–写场景中的事务互相阻塞，MySQL 将锁分为共享锁（Shared Lock，简称 S 锁）和独占锁（Exclusive Lock，简称 X 锁）。

2．锁粒度

为了尽可能提高数据库系统的并发度，每次锁定的数据范围越小越好。理论上每次只锁定当前操作的数据的方案会得到最大的并发，但是管理锁是很耗费资源的事情（涉及获取、检查、释放锁等操作）。因此，数据库系统需要在高并发响应和系统性能两个方面进行平衡，由此产生了"锁粒度（Lock Granularity）"的概念。在 MySQL 中，锁模式通常和锁粒度结合使用。

提高共享资源并发性能的方式是让锁定对象更有选择性。尽量只锁定需要修改的部分数据，而不是所有的资源。更理想的方式是，只对需要修改的数据片进行精确锁定。任何时候，在给定的资源上，锁定的数据量越少，数据库系统的并发度越高，只要相互之间不发生冲突即可。

给一条记录加锁影响的也只是这条记录而已，我们就说这个锁的粒度比较细。其实一个事务也可以在表级别加锁，这样的锁自然就被称为表级锁或表锁。给一张表加锁影响的是整张表中的记录，我们就说这个锁的粒度比较粗。根据锁定粒度的不同，可以将锁分为全局锁、表级锁、页级锁和行级锁。关于表级锁和行级锁的详细介绍参见 14.3 和 14.4 节。

全局锁就是给整个数据库实例加锁。当需要让整个数据库处于只读状态的时候，可以使用全局锁，其他事务中的数据更新语句（数据的增、删、改）、数据定义语句（包括建表、修改表结构等）和更新类事务中的提交语句会被阻塞。全局锁的典型应用场景是全库逻辑备份。加锁命令如下所示。

```
mysql> FLUSH TABLES WITH READ LOCK
```

页级锁就是在页的粒度上进行数据锁定，其锁定的数据资源比行级锁锁定的数据资源要多，因为一个页中可以有多条行记录。在使用页级锁的时候，会出现数据浪费的现象，但这样的浪费最多是一个页中的数据。页级锁会出现死锁，锁定粒度介于表级锁和行级锁之间，并发度一般。

这里需要说明一下，每个层级的锁数量是有限的，因为锁会占用内存空间，锁空间的大小也是有限的。当某个层级的锁数量超过这个层级的锁数量阈值时，就会进行锁升级。锁升级就是用更大粒度的锁代替多个更小粒度的锁，例如，将行级锁升级为表级锁。这样做虽然占用的锁空间减少了，但数据库系统的并发度也降低了。

3．锁态度

如果从开发人员的角度来看，则可以将锁分为悲观锁和乐观锁。从名字中也可以看出，这两种锁是看待事务并发执行的不同思维方式。悲观锁和乐观锁是锁的一种设计思想。

4．加锁方式

根据加锁方式的不同，可以将锁分为隐式锁和显式锁。

14.2　共享锁和独占锁

在 MySQL 中，根据锁模式的不同，可以将锁分为共享锁和独占锁。
- 共享锁：也被称为读锁。添加共享锁后，针对同一份数据，多个读操作可以同时进行而互不影响。
- 独占锁：也被称为排他锁或写锁。在当前操作没有完成前，独占锁会阻断其他独占锁和共享锁，其中 INSERT 操作是通过隐式锁（参见 14.6.1 节）来保护这条插入的记录在本事务提交前不被其他事务访问的。

需要注意的是，对于 InnoDB 存储引擎来说，共享锁和独占锁既可以作用在表上，也可以作用在行记录上。共享锁是共享的，或者说是互不阻塞的，多个事务在同一时刻可以同时读取同一资源而互不影响。独占锁是排他的，也就是说，一个独占锁会阻塞其他独占锁和共享锁，这样就能确保在给定的时间内只有一个事务执行写入操作，并防止其他用户读取正在写入的同一资源。

如果一个事务 T1 已经获取了一条记录上的共享锁，那么此时另一个事务 T2 是可以获取这条记录上的共享锁的，因为读取操作并没有改变这条记录。但是，如果某个事务 T3 想获取该行上的独占锁，则必须等待事务 T1、T2 释放这条记录上的共享锁。

共享锁和共享锁是兼容的，独占锁和独占锁是不兼容的，共享锁和独占锁也是不兼容的。兼容是指对同一张表或同一条记录上的锁的兼容情况。共享锁和独占锁的兼容关系如表 14-2 所示。

表 14-2 共享锁和独占锁的兼容关系

	独 占 锁	共 享 锁
独占锁	不兼容	不兼容
共享锁	不兼容	兼容

从表 14-2 中可以看出，只有共享锁和共享锁是兼容的，而独占锁和其他锁都是不兼容的。

在一般情况下，普通的 SELECT 操作是不需要获取锁的。但是，为了解决读-写场景出现的问题，就需要在 SELECT 操作上加锁。为此，MySQL 提供了两种比较特殊的 SELECT 语句，分别用于给读取的记录加共享锁和独占锁。

（1）给读取的记录加共享锁的 SELECT 语句如下所示。

```
SELECT … LOCK IN SHARE MODE;
```

在普通的 SELECT 语句后面加"LOCK IN SHARE MODE"关键字，即可给读取的记录加共享锁。如果当前事务执行了该语句，那么它会为读取的记录加共享锁，这样就允许其他事务继续获取这些记录上的共享锁，但是不能获取这些记录上的独占锁，也就是不能直接修改这些加了共享锁的记录。如果其他事务想要获取这些记录上的独占锁，那么它们会被阻塞，直到当前事务提交后释放这些记录上的共享锁。

（2）给读取的记录加独占锁的 SELECT 语句如下所示。

```
SELECT … FOR UPDATE;
```

在普通的 SELECT 语句后面加"FOR UPDATE"关键字，即可给读取的记录加独占锁。如果当前事务执行了该语句，那么它会为读取的记录加独占锁，这样既不允许其他事务获取这些记录上的共享锁，也不允许其他事务获取这些记录上的独占锁。如果其他事务想要获取这些记录上的共享锁或独占锁，那么它们会被阻塞，直到当前事务提交后释放这些记录上的独占锁。

在 MySQL 5.7 及以前的版本中，SELECT...FOR UPDATE 语句如果获取不到锁，则会一直等待，直到等待的时间超过 innodb_lock_wait_timeout 参数值。

在 MySQL 8.0 中，通过添加 NOWAIT、SKIP LOCKED 关键字，能够立即返回。如果查询的记录已经被锁定，那么 NOWAIT 会立即返回报错信息，而 SKIP LOCKED 也会立即返回，只是返回的结果中不包含被锁定的记录。如下所示，我们创建数据库 chapter14，在其中创建表 test1，并向该表中插入 4 条数据。在会话 1 中，从表 test1 中查询 name='A'的记录，同时锁定该记录。在会话 2 中，如果使用 NOWAIT 关键字查询同一条记录，则立即返回报错信息；如果使用 SKIP LOCKED 关键字查询同一条记录，则立即返回无结果集，没有报错信息。

```
mysql> CREATE DATABASE chapter14;
mysql> CREATE TABLE `test1`(id INT, name VARCHAR(20));
Query OK, 0 rows affected (0.01 sec)
mysql> INSERT INTO test1 (id, name) VALUES (1, 'a'),(2, 'A'),(3, 'b'),(4, 'B');
Query OK, 4 rows affected (0.06 sec)

#会话 1
mysql> BEGIN;
mysql> SELECT * FROM test1 WHERE name = 'A' FOR UPDATE;
+------+------+
| id   | name |
+------+------+
|    1 | a    |
|    2 | A    |
+------+------+
2 rows in set (0.00 sec)

#会话 2
mysql> SELECT * FROM test1 WHERE name = 'A' FOR UPDATE NOWAIT;
```

```
ERROR 3572 (HY000): Statement aborted because lock(s) could not be acquired  immediately
and NOWAIT is set.
mysql> SELECT * FROM test1 WHERE name = 'A' FOR UPDATE SKIP LOCKED;
Empty set (0.00 sec)
```

14.3　表级锁

表级锁是 MySQL 中最基本的锁策略，它不依赖于存储引擎，也就是说，不管 MySQL 使用的是哪种存储引擎，对于表级锁的策略都是一样的。表级锁是开销最小的策略（因为粒度比较大）。由于表级锁一次会锁定整张表，因此可以很好地避免死锁问题。当然，锁的粒度大所带来的最大负面影响就是出现锁资源争用的概率也最大，从而导致数据库系统的并发度大打折扣。

14.3.1　表级别的共享锁和独占锁

手动加表级别的共享锁或独占锁的语句如下所示。

```
#给表 test2 加表级别的共享锁
mysql> LOCK TABLES test2 READ
#给表 test2 加表级别的独占锁
mysql> LOCK TABLES test2 WRITE
```

使用 LOCK TABLES 关键字虽然可以给 InnoDB 存储引擎类型的表加表级锁，但必须说明的是，表级锁不是由 InnoDB 存储引擎层管理的，而是由服务层管理的。仅当系统参数 autocommit=0、InnoDB_table_locks=1 时，InnoDB 存储引擎才能识别 MySQL 加的是表级锁。InnoDB 存储引擎最重要的是实现了更细粒度的行级锁，关于表级别的共享锁和独占锁，大家了解即可。下面我们讲解 MyISAM 存储引擎中的表级锁。

1．数据准备

在数据库 chapter14 中创建表 mylock，使用 MyISAM 存储引擎，并向表中插入一条数据，如下所示。

```
mysql> CREATE TABLE `mylock`(
 `id` INT NOT NULL PRIMARY KEY AUTO_INCREMENT,
 `NAME` VARCHAR(20)
)ENGINE=MyISAM;
#插入一条数据
mysql> INSERT INTO mylock(NAME) VALUES('a');
#查询表中所有的数据
mysql> SELECT * FROM mylock;
+----+------+
| id | NAME |
+----+------+
| 1  | a    |
+----+------+
1 行于数据集 (0.01 秒)
```

2．查看表是否被锁定

可以使用如下语句查看表是否被锁定。如果 In_use 值大于 0，则表示该表当前正在被几个线程使用，这就意味着该表已经被锁定，或者正在等待被加锁。Name_locked 表示表名是否被锁定，这种情况一般发生在使用 DROP 或 RENAME 语句操作这张表时。

```
mysql> SHOW OPEN TABLES;
```

或者

```
mysql> SHOW OPEN TABLES WHERE In_use > 0;
```

查看表是否被锁定的结果如下所示。

```
mysql> SHOW OPEN TABLES;
+--------------------+---------------------------+--------+--------------+
| Database           | Table                     | In_use | Name_locked  |
+--------------------+---------------------------+--------+--------------+
| chapter14          | mylock                    |      0 |            0 |
| chapter14          | test1                     |      0 |            0 |
| mysql              | index_stats               |      0 |            0 |
| mysql              | tablespace_files          |      0 |            0 |
| mysql              | routines                  |      0 |            0 |
| information_schema | ROUTINES                  |      0 |            0 |
| mysql              | table_stats               |      0 |            0 |
| mysql              | check_constraints         |      0 |            0 |
| mysql              | view_table_usage          |      0 |            0 |
| mysql              | tables_priv               |      0 |            0 |
| mysql              | column_type_elements      |      0 |            0 |
| mysql              | foreign_key_column_usage  |      0 |            0 |
| mysql              | time_zone_name            |      0 |            0 |
| mysql              | foreign_keys              |      0 |            0 |
| mysql              | db                        |      0 |            0 |
| information_schema | SCHEMATA                  |      0 |            0 |
| mysql              | index_column_usage        |      0 |            0 |
| mysql              | schemata                  |      0 |            0 |
| information_schema | TABLES                    |      0 |            0 |
| mysql              | table_partitions          |      0 |            0 |
| mysql              | index_partitions          |      0 |            0 |
| mysql              | indexes                   |      0 |            0 |
| mysql              | user                      |      0 |            0 |
| mysql              | func                      |      0 |            0 |
| mysql              | table_partition_values    |      0 |            0 |
| mysql              | server_cost               |      0 |            0 |
| mysql              | time_zone_transition      |      0 |            0 |
| mysql              | triggers                  |      0 |            0 |
| mysql              | slave_worker_info         |      0 |            0 |
| mysql              | tables                    |      0 |            0 |
| mysql              | view_routine_usage        |      0 |            0 |
| mysql              | gtid_executed             |      0 |            0 |
| information_schema | SHOW_STATISTICS           |      0 |            0 |
| mysql              | engine_cost               |      0 |            0 |
| mysql              | columns_priv              |      0 |            0 |
| mysql              | columns                   |      0 |            0 |
| mysql              | component                 |      0 |            0 |
| mysql              | slave_relay_log_info      |      0 |            0 |
| mysql              | procs_priv                |      0 |            0 |
| mysql              | proxies_priv              |      0 |            0 |
| mysql              | role_edges                |      0 |            0 |
| mysql              | default_roles             |      0 |            0 |
| mysql              | global_grants             |      0 |            0 |
| mysql              | password_history          |      0 |            0 |
| mysql              | character_sets            |      0 |            0 |
| mysql              | time_zone_leap_second     |      0 |            0 |
```

```
| mysql              | time_zone                   |      0 |        0 |
| mysql              | slave_master_info           |      0 |        0 |
| mysql              | tablespaces                 |      0 |        0 |
| mysql              | time_zone_transition_type   |      0 |        0 |
| mysql              | servers                     |      0 |        0 |
| performance_schema | session_variables           |      0 |        0 |
| information_schema | COLUMNS                     |      0 |        0 |
| mysql              | events                      |      0 |        0 |
| mysql              | column_statistics           |      0 |        0 |
| mysql              | catalogs                    |      0 |        0 |
| mysql              | collations                  |      0 |        0 |
+--------------------+-----------------------------+--------+----------+
57 rows in set (0.01 sec)

mysql> SHOW OPEN TABLES where In_use > 0;
Empty set (0.00 sec)
```

上述结果表明，当前数据库中没有被锁定的表。

我们给表 mylock 加独占锁，如下所示。

```
mysql> LOCK TABLES mylock WRITE;
Query OK, 0 rows affected (0.00 秒)
mysql> SHOW OPEN TABLES WHERE In_use > 0;
+-----------+--------+--------+-------------+
| Database  | Table  | In_use | Name_locked |
+-----------+--------+--------+-------------+
| chapter14 | mylock |      1 |           0 |
+-----------+--------+--------+-------------+
1 row in set (0.00 sec)
```

可以看到，In_use 值为 1，表示表 mylock 被锁定。

可以使用如下语句解锁当前被锁定的表。

```
mysql> UNLOCK TABLES;
Query OK, 0 rows affected (0.01 秒)
#可以看到已经没有 In_use>0 的数据了
mysql> SHOW OPEN TABLES WHERE In_use > 0;
Empty set (0.00 sec)
```

3．加共享锁

我们给表 mylock 加共享锁，观察阻塞情况，如表 14-3 所示。

表 14-3　演示共享锁

会话 1	会话 2
#获取表 mylock 的 READ 锁定 mysql> LOCK TABLE mylock READ; Query OK, 0 rows affected (0.01 秒)	
#当前会话可以查询该表中的数据 mysql> SELECT * FROM mylock; +----+--------+ | id | NAME| +----+--------+ |1 |a | +----+--------+ 1 行于数据集 (0.01 秒)	#其他会话也可以查询该表中的数据 mysql> SELECT * FROM mylock; +----+--------+ | id | NAME| +----+--------+ |1 |a | +----+--------+ 1 行于数据集 (0.01 秒)

会话 1	会话 2
#当前会话不能查询其他未被锁定的表 mysql> SELECT * FROM test1; Table 'test1' was not locked with LOCK TABLES	#其他会话可以查询或更新未被锁定的表 mysql> INSERT INTO test1(id,name) VALUES (5,'C'); Query OK, 1 row affected (0.00 sec) mysql> SELECT * FROM test1; +------+------+ | id | name | +------+------+ | 1 | a | | 2 | A | | 3 | b | | 4 | B | | 5 | C | +------+------+ 5 rows in set (0.00 sec)

#当前会话插入数据或更新被锁定的表都会提示错误
mysql> INSERT INTO mylock(NAME) VALUES('e');
Table 'mylock' was locked with a READ lock and can't be updated
mysql> UPDATE mylock SET NAME="k" WHERE id=1;
Table 'mylock' was locked with a READ lock and can't be updated
	#其他会话插入数据或更新被锁定的表会一直等待获得锁
	mysql> INSERT INTO mylock(NAME) VALUES('e');

#释放锁 mysql> UNLOCK TABLES; Query OK, 0 rows affected (0.01 秒)	#会话 2 获得锁，插入操作完成 mysql> INSERT INTO mylock(NAME) VALUES('e'); Query OK, 1 rows affected (21.75 秒)

4．加独占锁

我们给表 mylock 加独占锁，观察阻塞情况，如表 14-4 所示。

表 14-4 演示独占锁

会话 1	会话 2
#获取表 mylock 的 WRITE 锁定 mysql> LOCK TABLES mylock WRITE; Query OK, 0 rows affected (0.01 秒)	待会话 1 开启独占锁后，会话 2 再连接终端

#当前会话对被锁定表的查询、更新、插入操作都可以执行
mysql> SELECT * FROM mylock WHERE id=1;
+----+--------+
| id | NAME |
+----+--------+
| 1 | a |
+----+--------+
1 行于数据集 (0.01 秒)
mysql> UPDATE mylock SET NAME='a2' WHERE id =1;
Query OK, 1 rows affected (0.01 秒)
mysql> INSERT INTO mylock(NAME) VALUES('f');
Query OK, 1 rows affected (0.01 秒)
mysql> SELECT * FROM mylock;
+----+--------+
| id | NAME |
+----+--------+
| 1 | a2 |
| 2 | e |
| 3 | f |
+----+--------+
3 行于数据集 (0.01 秒)
	#其他会话对被锁定表的查询被阻塞，需要等待锁被释放
	mysql> SELECT * FROM mylock;
	（在锁表前，如果会话 2 中有数据缓存，那么在锁表后，在被锁定的表不发生改变的情况下，会话 2 可以读出缓存数据。一旦数据发生改变，缓存将失效，操作将被阻塞。注意：MySQL 8.0 中没有缓存）

会话 1	会话 2
#释放锁 mysql> UNLOCK TABLES; Query OK, 0 rows affected (0.01 秒)	#会话 2 获得锁，查询返回 mysql> SELECT * FROM mylock; +----+---------+ | id |NAME| +----+---------+ | 1　|a2　　| | 2　|e　　　| | 3　|f　　　| +----+---------+ 3 行于数据集 (47.08 秒)

　　MyISAM 存储引擎类型的表在执行查询操作前，会自动给涉及的所有表加共享锁；在执行增、删、改操作前，会自动给涉及的所有表加独占锁。用户一般不需要直接使用 LOCK TABLES 语句给 MyISAM 存储引擎类型的表显式加锁。本案例显式加锁是因为所有的读/写操作速度太快，导致执行完读/写操作之后就自动释放表级锁。InnoDB 存储引擎是不会为这张表添加表级别的共享锁或独占锁的。

　　从上述结果中可以发现，对 MyISAM 存储引擎类型的表进行操作，会出现以下情况。

　　（1）对 MyISAM 存储引擎类型的表的读操作（加共享锁）不会阻塞其他进程对同一张表的读操作，但会阻塞其他进程对同一张表的写操作。只有当共享锁被释放后，才能执行其他进程的写操作。

　　（2）对 MyISAM 存储引擎类型的表的写操作（加独占锁）会阻塞其他进程对同一张表的读/写操作，只有当独占锁被释放后，才能执行其他进程的读/写操作。

　　简而言之，共享锁会阻塞写操作，而不会阻塞读操作；而独占锁则会把读操作和写操作都阻塞。

14.3.2　意向锁

　　InnoDB 存储引擎支持多粒度锁（Multiple Granularity Locking），它允许行级锁与表级锁共存。实现多粒度锁共存的方式就是意向锁。意向锁表示某个事务正在某些行持有锁，或者该事务准备持有锁，它又分为意向共享锁和意向独占锁。意向锁是由存储引擎自己维护的，用户无法手动操作。在为某行加共享锁或独占锁前，InnoDB 存储引擎会先获取该行所在数据表对应的意向锁。

- 意向共享锁（Intention Shared Lock，简称 IS 锁）：表示一个事务意欲给表中的某些行加共享锁。事务要想获取某些行上的共享锁，会先获取表中的意向共享锁。例如，如下语句会给表中的某些行加共享锁，但是在获取共享锁前，会先获取表中的意向共享锁。

```
SELECT column FROM table … LOCK IN SHARE MODE;
```

- 意向独占锁（Intention Exclusive Lock，简称 IX 锁）：表示一个事务意欲给表中的某些行加独占锁。事务要想获取某些行上的独占锁，会先获取表中的意向独占锁。例如，如下语句会给表中的某些行加独占锁，但是在获取独占锁前，会先获取表中的意向独占锁。

```
SELECT column FROM table … FOR UPDATE;
```

　　了解了意向锁的获取流程以后，我们讲解一下意向锁要解决的问题和意向锁的并发性。

1. 意向锁要解决的问题

　　现在有两个事务 T1 和 T2，其中事务 T2 试图在该表级别上设置共享锁或独占锁。如果表中不存在意向锁，那么事务 T2 需要检查各个页或行中是否存在锁，如果存在锁，则不能继续加锁。如果表中存在意向锁，那么此时事务 T2 会受到由事务 T1 控制的表级别意向锁的阻塞。事务 T2 在锁定该表前不必检查各个页或行中是否存在锁，而只需检查表中的意向锁，如果表中存在意向锁，则不能继续在该表中加共享锁或独占锁。

　　创建表 teacher，向其中插入 6 条数据，事务的隔离级别默认为 REPEATABLE READ，如下所示。

```
mysql> CREATE TABLE `teacher` (
```

```
 `id` INT NOT NULL,
 `name` VARCHAR(255) NOT NULL,
  PRIMARY KEY (`id`)
) ENGINE=InnoDB DEFAULT CHARSET=utf8mb4 COLLATE=utf8mb4_0900_ai_ci;
Query OK, 0 rows affected (0.02 sec)

mysql> INSERT INTO teacher VALUES ('1', 'zhangsan'), ('2', 'lisi'), ('3', 'wangwu'), ('4',
'zhaoliu'), ('5', 'qianqi'), ('6', 'songba');
Query OK, 6 rows affected (0.01 sec)
Records: 6  Duplicates: 0  Warnings: 0

mysql> SELECT @@transaction_isolation;
+-------------------------+
| @@transaction_isolation |
+-------------------------+
| REPEATABLE-READ         |
+-------------------------+
```

假设事务 A 获取了某行上的独占锁，并未提交，语句如下所示。

```
mysql> BEGIN;
Query OK, 0 rows affected (0.00 sec)

mysql> SELECT * FROM teacher  WHERE id = 6 FOR UPDATE;
+----+--------+
| id | name   |
+----+--------+
|  6 | songba |
+----+--------+
1 row in set (0.00 sec)
```

事务 B 想要获取表 teacher 中的共享锁，语句如下所示。

```
mysql> BEGIN;
Query OK, 0 rows affected (0.00 sec)
mysql> LOCK TABLES teacher  READ; #阻塞
```

因为共享锁与独占锁互斥，所以事务 B 试图给表 teacher 加共享锁的时候，必须保证两个条件。

（1）当前没有其他事务持有表 teacher 中的独占锁。

（2）当前没有其他事务持有表 teacher 中任意一行上的独占锁。

为了检测是否满足第二个条件，事务 B 必须在确保表 teacher 中不存在独占锁的前提下，检测表中每一行上是否存在独占锁。很明显，这是一种效率很低的做法。但是，有了意向锁后，情况就变得 不一样了。

意向锁是怎么解决这个问题的呢？首先，我们需要知道意向锁之间的兼容互斥性，如表 14-5 所示。

表 14-5 意向锁之间的兼容互斥性

	意向共享锁（IS）	意向独占锁（IX）
意向共享锁（IS）	兼容	兼容
意向独占锁（IX）	兼容	兼容

虽然意向锁之间是互相兼容的，但是它会与普通的共享锁/独占锁互斥，如表 14-6 所示。

表 14-6 意向锁与普通锁的兼容互斥性

	意向共享锁（IS）	意向独占锁（IX）
共享锁（S）	兼容	互斥
独占锁（X）	互斥	互斥

注意，这里的共享锁或独占锁指的都是表级锁，意向锁不会与行级的共享锁/独占锁互斥。

现在我们回到刚才表 teacher 的例子。

事务 A 获取了某行上的独占锁，并未提交，语句如下所示。

```
mysql> BEGIN;
mysql> SELECT * FROM teacher  WHERE id = 6 FOR UPDATE;
```

此时表 teacher 中存在两个锁：表 teacher 上的意向独占锁与 id=6 的数据行上的独占锁。

事务 B 想要获取表 teacher 中的共享锁，语句如下所示。

```
mysql> BEGIN;
mysql> LOCK TABLES teacher  READ;
```

此时事务 B 检测到事务 A 持有表 teacher 上的意向独占锁，就可以得知事务 A 必然持有该表中某些数据行上的独占锁，那么事务 B 对表 teacher 的加锁请求会被阻塞，而无须检测表中每一行上是否存在独占锁。

2. 意向锁的并发性

意向锁不会与行级的共享锁/排他锁互斥，正因如此，意向锁并不会影响多个事务给不同数据行加独占锁时的并发性。

我们扩展一下上面表 teacher 的例子，来概括一下意向锁的作用（在一条数据从被锁定到被释放的过程中，可能存在多种不同的锁，这里我们只着重表现意向锁）。

事务 A 获取了某行上的独占锁，并未提交，语句如下所示。

```
mysql> BEGIN;
mysql> SELECT * FROM teacher WHERE id = 6 FOR UPDATE;
```

此时事务 A 获取了表 teacher 上的意向独占锁，同时获取了 id=6 的数据行上的独占锁。

事务 B 想要获取表 teacher 上的共享锁，语句如下所示。

```
mysql> BEGIN;
mysql> LOCK TABLES teacher READ;
```

此时事务 B 检测到事务 A 持有表 teacher 上的意向独占锁，事务 B 对表 teacher 的加锁请求会被阻塞。

事务 C 也想要获取表 teacher 中某行上的独占锁，语句如下所示。

```
mysql> BEGIN;
mysql> SELECT * FROM teacher WHERE id = 5 FOR UPDATE;
```

此时事务 C 检测到事务 A 持有表 teacher 上的意向独占锁。因为意向锁之间并不互斥，所以事务 C 获取了表 teacher 上的意向独占锁。因为 id=5 的数据行上不存在任何独占锁，最终事务 C 成功获取了该数据行上的独占锁。

从上面的案例中可以得到如下结论。

（1）InnoDB 存储引擎支持多粒度锁，在特定场景下，行级锁可以与表级锁共存。

（2）意向锁之间互不排斥，但除了意向共享锁与表级别的共享锁兼容，意向锁会与表级别的独占锁互斥。

14.3.3　自增锁

在 MySQL 中，我们可以给表中的某列添加 AUTO_INCREMENT 属性，表示自增。在插入记录时，可以不指定该列的值，系统会自动赋予它递增值。例如，在创建表 test2 时指定自增属性，如下所示。

```
mysql> CREATE TABLE `test2` (
  `id` INT NOT NULL AUTO_INCREMENT,
  `name` VARCHAR(255) NOT NULL,
  PRIMARY KEY (`id`)
) ENGINE=InnoDB DEFAULT CHARSET=utf8mb4 COLLATE=utf8mb4_0900_ai_ci;
```

由于这张表中的 id 字段声明了 AUTO_INCREMENT，也就意味着在书写插入语句时不需要为其赋值，SQL 语句如下所示。

```
mysql> INSERT INTO test2 (name) VALUES ('zhangsan'), ('lisi');
```

上述插入语句并没有为 id 列显式赋值，因此系统会自动赋予它递增值，结果如下所示。

```
mysql> SELECT * FROM test2;
+----+----------+
| id | name     |
+----+----------+
| 1  | zhangsan |
| 2  | lisi     |
+----+----------+
2 rows in set (0.00 sec)
```

上面的插入数据只是一种简单的插入方式。插入数据的方式可以分为 3 类，分别是简单插入、批量插入和混合模式插入。

（1）简单插入是指可以预先确定要插入的行数的插入。插入语句包括没有嵌套子查询的单行或多行 INSERT 和 REPLACE 语句，不包括 INSERT...ON DUPLICATE KEY UPDATE 语句。

（2）批量插入是指事先不知道要插入的行数的插入。插入语句包括 INSERT...SELECT、REPLACE...SELECT 和 LOAD DATA 语句，不包括简单的 INSERT 语句。InnoDB 存储引擎每处理一行数据，就会为自增列分配一个新值。

（3）混合模式插入可以分为两类：一类是在简单插入的时候指定部分插入记录的自动递增值，例如，在 "INSERT INTO test2 (id,name) VALUES (1,'a'), (NULL,'b'), (5,'c'), (NULL,'d')" 语句中指定了部分 id 的值；另一类是使用 INSERT...ON DUPLICATE KEY UPDATE 语句插入记录。

对于上面插入数据的案例，在 MySQL 中采用了自增锁（AUTO-INC）的方式来实现。自增锁是向包含自增列的表中插入数据时需要获取的一种特殊的表级锁。在执行插入语句前，先在表级别加一个自增锁，然后为每条待插入记录的自增列分配递增值，该语句执行结束后，再释放自增锁。这样，一个事务在持有自增锁的过程中，其他事务中的插入语句都会被阻塞，可以保证一条语句中分配的递增值是连续的。但正因如此，当向一个有 AUTO_INCREMENT 属性的主键中插入值的时候，每条语句都要竞争这个表级锁，这样的并发潜力其实是很低下的。因此，InnoDB 存储引擎通过 innodb_autoinc_lock_mode 参数的不同取值来提供不同的锁定机制，以提高 SQL 语句的可伸缩性和插入性能。innodb_autoinc_lock_mode 参数有 3 个取值，分别对应不同的锁定模式。

（1）innodb_autoinc_lock_mode=0（传统锁定模式）。在此锁定模式下，所有类型的 INSERT 语句都会获得一个特殊的表级自增锁，用于向包含自增列的表中插入数据。这种模式其实就如上面的例子，即每当执行 INSERT 操作的时候，都会得到一个表级自增锁，可以保证一条语句中分配的递增值是连续的，并且在二进制日志中同步的时候，可以保证主服务器与从服务器中分配的递增值是相同的。但自增锁毕竟是表级锁，当同一时刻有多个事务执行 INSERT 操作的时候，对自增锁的争夺会限制并发能力。

（2）innodb_autoinc_lock_mode=1（连续锁定模式）。在 MySQL 8.0 以前的版本中，连续锁定模式是默认设置。这适用于所有 INSERT...SELECT、REPLACE...SELECT 和 LOAD DATA 语句，同一时刻只有一条语句可以持有自增锁。在此锁定模式下，批量插入仍然使用表级自增锁，并持有至语句执行结束。而简单插入则通过在互斥锁的控制下获得所需数量的递增值来避免使用表级自增锁，但这种获得递增值的互斥锁只在分配过程的持续时间内持有，而不会持有至语句执行结束。简单插入不使用表级自增锁，除非自增锁由另一个事务持有。如果另一个事务持有自增锁，则简单插入会一直等待，直到自己获得自增锁，如同自己也是一个批量插入。

（3）innodb_autoinc_lock_mode=2（交错锁定模式）。从 MySQL 8.0 开始，交错锁定模式成为默认设置。在此锁定模式下，所有类型的 INSERT 语句都不会使用表级自增锁，并且可以同时执行多条语句。这是效率最高和可扩展性最好的锁定模式。但是，当我们使用基于语句的复制或恢复方案，从二进制日志重新执行 SQL 语句时，这种锁定模式是不安全的。另外，在此锁定模式下，只能保证自动递增值是唯一且单调递增的。由于多条语句可以同时生成数字（跨语句交叉编号），因此为任何给定语句插入的行生成的值可能不是连续的，也就是说，值之间可能存在间隙。

14.3.4　元数据锁

在 MySQL 5.5 中引入了元数据锁（Metadata Locking，简称 MDL 锁），它属于表级锁的范畴。MDL 锁也可以分为 MDL 共享锁和 MDL 独占锁。MDL 锁的作用是保证读/写的正确性。假设一个查询线程正在遍历一张表中的数据，而执行期间另一个线程对这张表的结构进行了变更，增加了一列，那么查询线程得到的结果肯定无法和表结构对应，这种情况肯定是不允许发生的。因此，当对一张表执行增、删、改、查操作的时候，需要加 MDL 共享锁；当对一张表执行结构变更操作的时候，需要加 MDL 独占锁。由于共享锁之间不互斥，因此可以有多个线程同时对一张表执行增、删、改、查操作。共享锁和独占锁之间、独占锁之间是互斥的，用来保证变更表结构操作的安全性。MDL 锁不需要显式使用，在访问一张表的时候会被自动添加。

下面我们模拟 MDL 锁的应用场景。现在有 3 个会话，分别是会话 A、会话 B 和会话 C。其中，会话 A 从表中查询数据；会话 B 修改表结构，增加新列；会话 C 查看当前 MySQL 的进程。

会话 A 中的操作如下所示。

```
mysql> BEGIN;
Query OK, 0 rows affected (0.00 sec)
mysql> SELECT COUNT(1) FROM test2;
+----------+
| COUNT(1) |
+----------+
| 2        |
+----------+
1 row in set (7.46 sec)
```

会话 B 中的操作如下所示。

```
mysql> BEGIN;
Query OK, 0 rows affected (0.00 sec)
mysql> ALTER TABLE test2 ADD age INT NOT NULL;
```

会话 C 中的操作如下所示。

```
mysql> SHOW PROCESSLIST\G;
*************************** 1. row ***************************
     Id: 5
   User: event_scheduler
   Host: localhost
     db: NULL
Command: Daemon
   Time: 17047
  State: Waiting on empty queue
   Info: NULL
*************************** 2. row ***************************
     Id: 16
   User: root
   Host: localhost
     db: chapter14
Command: Sleep
```

```
    Time: 165
    State:
    Info: NULL
*************************** 3. row ***************************
      Id: 18
    User: root
    Host: localhost
      db: chapter14
 Command: Query
    Time: 152
   State: Waiting for table metadata lock
    Info: alter table test2 add age int not null
*************************** 4. row ***************************
      Id: 20
    User: root
    Host: localhost
      db: chapter14
 Command: Query
    Time: 0
   State: init
    Info: show processlist
4 rows in set (0.00 sec)
```

通过会话 C 可以看出会话 B 被阻塞（上述结果加粗部分），这是因为会话 A 拿到了表 test2 上的 MDL 共享锁，会话 B 想申请表 test2 上的 MDL 独占锁，而共享锁和独占锁互斥，会话 B 需要等待会话 A 释放 MDL 共享锁才能执行。

使用 MDL 锁可能会带来一些问题。来看一个案例，如表 14-7 所示。会话 A 查询数据，会话 B 修改表结构，会话 C 再次查询数据，结果会怎么样呢？

表 14-7 演示 MDL 锁

会话 A	会话 B	会话 C
BEGIN; SELECT * FROM test2;		
	ALTER TABLE test2 ADD age INT;	
		SELECT * FROM test2;

可以看到，会话 A 会给表 test2 加一个 MDL 共享锁，会话 B 要给表 test2 加 MDL 独占锁的请求会被阻塞，因为会话 A 中的 MDL 共享锁还没有被释放，而会话 C 要在表 test2 上新申请 MDL 共享锁的请求也会被会话 B 阻塞。前面说过，所有对表的增、删、改、查操作都需要先申请 MDL 共享锁，当前表 test2 完全不可读/写。

14.4　InnoDB 存储引擎中的行级锁

MySQL 服务层并没有实现行级锁，行级锁只在存储引擎层实现。行级锁的锁定力度小，发生锁冲突的概率小，可以实现的并发度高，但是对于锁的开销比较大，加锁会比较慢，容易出现死锁现象。InnoDB 存储引擎相比于 MyISAM 存储引擎，最大的不同有两点：一是支持事务；二是采用了行级锁。

首先创建学生表（student），该表用于存储学生信息，建表语句如下所示。

```
mysql> CREATE TABLE `student` (
    `id` INT,
    `name` VARCHAR(20),
    `class` VARCHAR(10),
```

```
   PRIMARY KEY (`id`)
) ENGINE=InnoDB CHARSET=utf8;
```

向表 student 中插入数据，如下所示。

```
mysql> INSERT INTO student VALUES
    (1, '张三', '一班'),
    (3, '李四', '一班'),
    (8, '王五', '二班'),
    (15,'赵六', '二班'),
    (20,'钱七', '三班');
mysql> SELECT * FROM student;
+--------+------------+---------+
| id     | name       | class   |
+--------+------------+---------+
|      1 | 张三        | 一班     |
|      3 | 李四        | 一班     |
|      8 | 王五        | 二班     |
|     15 | 赵六        | 二班     |
|     20 | 钱七        | 三班     |
+--------+------------+---------+
5 rows in set (0.01 sec)
```

表 student 中的聚簇索引如图 14-2 所示。叶子节点中实际存储了整行数据，因此，后续讲解只绘制叶子节点图。现在准备工作做完了，下面看看都有哪些常用的行级锁类型。

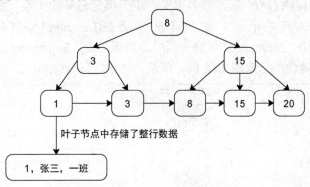

图 14-2　表 student 中的聚簇索引

14.4.1　记录锁

记录锁（Record Locks），顾名思义，用于锁定某条记录。记录锁仅锁定一条记录。例如，给 id=8 的记录加记录锁的示意图如图 14-3 所示，它仅锁定了 id=8 的记录，对其他记录没有影响。

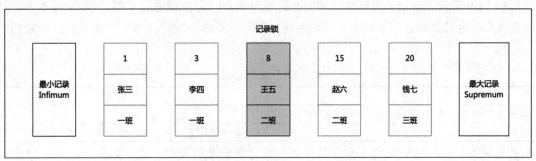

图 14-3　给 id=8 的记录加记录锁的示意图

下面演示记录锁，如表 14-8 所示。设置非自动提交事务；在会话 1 中更新 id=1 的记录但不提交；在会话 2 中更新 id=3 的记录，没有被阻塞；在会话 2 中更新 id=1 的记录，被阻塞，超时后再次发出更新请求，此时会话 1 提交事务，会发现会话 2 中的语句解除了阻塞。这说明只有 id=1 的记录被锁定了，也就是只锁定了一条记录。

表 14-8　演示记录锁

会话 1	会话 2
SET autocommit=0;	SET autocommit=0;
#更新但不提交 UPDATE student SET name= "张三 1" WHERE id = 1; Query OK,1 row affected(0.00 sec) Rows matched: 1 Changed: 1 Warnings:0	#会话 2 被阻塞，只能等待 UPDATE student SET name="李四 1" WHERE id=3; Query OK, 1 rows affected (0.00 秒) UPDATE student SET name="张三 2" WHERE id=1; ERROR 1205(HY000): Lock wait timeout exceeded;try restarting transaction #再次发出更新请求 UPDATE student SET name="张三 2" WHERE id=1;
COMMIT;	#解除阻塞，更新正常进行 UPDATE student SET name="张三 1" WHERE id=1; Query OK,1 row affected(5.36 sec) Rows matched: 1 Changed: 1 Warnings:0

14.4.2　间隙锁

间隙锁（Gap Locks，简称 GAP 锁），顾名思义，用于锁定记录的间隙。如果获取了间隙锁，就意味着这个间隙中不允许插入新的记录。表 student 中存在(Infimum,1]、(1,3]、(3,8]、(8,15]、(15,20]和(20,Supremum)等间隙，其中，Infimum 表示该页面中的最小记录，Supremum 表示该页面中的最大记录。例如，给 id=8 的记录加间隙锁的示意图如图 14-4 所示，锁定区间是(3,8)，注意是开区间。

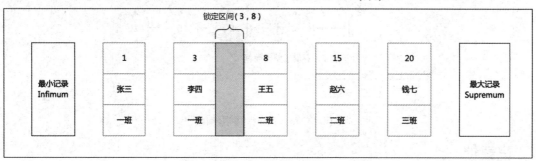

图 14-4　给 id=8 的记录加间隙锁的示意图

给一条记录加了间隙锁，并不会限制其他事务给这条记录加记录锁，或者继续加间隙锁。下面演示间隙锁，如表 14-9 所示。会话 1 执行的时候加的是间隙锁，因为表 student 中并不存在 id=5 的记录，所以锁定区间是(3,8)。会话 2 和会话 1 同理，它们的目标都是保护这个间隙，不允许插入值，但它们之间并不冲突。

表 14-9　演示间隙锁

会话 1	会话 2
mysql> SELECT * FROM student WHERE id = 5 FOR UPDATE;	
	mysql> SELECT * FROM student WHERE id = 7 FOR UPDATE;

给一条记录加了间隙锁，只是不允许其他事务往这条记录前面的间隙中插入新记录。同理，可以给表中的最大记录加间隙锁，这样可以阻止其他事务插入 id 值在(20,+∞)区间内的新记录，如图 14-5 所示。一般来说，只要插入记录的 id 值大于当前数据库中的最大 id 值即可锁定最大间隙。例如，使用如下 SQL

语句即可阻止其他事务插入 id 值在(20,+∞)区间内的新记录。

```
mysql> SELECT * FROM student WHERE id = 25 FOR UPDATE;
```

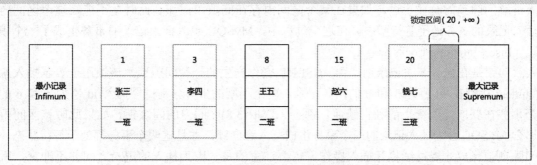

图 14-5　给 Supremum 记录加间隙锁的示意图

间隙锁的引入可能会导致同样的语句锁定更大的范围,影响并发度。下面的例子就会产生死锁,如表 14-10 所示。

表 14-10　演示间隙锁(产生死锁)

会话 1	会话 2
BEGIN; SELECT * FROM student WHERE id = 5 FOR UPDATE;	BEGIN; SELECT * FROM student WHERE id = 5 FOR UPDATE;
	INSERT INTO student VALUES (5, 'test', '二班'); #阻塞
INSERT INTO student VALUES (5, 'test', '二班'); (ERROR 1213 (40001): Deadlock found when trying to get lock; try restarting transaction)	

(1)会话 1 执行 SELECT…FOR UPDATE 语句,由于 id=5 的记录并不存在,因此会加上间隙锁(3,8)。

(2)会话 2 执行 SELECT…FOR UPDATE 语句,同样会加上间隙锁(3,8)。由于间隙锁之间不会产生冲突,因此这条语句可以执行成功。

(3)会话 2 试图插入一条 id=5 的记录,被会话 1 的间隙锁阻塞了,只好进入等待状态。

(4)会话 1 试图插入一条 id=5 的记录,被会话 2 的间隙锁阻塞了,也只好进入等待状态。

至此,两个会话进入互相等待状态,产生了死锁。当然,InnoDB 存储引擎中的死锁检测机制马上就会检测到这对死锁关系,会话 1 中的 INSERT 语句会返回报错信息。

14.4.3　临键锁

临键锁(Next-Key Locks)是在事务隔离级别为可重复读的情况下使用的数据库锁。临键锁既可以保护某条记录,又可以阻止其他事务在这条记录前面的间隙中插入新记录。临键锁的本质就是记录锁和间隙锁的合体。在一般情况下,InnoDB 存储引擎默认的加锁单位就是临键锁。例如,给 id=8 的记录加临键锁的示意图如图 14-6 所示,锁定区间是(3,8]。

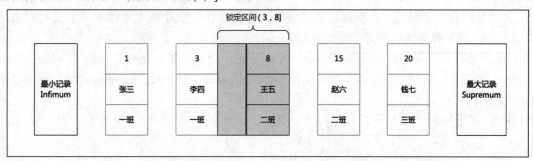

图 14-6　给 id=8 的记录加临键锁的示意图

14.4.4 插入意向锁

前面讲解间隙锁的时候说过，如果在某个区间内存在间隙锁，那么此时是不能在这个区间内插入记录的，插入记录的事务处于等待状态。在这个过程中，MySQL 也为插入记录的事务生成了一个锁，即插入意向锁（Insert Intention Locks）。

插入意向锁是在插入一条记录前，由 INSERT 操作产生的一种间隙锁，该锁用于表示插入意向。例如，表 student 中存在 id 值为 3 和 8 的两条记录，两个不同的事务分别试图插入 id 值为 5 和 6 的两条记录，每个事务在获取插入行上的独占锁前，都会先获取(3,8)区间内的间隙锁。如果此时该区间内存在间隙锁，那么 MySQL 会为插入记录的两个事务生成插入意向锁，并且这两个事务都处于等待状态，它们都要等待间隙锁被释放才能继续执行插入操作。需要注意的是，因为插入的记录之间并不冲突，所以两个插入记录的事务之间并不会互相阻塞。插入意向锁配合间隙锁或临键锁一起防止了幻读操作。虽然插入意向锁中含有"意向锁"3 个字，但是它并不属于意向锁，而属于间隙锁。意向锁是表级锁，插入意向锁是行级锁。

插入意向锁具有如下特性。

（1）插入意向锁是一种特殊的间隙锁。

（2）插入意向锁之间互不排斥，因此，即使多个事务在同一区间内插入多条记录，只要记录本身（主键、唯一索引）不冲突，事务之间就不会互相阻塞。

例如，给 id=8 的记录加插入意向锁的示意图如图 14-7 所示，锁定区间是(3,8)。

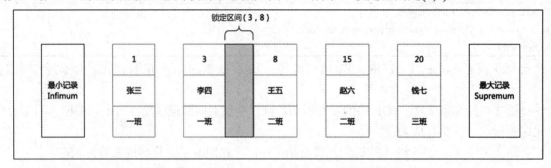

图 14-7　给 id=8 的记录加插入意向锁的示意图

14.5　悲观锁和乐观锁

14.5.1　悲观锁

悲观锁（Pessimistic Locking）的意思是对数据被其他事务的修改持保守态度，会依靠数据库自身的锁机制来实现，从而保证数据操作的排他性。悲观锁总是假设最坏的情况，每次当前线程获取数据的时候都认为其他线程会修改数据，因此每次获取数据的时候都会上锁，这样其他线程想获取这条数据就会被阻塞，直到拿到锁资源（共享资源每次只给一个线程使用，其他线程被阻塞，用完后再把资源转让给其他线程）。如行级锁、表级锁、共享锁、独占锁等，都是在执行操作前先上锁的。下面我们通过一个常见的业务场景——商品秒杀来说明悲观锁的使用。

在商品秒杀过程中，库存数量会逐渐减少，要避免出现超卖现象。例如，商品表（items）中有一个字段 quantity，表示当前该商品的库存。假设商品为华为 mate40，id=100，quantity=100。在不加锁的情况下，操作方法如下所示。

```
//第 1 步：查询出商品的库存
SELECT quantity FROM items WHERE id = 100;
//第 2 步：如果库存大于 0，则根据商品信息生成订单
INSERT INTO orders（item_id）VALUES (100);
```

```
//第 3 步：修改商品的库存，num 表示购买数量
UPDATE items SET quantity = quantity-num WHERE id = 100;
```

如果是在高并发环境下，那么上述逻辑可能会出现问题，执行流程如表 14-11 所示。

表 14-11　在高并发环境下购买商品的执行流程

	线程 A	线程 B
1	step1（查询还有 100 部手机）	step1（查询还有 100 部手机）
2		step2（生成订单）
3	step2（生成订单）	
4		step3（减库存 1）
5	step3（减库存 2）	

此时线程 B 已经下单并且减完库存，线程 A 依然执行 step3，就会出现超卖现象。

使用悲观锁就可以解决这个问题。在上面的场景中，商品信息从查询出来到修改，中间有一个生成订单的过程。使用悲观锁的原理就是，当我们查询出商品的库存信息后，就把当前数据锁定，直到我们修改完毕再解锁。在整个过程中，因为数据被锁定了，就不会有第三者对其进行修改了。而这样做的前提是把要执行的 SQL 语句放在同一个事务中，否则达不到锁定数据的目的。SQL 语句的修改如下所示。

```
//第 1 步：查询出商品的库存
SELECT quantity FROM items WHERE id = 100 FOR UPDATE;
//第 2 步：如果库存大于 0，则根据商品信息生成订单
INSERT INTO orders(item_id) VALUES (100);
//第 3 步：修改商品的库存，num 表示购买数量
UPDATE items SET quantity = quantity-num WHERE id = 100;
```

SELECT...FOR UPDATE 语句用于加悲观锁，此时在表 items 中，id=100 的那条数据就被锁定了，其他事务在查询商品库存的时候，必须等本次事务提交后才能执行，这样就可以保证当前数据不会被其他事务修改。

SELECT...FOR UPDATE 语句在执行过程中扫描的行记录都会被加锁，因此，在 MySQL 中使用该语句的时候，最好在查询条件中使用索引，而不要进行全表扫描，否则将会锁表。

悲观锁并不适用于任何场景，它也存在一些不足。悲观锁在大多数情况下依靠数据库的锁机制来实现，以保证程序的并发访问性，但这样做对数据库性能开销的影响很大，特别是对长事务而言，这样的开销往往无法承受，这时就需要使用乐观锁。

14.5.2　乐观锁

乐观锁（Optimistic Locking）认为对同一数据的并发操作不会总发生，属于小概率事件，不用每次都给数据加锁，但是，在更新的时候会判断一下在此期间其他事务有没有更新该数据。也就是说，乐观锁不依靠数据库自身的锁机制来实现，而依靠程序来实现。在程序上，可以依靠版本号机制或时间戳机制来实现。乐观锁适用于读操作较多的应用类型，可以提高吞吐量。

1．乐观锁的版本号机制

在表中设计一个版本字段 version，在第一次读的时候，会获取 version 字段的取值。在对数据执行更新或删除操作时，会执行 UPDATE...SET version=version+1 WHERE id = 1 AND version=version 语句。此时如果已经有事务对该数据进行了修改，那么修改不会成功。

这种方式类似于 SVN（Subversion）、CVS（Concurrent Version System）版本管理系统。用户提交代码时，首先会检查当前版本号与服务器上的版本号是否一致，如果一致，就可以直接提交；如果不一致，就需要先同步服务器上的最新代码，再提交。

2．乐观锁的时间戳机制

时间戳机制和版本号机制一样，在读取数据的时候，会一同读取时间戳；在更新数据的时候，会将当前的时间戳和更新数据前的时间戳进行比较，如果两者一致，则更新成功，否则就是版本冲突。

可以看到，乐观锁就是开发人员自己控制数据并发操作的权限，通过给数据行增加一个戳（版本号或时间戳），从而证明当前获取到的数据是否是最新数据。

依然使用前面商品秒杀的案例，操作方法如下所示。

```
//第1步：查询出商品的库存
SELECT quantity FROM items WHERE id = 100;
//第2步：如果库存大于0，则根据商品信息生成订单
INSERT INTO orders(item_id) VALUES (100);
//第3步：修改商品的库存，num表示购买数量
UPDATE items SET quantity = quantity - num, version = version + 1 WHERE id = 100 AND
version = #{version};
```

如果对同一数据频繁地进行修改，就会出现这么一种场景：每次修改只有一个事务能更新成功，在业务感知上面就有大量的失败操作。SQL 语句的修改如下所示，这样每次修改都能成功，而且不会出现超卖现象。

```
//第1步：查询出商品的库存
SELECT quantity FROM items WHERE id = 100;
//第2步：如果库存大于0，则根据商品信息生成订单
INSERT INTO orders(item_id) VALUES (100);
//第3步：修改商品的库存，num表示购买数量
UPDATE items SET quantity = quantity-num WHERE id = 100 AND quantity-num>0;
```

14.5.3　悲观锁和乐观锁的适用场景

从悲观锁和乐观锁的设计思想中，我们总结一下这两种锁的适用场景。悲观锁适合写操作多的场景，因为写操作具有排他性。采用悲观锁的方式，可以在数据库层面阻止其他事务对该数据的操作权限，防止读-写和写-写冲突。乐观锁适合读操作多的场景，写操作相对来说比较少。乐观锁的优点是依靠版本号机制或时间戳机制来实现，不存在死锁问题；缺点是它阻止不了除程序外的数据库操作。

悲观锁和乐观锁总结如图 14-8 所示。

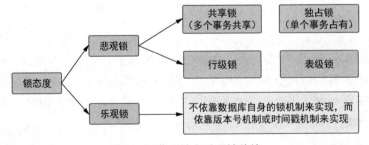

图 14-8　悲观锁和乐观锁总结

14.6　隐式锁和显式锁

14.6.1　隐式锁

隐式锁是 InnoDB 存储引擎实现的一种延迟加锁机制，其特点是只有在可能发生冲突时才加锁，从而减少了锁的数量，提高了系统整体性能。

隐式锁主要应用于插入场景。在 INSERT 语句的执行过程中是不需要加锁的，但是会检查记录之间是否存在间隙锁或唯一键冲突。如果存在间隙锁或唯一键冲突，则也不能插入记录。INSERT 语句不加锁其

实会存在一些问题。如下所示，事务 T1 插入记录但未提交，事务 T2（加独占锁）查询事务 T1 未提交的记录，如果事务 T1 没有加锁，那么事务 T2 应该可以执行，而事实是事务 T2 处于等待状态。

```
#事务T1插入记录，但未提交。在表test2中，id为主键
mysql> BEGIN;
Query OK, 0 rows affected (0.00 sec)
mysql> INSERT INTO test2 VALUES(3,'wangwu');
Query OK, 1 row affected (0.00 sec)
#事务T2查询事务T1未提交的记录
mysql> BEGIN;
Query OK, 0 rows affected (0.00 sec)
#事务T2处于等待状态，当事务T1提交后，才能获得查询结果
mysql> SELECT * FROM test2 WHERE id=3 FOR UPDATE;
```

为什么会出现上面这种情况呢？这是因为隐式锁转换为了显式锁。这个转换操作并不是由事务 T1 所在的线程执行的，而是由事务 T2 所在的线程触发的。触发隐式锁转换为显式锁的依据就是隐藏的事务 ID。

事务 ID 的赋值分为两种情况：一种是主键索引，另一种是非聚簇索引。假设只有主键索引，则在进行插入时，隐藏的事务 ID 被设置为当前事务 ID；假设存在非聚簇索引，非聚簇索引本身不存在隐藏的事务 ID，在对非聚簇索引进行插入时，需要更新记录所在页的最大事务 ID。

接下来可以根据这个隐藏的事务 ID 判断隐式锁是否存在。对于主键索引，其他事务（T2）只需要查看隐藏的事务 ID 是否是活跃事务，就可以判断隐式锁是否存在。如果是活跃事务，则说明存在隐式锁，需要将隐式锁转换为显式锁。此时需要先帮助当前事务（T1）创建一个独占锁，然后事务 T2 创建自己的锁并进入等待状态。而对于非聚簇索引则相对比较麻烦，先通过非聚簇索引页的最大事务 ID 进行过滤。如果最大事务 ID 小于当前最小的活跃事务 ID，则说明对该页面进行修改的事务都已经提交了；否则就需要在页面中定位到对应的非聚簇索引记录，然后回表找到它对应的聚簇索引记录，再去判断对应的聚簇索引记录的事务 ID，接着继续判断主键索引记录的事务 ID。

隐式锁的逻辑过程如下。

（1）InnoDB 存储引擎类型的表中的每条记录都有一个隐藏的事务 ID，它存在于聚簇索引的 B+ 树中。

（2）在操作一条记录前，先根据记录的事务 ID 检查该事务是否是活跃事务。如果是活跃事务，则将隐式锁转换为显式锁（给该事务加一个锁）。

（3）检查是否有锁冲突。如果有锁冲突，则创建锁，并设置为等待状态；如果没有锁冲突，则不加锁，跳转到步骤（5）。

（4）等待加锁成功，被唤醒，或者超时。

（5）写数据，并将自己的事务 ID 写入隐藏的事务 ID。

14.6.2　显式锁

显式锁是相对于隐式锁而言的，一般地，通过特定的语句加锁，称之为显式加锁。

使用如下语句可以显式加共享锁。

```
SELECT ... LOCK IN SHARE MODE
```

使用如下语句可以显式加独占锁。

```
SELECT ... FOR UPDATE
```

14.7　死锁

除了前面介绍的各种锁，MySQL 中还有一种与锁相关的现象，就是本节要介绍的死锁。虽然死锁中带有"锁"字，但是它和前面介绍的锁是不一样的。死锁是指两个或多个事务在同一资源上互相争用，并请求锁定对方占用的资源，从而导致互相等待。也就是说，死锁是由事务互相竞争造成的一种结果。

下面演示死锁，如表 14-12 所示。

表 14-12　演示死锁

事务 A	事务 B
mysql> BEGIN; mysql> UPDATE test2 SET name='zhangsan_bak' WHERE id=1;	mysql> BEGIN;
	mysql> UPDATE test2 SET name='lisi_bak' WHERE id=2;
mysql> UPDATE test2 SET name='lisi_bak' WHERE id=2;	
	mysql> UPDATE test2 SET name='zhangsan_bak' WHERE id=1;

这时候，事务 A 正在等待事务 B 释放 id=2 的记录锁，事务 B 正在等待事务 A 释放 id=1 的记录锁。事务 A 和事务 B 正在互相等待对方占用的资源被释放，就进入了死锁状态，最终报如下错误。

```
ERROR 1213 (40001): Deadlock found when trying to get lock; try restarting transaction
```

1. 如何处理死锁

出现死锁现象后，MySQL 通过超时时间设置和死锁检测两种策略来进行处理。

（1）超时时间设置：让事务处于等待状态，直到超过超时时间后回滚事务。超时时间可以通过参数 innodb_lock_wait_timeout 来设置。

在 InnoDB 存储引擎中，innodb_lock_wait_timeout 参数的默认值是 50s，如下所示。出现死锁后，两个事务互相等待，当一个事务的等待时间超过设置的超过时间后，其中一个事务进行回滚，另一个等待的事务就能继续执行。对于企业应用来说，默认的超时时间是无法接受的，可以根据业务需求缩短超时时间。但是，也不可以将超时时间设置得非常短，因为可能会存在一些执行时间较长的事务，就会造成事务无法执行完成。

```
mysql> SHOW VARIABLES LIKE 'innodb_lock_wait_timeout';
+--------------------------+-------+
| Variable_name            | Value |
+--------------------------+-------+
| innodb_lock_wait_timeout | 50    |
+--------------------------+-------+
1 row in set (0.00 sec)
```

（2）死锁检测：发现死锁后，主动回滚死锁链条中的某个事务，让其他事务得以继续执行。死锁检测由参数 innodb_deadlock_detect 控制，其默认值为 ON，表示开启死锁检测，如下所示。将该参数值设置为 OFF，表示关闭死锁检测。

```
mysql> SHOW VARIABLES LIKE 'innodb_deadlock_detect';
+------------------------+-------+
| Variable_name          | Value |
+------------------------+-------+
| innodb_deadlock_detect | ON    |
+------------------------+-------+
1 row in set (0.00 sec)
```

在 MySQL 中采用等待图（Wait-For Graph）的方式来检测死锁。该方式要求数据库中保存锁信息链表和事务等待链表。通过链表可以构造一张等待图，如果在等待图中存在回路，就代表存在死锁。上面的案例中存在两个事务，分别是事务 A 和事务 B，它们组成的事务等待链表如图 14-9 所示。

图 14-9　事务等待链表

在 id=1 的列中存在两个锁，分别是事务 A 的记录锁和事务 B 的记录锁。在 id=2 的列中也存在两个锁，分别是事务 B 的记录锁和事务 A 的记录锁。锁信息链表如图 14-10 所示。

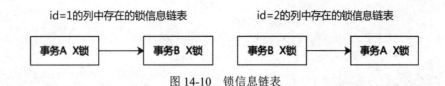

id=1的列中存在的锁信息链表　　　　id=2的列中存在的锁信息链表

图 14-10　锁信息链表

因为存在两个事务，所以在构造等待图的时候需要两个节点。在 id=1 的列中，事务 B 等待事务 A 释放锁资源，因而需要一条从 B 节点指向 A 节点的边。在 id=2 的列中，事务 A 等待事务 B 释放锁资源，因而需要一条从 A 节点指向 B 节点的边。构造的等待图如图 14-11 所示，可以看到两个节点之间存在回路，就代表存在死锁。

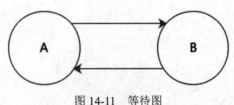

图 14-11　等待图

在正常情况下，需要主动进行死锁检测，而且 innodb_deadlock_detect 参数的默认值就是 ON。主动进行死锁检测能够快速发现死锁并进行处理。但是，死锁检测也是有额外负担的。在高并发系统中，当多个线程等待同一个锁时，死锁检测就会非常消耗处理器资源。禁用死锁检测可能会让系统并发度更高，这时可以通过设置超时时间来回滚事务。

2. 查看死锁日志

出现死锁现象后，可以通过死锁日志来分析事务。可以使用如下命令查看最近一次的死锁信息。SHOW ENGINE InnoDB STATUS 是 MySQL 提供的一个用于查看 InnoDB 存储引擎系统信息的工具，它会输出大量的内部信息，这些信息分为很多段，每一段对应 InnoDB 存储引擎不同部分的信息，其中 LATEST DETECTED DEADLOCK 部分显示的是最近一次的死锁信息。

```
mysql> SHOW ENGINE InnoDB STATUS\G;
…
------------------------
LATEST DETECTED DEADLOCK
------------------------
2022-11-04 14:10:03 140389375047424
*** (1) TRANSACTION:
TRANSACTION 1083011, ACTIVE 62 sec starting index read
mysql tables in use 1, locked 1
LOCK WAIT 3 lock struct(s), heap size 1136, 2 row lock(s), undo log entries 1
MySQL thread id 684, OS thread handle 140389254829824, query id 633466354 localhost root
updating
UPDATE test2 SET name='lisi_bak' WHERE id=2

*** (1) HOLDS THE LOCK(S):
RECORD LOCKS space id 63 page no 4 n bits 72 index PRIMARY of table `chapter14`.`test2`
trx id 1083011 lock_mode X locks rec but not gap
Record lock, heap no 5 PHYSICAL RECORD: n_fields 4; compact format; info bits 0
 0: len 4; hex 80000001; asc     ;;
 1: len 6; hex 000000108683; asc      ;;
 2: len 7; hex 01000000d60386; asc        ;;
 3: len 12; hex 7a68616e6773616e5f62616b; asc zhangsan_bak;;
```

```
*** (1) WAITING FOR THIS LOCK TO BE GRANTED:
RECORD LOCKS space id 63 page no 4 n bits 72 index PRIMARY of table `chapter14`.`test2`
trx id 1083011 lock_mode X locks rec but not gap waiting
Record lock, heap no 6 PHYSICAL RECORD: n_fields 4; compact format; info bits 0
 0: len 4; hex 80000002; asc     ;;
 1: len 6; hex 000000108684; asc        ;;
 2: len 7; hex 02000000d71128; asc        (;;
 3: len 8; hex 6c6973695f62616b; asc lisi_bak;;


*** (2) TRANSACTION:
TRANSACTION 1083012, ACTIVE 34 sec starting index read
mysql tables in use 1, locked 1
LOCK WAIT 3 lock struct(s), heap size 1136, 2 row lock(s), undo log entries 1
MySQL thread id 685, OS thread handle 140389255124736, query id 633466355 localhost root
updating
UPDATE test2 SET name='zhangsan_bak' WHERE id=1

*** (2) HOLDS THE LOCK(S):
RECORD LOCKS space id 63 page no 4 n bits 72 index PRIMARY of table `chapter14`.`test2`
trx id 1083012 lock_mode X locks rec but not gap
Record lock, heap no 6 PHYSICAL RECORD: n_fields 4; compact format; info bits 0
 0: len 4; hex 80000002; asc     ;;
 1: len 6; hex 000000108684; asc        ;;
 2: len 7; hex 02000000d71128; asc        (;;
 3: len 8; hex 6c6973695f62616b; asc lisi_bak;;


*** (2) WAITING FOR THIS LOCK TO BE GRANTED:
RECORD LOCKS space id 63 page no 4 n bits 72 index PRIMARY of table `chapter14`.`test2`
trx id 1083012 lock_mode X locks rec but not gap waiting
Record lock, heap no 5 PHYSICAL RECORD: n_fields 4; compact format; info bits 0
 0: len 4; hex 80000001; asc     ;;
 1: len 6; hex 000000108683; asc        ;;
 2: len 7; hex 01000000d60386; asc        ;;
 3: len 12; hex 7a68616e6773616e5f62616b; asc zhangsan_bak;;

*** WE ROLL BACK TRANSACTION (2)
```

死锁日志分析如下。

（1）"LATEST DETECTED DEADLOCK"表示检测到的最近一次的死锁信息。

（2）"TRANSACTION 1083011"表示事务 ID 为 1083011。

"ACTIVE 62"表示该事务持续活跃的时间为 62 秒。

"starting index read"表示事务根据索引读取数据。

"mysql tables in use 1"表示当前事务使用了一张表。

"locked 1"表示使用的表中存在一个表级锁。

"LOCK WAIT"表示当前事务处于等待状态。

"3 lock struct(s)"表示锁链表中存在 3 个锁节点。本案例中的 3 个锁分别是 1 个意向锁和 2 个记录锁。前面绘制事务的锁链表结构的时候没有加入意向锁，因为意向锁不会与行级锁互斥，大家知道即可。

"heap size 1136"表示为事务分配的锁堆内存大小。

"2 row lock(s)"表示当前事务持有的行级锁个数。

"undo log entries 1"表示当前事务有一条 undo 日志记录。

（3）"MySQL thread id 684"表示执行当前事务的线程 ID 是 684。

"UPDATE test2 SET name='lisi_bak' WHERE id=2"表示当前事务正在执行的 SQL 语句。

（4）"(1) HOLDS THE LOCK(S):"表示当前事务持有的锁信息。

"lock_mode X locks rec but not gap"表示当前事务持有的是记录锁，锁模式是独占锁。除了记录锁，行级锁还包括间隙锁、临键锁和插入意向锁，这 3 种锁在日志中的信息如下。

- 间隙锁：lock_mode X locks gap before rec。
- 临键锁：lock_mode X。
- 插入意向锁：lock_mode X locks gap before rec insert intention。

（5）下面这段日志信息表示锁定的数据信息。

```
0: len 4; hex 80000001; asc     ;;
1: len 6; hex 000000108683; asc       ;;
2: len 7; hex 01000000d60386; asc         ;;
3: len 12; hex 7a68616e6773616e5f62616b; asc zhangsan_bak;;
```

0：表示事务更新的主键索引值，十六进制的 0000001 转换为十进制，结果为 1，表示锁的主键 id 值为 1。

1：表示更新记录的事务 ID，十六进制的 108683 转换为十进制，结果为 1083011，可以发现和前面的事务 ID 是对应的。

2：表示回滚指针。

3：表示行记录中的字段，本案例中要更新的字段是 zhangsan_bak。

（6）"(1) WAITING FOR THIS LOCK TO BE GRANTED:"表示当前事务中处于等待状态的锁信息。

"trx id 1083011 lock_mode X locks rec but not gap waiting Record lock"表示当前事务处于等待状态的锁是记录锁，锁模式是独占锁，等待被释放的锁也是记录锁。

（7）"*** (2) TRANSACTION:"以下的内容就是第二个事务的锁信息了，和第一个事务的锁信息类似，不再赘述。

（8）"*** WE ROLL BACK TRANSACTION (2)"表示 MySQL 最终决定回滚第二个事务。

从上面的分析中可以看到，第一个事务已经持有的锁被第二个事务等待，第一个事务等待的锁被第二个事务持有，最终造成了死锁。

SHOW ENGINE INNODB STATUS 命令需要手动执行，并且只能显示最近一次的死锁信息，无法显示系统中所有的死锁信息。可以通过参数 innodb_print_all_deadlocks 将死锁信息自动记录到 MySQL 的错误日志中，这样每次发生死锁后，系统会自动将死锁信息输出到错误日志中。该参数默认是关闭的。需要注意的是，开启该参数后，只会记录 SHOW ENGINE INNODB STATUS 结果中 LATEST DETECTED DEADLOCK 部分的信息。查看该参数是否开启及开启该参数的 SQL 语句如下所示。

```
#查看参数 innodb_print_all_deadlocks 是否开启
mysql> SHOW VARIABLES LIKE 'innodb_print_all_deadlocks';
+----------------------------+-------+
| Variable_name              | Value |
+----------------------------+-------+
| innodb_print_all_deadlocks | OFF   |
+----------------------------+-------+
1 row in set (0.00 sec)
#开启参数 innodb_print_all_deadlocks
mysql> SET GLOBAL innodb_print_all_deadlocks = 'ON';
```

```
Query OK, 0 rows affected (0.00 sec)

mysql> SHOW VARIABLES LIKE 'innodb_print_all_deadlocks';
+----------------------------+-------+
| Variable_name              | Value |
+----------------------------+-------+
| innodb_print_all_deadlocks | ON    |
+----------------------------+-------+
1 row in set (0.00 sec)
```

3．避免死锁的建议

下面给出一些尽可能避免死锁的建议。

（1）合理地设计索引，把区分度高的列放在组合索引前面，使业务 SQL 尽可能通过索引来定位更少的行，减少锁竞争。

（2）调整业务逻辑 SQL 的执行顺序，尽可能把 UPDATE、DELETE 等长时间持有锁的 SQL 语句放在事务的后面。

（3）避免大事务，尽可能将大事务拆分为多个小事务来处理，因为小事务发生锁冲突的概率也更小。

（4）以固定的顺序访问表和行。

（5）在并发度比较高的系统中，不要显式加锁，尤其不要在事务里显式加锁，如 SELECT...FOR UPDATE 语句。

（6）优化 SQL 和表设计，减少同时占用太多资源的情况。例如，尽可能减少 JOIN 操作，将复杂的 SQL 分解为多个简单的 SQL。

（7）降低隔离级别。如果业务允许，那么，将隔离级别调低也是较好的选择。例如，将可重复读隔离级别调整为读已提交隔离级别，就可以避免很多因间隙锁而造成的死锁。

14.8　锁监控

可以通过检查参数 innodb_row_lock 来分析系统中行级锁的争夺情况，如下所示。

```
mysql> SHOW STATUS LIKE 'innodb_row_lock%';
+-------------------------------+-------+
| Variable_name                 | Value |
+-------------------------------+-------+
| innodb_row_lock_current_waits | 0     |
| innodb_row_lock_time          | 0     |
| innodb_row_lock_time_avg      | 0     |
| innodb_row_lock_time_max      | 0     |
| innodb_row_lock_waits         | 0     |
+-------------------------------+-------+
5 rows in set (0.01 sec)
```

各状态量的含义如下。

- innodb_row_lock_current_waits：表示当前正在等待锁定的行数量。
- innodb_row_lock_time：表示从系统启动到现在锁定的总时间长度。
- innodb_row_lock_time_avg：表示每次等待所花的平均时间。
- innodb_row_lock_time_max：表示从系统启动到现在等待最长的一次所花的时间。
- innodb_row_lock_waits：表示从系统启动到现在总共等待的次数。

其中比较重要的主要是 innodb_row_lock_time、innodb_row_lock_time_avg 和 innodb_row_lock_waits 这 3 个状态量。例如，当等待次数较多且等待时间较长的时候，我们就需要先分析系统中为什么会有如此多的等待，然后根据分析结果制订优化计划。

其实还有一些更简单的方法。MySQL 把事务和锁的信息记录在 information_schema 库中，主要涉及 3 张表，分别是 INNODB_TRX、INNODB_LOCKS 和 INNODB_LOCK_WAITS。在 MySQL 8.0.13 中，表 INNODB_LOCKS 和 INNODB_LOCK_WAITS 被删除，由 performance_schema 库中的表 data_locks 和 data_lock_waits 代替。

在 MySQL 5.7 及以前的版本中，可以通过表 INNODB_LOCKS 查看事务中的锁情况，但只能看到阻塞事务的锁；如果事务并未被阻塞，则在该表中看不到该事务的锁情况。但是，通过表 data_locks 不但可以看到阻塞该事务的锁，还可以看到该事务所持有的锁。也就是说，即使事务并未被阻塞，依然可以看到该事务所持有的锁。表名的变化其实还反映了 MySQL 8.0.13 中的表 data_locks 更为通用，即使使用 InnoDB 以外的存储引擎，我们依然可以通过表 data_locks 看到事务中的锁情况。

可以通过 SELECT * FROM information_schema.INNODB_TRX\G 语句来查看正在被锁阻塞的 SQL 语句。我们依然使用 14.4.1 节中的案例。当会话 2 正在等待时，3 张表的查询情况如下所示。

（1）使用如下语句查看 MySQL 正在执行的事务。

```
mysql> SELECT * FROM information_schema.INNODB_TRX\G;
*************************** 1. row ***************************
                    trx_id: 11296
                 trx_state: LOCK WAIT
               trx_started: 2022-09-21 04:21:19
     trx_requested_lock_id: 140349879830432:29:4:10:140349800538632
         trx_wait_started: 2022-09-21 04:21:28
                trx_weight: 4
       trx_mysql_thread_id: 12
                 trx_query: UPDATE student SET name="张三 2" WHERE id=1
       trx_operation_state: starting index read
         trx_tables_in_use: 1
         trx_tables_locked: 1
          trx_lock_structs: 3
     trx_lock_memory_bytes: 1136
           trx_rows_locked: 2
         trx_rows_modified: 1
   trx_concurrency_tickets: 0
       trx_isolation_level: REPEATABLE READ
         trx_unique_checks: 1
    trx_foreign_key_checks: 1
 trx_last_foreign_key_error: NULL
  trx_adaptive_hash_latched: 0
  trx_adaptive_hash_timeout: 0
          trx_is_read_only: 0
trx_autocommit_non_locking: 0
       trx_schedule_weight: 1
*************************** 2. row ***************************
                    trx_id: 11295
                 trx_state: RUNNING
               trx_started: 2022-09-21 04:21:08
     trx_requested_lock_id: NULL
          trx_wait_started: NULL
                trx_weight: 3
       trx_mysql_thread_id: 8
                 trx_query: NULL
```

```
       trx_operation_state: NULL
         trx_tables_in_use: 0
        trx_tables_locked: 1
         trx_lock_structs: 2
    trx_lock_memory_bytes: 1136
           trx_rows_locked: 1
         trx_rows_modified: 1
   trx_concurrency_tickets: 0
      trx_isolation_level: REPEATABLE READ
         trx_unique_checks: 1
    trx_foreign_key_checks: 1
trx_last_foreign_key_error: NULL
 trx_adaptive_hash_latched: 0
 trx_adaptive_hash_timeout: 0
           trx_is_read_only: 0
trx_autocommit_non_locking: 0
       trx_schedule_weight: NULL
2 rows in set (0.00 sec)
```

重要属性的含义如下。

- trx_id：表示唯一的事务 ID。
- trx_state：表示当前事务的状态。LOCK WAIT 表示正在等待锁被释放。
- trx_started：表示事务的开始时间。
- trx_mysql_thread_id：表示线程 ID。
- trx_query：表示事务执行的 SQL。
- trx_rows_locked：表示锁定了几行索引记录。
- trx_isolation_level：表示事务的隔离级别。

从上述结果中可以看到两条记录，表示当前服务器中有两个事务正在执行。第一条记录中的事务状态为 LOCK WAIT，表示当前事务处于等待状态，具体执行的 SQL 语句是 "UPDATE student SET name=" 张三 2" WHERE id=1"，可以确认是会话 2 中的 SQL 语句。第二条记录中的事务状态为 RUNNING，表示当前事务处于执行状态，没有详细的 SQL 语句。

（2）使用如下语句查看锁等待情况，可以看到当前 MySQL 服务器中有一个锁等待，等待锁被释放的事务 ID 为 11296，正好对应前面查询到的所有事务中的一个，而且该事务的状态为 LOCK WAIT。继续分析，可以看到阻塞事务 11296 的事务 ID 为 11295，也正好对应前面查询到的所有事务中的另一个，由此可以确定事务 11296 正在等待事务 11295 释放资源。

```
mysql> SELECT * FROM performance_schema.data_lock_waits\G;
*************************** 1. row ***************************
                            ENGINE: InnoDB
       REQUESTING_ENGINE_LOCK_ID: 140349879830432:29:4:10:140349800538632
REQUESTING_ENGINE_TRANSACTION_ID: 11296
             REQUESTING_THREAD_ID: 51
              REQUESTING_EVENT_ID: 27
REQUESTING_OBJECT_INSTANCE_BEGIN: 140349800538632
         BLOCKING_ENGINE_LOCK_ID: 140349879831288:29:4:10:140349800544672
  BLOCKING_ENGINE_TRANSACTION_ID: 11295
               BLOCKING_THREAD_ID: 47
                BLOCKING_EVENT_ID: 29
  BLOCKING_OBJECT_INSTANCE_BEGIN: 140349800544672
1 row in set (0.00 sec)
```

（3）使用如下语句查看事务中的锁情况，可以看到结果中包含4条记录，表示当前存在4种类型的锁，每条锁信息主要包括存储引擎、对应的事务ID、数据库名、表名、锁类型（表级锁、行级锁）、锁模式等内容。从锁情况中可以看出，事务11295和11296分别获取了意向独占锁，意向独占锁是互相兼容的，因而不会等待。但是，事务11295同样持有独占锁，此时事务11296也要去同一条记录中获取独占锁，它们之间不兼容，从而导致了阻塞情况的发生。

```
mysql> SELECT * FROM performance_schema.data_locks\G;
*************************** 1. row ***************************
              ENGINE: InnoDB
      ENGINE_LOCK_ID: 140349879830432:1088:140349800541392
ENGINE_TRANSACTION_ID: 11296
           THREAD_ID: 51
            EVENT_ID: 26
       OBJECT_SCHEMA: chapter14
         OBJECT_NAME: student
      PARTITION_NAME: NULL
   SUBPARTITION_NAME: NULL
          INDEX_NAME: NULL
OBJECT_INSTANCE_BEGIN: 140349800541392
           LOCK_TYPE: TABLE
           LOCK_MODE: IX
         LOCK_STATUS: GRANTED
           LOCK_DATA: NULL
*************************** 2. row ***************************
              ENGINE: InnoDB
      ENGINE_LOCK_ID: 140349879830432:29:4:10:140349800538632
ENGINE_TRANSACTION_ID: 11296
           THREAD_ID: 51
            EVENT_ID: 27
       OBJECT_SCHEMA: chapter14
         OBJECT_NAME: student
      PARTITION_NAME: NULL
   SUBPARTITION_NAME: NULL
          INDEX_NAME: PRIMARY
OBJECT_INSTANCE_BEGIN: 140349800538632
           LOCK_TYPE: RECORD
           LOCK_MODE: X,REC_NOT_GAP
         LOCK_STATUS: WAITING
           LOCK_DATA: 1
*************************** 3. row ***************************
              ENGINE: InnoDB
      ENGINE_LOCK_ID: 140349879831288:1088:140349800547664
ENGINE_TRANSACTION_ID: 11295
           THREAD_ID: 47
            EVENT_ID: 29
       OBJECT_SCHEMA: chapter14
         OBJECT_NAME: student
      PARTITION_NAME: NULL
   SUBPARTITION_NAME: NULL
          INDEX_NAME: NULL
OBJECT_INSTANCE_BEGIN: 140349800547664
```

```
            LOCK_TYPE: TABLE
            LOCK_MODE: IX
          LOCK_STATUS: GRANTED
            LOCK_DATA: NULL
*************************** 4. row ***************************
               ENGINE: InnoDB
       ENGINE_LOCK_ID: 140349879831288:29:4:10:140349800544672
ENGINE_TRANSACTION_ID: 11295
            THREAD_ID: 47
             EVENT_ID: 29
        OBJECT_SCHEMA: chapter14
          OBJECT_NAME: student
       PARTITION_NAME: NULL
    SUBPARTITION_NAME: NULL
           INDEX_NAME: PRIMARY
OBJECT_INSTANCE_BEGIN: 140349800544672
            LOCK_TYPE: RECORD
            LOCK_MODE: X,REC_NOT_GAP
          LOCK_STATUS: GRANTED
            LOCK_DATA: 1
5 rows in set (0.00 sec)
```

14.9 MySQL 加锁案例解析

前面讲解了 MySQL 中各种类型的锁，在工作中如何进行分析呢？下面我们列举几个案例，一步一步带领大家分析 MySQL 是如何加锁的。在一般情况下，我们使用行级锁多一些，行级锁中又包括记录锁、间隙锁、临键锁和插入意向锁。需要注意的是，间隙锁在可重复读隔离级别下才会生效，临键锁是间隙锁和记录锁的结合体。MySQL 在加锁的时候一般都是先直接加临键锁，然后根据具体情况转换为记录锁或间隙锁。本节使用的 MySQL 版本是 8.0.25。不同版本之间加锁的结果还是有一些区别的，各位读者学会分析加锁的情况即可。

我们以 14.4 节中的表 student 为例。在开始分析之前，先在表 student 中的 name 字段上创建普通索引 idx_name，如下所示。

```
mysql> ALTER TABLE student ADD INDEX idx_name(name(20));
```

14.9.1　案例一：唯一索引等值查询

在进行等值查询时，加速情况可以分为两种，即记录存在加锁情况和记录不存在加锁情况。

1. 记录存在加锁情况

执行如下 SQL 语句。

```
mysql> BEGIN;
mysql> SELECT * FROM student WHERE id = 3 FOR UPDATE;
```

通过表 data_locks 查看 MySQL 事务获取锁的情况，如下所示。由 LOCK_MODE 和 LOCK_DATA 可知，MySQL 给 id=3 的记录加了记录锁。当查询条件为主键索引时，如果查询条件是等值查询且记录存在，则只给符合条件的记录加记录锁。

```
mysql> SELECT * FROM performance_schema.data_locks\G;
*************************** 1. row ***************************
               ENGINE: InnoDB
       ENGINE_LOCK_ID: 140599059987864:1088:140598975735072
```

```
ENGINE_TRANSACTION_ID: 11833
           THREAD_ID: 47
            EVENT_ID: 48
       OBJECT_SCHEMA: chapter14
         OBJECT_NAME: student
      PARTITION_NAME: NULL
   SUBPARTITION_NAME: NULL
          INDEX_NAME: NULL
OBJECT_INSTANCE_BEGIN: 140598975735072
           LOCK_TYPE: TABLE
           LOCK_MODE: IX
         LOCK_STATUS: GRANTED
           LOCK_DATA: NULL
*************************** 2. row ***************************
              ENGINE: InnoDB
      ENGINE_LOCK_ID: 140599059987864:29:4:11:140598975731968
ENGINE_TRANSACTION_ID: 11833
           THREAD_ID: 47
            EVENT_ID: 48
       OBJECT_SCHEMA: chapter14
         OBJECT_NAME: student
      PARTITION_NAME: NULL
   SUBPARTITION_NAME: NULL
          INDEX_NAME: PRIMARY
OBJECT_INSTANCE_BEGIN: 140598975731968
           LOCK_TYPE: RECORD
           LOCK_MODE: X,REC_NOT_GAP
         LOCK_STATUS: GRANTED
           LOCK_DATA: 3
2 rows in set (0.00 sec)
```

2. 记录不存在加锁情况

执行如下 SQL 语句。

```
mysql> BEGIN;
mysql> SELECT * FROM student WHERE id = 7 FOR UPDATE;
```

通过表 data_locks 查看 MySQL 事务获取锁的情况，如下所示。由 LOCK_MODE 和 LOCK_DATA 可知，MySQL 给 id=8 的记录加了间隙锁，锁定区间是(3,8)。如果此时在此区间内插入 id 值为 4、5、6、7 的数据，则会被阻塞。

```
mysql> SELECT * FROM performance_schema.data_locks\G;
*************************** 1. row ***************************
              ENGINE: InnoDB
      ENGINE_LOCK_ID: 140599059987864:1088:140598975735072
ENGINE_TRANSACTION_ID: 11834
           THREAD_ID: 47
            EVENT_ID: 52
       OBJECT_SCHEMA: chapter14
         OBJECT_NAME: student
      PARTITION_NAME: NULL
   SUBPARTITION_NAME: NULL
          INDEX_NAME: NULL
OBJECT_INSTANCE_BEGIN: 140598975735072
```

```
          LOCK_TYPE: TABLE
          LOCK_MODE: IX
        LOCK_STATUS: GRANTED
          LOCK_DATA: NULL
*************************** 2. row ***************************
             ENGINE: InnoDB
     ENGINE_LOCK_ID: 140599059987864:29:4:4:140598975731968
ENGINE_TRANSACTION_ID: 11834
          THREAD_ID: 47
           EVENT_ID: 52
      OBJECT_SCHEMA: chapter14
        OBJECT_NAME: student
     PARTITION_NAME: NULL
  SUBPARTITION_NAME: NULL
         INDEX_NAME: PRIMARY
OBJECT_INSTANCE_BEGIN: 140598975731968
          LOCK_TYPE: RECORD
          LOCK_MODE: X,GAP
        LOCK_STATUS: GRANTED
          LOCK_DATA: 8
2 rows in set (0.00 sec)
```

14.9.2 案例二：非唯一索引等值查询

执行如下 SQL 语句，使用非唯一索引 idx_name 作为查询条件。

```
mysql> BEGIN;
mysql> SELECT * FROM student WHERE name = '李四' FOR UPDATE;
```

通过表 data_locks 查看 MySQL 事务获取锁的情况，如下所示。在非唯一索引 idx_name 上，MySQL 给 name='李四'的记录加了独占锁。通常来讲，该锁都是指临键锁，也就是说，此时锁定区间是(1,3]，但是因为 idx_name 是非唯一索引，所以扫描完"李四"这条记录后是不会立即停止的，仍然需要向右扫描，直到查找到 name='王五'的记录才停止，这时需要给(3,8]区间加临键锁。又因为 name='王五'的记录不满足 name='李四'这个条件，所以 MySQL 不会给该记录加锁，临键锁退化为间隙锁，即(3,8)，此时锁定区间是(1,8)。注意，虽然我们只是以主键来说明锁定区间，但实际上锁定的是非唯一索引的值，也就是我们看到的给 name='王五'的记录加了间隙锁。此外，MySQL 还给 id=3 的记录加了临键锁，此时在(1,8)区间内无法插入 name='李四'的记录。

```
mysql> SELECT * FROM performance_schema.data_locks\G;
*************************** 1. row ***************************
             ENGINE: InnoDB
     ENGINE_LOCK_ID: 140599059987864:1088:140598975735072
ENGINE_TRANSACTION_ID: 11849
          THREAD_ID: 47
           EVENT_ID: 91
      OBJECT_SCHEMA: chapter14
        OBJECT_NAME: student
     PARTITION_NAME: NULL
  SUBPARTITION_NAME: NULL
         INDEX_NAME: NULL
OBJECT_INSTANCE_BEGIN: 140598975735072
          LOCK_TYPE: TABLE
          LOCK_MODE: IX
```

```
            LOCK_STATUS: GRANTED
              LOCK_DATA: NULL
*************************** 2. row ***************************
                 ENGINE: InnoDB
         ENGINE_LOCK_ID: 140599059987864:29:5:3:140598975731968
  ENGINE_TRANSACTION_ID: 11849
              THREAD_ID: 47
               EVENT_ID: 91
          OBJECT_SCHEMA: chapter14
            OBJECT_NAME: student
         PARTITION_NAME: NULL
      SUBPARTITION_NAME: NULL
             INDEX_NAME: idx_name
  OBJECT_INSTANCE_BEGIN: 140598975731968
              LOCK_TYPE: RECORD
              LOCK_MODE: X
            LOCK_STATUS: GRANTED
              LOCK_DATA: '李四', 3
*************************** 3. row ***************************
                 ENGINE: InnoDB
         ENGINE_LOCK_ID: 140599059987864:29:4:11:140598975732312
  ENGINE_TRANSACTION_ID: 11849
              THREAD_ID: 47
               EVENT_ID: 91
          OBJECT_SCHEMA: chapter14
            OBJECT_NAME: student
         PARTITION_NAME: NULL
      SUBPARTITION_NAME: NULL
             INDEX_NAME: PRIMARY
  OBJECT_INSTANCE_BEGIN: 140598975732312
              LOCK_TYPE: RECORD
              LOCK_MODE: X,REC_NOT_GAP
            LOCK_STATUS: GRANTED
              LOCK_DATA: 3
*************************** 4. row ***************************
                 ENGINE: InnoDB
         ENGINE_LOCK_ID: 140599059987864:29:5:4:140598975732656
  ENGINE_TRANSACTION_ID: 11849
              THREAD_ID: 47
               EVENT_ID: 91
          OBJECT_SCHEMA: chapter14
            OBJECT_NAME: student
         PARTITION_NAME: NULL
      SUBPARTITION_NAME: NULL
             INDEX_NAME: idx_name
  OBJECT_INSTANCE_BEGIN: 140598975732656
              LOCK_TYPE: RECORD
              LOCK_MODE: X,GAP
            LOCK_STATUS: GRANTED
              LOCK_DATA: '王五', 8
4 rows in set (0.00 sec)
```

14.9.3 案例三：主键索引范围查询

上面是关于等值查询的案例，下面是关于主键索引范围查询的案例。

执行如下 SQL 语句。

```
mysql> BEGIN;
SELECT * FROM student WHERE id >= 3 AND id < 8 FOR UPDATE;
```

通过表 data_locks 查看 MySQL 事务获取锁的情况，如下所示。可以看到，MySQL 给 id=3 的记录加了记录锁，给 id=8 的记录加了间隙锁，整个锁定区间是[3,8)。

```
mysql> SELECT * FROM performance_schema.data_locks\G;
*************************** 1. row ***************************
              ENGINE: InnoDB
       ENGINE_LOCK_ID: 140599059987864:1088:140598975735072
ENGINE_TRANSACTION_ID: 11850
           THREAD_ID: 47
            EVENT_ID: 95
        OBJECT_SCHEMA: chapter14
          OBJECT_NAME: student
       PARTITION_NAME: NULL
    SUBPARTITION_NAME: NULL
          INDEX_NAME: NULL
OBJECT_INSTANCE_BEGIN: 140598975735072
           LOCK_TYPE: TABLE
           LOCK_MODE: IX
         LOCK_STATUS: GRANTED
           LOCK_DATA: NULL
*************************** 2. row ***************************
              ENGINE: InnoDB
       ENGINE_LOCK_ID: 140599059987864:29:4:11:140598975731968
ENGINE_TRANSACTION_ID: 11850
           THREAD_ID: 47
            EVENT_ID: 95
        OBJECT_SCHEMA: chapter14
          OBJECT_NAME: student
       PARTITION_NAME: NULL
    SUBPARTITION_NAME: NULL
          INDEX_NAME: PRIMARY
OBJECT_INSTANCE_BEGIN: 140598975731968
           LOCK_TYPE: RECORD
           LOCK_MODE: X,REC_NOT_GAP
         LOCK_STATUS: GRANTED
           LOCK_DATA: 3
*************************** 3. row ***************************
              ENGINE: InnoDB
       ENGINE_LOCK_ID: 140599059987864:29:4:4:140598975732312
ENGINE_TRANSACTION_ID: 11850
           THREAD_ID: 47
            EVENT_ID: 95
        OBJECT_SCHEMA: chapter14
          OBJECT_NAME: student
       PARTITION_NAME: NULL
    SUBPARTITION_NAME: NULL
```

```
               INDEX_NAME: PRIMARY
OBJECT_INSTANCE_BEGIN: 140598975732312
                LOCK_TYPE: RECORD
                LOCK_MODE: X,GAP
              LOCK_STATUS: GRANTED
                LOCK_DATA: 8
3 rows in set (0.00 sec)
```

14.9.4 案例四：非唯一索引上存在等值的情况

向表 student 中插入一条新记录，如下所示。也就是说，现在表 student 中有两条 name='李四'的记录，但是它们的主键 id 值是不同的（分别为 10 和 30），因此，这两条记录之间也是有间隙的。

```
mysql> INSERT INTO student VALUES (30, "李四", "三班");
Query OK, 1 row affected (0.00 sec)
```

执行如下 SQL 语句。

```
mysql> BEGIN;
Query OK, 0 rows affected (0.00 sec)

mysql> SELECT * FROM student WHERE name = '李四' FOR UPDATE;
+----+--------+--------+
| id | name   | class  |
+----+--------+--------+
|  3 | 李四   | 一班   |
| 30 | 李四   | 三班   |
+----+--------+--------+
2 rows in set (0.00 sec)
```

通过表 data_locks 查看 MySQL 事务获取锁的情况，如下所示。可以看到，MySQL 给（id=3,name='李四'）的记录加了临键锁，锁定区间是(1,3]；给（id=30,name='李四'）的记录加了临键锁，锁定区间是(20,30]；给（id=8,name='王五'）的记录加了间隙锁，锁定区间是(3,8)。

```
mysql> SELECT * FROM performance_schema.data_locks\G;
*************************** 1. row ***************************
               ENGINE: InnoDB
        ENGINE_LOCK_ID: 140599059987864:1088:140598975735072
ENGINE_TRANSACTION_ID: 11855
            THREAD_ID: 47
             EVENT_ID: 113
        OBJECT_SCHEMA: chapter14
          OBJECT_NAME: student
       PARTITION_NAME: NULL
    SUBPARTITION_NAME: NULL
           INDEX_NAME: NULL
OBJECT_INSTANCE_BEGIN: 140598975735072
            LOCK_TYPE: TABLE
            LOCK_MODE: IX
          LOCK_STATUS: GRANTED
            LOCK_DATA: NULL
*************************** 2. row ***************************
               ENGINE: InnoDB
        ENGINE_LOCK_ID: 140599059987864:29:5:3:140598975731968
ENGINE_TRANSACTION_ID: 11855
            THREAD_ID: 47
```

```
            EVENT_ID: 113
       OBJECT_SCHEMA: chapter14
         OBJECT_NAME: student
      PARTITION_NAME: NULL
   SUBPARTITION_NAME: NULL
          INDEX_NAME: idx_name
OBJECT_INSTANCE_BEGIN: 140598975731968
           LOCK_TYPE: RECORD
           LOCK_MODE: X
         LOCK_STATUS: GRANTED
           LOCK_DATA: '李四', 3
*************************** 3. row ***************************
              ENGINE: InnoDB
      ENGINE_LOCK_ID: 140599059987864:29:5:7:140598975731968
ENGINE_TRANSACTION_ID: 11855
           THREAD_ID: 47
            EVENT_ID: 113
       OBJECT_SCHEMA: chapter14
         OBJECT_NAME: student
      PARTITION_NAME: NULL
   SUBPARTITION_NAME: NULL
          INDEX_NAME: idx_name
OBJECT_INSTANCE_BEGIN: 140598975731968
           LOCK_TYPE: RECORD
           LOCK_MODE: X
         LOCK_STATUS: GRANTED
           LOCK_DATA: '李四', 30
*************************** 4. row ***************************
              ENGINE: InnoDB
      ENGINE_LOCK_ID: 140599059987864:29:4:9:140598975732312
ENGINE_TRANSACTION_ID: 11855
           THREAD_ID: 47
            EVENT_ID: 113
       OBJECT_SCHEMA: chapter14
         OBJECT_NAME: student
      PARTITION_NAME: NULL
   SUBPARTITION_NAME: NULL
          INDEX_NAME: PRIMARY
OBJECT_INSTANCE_BEGIN: 140598975732312
           LOCK_TYPE: RECORD
           LOCK_MODE: X,REC_NOT_GAP
         LOCK_STATUS: GRANTED
           LOCK_DATA: 30
*************************** 5. row ***************************
              ENGINE: InnoDB
      ENGINE_LOCK_ID: 140599059987864:29:4:11:140598975732312
ENGINE_TRANSACTION_ID: 11855
           THREAD_ID: 47
            EVENT_ID: 113
       OBJECT_SCHEMA: chapter14
         OBJECT_NAME: student
```

```
          PARTITION_NAME: NULL
       SUBPARTITION_NAME: NULL
              INDEX_NAME: PRIMARY
   OBJECT_INSTANCE_BEGIN: 140598975732312
               LOCK_TYPE: RECORD
               LOCK_MODE: X,REC_NOT_GAP
             LOCK_STATUS: GRANTED
               LOCK_DATA: 3
*************************** 6. row ***************************
                  ENGINE: InnoDB
          ENGINE_LOCK_ID: 140599059987864:29:5:4:140598975732656
   ENGINE_TRANSACTION_ID: 11855
               THREAD_ID: 47
                EVENT_ID: 113
           OBJECT_SCHEMA: chapter14
             OBJECT_NAME: student
          PARTITION_NAME: NULL
       SUBPARTITION_NAME: NULL
              INDEX_NAME: idx_name
   OBJECT_INSTANCE_BEGIN: 140598975732656
               LOCK_TYPE: RECORD
               LOCK_MODE: X,GAP
             LOCK_STATUS: GRANTED
               LOCK_DATA: '王五', 8
6 rows in set (0.01 sec)
```

14.9.5　案例五：LIMIT 语句加锁

执行如下 SQL 语句，语句中加了"LIMIT 2"条件。大家知道，表 student 中 name='李四'的记录其实只有两条，因此，加不加"LIMIT 2"条件，查询结果都是一样的，但是加锁效果不一样。

```
mysql> BEGIN;
Query OK, 0 rows affected (0.00 sec)

mysql> SELECT * FROM student WHERE name = '李四' LIMIT 2 FOR UPDATE;
+----+--------+--------+
| id | name   | class  |
+----+--------+--------+
|  3 | 李四   | 一班   |
| 30 | 李四   | 三班   |
+----+--------+--------+
2 rows in set (0.00 sec)
```

通过表 data_locks 查看 MySQL 事务获取锁的情况，如下所示。可以看到，MySQL 给（id=3,name='李四'）的记录加了临键锁，锁定区间是(1,3]；给（id=30,name='李四'）的记录加了临键锁，锁定区间是(20,30]。该案例与案例四的区别是，MySQL 没有给（id=8,name='王五'）的记录加锁，缩小了加锁范围。

```
mysql> SELECT * FROM performance_schema.data_locks\G;
*************************** 1. row ***************************
                  ENGINE: InnoDB
          ENGINE_LOCK_ID: 140599059987864:1088:140598975735072
   ENGINE_TRANSACTION_ID: 11857
               THREAD_ID: 47
                EVENT_ID: 125
```

```
         OBJECT_SCHEMA: chapter14
           OBJECT_NAME: student
        PARTITION_NAME: NULL
     SUBPARTITION_NAME: NULL
            INDEX_NAME: NULL
 OBJECT_INSTANCE_BEGIN: 140598975735072
             LOCK_TYPE: TABLE
             LOCK_MODE: IX
           LOCK_STATUS: GRANTED
             LOCK_DATA: NULL
*************************** 2. row ***************************
                ENGINE: InnoDB
        ENGINE_LOCK_ID: 140599059987864:29:5:3:140598975731968
 ENGINE_TRANSACTION_ID: 11857
             THREAD_ID: 47
              EVENT_ID: 125
         OBJECT_SCHEMA: chapter14
           OBJECT_NAME: student
        PARTITION_NAME: NULL
     SUBPARTITION_NAME: NULL
            INDEX_NAME: idx_name
 OBJECT_INSTANCE_BEGIN: 140598975731968
             LOCK_TYPE: RECORD
             LOCK_MODE: X
           LOCK_STATUS: GRANTED
             LOCK_DATA: '李四', 3
*************************** 3. row ***************************
                ENGINE: InnoDB
        ENGINE_LOCK_ID: 140599059987864:29:5:7:140598975731968
 ENGINE_TRANSACTION_ID: 11857
             THREAD_ID: 47
              EVENT_ID: 125
         OBJECT_SCHEMA: chapter14
           OBJECT_NAME: student
        PARTITION_NAME: NULL
     SUBPARTITION_NAME: NULL
            INDEX_NAME: idx_name
 OBJECT_INSTANCE_BEGIN: 140598975731968
             LOCK_TYPE: RECORD
             LOCK_MODE: X
           LOCK_STATUS: GRANTED
             LOCK_DATA: '李四', 30
*************************** 4. row ***************************
                ENGINE: InnoDB
        ENGINE_LOCK_ID: 140599059987864:29:4:9:140598975732312
 ENGINE_TRANSACTION_ID: 11857
             THREAD_ID: 47
              EVENT_ID: 125
         OBJECT_SCHEMA: chapter14
           OBJECT_NAME: student
        PARTITION_NAME: NULL
```

```
          SUBPARTITION_NAME: NULL
               INDEX_NAME: PRIMARY
     OBJECT_INSTANCE_BEGIN: 140598975732312
                LOCK_TYPE: RECORD
                LOCK_MODE: X,REC_NOT_GAP
              LOCK_STATUS: GRANTED
                LOCK_DATA: 30
*************************** 5. row ***************************
                   ENGINE: InnoDB
           ENGINE_LOCK_ID: 140599059987864:29:4:11:140598975732312
    ENGINE_TRANSACTION_ID: 11857
                THREAD_ID: 47
                 EVENT_ID: 125
            OBJECT_SCHEMA: chapter14
              OBJECT_NAME: student
           PARTITION_NAME: NULL
        SUBPARTITION_NAME: NULL
               INDEX_NAME: PRIMARY
     OBJECT_INSTANCE_BEGIN: 140598975732312
                LOCK_TYPE: RECORD
                LOCK_MODE: X,REC_NOT_GAP
              LOCK_STATUS: GRANTED
                LOCK_DATA: 3
5 rows in set (0.00 sec)
```

14.10　小结

本章主要讲解了 MySQL 中的锁，锁的存在主要解决了事务的隔离问题。为了让事务之间互不影响，每个事务在执行的时候都会给数据加上一个特有的锁，防止其他事务同时操作数据。

首先介绍了锁的分类。MySQL 中的锁可以从多个角度来划分，我们需要重点学习的是表级锁和行级锁。表级锁包括共享锁、独占锁、意向锁、自增锁和 MDL 锁。行级锁包括记录锁、间隙锁、临键锁和插入意向锁。

其次介绍了如何监控 MySQL 中的锁。我们可以通过一些系统表查看事务中的锁情况，从而分析事务的执行情况。

最后通过几个案例分析了 MySQL 是如何加锁的。这样大家在工作中遇到并发问题的时候，就可以从容地分析当前事务中存在哪些锁。

第15章
多版本并发控制

前面章节讲解了锁的相关知识，为了保证并发事务的安全性，可以利用读/写锁，但是会发生读-写冲突、写-写冲突。如果没有多版本并发控制，那么，并发读/写的性能必然会受到严重影响。通过多版本并发控制，可以做到事务在不加锁的情况下避免读-写冲突。本章将介绍 MySQL 是如何实现多版本并发控制的，以及多版本并发控制解决了哪些问题。

15.1 什么是 MVCC

MVCC（Multiversion Concurrency Control，多版本并发控制）通过数据行的多个版本管理来实现数据库的并发控制。简单来说，它的思想就是保存数据的历史版本，这样就可以通过比较数据的版本号来决定展示哪个版本的数据，在读取数据的时候不加锁也可以保证事务的隔离效果。它的本质就是采用乐观锁的思想。

下面举例说明在没有 MVCC 时数据库可能出现的情况。现有账户金额表（balance），其中包括两个字段，分别是 username（用户名）和 balance（余额），如表 15-1 所示。

表 15-1 账户金额表

username	balance
A	1000
B	0
C	200
D	0

为了方便讲解，我们假设表 balance 中只有用户 A 和 B 的账户有余额，其他用户的账户余额均为 0。我们来看下面的业务场景，如表 15-2 所示。

表 15-2 事务操作

事务 1	事务 2
mysql> SELECT * FROM balance;	
	mysql> UPDATE balance SET balance=balance-100 WHERE username ='B'
	mysql> UPDATE balance SET balance=balance+100 WHERE username ='A'

事务 1 查询表 balance 中的所有数据，用户 A 和用户 B 在事务 2 中发生转账操作。如果数据库不支持 MVCC 机制，而依靠自身的锁机制来实现，那么可能会出现怎样的情况呢？

为了保证数据的一致性，我们需要给查询到的数据行都加上行级锁。这时如果用户 A 所在的数据行被加上了行级锁，就不能给用户 B 转账了，只能等到所有操作完成后，释放了行级锁，才能继续进行转账，这样就会造成用户事务处理的等待时间过长。

MVCC 使得 InnoDB 存储引擎在事务隔离级别下执行快照读的操作有了保证。换言之，就是当前事务在查询一些正在被其他事务更新的数据行的时候，当前事务可以看到这些数据行被更新前的值。这是一项可以用来增强并发性的强大技术，使我们在进行查询的时候不用等待另一个事务释放锁。这项技术在数据库领域的应用并不普遍，一些数据库产品或 MySQL 中其他的存储引擎并不支持它。MVCC 在 InnoDB 存储引擎中的实现主要是为了提高数据库的并发性能，用更好的方式去处理读-写冲突，即使有读-写冲突，也能做到不加锁，非阻塞并发读。这个读指的是快照读，而非当前读。当前读实际上是一种加锁的操作，是悲观锁的实现。下面解释一下什么是快照读和当前读。

15.1.1　快照读

快照读又叫一致性读，它读取的是快照数据。不加锁的简单 SELECT 都属于快照读，即不加锁的非阻塞读，比如下面的 SQL 语句。

```
SELECT * FROM tb_name WHERE …
```

快照读的前提是事务的隔离级别不是可串行化，可串行化隔离级别下的快照读会退化成当前读。快照读的目的是提高数据库的并发性能，它的实现基于 MVCC。可以认为 MVCC 是行级锁的一个变种，但它在很多情况下避免了加锁操作，降低了开销。既然基于 MVCC 来实现，那么快照读获取的并不一定是数据的最新版本，而有可能是历史版本。

在上面的案例中，数据库管理员想要查询表 balance 中的总金额，而用户 A 和用户 B 之间发生了转账操作，数据库管理员通过快照读来读取数据行的时候，可以获取到当前时刻的数据，这对用户 A 和用户 B 之间的转账操作没有影响。

15.1.2　当前读

当前读获取的是数据的最新版本，而不是历史版本，读取时还要保证其他并发事务不能修改当前记录，会给读取的记录加锁。加锁的 SELECT，或者对数据执行的增、删、改操作，都属于当前读，比如下面的 SQL 语句。

```
SELECT * FROM player LOCK IN SHARE MODE;    #共享锁
SELECT * FROM player FOR UPDATE;            #独占锁
INSERT INTO player VALUES …                 #独占锁
DELETE FROM player WHERE …                  #独占锁
UPDATE player SET …                         #独占锁
```

可以看到，快照读就是普通的读操作，而当前读则包括加锁的读取和 DML 操作。

15.2　版本链

前面讲解了 MVCC 的思想和作用，实际上 MVCC 没有正式的标准，因此，在不同的数据库管理系统中，MVCC 的实现方式可能是不同的，大家可以参考相关的数据库管理系统文档。下面讲解 InnoDB 存储引擎中 MVCC 的实现方式。这里简单回顾一下 undo 日志的版本链。前面讲过，对于 InnoDB 存储引擎类型的表来说，一条完整的记录中包含两个必要的隐藏列，分别是事务 ID（DB_TRX_ID）和回滚指针（DB_ROLL_PTR）。

（1）DB_TRX_ID：主要用于存储插入某条记录或最后一次修改该记录的事务 ID。注意，删除操作也被 MySQL 视为更新操作，只是在删除记录的时候，该记录的某个特殊标识位会被标记为已删除。该列占用 6 字节的存储空间。

（2）DB_ROLL_PTR：前面讲过，在事务修改记录之前，会把该记录的原值先保存起来，保存的介质就是 undo 日志。DB_ROLL_PTR 列的作用就是指向 undo 日志中该记录被更新前的信息，可以通过它找到该记录被修改前的信息。该列占用 7 字节的存储空间。

新建数据库 chapter15，在其中创建表 student，并向表中插入一条记录，如下所示。

```
mysql> CREATE DATABASE chapter15;
Query OK, 1 row affected (0.01 sec)

mysql> USE chapter15;
Database changed
mysql> CREATE TABLE `student` (
    `id` INT,
    `name` VARCHAR(20),
    PRIMARY KEY (`id`)
) ENGINE=InnoDB CHARSET=utf8;
Query OK, 0 rows affected, 1 warning (0.02 sec)
mysql> BEGIN;
Query OK, 0 rows affected (0.00 sec)

mysql> INSERT INTO student VALUES (1, '张三');
Query OK, 1 row affected (0.01 sec)
#查看当前事务 ID, 为 1082623
mysql> SELECT * FROM information_schema.INNODB_TRX\G;
*************************** 1. row ***************************
                    trx_id: 1082623
                 trx_state: RUNNING
               trx_started: 2022-10-28 10:52:01
     trx_requested_lock_id: NULL
         trx_wait_started: NULL
                 trx_weight: 2
        trx_mysql_thread_id: 365
                 trx_query: SELECT * FROM information_schema.INNODB_TRX
        trx_operation_state: NULL
          trx_tables_in_use: 0
          trx_tables_locked: 1
           trx_lock_structs: 1
      trx_lock_memory_bytes: 1136
            trx_rows_locked: 0
          trx_rows_modified: 1
    trx_concurrency_tickets: 0
        trx_isolation_level: REPEATABLE READ
          trx_unique_checks: 1
     trx_foreign_key_checks: 1
 trx_last_foreign_key_error: NULL
  trx_adaptive_hash_latched: 0
  trx_adaptive_hash_timeout: 0
           trx_is_read_only: 0
 trx_autocommit_non_locking: 0
        trx_schedule_weight: NULL
1 row in set (0.00 sec)
mysql> COMMIT;
Query OK, 0 rows affected (0.00 sec)
#当前已经没有活跃事务
mysql> SELECT * FROM information_schema.INNODB_TRX\G;
Empty set (0.00 sec)
mysql> SELECT * FROM student;
```

```
+----+--------+
| id | name   |
+----+--------+
| 1  | 张三   |
+----+--------+
1 row in set (0.00 sec)
```

INSERT 类型的 undo 日志只有在事务回滚的时候才有用，因此，在提交事务后，INSERT 类型的 undo 日志就可以被删除了。在提交事务前，插入该记录的事务 ID 为 1082623（上述语句执行结果中的加粗部分）。假设此时 undo 日志的地址为 0x001，那么 DB_ROLL_PTR 列的值也是 0x001。INSERT 类型的 undo 日志结构如图 15-1 所示。

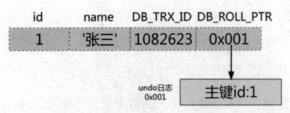

图 15-1 INSERT 类型的 undo 日志结构

在提交事务后，INSERT 类型的 undo 日志被删除，此时 DB_ROLL_PTR 列的值为 NULL，如图 15-2 所示。

id	name	DB_TRX_ID	DB_ROLL_PTR
1	'张三'	1082623	NULL

图 15-2 INSERT 类型的 undo 日志被删除后的记录信息

后续开启两个事务，对 id=1 的记录执行 UPDATE 操作。

第一个事务执行 UPDATE 操作，将 name 字段的值更新为"李四"，执行流程如下所示。从结果中可以看到，其事务 ID 为 1082624（加粗部分）。

```
mysql> BEGIN;
Query OK, 0 rows affected (0.00 sec)

mysql> UPDATE student SET name="李四" WHERE id=1;
Query OK, 1 row affected (0.00 sec)
Rows matched: 1  Changed: 1  Warnings: 0

mysql> SELECT * FROM information_schema.INNODB_TRX\G;
*************************** 1. row ***************************
                    trx_id: 1082624
                 trx_state: RUNNING
               trx_started: 2022-10-28 11:25:45
     trx_requested_lock_id: NULL
           trx_wait_started: NULL
                 trx_weight: 4
        trx_mysql_thread_id: 365
                  trx_query: SELECT * FROM information_schema.INNODB_TRX
        trx_operation_state: NULL
          trx_tables_in_use: 0
          trx_tables_locked: 1
          trx_lock_structs: 2
     trx_lock_memory_bytes: 1136
```

```
            trx_rows_locked: 1
          trx_rows_modified: 2
    trx_concurrency_tickets: 0
        trx_isolation_level: REPEATABLE READ
          trx_unique_checks: 1
     trx_foreign_key_checks: 1
 trx_last_foreign_key_error: NULL
  trx_adaptive_hash_latched: 0
  trx_adaptive_hash_timeout: 0
            trx_is_read_only: 0
trx_autocommit_non_locking: 0
        trx_schedule_weight: NULL
1 row in set (0.00 sec)

mysql> COMMIT;
Query OK, 0 rows affected (0.01 sec)
```

第二个事务执行 UPDATE 操作，将 name 字段的值更新为"王五"，执行流程如下所示。从结果中可以看到，其事务 ID 为 1082626（加粗部分）。

```
mysql> BEGIN;
Query OK, 0 rows affected (0.00 sec)

mysql> UPDATE student SET name="王五" WHERE id=1;
Query OK, 1 row affected (0.00 sec)
Rows matched: 1  Changed: 1  Warnings: 0

mysql>  SELECT * FROM information_schema.INNODB_TRX\G;
*************************** 1. row ***************************
                     trx_id: 1082626
                  trx_state: RUNNING
                trx_started: 2022-10-28 11:33:34
      trx_requested_lock_id: NULL
           trx_wait_started: NULL
                 trx_weight: 4
        trx_mysql_thread_id: 365
                  trx_query: SELECT * FROM information_schema.INNODB_TRX
        trx_operation_state: NULL
          trx_tables_in_use: 0
          trx_tables_locked: 1
           trx_lock_structs: 2
      trx_lock_memory_bytes: 1136
            trx_rows_locked: 1
          trx_rows_modified: 2
    trx_concurrency_tickets: 0
        trx_isolation_level: REPEATABLE READ
          trx_unique_checks: 1
     trx_foreign_key_checks: 1
 trx_last_foreign_key_error: NULL
  trx_adaptive_hash_latched: 0
  trx_adaptive_hash_timeout: 0
            trx_is_read_only: 0
trx_autocommit_non_locking: 0
```

```
      trx_schedule_weight: NULL
1 row in set (0.00 sec)

mysql> COMMIT;
Query OK, 0 rows affected (0.01 sec)
```

每次对记录进行修改，都会将记录被修改之前的数据记录到 undo 日志中。每条 undo 日志中都包含 DB_TRX_ID 和 DB_ROLL_PTR 列，用于将这些 undo 日志连接起来，构成一个链表结构，称之为版本链，版本链中的头节点就是当前记录的最新数据。

首先，事务 ID 为 1082624 的事务将 name 字段的值修改为"李四"，这时 undo 日志就会记录 name 字段的值为"张三"的数据。假设这条 undo 日志的地址为 0x002，其结构如图 15-3 所示。

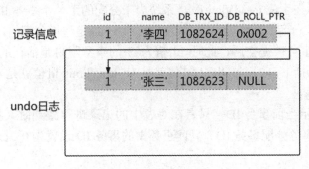

图 15-3　UPDATE 类型的 undo 日志结构（1）

其次，事务 ID 为 1082626 的事务将 name 字段的值修改为"王五"，这时 undo 日志就会记录 name 字段的值为"李四"的数据。假设这条 undo 日志的地址为 0x003，其结构如图 15-4 所示。

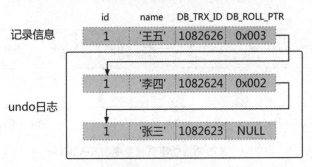

图 15-4　UPDATE 类型的 undo 日志结构（2）

15.3　ReadView

15.3.1　什么是 ReadView

前面讲过，在 MVCC 机制中，多个事务更新同一条记录会产生多个历史快照，这些历史快照被保存在 undo 日志里。一个事务想要查询这条记录，需要读取哪个版本的数据呢？这时需要用到读视图（ReadView）。ReadView 就是事务在使用 MVCC 机制进行快照读时产生的读视图。在开启一个事务时，会生成当前数据库系统的一个快照，用于保存数据库某个时刻的信息。ReadView 会根据事务的隔离级别决定开启某个事务时，该事务能看到什么信息。也就是说，通过 ReadView，事务可以知道此时此刻能看到哪个版本的数据（有可能不是最新版本的数据，也有可能是最新版本的数据）。

15.3.2　ReadView 的设计思路

对于使用 READ UNCOMMITTED 隔离级别的事务来说，每次查询都可以查到其他事务正在更改的最新记录，因此不需要读取版本链中的其他数据。

对于使用 SERIALIZABLE 隔离级别的事务来说，InnoDB 存储引擎规定使用串行方式访问记录，它强制事务排序，事务之间不可能产生冲突。

对于使用 READ COMMITTED 和 REPEATABLE READ 隔离级别的事务来说，都要保证必须读取已经提交的事务修改过的记录。也就是说，假如另一个事务已经修改了记录，但是尚未提交，是不能直接读取未提交事务更新的记录的。因此，ReadView 主要适用于 READ COMMITTED 和 REPEATABLE READ 隔离级别下的事务。

ReadView 中包含 4 项比较重要的内容。

（1）trx_ids：表示在生成 ReadView 时，当前系统中处于活跃状态的读/写事务的事务 ID 集合。

（2）low_limit_id：表示在生成 ReadView 时，系统尚未分配的下一个事务 ID。

（3）up_limit_id：表示处于活跃状态的最小事务 ID。事务 ID 是递增分配的，例如，现在有 id 值为 1、2、3 的三个事务，id=3 的事务被提交后，此时 id 值为 3 的事务不再是活跃的，一个新的读事务在生成 ReadView 时，trx_ids 集合包括 1 和 2，up_limit_id 值就是 1，low_limit_id 值就是 4（因为系统尚未分配的下一个事务 ID 应该是 4）。

（4）creator_trx_id：表示当前事务 ID。只有在对表中的记录进行改动时（执行 INSERT、DELETE、UPDATE 语句时），才会为事务分配事务 ID。只读事务中的事务 ID 设置为 0，creator_trx_id 值不在 trx_ids 集合中。

图 15-5 所示为某时刻数据库系统生成的 ReadView。此时数据库系统中处于活跃状态的事务 ID 有 4 个，分别是 trx2、trx3、trx5 和 trx8。那么，此时 trx_ids 集合就是 {trx2,trx3,trx5,trx8}。系统尚未分配的下一个事务 ID（low_limit_id）为 trx8+1（如果没有其他新增事务），处于活跃状态的最小事务 ID（up_limit_id）为 trx2。

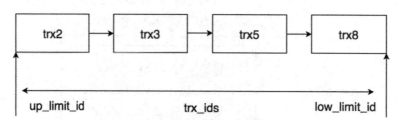

图 15-5　某时刻数据库系统生成的 ReadView

15.3.3　ReadView 规则

有了 ReadView，就可以在访问某条记录时，按照下面的规则判断被访问记录的某个版本（版本链中的某个节点）是否对当前事务可见，判断流程如图 15-6 所示。

（1）如果被访问记录的某个版本的事务 ID 小于 up_limit_id 值，则意味着写入这个版本记录中的事务已经被提交，这个版本的记录对当前事务可见。

（2）如果被访问记录的某个版本的事务 ID 等于 creator_trx_id 值，则意味着当前事务在访问本事务修改过的记录，因此该版本的记录可以被当前事务访问。例如，执行如下 SQL 语句，在一个事务中两次查询同一条记录，查询结果是不一样的。

```
mysql> BEGIN;
Query OK, 0 rows affected (0.00 sec)
mysql> SELECT * FROM student;
+----+--------+
| id | name   |
+----+--------+
|  1 | 张三   |
```

```
+----+--------+
1 row in set (0.00 sec)

mysql> UPDATE student SET name="李四" WHERE id=1;
Query OK, 1 row affected (0.00 sec)
Rows matched: 1  Changed: 1  Warnings: 0

mysql> SELECT * FROM student;
+----+--------+
| id | name   |
+----+--------+
|  1 |李四    |
+----+--------+
1 row in set (0.00 sec)
```

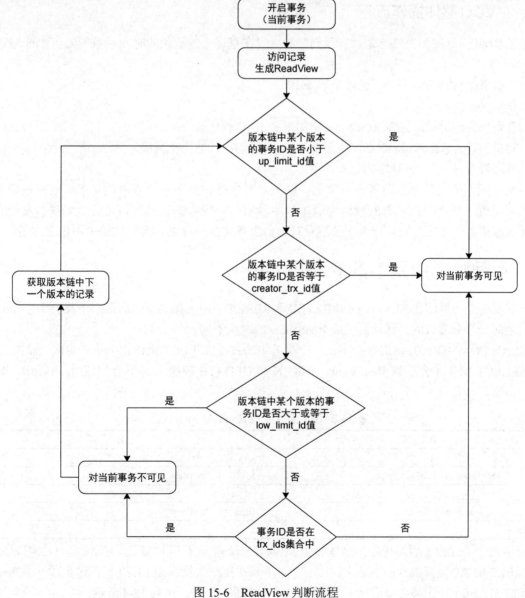

图 15-6　ReadView 判断流程

（3）如果被访问记录的某个版本的事务 ID 大于或等于 low_limit_id 值，则意味着这个事务是在

ReadView 创建完成后才开始执行的，因此该版本的记录不可以被当前事务访问，需要从 undo 日志中获取版本链中下一个版本的记录，依次类推，直到找到最后一个版本的记录。如果最后一个版本的记录也对当前事务不可见，则意味着这条记录对当前事务完全不可见，查询结果中不包含这条记录。

例如，在上面的事务之后再开启一个事务，同样修改 id=1 的记录，此时的事务 ID 大于或等于前面事务中的 low_limit_id 值（是否等于取决于是否还有其他事务），上面的事务是无法访问后面开启的事务修改过的记录的。

（4）如果被访问记录的某个版本的事务 ID 介于 up_limit_id 值和 low_limit_id 值之间，则需要判断事务 ID 是否在 trx_ids 集合中。如果在，则说明创建 ReadView 时生成该版本的事务还是活跃的（未被提交），该版本的记录不可以被当前事务访问，获取版本链中下一个版本的记录；如果不在，则说明创建 ReadView 时生成该版本的事务已经被提交，该版本的记录可以被当前事务访问。

通过上面的讲解，我们可以发现，MVCC 是通过 undo 日志和 ReadView 来读取记录的，undo 日志中保存了历史版本的记录，根据 ReadView 规则判断版本链中某个版本的记录是否对当前事务可见。

15.3.4　MVCC 整体操作流程

了解了 ReadView 的相关概念之后，我们来看一下在查询一条记录的时候，系统如何通过 MVCC 找到这条记录。

（1）获取事务自己的版本号，也就是事务 ID。

（2）获取 ReadView。

（3）查询得到的记录，并与 ReadView 中的事务 ID 进行比较。

（4）如果不符合 ReadView 规则，就需要从 undo 日志中获取历史快照。

（5）返回符合 ReadView 规则的记录。

如果某个版本的记录对当前事务不可见，就顺着版本链找到下一个版本的记录，继续按照上面的步骤判断其可见性，依次类推，直到判断完版本链中最后一个版本的记录的可见性。如果最后一个版本的记录也对当前事务不可见，则意味着这条记录对当前事务完全不可见，查询结果中不包含这条记录。

15.4　不同隔离级别下的 ReadView

需要注意的是，虽然在 READ COMMITTED 和 REPEATABLE READ 隔离级别下都会生成 ReadView，但是它们之间一个非常大的区别就是生成 ReadView 的时机不同。

在 READ COMMITTED 隔离级别下，一个事务中的每次 SELECT 操作都会重新生成一个 ReadView，也只有 SELECT 操作才会获取 ReadView，BEGIN 和 UPDATE 等操作都不会生成 ReadView，如表 15-3 所示。

表 15-3　读已提交生成 ReadView 的时机

事　务	说　明
BEGIN;	
SELECT * FROM student WHERE id >2;	生成一个 ReadView
...	
SELECT * FROM student WHERE id >2;	生成一个 ReadView
COMMIT;	

前面讲过，在 REPEATABLE READ 隔离级别下无法避免不可重复读，原因是什么呢？对于使用 REPEATABLE READ 隔离级别的事务来说，一个事务只在第一次执行 SELECT 操作时生成一个 ReadView，后续所有的 SELECT 操作都会复用这个 ReadView，不再重新生成，如表 15-4 所示。

表 15-4　可重复读生成 ReadView 的时机

事　务	说　明
BEGIN;	
SELECT * FROM student WHERE id >2;	生成一个 ReadView
...	
SELECT * FROM student WHERE id >2;	复用前面生成的 ReadView
COMMIT;	

下面举例说明它们的区别。仍然以表 student 为例，表中只有一条由事务 ID 为 1082623 的事务插入的记录，如下所示。

```
mysql> SELECT * FROM student;
+----+--------+
| id | name   |
+----+--------+
|  1 | 张三   |
+----+--------+
1 row in set (0.00 sec)
```

15.4.1　READ COMMITTED 隔离级别下的 ReadView

现在有两个事务更新表 student 中 id=1 的记录，它们的事务 ID 分别为 1082624 和 1082626，执行流程如下所示，即使事务未被提交，也会生成版本链。

```
#事务 ID 为 1082624
mysql> BEGIN;
Query OK, 0 rows affected (0.00 sec)

mysql> UPDATE student SET name="李四" WHERE id=1;
Query OK, 1 row affected (0.00 sec)
Rows matched: 1  Changed: 1  Warnings: 0

#事务 ID 为 1082626
mysql> BEGIN;
Query OK, 0 rows affected (0.00 sec)

mysql> UPDATE student SET name="王五" WHERE id=1;
Query OK, 1 row affected (0.00 sec)
Rows matched: 1  Changed: 1  Warnings: 0
```

现在有一个使用 READ COMMITTED 隔离级别的事务开始执行，如下所示。

```
#使用 READ COMMITTED 隔离级别的事务
mysql> BEGIN;
#T1 时刻:事务 ID 为 1082624 和 1082626 的事务均未被提交
mysql> SELECT * FROM student WHERE id = 1;
```

假设在 T1 时刻，事务 ID 为 1082624 和 1082626 的事务均未被提交，则查询流程如下。

（1）在执行 SELECT 操作时会生成一个 ReadView，trx_ids 集合的内容是{1082624,1082626}，up_limit_id 值为 1082624，low_limit_id 值为 1082627，creator_trx_id 值为 0。

（2）从版本链中挑选可见的记录。从图 15-4 中可以看出，最新版本的 name 字段的值为"王五"，该版本的 DB_TRX_ID 值为 1082626，在 trx_ids 集合内，因此这个版本是不符合可见性要求的，根据 DB_ROLL_PTR 值跳到下一个版本。

（3）下一个版本的 name 字段的值"李四"，该版本的 DB_TRX_ID 值为 1082624，也在 trx_ids 集合内,所以也不符合可见性要求,继续跳到下一个版本。

(4)下一个版本的 name 字段的值为"张三",该版本的 DB_TRX_ID 值为 1082623,小于 ReadView 中的 up_limit_id 值 1082624,因此这个版本是符合可见性要求的,最后返回给用户的就是这条 name 字段的值为"张三"的记录。

提交事务 ID 为 1082624 的事务,如下所示。

```
#事务 ID 为 1082624
mysql> BEGIN;
Query OK, 0 rows affected (0.00 sec)

mysql> UPDATE student SET name="李四" WHERE id=1;
Query OK, 1 row affected (0.00 sec)
Rows matched: 1  Changed: 1  Warnings: 0

mysql> COMMIT;
```

到刚才使用 READ COMMITTED 隔离级别的事务中继续查询这条 id=1 的记录,如下所示。

```
#使用 READ COMMITTED 隔离级别的事务
BEGIN;

#T1 时刻:事务 ID 为 1082624 和 1082626 的事务均未被提交
mysql> SELECT * FROM student WHERE id = 1; #得到的 name 字段的值为"张三"
+----+--------+
| id | name   |
+----+--------+
|  1 | 张三   |
+----+--------+
1 row in set (0.00 sec)

#T2 时刻:事务 ID 为 1082624 的事务已被提交,事务 ID 为 1082626 的事务未被提交
mysql> SELECT * FROM student WHERE id = 1; #得到的 name 字段的值为"李四"
+----+--------+
| id | name   |
+----+--------+
|  1 | 李四   |
+----+--------+
1 row in set (0.00 sec)
```

假设在 T2 时刻,事务 ID 为 1082624 的事务已被提交,事务 ID 为 1082626 的事务未被提交,则查询流程如下。

(1)在 READ COMMITTED 隔离级别下,在执行 SELECT 操作时会重新生成一个 ReadView。因为事务 ID 为 1082624 的事务已被提交,所以再次生成 ReadView 时,trx_ids 集合的内容是{1082626},up_limit_id 值为 1082626,low_limit_id 值为 1082627,creator_trx_id 值为 0。

(2)从版本链中挑选可见的记录。从图 15-4 中可以看出,最新版本的 name 字段的值为"王五",该版本的 DB_TRX_ID 值为 1082626,在 trx_ids 集合内,因此这个版本是不符合可见性要求的,根据 DB_ROLL_PTR 值跳到下一个版本。

(3)下一个版本的 name 字段的值为"李四",该版本的 DB_TRX_ID 值为 1082624,小于 ReadView 中的 up_limit_id 值 1082626,因此这个版本是符合可见性要求的,最后返回给用户的就是这条 name 字段的值为"李四"的记录。

如果我们也提交了事务 ID 为 1082626 的记录,那么,再到刚才使用 READ COMMITTED 隔离级别的

事务中继续查询这条 id=1 的记录，得到的结果就是"王五"，各位读者可以自行分析。

从上面的分析中可以看出，在同一个事务中，有可能出现两次读取结果不一致的情况，这也是 READ COMMITTED 隔离级别下的事务无法避免不可重复读的原因所在。

15.4.2　REPEATABLE READ 隔离级别下的 ReadView

我们再来看一下 REPEATABLE READ 隔离级别下的效果。两个事务都未被提交，执行流程如下所示。

```
#事务 ID 为 1082624
mysql> BEGIN;
Query OK, 0 rows affected (0.00 sec)

mysql> UPDATE student SET name="李四" WHERE id=1;
Query OK, 1 row affected (0.00 sec)
Rows matched: 1  Changed: 1  Warnings: 0

#事务 ID 为 1082626
mysql> BEGIN;
Query OK, 0 rows affected (0.00 sec)

mysql> UPDATE student SET name="王五" WHERE id=1;
Query OK, 1 row affected (0.00 sec)
Rows matched: 1  Changed: 1  Warnings: 0
```

假设现在有一个使用 REPEATABLE READ 隔离级别的事务开始执行，事务 ID 为 1082624 和 1082626 的事务均未被提交。

```
#使用 REPEATABLE READ 隔离级别的事务
mysql> BEGIN;

#T1 时刻:事务 ID 为 1082624 和 1082626 的事务均未被提交
mysql> SELECT * FROM student WHERE id = 1; #得到的 name 字段的值为"张三"
+----+--------+
| id | name   |
+----+--------+
|  1 | 张三   |
+----+--------+
1 row in set (0.00 sec)
```

假设在 T1 时刻，事务 ID 为 1082624 和 1082626 的事务均未被提交，查询流程如下。

（1）在执行 SELECT 操作时会生成一个 ReadView，trx_ids 集合的内容是{1082624,1082626}，up_limit_id 值为 1082624，low_limit_id 值为 1082627，creator_trx_id 值为 0。

（2）从版本链中挑选可见的记录。从图 15-4 中可以看出，最新版本的 name 字段的值为"王五"，该版本的 DB_TRX_ID 值为 1082626，在 trx_ids 集合内，因此这个版本是不符合可见性要求的，根据 DB_ROLL_PTR 值跳到下一个版本。

（3）下一个版本的 name 字段的值为"李四"，该版本的 DB_TRX_ID 值为 1082624，也在 trx_ids 集合内，因此这个版本也是不符合可见性要求的，继续跳到下一个版本。

（4）下一个版本的 name 字段的值为"张三"，该版本的 DB_TRX_ID 值为 1082623，小于 ReadView 中的 up_limit_id 值 1082624，因此这个版本是符合可见性要求的，最后返回给用户的就是这条 name 字段的值为"张三"的记录。

提交事务 ID 为 1082624 的事务，如下所示。

```
#事务 ID 为 1082624
mysql> BEGIN;
Query OK, 0 rows affected (0.00 sec)

mysql> UPDATE student SET name="李四" WHERE id=1;
Query OK, 1 row affected (0.00 sec)
Rows matched: 1  Changed: 1  Warnings: 0

mysql> COMMIT;
```

到刚才使用 REPEATABLE READ 隔离级别的事务中继续查询这条 id=1 的记录，如下所示。

```
#使用 REPEATABLE READ 隔离级别的事务
mysql> BEGIN;

#T1 时刻:事务 ID 为 1082624 和 1082626 的事务均未被提交
mysql> SELECT * FROM student WHERE id = 1;  #得到的 name 字段的值为"张三"
+----+--------+
| id | name   |
+----+--------+
|  1 | 张三   |
+----+--------+
1 row in set (0.00 sec)

#T2 时刻:事务 ID 为 1082624 的事务已被提交，事务 ID 为 1082626 的事务未被提交
mysql> SELECT * FROM student WHERE id = 1;  #得到的 name 字段的值仍为"张三"
+----+--------+
| id | name   |
+----+--------+
|  1 | 张三   |
+----+--------+
1 row in set (0.00 sec)
```

假设在 T2 时刻，事务 ID 为 1082624 的事务已被提交，事务 ID 为 1082626 的事务未被提交，查询流程如下。

（1）因为当前事务的隔离级别为 REPEATABLE READ，T1 时刻在执行 SELECT 操作时已经生成了 ReadView，所以 T2 时刻直接复用前面生成的 ReadView，trx_ids 集合的内容是{1082624,1082626}，up_limit_id 值为 1082624，low_limit_id 值为 1082627，creator_trx_id 值为 0。

（2）从版本链中挑选可见的记录。从图 15-4 中可以看出，最新版本的 name 字段的值为"王五"，该版本的 DB_TRX_ID 值为 1082626，在 trx_ids 集合内，因此这个版本是不符合可见性要求的，根据 DB_ROLL_PTR 值跳到下一个版本。

（3）下一个版本的 name 字段的值为"李四"，该版本的 DB_TRX_ID 值为 1082624，也在 trx_ids 集合内，因此这个版本也是不符合可见性要求的，继续跳到下一个版本。

（4）下一个版本的 name 字段的值为"张三"，该版本的 DB_TRX_ID 值为 1082623，小于 ReadView 中的 up_limit_id 值 1082624，因此这个版本是符合可见性要求的，最后返回给用户的就是这条 name 字段的值为"张三"的记录。

也就是说，两次查询得到的结果是相同的，记录的 name 字段的值都是"张三"，这就是可重复读的含义。如果我们也提交了事务 ID 为 1082626 的事务，那么，再到刚才使用 REPEATABLE READ 隔离级别的事务中继续查询这条 id=1 的记录，得到的结果还是"张三"，各位读者可以自行分析。

15.5　小结

本章主要介绍了 MVCC 机制，它的本质就是在 READ COMMITTD 和 REPEATABLE READ 隔离级别下，事务在执行查询操作时访问记录的版本链的过程。MVCC 可以让读、写操作互不阻塞，这样就可以提升事务的并发处理能力，其核心点在于 ReadView 的生成原理。在 READ COMMITTD 和 REPEATABLE READ 隔离级别下生成 ReadView 的时机不同。在 READ COMMITTD 隔离级别下，一个事务中的每次 SELECT 操作都会重新生成一个 ReadView；而在 REPEATABLE READ 隔离级别下，一个事务只在第一次执行 SELECT 操作时生成一个 ReadView，后续所有的 SELECT 操作都会复用这个 ReadView，不再重新生成。

通过 MVCC 可以降低死锁的概率，这是因为 MVCC 采用了乐观锁的方式，在读取数据时并不需要加锁，对于写操作，也只锁定必要的行。另外，通过 MVCC 也可以解决快照读的问题，这是因为当查询数据库在某个时间点的快照时，只能看到这个时间点以前事务提交的更新结果，而不能看到这个时间点以后事务提交的更新结果。

第16章

其他数据库日志

我们在讲解数据库事务日志时，讲过两种日志，分别是 redo 日志和 undo 日志，可以帮助记录数据的变更信息及进行事务回滚。但是，对于线上数据库应用系统，突然遭遇数据库宕机这种情况，该如何定位问题呢？线上某个业务系统的执行非常耗时，又该如何定位问题呢？大家知道，在开发过程中，定位问题非常依赖日志。作为一个非常成熟的数据库管理系统，MySQL 也有对应的日志供我们使用。

例如，定位宕机，可以查看数据库的错误日志，因为错误日志中记录了数据库运行过程中的诊断信息，包括错误、警告和注释等信息。又如，从日志中发现某个连接中的 SQL 操作发生了死循环，导致内存不足，被系统强行终止。

除了定位问题，日志在数据复制、数据恢复、操作审计，以及确保数据的永久性和一致性等方面都有着不可替代的作用。

很多看似奇怪的问题，答案往往就藏在日志里。在很多情况下，只有通过查看日志才能发现问题的原因，从而真正解决问题。因此，大家一定要学会查看日志，并养成检查日志的习惯，这对于提升自己的数据库应用开发能力至关重要。本章将介绍 MySQL 支持的日志。

16.1 MySQL 支持的日志

MySQL 支持不同类型的日志，包括通用查询日志（General Query Log）、错误日志（Error Log）、二进制日志（Binary Log）、中继日志（Relay Log）、数据定义语句日志（DDL Log）和慢查询日志（参见 8.4 节，本章不再赘述）。通过这些日志，我们可以查看 MySQL 内部究竟发生了什么。

在默认情况下，所有日志都创建于 MySQL 的数据目录中。

日志功能会降低 MySQL 的性能，例如，日志文件都会占用大量的存储空间。对于用户量非常大、操作非常频繁的数据库来说，日志文件占用的存储空间比数据库文件占用的存储空间还要大，因而会对系统的 I/O 性能产生较大影响。

慢查询日志功能对系统 I/O 性能的整体影响没有二进制日志功能对系统 I/O 性能的整体影响那么大，毕竟慢查询日志中的数据量比较小，带来的 I/O 损耗也比较小。但是，系统在记录日志的时候，需要计算每条查询语句的执行时间，肯定会存在资源（主要是 CPU 方面）的损耗。系统在 CPU 资源足够丰富的时候，可以不必在乎这一点损耗，毕竟可能会带来更大空间的性能优化。但是，在 CPU 资源比较紧张的时候，完全可以在大多数时候关闭日志功能，只需间断性地打开慢查询日志功能来定位可能存在的慢查询即可。

16.2 通用查询日志

通用查询日志用来记录用户的所有操作，包括启动和关闭 MySQL 服务、所有用户的连接开始时间和终止时间、发送给 MySQL 服务器的所有指令等。当数据发生异常时，查看通用查询日志，还原操作时的具体场景，可以帮助我们准确地定位问题。

通用查询日志和慢查询日志可以选择保存在文件或表中，通过--log-output=[value,…]选项来指定，value 值可以设置为 table、file、none 中的一个或多个选项组合，各选项之间用逗号分隔。当多个选项组合的时候，none 的优先级最高。默认值为 file，即保存在文件中。

- table：表示日志内容保存在表中，表名为 mysql.general_log 或 mysql.slow_log。
- file：表示日志内容保存在文件中。
- none：表示不保存日志文件。

在我们以往的工作中，出现过一个有趣的问题。在电商系统中，购买商品并且使用微信支付完成后，发现支付中心（用于记录支付信息）的记录并没有新增，此时用户再次使用支付宝支付，就会出现重复支付的问题。但是，查看数据库，就会发现只有一条记录存在。此时的问题就是用户支付了两次，但是数据库中只有一条支付记录。

我们对系统进行仔细检查后，没有发现数据问题，但是用户确实支付了两次。这时候，可以检查通用查询日志，查看当天到底发生了什么。

查看后，我们发现 1 月 1 日下午 2:00，用户使用微信支付完成后，由于网络故障，支付中心没有及时收到微信支付的回调通知，导致当时没有写入数据。1 月 1 日下午 2:30，用户又使用支付宝支付，此时记录被更新到支付中心。1 月 1 日下午 3:00，支付中心收到微信支付的回调通知，但此时支付中心已经存在支付宝的支付记录，因而只能覆盖记录，最终导致重复支付。

可以看到，通用查询日志可以帮助我们了解操作发生的具体时间和操作细节，对找出异常发生的原因极其关键。

可以使用如下语句查看通用查询日志功能是否开启，以及通用查询日志文件的存储路径。

```
mysql> SHOW VARIABLES LIKE '%general%';
+------------------+------------------------------+
| Variable_name    | Value                        |
+------------------+------------------------------+
| general_log      | OFF                          |
| general_log_file | /var/lib/mysql/atguigu01.log |
+------------------+------------------------------+
2 rows in set (0.03 sec)
```

可以看到，此时系统变量 general_log 的值是 OFF，表示通用查询日志功能处于关闭状态。在 MySQL 中，这个变量的默认值是 OFF。因为一旦开启通用查询日志功能，MySQL 就会记录所有用户的连接起止时间和相关的 SQL 操作，这样会非常消耗系统资源，并且占用大量的存储空间。我们可以通过手动修改系统变量 general_log 的值，在需要的时候开启通用查询日志功能。

通用查询日志文件名是 atguigu01.log，存储路径是/var/lib/mysql/，该路径默认也是数据存储路径，这样我们就知道在哪里可以查看通用查询日志的内容了。

16.2.1 开启/关闭通用查询日志功能

开启/关闭通用查询日志功能的方式有两种，分别是永久性方式和临时性方式。

1. 永久性方式

可以通过修改 my.cnf 或 my.ini 配置文件来永久性设置通用查询日志功能的开启/关闭状态，即在[mysqld]组下加入日志选项，并重启 MySQL 服务。永久性开启通用查询日志功能的配置如下所示。

```
[mysqld]
general_log=ON
general_log_file=[path[filename]]  #path 为日志文件所在目录，filename 为日志文件名
```

如果不指定目录和文件名，那么通用查询日志将被默认存储在 MySQL 数据目录下的 hostname.log 文件

中，hostname 表示主机名。这种方式虽然是永久性的修改，但是需要重启 MySQL 服务，使用也不够灵活。

对应地，永久性关闭通用查询日志功能的配置如下所示。

```
[mysqld]
general_log=OFF
```

2. 临时性方式

通用查询日志功能的开启、输出方式的修改都可以在 GLOBAL 级别动态进行，服务器重启后失效，恢复默认值。临时性开启通用查询日志功能的 SQL 语句如下所示。

```
mysql> SET GLOBAL general_log=on;                        #on 表示开启通用查询日志功能
mysql> SET GLOBAL general_log_file='path/filename';      #设置日志文件存放位置
```

对应地，临时性关闭通用查询日志功能的 SQL 语句如下所示。

```
mysql> SET GLOBAL general_log=off;                       #off 表示关闭通用查询日志功能
```

16.2.2 查看通用查询日志

通用查询日志是以文本文件的形式存储在文件系统中的，可以使用文本编辑器直接打开日志文件。每台 MySQL 服务器中的通用查询日志内容是不同的。在不同的操作系统中，可以使用不同的工具查看通用查询日志的内容。

- 在 Windows 操作系统中，可以使用文本文件查看器查看通用查询日志的内容。
- 在 Linux 操作系统中，可以使用 vi 或 gedit 等工具查看通用查询日志的内容。
- 在 Mac 操作系统中，可以使用文本文件查看器或 vi 等工具查看通用查询日志的内容。

下面是一部分通用查询日志的内容，据此可以了解用户执行的操作。在通用查询日志中，我们可以清楚地看到什么时候开启了新的客户端登录数据库、用户登录服务器后执行了哪些 SQL 操作、操作针对的是哪张表等信息。例如，用户于 2022-01-04T07:48:21 连接了 MySQL 服务器，随后执行了 SHOW FULL TABLES WHERE Table_Type != 'VIEW'语句。

```
/usr/sbin/mysqld, Version: 8.0.25 (MySQL Community Server - GPL). started with:
Tcp port: 3306  Unix socket: /var/lib/mysql/mysql.sock
Time                          Id Command   Argument
2022-01-04T07:48:21.384886Z   12 Connect   root@172.16.210.1 on  using TCP/IP
2022-01-04T07:48:21.385253Z   12 Query     SET NAMES utf8
2022-01-04T07:48:21.385640Z   12 Query     USE `chapter1`
2022-01-04T07:48:21.386179Z   12 Query     SHOW FULL TABLES WHERE Table_Type != 'VIEW'
2022-01-04T07:48:23.901778Z   13 Connect   root@172.16.210.1 on  using TCP/IP
2022-01-04T07:48:23.902128Z   13 Query     SET NAMES utf8
2022-01-04T07:48:23.905179Z   13 Query     USE `chapter1`
2022-01-04T07:48:23.905825Z   13 Query     SHOW FULL TABLES WHERE Table_Type != 'VIEW'
2022-01-04T07:48:32.163833Z   14 Connect   root@172.16.210.1 on  using TCP/IP
2022-01-04T07:48:32.164451Z   14 Query     SET NAMES utf8
2022-01-04T07:48:32.164840Z   14 Query     USE `chapter1`
2022-01-04T07:48:40.006687Z   14 Query     SELECT * FROM test1
```

16.2.3 删除（刷新）通用查询日志

如果数据的使用非常频繁，那么通用查询日志会占用非常大的存储空间。数据库管理员可以删除以前产生的通用查询日志，以保证 MySQL 服务器上的存储空间。首先进入通用查询日志文件所在目录，然后在该目录下使用 rm 命令删除通用查询日志。

使用如下命令重新生成通用查询日志。查看通用查询日志文件所在目录，发现创建了新的通用查询日志文件。执行这个操作的前提是一定要开启通用查询日志功能。

```
mysql> FLUSH GENERAL LOGS;
```

　　或者使用 mysqladmin 命令刷新日志，如下所示。

```
[root@atguigu01~]# mysqladmin -uroot -p flush-logs
```

　　如果希望备份旧的通用查询日志，就必须先将旧的日志文件复制一份或重命名，然后执行 mysqladmin 命令，执行流程如下。

　　（1）进入通用查询日志文件所在目录，如下所示。其中，mysql-data-directory 表示日志文件所在目录。

```
[root@atguigu01~]# cd mysql-data-directory
```

　　（2）修改旧日志文件名，如下所示。

```
[root@atguigu01 mysql]# mv mysql.general.log mysql.general.log.old
```

　　（3）刷新日志，如下所示。

```
[root@atguigu01~]# mysqladmin -u root -p flush-logs
```

16.3　错误日志

　　错误日志记录了 mysqld 启动和关闭的时间，其中还包含诊断信息，例如，在服务器启动、运行、关闭期间发生的错误、警告和注释。如果 mysqld 发现一张表需要自动检查或修复，那么它会在错误日志中写入一条信息。

16.3.1　开启错误日志功能

　　在 MySQL 中，错误日志功能是默认开启的，而且无法被禁止。在默认情况下，错误日志文件被存储在 MySQL 的/var/log/目录下，日志文件名为 mysqld.log。我们可以通过--log-error 选项设置错误日志文件名及其存储路径。

　　（1）如果没有配置--log-error 选项，则默认输出在控制台。如果默认错误日志的输出目标是控制台，那么服务器将 log_error 系统变量的值自动设置为 stderr。

　　（2）如果指定了--log-error=[filename]选项而未给定 filename 值，那么错误日志文件名为 host_name.err，存储路径是 MySQL 的数据目录。

　　（3）如果需要指定错误日志文件名，则需要在 my.cnf 或 my.ini 配置文件中进行如下配置。

```
[mysqld]
log_error=[path/[filename]]    #path 为日志文件所在目录，filename 为日志文件名
```

　　修改配置项后，需要重启 MySQL 服务才能生效。

16.3.2　查看错误日志

　　错误日志默认是以文本文件的形式存储在文件系统中的，可以使用文本编辑器直接打开日志文件。在查看错误日志的内容前，需要先查看错误日志文件的存储路径，如下所示。

```
mysql> SHOW VARIABLES LIKE 'log_err%';
+-----------------------------+-------------------------------------------+
| Variable_name               | Value                                     |
+-----------------------------+-------------------------------------------+
| log_error                   | /var/log/mysqld.log                       |
| log_error_services          | log_filter_internal; log_sink_internal    |
| log_error_suppression_list  |                                           |
| log_error_verbosity         | 2                                         |
+-----------------------------+-------------------------------------------+
4 rows in set (0.01 sec)
```

　　从结果中可以看到，错误日志文件的存储路径是/var/log/。

然后查看错误日志的内容，如下所示。

```
2022-01-04T08:44:58.307609Z 0 [System] [MY-010116] [Server] /usr/sbin/mysqld (mysqld
8.0.25) starting as process 1347
2022-01-04T08:44:58.324902Z 1 [System] [MY-013576] [InnoDB] InnoDB initialization has
started.
2022-01-04T08:44:58.615451Z 1 [System] [MY-013577] [InnoDB] InnoDB initialization has
ended.
2022-01-04T08:44:58.850032Z 0 [Warning] [MY-013746] [Server] A deprecated TLS version
TLSv1 is enabled for channel mysql_main
```

可以看到，错误日志中记录了服务器启动的时间，以及 InnoDB 存储引擎启动和停止的时间等信息。当 MySQL 服务初始化的时候，生成的数据库初始密码也被记录在错误日志中。

16.3.3　删除（刷新）错误日志

数据库管理员查看很久以前的错误日志的可能性不大，可以将这些错误日志删除，以保证 MySQL 服务器上的存储空间。可以直接使用 rm 命令删除错误日志，但是一般不建议直接删除，最好先进行备份。对于错误日志的刷新，我们分两种情况来看。

- 第一种情况是 my.cnf 配置文件中的配置为 log_error=/var/log/mysqld.log。
- 第二种情况是 my.cnf 配置文件中的配置为 log_error=，不指定文件名。

下面分别讲解一下这两种情况的日志刷新结果。

1．配置为 log_error=/var/log/mysqld.log

在 Linux 操作系统中，服务器如果将错误日志写入/var/log/mysqld.log 文件中，那么刷新错误日志的步骤如下。

（1）使用如下命令重命名文件。

```
[root@atguigu01~]# mv /var/log/mysqld.log /var/log/mysqld.log.old
```

（2）使用如下命令重新生成日志。

```
[root@atguigu01 log]# mysqladmin -u root -p flush-logs
```

重新生成日志的过程中会报如下错误信息。

```
[root@atguigu01 log]# mysqladmin -u root -p flush-logs
Enter password:
mysqladmin: refresh failed; error: 'Could not open file '/var/log/mysqld.log' for error
logging.'
```

这是因为在 Linux 操作系统中，/var/log/mysqld.log 文件的用户为 root 且不可写。在这种情况下，日志刷新操作无法创建新的日志文件。

要处理这种情况，必须在重命名原日志文件后，手动创建具有正确所有权的新日志文件，命令如下所示。

```
[root@atguigu01~]# install -omysql -gmysql -m0644 /dev/null /var/log/mysqld.log
```

手动配置日志文件所在目录也是一样的道理。

2．配置为 log_error=

如果指定了--log-error=[filename]选项而未给定 filename 值，那么 mysqld 使用错误日志文件名 host_name.err，存储路径是 MySQL 的数据目录。正确刷新错误日志的步骤如下。

（1）使用如下命令重命名文件。其中，mysql-data-directory 表示日志文件所在目录。

```
[root@atguigu01 ~]# cd mysql-data-directory
[root@atguigu01 mysql] # mv hostname.err hostname.err.old
```

（2）直接使用刷新日志的命令即可生成新的错误日志文件，如下所示。

```
[root@atguigu01 ~]# mysqladmin -u root -p flush-logs
```

16.4 二进制日志

二进制日志是 MySQL 中比较重要的日志,我们在日常开发及运维过程中经常会遇到。习惯上将二进制日志简称为 binlog。它记录了数据库中所有执行 DDL 和 DML 等数据库更新事件的语句,如表创建操作或表数据更改操作,但是不包含没有修改任何数据的语句(如数据查询语句 SELECT、SHOW 等)。如果要记录所有语句,则可以使用通用查询日志。

运行启用了二进制日志功能的服务器会使性能稍微变差。但是,二进制日志在复制和恢复操作方面的好处通常超过这种轻微的性能下降。

二进制日志以事件(Event)的形式被记录并保存在文件中。通过这些信息,我们可以再现数据更新操作的全过程。二进制日志的主要应用场景有两种,分别是数据复制和数据恢复。

1. 数据复制

例如,在主从复制架构中,主库中的二进制日志提供了要发送到从库的数据更改记录。主库将二进制日志中包含的信息发送到从库,从库复制这些信息,进而实现与主库相同的数据更改。二进制日志用于实现主库与从库中的数据同步。

2. 数据恢复

如果 MySQL 误删了数据,则可以先通过二进制日志查看用户执行了哪些操作,再根据二进制日志恢复数据。

可以说,MySQL 的数据备份、主备架构、主主架构及主从架构都离不开二进制日志,依靠二进制日志同步数据,保证数据的一致性。

16.4.1 开启/关闭二进制日志功能

在 MySQL 8.0 中,二进制日志功能默认是开启的,如下所示。如果使用 mysqld --initialize 或 mysqld --initialize-insecure 命令手动初始化 MySQL 的数据目录,则默认关闭二进制日志功能,可以通过指定 --log-bin 选项来开启二进制日志功能。

```
mysql> SHOW VARIABLES LIKE '%log_bin%';
+---------------------------------+----------------------------------+
| Variable_name                   | Value                            |
+---------------------------------+----------------------------------+
| log_bin                         | ON                               |
| log_bin_basename                | /var/lib/mysql/binlog            |
| log_bin_index                   | /var/lib/mysql/binlog.index      |
| log_bin_trust_function_creators | OFF                              |
| log_bin_use_v1_row_events       | OFF                              |
| sql_log_bin                     | ON                               |
+---------------------------------+----------------------------------+
6 rows in set (0.00 sec)
```

关于二进制日志文件的选项解释如下。

(1)log_bin:表示是否开启二进制日志功能。

(2)log_bin_basename:表示二进制日志的基本文件名,后面会追加标识来表示每个文件,例如,binlog.000001 就是一个二进制日志文件。

(3)log_bin_index:表示二进制日志文件的索引文件,这个文件负责管理所有二进制日志文件的目录。

(4)log_bin_trust_function_creators:表示限制存储过程的创建、修改和调用。因为二进制日志的一个重要应用是主从复制,而存储过程有可能导致主库与从库中的数据不一致,所以在开启二进制日志功能后,需要限制存储过程的创建、修改和调用。

（5）log_bin_use_v1_row_events：表示 MySQL 中的二进制日志格式。二进制日志格式在不同的 MySQL 版本中是不一样的。该选项可以指定不同 MySQL 版本中的二进制日志格式，这样旧版本的从库就可以读取新版本的二进制日志。ON 表示使用版本 1 二进制日志行，OFF 表示使用版本 2 二进制日志行。

（6）sql_log_bin：表示是否在当前会话中开启二进制日志功能。要开启或关闭当前会话中的二进制日志功能，可以将 sql_log_bin 选项的值设置为 ON 或 OFF。它和 log_bin 的区别是，log_bin 的作用域是全局范围，而 sql_log_bin 的作用域是当前会话。

16.4.2　二进制日志参数设置

设置二进制日志参数有两种方式，分别是永久性设置和临时性设置。永久性设置是指 MySQL 服务重启后设置仍然生效，临时性设置是指 MySQL 服务重启后设置失效。

1．永久性设置

修改 MySQL 的 my.cnf 或 my.ini 配置文件可以永久性设置二进制日志参数，如下所示。

```
[mysqld]
#开启二进制日志功能
log-bin=atguigu-bin
binlog_expire_logs_seconds=600
max_binlog_size=100M
```

各参数的含义如下。

- log-bin=mysql-bin：表示开启二进制日志功能。mysql-bin 可以自定义，表示基本文件名，也可以加上存储路径，如/home/www/mysql_bin_log/mysql-bin，此处我们设置的基本文件名为 atguigu-bin。
- binlog_expire_logs_seconds：用于控制二进制日志文件的保留时长，单位是秒，默认 2 592 000 秒表示 30 天。常用的设置选项换算有：14 400 秒表示 4 小时；86 400 秒表示 1 天；259 200 秒表示 3 天。
- max_binlog_size：用于控制单个二进制日志文件大小。当前日志文件大小超过该参数值时，执行切换日志的操作。该参数的最大值和默认值都是 1GB。该设置并不能严格控制日志文件大小，尤其是在日志文件大小比较靠近最大值而又遇到一个比较大的事务时，为了保证事务的完整性，可能不执行切换日志的操作，只能将该事务的所有 SQL 都记录到当前日志中，直到事务执行结束。在一般情况下，该参数可采用默认值。

重启 MySQL 服务后，查看二进制日志的相关信息，结果如下所示。

```
mysql> SHOW VARIABLES LIKE '%log_bin%';
+---------------------------------+-----------------------------------+
| Variable_name                   | Value                             |
+---------------------------------+-----------------------------------+
| log_bin                         | ON                                |
| log_bin_basename                | /var/lib/mysql/atguigu-bin        |
| log_bin_index                   | /var/lib/mysql/atguigu-bin.index  |
| log_bin_trust_function_creators | OFF                               |
| log_bin_use_v1_row_events       | OFF                               |
| sql_log_bin                     | ON                                |
+---------------------------------+-----------------------------------+
6 rows in set (0.00 sec)
```

修改 my.cnf 或 my.ini 配置文件中的 log-bin 参数，如下所示。

```
[mysqld]
log-bin="/var/lib/mysql/binlog/atguigu-bin"
```

需要注意的是，对新建的文件夹需要指定 mysql 用户，执行如下命令即可。

```
[root@atguigu01 mysql]# chown -R -v mysql:mysql binlog
```

重启 MySQL 服务后，新的二进制日志文件将出现在/var/lib/mysql/binlog/目录下，如下所示。

```
mysql> SHOW VARIABLES LIKE '%log_bin%';
+---------------------------------+-----------------------------------------+
| Variable_name                   | Value                                   |
+---------------------------------+-----------------------------------------+
| log_bin                         | ON                                      |
| log_bin_basename                | /var/lib/mysql/binlog/atguigu-bin       |
| log_bin_index                   | /var/lib/mysql/binlog/atguigu-bin.index |
| log_bin_trust_function_creators | OFF                                     |
| log_bin_use_v1_row_events       | OFF                                     |
| sql_log_bin                     | ON                                      |
+---------------------------------+-----------------------------------------+
6 rows in set (0.00 sec)
[root@node1 binlog]# ls
atguigu-bin.000001  atguigu-bin.index
[root@node1 binlog]# pwd
/var/lib/mysql/binlog
```

最好不要将数据库文件与日志文件放在同一磁盘上。这样做的好处是，当数据库文件所在的磁盘发生故障时，可以使用日志文件恢复数据。

2. 临时性设置

如果我们不希望通过修改配置文件的方式永久性设置二进制日志参数，则还可以使用如下语句进行临时性设置。需要注意的是，在 MySQL 8.0 中只有 SESSION 级别的设置，没有 GLOBAL 级别的设置。

```
#GLOBAL 级别
mysql> SET GLOBAL sql_log_bin=0;
ERROR 1228 (HY000): Variable 'sql_log_bin' is a SESSION variable and can`t be used with
SET GLOBAL

#SESSION 级别，设置为 0 表示关闭
mysql> SET sql_log_bin=0;
Query OK, 0 rows affected (0.01 秒)
```

16.4.3 查看二进制日志

MySQL 创建二进制日志文件时，会先创建一个以 filename 为文件名、以.index 为扩展名的文件，再创建一个以 filename 为文件名、以.000001 为扩展名的文件。

MySQL 服务重启一次，以.000001 为扩展名的文件就会增加一个，并且扩展名按 1 递增。如果当前日志文件大小超过 max_binlog_size 值，就会创建一个新的日志文件。使用如下语句查看当前的二进制日志文件列表及其大小。可以看到，当前数据库中有两个二进制日志文件，其中 binlog.000001 文件的大小约为 829MB。

```
mysql> SHOW BINARY LOGS;
+---------------+-----------+-----------+
| Log_name      | File_size | Encrypted |
+---------------+-----------+-----------+
| binlog.000001 | 869231552 | No        |
| binlog.000002 |       156 | No        |
+---------------+-----------+-----------+
2 rows in set (0.00 sec)
```

所有对数据库所做的修改都会被记录在二进制日志中。但是，我们无法直接查看二进制日志的内

容。想要更直观地查看二进制日志的内容，就要借助 mysqlbinlog 命令。首先执行一条 SQL 语句，修改数据库 chapter14 下表 student 中 id=1 的学生姓名，如下所示。

```
mysql> USE chapter14;
mysql> UPDATE student SET name = '张三_back' WHERE id = 1;
```

然后使用 mysqlbinlog 命令查看二进制日志的内容，如下所示。

```
[root@atguigu01 ~]# mysqlbinlog "/var/lib/mysql/binlog/atguigu-bin.000002"
#220105   9:16:37 server id 1   end_log_pos 324 CRC32 0x6b31978b   Query      thread_id=10
exec_time=0      error_code=0
SET TIMESTAMP=1641345397/*!*/;
SET @@session.pseudo_thread_id=10/*!*/;
SET @@session.foreign_key_checks=1, @@session.sql_auto_is_null=0,
@@session.unique_checks=1, @@session.autocommit=1/*!*/;
SET @@session.sql_mode=1168113696/*!*/;
SET @@session.auto_increment_increment=1, @@session.auto_increment_offset=1/*!*/;
/*!\C utf8mb3 *///*!*/;
SET
@@session.character_set_client=33,@@session.collation_connection=33,@@session.collation_
server=255/*!*/;
SET @@session.lc_time_names=0/*!*/;
SET @@session.collation_database=DEFAULT/*!*/;
/*!80011 SET @@session.default_collation_for_utf8mb4=255*///*!*/;
BEGIN
/*!*/;
#at 324
#220105    9:16:37  server  id 1   end_log_pos  391  CRC32  0x74f89890     Table_map:
`chapter14`.`student` mapped to number 85
#at 391
#220105  9:16:37 server id 1  end_log_pos 470 CRC32 0xc9920491  Update_rows: table id 85
flags: STMT_END_F

BINLOG '
dfHUYRMBAAAAQwAAAIcBAAAAAFUAAAAAAAEACWF0Z3VpZ3UxNAAHc3R1ZGVudAADAw8PBDwAHgAG
AQEAAgEhkJj4dA==
dfHUYR8BAAAATwAAANYBAAAAAFUAAAAAAAEAAgAD//8AAQAAAblvKDkuIkG5LiA54+tAAEAAAAL
5byg5LiJX2JhY2sG5LiA54+tkQSSyQ==
'/*!*/;
#at 470
#220105   9:16:37 server id 1  end_log_pos 501 CRC32 0xca01d30f  Xid = 15
```

可以看到，二进制日志中虽然记录了用户的一些操作，但是并没有出现具体的 SQL 语句，这是因为 BINLOG 关键字后面的内容是经过编码的二进制日志。大家可以在二进制日志中看到 Query、Table_map、Update_rows、Xid 等字眼，表示一条语句中发生了哪些事件。一条 UPDATE 语句中包含如下事件。

- Query 事件：负责开始执行一个事务（BEGIN）。
- Table_map 事件：负责映射需要的表。
- Update_rows 事件：负责写入数据。
- Xid 事件：负责结束事务，即提交事务。Xid=15 表示该事务的 Xid 值为 15，可以用于事务回滚。

我们可以使用 mysqlbinlog -v 命令将行事件以伪 SQL 的形式展示，如下所示。

```
[root@atguigu01 ~]# mysqlbinlog -v "/var/lib/mysql/binlog/atguigu-bin.000002"
#220105   9:16:37 server id 1   end_log_pos 324 CRC32 0x6b31978b   Query      thread_id=10
exec_time=0      error_code=0
```

```
SET TIMESTAMP=1641345397/*!*/;
SET @@session.pseudo_thread_id=10/*!*/;
SET @@session.foreign_key_checks=1, @@session.sql_auto_is_null=0,
@@session.unique_checks=1, @@session.autocommit=1/*!*/;
SET @@session.sql_mode=1168113696/*!*/;
SET @@session.auto_increment_increment=1, @@session.auto_increment_offset=1/*!*/;
/*!\C utf8mb3 *//*!*/;
SET
@@session.character_set_client=33,@@session.collation_connection=33,@@session.collation_
server=255/*!*/;
SET @@session.lc_time_names=0/*!*/;
SET @@session.collation_database=DEFAULT/*!*/;
/*!80011 SET @@session.default_collation_for_utf8mb4=255*//*!*/;
BEGIN
/*!*/;
#at 324
#220105   9:16:37   server   id   1   end_log_pos   391   CRC32   0x74f89890     Table_map:
`chapter14`.`student` mapped to number 85
#at 391
#220105  9:16:37 server id 1  end_log_pos 470 CRC32 0xc9920491  Update_rows: table id 85
flags: STMT_END_F

BINLOG '
dfHUYRMBAAAAQwAAAIcBAAAAAFUAAAAAAAEACWF0Z3VpZ3UxNAAHc3R1ZGVudAADAw8PBDwAHgAG
AQEAAgEhkJj4dA==
dfHUYR8BAAAATwAAANYBAAAAAFUAAAAAAAEAAgAD//8AAQAAAAblvKDkuIkG5LiA54+tAAEAAAAL
5byg5LiJX2JhY2sG5LiA54+tkQSSyQ==
'/*!*/;
### UPDATE ` chapter14`.`student`
### WHERE
###   @1=1
###   @2='张三'
###   @3='一班'
### SET
###   @1=1
###   @2='张三_back'
###   @3='一班'
#at 470
#220105   9:16:37 server id 1  end_log_pos 501 CRC32 0xca01d30f  Xid = 15
COMMIT/*!*/;
```

　　在文件的最后可以看到类似 UPDATE 语句的伪 SQL 语句，已经可以看到大致的 SQL 语句了，但是依然显示二进制日志格式的语句。可以使用如下命令不显示二进制日志格式的语句。

```
[root@atguigu01 ~]# mysqlbinlog -v --base64-output=DECODE-ROWS "/var/lib/mysql
/binlog/atguigu-bin.000002"
#220105   9:16:37 server id 1   end_log_pos 324 CRC32 0x6b31978b   Query     thread_id=10
exec_time=0     error_code=0
SET TIMESTAMP=1641345397/*!*/;
SET @@session.pseudo_thread_id=10/*!*/;
SET @@session.foreign_key_checks=1, @@session.sql_auto_is_null=0,
@@session.unique_checks=1, @@session.autocommit=1/*!*/;
SET @@session.sql_mode=1168113696/*!*/;
```

```
SET @@session.auto_increment_increment=1, @@session.auto_increment_offset=1/*!*/;
/*!\C utf8mb3 *//*!*/;
SET @@session.character_set_client=33,@@session.collation_connection=33,@@session.
collation_server=255/*!*/;
SET @@session.lc_time_names=0/*!*/;
SET @@session.collation_database=DEFAULT/*!*/;
/*!80011 SET @@session.default_collation_for_utf8mb4=255*//*!*/;
BEGIN
/*!*/;
#at 324
#220105    9:16:37   server   id   1    end_log_pos   391   CRC32   0x74f89890    Table_map:
`chapter14`.`student` mapped to number 85
#at 391
#220105  9:16:37 server id 1  end_log_pos 470 CRC32 0xc9920491  Update_rows: table id 85
flags: STMT_END_F
### UPDATE `chapter14`.`student`
### WHERE
###   @1=1
###   @2='张三'
###   @3='一班'
### SET
###   @1=1
###   @2='张三_back'
###   @3='一班'
#at 470
#220105  9:16:37 server id 1  end_log_pos 501 CRC32 0xca01d30f  Xid = 15
```

关于 mysqlbinlog 命令的使用技巧还有很多，例如，只解析对某个数据库的操作，或者某个时间段内的操作等。下面简单分享几条常用的语句。

（1）查看参数帮助，如下所示。

```
[root@atguigu01~]#mysqlbinlog  --no-defaults  --help
```

（2）查看最后 100 行日志内容，如下所示。

```
[root@atguigu01~]#mysqlbinlog   --no-defaults  --base64-output=decode-rows  -vv  atguigu-
bin.000002 |tail -100
```

（3）根据位置（Position）查找。

在二进制日志中，at 后面的数字表示位置信息。例如，可以使用如下命令查看 324 后面的 20 行日志内容。

```
[root@atguigu01~]#mysqlbinlog   --no-defaults  --base64-output=decode-rows  -vv  atguigu-
bin.000002 |grep -A 20 '324'
```

上面这种方法多用于读取二进制日志的全文内容，但不容易分辨查到的位置信息。下面介绍一种更为方便的查询命令，其语法如下所示。

```
SHOW BINLOG EVENTS [IN 'log_name'] [FROM pos] [LIMIT [offset,] row_count];
```

各选项的含义如下。

- IN 'log_name'：表示要查询的二进制日志文件（不指定就是查询第一个二进制日志文件）。
- FROM pos：表示从指定的 pos 点开始查起（不指定就是从整个文件首个 pos 点开始查起）。
- LIMIT [offset]：表示偏移量（不指定就是 0）。
- row_count：表示查询总条数（不指定就是查询所有行）。

使用如下语句查询 atguigu-bin.000002 日志文件中所有的事件。限于篇幅，这里选择使用 "\G" 的形式展示，不加 "\G" 的展示效果更好。

```
mysql> SHOW BINLOG EVENTS IN 'atguigu-bin.000002'\G;
*************************** 1. row ***************************
   Log_name: atguigu-bin.000002
        Pos: 4
 Event_type: Format_desc
  Server_id: 1
End_log_pos: 125
       Info: Server ver: 8.0.25, Binlog ver: 4
*************************** 2. row ***************************
   Log_name: atguigu-bin.000002
        Pos: 125
 Event_type: Previous_gtids
  Server_id: 1
End_log_pos: 156
       Info:
*************************** 3. row ***************************
   Log_name: atguigu-bin.000002
        Pos: 156
 Event_type: Anonymous_Gtid
  Server_id: 1
End_log_pos: 235
       Info: SET @@SESSION.GTID_NEXT= 'ANONYMOUS'
*************************** 4. row ***************************
   Log_name: atguigu-bin.000002
        Pos: 235
 Event_type: Query
  Server_id: 1
End_log_pos: 324
       Info: BEGIN
*************************** 5. row ***************************
   Log_name: atguigu-bin.000002
        Pos: 324
 Event_type: Table_map
  Server_id: 1
End_log_pos: 391
       Info: table_id: 168 (chapter14.student)
*************************** 6. row ***************************
   Log_name: atguigu-bin.000002
        Pos: 391
 Event_type: Update_rows
  Server_id: 1
End_log_pos: 470
       Info: table_id: 168 flags: STMT_END_F
*************************** 7. row ***************************
   Log_name: atguigu-bin.000002
        Pos: 470
 Event_type: Xid
  Server_id: 1
End_log_pos: 501
       Info: COMMIT /* xid=178459591 */
7 rows in set (0.00 sec)
```

上面这条语句可以将指定的二进制日志文件以每个事件为一行的方式返回，Event_type 列表示事件类型。

此外，还可以使用 LIMIT 关键字指定 pos 点的起始偏移量、查询条数。下面再列举几个例子。

（1）查询第一个二进制日志文件，如下所示。

```
mysql> SHOW BINLOG EVENTS\G;
```

（2）指定查询 atguigu-bin.000002 日志文件，如下所示。

```
mysql> SHOW BINLOG EVENTS IN 'atguigu-bin.000002'\G;
```

（3）指定查询 atguigu-bin.000002 日志文件，从 pos 点 391 开始查起，如下所示。

```
mysql> SHOW BINLOG EVENTS IN 'atguigu-bin.000002' FROM 391\G;
```

（4）指定查询 atguigu-bin.000002 日志文件，从 pos 点 391 开始查起，查询 5 条语句，如下所示。

```
mysql> SHOW BINLOG EVENTS IN 'atguigu-bin.000002' FROM 391 LIMIT 5\G;
```

（5）指定查询 atguigu-bin.000002 日志文件，从 pos 点 391 开始查起，偏移 2 行（中间跳过 2 行），查询 5 条语句，如下所示。

```
mysql> SHOW BINLOG EVENTS IN 'atguigu-bin.000002' FROM 391 LIMIT 2,5\G;
```

上面讲的这些都基于二进制日志的默认格式。二进制日志格式的查看命令如下所示。

```
mysql> SHOW VARIABLES LIKE 'binlog_format';
+---------------+-------+
| Variable_name | Value |
+---------------+-------+
| binlog_format | ROW   |
+---------------+-------+
1 rows in set (0.00 sec)
```

从 MySQL 5.1.5 开始支持 ROW 格式的复制，它仅保存哪条记录被修改了，例如，一条 SQL 语句修改了多行记录，则按照每行的修改来记录日志。ROW 格式的日志内容会非常清楚地记录每行记录被修改的细节，但是数据量比较大。除 ROW 格式外，二进制日志还有两种格式，分别是 STATEMENT 和 MIXED。

STATEMENT 格式表示每条修改记录的 SQL 语句都会被记录在二进制日志中，它是基于语句来记录的，例如，一条 SQL 语句虽然修改了多行记录，但是二进制日志只记录这条 SQL 语句。这种二进制日志格式的优点是不需要记录每行的变化，减少了二进制日志的数据量，减少了磁盘 I/O 次数，提高了系统性能。

MIXED 格式是从 MySQL 5.1.8 开始提供的，它实际上就是 ROW 格式和 STATEMENT 格式的结合体。

16.4.4 删除（刷新）二进制日志

在 MySQL 中可以设置自动删除二进制日志文件，同时 MySQL 提供了安全地手动删除二进制日志文件的方法。使用 PURGE MASTER LOGS 语句只能删除指定的二进制日志文件，而使用 RESET MASTER 语句可以删除所有的二进制日志文件。

1. PURGE MASTER LOGS：删除指定的二进制日志文件

PURGE MASTER LOGS 语句的语法如下所示。

```
PURGE {MASTER | BINARY} LOGS TO "指定日志文件名";
PURGE {MASTER | BINARY} LOGS BEFORE "指定日期";
```

下面我们使用 PURGE MASTER LOGS 语句删除创建时间比 atguigu-bin.000005 早的所有二进制日志文件，具体操作步骤如下。

（1）多次重新启动 MySQL 服务，以便生成多个二进制日志文件。也可以使用刷新日志的方式生成新的二进制日志文件，之后使用 SHOW 语句显示二进制日志文件列表，如下所示。

```
#刷新日志，生成新的二进制日志文件
mysql> FLUSH LOGS;
mysql> SHOW BINARY LOGS;
```

```
+-------------------+-----------+-----------+
| Log_name          | File_size | Encrypted |
+-------------------+-----------+-----------+
| atguigu-bin.000002 | 1046      | No        |
| atguigu-bin.000003 | 179       | No        |
| atguigu-bin.000004 | 179       | No        |
| atguigu-bin.000005 | 2006      | No        |
| atguigu-bin.000006 | 3013      | No        |
+-------------------+-----------+-----------+
5 rows in set (0.03 sec)
```

（2）使用 PURGE MASTER LOGS 语句删除创建时间比 atguigu-bin.000005 早的所有二进制日志文件，如下所示。

```
mysql> PURGE MASTER LOGS TO "atguigu-bin.000005";
```

（3）再次显示二进制日志文件列表，如下所示。

```
mysql> SHOW BINARY LOGS;
+-------------------+-----------+-----------+
| Log_name          | File_size | Encrypted |
+-------------------+-----------+-----------+
| atguigu-bin.000005 | 2006      | No        |
| atguigu-bin.000006 | 3013      | No        |
+-------------------+-----------+-----------+
2 rows in set (0.02 sec)
```

下面我们使用 PURGE MASTER LOGS 语句删除 2022 年 1 月 5 日前创建的所有二进制日志文件，具体操作步骤如下。

（1）使用如下语句显示二进制日志文件列表。

```
mysql> SHOW BINARY LOGS;
```

（2）使用 PURGE MASTER LOGS 语句删除 2022 年 1 月 5 日前创建的所有二进制日志文件，如下所示。如果某个文件当前正在使用，那么该文件不会被删除。

```
mysql> PURGE MASTER LOGS BEFORE "20220105";
```

2. RESET MASTER：删除所有的二进制日志文件

使用 RESET MASTER 语句删除所有的二进制日志文件后，MySQL 会重新创建二进制日志文件，新的二进制日志文件扩展名将从 000001 开始编号。

（1）多次重启 MySQL 服务，或者多次刷新日志后，使用 SHOW 语句显示二进制日志文件列表，如下所示。

```
mysql> SHOW BINARY LOGS;
```

（2）使用 RESET MASTER 语句删除所有的二进制日志文件，如下所示。

```
mysql> RESET MASTER;
```

16.4.5 使用二进制日志恢复数据

如果 MySQL 服务器开启了二进制日志功能，那么，在数据库出现意外丢失数据时，可以使用 mysqlbinlog 命令从二进制日志中恢复数据。二进制日志可以通过数据库的全量备份和二进制日志中保存的增量信息来完成数据库的无损恢复。但是，遇到数据量大、数据库和数据表很多（如分库、分表的应用）的场景，使用二进制日志进行数据恢复是很有挑战性的，因为起止位置不容易管理。在这种情况下，一种有效的解决方法是搭建主从复制架构，甚至搭建一主多从架构，把二进制日志的内容通过中继日志同步到从库中，这样就可以有效避免数据库故障导致的数据异常等问题。

使用 mysqlbinlog 命令恢复数据的语法如下所示。

```
mysqlbinlog [option] filename|mysql -uuser -ppass;
```

可以理解为先使用 mysqlbinlog 命令读取 filename 中的内容，再使用 mysql 命令将这些内容恢复到数据库中。各参数的含义如下。

- filename：表示二进制日志文件名。
- option：可选项，比较重要的两对 option 参数是--start-date、--stop-date 和--start-position、--stop-position。--start-date 和--stop-date 用于指定恢复数据的开始时间和结束时间。--start-position 和--stop-position 用于指定恢复数据的开始位置和结束位置。

使用 mysqlbinlog 命令进行数据恢复时，必须先恢复日志文件编号小的，例如，atguigu-bin.000001 日志文件必须在 atguigu-bin.000002 日志文件前恢复。

下面举例演示使用二进制日志恢复数据。

查询表 student 中的数据，如下所示。

```
mysql> SELECT * FROM student;
+----+-------------+--------+
| id | name        | class  |
+----+-------------+--------+
| 1  | 张三_back   | 一班   |
| 3  | 李四        | 一班   |
| 8  | 王五        | 二班   |
| 15 | 赵六        | 二班   |
| 20 | 钱七        | 三班   |
+----+-------------+--------+
5 rows in set (0.01 sec)
```

插入一批数据，如下所示。

```
mysql> INSERT INTO student VALUES (22,"zhang3","1ban");
mysql> INSERT INTO student VALUES (23,"li4","1ban");
mysql> INSERT INTO student VALUES (24,"wang5","2ban");
```

再次查询表 student 中的数据，如下所示。

```
mysql> SELECT * FROM student;
+----+-------------+--------+
| id | name        | class  |
+----+-------------+--------+
| 1  | 张三_back   | 一班   |
| 3  | 李四        | 一班   |
| 8  | 王五        | 二班   |
| 15 | 赵六        | 二班   |
| 20 | 钱七        | 三班   |
| 22 | zhang3      | 1ban   |
| 23 | li4         | 1ban   |
| 24 | wang5       | 2ban   |
+----+-------------+--------+
8 rows in set (0.01 sec)
```

使用如下语句更新 id=22 的数据。

```
mysql> UPDATE student SET name = 'zhang3_update' WHERE id = 22;
```

再次查询表 student 中的数据，如下所示。

```
mysql> SELECT * FROM student;
+----+-------------+--------+
| id | name        | class  |
+----+-------------+--------+
| 1  | 张三_back   | 一班   |
| 3  | 李四        | 一班   |
```

```
|  8 | 王五          | 二班    |
| 15 | 赵六          | 二班    |
| 20 | 钱七          | 三班    |
| 22 | zhang3_update | 1ban   |
| 23 | li4           | 1ban   |
| 24 | wang5         | 2ban   |
+----+---------------+--------+
8 rows in set (0.00 sec)
```

使用如下语句删除 id=23 的数据。

```
mysql> DELETE FROM student WHERE id = 23;
```

再次查询表 student 中的数据，如下所示。

```
mysql> SELECT * FROM student;
+----+---------------+--------+
| id | name          | class  |
+----+---------------+--------+
|  1 | 张三_back      | 一班    |
|  3 | 李四          | 一班    |
|  8 | 王五          | 二班    |
| 15 | 赵六          | 二班    |
| 20 | 钱七          | 三班    |
| 22 | zhang3_update | 1ban   |
| 24 | wang5         | 2ban   |
+----+---------------+--------+
7 rows in set (0.01 sec)
```

上面对表 student 执行了插入、更新和删除操作。假如我们不小心删除了所有新增的数据，此时表 student 中的数据如下所示。我们的目标是恢复数据至上一次查询的结果（7 条数据）。

```
mysql> DELETE FROM student WHERE id = 22;
Query OK, 1 row affected (0.00 sec)
mysql> DELETE FROM student WHERE id = 24;
Query OK, 1 row affected (0.00 sec)
mysql> SELECT * FROM student;
+----+---------------+--------+
| id | name          | class  |
+----+---------------+--------+
|  1 | 张三_back      | 一班    |
|  3 | 李四          | 一班    |
|  8 | 王五          | 二班    |
| 15 | 赵六          | 二班    |
| 20 | 钱七          | 三班    |
+----+---------------+--------+
5 rows in set (0.01 sec)
```

使用 SHOW 语句显示二进制日志文件列表，如下所示。

```
mysql> SHOW BINARY LOGS;
+--------------------+-----------+-----------+
| Log_name           | File_size | Encrypted |
+--------------------+-----------+-----------+
| atguigu-bin.000002 | 1046      | No        |
| atguigu-bin.000003 | 179       | No        |
| atguigu-bin.000004 | 179       | No        |
| atguigu-bin.000005 | 1957      | No        |
```

```
+--------------------+-----------+-----------+
4 rows in set (0.01 sec)
```

上面的所有操作都被保存在 atguigu-bin.000005 日志文件中。在实际工作场景中，可以先备份 atguigu-bin.000005 日志文件，然后执行 FLUSH LOGS 命令刷新日志，重新创建二进制日志文件 atguigu-bin.000006，如下所示。重新创建 atguigu-bin.000006 日志文件的目的是接下来的所有操作都会被写入该日志文件中，atguigu-bin.000005 日志文件中不会再写入任何数据，这样便可以根据 atguigu-bin.000005 日志文件中的内容恢复数据。

```
mysql> FLUSH LOGS;
mysql> SHOW BINARY LOGS;
+--------------------+-----------+-----------+
| Log_name           | File_size | Encrypted |
+--------------------+-----------+-----------+
| atguigu-bin.000002 | 1046      | No        |
| atguigu-bin.000003 | 179       | No        |
| atguigu-bin.000004 | 179       | No        |
| atguigu-bin.000005 | 2006      | No        |
| atguigu-bin.000006 | 156       | No        |
+--------------------+-----------+-----------+
5 rows in set (0.01 sec)
```

使用如下语句查看 atguigu-bin.000005 日志文件的内容，结果如图 16-1 所示。

```
mysql> SHOW BINLOG EVENTS IN 'atguigu-bin.000005';
```

```
mysql> show binlog events in 'atguigu-bin.000005';
+--------------------+------+----------------+-----------+-------------+-------------------------------------------------------------------------------+
| Log_name           | Pos  | Event_type     | Server_id | End_log_pos | Info                                                                          |
+--------------------+------+----------------+-----------+-------------+-------------------------------------------------------------------------------+
| atguigu-bin.000005 | 4    | Format_desc    | 1         | 125         | Server ver: 8.0.26, Binlog ver: 4                                             |
| atguigu-bin.000005 | 125  | Previous_gtids | 1         | 156         |                                                                               |
| atguigu-bin.000005 | 156  | Anonymous_Gtid | 1         | 233         | SET @@SESSION.GTID_NEXT= 'ANONYMOUS'                                          |
| atguigu-bin.000005 | 233  | Query          | 1         | 385         | use `atguigu14`; Create table t(a int not null, b blob, primary key(a)) /* xid=8 */ |
| atguigu-bin.000005 | 385  | Anonymous_Gtid | 1         | 464         | SET @@SESSION.GTID_NEXT= 'ANONYMOUS'                                          |
| atguigu-bin.000005 | 464  | Query          | 1         | 544         | BEGIN                                                                         |
| atguigu-bin.000005 | 544  | Table_map      | 1         | 611         | table_id: 81 (atguigu14.student)                                              |
| atguigu-bin.000005 | 611  | Write_rows     | 1         | 663         | table_id: 81 flags: STMT_END_F                                                |
| atguigu-bin.000005 | 663  | Xid            | 1         | 694         | COMMIT /* xid=81 */                                                           |
| atguigu-bin.000005 | 694  | Anonymous_Gtid | 1         | 773         | SET @@SESSION.GTID_NEXT= 'ANONYMOUS'                                          |
| atguigu-bin.000005 | 773  | Query          | 1         | 853         | BEGIN                                                                         |
| atguigu-bin.000005 | 853  | Table_map      | 1         | 920         | table_id: 81 (atguigu14.student)                                              |
| atguigu-bin.000005 | 920  | Write_rows     | 1         | 969         | table_id: 81 flags: STMT_END_F                                                |
| atguigu-bin.000005 | 969  | Xid            | 1         | 1000        | COMMIT /* xid=82 */                                                           |
| atguigu-bin.000005 | 1000 | Anonymous_Gtid | 1         | 1079        | SET @@SESSION.GTID_NEXT= 'ANONYMOUS'                                          |
| atguigu-bin.000005 | 1079 | Query          | 1         | 1159        | BEGIN                                                                         |
| atguigu-bin.000005 | 1159 | Table_map      | 1         | 1226        | table_id: 81 (atguigu14.student)                                              |
| atguigu-bin.000005 | 1226 | Write_rows     | 1         | 1277        | table_id: 81 flags: STMT_END_F                                                |
| atguigu-bin.000005 | 1277 | Xid            | 1         | 1308        | COMMIT /* xid=83 */                                                           |
| atguigu-bin.000005 | 1308 | Anonymous_Gtid | 1         | 1387        | SET @@SESSION.GTID_NEXT= 'ANONYMOUS'                                          |
| atguigu-bin.000005 | 1387 | Query          | 1         | 1476        | BEGIN                                                                         |
| atguigu-bin.000005 | 1476 | Table_map      | 1         | 1543        | table_id: 81 (atguigu14.student)                                              |
| atguigu-bin.000005 | 1543 | Update_rows    | 1         | 1620        | table_id: 81 flags: STMT_END_F                                                |
| atguigu-bin.000005 | 1620 | Xid            | 1         | 1651        | COMMIT /* xid=85 */                                                           |
| atguigu-bin.000005 | 1651 | Anonymous_Gtid | 1         | 1730        | SET @@SESSION.GTID_NEXT= 'ANONYMOUS'                                          |
| atguigu-bin.000005 | 1730 | Query          | 1         | 1810        | BEGIN                                                                         |
| atguigu-bin.000005 | 1810 | Table_map      | 1         | 1877        | table_id: 81 (atguigu14.student)                                              |
| atguigu-bin.000005 | 1877 | Delete_rows    | 1         | 1926        | table_id: 81 flags: STMT_END_F                                                |
| atguigu-bin.000005 | 1926 | Xid            | 1         | 1957        | COMMIT /* xid=87 */                                                           |
| atguigu-bin.000005 | 1957 | Rotate         | 1         | 2006        | atguigu-bin.000006;pos=4                                                      |
+--------------------+------+----------------+-----------+-------------+-------------------------------------------------------------------------------+
30 行于数据集 (0.02 秒)
```

图 16-1　查看 atguigu-bin.000005 日志文件的内容

（1）恢复插入操作。

从图 16-1 中可以看到，Write_rows 表示执行的是插入操作，Pos 列中的 Xid 值分别是 663、969 和 1277。

插入操作分布在 3 个事务中，而且这 3 个事务是连在一起的，因此，我们可以直接恢复这 3 个事务，开始 pos 点是 464，结束 pos 点是 1308，命令如下所示。

```
[root@atguigu01~]#/usr/bin/mysqlbinlog --start-position=464 --stop-position=1308
--database=chapter14 /var/lib/mysql/binlog/atguigu-bin.000005 | /usr/bin/mysql -uroot -p
-v chapter14
```

恢复插入操作后的结果如下所示。

```
mysql> SELECT * FROM student;
+----+-------------+--------+
```

```
| id | name          | class |
+----+---------------+-------+
| 1  | 张三_back     | 一班  |
| 3  | 李四          | 一班  |
| 8  | 王五          | 二班  |
| 15 | 赵六          | 二班  |
| 20 | 钱七          | 三班  |
| 22 | zhang3        | 1ban  |
| 23 | li4           | 1ban  |
| 24 | wang5         | 2ban  |
+----+---------------+-------+
```

（2）恢复更新操作。

从图 16-1 中可以看到，Update_rows 表示执行的是更新操作，该事务的开始 pos 点是 1387，结束 pos 点是 1651。使用如下命令恢复更新操作。

```
[root@atguigu01~]#/usr/bin/mysqlbinlog --start-position=1387 --stop-position=1651
--database=chapter14 /var/lib/mysql/binlog/atguigu-bin.000005 | /usr/bin/mysql -uroot -p
-v chapter14
```

恢复更新操作后的结果如下所示。

```
mysql> SELECT * FROM student;
+----+---------------+-------+
| id | name          | class |
+----+---------------+-------+
| 1  | 张三_back     | 一班  |
| 3  | 李四          | 一班  |
| 8  | 王五          | 二班  |
| 15 | 赵六          | 二班  |
| 20 | 钱七          | 三班  |
| 22 | zhang3_update | 1ban  |
| 23 | li4           | 1ban  |
| 24 | wang5         | 2ban  |
+----+---------------+-------+
8 rows in set (0.03 sec)
```

（3）恢复删除操作。

从图 16-1 中可以看到，Delete_rows 表示执行的是删除操作，该事务的开始 pos 点是 1730，结束 pos 点是 1957。使用如下命令恢复删除操作。

```
[root@atguigu01~]#/usr/bin/mysqlbinlog --start-position=1730 --stop-position=1957
--database=chapter14 /var/lib/mysql/binlog/atguigu-bin.000005 | /usr/bin/mysql -uroot
-pabc123 -v chapter14
```

恢复删除操作后的结果如下所示。

```
mysql> SELECT * FROM student;
+----+---------------+-------+
| id | name          | class |
+----+---------------+-------+
| 1  | 张三_back     | 一班  |
| 3  | 李四          | 一班  |
| 8  | 王五          | 二班  |
| 15 | 赵六          | 二班  |
| 20 | 钱七          | 三班  |
| 22 | zhang3_update | 1ban  |
| 24 | wang5         | 2ban  |
```

```
+----+---------------+--------+
7 rows in set (0.01 sec)
```

　　可以看到，最终结果和不小心删除所有新增数据前的结果一致，我们利用二进制日志实现了数据恢复。

　　当然，也可以使用日期恢复，命令格式如下所示。

```
[root@atguigu01~]#/usr/bin/mysqlbinlog --start-datetime="2022-01-05 15:39:22"
--stop-datetime="2022-01-05 15:40:19 "  --database=chapter14/var/lib/mysql/binlog/
atguigu-bin.000005 | /usr/bin/mysql -uroot -p -v chapter14
```

　　可以通过二进制日志详情查看日期（加粗部分），如下所示。可以看到，本次事务的开始时间是 220105 15:39:22，结束时间是 220105 15:40:19。

```
#at 773
#220105 15:39:22 server id 1  end_log_pos 853 CRC32 0xebbb5e68  Query    thread_id=12
exec_time=0      error_code=0
SET TIMESTAMP=1641368362/*!*/;
BEGIN
/*!*/;
#at 853
#220105  15:39:22  server  id  1    end_log_pos  920  CRC32  0xfd67d362    Table_map:
`chapter14`.`student` mapped to number 81
#at 920
#220105 15:39:22 server id 1  end_log_pos 969 CRC32 0x0350cb82  Write_rows: table id 81
flags: STMT_END_F

BINLOG '
KkvVYRMBAAAAQwAAAJgDAAAAAFEAAAAAAAEACWF0Z3VpZ3UxNAAHc3R1ZGVudAADAw8PBDwAHgAG
AQEAAgEhYtNn/Q==
KkvVYR4BAAAAMQAAAMkDAAAAAFEAAAAAAAEAAgAD/wXAXAAAAA2xpNAQxYmFUgstQAw==
'/*!*/;
### INSERT INTO `chapter14`.`student`
### SET
###   @1=23
###   @2='li4'
###   @3='1ban'
#at 969
#220105 15:39:22 server id 1  end_log_pos 1000 CRC32 0xcb1c893b      Xid = 82
COMMIT/*!*/;
#220105 15:40:19 server id 1  end_log_pos 1387 CRC32 0x38073b2f      Anonymous_GTID
last_committed=4                 sequence_number=5            rbr_only=yes
original_committed_timestamp=1641368419039947
immediate_commit_timestamp=1641368419039947      transaction_length=343
```

　　mysqlbinlog 命令对于意外操作的数据恢复非常有效，例如，因操作不当误删了数据表。

16.4.6　二进制日志的写入机制

　　二进制日志的写入机制也非常简单。在事务执行过程中，先把二进制日志写入二进制日志缓存（binlog 缓存）中，等到提交事务的时候，再把二进制日志缓存写入二进制日志文件中。因为一个事务的二进制日志不能被拆开，无论这个事务有多大，也要确保一次性写入，所以系统会给每个线程分配一个块内存作为二进制日志缓存。

　　我们可以通过 binlog_cache_size 参数控制单个线程二进制日志缓存的大小。如果存储内容超过这个参数值，就要将二进制日志存放到磁盘上。二进制日志刷盘流程如图 16-2 所示。首先在提交事务的时候把二进制日志写入二进制日志缓存中，然后写（write）入文件系统页缓存中，最后同步（fsync）到磁盘上。图中 write 操作的作用是把二进制日志写入文件系统页缓存中，并没有把数据持久化到磁盘上，因而速度比较快。fsync 操作的作用是把数据持久化到磁盘上。

write 和 fsync 的时机可以由参数 sync_binlog 控制，可以将该参数值设置为 0、1、N（$N>1$），默认值为 0。当 sync_binlog=0 的时候，表示每次提交事务都只执行 write 操作，由系统自行判断什么时候执行 fsync 操作。但是，如果服务器宕机，那么文件系统页缓存中的二进制日志将会丢失，如图 16-3 所示。

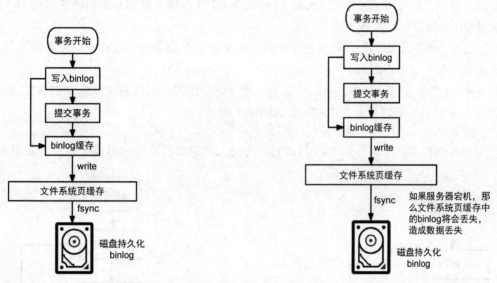

图 16-2　二进制日志刷盘流程　　　　　图 16-3　sync_binlog=0 时的刷盘流程

为了保证安全，可以将 sync_binlog 值设置为 1，表示每次提交事务都会执行 fsync 操作。

还有一种折中方式，可以将 sync_binlog 值设置为 N（$N>1$），表示每次提交事务都执行 write 操作，但累积 N 个事务后才执行 fsync 操作。在出现 I/O 瓶颈的场景里，将 sync_binlog 设置为一个比较大的值，可以提升系统性能。同样，如果服务器宕机，则会丢失最近 N 个事务的二进制日志，如图 16-4 所示。

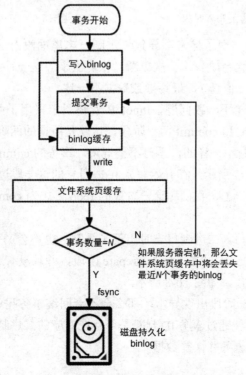

图 16-4　sync_binlog=N 时的刷盘流程

16.4.7　两阶段提交

在执行更新语句的过程中，会以事务为单位记录 redo 日志与二进制日志。redo 日志是物理日志，记录内容是在某个数据页上做了什么修改，属于存储引擎层产生的；而二进制日志是逻辑日志，记录内容是语句的原始逻辑，类似于"修改 name 字段的值为'张三'"，属于服务层产生的。虽然它们都对数据的持久化提供了保证，但是侧重点不同，redo 日志让 InnoDB 存储引擎拥有了崩溃恢复能力，而二进制日志保证了 MySQL 集群架构的数据一致性。

redo 日志与二进制日志的写入时机也不一样。redo 日志在事务执行过程中可以不断写入，而二进制日志只有在提交事务时才可以写入，如图 16-5 所示。

如果 redo 日志与二进制日志之间的逻辑不一致，则会出现什么问题呢？以 UPDATE 语句为例，假设把 id=2 的记录中字段 c 的值更新为 1，SQL 语句如下所示。

```
UPDATE tb SET c = 1 WHERE id = 2;
```

假设在事务执行过程中，写完 redo 日志后，在写入二进制日志期间出现了异常，如图 16-6 所示。

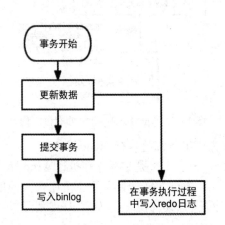

图 16-5　redo 日志与二进制日志的写入时机

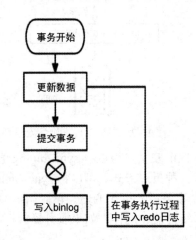

图 16-6　在写入二进制日志期间出现了异常

由于二进制日志还没写完就出现了异常，导致二进制日志里面没有对应的修改记录。因此，后续从库使用二进制日志恢复数据时，就会缺少这一次更新，恢复出来的这一行 c 值是 0，而主库因使用 redo 日志恢复数据，恢复出来的这一行 c 值是 1，最终导致数据不一致。

为了解决两份日志之间的逻辑不一致问题，InnoDB 存储引擎采用了两阶段提交方案。原理很简单，将 redo 日志的写入拆分为 prepare 和 commit 两个阶段，这就是所谓的两阶段提交。注意，事务的 commit 阶段和 redo 日志的 commit 阶段是不一样的，千万不要混淆。事务的 commit 阶段包含 redo 日志的 commit 阶段。两阶段提交的流程如图 16-7 所示。在开始写入 redo 日志的这一段过程，我们称之为 prepare 阶段；在事务提交阶段，会写入二进制日志，我们称这一阶段的 redo 日志为 commit 阶段，各位读者理解为两个标识即可。

使用两阶段提交后，即使在写入二进制日志时出现了异常，也不会产生任何影响，因为 MySQL 使用 redo 日志恢复数据时，如果发现 redo 日志还处于 prepare 阶段，并且没有对应的二进制日志，就会回滚该事务，这样就可以避免数据不一致，如图 16-8 所示。

如果设置 redo 日志为 commit 阶段出现异常，那么会不会回滚事务呢？答案是并不会回滚事务。虽然 redo 日志处于 prepare 阶段，但是能通过事务 ID 判断是否存在对应的二进制日志，如果存在，那么 MySQL 会认为事务是完整的，就会提交事务并恢复数据。

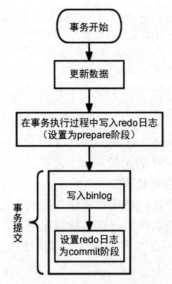

图16-7 两阶段提交的流程

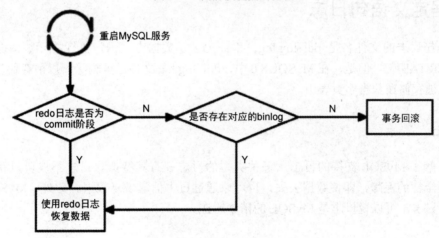

图16-8 使用两阶段提交后，写入二进制日志时出现异常的流程

16.5 中继日志

中继日志只在主从复制架构的从库中存在。从库为了保持与主库中的数据一致，首先要从主库那里读取二进制日志的内容，并且把读取到的信息写入本地的日志文件中，这个从库本地的日志文件就叫作中继日志。然后从库读取中继日志，并根据中继日志的内容对从库中的数据进行更新，从而实现主库与从库中的数据同步。搭建好主从复制架构后，中继日志默认被保存在从库的数据目录下。

中继日志文件名的格式是"从库名-relay-bin.序号"。中继日志还有一个索引文件，文件名是"从库名-relay-bin.index"，用来定位当前正在使用的中继日志。

中继日志格式与二进制日志格式相同，可以使用 mysqlbinlog 命令查看。如下内容是中继日志的一个片段。

```
SET TIMESTAMP=1618558728/*!*/;
BEGIN
/*!*/;
#at 950
#210416 15:38:48 server id 1    end_log_pos 832 CRC32 0xcc16d651    Table_map:
`atguigu`.`test` mapped to number 91
#at 1000
```

```
#210416 15:38:48 server id 1   end_log_pos 872 CRC32 0x07e4047c    Delete_rows: table id 91
flags: STMT_END_F    -- server id 1 是主库，意思是主库删除了一条记录
BINLOG '
CD95YBMBAAAAMgAAAEADAAAAAFsAAAAAAAEABGRlbW8ABHRlc3QAAAQMAAQEBAFHWFsw=
CD95YCABAAAAKAAAAGgDAAAAAFsAAAAAAAEAAgAB/wABAAAAfATkBw==
'/*!*/;
#at 1040
```

这个片段的意思是，主库（server id 1）对 atguigu 库中的表 test 执行了以下两步操作。

（1）定位到表 atguigu.test 中编号为 91 的记录，日志位置是 832。

（2）删除编号为 91 的记录，日志位置是 872。

如果从库宕机，有时候为了系统恢复，需要重装操作系统，这样就可能导致从库的名称与宕机前的名称不同，而中继日志里是包含从库的名称的。在这种情况下，就可能导致恢复从库的时候，无法从宕机前的中继日志里读取数据，以为是日志文件损坏了，其实是从库的名称不一致了。解决方法也很简单，把从库的名称改回宕机前的名称即可。

16.6　数据定义语句日志

数据定义语句日志的文件名是 ddl_log.log，里面记录了数据定义语句执行的元数据操作，如 DROP TABLE 和 ALTER TABLE。但是，在 MySQL 8.0 中，ddl_log.log 文件已被删除，以前存储在 ddl_log.log 文件中的数据现在被存储在数据字典表中。

16.7　小结

本章主要讲解了 MySQL 支持的日志，每种类型的日志都有其特点。日志不仅可以帮助我们定位问题，也是数据安全性的保障，即使数据丢失，也可以通过日志信息恢复数据。此外，MySQL 的主从复制等功能也离不开日志，可以说日志是 MySQL 的精华所在。

第17章

主从复制

如果优化的目的在于提升数据库的并发访问效率，那么首先应该考虑的是优化 SQL 和索引，这种方式简单且有效；其次应该考虑的是采用缓存策略，例如，使用 Redis 将热数据保存在内存数据库中，提高读取效率；最后应该考虑的是对数据库采用主从复制架构，在应用中实现主库写数据、从库读数据，也就是我们常说的读写分离。本章将从 MySQL 自身出发，讲解主从复制的原理和主从复制架构的搭建。

17.1 主从复制概述

主从复制架构是指搭建两台或多台 MySQL 服务器，将其中一台设置为主库，将另一台（或几台）设置为从库，从库可以复制主库中的数据。主从复制架构如图 17-1 所示。其中，Master 表示主库，负责写入数据，也可以称之为写库；Slave 表示从库，负责读取数据，也可以称之为读库。当主库进行更新的时候，会自动将数据复制到从库中，客户端读取数据的时候，可以选择到从库中读取。

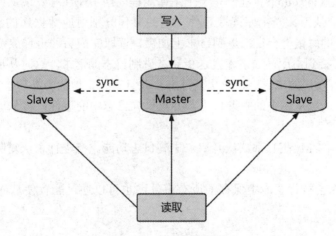

图 17-1 主从复制架构

主从复制架构主要有以下 3 个方面的作用。

（1）读写分离。先通过主从复制同步数据，再通过读写分离来提高数据库的并发处理能力。面对"读多写少"的需求，采用读写分离的方式，可以实现更高的并发访问效率。同时能对从库进行负载均衡，将不同的读请求按照策略均匀地分发到不同的从库上，这是读取顺畅的一个原因。读取顺畅的另一个原因就是减少了锁表的影响，例如，主库负责写入数据，当主库中出现表级锁的时候，不会影响到从库中读取数据。

（2）数据备份。通过主从复制将主库中的数据复制到从库中，相当于一种热备份机制，也就是在主库正常运行的情况下进行的备份，不影响数据库正常提供服务。

（3）高可用性。数据备份实际上是一种冗余的机制，通过这种冗余的机制可以换取数据库的高可用性，也就是当主库出现故障或宕机时，可以切换到从库，以保证服务的正常提供。关于高可用性的程度，我们可以用一个指标来衡量，即正常可用时间除以全年时间。例如，要达到全年 99.999%的时间都可用，就意味着系统在一年中的不可用时间不得超过 365×24×60×(1-99.999%)=5.256 分钟（含系统崩溃的时间、日常维护操作导致的停机时间等），其他时间都需要保持可用状态。实际上，更高的可用性意味着需要付出更高的成本代价，在现实中我们需要结合业务需求和成本来进行选择。

17.2 主从复制的原理

主从复制的原理就是基于二进制日志进行数据同步。在主从复制过程中，会基于三个线程来操作，一个是主库线程，两个是从库线程，具体过程如图 17-2 所示。

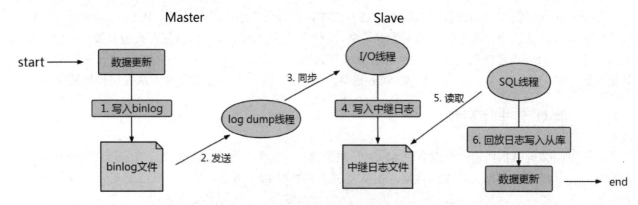

图 17-2　主从复制的具体过程

二进制日志转储线程（log dump 线程）是一个主库线程。当主库线程发现从库线程连接的时候，主库可以将二进制日志发送给从库。当主库读取事件（这些事件分别对应数据库的更新操作，如 INSERT、UPDATE、DELETE 等）的时候，会在二进制日志上加锁，读取完成后，再释放锁。

从库的 I/O 线程会连接到主库，向主库发送更新二进制日志的请求。这时从库的 I/O 线程就可以读取到主库中的 log dump 线程发送的二进制日志更新部分，并且写入本地的中继日志中。

从库的 SQL 线程会读取从库中的中继日志，并且执行日志中的事件，将从库中的数据与主库中的数据保持同步。

注意，不是所有版本的 MySQL 都默认开启二进制日志功能。在进行主从复制前，需要先检查是否开启了二进制日志功能。

在默认情况下，从库会执行主库中保存的所有事件，也可以通过配置使从库执行主库中保存的特定事件。

17.3 主从复制架构的搭建

主从复制架构的搭建需遵循如下基本原则。
- 每个从库只能对应一个主库。
- 每个从库只能有一个唯一的服务器 ID。
- 每个主库可以有多个从库。

下面先讲解如何搭建一主一从架构。

一主一从架构图如图 17-3 所示。Master 表示主库，用于处理所有写请求。Slave 表示从库，负责处理所有读请求。Mycat 作为 Java 程序访问数据库的中间件，用于转发读、写请求，读请求被转发到 Slave，写请求被转发到 Master，Java 程序则将读、写请求全部发送给 Mycat。

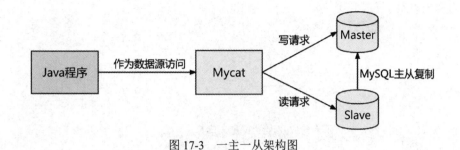

图 17-3 一主一从架构图

17.3.1 准备工作

在搭建一主一从架构之前，需要准备两台 CentOS 虚拟机，每台 CentOS 虚拟机上需要安装 MySQL 8.0 或其他版本的 MySQL。

大家可以先在一台 CentOS 虚拟机上安装 MySQL，该机器将作为本次架构搭建的主机；然后使用克隆的方式生成一台包含 MySQL 的虚拟机，克隆出来的机器将作为本次架构搭建的从机（注意，需要修改从机的 IP 地址）。

如果使用克隆的方式生成虚拟机（包含 MySQL Server），那么克隆的虚拟机 MySQL Server 的 UUID 是相同的，必须修改，否则在有些场景下会报错。例如，执行 SHOW SLAVE STATUS 命令，会报如下错误。

```
Last_IO_Error: Fatal error: The slave I/O thread stops because master and slave have equal
MySQL server UUIDs; these UUIDs must be different for replication to work.
```

修改 MySQL Server 的 UUID 的方式如下所示。例如，将加粗部分"11ed"修改为"112d"，之后重启 MySQL 服务即可。

```
#编辑 UUID 所在文件
[root@atguigu02 ~]# vim /var/lib/mysql/auto.cnf
[auto]
#修改前的 UUID
server-uuid=e5c5c38f-2293-11ed-a05d-000c29c54974
#修改后的 UUID
server-uuid=e5c5c38f-2293-112d-a05d-000c29c54974

#重启 MySQL 服务
[root@atguigu02 ~]# systemctl restart mysqld
```

17.3.2 修改配置文件

主、从机的所有配置项都位于 my.cnf 配置文件中的[mysqld]组下，且都是小写字母。

1. 主机参数配置

主机参数配置可以分为必须配置的参数（必选）和非必须配置的参数（可选）。必须配置的参数包括主服务器唯一 ID、二进制日志文件存储路径、二进制日志文件名等。非必须配置的参数包括二进制日志文件保留时长、单个二进制日志文件大小等。具体参数配置如下所示。

- 必须配置的参数。

```
#[必选]主服务器唯一 ID
server-id=1

#[必选]开启二进制日志功能，指明路径，如本地路径/log/mysqlbin/
log-bin=atguigu-bin
```

- 非必须配置的参数。

```
#[可选] 0（默认）表示读/写（主机），1 表示只读（从机）
read-only=0

#[可选]设置二进制日志文件保留时长，单位是秒
binlog_expire_logs_seconds=6000

#[可选]设置单个二进制日志文件大小。此参数的最大值和默认值都是 1GB
max_binlog_size=200M

#[可选]设置不需要复制的数据库
binlog-ignore-db=test

#[可选]设置需要复制的数据库，默认复制全部记录。例如，binlog-do-db=atguigu_master_slave
binlog-do-db=需要复制的主数据库名

#[可选]设置二进制日志格式
binlog_format=STATEMENT
```

参数配置完成后，需要重启 MySQL 服务，使配置生效。一定要先搭建完主从复制架构，再创建数据库，因为 MySQL 从机在成为主机的从机那一刻才开始复制主机上的数据。如果先在主机上创建数据库，再搭建主从复制架构，那么从机是不会将主机上已创建的数据库复制过来的。

2．从机参数配置

从机参数配置也可以分为必须配置的参数（必选）和非必须配置的参数（可选）。必须配置的参数包括从服务器唯一 ID。非必须配置的参数包括开启中继日志功能等。具体参数配置如下所示。

- 必须配置的参数。

```
#[必选]从服务器唯一 ID
server-id=2
```

- 非必须配置的参数。

```
#[可选]开启中继日志功能
relay-log=mysql-relay
```

参数配置完成后，需要重启 MySQL 服务，使配置生效。为了避免出现网络不通的问题，本书将关闭主、从机上的防火墙，命令如下所示。

```
[root@atguigu02 ~]# service iptables stop              #CentOS 6
[root@atguigu02 ~]# systemctl stop firewalld.service   #CentOS 7
```

17.3.3　主机：创建账户并授权

在主机 MySQL 中执行授权主从复制的命令。下面的命令适用于 MySQL 5.5 和 MySQL 5.7。

```
#适用于 MySQL 5.5 和 MySQL 5.7
mysql> GRANT REPLICATION SLAVE ON *.* TO 'slave1'@'从机数据库 IP' IDENTIFIED BY 'abc123';
```

如果我们使用的数据库版本是 MySQL 8.0，则需要使用如下方式创建账户 slave1，并对其授权。

```
mysql> CREATE USER 'slave1'@'%' IDENTIFIED BY '123456';
mysql> GRANT REPLICATION SLAVE ON *.* TO 'slave1'@'%';
```

在从机上执行 SHOW SLAVE STATUS 命令时会报如下错误。

```
Last_IO_Error: error connecting to master 'slave1@192.168.1.150:3306' - retry-time: 60
retries: 1 message: Authentication plugin 'caching_sha2_password' reported error:
Authentication requires secure connection.
```

在第 1 章中讲解安装 MySQL 的时候，也出现了一样的错误，此处不再赘述，执行如下语句即可。

```
#必须执行此语句
mysql> ALTER USER 'slave1'@'%' IDENTIFIED WITH mysql_native_password BY '123456';
mysql> flush privileges;
```

查询主机的状态，并记录 File 和 Position 值，主要用于记录数据同步的日志文件名和记录起始位置，结果如下所示。

```
mysql> SHOW MASTER STATUS\G;
*************************** 1. row ***************************
            File: atguigu-bin.000005
        Position: 154
    Binlog_Do_DB:atguigu_master_slave
 Binlog_Ignore_DB:
Executed_Gtid_Set:
1 row in set (0.00 sec)
```

注意，执行完此步骤后，不要再操作主机 MySQL，以免主服务器的状态值发生改变。

17.3.4 从机：配置需要复制的主机信息

主机配置完成后，需要在从机中配置需要复制的主机信息。也就是说，从机需要知道复制哪台主机的信息。具体操作步骤如下。

（1）从机上复制主机信息的命令语法如下所示。

```
mysql> CHANGE MASTER TO
MASTER_HOST='主机的 IP 地址',
MASTER_USER='主机用户名',
MASTER_PASSWORD='主机用于主从复制的账户对应的密码',
MASTER_LOG_FILE='mysql-bin.具体数字',
MASTER_LOG_POS=具体值;
```

具体语句如下所示，这里用到了前面记录的主机上的日志文件名和记录起始位置。

```
mysql> CHANGE MASTER TO
MASTER_HOST='192.168.1.150',
MASTER_USER='slave1',
MASTER_PASSWORD='123456',
MASTER_LOG_FILE='atguigu-bin.000005',
MASTER_LOG_POS=154;
```

（2）使用如下命令启动从机同步。

```
mysql>START SLAVE;
Query OK, 0 rows affected (0.00 sec)
```

可能会报如下错误。

```
mysql>START SLAVE;
ERROR1872(HY000):Slave failed to initialize relay log info structure from the repository
```

出现上面的错误信息后，我们可以先删除之前的 relay_log 信息，再重新执行 CHANGE MASTER TO... 命令，如下所示。

```
mysql> RESET SLAVE; #删除 Slave 中的中继日志文件，并启用新的中继日志文件
```

查看同步状态，如下所示（限于篇幅，仅展示部分数据）。从 MySQL 8.0.22 开始，将 SHOW SLAVE STATUS 命令标记为弃用，可以使用 SHOW REPLICA STATUS 命令代替。

```
mysql> SHOW SLAVE STATUS\G
*************************** 1. row ***************************
Slave_IO_State: Waiting for master to send event
Master_Host: 172.16.116.1
Master_User: slave01
```

```
Master_Port: 3306
Connect_Retry: 60
Master_Log_File: logbin.000001
Read_Master_Log_Pos: 154
Relay_Log_File: mysql-relay.000002
Relay_Log_Pos: 317
Relay_Master_Log_File: logbin.000001
Slave_IO_Running: Yes
Slave_SQL_Running: Yes
Replicate_Do_DB:
Replicate_Ignore_DB:
Replicate_Do_Table:
Replicate_Ignore_Table:
Replicate_Wild_Do_Table:
Replicate_Wild_Ignore_Table:
Last_Errno: 0
Last_Error:
Skip_Counter: 0
Exec_Master_Log_Pos: 154
Relay_Log_Space: 3642164873
Until_Condition: None
Until_Log_File:
Until_Log_Pos: 0
Master_SSL_Allowed: No
Master_SSL_CA_File:
```

如果 Slave_IO_Running（加粗部分）和 Slave_SQL_Running（加粗部分）参数的值都是 Yes，则说明主从配置成功；如果有一个参数的值不是 Yes，则表示主从配置失败，如下所示，Slave_IO_Running 参数的值为 Connecting。

```
mysql> SHOW SLAVE STATUS\G
*************************** 1. row ***************************
Slave_IO_State: Waiting for master to send event
Master_Host: 172.16.116.1
Master_User: slave01
Master_Port: 3306
Connect_Retry: 60
Master_Log_File: logbin.000001
Read_Master_Log_Pos: 154
Relay_Log_File: mysql-relay.000002
Relay_Log_Pos: 4
Relay_Master_Log_File: logbin.000001
Slave_IO_Running: Connecting
Slave_SQL_Running: Yes
Replicate_Do_DB:
Replicate_Ignore_DB:
```

导致主从配置失败的原因可能有如下几种，重新调整配置即可。

- 网络不通。
- 账户密码错误。
- 没有关闭防火墙。
- MySQL 配置文件问题。

- 连接服务器时的语法问题。
- 主服务器上的 MySQL 权限问题。

17.3.5　测试和停止主从复制

1. 测试主从复制

使用如下语句在主机上新建库、新建表、插入记录，从机复制。

```
mysql> CREATE DATABASE atguigu_master_slave;

mysql> CREATE TABLE `student`(id INT,name VARCHAR(16));

mysql> INSERT INTO student VALUES(1, 'zhang3');

mysql> INSERT INTO student VALUES(2,@@hostname);
```

主机中的数据如下所示。

```
mysql> SELECT * FROM student;
+----+---------------+
| id | name          |
+----+---------------+
|  1 | zhang3        |
|  2 | atguigu01     |
+----+---------------+
1 rows in set (0.00 sec)
```

从机中的数据如下所示。

```
mysql> SELECT * FROM student;
+----+---------------+
| id | name          |
+----+---------------+
|  1 | zhang3        |
|  2 | atguigu02     |
+----+---------------+
1 rows in set (0.00 sec)
```

可以发现主机和从机中的 hostname 值是不一样的。

2. 停止主从复制

停止主从复制的命令如下所示。

```
mysql> STOP SLAVE;
```

停止主从复制后，如果想重新启用，就需要重新配置主从。在重新配置主从的时候，需要在从机上执行如下命令。

```
mysql> STOP SLAVE;
mysql> reset master;  #删除 Master 中所有的二进制日志文件，并将日志索引文件清空，重新生成新的日志文件(慎用)
```

17.3.6　双主双从架构

双主双从架构的意思是一台主机 Master1 负责处理所有写请求，它的从机 Slave1 和另一台主机 Master2 及其从机 Slave2 负责处理所有读请求。当 Master1 宕机后，Master2 负责处理写请求，Master1、Master2 互为备机。双主双从架构图如图 17-4 所示。

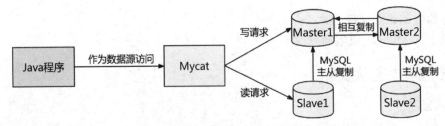

图 17-4 双主双从架构图

17.3.7 二进制日志格式在主从复制架构中的优缺点

我们在第 16 章中讲解了二进制日志格式，涉及 ROW、STATEMENT 和 MIXED 3 种格式。下面分别讲解这 3 种二进制日志格式在主从复制架构中的优缺点。

1. ROW 格式

ROW 格式是基于行的复制（Row-Based Replication，RBR）。在 my.cnf 配置文件中进行如下设置，即可将二进制日志格式设置为 ROW。

```
binlog_format=ROW
```

从 MySQL 5.1.5 开始支持 ROW 格式的复制。该格式不记录每条 SQL 语句的上下文信息，仅记录哪条记录被修改了、被修改成什么样了。这是二进制日志的默认格式。

ROW 格式的优点是任何情况都可以被复制，这对复制来说是最安全可靠的，例如，不会出现某些特定情形下的存储过程、function、trigger 的调用和触发无法被正确复制的问题。在大多数情况下，从库中的数据表如果有主键，复制就会快很多。ROW 格式在复制以下几种语句时请求的行级锁更少，如 INSERT...SELECT 语句、包含自增字段的 INSERT 语句、没有附带条件或并没有修改很多记录的 UPDATE 或 DELETE 语句。ROW 格式使得从库上采用多线程来执行复制操作成为可能。

ROW 格式的缺点是二进制日志文件变得很大，其中包含大量数据。在主库上执行更新语句时，所有发生改变的记录都会被写入二进制日志中，而 STATEMENT 格式只会写一次，这会导致频繁出现二进制日志的并发写问题。ROW 格式无法从二进制日志中看到都复制了哪些语句。

2. STATEMENT 格式

STATEMENT 格式是基于 SQL 语句的复制（Statement-Based Replication，SBR）。在 my.cnf 配置文件中进行如下设置，即可将二进制日志格式设置为 STATEMENT。

```
binlog_format=STATEMENT
```

STATEMENT 格式历史悠久、技术成熟，不需要记录每一行的变化，减少了二进制日志的数据量，且二进制日志文件较小。这种格式的二进制日志中包含了所有的数据库更改信息，可以据此来审核数据库的安全情况，不仅可以用于复制，而且可以用于实时还原。在主从复制架构中，允许主库和从库上的 MySQL 版本不一致，从库上的 MySQL 版本可以比主库上的 MySQL 版本高。

但是，STATEMENT 格式并不会复制所有的更新语句，尤其是包含不确定操作的语句，例如，使用 LOAD_FILE()、UUID()、USER()、FOUND_ROWS()、SYSDATE()等函数的语句就无法被复制，除非服务器启动时启用了--sysdate-is-now 选项。STATEMENT 格式复制需要全表扫描（WHERE 条件中没有使用索引）的 SQL 语句时，需要比 ROW 格式请求更多的行级锁。对于包含自增字段的 InnoDB 存储引擎类型的表而言，INSERT 语句会阻塞其他 INSERT 语句。对于一些复杂的 SQL 语句，STATEMENT 格式在从库上的资源消耗情况会更严重，而在 ROW 格式下，只会对那条发生改变的记录产生影响。从库中的数据表必须几乎和主库中的数据表保持一致，否则可能会导致复制出错。

3. MIXED 格式

MIXED 格式是混合复制（Mixed-Based Replication，MBR）。在 my.cnf 配置文件中进行如下设置，即

可将二进制日志格式设置为 MIXED。

```
binlog_format=MIXED
```

从 MySQL 5.1.8 开始支持 MIXED 格式，它实际上就是 ROW 格式和 STATEMENT 格式的结合体。在 MIXED 格式下，对于一般的更新语句，采用 STATEMENT 格式保存二进制日志，但 STATEMENT 格式无法完成主从复制操作，这时可采用 ROW 格式。MySQL 会根据执行的每条 SQL 语句区别对待记录的日志格式，也就是在 ROW 格式和 STATEMENT 格式之间选择一种。

17.4　数据一致性

主从复制架构要求主库和从库中的数据一致，一致的意思是最终一致性，因为主库和从库存在延迟问题，就会造成延迟期间数据不一致。

17.4.1　数据同步延迟问题

1. 主从延迟问题

主从复制的内容是二进制日志，它是一个文件，在进行网络传输的过程中一定会存在主从延迟，这样就可能造成用户在从库中读取的数据不是最新数据，也就是主从复制中的数据不一致。

在从库上执行 SHOW SLAVE STATUS 或 SHOW REPLICA STATUS 命令，返回的结果里面会显示 Seconds_Behind_Master 或 Seconds_Behind_Source 列，用于表示当前主从延迟的值，单位是秒。

参照图 17-2，Seconds_Behind_Master 或 Seconds_Behind_Source 列的值是 SQL 线程和 I/O 线程之间的时间差，可以简单地理解为中继日志中最后一条日志的时间戳与 I/O 线程执行的第一条日志的时间戳之间的差值。当 SQL 线程等待 I/O 线程获取主库二进制日志的时候，该值为 0，表示主库与从库之间无延迟。如果当前从库未处理日志中的任何事件，那么该值也是 0。在网络环境比较好的情况下，I/O 线程能很快地从主库的二进制日志同步数据到从库的中继日志，此时该值就能基本确定从库落后主库的秒数。在网络环境特别糟糕的情况下，I/O 线程同步很慢，每当日志同步过来时，SQL 线程却能立即执行，虽然 Seconds_Behind_Master 或 Seconds_Behind_Source 列的值通常显示为 0，但真实情况是从库已经落后主库很多，此时该值便不会那么准确。因此，该值只在网络环境比较好的情况下有效。

注意，即使主机和从机的系统时间设置不一致，也不会影响主从延迟的值。

2. 主从延迟的原因

在网络环境比较好的情况下，把二进制日志从主库传递到从库所需的时间是很短的。造成主从延迟的主要原因是从库接收完二进制日志和执行完这个事务之间的时间差。造成主从延迟的原因及解决方案如下。

（1）按照正常的策略，主库提供写能力，从库提供读能力。把大量查询放在从库上，结果导致从库耗费了大量的 CPU 资源，进而影响了同步速度，造成主从延迟。对于这种情况，可以搭建一主多从架构，让多个从库分担读压力。

（2）在一个事务中处理大量数据，当大事务开始执行时，就开始计算延迟时间。把二进制日志同步到从库之后，从库执行这个事务的耗时非常长，就会产生较长的延迟时间。对于这种情况，需要将大事务拆分为若干个小事务，以保证事务能够被及时提交，缩短主从延迟的时间。

（3）在业务高峰时期，主库上的并发执行数非常大，存在大量更新操作。在这种情况下，从库的复制能力跟不上，往往就会产生延迟，最终延迟堆积，导致延迟时间越来越长。因此，一个数据库的能力是存在瓶颈的，这时候就需要进行水平扩展，增强系统的事务处理能力。

3. 如何缩短主从延迟的时间

想要缩短主从延迟的时间，可以采取如下措施。

（1）降低多线程大事务并发的概率，优化业务逻辑。

（2）优化 SQL，避免慢 SQL，减少批量操作。

（3）提高从库机器的配置，降低主库写二进制日志和从库读二进制日志的效率差。

（4）对实时性要求高的业务读强制走主库，从库只做容灾和备份。

17.4.2　如何解决主从复制中数据不一致的问题

如果读、写操作都作用在主库上，在更新数据的时候给记录加独占锁，在读取数据的时候就不会出现数据不一致的情况。在这种情况下，主从复制架构中从库的作用仅仅是备份数据，并没有起到读写分离、分担主库读压力的作用，如图 17-5 所示。

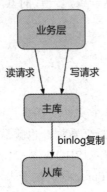

图 17-5　从库备份数据

在读写分离的情况下，解决主从复制中数据不一致的问题，就是解决如何选择主库和从库之间数据复制方式的问题。如果按照数据一致性从弱到强来进行划分，则有以下 3 种复制方式。

1. 异步复制

异步复制的原理是在客户端提交事务之后，不需要等从库返回任何结果，而直接将结果返回给客户端。这样做的好处是不会影响主库写的效率，但可能会存在主库宕机，而二进制日志还没有被同步到从库的情况，也就是此时主库和从库中的数据不一致。这时候会选择一个从库作为新主库，新主库上可能会缺少原主库上已提交的事务。因此，这种复制方式下的数据一致性是最弱的。异步复制原理图如图 17-6 所示。

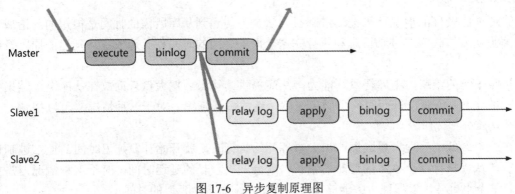

图 17-6　异步复制原理图

2. 半同步复制

从 MySQL 5.5 开始支持半同步复制。其原理是在客户端提交事务之后，不直接将结果返回给客户端，而等待至少有一个从库接收到二进制日志，并且写入中继日志中后，再将结果返回给客户端。这样做的好处是提高了数据的一致性。当然，相比异步复制，半同步复制至少增加了一个网络连接的延迟，降低了主库写的效率。

在 MySQL 5.7 中增加了一个参数 rpl_semi_sync_master_wait_for_slave_count，可以对响应的从库数量进行设置。其默认值为 1，也就是说，只要有一个从库进行了响应，就可以将结果返回给客户端。如果将这个参数值调大，则可以提升数据一致性的强度，但也会增加主库等待从库响应的时间。半同步复制原理图如图 17-7 所示。

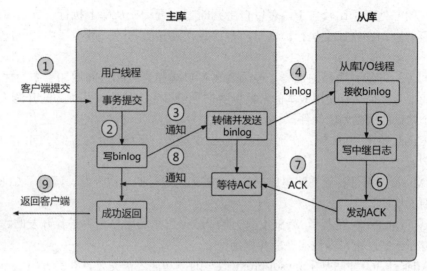

图 17-7　半同步复制原理图

3. 组复制

半同步复制是通过判断从库响应的数量来决定是否将结果返回给客户端的，虽然数据一致性相比异步复制的数据一致性有所提高，但仍然无法适用于对数据一致性要求高的场景，如金融领域，由此提出了"组复制（MySQL Group Replication，MGR）"的概念。

MGR 是 MySQL 5.7.17 中推出的一种新的数据复制方式，这种复制方式是基于 Paxos 协议的状态机复制，很好地弥补了前面两种复制方式的不足，可用于创建高可用、可扩展、容错的复制拓扑结构。Paxos 算法是由图灵奖获得者 Leslie Lamport 于 1990 年提出的，之后就作为分布式一致性算法被广泛应用，例如，Apache 的 ZooKeeper 就是基于 Paxos 算法实现的。

MGR 将多个节点组成一个复制组，在执行读写事务的时候，需要经过一致性协议层（Consensus）的同意，也就是说，想要提交读写事务，必须经过组内大多数节点的同意（大多数指的是同意的节点数量需要大于 $N/2+1$）；而只读事务不需要经过组内节点的同意，直接提交即可。MGR 将 MySQL 带入了数据强一致性的时代，这是一个划时代的创新，其中一个重要原因就是 MGR 基于 Paxos 协议。

一个复制组由多个节点组成，它们各自维护自己的数据副本，并且在一致性协议层实现原子消息和全局有序消息，从而保证组内数据的一致性。组复制原理图如图 17-8 所示。

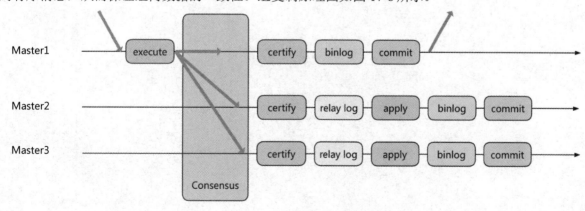

图 17-8　组复制原理图

17.5　数据库中间件

在主从复制架构的配置中，想要采取读写分离的策略，既可以自己编写程序，也可以通过第三方中间件来实现。

自己编写程序的好处在于比较自主，可以自主判断哪些查询在从库上执行，针对实时性要求高的需求，还可以考虑哪些查询在主库上执行。同时，程序直接连接数据库，减少了中间件层，相当于减少了性能损耗。

虽然采用中间件的方法有明显的优势，但因为在客户端和数据库之间增加了中间件层，会有一些性能损耗，同时商业中间件也是有使用成本的，所以我们也可以考虑使用一些优秀的开源工具。

下面列举几个常见的数据库中间件。

（1）Cobar。Cobar 始于 2008 年，在阿里巴巴服役 3 年多，集群日处理在线 SQL 请求 50 亿次以上，目前已经停止维护。

（2）Mycat。Mycat 是开源社区在阿里巴巴 Cobar 基础上进行的二次开发，解决了 Cobar 存在的问题，并且加入了许多新的功能。

（3）OneProxy。OneProxy 是基于 MySQL 官方的 Proxy 思想利用 C 语言进行开发的。它是一款商业收费的中间件，舍弃了一些功能，专注在性能和稳定性上。

（4）Atlas。Atlas 是 360 团队基于 mysql-proxy 改写的，功能还需完善，在高并发下不稳定。

（5）MaxScale。MaxScale 是 MariaDB（MySQL 原作者维护的一个版本）研发的中间件。

（6）MySQLRoute。MySQLRoute 是 MySQL 官方 Oracle 公司发布的中间件。

17.6　小结

本章主要讲解了 MySQL 中的主从复制功能，该功能的使用显著增强了 MySQL 服务的并发性和可用性，在生产过程中，即使主库中出现了锁表的场景，依然可以通过读取从库保证业务的正常运行。主从复制架构可以帮助用户实现数据库的读写分离、数据备份等功能。

本章还详细讲解了搭建一主一从架构的详细步骤，各位读者可以自行尝试搭建。在整个主从复制过程中，会存在主从延迟的问题。我们一定要注意解决主从复制中数据不一致的问题，建议使用组复制方式。

第18章

数据库备份与恢复

在任何数据库环境中，总会有不确定的意外情况发生，比如机房意外停电、人为删除数据之后又想恢复、计算机系统中的各种软硬件故障、管理员误操作等，这些情况可能会导致数据丢失、服务器瘫痪等严重后果。

为了有效防止数据丢失并将损失降到最低，并且保持数据的完整性与统一性，用户应定期对 MySQL 服务器中的数据进行备份。如果数据库中的数据丢失或出现错误，则可以使用备份的数据进行恢复，尽可能降低意外原因导致的损失。从整体来讲，数据备份分为两大类，分别是物理备份和逻辑备份。

18.1 物理备份和逻辑备份的概念

物理备份就是备份数据文件，转储数据库物理文件到某一目录下。物理备份的特点是数据恢复速度比较快，但占用存储空间比较大。MySQL 中常用的物理备份工具是 xtrabackup。简单来说，物理备份就是复制数据文件到一个目录下，这对于 MyISAM 存储引擎类型的表来说非常方便，但对于 InnoDB 存储引擎类型的表来说则没有那么简单。

逻辑备份是指对数据库对象利用工具执行导出操作，汇总到备份文件中。逻辑备份的特点是数据恢复速度慢，但占用存储空间比较小。MySQL 中常用的逻辑备份工具是 mysqldump。简单来说，逻辑备份就是备份 SQL 语句，在恢复数据的时候执行备份的 SQL 语句即可。虽然逻辑备份相对更安全，但是对于数据量较大的数据库来说，逻辑恢复的时间是不确定的，可能需要花费很长时间。

备份数据是数据库管理中的常见操作。为了保证数据安全，数据库管理员需要定期备份数据。一旦数据库遭到破坏，就可以利用备份的数据还原数据库。

18.2 逻辑备份之 mysqldump 命令

mysqldump 是 MySQL 提供的一个非常有用的数据库备份工具。在执行 mysqldump 命令时，可以将数据库备份成一个文本文件，该文件中包含多条 CREATE 和 INSERT 语句，使用这些语句可以重新创建表和插入数据。

mysqldump 命令的工作原理很简单，首先查询出需要备份的表结构，然后在文本文件中生成一条 CREATE 语句，最后将表中的所有数据转换为 INSERT 语句，后续就可以使用其中的 CREATE 语句创建表，使用 INSERT 语句还原数据。

mysqldump 命令既可以用于备份一张或多张表，也可以用于备份一个或多个完整的数据库，还可以用于备份整个 MySQL 服务器，其语法如下所示。

```
mysqldump [options] db_name [tbl_name …]
mysqldump [options] --databases db_name …
mysqldump [options] --all-databases
```

如果指定了--databases 或--all-databases 参数，那么备份文件中将包含创建数据库的语句，否则不包含创建数据库的语句。

18.2.1　备份单个数据库

使用 mysqldump 命令备份单个数据库的语法如下所示。

```
mysqldump -u user -h host -p[password] dbname[tbname1 tbname2 …]> filename.sql
```

下面分别讲述各部分的含义。

- user：表示用户名。
- host：表示登录账户的主机名。
- password：表示登录密码。也可以选择不在命令行中输入登录密码，等命令执行结束，按回车键后再输入登录密码，这对于数据库来说更加安全。
- dbname：表示需要备份的数据库名。
- tbname：表示 dbname 数据库中需要备份的数据表。可以指定多张需要备份的数据表，表名之间用空格分隔。如果不指定表名，则备份整个数据库。
- 右箭头符号 ">"：表示将备份数据表的定义和数据写入指定的备份文件中。
- filename.sql：表示备份文件名。

需要注意的是，使用 mysqldump 命令备份的文件并不一定要求扩展名为.sql，备份为其他格式的文件也是可以的，如备份为扩展名为.txt 的文件。但是，在通常情况下备份为扩展名为.sql 的文件，因为扩展名为.sql 的文件看起来就是与数据库有关的文件。

下面使用 root 用户备份整个 atguigu 数据库，具体操作步骤如下。

（1）执行如下命令，按回车键后输入密码。

```
[root@atguigu01 ~]# mysqldump -uroot -p --databases atguigu>atguigu.sql
```

（2）上述命令执行完后，备份文件被存放在当前目录下。当然，也可以指定目录，但是要保证目录存在，否则将提示"系统找不到指定的路径"的错误信息。打开 atguigu.sql 文件，可以查看备份内容，这里只展示部分内容，如下所示。

```
-- MySQL dump 10.13  Distrib 8.0.25, for Linux (x86_64)
--
-- Host: localhost    Database: atguigu
-- ------------------------------------------------------
-- Server version       8.0.25

/*!40101 SET @OLD_CHARACTER_SET_CLIENT=@@CHARACTER_SET_CLIENT */;
/*!40101 SET @OLD_CHARACTER_SET_RESULTS=@@CHARACTER_SET_RESULTS */;
/*!40101 SET @OLD_COLLATION_CONNECTION=@@COLLATION_CONNECTION */;
/*!50503 SET NAMES utf8mb4 */;
/*!40103 SET @OLD_TIME_ZONE=@@TIME_ZONE */;
/*!40103 SET TIME_ZONE='+00:00' */;
/*!40014 SET @OLD_UNIQUE_CHECKS=@@UNIQUE_CHECKS, UNIQUE_CHECKS=0 */;
/*!40014 SET @OLD_FOREIGN_KEY_CHECKS=@@FOREIGN_KEY_CHECKS, FOREIGN_KEY_CHECKS=0 */;
/*!40101 SET @OLD_SQL_MODE=@@SQL_MODE, SQL_MODE='NO_AUTO_VALUE_ON_ZERO' */;
/*!40111 SET @OLD_SQL_NOTES=@@SQL_NOTES, SQL_NOTES=0 */;


--
-- Current Database: `atguigu`
--
```

```
CREATE DATABASE /*!32312 IF NOT EXISTS*/ `atguigu` /*!40100 DEFAULT CHARACTER SET utf8mb4
COLLATE utf8mb4_0900_ai_ci */ /*!80016 DEFAULT ENCRYPTION='N' */;

USE `atguigu`;

--
-- Table structure for table `student`
--

DROP TABLE IF EXISTS `student`;
/*!40101 SET @saved_cs_client     = @@character_set_client */;
/*!50503 SET character_set_client = utf8mb4 */;
CREATE TABLE `student` (
  `studentno` int NOT NULL,
  `name` varchar(20) DEFAULT NULL,
  `class` varchar(20) DEFAULT NULL,
  PRIMARY KEY (`studentno`)
) ENGINE=InnoDB DEFAULT CHARSET=utf8mb3;
/*!40101 SET character_set_client = @saved_cs_client */;
INSERT INTO `student` VALUES (1,'张三_back','一班'),(3,'李四','一班'),(8,'王五','二班'),(15,
'赵六','二班'),(20,'钱七','>三班'),(22,'zhang3_update','1ban'),(24,'wang5','2ban');
/*!40000 ALTER TABLE `student` ENABLE KEYS */;
UNLOCK TABLES;
…
…
…
/*!40101 SET SQL_MODE=@OLD_SQL_MODE */;
/*!40014 SET FOREIGN_KEY_CHECKS=@OLD_FOREIGN_KEY_CHECKS */;
/*!40014 SET UNIQUE_CHECKS=@OLD_UNIQUE_CHECKS */;
/*!40101 SET CHARACTER_SET_CLIENT=@OLD_CHARACTER_SET_CLIENT */;
/*!40101 SET CHARACTER_SET_RESULTS=@OLD_CHARACTER_SET_RESULTS */;
/*!40101 SET COLLATION_CONNECTION=@OLD_COLLATION_CONNECTION */;
/*!40111 SET SQL_NOTES=@OLD_SQL_NOTES */;
-- Dump completed on 2022-01-07  9:58:23
```

以"--"开头的语句是注释信息。例如，下面的内容说明了数据库名和版本信息。

```
-- MySQL dump 10.13  Distrib 8.0.25, for Linux (x86_64)
--
-- Host: localhost    Database: atguigu
-- ------------------------------------------------------
-- Server version       8.0.25
```

以"/*!"开头、以"*/"结尾的语句是可执行的 MySQL 注释，这些语句可以被 MySQL 执行，但在其他数据库管理系统中会被作为注释忽略，这样可以提高数据库的可移植性。在某些情况下，可以编写包含 MySQL 特殊扩展功能的代码，但是，为了保持其可移植性，可以通过"/*!...*/"注释掉这些扩展功能。MySQL 能够解析并执行注释中的代码，就像对待其他 SQL 语句一样，但其他数据库管理系统则将其当成注释，从而忽略这些扩展功能，比如下面的内容。

```
/*!40101 SET @OLD_CHARACTER_SET_CLIENT=@@CHARACTER_SET_CLIENT */;
```

（1）在备份文件开头指明了备份文件使用的 mysqldump 工具的版本号，如下所示，当前使用的版本是 10.13。

```
-- MySQL dump 10.13  Distrib 8.0.25, for Linux (x86_64)
```

指明了登录账户的主机名及备份的数据库名，如下所示，当前备份的数据库是 atguigu，主机是 localhost。

```
-- Host: localhost    Database: atguigu
```

还指明了 MySQL 服务器的版本号，如下所示，当前使用的版本是 8.0.25。

```
-- Server version    8.0.25
```

（2）备份文件接下来的部分是一些 SET 语句，这些语句将一些系统变量的值赋予用户定义变量，以确保被恢复的数据库的系统变量值和备份时的系统变量值相同，比如下面的内容。

```
#该 SET 语句将当前系统变量 CHARACTER_SET_CLIENT 的值赋予用户定义变量@OLD_CHARACTER_SET_CLIENT，其
他系统变量与此类似
/*!40101 SET @OLD_CHARACTER_SET_CLIENT=@@CHARACTER_SET_CLIENT */;
```

（3）备份文件的最后几行 SET 语句用来恢复系统变量原来的值，比如下面的内容。

```
#该语句将用户定义变量@OLD_CHARACTER_SET_CLIENT 中保存的值赋予实际的系统变量 CHARACTER_SET_CLIENT
/*!40101 SET CHARACTER_SET_CLIENT=@OLD_CHARACTER_SET_CLIENT */;
```

（4）备份文件中的 DROP、CREATE 和 INSERT 语句都是还原时使用的。例如，DROP TABLE IF EXISTS 'student'语句用来判断数据库中是否存在名为 student 的表，如果存在，就删除这张表；CREATE 语句用来创建表；INSERT 语句用来还原数据。

（5）备份文件中的一些语句以数字开头，这些数字代表了 MySQL 版本号，告诉我们这些语句只有在指定的 MySQL 版本或比其更高的版本中才能被执行。例如，40101 表明这些语句只有在 MySQL 4.01.01 或比其更高的版本中才能被执行。

```
/*!40101 SET SQL_MODE=@OLD_SQL_MODE */;
```

（6）在备份文件最后记录了备份时间，如下所示，备份时间是 2022 年 1 月 7 日 9:58:23。

```
-- Dump completed on 2022-01-07  9:58:23
```

18.2.2　备份全部数据库

如果想用 mysqldump 命令备份全部数据库，则可以使用--all-databases 或-A 参数，语法如下所示。

```
[root@atguigu01 ~]# mysqldump -uroot -pxxxxxx --all-databases > all_db.sql
[root@atguigu01 ~]# mysqldump -uroot -pxxxxxx -A > all_db.sql
```

18.2.3　备份多个数据库

有时候，我们会遇到只需要备份某些数据库的情况，就可以使用--databases 或-B 参数了。该参数后面必须指定至少一个数据库名，多个数据库名之间用空格分隔，如下所示。注意，在备份多个数据库的时候不能添加表名相关参数。

```
[root@atguigu01 ~]# mysqldump  -u user -h host -p --databases  [dbname1 dbname2 …] >
filename.sql
```

下面使用 root 用户备份 atguigu 和 atguigu12 数据库，命令如下所示。

```
[root@atguigu01 ~]# mysqldump -uroot -p --databases atguigu atguigu12 >two_database.sql
```

执行上述命令后，生成一个名为 two_database.sql 的备份文件，文件中包含创建两个数据库 atguigu、atguigu12 及其中的表和数据所必需的所有语句。也可以执行如下命令来实现同样的功能。

```
[root@atguigu01 ~]# mysqldump -uroot -p -B atguigu atguigu12 > two_database.sql
```

18.2.4　备份部分表

平时我们也会有备份部分表的需求，比如在表变更前进行备份，语法如下所示。

```
mysqldump  -u user -h host -p dbname  [tbname1 tbname2 …] > filename.sql
```

其中，dbname 表示数据库名；tbname 表示数据库中的表名，多个表名之间用空格分隔，没有该参数时将备份整个数据库；filename.sql 表示备份文件名，在备份文件名前面可以加上一个绝对路径。

下面使用 root 用户备份 atguigu 库中的表 book，命令如下所示。

```
[root@atguigu01 ~]# mysqldump -uroot -p atguigu book> book.sql
```

执行上述命令后，可以在当前目录下找到 book.sql 文件。book.sql 文件和备份的库文件类似，不同的是，book.sql 文件中只包含表 book 的 DROP、CREATE 和 INSERT 语句。

book.sql 文件的内容如下所示。可以看到，里面包含了表 book 的结构和插入的数据信息（加粗部分）。

```
-- MySQL dump 10.13  Distrib 8.0.25, for Linux (x86_64)
--
-- Host: localhost    Database: atguigu
-- ------------------------------------------------------
-- Server version       8.0.25

/*!40101 SET @OLD_CHARACTER_SET_CLIENT=@@CHARACTER_SET_CLIENT */;
/*!40101 SET @OLD_CHARACTER_SET_RESULTS=@@CHARACTER_SET_RESULTS */;
/*!40101 SET @OLD_COLLATION_CONNECTION=@@COLLATION_CONNECTION */;
/*!50503 SET NAMES utf8mb4 */;
/*!40103 SET @OLD_TIME_ZONE=@@TIME_ZONE */;
/*!40103 SET TIME_ZONE='+00:00' */;
/*!40014 SET @OLD_UNIQUE_CHECKS=@@UNIQUE_CHECKS, UNIQUE_CHECKS=0 */;
/*!40014 SET @OLD_FOREIGN_KEY_CHECKS=@@FOREIGN_KEY_CHECKS, FOREIGN_KEY_CHECKS=0 */;
/*!40101 SET @OLD_SQL_MODE=@@SQL_MODE, SQL_MODE='NO_AUTO_VALUE_ON_ZERO' */;
/*!40111 SET @OLD_SQL_NOTES=@@SQL_NOTES, SQL_NOTES=0 */;


--
-- Table structure for table `book`
--

DROP TABLE IF EXISTS `book`;
/*!40101 SET @saved_cs_client     = @@character_set_client */;
/*!50503 SET character_set_client = utf8mb4 */;
CREATE TABLE `book` (
  `bookid` INT UNSIGNED NOT NULL AUTO_INCREMENT,
  `card` INT UNSIGNED NOT NULL,
  `test` VARCHAR(255) COLLATE utf8_bin DEFAULT NULL,
  PRIMARY KEY (`bookid`),
  KEY `Y` (`card`)
) ENGINE=InnoDB AUTO_INCREMENT=101 DEFAULT CHARSET=utf8mb3 COLLATE=utf8_bin;
/*!40101 SET character_set_client = @saved_cs_client */;
--
-- Dumping data for table `book`
--

LOCK TABLES `book` WRITE;
/*!40000 ALTER TABLE `book` DISABLE KEYS */;
INSERT INTO `book` VALUES
(1,9,NULL),(2,10,NULL),(3,4,NULL),(4,8,NULL),(5,7,NULL),(6,10,NULL),(7,11,NULL),(8,3,NULL),
(9,1,NULL),(10,17,NULL),(11,19,NULL),(12,4,NULL),(13,1,NULL),(14,14,NULL),(15,5,NULL),
(16,5,NULL),(17,8,NULL),(18,3,NULL),(19,12,NULL),(20,11,NULL),(21,9,NULL),(22,20,NULL),
(23,13,NULL),(24,3,NULL),(25,18,NULL),(26,20,NULL),(27,5,NULL),(28,6,NULL),(29,15,NULL),
(30,15,NULL),(31,12,NULL),(32,11,NULL),(33,20,NULL),(34,5,NULL),(35,4,NULL),(36,6,NULL),
(37,17,NULL),(38,5,NULL),(39,16,NULL),(40,6,NULL),(41,18,NULL),(42,12,NULL),(43,6,NULL),
(44,12,NULL),(45,2,NULL),(46,12,NULL),(47,15,NULL),(48,17,NULL),(49,2,NULL),(50,16,NULL),
(51,13,NULL),(52,17,NULL),(53,7,NULL),(54,2,NULL),(55,9,NULL),(56,1,NULL),(57,14,NULL),
```

```
(58,7,NULL),(59,15,NULL),(60,12,NULL),(61,13,NULL),(62,8,NULL),(63,2,NULL),(64,6,NULL),
(65,2,NULL),(66,12,NULL),(67,12,NULL),(68,4,NULL),(69,5,NULL),(70,10,NULL),(71,16,NULL),
(72,8,NULL),(73,14,NULL),(74,5,NULL),(75,4,NULL),(76,3,NULL),(77,2,NULL),(78,2,NULL),
(79,2,NULL),(80,3,NULL),(81,8,NULL),(82,14,NULL),(83,5,NULL),(84,4,NULL),(85,2,NULL),
(86,20,NULL),(87,12,NULL),(88,1,NULL),(89,8,NULL),(90,18,NULL),(91,3,NULL),(92,3,NULL),
(93,6,NULL),(94,1,NULL),(95,4,NULL),(96,17,NULL),(97,15,NULL),(98,1,NULL),(99,20,NULL),
(100,15,NULL);
/*!40000 ALTER TABLE `book` ENABLE KEYS */;
UNLOCK TABLES;
/*!40103 SET TIME_ZONE=@OLD_TIME_ZONE */;
```

使用如下命令备份多张表，比如备份表 book 和 account。

```
#备份多张表
mysqldump -uroot -p atguigu book account  > 2_tables_bak.sql
```

18.2.5　备份单表中的部分数据

有时候，一张表中的数据量很大，而我们只需要备份部分数据，那该怎么办呢？这时候就可以使用 --where 参数了。--where 参数后面附带需要满足的条件。例如，我们只需要备份表 student 中 id<10 的数据，命令如下所示。

```
[root@atguigu01 ~]# mysqldump -uroot -p atguigu student --where="id < 10 " >
student_part_id10_low_bak.sql
```

备份内容如下所示，INSERT 语句中只有 id<10 的数据。

```
LOCK TABLES `student` WRITE;
/*!40000 ALTER TABLE `student` DISABLE KEYS */;
INSERT INTO `student` VALUES
(1,100002,'JugxTY',157,280),(2,100003,'QyUcCJ',251,277),(3,100004,'lATUPp',80,404),(4,100005,
'BmFsXI',240,171),(5,100006,'mkpSwJ',388,476),(6,100007,'ujMgwN',259,124),(7,100008,
'HBJTqX',429,168),(8,100009,'dvQSQA',61,504),(9,100010,'HljpVJ',234,185);
```

18.2.6　排除某些表的备份

如果我们想备份某个数据库，但是某些表中的数据量很大或与业务关联不大，则可以考虑排除这些表，使用--ignore-table 参数就可以实现这个功能，命令如下所示。

```
[root@atguigu01 ~]# mysqldump -uroot -p atguigu --ignore-table=atguigu.student >
no_stu_bak.sql
```

使用 grep 命令查看备份文件中表 student 的相关信息，结果为空，如下所示。

```
[root@atguigu01 ~]# grep "student" no_stu_bak.sql
[root@atguigu01 ~]#
```

18.2.7　只备份表结构或只备份数据

只备份表结构可以使用--no-data 参数，简写为-d。只备份数据可以使用--no-create-info 参数，简写为-t。
使用如下命令备份 atguigu 库中所有的表结构，不含数据。

```
[root@atguigu01 ~]# mysqldump -uroot -p atguigu --no-data > atguigu_no_data_bak.sql
```

执行如下 grep 命令，没有找到 INSERT 相关语句，说明没有备份数据。

```
[root@atguigu01 ~]# grep "insert" atguigu_no_data_bak.sql
[root@atguigu01 ~]#
```

使用如下命令备份 atguigu 库中所有的数据，不含表结构。

```
[root@atguigu01      ~]#    mysqldump    -uroot    -p    atguigu    --no-create-info    >
atguigu_no_create_info_bak.sql
```

执行如下 grep 命令，没有找到 CREATE 相关语句，说明没有备份表结构。

```
[root@atguigu01 ~]# grep "create" atguigu_no_create_info_bak.sql
[root@atguigu01 ~]#
```

18.2.8 备份中包含函数、存储过程或事件

mysqldump 备份默认是不包含函数、存储过程及事件的。我们可以使用-routines 或-R 参数来备份函数及存储过程，使用--events 或-E 参数来备份事件。

在前面的章节中，我们在 atguigu 库中创建了很多函数和存储过程，可以使用如下 SQL 语句查看当前库中有哪些函数和存储过程。

```
mysql> SELECT SPECIFIC_NAME,ROUTINE_TYPE,ROUTINE_SCHEMA  FROM
 information_schema.Routines WHERE ROUTINE_SCHEMA="atguigu";
+---------------+--------------+----------------+
| SPECIFIC_NAME | ROUTINE_TYPE | ROUTINE_SCHEMA |
+---------------+--------------+----------------+
| rand_num      | FUNCTION     | atguigu        |
| rand_string   | FUNCTION     | atguigu        |
| BatchInsert   | PROCEDURE    | atguigu        |
| insert_class  | PROCEDURE    | atguigu        |
| insert_order  | PROCEDURE    | atguigu        |
| insert_stu    | PROCEDURE    | atguigu        |
| insert_user   | PROCEDURE    | atguigu        |
| ts_insert     | PROCEDURE    | atguigu        |
+---------------+--------------+----------------+
4 rows in set (0.04 sec)
```

可以看到，当前库中有 2 个函数和 6 个存储过程。

下面备份 atguigu 库中的数据、函数及存储过程，命令如下所示。

```
[root@atguigu01 ~]# mysqldump -uroot -p -R --databases atguigu > fun_atguigu_bak.sql
```

使用 grep 命令查询备份文件中是否包含 rand_num 函数，如下所示。可以看到，备份文件中确实包含该函数。

```
[root@atguigu01 ~]# grep -C 5 "rand_num" fun_atguigu_bak.sql
--
-- Dumping routines for database 'atguigu'
--
/*!50003 DROP FUNCTION IF EXISTS `rand_num` */;
/*!50003 SET @saved_cs_client     = @@character_set_client */ ;
/*!50003 SET @saved_cs_results    = @@character_set_results */ ;
/*!50003 SET @saved_col_connection = @@collation_connection */ ;
/*!50003 SET character_set_client  = utf8mb3 */ ;
/*!50003 SET character_set_results = utf8mb3 */ ;
/*!50003 SET collation_connection  = utf8_general_ci */ ;
/*!50003 SET @saved_sql_mode       = @@sql_mode */ ;
/*!50003 SET sql_mode             =
'ONLY_FULL_GROUP_BY,STRICT_TRANS_TABLES,NO_ZERO_IN_DATE,NO_ZERO_DATE,ERROR_FOR_DIVISION_
BY_ZERO,NO_ENGINE_SUBSTITUTION' */ ;
DELIMITER ;;
CREATE  DEFINER=`root`@`%`  FUNCTION  `rand_num`(from_num BIGINT,to_num BIGINT) RETURNS
bigint
BEGIN
DECLARE i BIGINT DEFAULT 0;
```

```
SET i = FLOOR(from_num +RAND()*(to_num - from_num+1))    ;
RETURN i;
END ;;
--
BEGIN
DECLARE i INT DEFAULT 0;
 SET autocommit = 0;
 REPEAT
 SET i = i + 1;
 INSERT INTO class (classname,address,monitor) VALUES
(rand_string(8),rand_string(10),rand_num());
 UNTIL i = max_num
 END REPEAT;
 COMMIT;
END ;;
DELIMITER ;
--
BEGIN
DECLARE i INT DEFAULT 0;
 SET autocommit = 0;       #设置手动提交事务
 REPEAT                    #循环
 SET i = i + 1;            #赋值
 INSERT INTO order_test (order_id, trans_id) VALUES
(rand_num(1,7000000),rand_num(100000000000000000,700000000000000000));
 UNTIL i = max_num
 END REPEAT;
 COMMIT;                   #提交事务
END ;;
DELIMITER ;
--
BEGIN
DECLARE i INT DEFAULT 0;
 SET autocommit = 0;       #设置手动提交事务
 REPEAT                    #循环
 SET i = i + 1;            #赋值
 INSERT INTO student (stuno,name,age,classId) VALUES
((START+i),rand_string(6),rand_num(),rand_num());
 UNTIL i = max_num
 END REPEAT;
 COMMIT;                   #提交事务
END ;;
DELIMITER ;
--
BEGIN
DECLARE i INT DEFAULT 0;
 SET autocommit = 0;
 REPEAT
 SET i = i + 1;
 INSERT INTO `user` (name,age,sex) VALUES ("atguigu",rand_num(1,20),"male");
 UNTIL i = max_num
 END REPEAT;
```

```
COMMIT;
END ;;
DELIMITER ;
```

18.2.9　以事务的形式备份

如果我们想在导出数据的过程中保证数据的一致性，减少锁表情况的发生，则可以使用--single-transaction 参数，如下所示。该参数对 InnoDB 存储引擎类型的表很有用，并且不会锁表。该参数的作用是设置事务的隔离级别为可重复读，即 REPEATABLE READ，这样就能保证在一个事务中所有相同的查询读取到相同的数据，也就保证了在导出数据期间，如果其他 InnoDB 存储引擎的线程修改了表中的数据并提交，则对该导出线程的数据并无影响，在这期间不会发生锁表的情况。在使用该参数时，我们应记住，只有 InnoDB 存储引擎类型的表以一致状态转储，而 MyISAM 或 MEMORY 存储引擎类型的表仍可能会更改状态。

```
[root@atguigu01 ~]# mysqldump -uroot -p --single-transaction --databases atguigu >
no_lock_atguigu_bak.sql
```

18.2.10　mysqldump 命令的常用参数

mysqldump 命令除了前面用到的参数，还有一些参数可用来指定备份过程。

- --add-drop-database：用于在每条 CREATE DATABASE 语句前添加 DROP DATABASE 语句。
- --add-drop-tables：用于在每条 REATE TABLE 语句前添加 DROP TABLE 语句。
- --add-locking：表示使用 LOCK TABLES 和 UNLOCK TABLES 语句转储表。重载转储文件时，插入速度更快。
- --opt：该参数是--add-drop-table、--add-locks、--create-options、--disable-keys、--extended-insert、--lock-tables、--quick--set-charset 等参数的简写。该参数表示速记，它可以快速地执行转储操作，并产生一个能被很快装入 MySQL 服务器的转储文件。默认启用该参数，可以用--skip-opt 参数禁用。
- --quick：该参数一般用于转储大的表。它强制 mysqldump 从服务器一次一行地检索表中的行，而不是检索所有行并在转储结果前将整个结果集装入内存中。
- --comment[=0|1]：如果将该参数设置为 0，则禁止转储文件中的其他信息，如程序版本、服务器版本和主机。其默认值为 1，即包含额外信息。--skip-comments 与--comments=0 的结果相同。
- --compact：用于产生少量输出。该参数禁用注释并启用--skip-add-drop-tables、--no-set-names、--skip-disable-keys 和--skip-add-locking 参数。
- --complete_insert, -c：表示使用包括列名的完整的 INSERT 语句。
- --debug[=debug_options], -#[debug_options]：表示写调试日志。
- --delete,-D：表示在导入文本文件前清空表。
- --default-character-set=charset：表示使用 charsets 默认字符集。如果没有指定字符集，则使用 utf8。
- --delete--master-logs：表示在主库上完成转储操作后删除二进制日志。该参数自动启用--master-data 参数。
- --extended-insert,-e：表示使用包括几个 VALUES 列表的多行 INSERT 语法。这样就会使得转储文件更小，重载文件时可以加速插入。
- --flush-logs,-F：表示在开始转储前刷新 MySQL 服务器日志文件。启用该参数要求拥有 RELOAD 权限。
- --force,-f：表示在转储过程中，即使出现 SQL 错误，也继续转储。
- --lock-all-tables,-x：表示对所有数据库中的所有表加锁。在整体转储过程中通过全局锁定来实现。

该参数自动关闭--single-transaction 和--lock-tables 参数。

- --lock-tables,-l：表示在开始转储前锁定所有表。用 READ LOCAL 锁定表以允许并行插入 MyISAM 存储引擎类型的表。对于事务表（如 InnoDB 和 BDB 存储引擎类型的表），使用--single-transaction 参数是更好的选择，因为该参数根本不需要锁定表。
- --no-create-db,-n：该参数禁用 CREATE DATABASE /*!32312 IF NOT EXIST*/db_name 语句。如果 指定了--databases 或--all-databases 参数，则将该语句包含到输出中。
- --no-create-info,-t：表示只导出数据，而不添加 CREATE TABLE 语句。
- --no-data,-d：表示不写表中的任何行信息，只转储表结构。
- --password[=password],-p[password]：表示连接服务器时使用的密码。
- -port=port_num,-P port_num：表示用于连接的 TCP/IP 端口号。
- --protocol={TCP|SOCKET|PIPE|MEMORY}：表示使用的连接协议。
- --replace,-r --replace 和--ignore：用于控制替换或复制唯一键值已有记录的输入记录的处理。如果指定--replace，则用新行替换有相同的唯一键值的已有行；如果指定--ignore，则复制已有的唯一键值的输入行被跳过；如果不指定这两个参数，那么，在发现一个复制键值时会出现一个错误，并且忽视文本文件的剩余部分。
- --silent,-s：表示沉默模式，只有当出现错误时才输出。
- --socket=path,-S path：表示在连接 localhost 时使用的套接字文件（为默认主机）。
- --user=user_name,-u user_name：表示连接服务器时 MySQL 使用的用户名。
- --verbose,-v：表示冗长模式，用于打印程序操作的详细信息。
- --xml,-X：用于产生 XML 输出。

这里只列举了部分参数，执行 mysqldump --help 命令，可以获取特定版本的完整参数列表。

18.3　逻辑恢复之 mysql 命令

当数据库遭到破坏后，可以通过备份文件将数据库恢复到备份时的状态。

可以使用 mysql 命令恢复数据。mysql 命令可以执行备份文件中的 CREATE 和 INSERT 语句，通过 CREATE 语句来创建数据库和表，通过 INSERT 语句来插入备份的数据。mysql 命令的语法如下所示。

```
mysql -u root -p [dbname] < backup.sql
```

其中，dbname 表示数据库名。该参数是可选参数，可以指定数据库名，也可以不指定。当指定数据库名时，表示还原该数据库中的表。当不指定数据库名时，表示还原备份文件中所有的数据库。

需要注意的是，如果在备份数据库的时候指定了--databases、-B 或--all-databases 参数，那么备份文件中是包含创建数据库的语句的，在恢复数据的时候不需要手动创建数据库；如果没有指定--databases、-B 或--all-databases 参数，就需要提前创建数据库。

18.3.1　从单库备份中恢复单库

使用 root 用户将前面备份的 atguigu.sql 文件中的内容导入数据库中。如果备份文件中包含创建数据库的语句，则在恢复数据的时候不需要指定数据库名，如下所示。

```
[root@atguigu01 ~]# mysql -uroot -p < atguigu.sql
```

如果备份文件中没有创建数据库的语句，则在恢复数据的时候需要指定数据库名，如下所示。

```
[root@atguigu01 ~]# mysql -uroot -p atguigu< atguigu.sql
```

18.3.2　全量备份恢复

如果现在有前面数据库的全量备份，现在想恢复整个数据库，则可以执行如下操作。

```
[root@atguigu01 ~]# mysql -u root -p < all.sql        #不显示输入密码，按回车键后输入密码
[root@atguigu01 ~]# mysql -uroot -p***** < all.sql    #*****表示账户密码
```

执行上述语句后，就可以恢复 all.sql 文件中的所有数据库。如果使用--all-databases 参数备份了所有数据库，那么在恢复数据时不需要指定数据库，对应的备份文件中包含 CREATE DATABASE 语句，可以通过该语句创建数据库。

如果已经登录 MySQL 服务器，则还可以使用 SOURCE 命令导入备份文件，具体 SQL 语句如下所示。

```
mysql> USE atguigu;                                   #选择要恢复的数据库
mysql> SOURCE atguigu.sql;                            #使用 SOURCE 命令导入备份文件
```

18.3.3　从全量备份中恢复单库

如果只想恢复某个数据库，但是目前只有整个数据库实例的备份，则需要从全量备份中分离出单个数据库的备份，使用 sed 命令即可完成，如下所示。

```
[root@atguigu01 ~]# sed -n '/^-- Current Database: `atguigu`/,/^-- Current Database: `/p'
all_database.sql > atguigu.sql
```

分离完成后，再使用 mysql 命令恢复 atguigu 库即可。

18.3.4　从单库备份中恢复单表

假设我们确定某张表被误操作了，则可以用单表恢复的方式来恢复数据。例如，现在有整个 atguigu 数据库的备份，但是由于表 class 被误操作了，需要单独恢复这张表。使用 Shell 命令 cat 导出表 class 的结构和数据，如下所示。其中，class_structure.sql 文件中存储的是表 class 的结构，class_data.sql 文件中存储的是表 class 中的数据。

```
[root@atguigu01  ~]#  cat  atguigu.sql  |  sed  -e  '/./{H;$!d;}'  -e  'x;/CREATE  TABLE
`class`/!d;q' > class_structure.sql
[root@atguigu01  ~]#  cat  atguigu.sql  |  grep  --ignore-case  'insert  into  `class`'  >
class_data.sql
```

使用 SOURCE 命令导入表 class 的结构和数据，如下所示。

```
#导入表 class 的结构
mysql> USE atguigu;
mysql> SOURCE class_structure.sql;
Query OK, 0 rows affected, 1 warning (0.00 sec)
#导入表 class 中的数据
mysql> SOURCE class_data.sql;
Query OK, 1 row affected (0.01 sec)
```

18.4　MyISAM 存储引擎类型的表的物理备份

MySQL 中的物理备份方法就是将 MySQL 中的数据库文件直接复制出来。这种方法最简单，速度也最快。

在不同的操作系统中，MySQL 的数据目录所有不同。

- 在 Windows 操作系统中，MySQL 的数据目录通常为 C:\ProgramData\MySQL\MySQL Server 8.0\Data\ 或其他用户自定义目录。
- 在 Linux 操作系统中，MySQL 的数据目录通常为/var/lib/mysql/。
- 在 Mac OS X 操作系统中，MySQL 的数据目录通常为/usr/local/mysql/data/。

如果在备份数据库的过程中还有数据写入，则会造成数据不一致。因此，使用物理备份的方案，最好先停止运行 MySQL 服务器，以保证在备份期间数据库中的数据不会发生改变。或者对相关表执行

FLUSH TABLES tbl_list WITH READ LOCK 语句，这样不仅可以在复制数据目录中的文件时允许其他用户继续查询表，而且可以保证在备份之前将内存中的数据刷新到磁盘上。

物理备份是一种简单、快速、有效的备份方法，但不是最好的备份方法，因为实际情况可能不允许停止运行 MySQL 服务器或锁表，而且这种方法对 InnoDB 存储引擎类型的表不适用。对于 MyISAM 存储引擎类型的表，这样备份和恢复很方便，但是恢复时最好选用相同版本的 MySQL，否则可能会存在文件类型不同的情况。在 MySQL 的版本号中，第一个数字表示主版本号，主版本号相同的 MySQL 数据库文件类型相同。

此外，还可以考虑使用相关工具实现备份，如 MySQLhotcopy。MySQLhotcopy 是一个 Perl 脚本，它使用 LOCK TABLES、FLUSH TABLES 和 cp 或 scp 来快速备份数据库。它是备份数据库或单表最快的途径，但它只能运行在数据目录所在的机器上，并且只能备份 MyISAM 存储引擎类型的表，多用于 MySQL 5.5 以前的版本中。

18.5　MyISAM 存储引擎类型的表的物理备份的恢复流程

前面说过，可以通过直接复制数据的操作备份数据。通过这种方式备份的数据，可以直接被复制到 MySQL 的数据目录下。通过这种方式恢复数据时，必须确保备份数据的数据库和待恢复的数据库的主版本号相同。因为只有当 MySQL 的主版本号相同时，才能保证这两个 MySQL 数据库文件类型是相同的。

在 MySQL 服务器停止运行后，将备份的数据库文件复制到 MySQL 的数据目录下，重启 MySQL 服务即可。

另外，MySQL 的不同版本之间必须兼容，这样恢复之后的数据才可以使用。Linux 操作系统下的权限设置非常严格，在通常情况下，只有 root 用户和 mysql 用户组下的 mysql 用户才可以访问 MySQL 的数据目录，因此将数据目录复制到指定文件夹后，一定要使用 chown 命令将文件夹的用户组变为 mysql，将用户变为 mysql，命令如下所示。

```
[root@atguigu01 ~]# chown -R mysql.mysql /var/lib/mysql/dbname
```

其中，两个 mysql 分别表示用户组和用户；-R 参数可以改变文件夹下所有子文件的用户组和用户；dbname 参数表示数据库名。

现在的需求是先备份 atguigu_myisam 库，然后使用 rm 命令删除该库，最后通过备份的数据库文件恢复该库，具体操作步骤如下。

（1）atguigu_myisam 库想要获得一致的备份，需要关闭该库，或者锁定并刷新相关表。执行如下语句。

```
mysql> USE atguigu_myisam;
mysql> FLUSH TABLES test2 WITH READ LOCK;
```

（2）把数据目录下的 atguigu_myisam 文件复制到/opt/目录下，如下所示，完成数据库备份。

```
[root@atguigu01 ~]# cp -r atguigu_myisam/ /opt/
```

（3）在 atguigu_myisam 库中执行 UNLOCK TABLES 命令，如下所示。

```
mysql> UNLOCK TABLES;
```

（4）在 atguigu_myisam 库中执行删除数据操作，如下所示，这时表 test2 中的数据会被删除。

```
mysql> DELETE FROM test2;
Query OK, 2 rows affected (0.00 sec)
```

（5）删除数据目录下的 atguigu_myisam 文件夹及其中的文件，如下所示。

```
[root@atguigu01 mysql]# pwd
/var/lib/mysql/
[root@atguigu01 mysql]# rm -rf atguigu_myisam
```

（6）重新复制文件到数据目录下，如下所示。

```
[root@atguigu01 mysql]# cp /opt/atguigu_myisam ./
```

（7）查看表 test2 中的数据，如下所示。这时会报错，因为该表处于只读状态。

```
mysql> SELECT  * FROM test2;
ERROR 2013 (HY000): Lost connection to MySQL server during query
No connection. Trying to reconnect…
Connection id:    8
Current database: atguigu_myisam
ERROR 1036 (HY000): Table 'test2' is read only
```

（8）在 atguigu_myisam 库中给目标端文件授予权限，如下所示。

```
[root@atguigu01 mysql]# chown -R mysql.mysql /var/lib/mysql/atguigu_myisam
```

（9）重启 MySQL 服务，如下所示。

```
[root@atguigu01 ~]# service mysqld restart
```

（10）在 atguigu_myisam 库中再次查看表 test2 中的数据，如下所示。

```
mysql> SELECT  * FROM test2;
+------+------+
| id   | name |
+------+------+
| 1212 | 1212 |
| 2323 | 1212 |
+------+------+
2 rows in set (0.00 sec)
```

至此，MyISAM 存储引擎类型的表的物理备份和恢复就完成了。

18.6　InnoDB 存储引擎类型的表的物理导出、导入

MyISAM 存储引擎类型的表的物理备份和恢复方案并不适用于 InnoDB 存储引擎类型的表。假设现在把 atguigu 库中表 account 的 .ibd 文件复制到目标库 atguigu2 的数据目录下。我们知道，对于 MyISAM 存储引擎类型的表，这样操作是没问题的；但是，对于 InnoDB 存储引擎类型的表，这样操作是不可行的。因为一张 InnoDB 存储引擎类型的表中除了包含这两个物理文件，还需要在数据字典中进行注册。如果直接复制这两个物理文件，那么，因为目标库的数据字典中没有对应的表 atguigu，所以系统是不会识别和接受的。不过，在 MySQL 5.6 中引入了可传输表空间（Transportable Tablespace），可以通过导出和导入表空间的方式来实现物理复制表的功能。注意，可传输表空间仅支持独立表空间中的表，不支持系统表空间或通用表空间中的表。

假设现在的需求是在 atguigu2 库下复制一个与表 account 相同的表 account_bak，具体操作步骤如下。

（1）在 atguigu2 库中执行如下 SQL 语句，创建一张具有相同表结构的空表。

```
mysql> USE atguigu2;
mysql> CREATE TABLE `account_bak` LIKE atguigu.account;
```

（2）在 atguigu2 库中执行如下 SQL 语句，这时 account_bak.ibd 文件会被删除。

```
mysql> ALTER TABLE account_bak DISCARD TABLESPACE;
Query OK, 0 rows affected (0.01 sec)
```

（3）在 atguigu 库中执行如下 SQL 语句，这时在 atguigu 库的数据目录下会生成一个 account.cfg 文件。

```
mysql> FLUSH TABLE account FOR EXPORT;
```

（4）在 atguigu 库的数据目录下执行复制命令，如下所示。

```
[root@atguigu01 atguigu]# cp account.cfg ../atguigu2/account_bak.cfg
[root@atguigu01 atguigu]# cp account.ibd ../atguigu2/account_bak.ibd
```

（5）在 atguigu 库中执行 UNLOCK TABLES 命令，如下所示，这时 account.cfg 文件会被删除。

```
mysql> UNLOCK TABLES;
```

（6）在 atguigu2 库中给目标端文件授予权限，如下所示。

```
[root@atguigu01 atguigu2]# chown -R mysql:mysql *
[root@atguigu01 atguigu2]# chmod -R 755 *
```

（7）在 atguigu2 库中执行如下 SQL 语句，将 account_bak.ibd 文件作为表 account_bak 的表空间。由于这个文件中的内容和 account.ibd 文件中的内容是相同的，因此表 account_bak 拥有了和表 account 相同的结构和数据。

```
mysql> ALTER TABLE account_bak IMPORT TABLESPACE;
```

（8）在 atguigu2 库中查看表 account_bak 中的数据，如下所示。

```
mysql> SELECT * FROM account_bak;
+----+--------+---------+
| id | name   | balance |
+----+--------+---------+
|  1 | 张三   |      90 |
|  2 | 李四   |     100 |
|  3 | 王五   |       0 |
+----+--------+---------+
3 rows in set (0.00 sec)
```

至此，物理复制表的操作就完成了，其流程如图 18-1 所示。

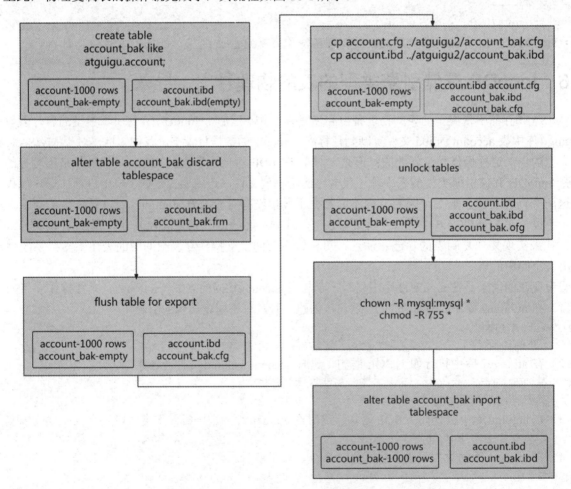

图 18-1　物理复制表的流程

18.7　导出不同格式的文件

在某些情况下，需要将 MySQL 中的数据导出到外部文件中。MySQL 中的数据可以被导出生成 SQL

文本文件、XML 文件或 HTML 文件。同样，这些导出文件也可以被导入 MySQL 中。本节将介绍导出文件的常用方法。

18.7.1　使用 SELECT…INTO OUTFILE 语句导出文件

在 MySQL 中，可以使用 SELECT…INTO OUTFILE 语句将表中的数据导出到文本文件中，其语法如下所示。

```
SELECT columnlist FROM table WHERE condition INTO OUTFILE 'filename' [OPTIONS]
--OPTIONS 选项
FIELDS TERMINATED BY 'value'
FIELDS [OPTIONALLY] ENCLOSED BY 'value'
FILEDS ESCAPED BY 'value'
LINES STARTING BY 'value'
LINES TERMINATED BY 'value'
```

可以看到，SELECT columnlist FROM table WEHRE condition 是一条查询语句，查询结果返回满足指定条件的一条或多条记录；INTO OUTFILE 语句的作用是把前面 SELECT 语句查询出来的结果导出到名为 filename 的外部文件中；[OPTIONS] 为可选项。OPTIONS 部分的语法包括 FIELDS 和 LINES 子句，其可能的取值如下。

- FIELDS TERMINATED BY 'value'：用于设置字段之间的分隔字符。value 取值可以是单个或多个字符，默认值为制表符 '\t'。
- FIELDS [OPTIONALLY] ENCLOSED BY 'value'：用于设置字段的包围字符。value 取值只能是单个字符。如果使用了 OPTIONALLY 关键字，则只能包括 CHAR、VARCHAR 等字符字段。
- FIELDS ESCAPED BY 'value'：用于设置如何写入或读取特殊字符。value 取值只能是单个字符，即设置转义字符，默认值为 '\'。
- LINES STARTING BY 'value'：用于设置每行数据开头的字符。value 取值可以是单个或多个字符，在默认情况下不使用任何字符。
- LINES TERMINATED BY 'value'：用于设置每行数据结尾的字符。value 取值可以是单个或多个字符，默认值为换行符 '\n'。

注意，FIELDS 和 LINES 子句都是自选的。如果这两个子句都被指定了，那么 FIELDS 子句必须位于 LINES 子句的前面。

使用 SELECT…INTO OUTFILE 语句可以非常快速地把一张表转储到服务器上。想要在服务器端主机之外的部分客户端主机上创建结果文件，就不能使用 SELECT…INTO OUTFILE 语句。在这种情况下，应该在客户端主机上使用 MySQL − e "SELECT …"> filename 这样的命令来生成文件。

下面使用 SELECT…INTO OUTFILE 语句将 atguigu 库下表 account 中的数据导出到文本文件中，具体操作步骤如下。

（1）选择 atguigu 库，并查询表 account，如下所示。

```
mysql> USE atguigu;
mysql> SELECT * FROM account;
+----+--------+---------+
| id | name   | balance |
+----+--------+---------+
|  1 | 张三   |      90 |
|  2 | 李四   |     100 |
|  3 | 王五   |       0 |
+----+--------+---------+
3 rows in set (0.01 sec)
```

（2）MySQL 默认对导出的目录有权限限制。也就是说，在使用命令行进行导出的时候，需要指定目录进行操作。查询 secure_file_priv 参数的值，如下所示。

```
mysql> SHOW GLOBAL VARIABLES LIKE '%secure%';
+-------------------------+-----------------------+
| Variable_name           | Value                 |
+-------------------------+-----------------------+
| require_secure_transport | OFF                  |
| secure_file_priv        | /var/lib/mysql-files/ |
+-------------------------+-----------------------+
2 rows in set (0.02 sec)
```

secure_file_priv 参数的可选值及其作用如下。

- 如果设置为 empty，则表示不限制文件生成的位置。这是不安全的设置。
- 如果设置为一个表示路径的字符串，则要求生成的文件只能被存放在这个指定的目录或它的子目录下。
- 如果设置为 NULL，则表示禁止在这个 MySQL 实例上执行 SELECT…INTO OUTFILE 操作。

（3）上述结果显示，secure_file_priv 参数的值为/var/lib/mysql-files/，将导出目录设置为该目录，SQL 语句如下所示。

```
mysql> SELECT * FROM account INTO OUTFILE "/var/lib/mysql-files/account.txt";
```

（4）查看 /var/lib/mysql-files/account.txt 文件，文件内容如下所示。

```
1       张三      90
2       李四      100
3       王五      0
```

18.7.2　使用 mysqldump 命令导出文件

除了可以使用 SELECT…INTO OUTFILE 语句导出文件，还可以使用 mysqldump 命令导出文件。前面讲过，使用 mysqldump 命令可以备份数据库，将数据导出为包含 CREATE、INSERT 语句的 SQL 文件。不仅如此，使用 mysqldump 命令还可以将数据导出为纯文本文件，语法如下所示。

```
mysqldump -u root -p password -T path dbname [tables] [OPTIONS]
--OPTIONS 选项
--fields-terminated-by=value
--fileds-enclosed-by=value
--fields-optionally-enclosed-by=value
--fields-escaped-by=value
--lines-terminated-by=value
```

只有指定了-T 参数才可以导出文本文件；path 表示导出数据的目录；tables 为要导出的表名，如果不指定表名，则将导出数据库 dbname 中所有的表；[OPTIONS]为可选项，这些选项需要结合-T 参数使用。OPTIONS 部分的语法与 SELECT…INTO OUTFILE 语句中 OPTIONS 部分的语法相同，这里不再赘述。

例如，将 atguigu 库下表 account 中的数据导出到文本文件中，命令如下所示。

```
[root@atguigu01 ~]# mysqldump -uroot -p -T "/var/lib/mysql-files/" atguigu account
```

执行上述命令后，将在指定目录/var/lib/mysql-files/下生成 account.sql 和 account.txt 文件。

打开 account.sql 文件，其中包含创建表 account 的 CREATE 语句，如下所示。

```
[root@atguigu01 mysql-files]# cat account.sql
-- MySQL dump 10.13  Distrib 8.0.25, for Linux (x86_64)
--
-- Host: localhost    Database: atguigu
-- ------------------------------------------------------
-- Server version        8.0.25
```

```
/*!40101 SET @OLD_CHARACTER_SET_CLIENT=@@CHARACTER_SET_CLIENT */;
/*!40101 SET @OLD_CHARACTER_SET_RESULTS=@@CHARACTER_SET_RESULTS */;
/*!40101 SET @OLD_COLLATION_CONNECTION=@@COLLATION_CONNECTION */;
/*!50503 SET NAMES utf8mb4 */;
/*!40103 SET @OLD_TIME_ZONE=@@TIME_ZONE */;
/*!40103 SET TIME_ZONE='+00:00' */;
/*!40101 SET @OLD_SQL_MODE=@@SQL_MODE, SQL_MODE='' */;
/*!40111 SET @OLD_SQL_NOTES=@@SQL_NOTES, SQL_NOTES=0 */;


--
-- Table structure for table `account`
--

DROP TABLE IF EXISTS `account`;
/*!40101 SET @saved_cs_client     = @@character_set_client */;
/*!50503 SET character_set_client = utf8mb4 */;
CREATE TABLE `account` (
  `id` INT NOT NULL AUTO_INCREMENT,
  `name` VARCHAR(255) NOT NULL,
  `balance` INT NOT NULL,
  PRIMARY KEY (`id`)
) ENGINE=InnoDB AUTO_INCREMENT=4 DEFAULT CHARSET=utf8mb3;
/*!40101 SET character_set_client = @saved_cs_client */;


/*!40103 SET TIME_ZONE=@OLD_TIME_ZONE */;


/*!40101 SET SQL_MODE=@OLD_SQL_MODE */;
/*!40101 SET CHARACTER_SET_CLIENT=@OLD_CHARACTER_SET_CLIENT */;
/*!40101 SET CHARACTER_SET_RESULTS=@OLD_CHARACTER_SET_RESULTS */;
/*!40101 SET COLLATION_CONNECTION=@OLD_COLLATION_CONNECTION */;
/*!40111 SET SQL_NOTES=@OLD_SQL_NOTES */;

-- Dump completed on 2022-01-07 23:19:27
```

打开 account.txt 文件，其中只包含表 account 中的数据，如下所示。

```
[root@atguigu01 mysql-files]# cat account.txt
1       张三      90
2       李四      100
3       王五      0
```

可以对导出的数据设置特定格式。例如，使用 mysqldump 命令将 atguigu 库下表 account 的数据导出到文本文件中，使用 FIELDS 选项，要求字段之间使用逗号分隔，字符类型的字段值使用双引号引起来，命令如下所示。

```
[root@atguigu01 ~]# mysqldump -uroot -p -T "/var/lib/mysql-files/" atguigu account
--fields-terminated-by=',' --fields-optionally-enclosed-by='\"'
```

执行上述命令后，将在指定目录/var/lib/mysql-files/下生成 account.sql 和 account.txt 文件。

打开 account.sql 文件，其中包含创建表 account 的 CREATE 语句，如下所示。

```
[root@atguigu01mysql-files]# cat account.sql
-- MySQL dump 10.13  Distrib 8.0.25, for Linux (x86_64)
--
-- Host: localhost    Database: atguigu
```

```
-- -------------------------------------------------------
-- Server version        8.0.25

/*!40101 SET @OLD_CHARACTER_SET_CLIENT=@@CHARACTER_SET_CLIENT */;
/*!40101 SET @OLD_CHARACTER_SET_RESULTS=@@CHARACTER_SET_RESULTS */;
/*!40101 SET @OLD_COLLATION_CONNECTION=@@COLLATION_CONNECTION */;
/*!50503 SET NAMES utf8mb4 */;
/*!40103 SET @OLD_TIME_ZONE=@@TIME_ZONE */;
/*!40103 SET TIME_ZONE='+00:00' */;
/*!40101 SET @OLD_SQL_MODE=@@SQL_MODE, SQL_MODE='' */;
/*!40111 SET @OLD_SQL_NOTES=@@SQL_NOTES, SQL_NOTES=0 */;


--
-- Table structure for table `account`
--

DROP TABLE IF EXISTS `account`;
/*!40101 SET @saved_cs_client     = @@character_set_client */;
/*!50503 SET character_set_client = utf8mb4 */;
CREATE TABLE `account` (
  `id` INT NOT NULL AUTO_INCREMENT,
  `name` VARCHAR(255) NOT NULL,
  `balance` INT NOT NULL,
  PRIMARY KEY (`id`)
) ENGINE=InnoDB AUTO_INCREMENT=4 DEFAULT CHARSET=utf8mb3;
/*!40101 SET character_set_client = @saved_cs_client */;


/*!40103 SET TIME_ZONE=@OLD_TIME_ZONE */;


/*!40101 SET SQL_MODE=@OLD_SQL_MODE */;
/*!40101 SET CHARACTER_SET_CLIENT=@OLD_CHARACTER_SET_CLIENT */;
/*!40101 SET CHARACTER_SET_RESULTS=@OLD_CHARACTER_SET_RESULTS */;
/*!40101 SET COLLATION_CONNECTION=@OLD_COLLATION_CONNECTION */;
/*!40111 SET SQL_NOTES=@OLD_SQL_NOTES */;

-- Dump completed on 2022-01-07 23:36:39
```

打开 account.txt 文件，其中只包含表 account 中的数据，如下所示。可以看到，字段之间使用逗号分隔，字符类型的字段值使用双引号引起来。

```
[root@atguigu01 mysql-files]# cat account.txt
1,"张三",90
2,"李四",100
3,"王五",0
```

18.7.3　使用 mysql 命令导出文件

mysql 是一个功能丰富的工具命令，使用该命令可以在命令模式下执行 SQL 语句，并将查询结果导入文本文件中。相比 mysqldump 命令，mysql 命令导出结果的可读性更强。mysql 命令的语法如下所示。

```
mysql -u root -p  --execute="SELECT 语句" dbname>filename.txt
```

该命令使用了 --execute 选项，表示执行该选项后面的语句并退出，该语句必须用双引号引起来；dbname 为要导出的数据库名；在导出的文件中，不同的列之间使用制表符分隔，第一行中包含各个字段名。

举例 1: 使用 mysql 命令导出 atguigu 库下表 account 中的数据到文本文件中, 具体操作步骤如下。

(1) 使用 mysql 命令导出 atguigu 库下表 account 中的数据到文本文件中, 如下所示。

```
[root@atguigu01 ~]# mysql -uroot -p --execute="SELECT * FROM account;" atguigu>
"/var/lib/mysql-files/account.txt"
```

(2) 打开 account.txt 文件, 其中包含表 account 中的数据, 如下所示。

```
[root@atguigu01 mysql-files]# cat account.txt
id      name    balance
1       张三     90
2       李四     100
3       王五     0
```

可以看到, account.txt 文件中包含每个字段名和各条记录, 该显示格式与 MySQL 命令行下 SELECT 查询结果的显示格式相同。

在使用 mysql 命令时, 还可以指定查询结果的显示格式。如果表中一条记录包含的字段数很多, 一行不能完全显示, 则可以使用--vertical 参数将一条记录分多行显示。

举例 2: 分行导出 atguigu 库下表 account 中的数据到文本文件中, 具体操作步骤如下。

(1) 使用 mysql 命令将 atguigu 库下表 account 中的数据导出到文本文件中, 使用--vertical 参数分行导出, 如下所示。

```
[root@atguigu01 ~]# mysql -uroot -p --vertical --execute="SELECT * FROM account;" atguigu >
"/var/lib/mysql-files/account_1.txt"
```

(2) 打开 account_1.txt 文件, 其中包含表 account 中的数据, 如下所示。可以看到, 将 SELECT 查询结果导出到文本文件中, 显示格式发生了改变。如果表中一条记录包含的字段数很多, 那么这样显示更加容易阅读。

```
[root@atguigu01 mysql-files]# cat account_1.txt
*************************** 1. row ***************************
    id: 1
  name: 张三
balance: 90
*************************** 2. row ***************************
    id: 2
  name: 李四
balance: 100
*************************** 3. row ***************************
    id: 3
  name: 王五
balance: 0
```

举例 3: 导出 atguigu 库下表 account 中的数据到 HTML 文件中, 具体操作步骤如下。

(1) 使用 mysql 命令将 atguigu 库下表 account 中的数据导出到 HTML 文件中, 使用--html 参数, 如下所示。

```
[root@atguigu01 mysql-files]# mysql -uroot -p --html --execute="SELECT * FROM account;"
atguigu >"/var/lib/mysql-files/account_2.html"
```

(2) 在浏览器中打开 account_2.html 文件, 如图 18-2 所示。

id	name	balance
1	张三	90
2	李四	100
3	王五	0

图 18-2 HTML 文件中的数据

举例 4：导出 atguigu 库下表 account 中的数据到 XML 文件中，具体操作步骤如下。

（1）使用 mysql 命令将 atguigu 库下表 account 中的数据导出到 XML 文件中，使用--xml 参数，如下所示。

```
[root@atguigu01 mysql-files]# mysql -uroot -p --xml --execute="SELECT * FROM account;"
atguigu > "/var/lib/mysql-files/account_3.xml"
```

（2）打开 account_3.xml 文件，如下所示。

```
[root@atguigu01 mysql-files]# cat account_3.xml
<?xml version="1.0"?>

<resultset statement="SELECT * FROM account" xmlns:xsi="http://www.w3.org/2001/XMLSchema-
instance">
  <row>
        <field name="id">1</field>
        <field name="name">张三</field>
        <field name="balance">90</field>
  </row>

  <row>
        <field name="id">2</field>
        <field name="name">李四</field>
        <field name="balance">100</field>
  </row>

  <row>
        <field name="id">3</field>
        <field name="name">王五</field>
        <field name="balance">0</field>
  </row>
</resultset>
```

18.8 导入文本文件

18.8.1 使用 LOAD DATA INFILE 语句导入文本文件

在 MySQL 中，既可以将数据导出到外部文件中，也可以从外部文件导入数据。MySQL 提供了导入数据的工具，包括 LOAD DATA INFILE 语句和 mysqlimport 命令。LOAD DATA INFILE 语句用于从一个文本文件中读取行，并装入一张表中，文件名必须是字符串。LOAD DATA INFILE 语句的语法如下所示。

```
LOAD DATA [LOCAL] INFILE filename INTO TABLE tablename [OPTION] [IGNORE number LINES]
-- OPTIONS 选项
FIELDS TERMINATED BY 'value'
FIELDS [OPTIONALLY] ENCLOSED BY 'value'
FIELDS ESCAPED BY 'value'
LINES STARTING BY 'value'
LINES TERMINATED BY 'value'
```

可以看到，在 LOAD DATA INFILE 语句中，关键字 INFILE 后面的 filename 文件为导入数据的来源；tablename 表示待导入的表名；[OPTIONS]为可选项，OPTIONS 部分的语法与 SELECT...INTO OUTFILE 语句中 OPTIONS 部分的语法相同，这里不再赘述；IGNORE number LINES 表示忽略文件开始处的行数，number 表示忽略的行数。执行该语句需要 FILE 权限。

1. 不使用 FIELDS 选项备份、导入数据

（1）使用 SELECT...INTO OUTFILE 语句将 atguigu 库下表 account 中的数据导出到文本文件中，如下所示。

```
mysql> SELECT * FROM atguigu.account INTO OUTFILE '/var/lib/mysql-files/account_0.txt';
```

（2）删除表 account 中的数据，执行完后查询表中的数据，如下所示。

```
mysql> DELETE FROM atguigu.account;
mysql> SELECT * FROM account;
Empty set (0.00 sec)
```

（3）从文本文件 account_0.txt 中恢复数据，如下所示。

```
mysql> LOAD DATA INFILE '/var/lib/mysql-files/account_0.txt' INTO TABLE atguigu.account;
```

（4）再次查询表 account 中的数据，如下所示。

```
mysql> SELECT * FROM account;
+----+--------+---------+
| id | name   | balance |
+----+--------+---------+
|  1 | 张三   |      90 |
|  2 | 李四   |     100 |
|  3 | 王五   |       0 |
+----+--------+---------+
3 rows in set (0.00 sec)
```

2. 使用 FIELDS 选项备份、导入数据

（1）使用 SELECT...INTO OUTFILE 语句将 atguigu 库下表 account 中的数据导出到文本文件中，使用 FIELDS 和 LINES 选项，字段之间使用逗号分隔，字符类型的字段值使用双引号引起来，如下所示。

```
mysql> SELECT * FROM atguigu.account INTO OUTFILE '/var/lib/mysql-files/account_1.txt'
FIELDS TERMINATED BY ',' ENCLOSED BY '\"';
```

（2）删除表 account 中的数据，执行完后查询表中的数据，如下所示。

```
mysql> DELETE FROM atguigu.account;
mysql> SELECT * FROM account;
Empty set (0.00 sec)
```

（3）从文本文件 account_1.txt 中恢复数据，如下所示。

```
mysql> LOAD DATA INFILE '/var/lib/mysql-files/account_1.txt' INTO TABLE atguigu.account
FIELDS TERMINATED BY ',' ENCLOSED BY '\"';
```

（4）再次查询表 account 中的数据，如下所示。

```
mysql> SELECT * FROM account;
+----+--------+---------+
| id | name   | balance |
+----+--------+---------+
|  1 | 张三   |      90 |
|  2 | 李四   |     100 |
|  3 | 王五   |       0 |
+----+--------+---------+
3 rows in set (0.00 sec)
```

18.8.2　使用 mysqlimport 命令导入文本文件

使用 mysqlimport 命令也可以导入文本文件，而且不需要登录 MySQL 客户端。mysqlimport 命令提供了许多与 LOAD DATA INFILE 语句相同的功能，大多数参数直接对应 LOAD DATA INFILE 子句。使用 mysqlimport 命令需要指定所需的参数、导入的数据库名及导入的数据文件的路径和名称。mysqlimport 命

令的语法如下所示。

```
mysqlimport -uroot -p dbname filename.txt [OPTIONS]
--OPTIONS 选项
--fields-terminated-by=value
--fields-enclosed-by=value
--fields-optionally-by=value
--lines-terminated-by=value
--ignore-lines=n
```

其中，dbname 为导入的表所在的数据库名。注意，mysqlimport 命令不指定导入数据库的表名，表名由导入文件名确定，即文件名作为表名，在导入数据之前该表必须存在。[OPTIONS]为可选项，OPTIONS 部分的语法与 SELECT…INTO OUTFILE 语句中 OPTIONS 部分的语法相同，这里不再赘述。

例如，使用 mysqlimport 命令将 account.txt 文件的内容导入 atguigu 库下的表 account 中，字段之间使用逗号分隔，字符类型的字段值使用双引号引起来，具体操作步骤如下。

（1）将 atguigu 库下表 account 中的数据导出到 account.txt 文件中，字段之间使用逗号分隔，字符类型的字段值使用双引号引起来，如下所示。

```
mysql> SELECT * FROM atguigu.account INTO OUTFILE '/var/lib/mysql-files/account.txt'
FIELDS TERMINATED BY ',' ENCLOSED BY '\"';
```

（2）删除表 account 中的数据，执行完后查询表中的数据，如下所示。

```
mysql> DELETE FROM atguigu.account;
mysql> SELECT * FROM account;
Empty set (0.00 sec)
```

（3）使用 mysqlimport 命令将 account.txt 文件的内容导入 atguigu 库下的表 account 中，如下所示。

```
[root@atguigu01 ~]# mysqlimport -uroot -p atguigu '/var/lib/mysql-files/account.txt' --
fields-terminated-by=',' --fields-optionally-enclosed-by='\"'
```

（4）再次查询表 account 中的数据，如下所示。

```
mysql> SELECT * FROM account;
+----+--------+---------+
| id | name   | balance |
+----+--------+---------+
|  1 | 张三   |      90 |
|  2 | 李四   |     100 |
|  3 | 王五   |       0 |
+----+--------+---------+
3 rows in set (0.00 sec)
```

除了前面介绍的几个参数，mysqlimport 命令还支持如下参数。

- --columns=column_list,-c column_list：该参数使用逗号分隔的列名作为其值。列名的顺序只是如何匹配数据文件列和表列。
- --compress,-C：表示压缩在客户端和服务器端之间发送的所有信息（如果二者均支持压缩）。
- -d,--delete：表示在导入文本文件前清空表。
- --force,-f：表示忽视错误。例如，如果某个文本文件不存在，就继续导入其他文本文件。不使用 --force，如果某个文本文件不存在，则 mysqlimport 命令退出。
- --host=host_name,-h host host_name：表示将数据导入指定主机上的 MySQL 服务器，默认主机是 localhost。
- --ignore,-i：参见--replace 参数的描述。
- --ignore-lines=n：表示忽视数据文件的前 n 行。
- --local,-L：表示从本地客户端读入输入文件。

- --lock-tables,-l：表示在处理文本文件前锁定所有表，以便写入。这样可以确保所有表在服务器上保持同步。
- --password[=password], -p[password]：表示连接服务器时使用的密码。如果使用短选项形式（-p），那么选项和密码之间不能有空格。如果命令行中--password 或-p 选项的后面没有密码值，就提示输入密码。
- --port=port_num,-P port_num：表示用于连接的 TCP/IP 端口号。
- --protocol={TCP|SOCKET|PIPE|MEMORY}：表示使用的连接协议。
- --replace,-r --replace 和--ignore：用于控制替换或复制唯一键值已有记录的输入记录的处理。如果指定--replace，则用新行替换有相同唯一键值的已有行；如果指定--ignore，则复制已有唯一键值的输入行被跳过；如果不指定这两个参数，那么，在发现一个复制键值时会出现一个错误，并且忽视文本文件的剩余部分。
- --silent,-s：表示沉默模式，只有当出现错误时才输出信息。
- --user=username,-u user_name：表示连接服务器时 MySQL 使用的用户名。
- --verbose,-v：表示冗长模式，用于打印程序操作的详细信息。
- --version,-V：用于显示版本信息并退出。

18.9　数据迁移

18.9.1　数据迁移概述

数据迁移（Data Migration）是指选择、准备、提取和转换数据，并将数据从一个计算机存储系统永久地传输到另一个计算机存储系统的过程。此外，验证迁移数据的完整性也被认为是整个数据迁移过程的一部分。

在工作中，一般都会有开发环境、测试环境、灰度环境和生产环境。在一般情况下，灰度环境和生产环境中的数据需要保持一致，根据业务情况可以有一定的数据延迟。这就需要把生产环境中的数据迁移到灰度环境、测试环境或开发环境中，以保证开发的准确性。这时候可能需要迁移整个业务库，或者某张表，或者整个数据库实例，也可能因为服务器升级或更换机房需要迁移数据。根据不同的需求可能需要采取不同的迁移方案，但从总体来讲，MySQL 的数据迁移方案大致可以分为物理迁移和逻辑迁移两大类。

18.9.2　迁移方案和注意事项

1．关于物理迁移和逻辑迁移

本章一开始就讲解了物理备份和逻辑备份的概念，这里的物理迁移和逻辑迁移其实与物理备份和逻辑备份大同小异，只是它们更具有针对性，是针对不同机器间的数据移动。

物理迁移适用于大数据量下的整体迁移。前面已经讲解了 MyISAM 和 InnoDB 存储引擎类型的表的物理迁移方案。

使用物理迁移方案的优点是迁移速度快；缺点是需要停机或加锁迁移，并且要求新服务器中的 MySQL 版本及配置必须和原服务器中的 MySQL 版本及配置相同，即便如此，也可能会出现未知问题。

逻辑迁移的适用范围更广，无论是部分迁移还是全量迁移，都可以使用逻辑迁移方案。逻辑迁移中使用最多的就是前面讲解的 mysqldump 命令。

mysqldump 命令同样适用于不同版本、不同配置之间的数据迁移。不过，在进行全量迁移时，不建议使用-A 参数备份全部数据库。特别是不同版本之间的数据迁移，可能某些系统库稍有不同，迁移后就容易出现未知问题。

2．相同版本的数据库之间进行数据迁移的注意点

相同版本的数据库之间进行数据迁移的原因有很多，通常的原因是换了新机器，或者安装了新的操作系统，或者部署了新环境。

相同版本的数据库之间进行数据迁移，其实就是主版本号相同的数据库之间进行数据迁移。这种迁移方式最容易实现，迁移的过程其实就是源数据库备份和目标数据库恢复过程的组合。因为迁移前后数据库的主版本号相同，所以可以通过复制数据目录来实现数据迁移，但是这种方法只适用于 MyISAM 存储引擎类型的表。对于 InnoDB 存储引擎类型的表，不能采用直接复制文件的方式备份数据库，可以考虑采用前面提到的导入表空间的方式。当然，也可以采用逻辑备份的方式备份数据库，这样也比较安全。

3．不同版本的数据库之间进行数据迁移的注意点

因为数据库需要升级，所以需要将旧版本的数据库中的数据迁移到较新版本的数据库中。例如，原来很多服务器使用的数据库是 MySQL 5.7，MySQL 8.0 改进了 MySQL 5.7 中的很多缺陷，因此需要把数据库升级为 MySQL 8.0，这样就需要在不同版本的数据库之间进行数据迁移。旧版本与新版本的 MySQL 可能使用不同的默认字符集，例如，旧版本的 MySQL 使用 latin1 作为默认字符集，而新版本的 MySQL 使用 utf8mb4 作为默认字符集。如果 MySQL 中有中文数据，那么在数据迁移过程中需要对默认字符集进行修改，否则可能无法正常显示数据。由于高版本的 MySQL 通常会兼容低版本的 MySQL，因此可以将低版本的 MySQL 中的数据迁移到高版本的 MySQL 中。

4．不同数据库之间进行数据迁移的注意点

不同数据库之间的数据迁移是指将其他数据库中的数据迁移到 MySQL 中，或者将 MySQL 中的数据迁移到其他数据库中。例如，某个业务原来使用的数据库是 Oracle，由于运营成本太高，希望改用 MySQL。又如，某个管理系统原来使用的数据库是 MySQL，希望改用 Oracle。由此可知，不同数据库之间的数据迁移经常发生，但是这种数据迁移没有通用的解决方法。

MySQL 以外的数据库也有类似 mysqldump 的备份工具，可以将数据库中的文件备份成 SQL 文件或文本文件。但是，不同的数据库厂商没有完全按照 SQL 标准设计数据库，这就造成了不同数据库使用的 SQL 语句的差异。例如，微软的 SQL Server 使用的是 T-SQL 语言，其中包含了非标准的 SQL 语句，这就造成了 SQL Server 和 MySQL 中的 SQL 语句不能兼容的问题。

在进行数据迁移之前，我们需要了解不同数据库的架构，比较它们之间的差异。不同数据库中定义相同类型数据的关键字可能会有所不同。例如，MySQL 中的日期字段分为 DATE 和 TIME 两种类型，而 Oracle 中的日期字段只有 DATE 一种类型；SQL Server 中有 ntext、Image 等数据类型，而 MySQL 中却没有这些数据类型；MySQL 支持 ENUM、SET 等数据类型，而 SQL Server 却不支持这些数据类型。

然而，实现不同数据库之间的数据迁移并非完全不可能。例如，使用 MySQL 官方提供的工具 MySQL Migration Toolkit，就可以在不同数据库之间进行数据迁移。要想将 MySQL 中的数据迁移到 Oracle 中，需要先使用 mysqldump 命令导出 SQL 文件，然后手动更改 SQL 文件中的语句。

MySQL 的数据迁移方案及注意事项总结如图 18-3 所示。

在数据迁移过程中，可能会遇到各种问题，一步步解决即可。建议在新库创建用户并授予权限后再进行数据迁移，这样可以避免出现视图及函数导入错误。在新环境中执行导入操作时，最好使用root等具有 SUPER 权限的管理员用户，这样可以避免一些因权限而产生的问题。

数据迁移完成后，对于新环境，需要再次进行检查，例如，表的数量是否相同、表中的数据是否相同、是否有乱码等。只有确认无误，才算大功告成。

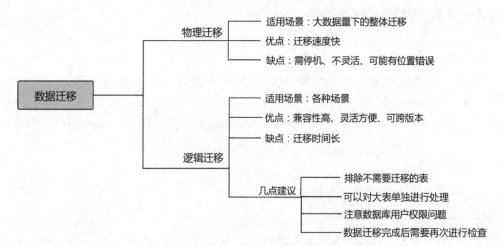

图 18-3　MySQL 的数据迁移方案及注意事项总结

18.10　误删数据的预防方案和恢复方案

只要有数据操作权限的用户都有可能误删数据，这就需要采取一些措施来预防误删操作。一旦误删数据，还需要采取一些措施来恢复数据。

1. 使用 DELETE 语句误删数据行的预防方案

如果使用 DELETE 语句误删了数据行，则可以参考前面讲过的通过二进制日志恢复数据的流程。当然，我们不仅要找到误删数据行的事后处理办法，还要做到事前预防。建议打开安全模式，把 sql_safe_updates 参数的值设置为 on。这样一来，可能每次执行 UPDATE/DELETE 操作的时候，WHERE 条件后面都需要跟索引字段。如果没有加 WHERE 条件，或者 WHERE 条件后面没有跟索引字段，则必须使用 LIMIT 关键字。

2. 使用 TRUNCATE/DROP 语句误删数据库/表的预防方案

在生产环境中，可以采用下面建议的方案来尽量避免使用 TRUNCATE/DROP 语句误删数据库/表。

（1）账号权限分离。对于核心的数据库，一般不能随便分配写权限。想要获取写权限，需要进行审批，并且不同的账号、不同的数据之间要进行权限分离，避免一个账号可以删除所有数据库。例如，只授予业务开发人员 DML 权限，而不授予其 TRUNCATE/DROP 权限。即使是 DBA 团队成员，日常也只能使用只读账号，在必要的时候才能使用有更新权限的账号。

（2）制定操作规范。例如，在删除数据表之前，先对该表执行重命名操作，确保对业务无影响后再删除这张表。

（3）设置延迟复制备库。简单地说，延迟复制就是设置一个固定的延迟时间，通过 CHANGE MASTER TO MASTER_DELAY = N 命令可以指定这个备库持续保持跟主库有 N 秒的延迟，例如，设置为 3600 秒，表示让从库落后主库 1 小时。延迟复制可以在数据库被误操作后，快速地恢复数据。例如，有人误操作了主库中的某张表，那么，在延迟时间内，从库中的数据并没有发生改变，就可以用从库中的数据进行快速恢复。

3. 使用 TRUNCATE/DROP 语句误删数据库/表的恢复方案

使用 TRUNCATE/DROP 语句删除的数据是没办法通过二进制日志恢复的。因为二进制日志里面只有一条 TRUNCATE/DROP 语句，单凭这些信息是无法恢复数据的。

在这种情况下，要想恢复数据，就需要采用全量备份+增量日志的方案。该方案要求线上有定期的全量备份，并且实时备份二进制日志。在这两个条件都具备的情况下，可以使用二进制日志恢复数据，或者使用本章讲解的物理备份或逻辑备份的方式恢复数据。

18.11 MySQL 常用命令

18.11.1 mysql

该 mysql 不是指 MySQL 服务，而是指 MySQL 的客户端工具，其语法如下所示。

```
mysql [options] [database]
```

mysql 命令既可以用于连接 MySQL 服务器端，也可以用于执行 SQL 语句，实现这些功能的常用参数如下。

1. 连接参数

用于连接 MySQL 服务器端的常用参数如下。

- -u, --user=name：用于指定用户名。
- -p, --password[=name]：用于指定账户密码。
- -h, --host=name：用于指定服务器 IP 地址或域名。
- -P, --port=#：用于指定连接端口。

假设连接本地服务器端，端口是 3306，用户是 root，则连接命令如下所示。

```
mysql -h127.0.0.1 -P3306 -uroot -p 密码
```

2. 执行参数

用于执行 SQL 语句的参数如下。

-e, --execute="SQL 语句"：用于执行 SQL 语句并退出。

使用该参数后，可以直接在 MySQL 客户端执行 SQL 语句，而不用先连接 MySQL 服务器端再执行 SQL 语句。对于一些批处理脚本，这种方式尤为方便。

假设只需查询一次 atguigu 库下表 account 中的数据即可，那么完全没有必要登录客户端，直接执行如下命令即可。

```
[root@atguigu01~]# mysql -uroot -p atguigu -e "SELECT * FROM account ";
Enter password:
+----+--------+---------+
| id | name   | balance |
+----+--------+---------+
|  1 | 张三   |      90 |
|  2 | 李四   |     100 |
|  3 | 王五   |       0 |
+----+--------+---------+
[root@atguigu01~]#
```

18.11.2 mysqladmin

mysqladmin 是一个执行管理操作的客户端程序，可以使用它来检查服务器的配置和当前状态、创建并删除数据库等。mysqladmin 命令的语法如下所示。

```
mysqladmin [OPTIONS] command1 command2...
```

执行 mysqladmin --help 命令查看帮助文档，如下所示。

```
Where command is a one or more of: (Commands may be shortened)
  create databasename     Create a new database
  debug                   Instruct server to write debug information to log
  drop databasename       Delete a database and all its tables
  extended-status         Gives an extended status message from the server
  flush-hosts             Flush all cached hosts
  flush-logs              Flush all logs
```

```
flush-status              Clear status variables
flush-tables              Flush all tables
flush-threads             Flush the thread cache
flush-privileges          Reload grant tables (same as reload)
kill id,id,…              Kill mysql threads
password [new-password]   Change old password to new-password in current format
ping                      Check if mysqld is alive
processlist               Show list of active threads in server
reload                    Reload grant tables
refresh                   Flush all tables and close and open logfiles
shutdown                  Take server down
status                    Gives a short status message from the server
start-replica             Start replication
start-slave               Deprecated: use start-replica instead
stop-replica              Stop replication
stop-slave                Deprecated: use stop-replica instead
variables                 Prints variables available
version                   Get version info from server
```

可以使用 mysqladmin 命令创建和删除数据库,如下所示。

```
mysqladmin -uroot -p create 'test01';
mysqladmin -uroot -p drop 'test01';
```

也可以使用 mysqladmin 命令查看当前的数据库版本,如下所示。可以看到,当前的数据库版本是 8.0.25。

```
[root@atguigu01~]# mysqladmin -uroot -p version;
Enter password:
mysqladmin  Ver 8.0.25 for Linux on x86_64 (MySQL Community Server - GPL)
Copyright (c) 2000, 2021, Oracle and/or its affiliates.

Oracle is a registered trademark of Oracle Corporation and/or its
affiliates. Other names may be trademarks of their respective
owners.

Server version          8.0.25
Protocol version        10
Connection              Localhost via UNIX socket
UNIX socket             /var/lib/mysql/mysql.sock
Uptime:                 5 min 37 sec

Threads: 2  Questions: 2  Slow queries: 0  Opens: 117  Flush tables: 3  Open tables: 36
Queries per second avg: 0.005
```

18.11.3 mysqlbinlog

由于服务器生成的二进制日志文件以二进制格式保存,因此,想要查看这些文件的文本格式,就需要用到日志管理工具 mysqlbinlog。mysqlbinlog 命令的语法如下所示。

```
mysqlbinlog [options] log-files1 log-files2 …
```

可用参数如下。

- -d, --database=name:用于指定数据库名,只列出指定的数据库相关操作。
- -o, --offset=#:表示忽略日志中的前 n 行命令。
- -r,--result-file=name:用于将输出的文本格式日志输出到指定文件中。

- -s, --short-form：用于显示简单格式，省略一些信息。
- --start-datatime=date1 --stop-datetime=date2：表示指定日期间隔内的所有日志。
- --start-position=pos1 --stop-position=pos2：表示指定位置间隔内的所有日志。

18.11.4 mysqldump

客户端工具 mysqldump 用来备份数据库，或者在不同的数据库之间进行数据迁移。备份内容包含创建表及插入数据的 SQL 语句。mysqldump 命令的语法如下所示。前面已经讲过很多相关案例了，此处不再赘述。

```
mysqldump [options] db_name [tables]

mysqldump [options] --database/-B db1 [db2 db3 …]

mysqldump [options] --all-databases/-A
```

18.11.5 mysqlshow

mysqlshow 是客户端对象查找工具，用来快速查找存在哪些数据库、数据库中的表、表中的列或索引。mysqlshow 命令的语法如下所示。

```
mysqlshow [options] [db_name [table_name [col_name]]]
```

可用参数如下。

- --count：用于显示数据库及表的统计信息（数据库、表均可以不指定）。
- -i：用于显示指定数据库或指定表的状态信息。

举例如下。

（1）查看每个数据库中表的数量及表中记录的数量，如下所示。

```
[root@atguigu01 atguigu2]# mysqlshow -uroot -p --count
Enter password:
+--------------------+--------+--------------+
|      Databases     | Tables | Total Rows   |
+--------------------+--------+--------------+
| atguigu            |     24 |     30107483 |
| atguigu12          |      1 |            1 |
| atguigu14          |      6 |           14 |
| atguigu17          |      1 |            1 |
| atguigu18          |      0 |            0 |
| atguigu2           |      1 |            3 |
| atguigu_myisam     |      1 |            4 |
| information_schema |     79 |        34034 |
| mysql              |     38 |         4029 |
| performance_schema |    110 |       399957 |
| sys                |    101 |         7028 |
+--------------------+--------+--------------+
11 rows in set.
```

（2）查看 atguigu 库下每张表中的字段数及行数，如下所示。

```
[root@atguigu01 atguigu2]# mysqlshow -uroot -p atguigu --count
Enter password:
Database: atguigu
+------------+----------+-------------+
|   Tables   | Columns  | Total Rows  |
+------------+----------+-------------+
```

```
| account     |      3 |          3 |
| book        |      3 |        100 |
| dept        |      3 |          3 |
| emp         |      8 |         10 |
| order1      |      2 |    5715448 |
| order2      |      2 |    8000327 |
| order_test  |      2 |    8000327 |
| salgrade    |      3 |          0 |
| stu2        |      6 |          5 |
| student     |      5 |    8100010 |
| t1          |      3 |     210000 |
| t_class     |      3 |          0 |
| test        |      2 |          0 |
| test_frm    |      2 |          0 |
| test_paper  |      1 |          0 |
| ts1         |      2 |      79999 |
| type        |      2 |        240 |
| undo_demo   |      3 |          1 |
| user        |      1 |          1 |
| user1       |      4 |       1000 |
+-------------+--------+------------+
20 rows in set.
```

（3）查看 atguigu 库中表 account 的详细信息，如下所示。

```
mysqlshow -uroot -p atguigu account  --count
```

查询结果如图 18-4 所示，可以看到表 account 中的字段列表、各字段对应的数据类型、校对规则等信息。

```
[root@atguigu01 ~]# mysqlshow -uroot -p atguigu account --count
Enter password:
Database: atguigu  Table: account  Rows: 0
+---------+--------------+-------------------+------+-----+---------+-------+-----------------------------------+---------+
| Field   | Type         | Collation         | Null | Key | Default | Extra | Privileges                        | Comment |
+---------+--------------+-------------------+------+-----+---------+-------+-----------------------------------+---------+
| id      | int          |                   | NO   | PRI |         |       | select,insert,update,references   |         |
| name    | varchar(255) | utf8mb4_0900_ai_ci | NO  |     |         |       | select,insert,update,references   |         |
| balance | int          |                   | NO   |     |         |       | select,insert,update,references   |         |
+---------+--------------+-------------------+------+-----+---------+-------+-----------------------------------+---------+
```

图 18-4　查看表 account 的详细信息

18.12　小结

在本章中，首先讲解了数据备份与恢复，备份分为物理备份和逻辑备份，恢复也分为物理恢复和逻辑恢复。物理备份可以简单地理解为复制数据文件，主要针对 MyISAM 存储引擎类型的表；而对于 InnoDB 存储引擎类型的表来说，操作起来比较复杂，主要利用表空间的导入和导出来进行物理备份和恢复。物理备份适用于大文件备份，备份速度快，但需要停机，在恢复的时候操作不够灵活。因此，我们常用的还是逻辑备份，即使用 mysqldump 命令来备份数据，既可以备份一张表、一个数据库或整个数据库实例，也可以选择性地备份表结构或表中的数据，使用起来更加灵活。

其次讲解了如何使用逻辑备份恢复数据。逻辑备份文件中包含创建数据库或创建表的 CREATE 和 INSERT 语句，可以使用 mysql 命令恢复数据。

再次讲解了导出不同格式文件和导入文本文件的常用方法，可以根据需要选择相应的命令。

最后提到了数据迁移方案和注意事项，以及误删数据的预防方案和恢复方案。

反侵权盗版声明

电子工业出版社依法对本作品享有专有出版权。任何未经权利人书面许可，复制、销售或通过信息网络传播本作品的行为；歪曲、篡改、剽窃本作品的行为，均违反《中华人民共和国著作权法》，其行为人应承担相应的民事责任和行政责任，构成犯罪的，将被依法追究刑事责任。

为了维护市场秩序，保护权利人的合法权益，我社将依法查处和打击侵权盗版的单位和个人。欢迎社会各界人士积极举报侵权盗版行为，本社将奖励举报有功人员，并保证举报人的信息不被泄露。

举报电话：（010）88254396；（010）88258888

传　　真：（010）88254397

E-mail：dbqq@phei.com.cn

通信地址：北京市万寿路 173 信箱

　　　　　电子工业出版社总编办公室

邮　　编：100036